高等职业教育本科教材

# 仪器分析

吴朝华　叶爱英　主编

张晓飞　副主编

王振伟　主审

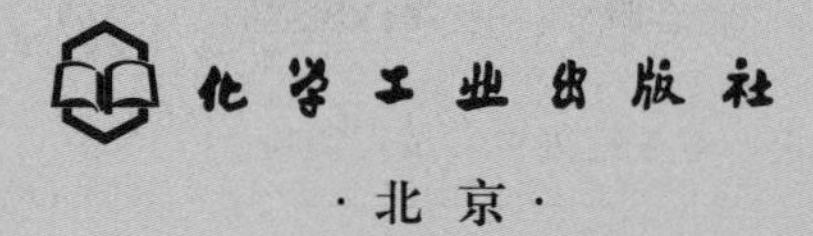


·北京·

**内容简介**

全书共14章，内容包括绪论、紫外-可见分光光度法、红外吸收光谱法、原子吸收光谱法、原子发射光谱法、气相色谱法、高效液相色谱法、毛细管电泳法、电位分析法、库仑分析法、X射线荧光光谱法、质谱法、核磁共振波谱法、其他仪器分析法（伏安分析法、电导分析法、分子荧光（磷光）分析、原子荧光光谱法、激光拉曼光谱法、电子能谱分析、超临界液体色谱法、流动注射分析）简介等。本书介绍了这些常用分析方法的基本原理、仪器结构及操作方法、检测条件选择与优化、方法验证、思考与练习，并配有化学、药品、食品、环境保护、生物等领域的训练项目（含工作手册与项目评价表）。

本书选材面广，内容新颖、实用，图、文、表均衡合理。书末附有思考与练习的参考答案，便于读者自学与自评。

本书可作为高等职业教育职教本科各类专业仪器分析课程的教材，也可作为分析化验人员业务培训用书和参考资料。

**图书在版编目（CIP）数据**

仪器分析 / 吴朝华，叶爱英主编；张晓飞副主编.北京 ：化学工业出版社，2024. 9. —（高等职业教育本科教材）. — ISBN 978-7-122-46127-8

Ⅰ. O657

中国国家版本馆CIP数据核字第2024KX3425号

责任编辑：王文峡　　文字编辑：刘　莎　师明远
责任校对：宋　玮　　装帧设计：韩　飞

出版发行：化学工业出版社
（北京市东城区青年湖南街13号　邮政编码100011）
印　　刷：北京云浩印刷有限责任公司
装　　订：三河市振勇印装有限公司
787mm×1092mm　1/16　印张26½　字数690千字
2024年11月北京第1版第1次印刷

购书咨询：010-64518888　　售后服务：010-64518899
网　　址：http：//www.cip.com.cn
凡购买本书，如有缺损质量问题，本社销售中心负责调换。

定　　价：59.00元

# 前 言

党的二十大提出“实施科教兴国战略，强化现代化建设人才支撑”。笔者教学团队紧跟仪器分析技术的发展与分析仪器设备的升级，适应高等职业教育本科化学、药品类、食品类、环境保护类、生物与化工类等专业大类开设仪器分析课程的需要，在总结多年教学经验的基础上，参照高等职业教育本科多个专业对仪器分析课程的基本要求和课程标准，编写了本教材。

本教材除绪论外共13章，重点介绍了当今仪器分析中最常用的紫外-可见分光光度法、红外吸收光谱法、原子吸收光谱法、原子发射光谱法、气相色谱法、高效液相色谱法、毛细管电泳法、电位分析法、库仑分析法、X射线荧光光谱法、质谱法、核磁共振波谱法，并扩展介绍了伏安分析法、电导分析法、分子荧光（磷光）分析、原子荧光光谱法、激光拉曼光谱法、电子能谱分析、超临界液体色谱法、流动注射分析等。全书涉及的仪器分析方法内容全面，可供使用者根据需要进行相应的选择。

本教材紧扣高等职业教育本科化学、药品类、食品类、环境保护类、生物与化工大类等专业大类培养高素质的产品质量检验人才的目标，坚持“学生主体＋技术技能兼顾”的高职教育教学理念，组建了“校校合作”“校企合作”的教材开发团队，开发了“方法原理＋仪器结构＋检测技术＋项目训练”的编写体例，其特点如下：

（1）融入“安全、环保、标准”意识，强化“检测质量就是企业的生命线”，培养学生“精益求精”的工匠精神。

（2）采用现行国家标准与药典，同步跟进检测技术的发展与仪器设备的更新、升级。

（3）掌握仪器分析方法：首先介绍各个仪器分析方法的发展历程、基本原理，接着阐述仪器设备结构、工作流程、仪器的操作、日常维护与故障排除方法等，然后重点阐述各方法检测条件的选择与优化、干扰及消除、定性分析与定量分析、分析方法验证等检测技术，且附有思考与练习（书末有详细的参考答案）以便学生自评。为引导读者自学，在每章后列有本章要点，以帮助读者掌握知识要点和技能要点。同时以“阅读材料”的方式介绍科学家、新技术及应用，增加教材的趣味性与可读性。

（4）依托项目训练：对接职业标准与岗位需求，以源自生产、生活实践的工作项目为技能训练载体，完全按工作过程展开训练：先明确工作目的与原理，接着准备仪器与试剂，进行样品预处理，配制标准系列溶液，调试仪器至工作状态，优化并完善检测条件，完成检测工作，记录并处理检测数据（每个训练项目均编制有工作手册），依据项目评价表自评（每个训练项目均编制有项目评价表），设计训后思考题，从而实现“学生主体＋技术技能兼顾”的训练目标。

（5）依托化学工业出版社云平台，开发了仪器分析富媒体教材，建成并运行光谱分析技术和色谱分析技术等在线开放课程，建有大量与教学内容配套的动画、微课、视频等理论讲解与项目训练方面的资源（部分视频资源以二维码形式植入教材），方便学习者在自学理论或进行项目训练时通过移动终端扫描以解惑或释疑。

本教材由常州工程职业技术学院吴朝华、叶爱英担任主编，蒲田学院张晓飞担任副主编，黄河水利职业技术学院王振伟担任主审。书中第1、2、11章由叶爱英编写，第3、5、6章由吴朝华编写，第4、7、10章由张晓飞编写，第8、9、13章由河北科技工程职业技术大学的邓宏颖编写，第 12 章由山西林业职业技术学院的武晓红编写。本教材在编写过程中得到了常州工程职业技术学院检测学院领导及分析教研室全体教师，以及黄一石、王秀梅、罗小会、商贵芹、刘君峰、常召海、刘荣、王炳强、张冬梅、钱琛、张慧俐、李继睿、杨迅等企业专家和兄弟院校同行的大力帮助与支持，在此一并表示感谢。本教材引用了一些文献的资料和图表，在此向原著作者致谢。

限于编者水平，书中难免存在不足之处，恳请专家和读者批评指正，不胜感谢。

**编者**

**2024 年 5 月**

# 目 录

## 绪论 1


0.1 仪器分析法及其特点 …… 1
0.2 仪器分析法的分类 …… 1
0.3 仪器分析发展趋势 …… 2


## 1 紫外-可见分光光度法 4


学习指南 …… 4
1.1 概述 …… 4
1.1.1 光谱分析法及分类 …… 4
1.1.2 电磁辐射的性质 …… 4
1.1.3 紫外-可见分光光度法的分类及特点 …… 5
思考与练习 1.1 …… 6
1.2 基本原理 …… 6
1.2.1 物质对光的选择性吸收 …… 6
1.2.2 朗伯-比尔定律 …… 7
思考与练习 1.2 …… 10
阅读园地：高兆兰——我国光学、光谱学教育和研究的开拓者 …… 11
1.3 紫外-可见分光光度计 …… 11
1.3.1 仪器基本组成部件 …… 11
1.3.2 紫外-可见分光光度计的类型及特点 …… 14
1.3.3 常见分光光度计的基本操作 …… 16
1.3.4 分光光度计的检验 …… 22
1.3.5 分光光度计的维护和保养 …… 23
思考与练习 1.3 …… 24
阅读园地：分光光度分析装置和仪器的新技术 …… 25
1.4 可见分光光度法 …… 25
1.4.1 显色反应与显色剂 …… 25
1.4.2 显色条件的选择 …… 27
1.4.3 测量条件的选择 …… 30
1.4.4 定量方法与分析误差 …… 32
1.4.5 目视比色法 …… 35
思考与练习 1.4 …… 37
阅读园地：目视比色法来源 …… 38
1.5 紫外分光光度法 …… 38
1.5.1 概述 …… 38
1.5.2 方法原理 …… 39
1.5.3 常见有机化合物的紫外吸收光谱 …… 42
1.5.4 应用 …… 47
思考与练习 1.5 …… 48
阅读园地：紫外-可见分光光度计的发明者 …… 49
1.6 实验 …… 49
1.6.1 紫外-可见分光光度计的调校 …… 49
1.6.2 邻二氮菲分光光度法测定微量铁 …… 52
1.6.3 目视比色法测定废水中微量铬 …… 56
1.6.4 有机化合物紫外吸收光谱的绘制与鉴定 …… 58
1.6.5 紫外分光光度法测定粗品蒽醌纯度 …… 60
本章主要符号的意义及单位 …… 64

本章要点 64

## 2 红外吸收光谱法 65

学习指南 65
2.1 基本原理 65
2.1.1 概述 65
2.1.2 基本原理 67
2.1.3 红外吸收光谱与分子结构的关系 70
2.1.4 常见官能团的特征吸收频率 74
思考与练习 2.1 79
阅读园地：近红外吸收光谱——一种生物医学研究的有效方法 79
2.2 红外吸收光谱仪 79
2.2.1 色散型红外吸收光谱仪 80
2.2.2 傅里叶变换红外吸收光谱仪 83
2.2.3 常见红外吸收光谱仪的操作及日常维护 85
思考与练习 2.2 89
阅读园地：现代近红外吸收光谱分析技术简介 89
2.3 实验技术 89
2.3.1 红外试样的制备 89
2.3.2 红外光谱分析技术 92
2.3.3 定性鉴别 92
2.3.4 定量分析 97
思考与练习 2.3 97
2.4 实验 99
2.4.1 苯甲酸红外吸收光谱的绘制与解析（压片法） 99
2.4.2 二甲苯红外吸收光谱的绘制与解析 102
2.4.3 几种聚合物红外吸收光谱的绘制与解析 104
本章主要符号的意义及单位 106
本章要点 106

## 3 原子吸收光谱法 107

学习指南 107
3.1 概述 107
3.1.1 原子吸收光谱的发现与发展 107
3.1.2 原子吸收光谱分析过程 108
3.1.3 原子吸收光谱法的特点和应用范围 108
思考与练习 3.1 109
阅读园地：化学家的通式“$C_4H_4$” 110
3.2 基本原理 110
3.2.1 共振线与分析线 110
3.2.2 谱线轮廓与谱线变宽 110
3.2.3 原子蒸气中基态与激发态原子的分配 111
3.2.4 原子吸收值与待测元素浓度的定量关系 112
思考与练习 3.2 113
阅读园地：中国原子吸收光谱事业的奠基者——吴廷照 114
3.3 原子吸收光谱仪 114
3.3.1 主要部件 114
3.3.2 仪器类型和主要性能 121
3.3.3 仪器的操作与维护保养 123
思考与练习 3.3 132
阅读园地：石墨炉原子化新技术 132
3.4 实验技术 133
3.4.1 样品的处理与标准溶液的配制 133
3.4.2 测定条件的选择 134
3.4.3 干扰及其消除技术 136

3.4.4 定量分析 140
3.4.5 灵敏度、检出限和回收率 143
思考与练习 3.4 145
阅读园地：色谱-原子吸收联用技术 146
3.5 实验 147
3.5.1 原子吸收光谱法测定硬水中的微量镁 147
3.5.2 原子吸收光谱法测定工业废水中的微量铜 150
3.5.3 原子吸收光谱法测定葡萄糖酸锌口服液中的微量锌 152
3.5.4 石墨炉原子吸收光谱法测定食品中的微量铅 152
本章主要符号的意义及单位 152
本章要点 152

## 4 原子发射光谱法 153

学习指南 153
4.1 基本原理 153
4.1.1 原子发射光谱的产生 153
4.1.2 谱线强度及其影响因素 154
思考与练习 4.1 155
阅读园地：原子发射光谱法发展概况 155
4.2 原子发射光谱仪 156
4.2.1 主要部件 156
4.2.2 仪器类型和主要性能 160
4.2.3 仪器的操作与维护保养 163
思考与练习 4.2 164
阅读园地：耀眼的双子星——本生与基尔霍夫 165
4.3 实验技术 165
4.3.1 样品的预处理 165
4.3.2 测定条件的选择 165
4.3.3 干扰及其消除技术 166
4.3.4 定性分析 166
4.3.5 定量分析 167
4.3.6 半定量分析 168
思考与练习 4.3 169
阅读园地：原子质谱法 170
4.4 应用 170
思考与练习 4.4 170
4.5 实验 170
4.5.1 ICP-AES 测定茶叶中的微量元素（铁、锰、铜、锌） 170
4.5.2 ICP-AES 测定饮用水中的总硅 173
本章主要符号的意义及单位 175
本章要点 175

## 5 气相色谱法 176

学习指南 176
5.1 方法原理 176
5.1.1 色谱法概述 176
5.1.2 色谱分离原理 178
5.1.3 常用术语 179
5.1.4 色谱分析基本理论 182
思考与练习 5.1 186
阅读园地：气相色谱发明者——马丁与辛格 187
5.2 气相色谱仪 187
5.2.1 基本结构及工作流程 187
5.2.2 主要部件 188
5.2.3 仪器的操作与维护保养 209
思考与练习 5.2 218
阅读园地：气相色谱新兴检测技术——真空紫外光谱检测器（VUV） 219
5.3 实验技术 219
5.3.1 样品的采集与制备 219
5.3.2 分离操作条件的选择与优化 220

5.3.3 定性分析 230
5.3.4 定量分析 231
思考与练习 5.3 236
阅读园地：全二维气相色谱法 238
5.4 应用 238
5.5 实验 238
5.5.1 气相色谱仪气路连接、安装与检漏 238
5.5.2 工业用仲丁醇纯度的测定（归一化法） 243
5.5.3 再生水水质中苯系物的测定（内标法） 247
5.5.4 有机溶剂中微量水分的测定（外标法或标准加入法） 251
5.5.5 顶空气相色谱法测定盐酸丁卡因原料药中的残留溶剂 251
5.5.6 气相色谱法分离条件的选择与优化、分析方法的验证 252
本章主要符号的意义及单位 252
本章要点 252

## 6 高效液相色谱法 253

学习指南 253
6.1 基本原理 253
6.1.1 概述 253
6.1.2 速率理论及影响峰展宽的因素 254
6.1.3 高效液相色谱法的主要类型 256
思考与练习 6.1 267
阅读园地：超高压液相色谱系统 268
6.2 高效液相色谱仪 268
6.2.1 仪器工作流程 268
6.2.2 主要部件 269
6.2.3 常用高效液相色谱仪的使用及日常维护 282
思考与练习 6.2 291
阅读园地：中国色谱之父——卢佩章 292
6.3 实验技术 292
6.3.1 溶剂处理技术 292
6.3.2 色谱柱的制备 293
6.3.3 梯度洗脱技术 294
6.3.4 衍生化技术 296
6.3.5 样品预处理技术 296
6.3.6 HPLC 分析方法的建立与完善 296
6.3.7 定性分析 299
6.3.8 定量分析 300
思考与练习 6.3 300
阅读园地：新型液相色谱柱填料 301
6.4 实验 301
6.4.1 高效液相色谱仪性能检查 301
6.4.2 高效液相色谱法测定布洛芬胶囊中的有效成分 305
6.4.3 高效液相色谱法测定水果、蔬菜中的吡虫啉残留 309
6.4.4 典型多环芳烃 HPLC 分离操作条件的选择与优化 309
本章主要符号的意义及单位 309
本章要点 309

## 7 毛细管电泳法 310

学习指南
7.1 基本原理
7.1.1 概述
7.1.2 基本理论
7.1.3 毛细管电泳分离原理
7.1.4 毛细管电泳分离模式

思考与练习 7.1
阅读园地
7.2 毛细管电泳仪
7.2.1 基本结构及工作流程
7.2.2 主要部件
7.2.3 仪器操作与日常维护
思考与练习 7.2
阅读园地
7.3 实验技术
思考与练习 7.3
阅读园地
7.4 实验：毛细管电泳法测定饲料中的氨基酸
7.4.1 实验目的
7.4.2 实验原理
7.4.3 仪器与试剂
7.4.4 实验内容与操作步骤
7.4.5 HSE 要求
7.4.6 数据处理
7.4.7 思考题
7.4.8 评分表
本章主要符号的意义及单位
本章要点

## 8 电位分析法 311

学习指南 311
8.1 基本原理 311
8.1.1 概述 311
8.1.2 能斯特方程式 314
8.1.3 参比电极 317
8.1.4 指示电极 319
思考与练习 8.1 325
阅读园地：离子选择电极——生物电极 326
8.2 直接电位法 326
8.2.1 溶液 pH 的测定 326
8.2.2 离子活（浓）度的测定 328
8.2.3 测量仪器及使用方法 332
8.2.4 直接电位法的应用 337
思考与练习 8.2 337
阅读园地：能斯特 337
8.3 电位滴定法 337
8.3.1 基本原理 337
8.3.2 电位滴定装置 338
8.3.3 滴定终点的确定方法 339
8.3.4 自动电位滴定法 341
8.3.5 永停滴定法 344
8.3.6 应用 345
思考与练习 8.3 346
阅读园地：田昭武和田中群——电化学领域的父子双院士 346
8.4 实验 346
8.4.1 直接电位法测量乙酸溶液的 pH 346
8.4.2 氟离子选择性电极测定牙膏中的微量氟 348
8.4.3 电位滴定法测定硫酸亚铁胺溶液中的亚铁离子含量 351
8.4.4 卡尔·费休法测定升华水杨酸的含水量 354
本章主要符号的意义及单位 357
本章要点 357

## 9 库仑分析法 358

学习指南
9.1 基本原理
9.1.1 法拉第电解定律
9.1.2 影响电流效率的因素及消除方法
思考与练习 9.1
阅读园地 科学家法拉第
9.2 恒电流库仑分析法
9.2.1 方法原理
9.2.2 装置及测定方法
9.2.3 滴定终点的指示方法
9.2.4 特点及应用

思考与练习 9.2
阅读园地　氢氧燃料电池
9.3　恒电位库仑分析法
9.3.1　方法原理
9.3.2　装置及测定
9.3.3　特点及应用
思考与练习 9.3
阅读园地　超微修饰电极
9.4　动态库仑分析法
9.4.1　方法原理
9.4.2　微库仑仪的基本组成部件
9.4.3　应用
思考与练习 9.4
阅读园地　海洋电池
9.5　实验
9.5.1　库仑滴定法测定硫代硫酸钠的浓度
9.5.2　库仑滴定法测定 8-羟基喹啉的浓度
本章主要符号的意义及单位
本章要点


## 10　X射线荧光光谱法　359


学习指南
10.1　基本原理
10.1.1　初级 X 射线
10.1.2　X 射线光谱
10.1.3　X 射线的吸收、散射与衍射
10.1.4　X 射线荧光分析
思考与练习 10.1
阅读园地　威廉·康拉德·伦琴
10.2　X 射线荧光光谱仪
10.2.1　波长色散型 X 射线荧光光谱仪
10.2.2　能量色散型 X 射线荧光光谱仪
思考与练习 10.2
阅读园地　微区 X 射线荧光光谱分析
10.3　实验技术
10.3.1　定性分析
10.3.2　定量分析
思考与练习 10.3
10.4　特点及应用
思考与练习 10.4
10.5　实验
10.5.1　稻谷中微量镉的快速测定
10.5.2　土壤中重金属元素（钛、钒、铬、锰、钴、镍、镉、砷、铅等）的测定
本章主要符号的意义及单位
本章要点


## 11　质谱法　360


学习指南 360
11.1　概述 360
11.1.1　质谱法发展历史 360
11.1.2　质谱的基本方程 361
11.1.3　质谱的表示方法 362
11.1.4　质谱仪性能指标 363
11.1.5　离子的主要类型 365
11.1.6　质谱法的特点 371
思考与练习 11.1 371
阅读园地：做中国人的质谱仪——科技领军人物周振 372
11.2　质谱仪 372
11.2.1　质谱仪的组成与工作流程 372
11.2.2　质谱仪的主要部件 373
11.2.3　色谱-质谱联用技术 379
11.2.4　仪器操作与日常维护 383
思考与练习 11.2 386
阅读园地：北京冬奥会兴奋剂检测新亮点：DBS 386
11.3　实验技术 386

11.4 实验 GC-MS测定粮谷和大豆中的除草剂残留 386
本章主要符号的意义及单位 387
本章要点 387

## 12 核磁共振波谱法 388

学习指南 388
12.1 基本原理 388
12.1.1 原子核的磁性质 388
12.1.2 核磁共振现象与弛豫过程 390
12.1.3 化学位移及核磁共振波谱图 392
12.1.4 自旋耦合与自旋裂分 398
12.1.5 $^{13}C$核磁共振波谱 400
思考与练习12.1 401
阅读园地：核磁共振波谱法简史 402
12.2 核磁共振波谱仪 402
12.2.1 连续波核磁共振波谱仪 403
12.2.2 脉冲傅里叶变换核磁共振波谱仪 404
思考与练习12.2 405
12.3 实验技术 405
12.4 实验 405
本章主要符号的意义及单位 406
本章要点 406

## 13 其他仪器分析法简介 407

学习指南
13.1 伏安分析法与电导分析法
13.1.1 伏安分析法
13.1.2 电导分析法
13.2 分子荧光和磷光分析
13.2.1 基本原理
13.2.2 分子荧光（磷光）光谱仪
13.2.3 应用
13.3 原子荧光光谱法
13.3.1 基本原理
13.3.2 原子荧光光谱仪
13.3.3 实验技术
13.3.4 应用
思考与练习13.3
13.4 激光拉曼光谱法
13.4.1 基本原理
13.4.2 激光拉曼光谱仪
13.4.3 应用
13.5 电子能谱分析
13.5.1 基本原理
13.5.2 电子能谱仪
13.5.3 应用
13.6 超临界流体色谱法
13.6.1 超临界流体的特性
13.6.2 超临界流体色谱仪
13.6.3 超临界流体色谱法特点
13.7 流动注射分析法
13.7.1 基本原理
13.7.2 流动注射分析仪
13.7.3 实验技术与应用
13.8 实验
13.8.1 蜂蜜电导率的测定
13.8.2 分子荧光光度法测定地表水中的石油类物质
13.8.3 原子荧光光谱法测定土壤中的总汞
13.8.4 出口液态乳中三聚氰胺快速测定（拉曼光谱法）
本章主要符号的意义及单位
本章要点

## 附 录 408

附录1 标准电极电位表（25℃）
附录2 某些氧化-还原电对的条件电极

电位
附录 3 部分有机化合物在 TCD 和 FID 上的相对质量校正因子（基准物：苯）
附录 4 国际原子量表（2022，IUPAC）
附录 5 一些重要的物理常数
附录 6 SI 词头（部分）
附录 7 分析化学中常用的量和单位
附录 8 思考与练习参考答案
参考文献 409

# 二维码一览表

| 序号 | 名称 | 类型 | 页码 |
| --- | --- | --- | --- |
| 1 | 高兆兰——我国光学、光谱学教育和研究的开拓者 | PDF | 11 |
| 2 | 分光光度分析装置和仪器的新技术 | PDF | 25 |
| 3 | 多组分的定量测定 | PDF | 35 |
| 4 | 高含量组分的测定 | PDF | 35 |
| 5 | 双波长分光光度法 | PDF | 35 |
| 6 | 目视比色法来源 | PDF | 38 |
| 7 | 紫外-可见分光光度计的发明者 | PDF | 49 |
| 8 | 分光光度计波长校正 | 视频 | 49 |
| 9 | 分光光度计吸收池配套性检验 | 视频 | 50 |
| 10 | 邻二氮菲分光光度法测定水样中微量铁含量(溶液配制) | 视频 | 53 |
| 11 | 邻二氮菲分光光度法测定水样中微量铁含量(吸收曲线绘制) | 视频 | 53 |
| 12 | 邻二氮菲分光光度法测定水样中微量铁含量(工作曲线绘制与水中微量铁测定　工作站操作) | 视频 | 53 |
| 13 | 邻二氮菲分光光度法测定水样中微量铁含量(工作曲线绘制与水中微量铁测定　仪器面板操作) | 视频 | 53 |
| 14 | 第 1 章要点 | PDF | 64 |
| 15 | 近红外吸收光谱——一种生物医学研究的有效方法 | PDF | 79 |
| 16 | 固体压片红外吸收光谱图的扫描(以 PE Spectrum TWO 型 FT-IR 为例) | 视频 | 85 |
| 17 | 红外吸收光谱图的优化与处理 | 视频 | 86 |
| 18 | 现代近红外吸收光谱分析技术简介 | PDF | 89 |
| 19 | 红外吸收光谱仪——固体压片操作 | 视频 | 90 |
| 20 | 红外光谱分析技术 | PDF | 92 |
| 21 | 定量分析 | PDF | 97 |
| 22 | 固体高聚物红外吸收光谱图的扫描 | 视频 | 104 |
| 23 | 第 2 章要点 | PDF | 106 |
| 24 | 化学家的通式"$C_4H_4$" | PDF | 110 |
| 25 | 中国原子吸收光谱事业的奠基者——吴廷照 | PDF | 114 |
| 26 | 空心阴极灯的安装 | 视频 | 124 |
| 27 | TAS900 原子吸收光谱仪基本操作 | 视频 | 124 |
| 28 | 乙炔钢瓶与减压阀的操作 | 视频 | 125 |
| 29 | 空气压缩机与减压阀的操作 | 视频 | 125 |
| 30 | 石墨炉原子化新技术 | PDF | 132 |
| 31 | 色谱-原子吸收联用技术 | PDF | 146 |
| 32 | 硬水中镁含量的测定(标准曲线法) | 视频 | 147 |
| 33 | 工业废水中铜含量的测定(标准加入法) | 视频 | 151 |
| 34 | 原子吸收光谱法测定葡萄糖酸锌口服液中的微量锌 | PDF | 152 |
| 35 | 石墨炉原子吸收光谱法测定食品中的微量铅 | PDF | 152 |
| 36 | 第 3 章要点 | PDF | 152 |
| 37 | 原子发射光谱法发展概况 | PDF | 155 |
| 38 | 耀眼的双子星——本生与基尔霍夫 | PDF | 165 |
| 39 | 原子质谱法 | PDF | 170 |
| 40 | 第 4 章要点 | PDF | 175 |
| 41 | 气相色谱发明者——马丁与辛格 | PDF | 187 |
| 42 | 氮气高压钢瓶与减压阀的操作 | 视频 | 189 |
| 43 | 空气高压钢瓶与减压阀的操作 | 视频 | 189 |
| 44 | 氢气高压钢瓶与减压阀的操作 | 视频 | 189 |
| 45 | 气相色谱仪——气路安装与检漏 | 视频 | 190 |
| 46 | 气体流量的测定(皂膜流量计) | 视频 | 192 |
| 47 | 硅胶垫的更换 | 视频 | 193 |
| 48 | GC7820 气相色谱仪的基本操作 | 视频 | 209 |
| 49 | 气相色谱仪毛细管色谱柱的安装 | 视频 | 214 |
| 50 | 气相色谱新兴检测技术——真空紫外光谱检测器(VUV) | PDF | 219 |
| 51 | 样品的制备 | PDF | 220 |
| 52 | 气相色谱仪进样操作 | 视频 | 229 |

续表


| 序号 | 名称 | 类型 | 页码 |
|---|---|---|---|
| 53 | 利用文献保留值或与其他方法结合定性 | PDF | 231 |
| 54 | 全二维气相色谱法 | PDF | 238 |
| 55 | 气相色谱法的应用 | PDF | 238 |
| 56 | 工业叔丁醇质量检验(归一化法) | 视频 | 244 |
| 57 | 工业废水中甲苯含量测定(内标法) | 视频 | 248 |
| 58 | 有机溶剂中微量水分的测定(外标法或标准加入法) | PDF | 252 |
| 59 | 顶空气相色谱法测定盐酸丁卡因原料药中的残留溶剂 | PDF | 252 |
| 60 | 气相色谱法分离条件的选择与优化、分析方法的验证 | PDF | 252 |
| 61 | 第 5 章要点 | PDF | 252 |
| 62 | 超高压液相色谱系统 | PDF | 268 |
| 63 | 色谱柱的选择与安装 | 视频 | 272 |
| 64 | 天美 LC2130 高效液相色谱仪的使用 | 视频 | 282 |
| 65 | Agilent HPLC 1260 高效液相色谱仪的使用 | 视频 | 282 |
| 66 | 岛津 LC-20A 高效液相色谱仪的使用 | 视频 | 285 |
| 67 | 岛津 Lab-Solutions 色谱数据处理 | 视频 | 286 |
| 68 | 中国色谱之父——卢佩章 | PDF | 292 |
| 69 | 流动相处理 | 视频 | 294 |
| 70 | 衍生化技术 | PDF | 296 |
| 71 | 样品预处理技术 | PDF | 296 |
| 72 | 新型液相色谱柱填料 | PDF | 301 |
| 73 | 高效液相色谱法测定水果、蔬菜中的吡虫啉残留 | PDF | 309 |
| 74 | 典型多环芳烃 HPLC 分离操作条件的选择与优化 | PDF | 309 |
| 75 | 第 6 章要点 | PDF | 309 |
| 76 | 毛细管电泳法 | PDF | 310 |
| 77 | pH 复合电极 | 视频 | 324 |
| 78 | 离子选择性电极——生物电极 | PDF | 326 |
| 79 | 缓冲溶液的配制 | 视频 | 328 |
| 80 | pHSJ-3F 型酸度计 | 视频 | 333 |
| 81 | 水溶液 pH 值的测量 | 视频 | 334 |
| 82 | 能斯特 | PDF | 337 |
| 83 | 田昭武和田中群——电化学领域的父子双院士 | PDF | 346 |
| 84 | 第 8 章要点 | PDF | 357 |
| 85 | 库仑分析法 | PDF | 358 |
| 86 | X 射线荧光光谱法 | PDF | 359 |
| 87 | 做中国人的质谱仪——科技领军人物周振 | PDF | 372 |
| 88 | 北京冬奥会兴奋剂检测新亮点:DBS | PDF | 386 |
| 89 | 质谱法实验技术 | PDF | 386 |
| 90 | 实验　GC-MS 测定粮谷和大豆中的除草剂残留 | PDF | 386 |
| 91 | 第 11 章要点 | PDF | 387 |
| 92 | 核磁共振波谱法简史 | PDF | 402 |
| 93 | 核磁共振波谱法实验技术 | PDF | 405 |
| 94 | 核磁共振波谱法实验 | PDF | 405 |
| 95 | 第 12 章要点 | PDF | 406 |
| 96 | 其他仪器分析法简介 | PDF | 407 |
| 97 | 附录 1　标准电极电位表(25℃) | PDF | 408 |
| 98 | 附录 2　某些氧化-还原电对的条件电极电位 | PDF | 408 |
| 99 | 附录 3　部分有机化合物在 TCD 和 FID 上的相对质量校正因子(基准物:苯) | PDF | 408 |
| 100 | 附录 4　国际原子量表(2022,IUPAC) | PDF | 408 |
| 101 | 附录 5　一些重要的物理常数 | PDF | 408 |
| 102 | 附录 6　SI 词头(部分) | PDF | 408 |
| 103 | 附录 7　分析化学中常用的量和单位 | PDF | 408 |
| 104 | 附录 8　思考与练习参考答案 | PDF | 408 |

# 绪 论

## 0.1 仪器分析法及其特点

仪器分析法综合了电学、光学、精密仪器制造、真空、计算机等先进技术，使用复杂、特殊且昂贵的仪器设备，通过测量物质的物理性质（光、电、磁、声、热等）、化学性质、物理化学性质或生理性质等，以确定待测物质化学组成、含量、分布以及分子结构等信息。

仪器分析法的特点是：

(1) 灵敏度高。仪器分析法多适用于微量分析、痕量分析，个别方法可实现超痕量分析。比如，采用原子吸收光谱法测定某些元素的绝对灵敏度可达 $10^{-14}$g。

(2) 选择性好。仪器分析法可选择性地分析目标成分，避免共存组分的干扰，如离子选择性电极可测指定离子，色谱法可实现复杂样品中各组分的定性鉴别与定量检测，原子发射光谱法可分析指定金属元素的特征谱线。

(3) 样品用量少。仪器分析法的用样量多为微克级、纳克级或微升级、纳升级。

(4) 分析速度快且自动化程度较高。多数仪器配置有自动进样装置，大大减少了分析时间。如原子发射光谱法在 1min 内可完成水中 48 种金属元素的同时测定。

(5) 可实现无损检测。采用光谱分析技术可在不破坏待测样品的前提下完成检测过程，适用于考古、文物等特殊领域的分析。

(6) 应用广泛。仪器分析法的检测对象包括固体、液体或气体样品；仪器分析法可完成样品的定性鉴别或结构分析、定量检测等，广泛应用于生物、医学、药学、食品、环境、材料、化工、农业及刑侦等领域。

(7) 成本较高。仪器设备昂贵，且维护成本较高，对操作人员的基本素质要求高。

(8) 相对误差较大。仪器分析法定量检测的相对误差通常在±1%～±10%间，不适合常量分析，较适合微量分析、痕量分析等。

仪器分析法虽然有诸多优点，但是仍然不能完全替代化学分析法，这是因为：(1) 进行仪器分析之前，通常需采用富集、稀释、沉淀、萃取等化学方法对试样进行预处理，以除去试样中的干扰物质，并使目标物质获得一个合适的检测浓度。(2) 采用仪器分析时通常需用标准物质绘制工作曲线或进行比对。大多数标准物质的浓度需用化学分析法进行准确标定。

## 0.2 仪器分析法的分类

仪器分析法种类繁多，按其所测量待测物质性质的不同可分类如下表。

| 分类 | 待测物质的性质 | 相应的仪器分析法(部分) |
| --- | --- | --- |
| 光谱分析法 | 辐射的发射 | 原子发射光谱法(AES)、X射线荧光光谱法(XRF)、荧光(磷光)分析法、原子荧光光谱法(AFS)、电子能谱分析 |
| | 辐射的吸收 | 原子吸收光谱法(AAS),红外吸收光谱法(IR),紫外及可见吸收光谱法(UV-VIS),核磁共振波谱法(NMR) |
| | 辐射的散射 | 浊度法,激光拉曼光谱法 |
| | 辐射的衍射 | X射线衍射法,电子衍射法 |
| | 辐射的转动 | 偏振法、旋光色散法、圆二色谱法 |
| 色谱分析法 | 两相间的分配 | 气相色谱法(GC),高效液相色谱法(HPLC),离子色谱法(IC)、超临界流体色谱法(SFC)、毛细管电泳(CE) |
| 电化学分析法 | 电导 | 电导分析法 |
| | 电流 | 电流滴定法 |
| | 电位 | 电位分析法 |
| | 电量 | 库仑分析法 |
| | 电流-电压特性 | 极谱分析法,伏安分析法 |
| 其他 | 质荷比 | 质谱法 |

## 0.3 仪器分析发展趋势

现代科学技术的发展，生产的需要和人民生活水平的提高对分析化学提出了新的要求，特别是近几年来，环境科学、资源调查、医药卫生、生命科学和材料科学的进展和深入研究对分析化学提出更为苛刻的要求。为了适应科学发展，仪器分析随之也将出现以下发展趋势：

(1) 创新方法，进一步发展高精密度、高灵敏度、高空间分辨率的高效仪器和测量方法，以满足现代高新技术、环境科学和生命科学对低至 $10^{-12}$ g/g 以至单个原子或分子水平杂质的检测；同时要求在测定低至 $10^{-6}$ 至 $10^{-9}$ 量级的微量样品的超痕量分析时排除体系中其他复杂成分对目标成分检测的干扰。

(2) 分析仪器的自动化与智能化（包括过程控制分析、人工智能及专家系统），可替代烦琐的手工操作，减少主观因素对测定结果的干扰，自动调取最优检测条件，自动处理检测过程中出现的简单问题，从而加快获取和解析检测信息的速度，提高分析结果的准确度。

(3) 新型动态分析检测和非破坏性检测。离线检测不能瞬时、直接、准确地反映生产实际和生命环境的情景实况，不能及时控制生产、生态和生物过程。运用先进的技术和分析原理研究并建立有效而实用的实时、在线和高灵敏度、高选择性的新型动态分析检测和非破坏性检测将是21世纪仪器分析发展的主流。目前生物传感器如酶传感器、免疫传感器、DNA传感器、细胞传感器等不断涌现；纳米传感器的出现也为活体分析带来了机遇。

(4) 多种方法的联合使用。多种仪器分析方法的联合使用可更好地发挥各种方法的优点，以期得到更全面、更准确的检测结果。联用技术已成为当前仪器分析发展的重要方向。

(5) 扩展时空多维信息。随着环境科学、宇宙科学、能源科学、生命科学、临床化学、生物医学等学科的兴起，现代仪器分析的发展已不再局限于将待测组分分离出来进行表征和测量，而是成为一门为物质提供尽可能多的化学信息的科学。采用现代核磁共振波谱、质谱、红外吸收光谱等分析方法，可提供有机物分子的精细结构、空间排列构型及瞬态变化等信息，为人们对化学反应历程及生命的认识提供了重要基础。

（6）分析仪器微型化及微环境的表征与测定。包括微区分析、表面分析、固体表面和深度分布分析、生命科学中的活体分析和单细胞检测、化学中的催化与吸附研究等。分析仪器的微型化特别适于现场快速分析。

此外，发展有毒物质的非接触分析方法和遥测技术，对于研究区域大气污染物在地面和大气不同高度的跟踪监测及确定污染源、周围环境、气象条件对污染物的影响是一种经济而有效的方法；而生物大分子及生物活体物质的表征与测定则是生命科学的重要组成部分。总之，仪器分析正在向快速、准确、自动、灵敏及适应特殊分析的方向迅速发展。

# 1

# 紫外-可见分光光度法

| 学习引导 | 学习目标 | 学习方法 |
| --- | --- | --- |
| 紫外-可见分光光度法是目前应用最为广泛的一种分子吸收光谱法，主要用于试样中微量组分的测定。本章主要介绍该方法的基本原理、常用仪器基本构造、使用方法和实验技术。 | 通过学习应重点掌握光吸收定律、显色条件和测量条件的选择、仪器基本构造和使用方法、定量方法和紫外定性应用等知识要点。通过技能训练应能熟练使用紫外-可见分光光度计对样品进行分析检验；能对实验数据进行正确分析和处理，准确表述分析结果；能完成仪器的日常维护保养工作，学会排除简单的故障。 | 学习过程中，复习已经学习过的知识，如物理学中的光学基本常识、无机化学中的化学平衡和溶液中的离子平衡、有机化合物官能团分类和重要有机化合物的构造等，对理解和掌握本章的知识要点很有帮助。认真规范地完成每一个技能训练是掌握操作技能、加强动手能力的重要途径。此外还可以通过所提供的参考文献、阅读材料和网络信息了解一些新技术，以拓宽自己的知识面。 |

## 1.1 概述

紫外-可见光区所使用的波长为200～780nm，分子吸收该光区辐射获得的能量足以使价电子发生跃迁而产生紫外可见吸收光谱。紫外-可见分光光度法（ultraviolet and visible spectrophotometry，简称UV-Vis）是基于分子对200～780nm区域内光辐射的吸收而建立起来的分析方法。

### 1.1.1 光谱分析法及分类

光谱测量法，特别是在可见光区的电磁波谱，是应用最广泛的分析方法之一。因为许多物质都能被选择性转化为有色衍生物，因此该方法被广泛应用于临床化学和环境实验室。根据波长范围可分为紫外吸收光谱法（UV，190～380nm）、可见分光光度法（Vis，380～780nm）、红外光谱法（近IR，0.78～2.5μm；中IR，2.5～25μm），因此测量可以在红外、可见和紫外区域进行光谱分析。选择的波长范围将取决于许多因素，比如仪器的实用性，被分析物质是否有色或可转化为有颜色的衍生物、是否含有在紫外线或红外线区域吸收的官能团等。红外吸收光谱一般不适用于定量测量，与紫外吸收光谱和可见吸收光谱相比较，更适合于定性或结构解析。近红外吸收光谱法越来越多地被应用于过程控制方面的定量分析。

### 1.1.2 电磁辐射的性质

光谱法是基于分析物对光子的吸收建立起来的分析方法。光谱法中，样品溶液吸收电磁辐射（electromagnetic radiation，EMR），即来自适当光源的“光”（通常使用术语“光”，这并不一定意味着可见光），光的吸收量与溶液中分析物的种类和浓度有关。含有铜离子的溶液是蓝色的，因为它吸收来自于白光中的黄色光，保留了互补色蓝色光。铜离子溶液浓度越大，黄色光被吸收得越多，该溶液蓝色就越深。在光谱法中，黄色光的吸收量与浓度相关，通过对电磁波谱和分子如何吸收电磁辐射的学习，可对吸收光谱有更好的认识。

为了达到目的，电磁辐射可以通过任何形式辐射能量，这种辐射以横波传播。其振动垂直于传播方向，并且带来波运动，然后产生辐射。波通常用波长（$\lambda$）或频率（$\nu$）来表示：波长指波完成一个周期时对应的距离；频率指单位时间内通过一个不动点的周期数；波长的倒数称为波数（$\bar{\nu}$），是单位长度内所含有波的数量。波长与频率的关系：

$$\lambda=\frac{c}{\nu} \tag{1-1}$$

式中，$\lambda$ 为波长，nm；$\nu$ 为频率，Hz 或 $s^{-1}$；$c$ 为光速，真空中约 $3\times10^{10}cm\cdot s^{-1}$。

电磁辐射的波长在几埃（Å）至几米（m）间变化。它们之间的关系如下：

$$1Å=1\times10^{-10}m=10^{-8}cm=1\times10^{-4}\mu m$$

比如：常见的 AM 广播频率有 870kHz，FM 广播频率有 90.1MHz，相关波长分别为 345m 和 3.33m。

光是一种电磁波，具有波动性和粒子性。光是一种波，有波长（$\lambda$）和频率（$\nu$）；光也是一种离子，有能量（$E$）。它们之间的关系为：

$$E=h\nu=h\frac{c}{\lambda} \tag{1-2}$$

式中，$E$ 为能量，eV（电子伏特）；$h$ 为普朗克常数（$6.626\times10^{-34}J\cdot s$）。

由上式可知，不同波长的光能量不同，波长越长，能量越小；波长越短，能量越大。紫外光和可见光的波长单位通常是 nm，红外光的单位通常是 μm（红外吸收光谱常用波数作横坐标）。这就是为什么来自太阳的紫外线会灼伤人体。太阳镜能够吸收紫外光的成分以防止紫外光照射在人体的皮肤上。太阳防护因子（sum protection factor，SPF）就是用来表示吸收多少紫外线的指标。

### 1.1.3 紫外-可见分光光度法的分类及特点

分光光度法中，按照光的波谱区域不同，可分为可见分光光度法（波长 400～780nm）、紫外分光光度法（波长 200～400nm）、红外分光光度法（波长 $2.5\times10^3$～$2.5\times10^4$ nm）。其中紫外分光光度法和可见分光光度法合称为紫外-可见分光光度法。紫外区域波长为 10～400nm，但最常用的区域波长是 200～400nm，称为近紫外区或石英 UV 区。空气（特别是 $O_2$）对波长小于 200nm 的光有明显的吸收，因此仪器需要在真空条件下操作，该波长区域被称为真空紫外区。可见区域实际上是电磁光谱的一个非常小的部分，并且是可被人眼看见的波长区域，即在光出现的地方被测物体呈现不同的颜色。

UV-Vis 是仪器分析中应用最为广泛的分析方法之一，具有较高的灵敏度，适用于微量组分的测定。用此方法测试溶液的浓度下限可达 $10^{-5}$～$10^{-6}mol\cdot L^{-1}$（微克量级），在某些条件下甚至可测定 $10^{-7}mol\cdot L^{-1}$ 的试样浓度。

UV-Vis 测定的相对误差为 2%～5%，若采用精密分光光度计进行测量，相对误差可达 1%～2%。对于常量组分的测定，准确度不及化学法，但对于微量组分的测定，已完全能满足分析的要求。所以，该法适合于测定低含量和微量组分，而不适用于中、高含量组分的测定。若采用示差分光光度法，对于高含量组分的测量，能提高其测量准确度。

UV-Vis 分析速度快，仪器设备不复杂，操作简便，价格低廉，应用比较广泛。一般用于无机物和有机物中微量组分的测定。另外，紫外吸收光谱法可用于芳香化合物以及含共轭体系化合物的定性鉴定及结构分析。目前，有将 UV-Vis 应用于化学平衡等研究的报道。

## 思考与练习 1.1

1. 紫外-可见分光光度法测定的相对误差一般为（　　）

A. 0.1%～0.2%　　B. 0.2%～1%　　C. 1%～5%　　D. 5%～10%

2. 比色分析一般用于稀溶液，当被测物质的浓度较高时可采用（　　）能较正确地进行测定。

A. 紫外分光光度法　B. 可见分光光度法　C. 示差分光光度法　D. 双波长分光光度法

3. 紫外-可见分光光度法的适合检测波长范围是（　　）。

A. 400～780nm　　B. 200～400nm　　C. 200～780nm　　D. 200～1000nm

# 1.2　基本原理

## 1.2.1　物质对光的选择性吸收

### 1.2.1.1　单色光和互补光

具有同一种波长的光称为单色光。纯单色光很难获得，激光的单色性虽然很好，但也只接近于单色光。含有多种波长的光称为复合光，白光就是复合光，例如日光、白炽灯光等白光都是复合光。人的眼睛对不同波长光的感觉是不一样的。凡是能被肉眼感觉到的光称为可见光，其波长范围 400～780nm。凡 $\lambda<400$nm 的紫外光或 $\lambda>780$nm 的红外光均不能被人眼感觉到。在可见光的范围内，不同波长的光刺激眼睛后会产生不同颜色的感觉，但由于受到人的视觉分辨能力的限制，实际上是一个波段的光给人引起一种颜色的感觉。图 1-1 列出了各种色光的近似波长范围。

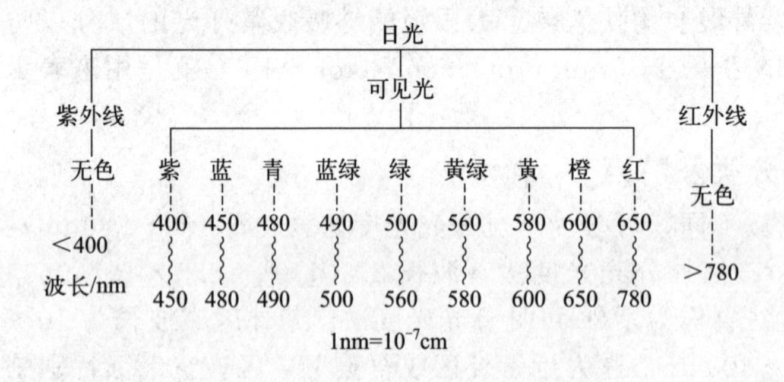


图 1-1　各种色光的近似波长范围

黄　绿　青
橙——白光——青蓝
红　紫红　蓝

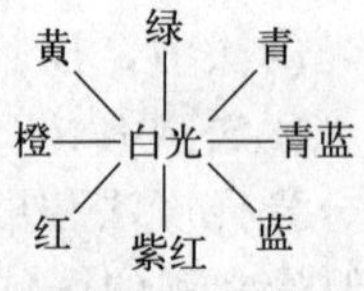

图 1-2　互补色光示意图

人“看到”物体有色是因为当白光照射到物体上时，物体透射或反射白色光的一部分。复合光（白光）包含可见光区域的整个波长范围，当它通过一个物体时，该物体吸收一定波长的光，留下的未吸收波长的光透过物体，这些剩余的投射光被看作是一种颜色，这种颜色和吸收的颜色是互补的。以类似的方式，不透明的物体会吸收一定波长的光，留下的残余光被反射并作为彩色被“看到”，这是剩余光组合的结果。

日常见到的日光、白炽灯光等白光就是由这些波长不同的有色光混合而成的。这可以用一束白光通过棱镜后色散为红、橙、黄、绿、青、蓝、紫等七色光来证实。如果把适当颜色的两种光按一定强度比例混合，也可成为白光，这两种颜色的光称为互补色光。图 1-2 为互补色光示意图。图中处于直线关系的两种颜色的光即为互补色光，如绿色光与紫红色光互补，蓝色光与黄色光互补等。它们按一定强度比例混合都可以得到白光，所以日光等白光实际上是由一对互补色光按适当强度比例混合而成。

#### 1.2.1.2 物质颜色与光的关系

物质的颜色与光有密切关系。当一束白光通过某透明溶液时，如果该溶液对可见光区各波长的光都不吸收，即入射光全部通过溶液，这时看到的溶液无色透明。当该溶液对可见光区各种波长的光全部吸收时，此时看到的溶液呈黑色。若某溶液选择性吸收了可见光区某波长的光，则该溶液即呈现出被吸收光的互补色光的颜色。

例如，当一束白光通过 $KMnO_4$ 溶液时，该溶液选择性地吸收了 500～560nm 的绿色光，将其他的色光两两互补成白光而通过，只剩下紫红色光未被互补，所以 $KMnO_4$ 溶液呈现紫红色。同样道理，$K_2CrO_4$ 溶液对可见光中的蓝色光有较大的吸收，所以溶液呈蓝色的互补色光——黄色。可见物质的颜色是基于物质对光有选择性吸收的结果。而物质呈现的颜色则是被物质吸收光的互补色。

以上采用溶液对色光的选择性吸收来说明了溶液颜色的产生。若要更精确地说明物质具有选择性吸收不同波长范围光的性质，则必须用物质的吸收曲线来描述。

#### 1.2.1.3 物质的吸收曲线

物质的吸收曲线是通过实验获得的，具体方法是：将不同波长的光依次通过某一固定浓度和厚度的有色溶液，分别测出它们对各种波长光的吸收程度（用吸光度 A 表示），以波长为横坐标，以吸光度为纵坐标作图，画出曲线。此曲线即称为该物质的吸收曲线（或称吸收光谱），描述了物质对不同波长光的吸收程度。图 1-3 所示的是三种不同浓度的 $KMnO_4$ 溶液对波长 440～580nm 光区的吸收曲线。

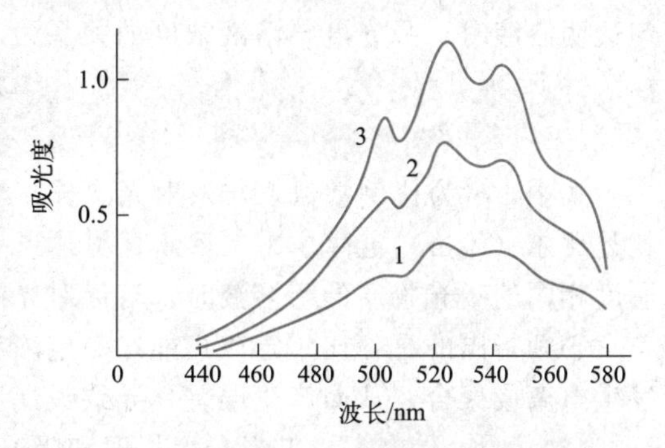


图 1-3 $KMnO_4$ 溶液的光吸收曲线

1—$c(KMnO_4)=1.56\times10^{-4}mol\cdot L^{-1}$；

2—$c(KMnO_4)=3.12\times10^{-4}mol\cdot L^{-1}$；

3—$c(KMnO_4)=4.68\times10^{-4}mol\cdot L^{-1}$

由图 1-3 可以看出：

（1）高锰酸钾溶液对不同波长的光的吸收程度是不同的，对波长为 525nm 的绿色光吸收最多，在吸收曲线上有一高峰（称为吸收峰）。光吸收程度最大处的波长称为最大吸收波长（常以 $\lambda_{max}$ 表示）。在进行光度测定时，通常都是测量物质对 $\lambda_{max}$ 处的吸收程度，因为这时可得到最高的灵敏度。

（2）不同浓度的高锰酸钾溶液，其吸收曲线的形状相似，$\lambda_{max}$ 也一样。所不同的是吸收峰峰高随浓度的增加而增高。这一点正是 UV-Vis 定量分析的理论依据。

（3）不同物质的吸收曲线，其形状和 $\lambda_{max}$ 均不同。因此，吸收曲线可作为物质定性分析的依据。

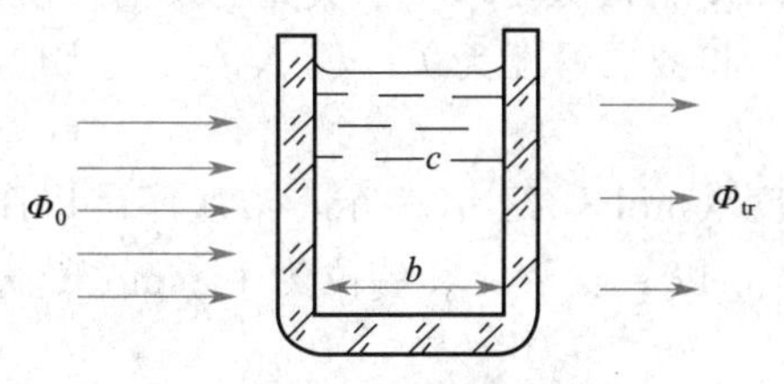


图 1-4 单色光通过盛溶液吸收池

### 1.2.2 朗伯-比尔定律

#### 1.2.2.1 朗伯-比尔定律

（1）朗伯定律 当一束平行单色光垂直照射到一定浓度的均匀透明溶液时（见图 1-4），入射光被溶液吸收的程度与光程长度（即溶液液层厚度）的关系为：

$$\lg\frac{\phi_0}{\phi_{tr}}=kb \qquad (1\text{-}3)$$

式中，$\phi_0$ 为入射光通量；$\phi_{tr}$ 为通过溶液后透射光通量；$b$ 为溶液液层厚度（或称光程长度)，cm；$k$ 为比例常数，与入射光波长、溶液性质和温度等因素有关。这就是朗伯(S. H. Lambert）定律。

$\phi_{tr}/\phi_0$ 表示溶液对光的透射程度，称为透射比，用符号 $\tau$ 表示。透射比愈大说明透过的光愈多 [$\tau \in (0,1)$]。而 $\lg\frac{\phi_0}{\phi_{tr}}$则表示当入射光 $\phi_0$ 一定时，若透过光通量 $\phi_{tr}$ 愈小，则被吸收的光愈多。所以 $\lg\frac{\phi_0}{\phi_{tr}}$表示了单色光通过溶液时被吸收的程度，通常称为吸光度，用 $A$ 表示 [$A \in (0,+\infty)$]：

$$A=\lg\frac{\phi_0}{\phi_{tr}}=\lg\frac{1}{\tau}=-\lg\tau \tag{1-4}$$

$$\tau=10^{-A} \tag{1-5}$$

(2) 比尔定律　当一束平行单色光垂直照射到不同浓度、相同光程长度的同种物质的均匀透明溶液时，吸光度与溶液浓度的关系为

$$\lg\frac{\phi_0}{\phi_{tr}}=k'c \tag{1-6}$$

式中，$k'$为比例常数，与入射光波长、溶液性质和温度等因素有关；$c$ 为溶液浓度。这就是比尔（Beer）定律。**比尔定律表明**：当一束平行单色光垂直入射通过均匀、透明且液层厚度相同的吸光物质的稀溶液时，溶液对光的吸收程度与溶液的浓度成正比。

必须指出的是：比尔定律只能在一定浓度范围才适用。因为浓度过低或过高时，溶质会发生电离或聚合，从而产生误差，导致吸光度与溶液浓度间的正比例关系不再成立。

(3) **朗伯-比尔定律**　当光程长度和吸光物质的浓度均可改变时，这时就要考虑两者同时对透射光通量的影响，则有

$$A=\lg\frac{\phi_0}{\phi_{tr}}=\lg\frac{1}{\tau}=Kbc \tag{1-7}$$

式中，$K$ 为比例常数，与入射光波长、吸光物质的性质、溶液的温度等因素有关。这就是**朗伯-比尔定律**，也称光吸收定律，是紫外-可见分光光度法进行定量分析的理论依据。**朗伯-比尔定律应用的条件**：一是必须使用单色光；二是吸收发生在均匀的介质中；三是吸收过程中，吸收物质互相不发生作用。

(4) 吸光系数　式(1-7) 中比例常数 $K$ 称为吸光系数，其物理意义是：单位浓度的溶液、液层厚度为 1cm 时，在一定波长下测得的吸光度。$K$ 值的大小取决于吸光物质的性质、入射光波长、溶液温度和溶剂性质等，与溶液浓度大小和液层厚度无关。但 $K$ 值大小因溶液浓度所采用单位的不同而异。

① 摩尔吸光系数 $\varepsilon$。当溶液的浓度以物质的量浓度（$mol \cdot L^{-1}$）表示，液层厚度以厘米（cm）表示时，相应的比例常数称为摩尔吸光系数，以 $\varepsilon$ 表示，其单位为 $L \cdot mol^{-1} \cdot cm^{-1}$。这样，式(1-7) 可改写成

$$A=\varepsilon bc \tag{1-8}$$

$\varepsilon$ 的物理意义是：浓度为 $1mol \cdot L^{-1}$ 的溶液，于厚度为 1cm 的吸收池中，在一定波长下测得的吸光度。$\varepsilon$ 是吸光物质的重要参数之一，表示物质对某一特定波长光的吸收能力。$\varepsilon$ 愈大，表示该物质对某波长光的吸收能力愈强，测定的灵敏度也愈高。因此，测定时，为了提高分析的灵敏度，通常选择 $\varepsilon$ 大的有色化合物进行测定，选择具有最大 $\varepsilon$ 值的波长作工作波长。一般认为 $\varepsilon<1\times10^4 L \cdot mol^{-1} \cdot cm^{-1}$ 时灵敏度较低；$\varepsilon$ 在 $1\times10^4 \sim 6\times10^4 L \cdot$

$mol^{-1} \cdot cm^{-1}$ 时属中等灵敏度；$\varepsilon > 6 \times 10^4 L \cdot mol^{-1} \cdot cm^{-1}$ 时属高灵敏度。

ε 由实验测得。在实际测量中，不能直接取 $1mol \cdot L^{-1}$ 的高浓度溶液去测量 ε（因此时测得的吸光度 $A$ 值过大，且不符合比色定律），只能在稀溶液中测量后，通过换算得到该物质的 ε。

【例 1-1】已知含 $Fe^{3+}$ 浓度为 $500\mu g \cdot L^{-1}$ 溶液用 KCNS 显色，在波长 480nm 处用 2.0cm 吸收池测得 $A=0.197$，计算摩尔吸光系数。

$$c(Fe^{3+})=\frac{500\times10^{-6}}{55.85}=8.95\times10^{-6}(mol \cdot L^{-1})$$

$$\varepsilon=\frac{A}{bc}=\frac{0.197}{8.95\times10^{-6}\times2.0}=1.1\times10^{4}(L \cdot mol^{-1} \cdot cm^{-1})$$

② 质量吸光系数 $a$。质量吸光系数适用于摩尔质量未知的化合物。若溶液浓度以质量浓度 $\rho$（$g \cdot L^{-1}$）表示，液层厚度以厘米（cm）表示，相应的吸光度则为质量吸光系数，以 $a$ 表示，其单位为 $L \cdot g^{-1} \cdot cm^{-1}$。这样式(1-7) 可表示为

$$A=ab\rho \tag{1-9}$$

#### 1.2.2.2 吸光度的加和性

在多组分的体系中，在某一波长下，如果各种对光有吸收的物质之间没有相互作用，则体系在该波长下的总吸光度等于各组分吸光度之和，即吸光度具有加和性，称为吸光度加和性原理。可表示如下：

$$A_{总}=A_1+A_2+A_3+\cdots+A_n=\sum_{i=1}^{n}A_i \tag{1-10}$$

式中，各吸光度的下标表示组分 1，2，3，…，$n$。

吸光度的加和性对多组分同时定量测定、校正干扰等都极为有用。

#### 1.2.2.3 影响吸收定律的主要因素

根据吸收定律，在理论上，吸光度对溶液浓度作图所得的直线的截距为零，斜率为 $\varepsilon b$。实际上吸光度与浓度关系有时是非线性的，或者不通过零点，这种现象称为偏离光吸收定律。

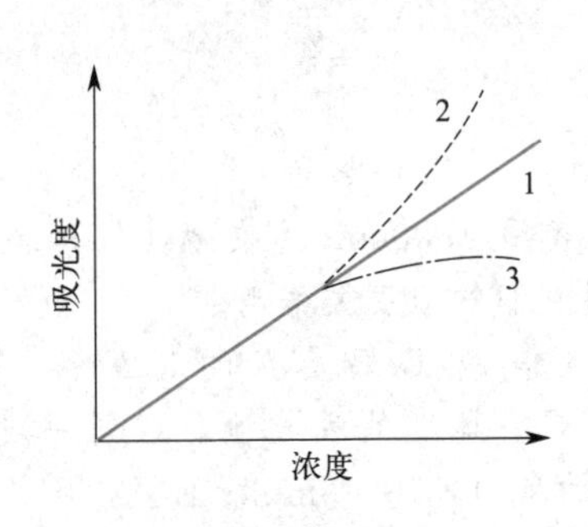


图 1-5 偏离光吸收定律

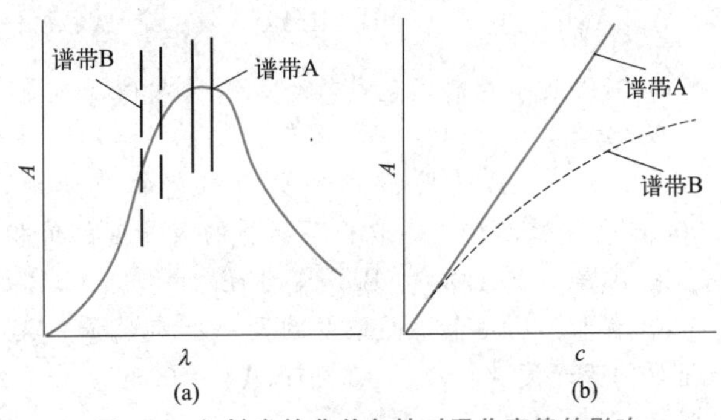


图 1-6 入射光的非单色性对吸收定律的影响

若溶液的实际吸光度比理论值大，则为正偏离吸收定律；若吸光度比理论值小，则为负偏离吸收定律，如图 1-5 所示。引起偏离光吸收定律的原因主要有：

（1）入射光非单色性引起偏离　吸收定律成立的前提是：入射光是单色光。但实际上，一般单色器所提供的入射光并非纯单色光，而是由波长范围较窄的光带组成的复合光。而物

质对不同波长的吸收程度不同（即吸光系数不同），因而导致了对吸光定律的偏离。入射光中不同波长的摩尔吸光系数差别愈大，偏离光吸收定律就愈严重。实验证明，只要所选入射光的波长范围在被测溶液吸收曲线较平坦的部分，其偏离程度就比较小（见图 1-6 的谱带 A）。

（2）溶液的化学因素引起偏离　溶液中的吸光物质因离解、缔合，形成新的化合物而改变了吸光物质的浓度，导致偏离光吸收定律。因此，测量前的化学预处理工作是十分重要的，如控制好显色反应条件，控制溶液的化学平衡等，以防止产生偏离。

（3）比尔定律的局限性引起偏离　严格说，比尔定律是一个有限定律，只适用于浓度＜0.01mol·L$^{-1}$ 的稀溶液。因为浓度高时，吸光粒子间平均距离减小，以致每个粒子都会影响其邻近粒子的电荷分布。这种相互作用使它们的摩尔吸光系数 ε 发生改变，因而导致偏离比尔定律。为此，在实际工作中，待测溶液的浓度应控制在 0.01mol·L$^{-1}$ 以下。

## 思考与练习 1.2

1. 人眼能感觉到的光称为可见光，其波长范围是（　　）。

A. 400～780nm　　B. 400～780nm　　C. 200～400nm　　D. 780～2500nm

2. 摩尔吸光系数很大，则说明（　　）。

A. 该物质的浓度很大　　B. 光通过该物质溶液的光程长

C. 该物质对某波长光的吸收能力强　　D. 测定该物质的方法的灵敏度低

3. 在一定波长处，用 2.0cm 吸收池测得某试液的透射比为 62%，若改用 3.0cm 吸收池时，该试液的吸光度 A 应为（　　）。

A. 0.032　　B. 0.38　　C. 0.31　　D. 0.14

4. 某有色配合物溶液的吸光度为 $A_1$，经第一次稀释后测得吸光度为 $A_2$，再次稀释后测得吸光度为 $A_3$，且 $A_1-A_2=0.500$，$A_2-A_3=0.250$，则其透射比 $\tau_3:\tau_2:\tau_1$ 为（　　）。

A. 5.62∶3.16∶1.78　　B. 5.62∶3.16∶1

C. 1∶3.16∶5.62　　D. 1.78∶3.16∶5.62

5. 符合比尔定律的某溶液吸光度为 $A_0$，若将该溶液的浓度增加一倍，则其吸光度等于（　　）。

A. $2A_0$　　B. $2\lg A_0$　　C. $\frac{\lg A_0}{2}$　　D. $\frac{A_0}{\lg 2}$

6. 某溶液本身的颜色是红色，它吸收的颜色是（　　）。

A. 黄色　　B. 绿色　　C. 青色　　D. 紫色

7*. 有 A、B 两份不同浓度的有色物质溶液，A 溶液用 1.00cm 吸收池，B 溶液用 2.00cm 吸收池，在同一波长下测得的吸光度的值相等，则它们的浓度关系为（　　）。

A. A 是 B 的 1/2　　B. A 等于 B　　C. B 是 A 的 4 倍　　D. B 是 A 的 1/2

8. 有甲、乙两个不同浓度的同一有色物质的溶液，用同一厚度的吸收池，在同一波长下测得的吸光度为：$A_{甲}=0.20$；$A_{乙}=0.30$。若甲的浓度为 $4.0\times10^{-4}$ mol·L$^{-1}$，则乙的浓度为（　　）。

A. $8.0\times10^{-4}$mol·L$^{-1}$　　B. $6.0\times10^{-4}$mol·L$^{-1}$

C. $1.0\times10^{-4}$mol·L$^{-1}$　　D. $2.0\times10^{-4}$mol·L$^{-1}$

9. 符合比耳定律的有色溶液稀释时，其最大的吸收峰的波长位置（　　）。

A. 向长波方向移动　　B. 向短波方向移动

C. 不移动，但峰高降低　　D. 无任何变化

10. （多选）影响摩尔吸光系数的因素是（　　）。

A. 比色皿厚度　　B. 入射光波长　　C. 有色物质的浓度　D. 溶液温度

11. 试样中微量锰含量的测定常用 $KMnO_4$ 比色。称取试样 0.500g，经溶解，用 $KIO_4$ 氧化为 $KMnO_4$ 后，稀释至 500mL，在波长 525nm 处测得吸光度为 0.400。另取相近含量的锰浓度为 $1.00\times10^{-4}mol\cdot L^{-1}$ 的 $KMnO_4$ 标液，在同样条件下测得吸光度为 0.425。已知两次测定均符合光吸收定律，问：试样中锰的质量分数是多少？[$M(Mn)=54.94g\cdot mol^{-1}$]

高兆兰——我国光学、光谱学教育和研究的开拓者

阅读园地

扫描二维码可拓展阅读“高兆兰——我国光学、光谱学教育和研究的开拓者”。

## 1.3　紫外-可见分光光度计

### 1.3.1　仪器基本组成部件

早期的紫外-可见分光光度计是单光束仪器，只有一条光路（一束光）、一个比色皿、一个检测器，操作比较麻烦，光源波动和杂散光对测量的影响均不能抵消，因此测量误差大，但最大的优点是成本低。图 1-7 是最早的紫外-可见分光光度计的结构示意图。

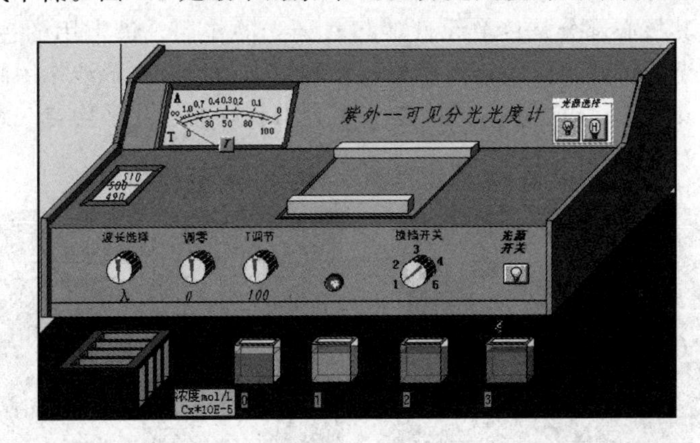


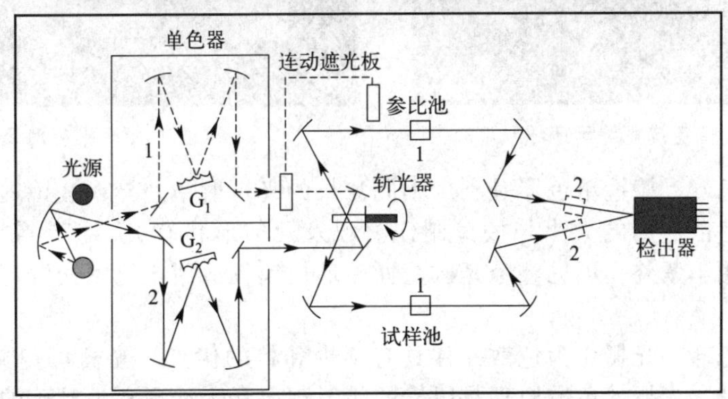


图 1-7　紫外-可见分光光度计结构示意图

目前，紫外-可见分光光度计的型号虽较多，但其基本构造相似，都由光源、单色器、样品吸收池、检测器和信号显示系统等五大部件组成（见图 1-8）。

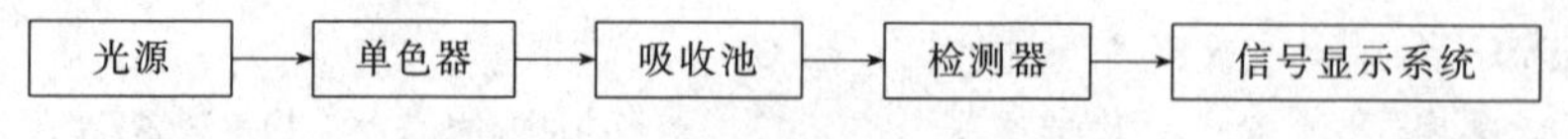


图 1-8　分光光度计组成部件框图

分光光度计的分析流程是：由光源发出的光，经单色器获得一定波长的单色光，通过样品溶液被吸收后，经检测器将光强度变化转变为电信号变化，并经信号指示系统调制放大后，显示或打印出吸光度 $A$（或透射比 $\tau$），完成测定。

### 1.3.1.1　光源

光源的作用是供给符合要求的入射光，可提供近紫外光区域或可见光区域的连续光谱，且能满足足够的辐射强度、较好的稳定性、较长的使用寿命等要求。

可见光区，一般用钨灯作为光源，其辐射波长范围在 320～2500nm。近年来，多以卤钨灯代替钨丝灯，即在钨丝中加入适量的卤化物或卤素，灯泡用石英制成，其寿命和发光效率优于钨灯。近紫外区，一般用氢灯或氘灯作为光源，能发射 185～375nm 的连续光源（使用紫外-可见分光光度计时通常在 360nm 处切换钨灯与氘灯）。氘灯的光谱分布与氢灯相同，但光强比同功率的氢灯要大 3～5 倍，且寿命比氢灯长。另外，高强度和高单色性的激光已被开发用于紫外光源。目前已商品化的激光光源有氩离子激光器和可调谐染料激光器。

### 1.3.1.2　单色器

单色器是能从光源辐射的复合光中分解单色光的光学装置。单色器一般由入射狭缝、准光器（透镜或凹面反射镜，使入射光成平行光）、色散元件、聚集元件和出射狭缝等几部分组成（见图 1-9）。其核心部分是色散元件，起着分光的作用。最常用的色散元件是棱镜和光栅。棱镜是利用光的折射制成的，而光栅则是利用光的衍射与干涉作用制成的。光栅可用于紫外、可见及红外区域。由于其在整个波长区具有良好的、几乎均匀一致的分辨能力，因此被广泛用于各类光学仪器系统中。

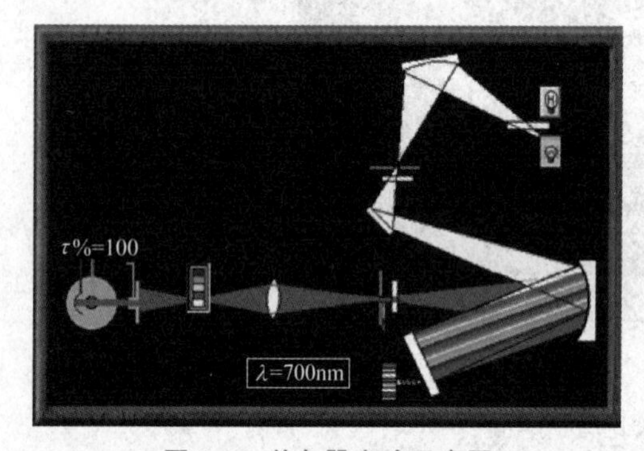


图 1-9　单色器光路示意图

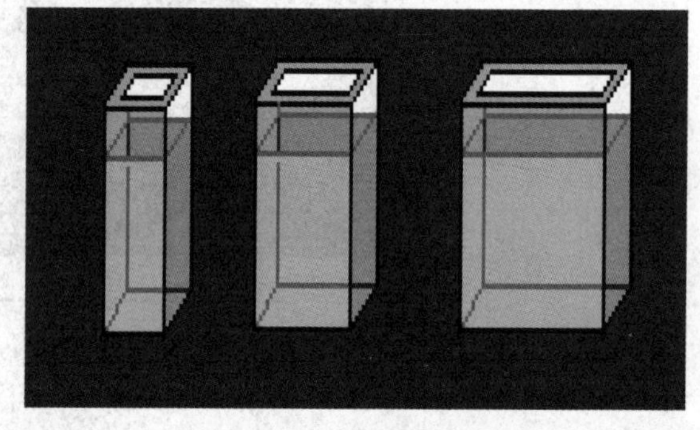

图 1-10　比色皿示意图

（1）棱镜单色器　棱镜单色器是利用不同波长的光折射率差异在棱镜内将复合光色散为单色光的。棱镜色散作用的大小与棱镜制作材料及几何形状有关。棱镜常用玻璃或石英制成。石英棱镜适用于紫外、可见整个光区，而玻璃棱镜仅适用于可见光区（因玻璃吸收紫外光）。

（2）光栅单色器　光栅作为色散元件具有不少独特的优点。光栅可定义为一系列等宽、等距离的平行狭缝。光栅的色散原理是以光的衍射现象和干涉现象为基础的。常用的光栅单色器为反射光栅单色器，又分为平面反射光栅和凹面反射光栅两种，其中最常用的是平面反射光栅。由于光栅单色器的分辨率比棱镜单色器分辨率高（可达±0.2nm），而且可用的波长范围也比棱镜单色器宽。因此目前生产的紫外-可见分光光度计大多采用光栅作为色散元件。近年来，光栅的刻制、复制技术不断在改进，其质量也在不断地提高，因而其应用日益广泛。

值得提出的是：无论何种单色器，出射光光束常混有少量与仪器所指示波长不同的光波，即杂散光。杂散光会影响吸光度的正确测量，其产生的主要原因是：光学部件和单色器的外壁、内壁的反射和大气或光学部件表面上尘埃的散射等。为了减少杂散光，单色器常用涂以黑色的罩壳封起来，通常不允许任意打开罩壳。

#### 1.3.1.3 吸收池

吸收池又叫比色皿，是用于盛放待测溶液和决定透光液层厚度的器件（图 1-10）。吸收池一般为长方体（也有圆鼓形或其他形状，不常用），其底及两侧为毛玻璃，另两面为光学透光面。根据光学透光面的材质，吸收池有玻璃吸收池和石英吸收池两种。玻璃吸收池仅适用于可见光区，石英吸收池则可用于紫外光区和可见光区。吸收池的规格是以光程长度为标志的，常用的吸收池规格有 0.50cm、1.00cm、2.00cm、3.00cm、5.00cm 等。需根据待测溶液的浓度选择合适规格的吸收池。

使用吸收池时应特别注意保护两个光学面。为此，必须做到：

（1）拿取吸收池时，只能用拇指和食指轻捏两侧的毛玻璃，不可接触光学面。也不能用力捏住吸收池，以防其碎裂。

（2）不能将光学面与硬物或脏物接触，只能用擦镜纸或丝绸擦拭光学面。

（3）凡含有腐蚀玻璃的物质（如 $F^-$、$SnCl_2$、$H_3PO_4$ 等）的溶液，不得长时间盛放在吸收池中。

（4）吸收池使用后应立即用水冲洗干净。有色物污染可以用 $3mol \cdot L^{-1}$ HCl 和等体积乙醇的混合液浸泡洗涤。生物样品、胶体或其他在吸收池光学面上形成薄膜的物质要用合适的溶剂洗涤。

（5）不得在火焰或电炉上进行加热或烘烤吸收池。

由于一般商品吸收池的光程精度往往不是很高，与其标示值有微小误差，即使是同一个厂出品的同规格的吸收池也不一定完全能够互换使用。所以，仪器出厂前吸收池都经过检验配套，在使用时不应混淆其配套关系。实际工作中，为了消除误差，在测量前还必须对吸收池进行配套性检验。

#### 1.3.1.4 检测器

检测器又称接受器，其作用是对透过吸收池的光作出响应，并转变成电信号输出，其输出电信号大小与透过光的强度成正比。常用的检测器有光电池、光电管及光电倍增管等，它们都是基于光电效应原理制成的。作为检测器，对光电转换器的要求是：光电转换有恒定的函数关系，响应灵敏度要高、速度要快，噪声低、稳定性高，产生的电信号易于检测放大等。

（1）光电池　光电池是由三层物质构成的薄片，表层是导电性能良好的可透光金属薄膜，中层是具有光电效应的半导体材料（如硒、硅等），底层是铁片或铝片（见图 1-11）。由于半导体材料的半导体性质，当光照射到光电池上时，由半导体材料表面逸出的电子只能单向流动，使金属膜表面带负电，底层铁片带正电，线路接通就有光电流产生。光电流大小与光电池受到光照的强度成正比。

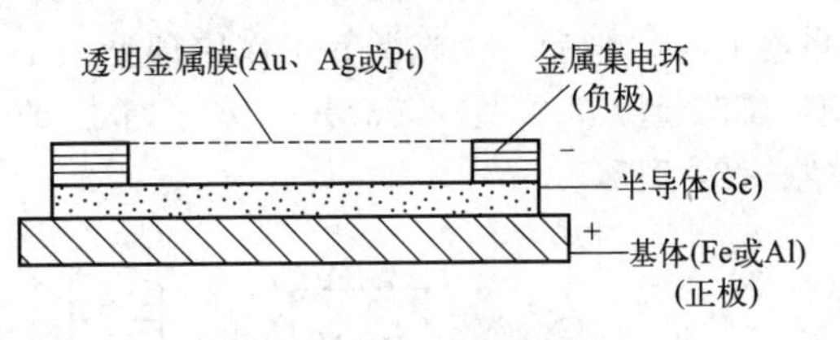


图 1-11　硒光电池结构示意图

光电池根据半导体材料来命名，常用的光电池是硒电池和硅光电池。不同的半导体材料制成的光电池，对光的响应波长范围和最灵敏峰波长各不相同。硒光电池对光响应的波长范围一般为 250～750nm，灵敏区为 500～600nm，而最高灵敏峰约在 530nm。

光电池具有不需要外接电源、不需要放大装置而直接测量电流的优点。其不足之处是：由于内阻小，不能用一般的直流放大器放大，因而不适用于较微弱光的测量。光电池受光照持续时间太久或受强光照射会产生“疲劳”现象，失去正常的响应，因此一般不能连续使用 2h 以上。

(2) 光电管　光电管在紫外-可见分光光度计中应用广泛。它是一个阳极和一个光敏阴极组成的真空二极管。按阴极上光敏材料的不同，光电管分蓝敏和红敏两种，前者可用波长范围为 210～625nm；后者可用波长范围为 625～1000nm。与光电池比较，光电管具有灵敏度高、光敏范围广和不易疲劳等优点。

(3) 光电倍增管　光电倍增管是检测弱光最常用的光电元件，不仅响应速度快，能检测 $10^{-8}$～$10^{-9}$s 的脉冲光，而且灵敏度高，比一般光电管高 200 倍。目前紫外-可见分光光度计广泛使用光电倍增管作为检测器。

#### 1.3.1.5　信号显示器

由检测器产生的电信号，经放大等处理后，用一定方式显示出来，以便于计算和记录。信号显示器有多种，随着电子技术的发展，这些信号显示和记录系统越来越先进。

(1) 以检流计或微安表为指示仪表　这类指示仪表的表头标尺刻度值分上下两部分，上半部分是透射比 $\tau$（原称透光度 $T$，目前部分仪器上还在使用“T”表示透射比），均匀刻度；下半部分是与透射比相应的吸光度 $A$。由于 $A$ 与 $\tau$ 是对数关系，所以 $A$ 的刻度不均匀。这种指示仪表的信号只能直读，不便自动记录，所以已经不再装配在紫外-可见分光光度计上。

(2) 数字显示和自动记录型装置　用光电管或光电倍增管作检测器，产生的光电流经放大后由数码管直接显示出透射比或吸光度。这种数据显示装置方便、准确、避免了人为读数错误，而且还可以连接数据处理装置（如工作站），能自动绘制工作曲线或吸收曲线，计算分析结果并打印报告，实现分析的自动化。

### 1.3.2　紫外-可见分光光度计的类型及特点

紫外-可见分光光度计按使用波长范围可分为可见分光光度计和紫外-可见分光光度计两类。前者的使用波长范围是 400～780nm；后者的使用波长范围为 200～1000nm。可见分光光度计只能测量有色溶液的吸光度，而紫外-可见分光光度计可测量在近紫外、可见及近红外光区有吸收的物质的吸光度。紫外-可见分光光度计按光路可分为单光束式及双光束式两类。按测量时提供的波长数又可分为单波长分光光度计和双波长分光光度计两类。

#### 1.3.2.1　单光束分光光度计

所谓单光束是指从光源发出的光，经单色器等一系列光学元件及吸收池后，最后照在检测器上时始终为一束光。其工作原理见图 1-12。常用的单光束紫外-可见分光光度计有 751G 型、752 型、754 型、756MC 型等。常用的单光束可见分光光度计有 721 型、722 型、723 型、724 型等。

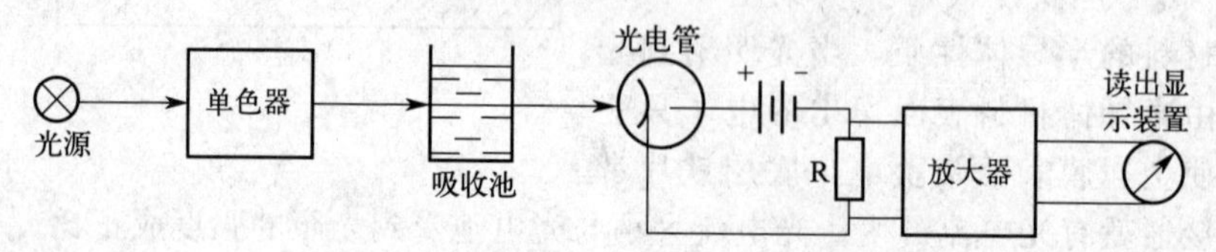


图 1-12　单光束分光光度计原理示意图

单光束分光光度计的特点是结构简单、价格低，主要用于作定量分析。其不足之处是测定结果受光源强度波动的影响较大，因而给定量分析结果带来较大误差。

#### 1.3.2.2 双光束分光光度计

双光束分光光度计的工作原理如图 1-13 所示。从光源发出的光经单色器后，被一个旋转的扇形反射镜（即切光器）分为强度相等的两束光，分别通过参比溶液和样品溶液。利用另一个与前一个切光器同步的切光器，使两束光在不同时间交替地照射在同一个检测器上，通过一个同步信号发生器对来自两个光束的信号加以比较，并将两信号的比值经对数变换后转换为相应的吸光度值。

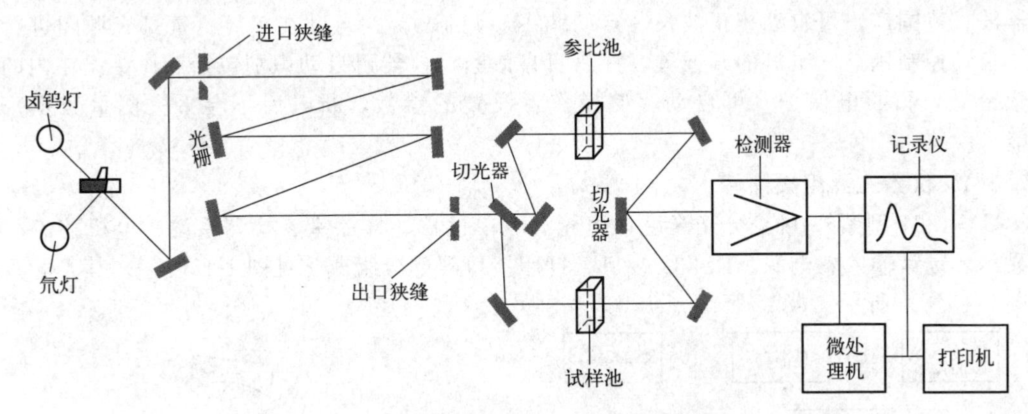


图 1-13 双光束紫外-可见分光光度计工作原理

常用的双光束紫外-可见分光光度计有 710 型、730 型、760MC 型、760CRT 型、日本岛津 UV-210 型等。这类仪器的特点是：能连续改变波长，自动地比较样品及参比溶液的透光强度，自动消除光源强度变化所引起的误差。对于必须在较宽的波长范围内获得复杂的吸收曲线的分析，此类仪器极为合适。

#### 1.3.2.3 双波长分光光度计

双波长分光光度计与单波长分光光度计的主要区别在于采用双单色器，以同时得到两束波长不同的单色光，其工作原理如图 1-14 所示。

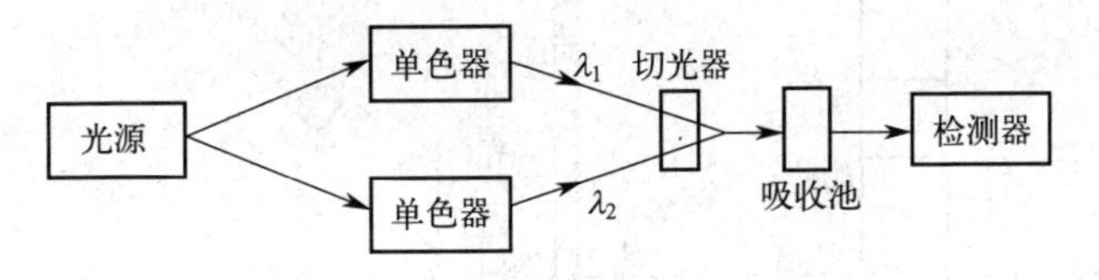


图 1-14 双波长分光光度计示意图

光源发出的光分成两束，分别经两个可以自由转动的光栅单色器，得到两束具有不同波长 $\lambda_1$ 和 $\lambda_2$ 的单色光。借助切光器，使两束光以一定的时间间隔交替照射到装有试液的吸收池中，再由检测器显示出试液在波长 $\lambda_1$ 和 $\lambda_2$ 的透射比差值 $\Delta\tau$ 或吸光度差值 $\Delta A$，则

$$\Delta A = A_{\lambda_1} - A_{\lambda_2} = (\varepsilon_{\lambda_1} - \varepsilon_{\lambda_2})bc \tag{1-11}$$

由式(1-11) 可知，$\Delta A$ 与吸光物质浓度 $c$ 成正比。这就是双波长分光光度计进行定量分析的理论根据。常用的双光束分光光度计有国产 WFZ800S，日本岛津 UV-300、UV-365 等。

这类仪器的特点是：不用参比溶液，只用一个待测溶液，因此可以消除背景吸收的干扰(如待测溶液与参比溶液组成的不同造成的影响、吸收池厚度的差异造成的影响)，提高了测量的准确度。这类仪器特别适合混合物和浑浊样品的定量分析，也可进行导数光谱分析等。

其不足之处是价格昂贵且故障率相对较高。

### 1.3.3 常见分光光度计的基本操作

紫外-可见分光光度计虽然品种和型号繁多，但其基本操作方法均相似。下面以UV1801型紫外-可见分光光度计为例，说明其基本操作方法。其他型号仪器的基本操作可参考其使用说明书。

UV-1801是通用型且具有扫描功能的紫外-可见分光光度计。该仪器具有波长扫描、时间扫描、多波长测定、定量分析（浓度）等多种测量方法，还可扣除吸收池配对误差；可进行数据保存、数据查询、数据删除、数据打印等；可对谱图进行缩放、转换、保存和打印。仪器波长范围广，可自动校正波长，自动调零、调100%，自动在钨灯、氘灯光源间进行切换，自动控制钨灯、氘灯的开或关，并具有自诊断（仪器可自动识别包括操作错误在内的大多数错误）和断电保护（可自动存储操作者设置的参数，断电后不会丢失测量数据）等功能。

#### 1.3.3.1 仪器主要组成部件

UV-1801型紫外-可见分光光度计由光源、单色器、样品室、检测系统、电机控制、液晶显示、键盘输入、电源、RS232接口、打印接口等部分组成［见图1-15(a)］，其光学系统如图1-15(b) 所示。

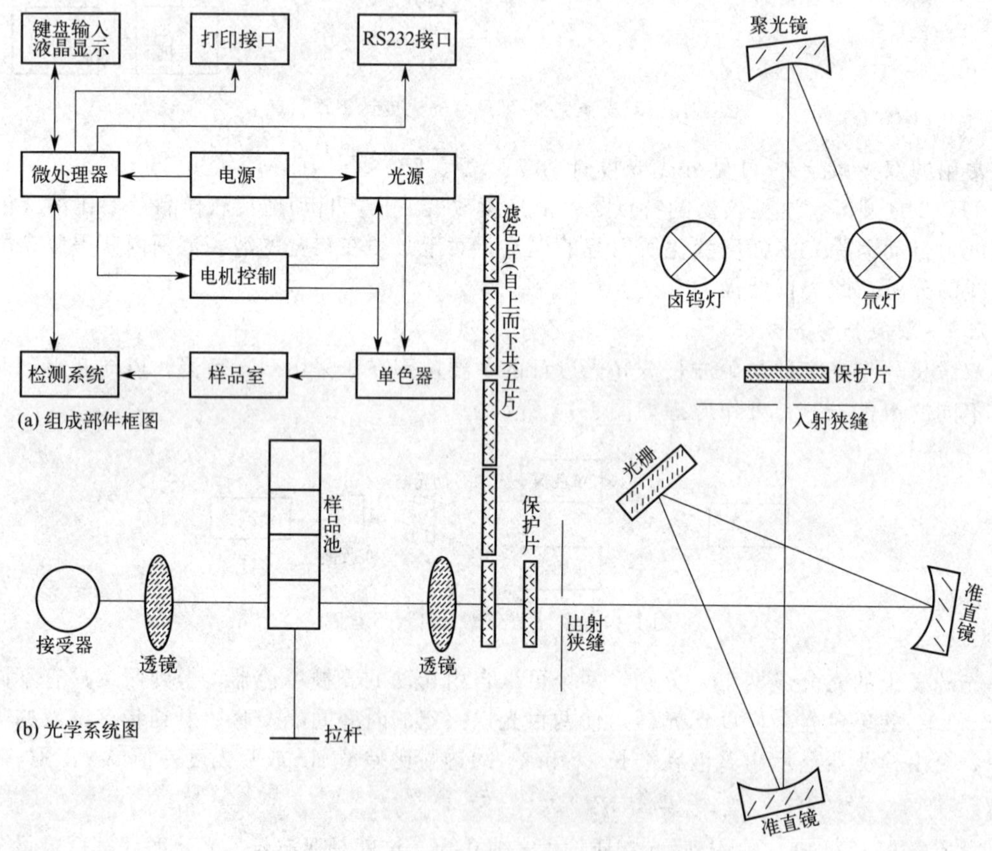


图1-15 UV-1801型紫外可见分光光度计

#### 1.3.3.2 仪器操作方法

使用UV-1801型紫外可见分光光度计时，可直接连接计算机，使用仪器的工作软件进行操作；也可不连接计算机，直接在主机键盘上操作。下面介绍连接计算机，使用工作软件的仪器基本操作方法（直接在主机键盘上操作的方法请参阅仪器说明书，本教材不作介绍）。

（1）开机自检

① 检查。检查各电缆是否连接正确、可靠，电源是否符合要求，全系统是否可靠接地，若全部达到要求，则可通电运行。

【注意】**若处于高寒地区，在仪器新安装后，应静放8h后再通电，以保证仪器系统内部无水汽、结露，并与室温平衡。**

② 打开仪器主机。开启仪器右侧面的电源开关，仪器显示屏先出现开机界面（显示生产厂厂名和仪器型号），然后点燃钨灯，再经15s左右，点燃氘灯（可听到声音）。

③ 连接主机与计算机。打开计算机桌面上的软件图标（UVSoftware），进入“UV应用程序”主界面（见图1-16）。

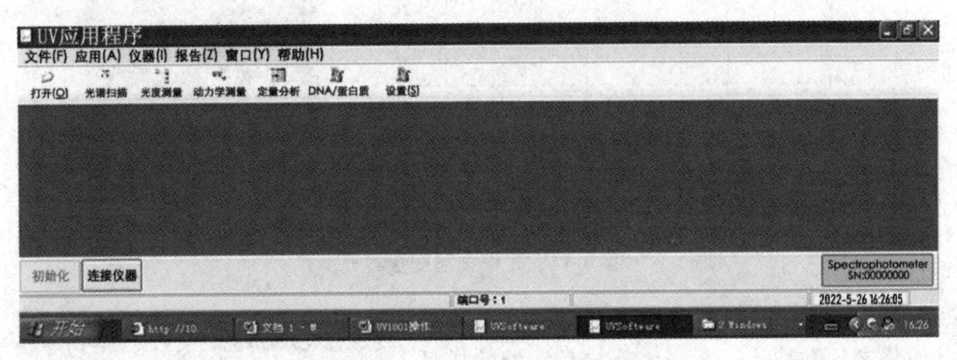


图1-16 “UV应用程序”主界面

点击界面菜单上的“设置”，选择端口、输入仪器后边编号（序列号）进行计算机和仪器的测试连接（一般仪器会自动选择连接端口，如不能连接，可检查端口连接线的连接状况、人为选择端口或重新启动计算机进行连接）。连接成功后计算机屏幕出现“连接成功”小界面，点击“OK”。此时，计算机屏幕右下方会出现一个信息窗口，会显示仪器编号（为序列号，见图1-16），说明计算机和仪器连接已经建立。

④ 进行自检。点击屏幕上主界面左下方“初始化”按钮（见图1-16），仪器将进行自检。待钨灯、氘灯、滤色片、灯定位、波长定位等五项内容自检成功，全部显示“OK”后，点击“确定”，仪器自检结束。随后可选择对应的测试项目，利用仪器进行相关测试。

【注意】**如果初始化失败，请关闭软件与仪器，看仪器光路中是否有遮挡物，再重新启动仪器，在氘灯点亮后再打开软件重新连接。**

（2）扫描被测溶液的吸收光谱

① 单击工具栏菜单上的“光谱扫描”，进入光谱扫描测量界面（见图1-17）。

② 设置光谱扫描参数。单击工具栏菜单上的“参数”，进入光谱扫描参数设置页（见图1-18）。点击光谱扫描参数设置页上的“常规”按钮，对测量方式(根据需要选择吸光度、透射比等)、波长范围（190～1100nm)、光度范围、取样间隔（一般多设为1nm)、扫描速度(多选择“中”；速度越快，谱图细节部分越粗糙)、参比测量次数（若设为“单次”，可多次直接测量样品；若设为“重复”，则每次测量前需要测量参比)、扫描方式(多数设“单次”，即只扫描一次)、保存方式(多采用自动保存方式)、数据文件（输入自动保存文件路径以及文件名)、样品名称（输入测量样品名称）等参数逐一进行设置。设置完毕，点击“确定”。

③ 扫描吸收光谱。单击工具栏菜单上的“测量”按钮，屏幕提示“请将参比拉入光路”，将盛有参比溶液的吸收池放入样品架内，盖上盖，将参比溶液推入光路，点击“确定”

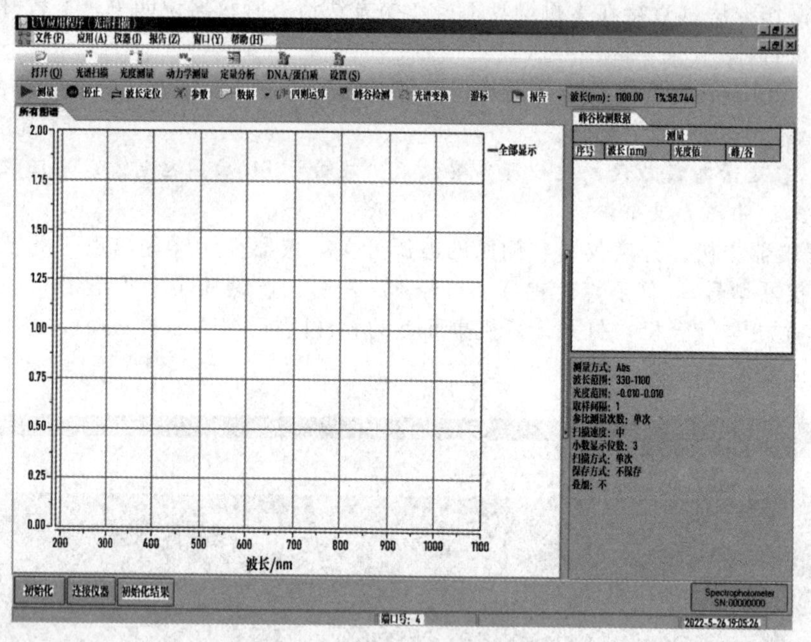


图 1-17　光谱扫描测量界面

按钮；参比测量完成，系统再提示“将样品拉入光路”，此时将参比池取出，放入装有样品溶液的样品池，点击“确定”按钮，开始扫描样品溶液光谱；测量完成，提示“扫描完毕”，此时点击“OK”，界面出现测量结果和相应的谱图（见图 1-19）。

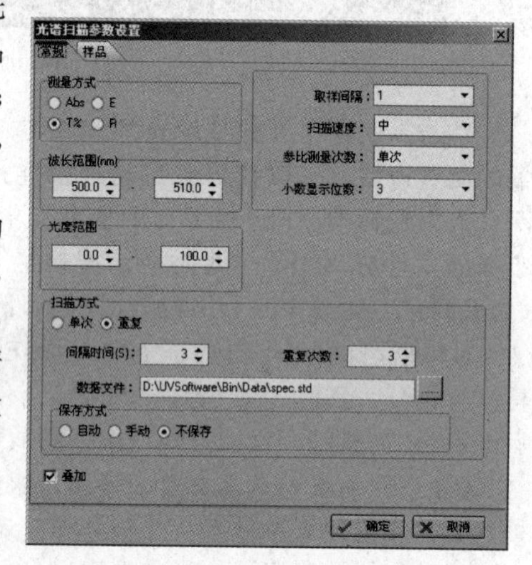


图 1-18　光谱扫描参数设置页

④ 检测光谱峰谷波长。单击工具栏菜单上的“峰谷检测”按钮，弹出峰谷检测精度设置窗口，输入检测精度（峰谷差值满足条件），设置完毕，按“确定”按钮。系统将峰谷值标注在测量图谱上，并且用列表的形式将峰谷值显示出来（峰谷检测精度在表格上方显示，见图 1-19）。

【注意】**输入的峰谷检测精度值不宜过大，否则将导致部分或全部的峰谷值无法检测，可以首先输入一个较小的数值，然后根据图 1-19 中出现的列表数据选择所需数据，再进行一次峰谷精度检测。**

⑤ 保存谱图。测量完毕，在图谱上按鼠标右键，点击“保存”。

【注意】**测量后的谱图可根据需要进行放大、缩小、定制、颜色等系列调节，具体操作可按说明书提示进行。**

⑥ 退出光谱扫描。在关闭测量界面时，系统提示“是否保存当前测量数据”，选择“是”，则停留在测量界面，再根据需要选择数据标签页来保存数据；若选择“否”则直接退出测量界面。

【注意】**测量完毕之后如果需要开启一个新的测量，则可不退出测量界面，直接按“参数”按钮进入到参数设置界面，重新设置新的测量参数。设置完毕之后按“OK”按钮退出，系统自动新增一个新的测量标签页。**

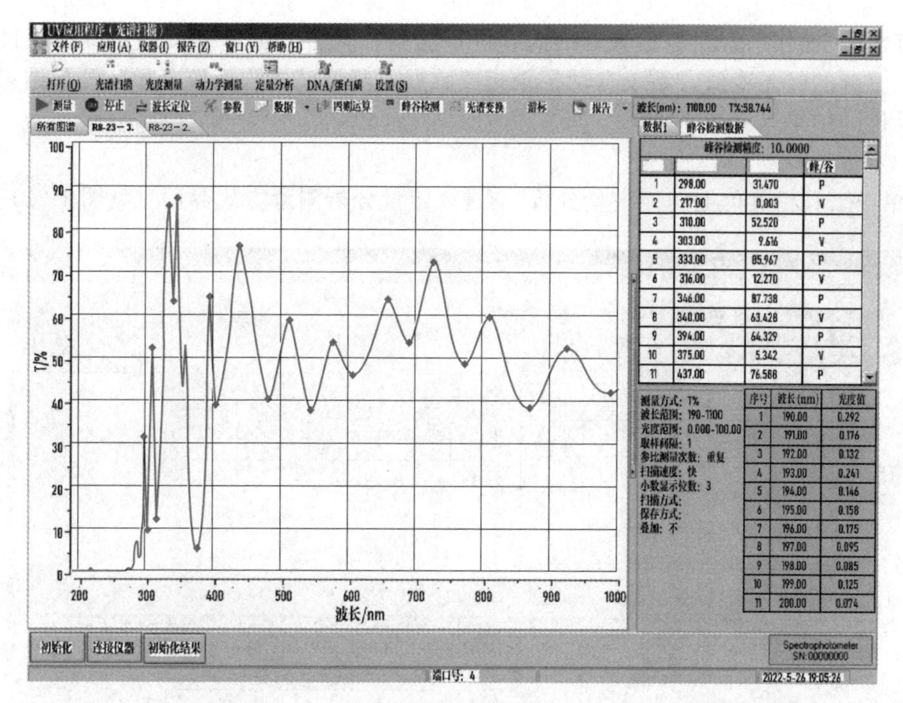

图 1-19 光谱扫描结果（右下表格）及谱图峰谷检测（右上表格）界面

（3）光度测量

① 单击工具栏菜单上的“光度测量”，进入光度测量界面，如图 1-20 所示。

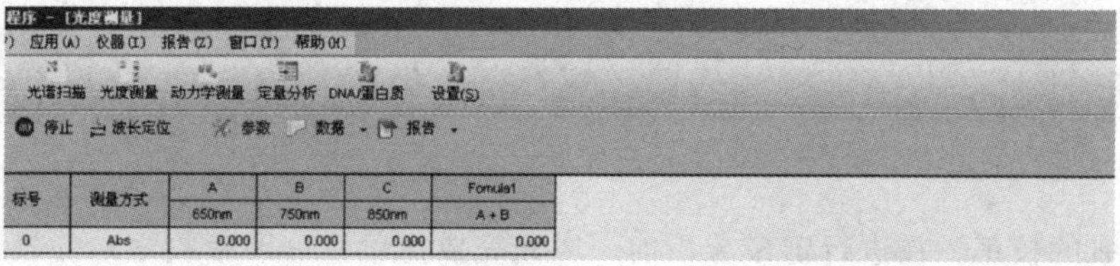

程序 - [光度测量]
应用(A) 仪器(I) 报告(Z) 窗口(Y) 帮助(H)
光谱扫描 光度测量 动力学测量 定量分析 DNA/蛋白质 设置(S)
停止 波长定位 参数 数据 报告

| 标号 | 测量方式 | A | B | C | Fomula1 |
|---|---|---|---|---|---|
| | | 650nm | 750nm | 850nm | A + B |
| 0 | Abs | 0.000 | 0.000 | 0.000 | 0.000 |

图 1-20 光度测量界面与结果显示

② 光度测量参数设置及测量。点击“参数”进入参数设置对话框（见图 1-21）。点击光度测量参数设置页上的“常规”按钮，对测量方式（根据需要选择吸光度、透射比等）、波长设置（输入测定用工作波长，点击添加）、小数位数（多设为 3 位）、参比测量（若设为“单次”，可多次直接测量样品；若设为“重复”，则每次测量前需要测量参比）、数据文件（输入自动保存文件路径以及文件名）、保存方式（多设置为手动）等参数进行逐一设置。

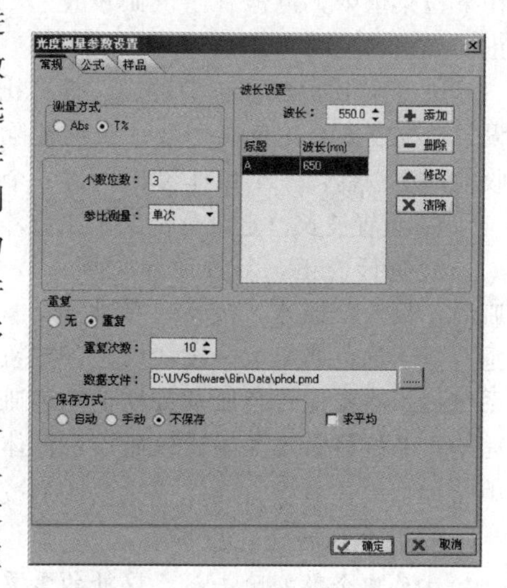

图 1-21 光度测量参数设置界面

常规参数设置完成后，直接点击“公式”，进入公式设置栏，在标题栏里输入标题，在内容栏里输入计算公式（若同时完成多个工作波长的测定，则可设置公式对多个测量结果作四则运算；多个测量值对应以 A、B、C、D 的顺序），按添加即可。设置完毕，点击“确定”。操作系统将按设置好的内容进行测量。点击“测量”按提示分别测量参比溶液和样品溶液的吸光度值，系统自动记录相关数据。测量完成，系统显示各测量结果以及按公式计算出的结果（见图 1-20）。

（4）定量分析

① 单击工具栏菜单上的“定量分析”，进入定量分析测量方式界面（见图 1-22）。

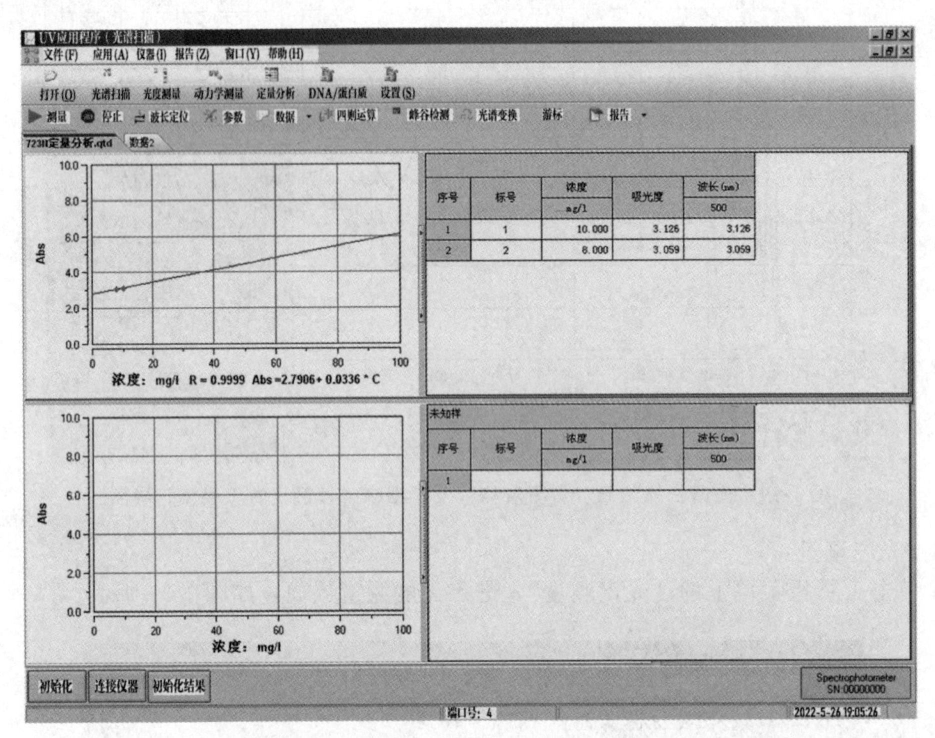


图 1-22　定量分析测量方式界面及工作曲线

② 比色皿的校正。在进行定量分析前，应先完成比色皿（即吸收池）的校正。

a. 进入“比色皿校正”界面。点击菜单上的“仪器”，在下拉菜单中，点击“比色皿校正”，系统进入“比色皿校正”界面（见图 1-23）。

b. 设置比色皿校正参数。选择“比色皿校正”为“开”；设置需要校正的比色皿个数（参比池除外。如：一般石英吸收池两个一套：一个用作参比，另一个用作测量，此时输入“1”）；设置波长（定量分析工作波长，可以是多个）。

c. 进行校正。参数设置完毕，按规范洗净和润洗比色皿后，倒入蒸馏水，吸干外壁水分，用擦镜纸擦亮光学面，垂直置于比色皿架上。按“校正”按钮，仪器开始校正。按系统提示将参比比色皿及待校正比色皿依次拉入光路。校正完毕，系统将自动关闭比色皿校正窗体。在后续的定量分析中将根据校正数据自动完成比色皿的校正。校正完毕后即可进行光度测量或定量分析。

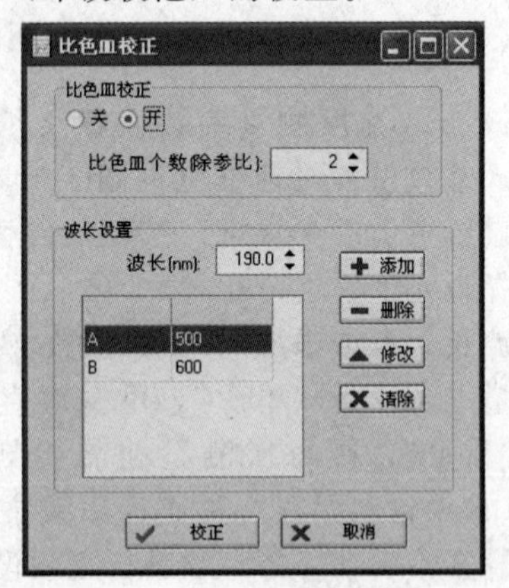


图 1-23　比色皿校正界面

d. 比色皿校正注意事项：

比色皿个数指除去参比以外的需要校正的比色皿个数（最小为 1）；

设置波长时，不能设置相同的波长，波长数目不能超过七个；

若在测量中需要对比色皿进行校正，那么在校正比色皿的时候波长设置数目和波长值必须一致，一旦更改波长，则需重新校正比色皿；

比色皿校正设置为开的时候，在光度测量、定量分析和DNA/蛋白质测量时均会自动校正比色皿（即测量值会扣除比色皿的校正值），光谱扫描和时间扫描仍然为常规测量；

若之前进行了比色皿校正，而现在的测量不需要比色皿校正，此时直接在比色皿校正界面（见图1-23）上选择“关”，按“确定”按钮即可，反之，则需正常完成比色皿的校正操作。

在工作软件没有关闭的情况下，系统都将保存当前的比色皿校正结果。比色皿校正界面始终显示最近一次的测量参数。

③ 设置定量分析参数。单击工具栏菜单上的“参数”，进入定量分析测量方式的参数设置页（见图1-24）。选择或设置合适的波长测量方法（含单波长法、双波长系数倍率法、双波长等吸收点法、三波长法）、测量工作波长；选择参比测量次数；输入计算公式；选择测量方法（含浓度法、系数法；后者需输入曲线拟合系数）；选择拟合曲线方程次数；确定测量样品的浓度单位；确定是否选择“零点插入”（此时，拟合曲线将强行过零点）；选择文件保存方式；输入自动保存文件路径和文件名等。

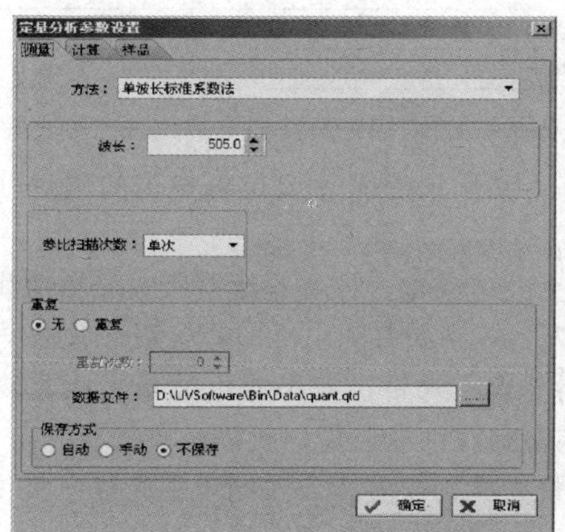


(a) 测量选项

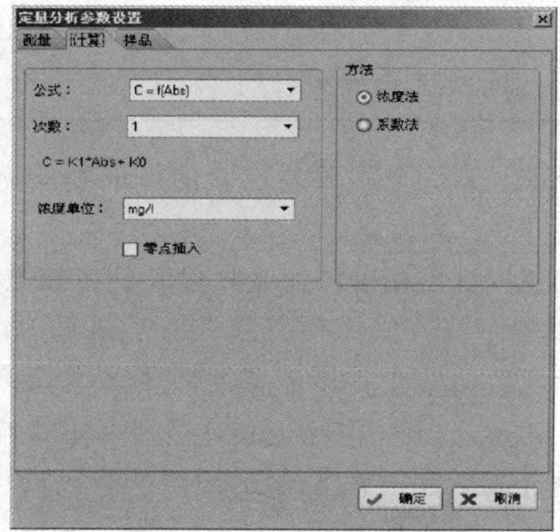


(b) 计算选项

图1-24 定量分析参数设置页面

④ 建立工作曲线（针对浓度法）。参数设置结束，可进行建立工作曲线的测量（使用浓度法，如果选择了零点插入，则建立的工作曲线过零点）。

a. 测量标准溶液吸光度。点击标样栏上方“标样”进入标样测量，单击“测量”，按提示分别将参比与标样溶液拉入光路进行测量，测量数据直接显示在屏幕上。

b. 进行曲线拟合。标样测量完毕，在浓度栏内输入对应标样的浓度值，按“拟合”进行曲线拟合。界面上显示出以上测量参数所建立的曲线，并且显示拟合的相关系数和建立的曲线方程（见图1-22左上图和右上表格）。

【注意】**如果拟合曲线因个别测量结果太离散导致结果不理想，可在标样栏内点击右键，选择需要删除的标样，删除该条数据，再重新测量该标样，并重新按“拟合”进行曲线拟合。**

⑤ 测量样品。将未知样倒入样品吸收池，置吸收池架上，盖上盖。点击“未知样”，单击“测量”，按提示将样品拉入光路进行测量。未知样的测量结果（浓度）将直接由系统按拟合曲线方程计算出后显示在屏幕上（见图1-22右下表格）。

⑥ 保存数据，打印报告。测量完毕后，保存拟合曲线和测量数据，并打印出检测报告。

### 1.3.4 分光光度计的检验

为保证测试结果的准确可靠，新制造、使用中和修理后的分光光度计都应定期进行检定。我国颁布了各类紫外、可见分光光度计的检定规程（JJG 178—2007《紫外、可见、近红外分光光度计》)。检定规程规定：检定周期一般不超过1年，在此期间，仪器经维修或对测量结果有怀疑时，应及时进行检定。下面介绍常见的检验方法。

#### 1.3.4.1 波长最大允许误差的检验

分光光度计在使用过程中，由于机械振动、温度变化、灯丝变形、灯座松动或更换灯泡等原因，经常会引起波长标示值与实际通过溶液的波长不符合的现象，从而导致仪器灵敏度降低，从而影响测定结果的精度，需要经常进行检验。

JJG 178—2007将分光光度计工作波长分3个区域：A段（波长190～340nm)、B段（波长340～900nm）和C段（波长900～2600nm)；将仪器按性能高低划分为Ⅰ、Ⅱ、Ⅲ、Ⅳ共4个级别。其波长最大允许误差如表1-1所示：

表1-1 波长最大允许误差 单位：nm

| 级别 | A段 | B段 | C段 |
|---|---|---|---|
| Ⅰ | ±0.3 | ±0.5 | ±1.0 |
| Ⅱ | ±0.5 | ±1.0 | ±2.0 |
| Ⅲ | ±1.0 | ±4.0 | ±4.0 |
| Ⅳ | ±2.0 | ±6.0 | ±6.0 |

用于波长最大允许误差检验的标准物质有：氧化钬滤光片或仪器自带的氘灯（A段)、镨钕滤光片（B段）等。

在可见光区常用镨钕滤光片检验其波长最大允许误差。方法是绘制吸收光谱曲线（见图1-25)。镨钕滤光片的吸收峰为528.7nm和807.7nm。如果测出峰的最大吸收波长与仪器标示值相差±3nm以上，则需要细微调节波长刻度校正螺钉。如果测出的最大吸收波长与仪器波长标示值之差大于±10nm，则需要重新调整钨灯灯泡位置，或检修单色器的光学系统。

在紫外光区常用氧化钬滤光片检验其波长最大允许误差，方法同可见光区。氧化钬滤光片的参考波长有：279.4nm、287.5nm、333.7nm、360.9nm、385.9nm、418.7nm、453.2nm、460.0nm、484.5nm、536.2nm、637.5nm等（后6个用于可见光区的检验)。早期也采用苯蒸气的吸收曲线来检查波长示值准确度。方法是：在吸收池滴一滴液体苯，盖上吸收池盖，待苯挥发充满整个吸收池后，绘制苯蒸气的吸收光谱。若实测结果与苯的标准光谱曲线［见图1-25(b)］不一致则表示仪器存在波长误差，必须加以调整。

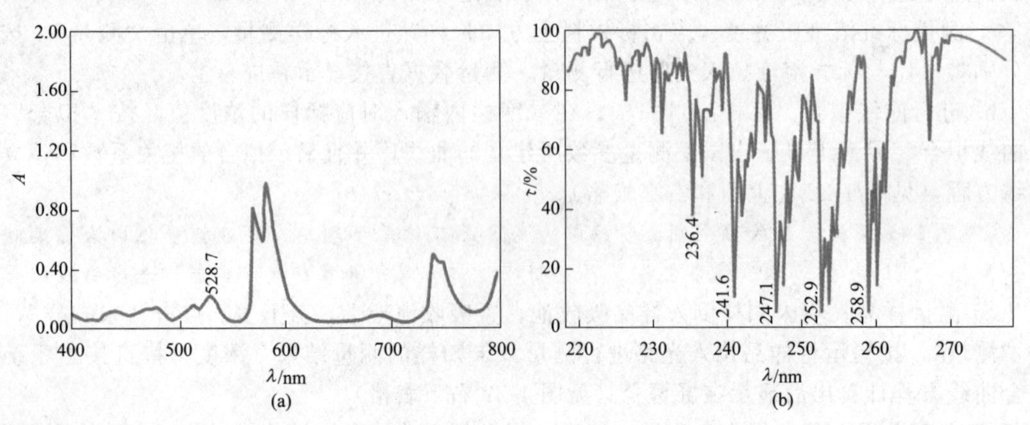


图1-25 镨钕滤光片（a）和苯蒸气（b）的吸收光谱曲线

#### 1.3.4.2 透射比正确度的检验

常用于透射比正确度检验的标准物质是：$w(K_2Cr_2O_7)=0.006000\%$的$0.001mol \cdot L^{-1}$ $HClO_4$溶液。检验方法是：以$0.001mol \cdot L^{-1}$ $HClO_4$为参比溶液，用1cm石英吸收池，分别测量其在235nm、257nm、313nm、350nm波长处的透射比，然后与表1-2标准值进行比较，根据仪器级别，其差值应允许范围之内（A段与B段，Ⅰ级≤0.1%；Ⅱ级≤0.2%；Ⅲ级≤0.5%；Ⅳ级≤1.0%）。

表1-2 重铬酸钾标准溶液20℃时在不同带宽下的透射比 $\tau$ 单位：%

| 波长 $\lambda$/nm | 235.0 | 257.0 | 313.0 | 350.0 |
|---|---|---|---|---|
| 1 | 18.1 | 13.6 | 51.3 | 22.8 |
| 2 | 18.1 | 13.7 | 51.3 | 22.8 |
| 3 | 18.1 | 13.7 | 51.2 | 22.8 |
| 4 | 18.2 | 13.7 | 51.1 | 22.9 |
| 5 | 18.2 | 13.8 | 51.0 | 22.9 |
| 6 | 18.2 | 13.8 | 50.9 | 22.9 |

#### 1.3.4.3 基线平直度的检验

按仪器要求进行基线校正后，设置光谱带宽2nm、扫描速度中速、取样间隔1nm，参照仪器说明书设定合适的吸光度量程，在波长下限加10nm到波长上限减50nm范围进行扫描，测量谱图中起始点与偏离起始点的吸光度之差即为基线平直度（钨灯、氘灯切换时允许有瞬间跳动）。

基线平直度（A段与B段）的要求是：Ⅰ级≤±0.001；Ⅱ级≤±0.002；Ⅲ级≤±0.005；Ⅳ级≤±0.010。

#### 1.3.4.4 吸收池配套性检验

在定量工作中，尤其是在紫外光区测定时，需要对吸收池作校准及配对工作，以消除吸收池的误差，提高测量的准确度。

石英吸收池（220nm处）或玻璃吸收池（440nm）装蒸馏水，将一个吸收池作为参比池，调节$\tau$为100%，测量其他各池的$\tau$。$\tau$的差值<0.5%的吸收池可配套使用。

实际工作中，可采用下述较为简便的方法进行配套检验：用铅笔在洗净的吸收池毛面外壁编号并标注光路走向。在吸收池中分别装入测定用溶剂，以其中一个为参比，测定其他吸收池的吸光度。若测定的吸光度为零或两个吸收池吸光度相等，即为配对吸收池。若不相等，可以选出吸光度值最小的吸收池为参比，测定其他吸收池的吸光度，求出修正值。测定样品时，将待测溶液装入校正过的吸收池，测量其吸光度，所测得的吸光度减去该吸收池的修正值即为此待测溶液真正的吸光度。

### 1.3.5 分光光度计的维护和保养

分光光度计是精密光学仪器，正确安装、使用和保养对保持仪器良好的性能和保证测试的准确度有重要作用。

#### 1.3.5.1 对仪器工作环境的要求

分光光度计应安装在稳固的工作台上（周围不应有强磁场，以防电磁干扰）室内温度宜保持在15～28℃。室内应干燥，相对湿度宜控制在45%～65%，不应超过70%。室内应无腐蚀性气体（如$SO_2$、$NO_2$及酸雾等），应与化学分析操作室隔开，室内光线不宜过强。

#### 1.3.5.2 仪器保养和维护方法

（1）仪器工作电源一般允许220V±10%的电压波动。为保持光源灯和检测系统的稳定性，在电源电压波动较大的实验室，最好配备稳压器（有过电压保护）。

（2）为了延长光源使用寿命，在不使用时不要开光源灯。如果光源灯亮度明显减弱或不稳定，应及时更换新灯。更换后要调节好灯丝位置，不要用手直接接触窗口或灯泡，避免油污黏附，若不小心接触过，要用无水乙醇擦拭。

（3）单色器是仪器的核心部分，装在密封盒内，不能拆开。为防止色散元件受潮生霉，必须经常更换单色器盒干燥剂。

（4）必须正确使用吸收池，保护吸收池光学面（详细方法见 1.3.1.3）。

（5）光电转换元件不能长时间曝光，应避免强光照射或受潮、积尘。

分光光度计常见故障和处理办法见表 1-3。

表 1-3　常见故障分析和处理办法

| 故障 | 可能原因 | 处理办法 |
| --- | --- | --- |
| 开机无反应 | ①插头松脱；<br>②保险烧毁 | ①插好插头；<br>②更换保险 |
| 氘灯（钨灯）自检出错 | ①氘灯（钨灯）坏；<br>②氘灯（钨灯）电路坏 | ①更换氘灯（钨灯）；<br>②联系生产厂家或销售代理 |
| 灯定位、滤色片出错 | ①插头松动；<br>②电机坏或光耦坏 | ①检查仪器内部各插头并将其插好；<br>②联系生产厂家或销售代理 |
| 波长自检出错 | ①样池被挡光；<br>②自检中开了盖；<br>③波长平移过多 | ①排除样池内的挡光物；<br>②自检中不能开样池盖；<br>③联系生产厂家或销售代理 |
| 测光精度误差、重复性误差超差 | ①样品吸光度过高（>2A）；<br>②在≤360nm 波段使用玻璃比色皿；<br>③比色皿不够干净；<br>④样池架上有脏物；<br>⑤其他原因 | ①稀释样品；<br>②使用石英比色皿；<br>③将比色皿擦干净；<br>④清除样池架上的脏物；<br>⑤与厂家或代理商联系 |
| 出现“能量过低”提示 | ①样池内有挡光物；<br>②在≤360nm 波段用了玻璃比色皿；<br>③比色皿不够干净；<br>④换灯点设置错误；<br>⑤自检时未盖好样品室盖 | ①清除样池内的挡光物；<br>②使用石英比色皿；<br>③将比色皿擦干净；<br>④将换灯点设置到 340～360nm 之间；<br>⑤盖好样品室盖，重新自检 |
| 运行过程出现程序运行错误、死机 | ①安装环境不符合要求；<br>②其他原因 | ①按安装要求改进；<br>②与厂家或代理商联系 |

## 思考与练习 1.3

1. 下述操作中正确的是（　　）。

A. 吸收池外壁挂水珠　　B. 手捏吸收池的光学面

C. 手捏吸收池的毛面　　D. 用报纸去擦吸收池外壁的水

2. 在光学分析法中，采用钨灯作光源的是（　　）。

A. 原子光谱　　B. 紫外光谱　　C. 可见光谱　　D. 红外光谱

3. 分光光度分析中一组合格的吸收池透射比之差应该小于（　　）。

A. 1%　　B. 2%　　C. 0.1%　　D. 0.5%

4. 双光束分光光度计与单光束分光光度计相比，其突出优点是（　　）。

A. 可以扩大波长的应用范围　　B. 可以采用快速响应的检测系统

C. 可以抵消吸收池所带来的误差　　D. 可以抵消因光源的变化而产生的误差

阅读园地

扫描二维码可拓展阅读“分光光度分析装置和仪器的新技术”。

分光光度分析装置和仪器的新技术

## 1.4 可见分光光度法

可见分光光度法是利用测量有色物质对某一单色光的吸收程度来对该物质进行定量检测的方法。由于许多物质本身无色或颜色很浅（这就意味着它们对可见光的吸收程度较小），所以测定前必须通过适当的化学处理，使该物质转变为能对可见光产生较强吸收的有色化合物，然后再进行光度测定。将待测组分转变成有色化合物的反应称为显色反应；与待测组分形成有色化合物的试剂称为显色剂。在可见分光光度法中，选择合适的显色反应，并严格控制反应条件是十分重要的实验技术。

### 1.4.1 显色反应与显色剂

显色反应可以是氧化还原反应，也可以是配位反应，或兼有上述两种反应。其中配位反应应用最为普遍。同一种组分可与多种显色剂反应生成不同的有色物质。

#### 1.4.1.1 显色反应影响因素

在分析时，究竟选用何种显色反应较适宜，应考虑下面几个因素。

（1）选择性好。一种显色剂最好只与一种被测组分起显色反应，或显色剂与共存组分生成的化合物的吸收峰与被测组分的吸收峰相距比较远，干扰少。

（2）灵敏度高。要求反应生成的有色化合物的摩尔吸光系数（ε）足够大。实际分析中还应该综合考虑其选择性。

（3）生成的有色化合物组成恒定，化学性质稳定，测量过程中应能保持吸光度基本不变，否则将影响吸光度测定准确度及再现性。

（4）如果显色剂有色，则要求有色化合物与显色剂之间的颜色差别要大，以减小试剂空白值，提高测定的准确度。通常把两种有色物质最大吸收波长之差（$\Delta\lambda_{max}$）称为“对比度”。一般要求显色剂与有色化合物的对比度＞60nm。

（5）显色条件要易于控制，以保证有较好的再现性。

#### 1.4.1.2 显色剂

常用的显色剂可分为无机显色剂和有机显色剂。

（1）无机显色剂　许多无机试剂能与金属离子发生显色反应，但由于灵敏度和选择性都不高，具有实际应用价值的品种很有限。表 1-4 列出了几种常用的无机显色剂。

表 1-4　常用的无机显色剂

| 显色剂 | 测定元素 | 反应介质 | 有色化合物组成 | 颜色 | $\lambda_{max}$/nm |
|---|---|---|---|---|---|
| 硫氰酸盐 | 铁 | $0.1 \sim 0.8 mol \cdot L^{-1} HNO_3$ | $Fe(CNS)_5^{2-}$ | 红 | 480 |
| | 钼 | $1.5 \sim 2 mol \cdot L^{-1} H_2SO_4$ | $Mo(CNS)_6^-$ 或 $MoO(CNS)_5^{2-}$ | 橙 | 460 |
| | 钨 | $1.5 \sim 2 mol \cdot L^{-1} H_2SO_4$ | $W(CNS)_6^-$ 或 $WO(CNS)_5^{2-}$ | 黄 | 405 |
| | 铌 | $3 \sim 4 mol \cdot L^{-1} HCl$ | $NbO(CNS)_4^-$ | 黄 | 420 |
| | 铼 | $6 mol \cdot L^{-1} HCl$ | $ReO(CNS)_4^-$ | 黄 | 420 |
| 钼酸铵 | 硅 | $0.15 \sim 0.3 mol \cdot L^{-1} H_2SO_4$ | 硅钼蓝 | 蓝 | 670～820 |
| | 磷 | $0.15 mol \cdot L^{-1} H_2SO_4$ | 磷钼蓝 | 蓝 | 670～820 |
| | 钨 | $4 \sim 6 mol \cdot L^{-1} HCl$ | 磷钨蓝 | 蓝 | 660 |
| | 硅 | 弱酸性 | 硅钼杂多酸 | 黄 | 420 |
| | 磷 | 稀 $HNO_3$ | 磷钼钒杂多酸 | 黄 | 430 |
| | 钒 | 酸性 | 磷钼钒杂多酸 | 黄 | 420 |

续表

| 显色剂 | 测定元素 | 反应介质 | 有色化合物组成 | 颜色 | $\lambda_{max}$/nm |
|---|---|---|---|---|---|
| 氨水 | 铜 | 浓氨水 | $Cu(NH_3)_4^{2+}$ | 蓝 | 620 |
| | 钴 | 浓氨水 | $Co(NH_3)_6^{2+}$ | 红 | 500 |
| | 镍 | 浓氨水 | $Ni(NH_3)_6^{2+}$ | 紫 | 580 |
| 过氧化氢 | 钛 | $1\sim2mol \cdot L^{-1} H_2SO_4$ | $TiO(H_2O_2)^{2+}$ | 黄 | 420 |
| | 钒 | $6.5\sim3mol \cdot L^{-1} H_2SO_4$ | $VO(H_2O_2)^{3+}$ | 红橙 | 400～450 |
| | 铌 | $18mol \cdot L^{-1} H_2SO_4$ | $Nb_2O_3(SO_4)_2(H_2O_2)$ | 黄 | 365 |

(2) 有机显色剂　有机显色剂与金属离子形成的配合物，稳定性、灵敏度和选择性都比较高，而且有机显色剂的种类较多，因此应用广泛。表1-5列出了常用的有机显色剂。

表1-5　常用有机显色剂

| 显色剂 | 测定元素 | 反应介质 | $\lambda_{max}$/nm | $\varepsilon/(L \cdot mol^{-1} \cdot cm^{-1})$ |
|---|---|---|---|---|
| 磺基水杨酸 | $Fe^{2+}$ | pH＝2～3 | 520 | $1.6\times10^3$ |
| 邻菲罗啉 | $Fe^{2+}$<br>$Cu^{+}$ | pH＝3～9 | 510<br>435 | $1.1\times10^4$<br>$7\times10^3$ |
| 丁二酮肟 | Ni(Ⅳ) | 氧化剂存在、碱性 | 470 | $1.3\times10^4$ |
| 1-亚硝基-2-苯酚 | $Co^{2+}$ | | 415 | $2.9\times10^4$ |
| 钴试剂 | $Co^{2+}$ | | 570 | $1.13\times10^5$ |
| 双硫腙 | $Cu^{2+}$、$Pb^{2+}$、$Zn^{2+}$、$Cd^{2+}$、$Hg^{2+}$ | 不同酸度 | 490～550<br>(Pb520) | $4.5\times10^4\sim3\times10^4$<br>($Pb6.8\times10^4$) |
| 偶氮砷(Ⅲ) | Th(Ⅳ)、Zn(Ⅳ)、$La^{3+}$、$Ce^{4+}$、$Ca^{2+}$、$Pb^{2+}$等 | 强酸至弱酸 | 665～675<br>(Th665) | $10^4\sim1.3\times10^5$<br>($Th1.3\times10^5$) |
| RAR(吡啶偶氮间苯二酚) | Co、Pd、Nb、Ta、Th、In、Mn | 不同酸度 | (Nb550) | ($Nb3.6\times10^4$) |
| 二甲酚橙 | Zr(Ⅳ)、Hf(Ⅳ)、Nb(Ⅴ)、$UO_2^{2+}$、$Bi^{3+}$、$Pb^{2+}$等 | 不同酸度 | 530～580<br>(Hf530) | $1.6\times10^4\sim5.5\times10^4$<br>$Hf4.7\times10^4$ |
| 铬天青S | Al | pH＝5～5.8 | 530 | $5.9\sim10^4$ |
| 结晶紫 | Ca | $7mol \cdot L^{-1}$ HCl、$CHCl_3$-丙酮萃取 | | $5.4\times10^4$ |
| 罗丹明B | Ca、Tl | $6mol \cdot L^{-1}$ HCl、苯萃取，$1mol \cdot L^{-1}$ HBr异丙醚萃取 | | $6\times10^4$<br>$1\times10^5$ |
| 孔雀绿 | Ca | $6mol \cdot L^{-1}$ HCl、$C_6H_5Cl$-$CCl_4$萃取 | | $9.9\times10^4$ |
| 亮绿 | Tl<br>B | $0.01\sim0.1mol \cdot L^{-1}$ HBr、乙酸乙酯萃取，pH3.5苯萃取 | | $7\times10^4$<br>$5.2\times10^4$ |

随着科学技术的发展，还在不断地合成出各种新的具有高灵敏度、高选择性的显色剂。显色剂的种类、性能及其应用可查阅有关手册。

#### 1.4.1.3　三元配合物显色体系

前面所介绍的多是一种金属离子（中心离子）与一种配位体配位的显色反应，这种反应生成的配合物是二元配合物。近年来以形成三元配合物为基础的分光光度法受到关注。由于利用三元配合物显色体系可提高测定的灵敏度，改善分析特性，因此已得到广泛应用，有些成熟的方法，也已被纳入新修订的国家标准中。

所谓三元配合物是指由三种不同组分所形成的配合物。在三种不同的组分中至少有一种组分是金属离子，另外两种是配位体；或者至少有一种配位体，另外两种是不同的金属离子。前者称为单核三元配合物，后者称为双核三元配合物。例如：Al-CAS-CTMAC（铝-铬天菁S-十六烷基三甲基氯化铵）就是单核三元配合物，而 $FeSnCl_5$ 是双核三元配合物。

显色过程的目的是要获得吸光能力强的有色物质，因此三元配合物中应用多的是颜色有显著变化的三元混配化合物、三元离子缔合物和三元胶束配合物。

(1) 三元混配化合物　金属离子M与一种配位体（A或R）形成配位数未饱和的配合物，再与另一种配位体（R或A）形成配合物，一般通式为A-M-R，称三元混合配位化合物，简称三元混配化合物。例如：pH为0.6～2时，$Ti^{4+}$ 与 $H_2O_2$ 显色生成 $[TiO(H_2O_2)]^{2+}$ 黄色配合物，其 $\lambda_{max}=420nm$。如果再加入另一种显色剂二甲酚橙（XO）则生成 $n(Ti^{4+}):n(H_2O_2):n(XO)=1:1:1$ 的绿色混配化合物，其 $\lambda_{max}=530nm$。生成的三元配合物的颜色加深了，用于 $Ti^{4+}$ 的测定时，灵敏度高，选择性好（因为产生与 $H_2O_2$ 和二甲酚橙同时配位的干扰反应的可能性大大减少了）。

(2) 三元离子缔合物　金属离子首先与配位体生成配阴离子或配阳离子（配位数已满足），再与带相反电荷的离子生成离子缔合物。三元离子缔合物主要用于萃取光度[1]测定，最常用的体系为金属离子M-电负性配位体（R）-有机碱或染料（A）体系。例如，$[Ti(SCN)_6]^{2-}$ 与二安替吡啉甲烷（DAM）在 $2\sim4mol\cdot L^{-1}$ 的HCl介质中生成 $Ti:DAM:SCN^-=1:2:6$ 的三元离子配合物，用氯仿萃取，$\lambda_{max}=420nm$，$\varepsilon=8\times10^4L\cdot mol^{-1}\cdot cm^{-1}$。

(3) 三元胶束配合物　带有长链的季铵盐（阳离子表面活性剂）在水溶液中形成的胶体质点（称胶束）对一些二元配合物有提高稳定性和增溶作用（称胶束增溶作用），使它们的吸收峰比原二元配合物吸收峰的波长长，测定的灵敏度也大为提高。例如Al-CAS二元配合物的 $\lambda_{max}=535nm$，$\varepsilon$ 约为 $4\times10^4L\cdot mol^{-1}\cdot cm^{-1}$。当有氯化十六烷基三甲基胺存在时，$\lambda_{max}=587nm$，$\varepsilon$ 约为 $10^5L\cdot mol^{-1}\cdot cm^{-1}$。同时由于表面活性剂的存在，使溶液pH对三元配合物吸光度的影响大为减弱，实验条件易于控制。

常用的阳离子表面活性剂有长链的正烷基季铵盐类，如十六烷基三甲基氯化铵（CT-MAC）、十六烷基三甲基溴化铵（CTMAB）、氯化十四烷基苄胺（Zeph）；烷基吡啶类，如溴化十六烷基吡啶（CPB）、溴化十四烷基吡啶（TPB）等。与金属离子配位形成二元配阴离子的配位体常为一些酸性有机染料，如三苯甲烷类酸性染料、铬天菁S、溴邻苯三酚红、二甲酚橙等。

## 1.4.2 显色条件的选择

显色反应是否满足分光光度法要求，除了与显色剂性质有关外，控制好显色条件是十分重要的。显色条件的控制包括显色剂用量、显色温度、显色时间以及溶液酸度等影响因素的选择与优化，下面分别讨论。

### 1.4.2.1 显色剂用量

设M为被测物质，R为显色剂，MR为反应生成的有色配合物，则显色反应可以用下式表示：

$$M+R \rightleftharpoons MR$$

从反应平衡角度看，加入过量的显色剂显然有利于MR的生成，但过量太多也会带来副作用，例如增加了试剂空白或改变了配合物的组成等。因此显色剂一般应适当过量。在具体工作中显色剂用量具体选择多少需经试验来确定。其方法是：固定被测组分浓度和其他条

---

[1] 采用适当的有机溶剂将有色物从大体积的水相中萃取到较小体积的有机相中，并在有机相中进行吸光度测量的方法称为萃取分光光度法。

件，然后加入不同量的显色剂，分别测定其吸光度 $A$，绘制吸光度（$A$）～显色剂浓度（$c_R$）曲线（一般可得如图 1-26 所示的三种曲线）。

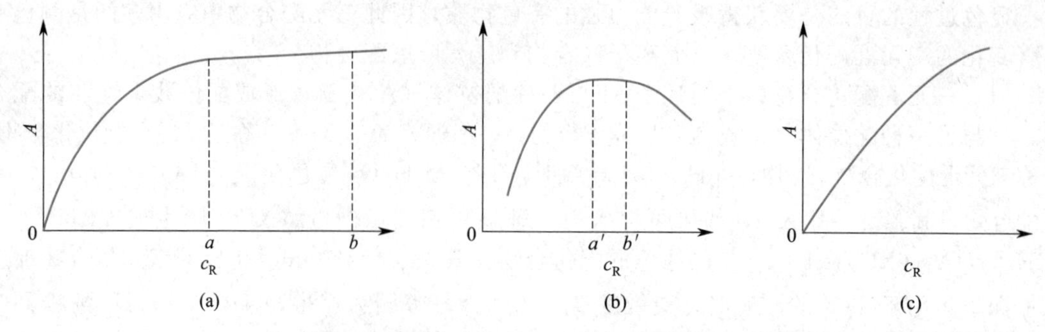


图 1-26　吸光度与显色剂浓度的关系曲线

（1）图 1-26（a）表明：显色剂浓度在 $a \sim b$ 范围内，吸光度出现稳定值，因此可以在 $a \sim b$ 间选择合适的显色剂用量。这类显色反应生成的配合物稳定，对显色剂浓度的控制不需要太严格。

（2）图 1-26（b）表明：显色剂浓度在 $a' \sim b'$ 这一段范围（与 $a \sim b$ 相比明显变窄）内吸光度值比较稳定，因此在显色时要严格控制显色剂的用量。

（3）图 1-26（c）表明：随着显色剂浓度的增大，吸光度不断增大。这种情况下必须十分严格地控制显色剂的加入量（操作时很难把控），因此实际分析时应换其他合适的显色剂。

### 1.4.2.2　溶液酸度

酸度是显色反应的重要条件，对显色反应的影响主要有下面几方面：

（1）当酸度不同时，同种金属离子与同种显色剂反应，可以生成不同配位数的不同颜色的配合物。例如 $Fe^{3+}$ 可与水杨酸在不同 pH 条件下，生成配位比不同的配合物。

| | | |
|---|---|---|
| pH＜4 | $Fe(C_7H_4O_3)^+$ | 紫红色(1∶1) |
| pH＝4～7 | $Fe(C_7H_4O_3)_2^-$ | 橙红色(1∶2) |
| pH＝8～10 | $Fe(C_7H_4O_3)_3^{3-}$ | 黄色(1∶3) |

可见只有严格控制溶液的 pH 在一定范围内，才能获得组成恒定的有色配合物，从而得到正确的测定结果。

（2）溶液酸度过高会降低配合物的稳定性，特别是对弱酸型有机显色剂和金属离子形成的配合物的影响较大，当溶液酸度增大时显色剂的有效浓度减少，显色能力减弱。有色物的稳定性也随之降低。因此显色时，必须将酸度控制在某一适当范围内。

（3）溶液酸度变化，显色剂的颜色也可能发生变化。其原因是：多数有机显色剂往往是一种酸碱指示剂，它本身所呈现的颜色是随着 pH 变化而变化的。例如 PAR（吡啶偶氮间苯二酚）是一种二元酸（表示为 $H_2R$），它所呈现的颜色与 pH 的关系如下：pH 为 2.1～4.2，黄色（$H_2R$）；pH 为 4～7，橙色（$HR^-$）；pH＞10，红色（$R^{2-}$）。

PAR 可作多种离子的显色剂，生成配合物的颜色都是红色，因而这种显色剂不能在碱性溶液中使用。否则，由于显色剂本身的颜色与有色配合物颜色相同或相近（对比度小），将导致测定无法进行。

（4）溶液酸度过低可能引起被测金属离子水解，从而破坏有色配合物的形成，使溶液颜色发生变化，甚至无法测定。

综上所述，酸度对显色反应的影响是很大的，而且是多方面的。显色反应适宜的酸度必须通过实验来确定。其方法是：固定待测组分及显色剂浓度，改变溶液 pH，制得数个显色液。在相同测定条件下分别测定其吸光度，绘制 $A$-pH 关系曲线（见图 1-27）。选择曲线平坦部分对应的 pH 作为应该控制的 pH 范围。

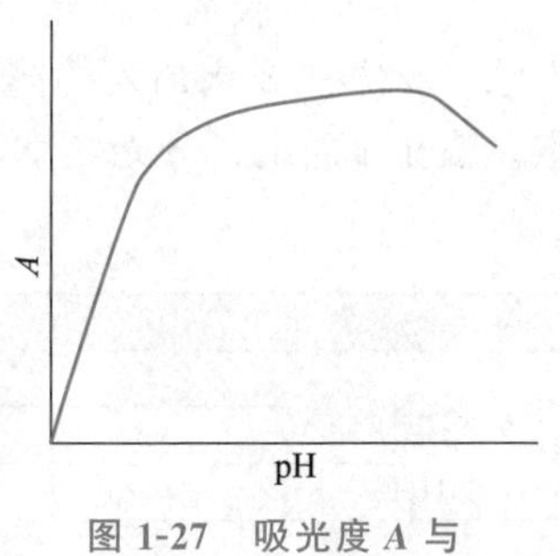

图 1-27 吸光度 A 与 pH 关系曲线

1.4.2.3 显色温度

不同的显色反应对温度的要求不同。大多数显色反应是在常温下进行的，但有些反应必须在较高温度下才能进行或反应速度足够快。例如 $Fe^{3+}$ 和邻二氮菲的显色反应常温下就可完成，而硅钼蓝法测微量硅时，应先加热，使之生成硅钼黄，然后将硅钼黄还原为硅钼蓝，再进行分光光度法测定。也有的有色物质加热时容易分解，例如 $Fe(SCN)_3$，加热时褪色很快。因此对不同的反应，应通过试验找出各自适宜的显色温度范围。由于温度对光的吸收及颜色的深浅都有影响，因此在绘制工作曲线和进行样品测定时必须使溶液温度保持一致。

1.4.2.4 显色时间

显色时间一般包括两个方面：①显色反应完成所需要的时间，称为“显色（或发色）时间”；②显色后有色物质色泽保持稳定的时间，称为“稳定时间”。

确定适宜时间的方法是：配制一份显色溶液，从加入显色剂开始，每隔一段时间测量一次吸光度，绘制吸光度与时间的关系曲线。曲线平坦部分对应的时间就是测定吸光度的最适宜时间。

1.4.2.5 溶剂的选择

有机溶剂常常可以降低有色物质的离解度，增加有色物质的溶解，从而提高测定的灵敏度，例如 $Fe(CNS)^{2+}$ 在水中的 $K_{稳}$ 为 200。而在 90％乙醇中，$K_{稳}$ 为 $5\times10^4$。可见在乙醇中 $Fe(CNS)^{2+}$ 的稳定性大大提高，颜色也明显加深。因此，利用有色化合物在有机溶剂中稳定性好、溶解度大的特点，可以选择合适的有机溶剂，采用萃取分光光度法来提高方法的灵敏度和选择性。

1.4.2.6 显色反应中的干扰及消除

（1）干扰离子的影响　分光光度法中共存离子的干扰主要有以下几种情况：

① 共存离子本身具有颜色。如 $Fe^{3+}$、$Ni^{2+}$、$Co^{2+}$、$Cu^{2+}$、$Cr^{3+}$ 等的存在影响被测离子的测定。

② 共存离子与显色剂或被测组分反应，生成更稳定的配合物或发生氧化还原反应，使显色剂或被测组分的浓度降低，妨碍显色反应的完成，导致测量结果偏低。

③ 共存离子与显色剂反应生成有色化合物或沉淀，导致测量结果偏高。若共存离子与显色剂反应后生成无色化合物，由于消耗了大量的显色剂，致使显色剂与被测离子的显色反应不完全，也会对测定结果产生影响。

（2）干扰的消除方法　干扰离子的存在给分析工作带来不小的影响。为了获得准确的结果，需要采取适当的措施来消除这些影响。消除共存离子干扰的方法很多，在实际工作中经常使用的方法有以下几种：

① 控制溶液的酸度。这是消除共存离子干扰的一种简便而重要的方法。控制酸度使待测离子显色，而干扰离子不生成有色化合物。例如：以磺基水杨酸测定 $Fe^{3+}$ 时，若 $Cu^{2+}$ 共存，此时 $Cu^{2+}$ 也能与磺基水杨酸形成黄色配合物而干扰测定。若将溶液酸度控制在 pH＝2.5，此时只有 $Fe^{3+}$ 能与磺基水杨酸形成配合物，而 $Cu^{2+}$ 就不能，这样就消除了 $Cu^{2+}$ 的干扰。

② 加入掩蔽剂，掩蔽干扰离子。采用掩蔽剂来消除干扰的方法是一种有效而且常用的方法。该方法要求加入的掩蔽剂不与被测离子反应，掩蔽剂和掩蔽产物的颜色必须不干扰测定。表 1-6 列出了分光光度法中常用的掩蔽剂，在实际工作中可参考使用。

表 1-6　可见分光光度法部分常用的掩蔽剂

| 掩蔽剂 | pH | 被掩蔽的离子 |
|---|---|---|
| KCN | ＞8 | $Cu^{2+}$、$Co^{2+}$、$Ni^{2+}$、$Zn^{2+}$、$Hg^{2+}$、$Ca^{2+}$、$Ag^{+}$、$Ti^{4+}$ 及铂族元素 |
| | 6 | $Cu^{2+}$、$Co^{2+}$、$Ni^{2+}$ |
| $NH_4F$ | 4～6 | $Al^{3+}$、$Ti^{4+}$、$Sn^{4+}$、$Zr^{4+}$、$Nb^{5+}$、$Ta^{5+}$、$W^{6+}$、$Be^{2+}$ 等 |
| 酒石酸 | 5.5 | $Fe^{3+}$、$Al^{3+}$、$Sn^{4+}$、$Sb^{3+}$、$Ca^{2+}$ |
| | 5～6 | $UO_2^{2+}$ |
| | 6～7.5 | $Mg^{2+}$、$Ca^{2+}$、$Fe^{3+}$、$Al^{3+}$、$Mo^{4+}$、$Nb^{5+}$、$Sb^{3+}$、$W^{6+}$、$UO_2^{2+}$ |
| | 10 | $Al^{3+}$、$Sn^{4+}$ |
| 草酸 | 2 | $Sn^{4+}$、$Cu^{2+}$ 及稀土元素 |
| | 5.5 | $Zr^{4+}$、$Th^{4+}$、$Fe^{3+}$、$Fe^{2+}$、$Al^{3+}$ |
| 柠檬酸 | 5～6 | $UO_2^{2+}$、$Th^{4+}$、$Sr^{2+}$、$Zr^{4+}$、$Sb^{3+}$、$Ti^{4+}$ |
| | 7 | $Nb^{5+}$、$Ta^{5+}$、$Mo^{4+}$、$W^{6+}$、$Ba^{2+}$、$Fe^{3+}$、$Cr^{3+}$ |
| 抗坏血酸（维生素 C） | 1～2 | $Fe^{3+}$ |
| | 2.5 | $Cu^{2+}$、$Hg^{2+}$、$Fe^{3+}$ |
| | 5～6 | $Cu^{2+}$、$Hg^{2+}$ |

③ 改变干扰离子的价态以消除干扰。利用氧化还原反应改变干扰离子价态，使干扰离子不与显色剂反应，从而达到消除干扰的目的。

例如：用铬天菁 S 显色 $Al^{3+}$ 时，若溶液中加入抗坏血酸或盐酸羟胺，便可使其中的 $Fe^{3+}$ 还原为 $Fe^{2+}$，从而消除了干扰。

④ 选择适当的入射光波长以消除干扰。比如用 4-氨基安替吡啉显色测定废水中酚时，氧化剂铁氰化钾和显色剂都呈黄色，干扰测定。但若选择用 520nm 单色光为入射光，则可以消除干扰，获得满意结果。因为黄色溶液在 420nm 左右有强吸收，但＞500nm 后则无吸收。

⑤ 选择合适的参比溶液可以消除显色剂和某些有色共存离子干扰（1.4.3.2 将作详细介绍）。

⑥ 分离干扰离子。当没有适当掩蔽剂或无合适方法消除干扰时，应采用适当的分离方法（如电解法、沉淀法、溶剂萃取及离子交换法等），将被测组分与干扰离子分离，然后再进行测定。其中萃取分离法使用较多，可以直接在有机相中显色。

⑦ 利用双波长法、导数光谱法等新技术来消除干扰（可参阅有关资料和专著）。

### 1.4.3 测量条件的选择

在测量吸光物质的吸光度时，测量准确度往往受多方面因素的影响。如仪器波长示值准确度、吸收池性能、参比溶液、入射光波长、测量的吸光度范围、测量组分的浓度范围等都会对分析结果的准确度产生影响，必须加以控制。

#### 1.4.3.1 工作波长的选择

当用分光光度计测定被测溶液的吸光度时，首先需要选择合适的工作波长（入射光波长）。选择工作波长的依据是该被测物质的吸收曲线。在一般情况下，应选用最大吸收波长（$\lambda_{max}$）作为工作波长。在 $\lambda_{max}$ 附近波长的稍许偏移引起的吸光度变化较小，可得到较好的测量精度，而且以 $\lambda_{max}$ 为入射光时，其测定灵敏度最高。但是，如果最大吸收峰附近存在干扰（如共存离子或所使用试剂有吸收），则在保证有一定灵敏度的前提下，可以选择吸收曲线中其他波长进行测定（应选曲线较平坦处对应的波长，比如次大吸收波长），以消除干扰。

#### 1.4.3.2 参比溶液的选择

在分光光度分析中，测定吸光度时，由于入射光的反射，在吸收池壁的散射，以及溶剂、试剂等对光的吸收等均会造成透射光通量的减弱。为了使光通量的减弱仅与溶液中待测物质的浓度有关（而与其他因素无关），需要选择合适的溶液作为参比溶液。先以参比溶液来调节透射比为100%（$A=0$），然后再测定待测溶液的吸光度。这种方法实际上是将通过参比池的光作为入射光来测定试液的吸光度，可消除显色溶液中其他有色物质的干扰，抵消吸收池和试剂对入射光的反射、散射或吸收，比较真实地反映了待测物质对光的吸收，因而也就比较真实地反映了待测物质的浓度。

（1）溶剂参比　当试样溶液的组成比较简单，共存的其他组分很少且对工作波长的光几乎没有吸收，仅有待测物质与显色剂的反应产物有吸收时，可直接选用溶剂作参比溶液。这样可以消除溶剂、吸收池等因素对测定的影响。

（2）试剂参比　如果显色剂或其他试剂在工作波长下有吸收，此时应采用试剂参比溶液——在配制标准系列溶液时配制0号溶液（只不加入标样，同样加入各类试剂和溶剂）作为参比溶液。这种参比溶液可消除试剂中各种组分对测定产生的影响。

（3）试液参比　如果试样中其他共存组分有吸收，但不与显色剂反应，则当显色剂在测定波长无吸收时，可选用试样参比。即配制试样显色溶液时平行配制另一份溶液（将试液与显色溶液作相同处理，只是不加显色剂）作为参比溶液。这种参比溶液可以消除试样中共存有色离子对测定的影响。

（4）褪色参比　如果显色剂及样品基体均有吸收，这时可以在显色液中加入某种褪色剂，使其选择性地与被测离子配位（或改变其价态），生成稳定无色的配合物，使已显色的产物褪色，用此溶液作参比溶液，称为褪色参比溶液。例如用铬天菁S与$Al^{3+}$反应显色后，可以在显色液中加入$NH_4F$夺取$Al^{3+}$，形成无色的$AlF^{6-}$。然后将此褪色后的溶液作参比溶液。这种参比溶液可以消除显色剂的颜色及样品中微量共存离子的干扰。

褪色参比是一种比较理想的参比溶液，但遗憾的是并非任何显色溶液都能找到合适的褪色方法。

总之，选择参比溶液时，应尽可能全部抵消各种共存有色物质或所加试剂对测定的干扰，使试液的吸光度能真正反映待测物的浓度。

#### 1.4.3.3 吸光度测量范围的选择

任何类型的分光光度计都有一定的测量误差，但对一个给定的分光光度计来说，透射比读数误差$\Delta\tau$是一个常数［其值大约在±(0.2%～2%)］。透射比读数误差不能代表测定结果误差。测定结果误差常用浓度的相对误差$\frac{\Delta c}{c}$表示。由于透射比$\tau$与浓度$c$之间为负对数关系，所以同样透射比读数误差$\Delta\tau$在不同透射比处所造成的$\frac{\Delta c}{c}$是不同的，那么$\tau$为多少时$\frac{\Delta c}{c}$最小呢？

根据朗伯-比尔定律，有

$$-\lg\tau=\varepsilon bc$$

将上式微分后，经整理可得：

$$\frac{\Delta c}{c}=\frac{0.0434}{\tau\lg\tau}\cdot\Delta\tau \tag{1-12}$$

令式(1-12) 的导数为零，可求出当 $\tau=0.368$（此时 $A=0.434$）时，$\frac{\Delta c}{c}$最小$\left(\frac{\Delta c}{c}=1.4\%\right)$。

假设 $\Delta\tau=\pm0.5\%$，并将此值代入式(1-12)，则可计算出不同透射比时浓度的相对误差$\left(\frac{\Delta c}{c}\right)$，其结果如表 1-7 所示。

表 1-7　不同 $\tau$（或 $A$）时的浓度相对误差（设 $\Delta\tau=\pm0.5\%$）

| $\tau$/% | $A$ | $\frac{\Delta c}{c}$/% | $\tau$/% | $A$ | $\frac{\Delta c}{c}$/% |
|---|---|---|---|---|---|
| 95 | 0.022 | ±10.2 | 40 | 0.399 | ±1.36 |
| 90 | 0.046 | ±5.3 | 30 | 0.523 | ±1.38 |
| 80 | 0.097 | ±2.8 | 20 | 0.699 | ±1.55 |
| 70 | 0.155 | ±2.0 | 10 | 1.000 | ±2.17 |
| 60 | 0.222 | ±1.63 | 3 | 1.523 | ±4.75 |
| 50 | 0.301 | ±1.44 | 2 | 1.699 | ±6.38 |

由表 1-7 可以看出：浓度相对误差的大小不仅与仪器精度有关，还和透射比读数范围有关。在仪器透射比读数绝对误差为±0.5%时，透射比在 10%～70%的范围内，此时浓度测量误差约为±(1.4%～2.2%)。测量吸光度过高或过低，误差都很大。一般适宜的吸光度范围是 0.2～0.8。实际工作中，可以通过调节被测溶液的浓度（如改变称样量，改变显色后溶液的总体积等）、使用厚度不同的吸收池来调整待测溶液的吸光度，使其在适宜的吸光度范围内。

## 1.4.4　定量方法与分析误差

可见分光光度法最广泛和最重要的用途是作微量成分的定量分析，在工业生产和科学研究中都占有十分重要的地位。进行定量分析时，由于样品的组成情况及分析要求的不同，因此分析方法也有所不同。

### 1.4.4.1　单组分样品的分析

如果样品是单组分的，且遵守光吸收定律，这时只要测出待测吸光物质的最大吸收波长($\lambda_{max}$)，然后在 $\lambda_{max}$ 下，选用适当的参比溶液，测量试液的吸光度，再用工作曲线法或比较法即可求得待测吸光物质的浓度或含量。

(1) 工作曲线法　工作曲线法又称标准曲线法，是实际工作中使用最多的一种定量方法。工作曲线的绘制方法是：配制 4 个（或>4）不同浓度的待测组分的标准系列溶液，选择合适的参比溶液，在选定的工作波长下，分别测定各标准系列溶液的吸光度。以标准溶液浓度为横坐标，吸光度为纵坐标，在坐标纸上绘制 $A$-$\rho$ 或 $A$-$c$ 拟合曲线（见图 1-28），此曲线即称为工作曲线（或称标准曲线）。实际工作中，为了避免使用时出差错，在所作的工作曲线上还必须标明标准曲线的名称、所用标准溶液（或标样）名称和浓度、坐标分度和单位、测量条件（仪器型号、入射光波长、吸收池厚度、参比液名称）以及制作日期和制作者姓名。

在测定样品时，应按相同的方法制备待测试液（为了保证显色条件一致，操作时一般是试样与标样同时显色），在相同测量条件下测量试液的吸光度，然后在工作曲线上查出待测试液的浓度。为了保证测定结果的准确度，要求标样与试样溶液的组成保持一致（指基体一致），待测试液的浓度应在工作曲线线性范围内，最好在工作曲线中部（待测试液对应的吸光度 0.4～0.5）。工作曲线应定期校准，如果实验条件变动（如更换标准溶液、所用试剂重新配制、仪器经过修理、更换光源等情况），则应重新绘制工作曲线。如果实验条件不变，那么每次测量只要带一个标样，校验一下实验条件是否符合，就可直接用此工作曲线测量试样的浓度。工作曲线法适于成批样品的分析，可以消除一定的随机误差。

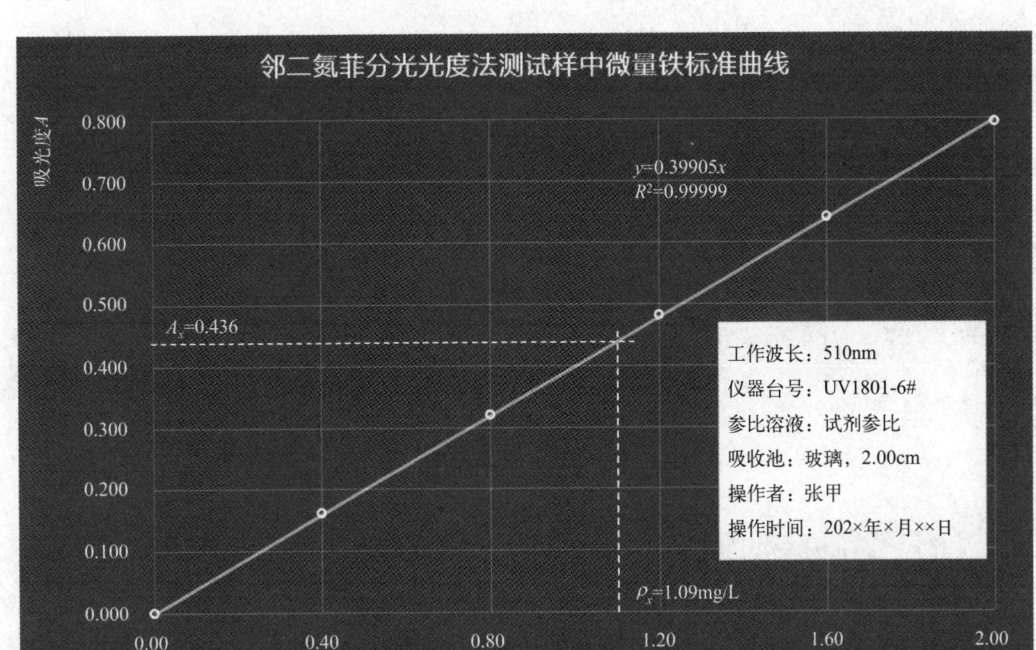


图 1-28　工作曲线（亦称标准曲线）

由于受到各种因素的影响，实验测出的各点可能不完全在一条直线上，这时“画”直线的方法就显得随意性大了一些，若采用最小二乘法来确定直线回归方程，将要准确得多。

工作曲线可以用一元线性方程表示，即：

$$y=a+bx \tag{1-13}$$

式中，$x$ 为标准溶液的浓度；$y$ 为相应的吸光度；$a$、$b$ 为回归系数。

直线称回归直线。$b$ 为直线斜率，可由下式求出：

$$b=\frac{\sum_{i=1}^{n}(x_i-\bar{x})(y_i-\bar{y})}{\sum_{i=1}^{n}(x_i-\bar{x})^2} \tag{1-14}$$

式中，$\bar{x}$、$\bar{y}$ 分别为 $x$ 和 $y$ 的平均值；$x_i$ 为第 $i$ 个点的标准溶液的浓度；$y_i$ 为第 $i$ 个点的吸光度（以下相同）。

$a$ 为直线的截距，可由下式求出：

$$a=\frac{\sum_{i=1}^{n}y_i-b\sum_{i=1}^{n}x_i}{n}=\bar{y}-b\bar{x} \tag{1-15}$$

工作曲线线性的好坏可以用回归直线的相关系数来表示，相关系数 $r$ 可用下式求得。

$$r=b\sqrt{\frac{\sum_{i=1}^{n}(x_i-\bar{x})^2}{\sum_{i=1}^{n}(y_i-\bar{y})^2}} \tag{1-16}$$

相关系数 $r$ 越接近 1，则说明工作曲线的线性越好。通常要求工作曲线的 $r \geqslant 0.999$（俗称“3 个 9”）。

【例 1-2】用邻二氮菲分光光度法测定 $Fe^{2+}$ 时，得到下列实验数据，请确定工作曲线的直线回归方程，并计算其相关系数。

| 标准溶液浓度 $c/(\mathrm{mol \cdot L^{-1}})$ | $1.00\times10^{-5}$ | $2.00\times10^{-5}$ | $3.00\times10^{-5}$ | $4.00\times10^{-5}$ | $6.00\times10^{-5}$ | $8.00\times10^{-5}$ |
|---|---|---|---|---|---|---|
| 吸光度 $A$ | 0.114 | 0.212 | 0.335 | 0.434 | 0.670 | 0.868 |

解：设直线回归方程为 $y=a+bx$，令 $x=10^5c$，

则得， $\bar{x}=4.00$，$\bar{y}=0.439$，

计算得 $\sum_{i=1}^{n}(x_i-\bar{x})(y_i-\bar{y})=3.71$，

$\sum_{i=1}^{n}(x_i-\bar{x})^2=34$，$\sum_{i=1}^{n}(y_i-\bar{y})^2=0.405$，

则：

$$b=\frac{\sum_{i=1}^{n}(x_i-\bar{x})\cdot(y_i-\bar{y})}{\sum_{i=1}^{n}(x_i-\bar{x})^2}=\frac{3.71}{34}=0.109,$$

$$a=\bar{y}-b\bar{x}=0.439-4\times0.109=0.003,$$

得直线回归方程：$y=0.003+0.109x$，

相关系数：$r=b\sqrt{\dfrac{\sum_{i=1}^{n}(x_i-\bar{x})^2}{\sum_{i=1}^{n}(y_i-\bar{y})^2}}=0.109\times\sqrt{\dfrac{34}{0.405}}=0.999$，

可见实验所作的工作曲线线性符合要求。

由回归方程得 $A_{试}=0.003+0.109\times10^5c$，

故：$c_{试}=\dfrac{A_{试}-000.3}{0.109\times10^5}$。

因此，只要在相同条件下，测出试液吸光度 $A_{试}$，代入上式，即可得到试样中 $Fe^{2+}$ 浓度 $c_{试}$。

(2) 比较法　这种方法是用一个已知浓度的标准溶液（$c_s$），在一定条件下，测得其吸光度 $A_s$，然后在相同条件下测得试液 $c_x$ 的吸光度 $A_x$，设试液、标准溶液完全符合朗伯-比尔定律，则

$$c_x=\frac{A_x}{A_s}\cdot c_s \tag{1-17}$$

使用这种方法的要求：$c_x$ 与 $c_s$ 浓度应接近，且都符合光吸收定律。比较法适于个别样品的测定。

1.4.4.2　多组分的定量测定

扫描二维码可查看详细内容。

1.4.4.3 高含量组分的测定

扫描二维码查看详细内容。

1.4.4.4 双波长分光光度法

扫描二维码查看详细内容。

多组分的定量测定

高含量组分的测定

双波长分光光度法

1.4.4.5 分析误差

一种分析方法的准确度，往往受多方面因素的影响，对于分光光度法来说也不例外。影响分析结果准确度的因素主要有以下两个方面：

（1）溶液因素产生的误差

① 待测物质本身的因素引起误差。待测物本身的因素是指在一定条件下，待测物参与了某种化学反应，包括与溶剂或其他离子发生化学反应，以及本身发生离解或聚合等。例如 $Cr_2O_7^{2-}$ 在水中存在如下平衡：

$$\underset{(\lambda_{max}=470nm)}{Cr_2O_7^{2-}} + H_2O \underset{浓缩}{\overset{稀释}{\rightleftharpoons}} \underset{(\lambda_{max}=450nm)}{2CrO_4^{2-}} + 2H^+$$

如果以 470nm 为入射光波长进行测定，则会产生偏离吸收定律的现象。因此，要避免这种误差的产生就必须采取适当措施，使溶液中吸光物质的浓度与被测物质的总浓度相等或成正比例地改变。例如 $Cr_2O_7^{2-}$ 在强酸溶液中就可以保证其几乎完全以 $Cr_2O_7^{2-}$ 的形式存在，从而消除误差。

实际工作中，被测元素所呈现的吸光物质往往随溶液的条件诸如稀释、pH、温度及有关试剂的浓度等不同而改变，从而导致其偏离吸收定律，产生溶液因素误差。

② 溶液中其他因素引起的误差。除了待测组分本身的原因外，溶液中其他因素，例如溶剂的性质及共存物质的不同，都会引起溶液误差。减除这类误差的方法，一般是选择合适的参比溶液，而最有效的方法则是使用双波长分光光度计。

（2）仪器因素产生的误差　仪器误差是指由使用分光光度计所引入的误差。包括以下几方面：

① 仪器的非理想性引起的误差。例如：非单色光引起对吸收定律的偏离；波长标尺未作校正时引起的光谱测量的误差；吸光度受吸光度标尺误差的影响等。

② 仪器噪声的影响。例如光源强度波动、光电管噪声、电子元件噪声等。

③ 吸收池引起的误差。吸收池不匹配或吸收池透光面不平行，吸收池定位不确定或吸收池对光方向不同均会使透射比产生差异，结果产生误差。

总之，实际工作中所遇到的情况各不相同，这就要求操作者需在工作中积累经验，以便作出合适的处理。

## 1.4.5 目视比色法

用眼睛观察、比较溶液颜色的深浅来确定物质含量的分析方法称为目视比色法。虽然目视比色法测定的准确度较差（相对误差约 5%～20%），但由于所需要的仪器简单、操作简便，仍然广泛应用于准确度要求不高的一些中间控制分析中，更主要的是应用在限界分析中。限界分析是指确定样品中待测杂质含量是否在规定的含量限界以下。

1.4.5.1 方法原理

目视比色法的基本原理是：将有色的标准溶液和被测溶液在相同条件下对其颜色深浅进行比较，当溶液液层厚度相同，且颜色深度一样时，两者的浓度相等。

根据光吸收定律：$A_S = \varepsilon_S c_S b_S; A_x = \varepsilon_x c_x b_x$

当被测溶液的颜色深浅度与标准溶液相同时，则 $A_S = A_x$；又因为是同一种有色物质，同样的光源（太阳光或普通灯光），所以 $\varepsilon_S = \varepsilon_x$，而且液层厚度相等，即 $b_S = b_x$，因此 $c_S = c_x$。

1.4.5.2 测定方法

目视比色法常用标准系列法进行定量。具体方法是：向插在比色管架中的一套直径、长度、玻璃厚度、玻璃成分等都相同的平底比色管（如图 1-32 所示）中，依次加入不同量的待测组分标准溶液和一定量显色剂及其他辅助试剂，并用蒸馏水或其他溶剂稀释到同样体积，配制成一套颜色逐渐加深的标准色阶。将一定量待测试液在同样条件下显色，并同样稀释至相同体积。然后从管口垂直向下观察，比较待测溶液与标准色阶中各标准溶液的颜色深浅（为方便比色，通常将各比色管置于比色管架中；比色管架底部通常放置一面镜子，它可增加光程长度一倍，使比色结果更准确，提高检测灵敏度）。如果待测溶液与标准色阶中某一标准溶液颜色深浅度相同，则其浓度亦相同。如果介于相邻两标准溶液之间，则被测溶液浓度为这两标准溶液浓度的平均值。

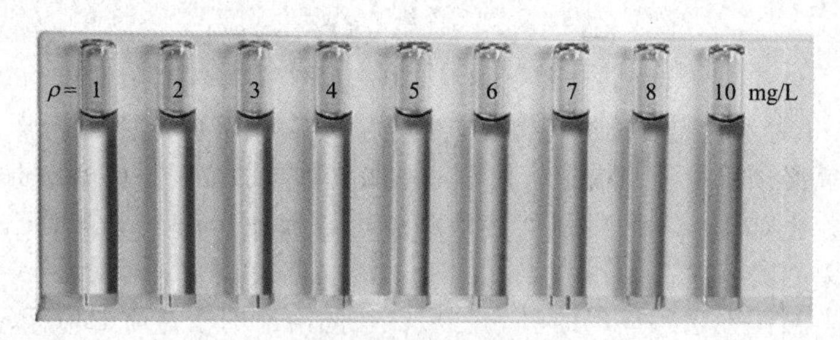


图 1-32 目视比色管

如果需要进行的是限界分析，即要求某组分含量应在某浓度之下，那么只需配制浓度为该限界浓度的标准溶液，并与试样同时显色后进行比较。若试样的颜色比标准溶液的深，则说明试样中待测组分含量已超出允许的限界。

1.4.5.3 特点

目视比色法的优点是：仪器简单、操作方便，适宜于大批样品的分析；由于比色管长度长，自上而下观察，颜色很浅也容易比较出深浅，灵敏度较高。另外，该方法还不需要单色光，可直接在白光下进行，且对浑浊溶液也可进行分析。

目视比色法的缺点是：主观误差大、准确度差，而且标准色阶不宜保存，需要定期重新配制，较费时。

1.4.5.4 应用

目视比色法简单易行，适用于许多领域的定性和定量分析。

（1）环境监测　目视比色法可用于测定水中各种污染物的浓度或检测环境中的某些污染物，例如水质中重金属离子、氨氮、亚硝酸盐等，大气中臭氧的浓度等。方法是将待测样品与特定试剂反应后产生颜色变化，然后通过目视观察与标准溶液进行比较，以确定污染物的浓度。

（2）食品分析　目视比色法广泛应用于食品行业中。例如，可以使用目视比色法来检测食品中的营养成分，如蛋白质、糖类和脂肪含量。

（3）化学药品分析　目视比色法可用于测定药品中活性成分的含量。例如，可以使用目视比色法来测定药物中的维生素 C 含量。

（4）医学诊断　目视比色法在一些医学诊断中也有应用。例如，尿液分析中常用目视比色法来测定尿液中蛋白质、葡萄糖等物质的含量，根据颜色的变化来判断患者的健康状况。

## 思考与练习 1.4

1. 当未知样中含 Fe 量约为 10μg/L 时，采用直接比较法定量时，标准溶液的浓度应为（　　）。

A. 20μg/L　　B. 15μg/L　　C. 11μg/L　　D. 5μg/L

2. 如果显色剂或其他试剂在测定波长有吸收，此时的参比溶液应采用（　　）。

A. 溶剂参比　　B. 试剂参比　　C. 试液参比　　D. 褪色参比

3. 用硫氰酸盐作显色剂测定 $Co^{2+}$ 时，$Fe^{3+}$ 有干扰，可用（　　）作为掩蔽剂。

A. 氟化物　　B. 氯化物　　C. 氢氧化物　　D. 硫化物

4. 下列为试液中两种组分对光的吸收曲线图，比色分光测定不存在互相干扰的是（　　）。

A.　B.

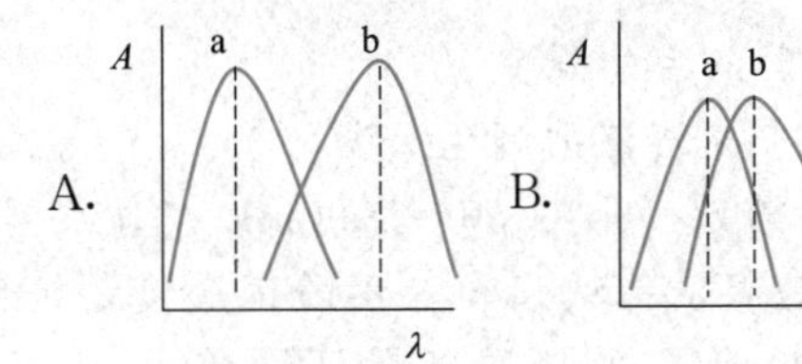


C.

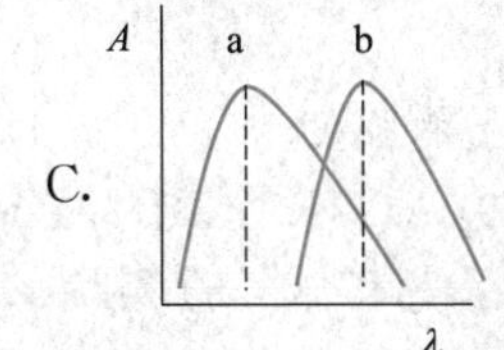


5. 分光光度法中，影响显色反应最重要的因素是（　　）。

A. 显色温度　　B. 显色时间　　C. 显色剂用量　　D. 溶液的酸度

6. 分光光度法分析中，如果显色剂无色，而被测试液中含有其他有色离子时，宜选择（　　）作为参比液可消除影响。

A. 蒸馏水　　B. 不加显色剂的待测液

C. 掩蔽掉被测离子并加入显色剂的溶液　　D. 掩蔽掉被测离子的待测液

7. 测定硫酸锌中微量锰时，在酸性溶液中用 $KIO_4$ 将 $Mn^{2+}$ 氧化成紫红色的 $MnO_4^-$ 后进行测定吸光度。若采用纯金属锰标准溶液在相同条件下作标准曲线，则标准曲线的参比溶液应为（　　）。

A. 含 $Zn^{2+}$ 的试液

B. 含 $Zn^{2+}$ 的 $KIO_4$ 溶液

C. 含锰的 $KIO_4$ 溶液

D. 显色后取部分显色液，滴加 $NaNO_2$ 溶液至紫红色褪去后的溶液

8. 测定铬基合金中的微量镁，常用铬黑 T 作显色剂，EBT 本身呈蓝色，与 $Mg^{2+}$ 配位后，配合物呈酒红色。用分光光度法测定铬基合金中微量镁时宜选用的参比溶液是（　　）。

A. 含试液的溶液　　B. 蒸馏水

C. 含试液－EBT－EDTA 的溶液　　D. 含 EDTA 的溶液

9.（多选）检验可见及紫外分光光度计波长正确性时，应分别绘制的吸收曲线是（　　）。

A. 甲苯蒸气　　B. 苯蒸气　　C. 镨钕滤光片　　D. 重铬酸钾溶液

10.（多选）分光光度计接通电源后，指示灯和光源灯都不亮，电流表无偏转的原因有（　　）。

A. 电源开头接触不良或已坏　　B. 电流表坏

C. 保险丝断　　D. 电源变压器初级线圈已断

11. 用丁二酮肟分光光度法测定镍，标准镍溶液由纯镍配成，浓度为 $8.00\mu g \cdot mL^{-1}$。

(1) 根据下列数据绘制工作曲线（显色总体积100mL）。

| 加入 $Ni^{2+}$ 标液体积 $V$/mL | 0.00 | 2.00 | 4.00 | 6.00 | 8.00 | 10.00 |
|---|---|---|---|---|---|---|
| 吸光度 $A$ | 0.000 | 0.102 | 0.200 | 0.304 | 0.405 | 0.508 |

(2) 称取含镍试样 0.6502g，分解后移入 100mL 容量瓶。吸取 2.00mL 试液于容量瓶中，在与标准溶液相同条件下显色，测得吸光度为 0.350。问：试样中镍的质量分数为多少？($M_{Ni}=58.70g \cdot mol^{-1}$)

12. 镍标准溶液的浓度为 $10.0\mu g \cdot mL^{-1}$，精确吸取该溶液 0.00mL、1.00mL、2.00mL、3.00mL、4.00mL，分别放入 100mL 容量瓶中，稀释至刻度后测得各溶液的吸光度依次为 0.000，0.059，0.121，0.181，0.239。称取某含镍样品 0.3125g，经处理溶解后移入 100 mL 容量瓶中，稀释至刻度。从中移取 10.00mL 该溶液于另一个 100mL 容量瓶中，在与标准曲线相同的条件下，测得溶液的吸光度为 0.157，求该试样中镍的质量分数($mg \cdot kg^{-1}$)。

13. 在目视比色法中，常用的标准系列法是比较（　　）。

A. 入射光的强度　　B. 透过溶液后的强度

C. 透过溶液后的吸收光的强度　　D. 一定厚度溶液的颜色深浅

14. 称取 0.750g $NaNO_2$ (G.R.) 配制成 500mL 溶液。取 0.50～5.00mL 按每次间隔 0.50mL 的体积配制成标准系列溶液，分别加入对氨基苯磺酸试液和 β-萘酚试液使之显色，各加蒸馏水至 50.0mL，摇匀。另取试样溶液 10.00mL，在相同条件下显色并稀释至 50.0mL，摇匀。在同一条件下比色，试样比色液的颜色深度介于第三、四两个标准比色液之间。求试样中亚硝酸根离子的质量浓度。($M_{NaNO_2}=69.00g \cdot mol^{-1}$，$M_{NO_2^-}=46.01g \cdot mol^{-1}$)

阅读园地

扫描二维码可拓展阅读“目视比色法来源”。

目视比色法来源

## 1.5 紫外分光光度法

### 1.5.1 概述

紫外分光光度法是基于物质对紫外光的选择性吸收来进行分析测定的方法。根据电磁波谱，紫外光区的波长范围是10～400nm，紫外分光光度法主要利用物质对200～400nm的近紫外光区的辐射（200nm以下远紫外光辐射会被空气强烈吸收）来对其进行定性鉴别和定量分析。

紫外吸收光谱（UV）与可见吸收光谱（Vis）同属电子光谱，都是由分子中价电子能级跃迁产生的，不过紫外吸收光谱与可见吸收光谱相比，却具有一些突出的特点。UV可用来对在紫外光区内有吸收峰的物质进行定性鉴定和结构分析。虽然这种鉴定和结构分析由于UV谱图较简单，特征性不强，必须与其他方法（如红外吸收光谱、核磁共振波谱和质谱等）配合使用，才能得出可靠的结论，但它还是能提供分子中所具有的助色团、生色团和共轭程度的一些信息，这些信息对于有机化合物的结构推断往往是很重要的。紫外分光光度法还可以测定在近紫外光区有吸收的无色透明的化合物，而不像可见分光光度法那样需要加显色剂显色后再测定，因此这种测定方法简便且快速。由于具有π电子和共轭双键的化合物在紫外光区会产生强烈的吸收，其摩尔吸光系数可达 $10^4 \sim 10^5 L \cdot mol^{-1} \cdot cm^{-1}$，因此紫外分光光度法的定量分析具有很高的灵敏度和准确度，其检测限可低至 $10^{-4} \sim 10^{-7} g \cdot mL^{-1}$ 相对误差<1%，因而它在定量分析领域有广泛的应用。

紫外吸收光谱与可见吸收光谱一样，常用吸收曲线来描述。即用一束具有连续波长的紫外光照射一定浓度的样品溶液，分别测量其对不同波长的吸光度，然后以吸光度对波长作图可得到该化合物的紫外吸收光谱（见图 1-33）。物质的紫外吸收光谱可用曲线上吸收峰所对应的最大吸收波长 $\lambda_{max}$ 和该波长下的摩尔吸光系数 $\varepsilon_{max}$ 来表征该物质的紫外吸收特征。

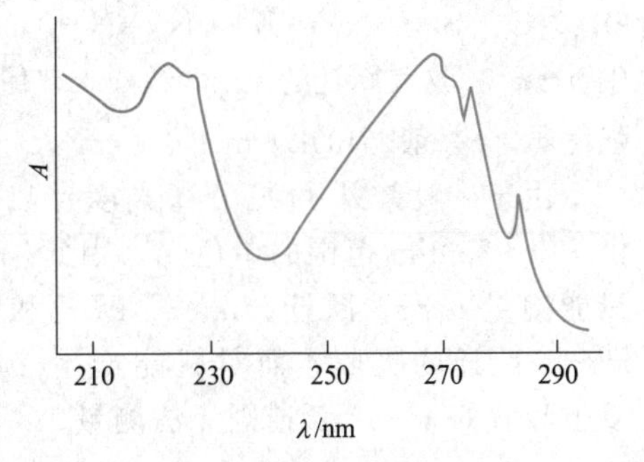


图 1-33 茴香醛紫外吸收光谱

## 1.5.2 方法原理

### 1.5.2.1 紫外光谱定义

在无限连续的电磁波谱中，紫外光区位于 X 射线与可见光区之间，波长为 10～400nm。紫外光区可分为两个区段，200nm 以下称远紫外区。空气中的氧、氮、二氧化碳及潮气等均对这一波段的电磁波产生强吸收。200～400nm 范围的电磁波称近紫外区。玻璃对于波长小于 300nm 的电磁波产生强吸收，所以有关光学元件不能使用玻璃，一般用石英代替。通常将 200～300nm 的电磁波称石英区。紫外吸收光谱是指吸光物质对 200～400nm 的近紫外区的吸收光谱曲线。

### 1.5.2.2 紫外光谱的产生

有机化合物分子吸收一定能量的辐射能时，其中的电子就可能跃迁到较高能级，此时电子所占轨道称为反键轨道（用 * 号标注）。电子跃迁同内部的结构有密切的关系。当分子中的价电子从成键轨道或非键轨道跃迁到较高能级的反键轨道时，所需的能量通常在 1～20eV 之间，这种价电子的能级跃迁所吸收的能量相当于紫外及可见光光子的能量。因而由价电子能级跃迁所产生的光谱称为紫外及可见光谱，习惯上简称为紫外光谱。

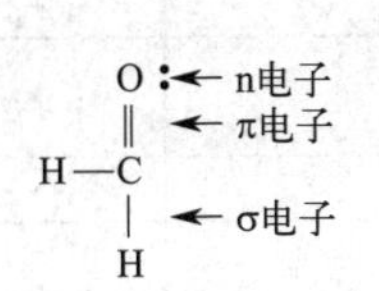


图 1-34 甲醛分子中价电子的示意图

在有机化合物分子中价电子主要有三种类型：即形成单键的 σ 电子；形成双键的 π 电子；氧、氮、硫、卤素等含有未成键的孤对 n 电子。可以用甲醛分子中的价电子表示（见图 1-34）。

这三种价电子跃迁有三种形式：①形成单键的 σ 电子跃迁，常有 $\sigma \to \sigma^*$ 跃迁；②形成双键的 π 电子跃迁，常有 $\pi \to \pi^*$ 跃迁和 $n \to \pi^*$ 跃迁；③未成键的 n 电子跃迁，常有 $n \to \sigma^*$ 跃迁。这些跃迁及其所需能量的大小顺序见图 1-35。

（1）$\sigma \to \sigma^*$ 跃迁　这类跃迁的吸收带出现在 200nm 以下的远紫外区，如甲烷的 $\lambda_{max}$ = 125nm，它的紫外光谱必须在真空中绘制。

（2）$n \to \pi^*$ 跃迁　含有氧、氮、硫、卤素等杂原子的饱和烃衍生物都可发生 $n \to \pi^*$ 跃迁。大多数 $n \to \pi^*$ 跃迁的吸收带一般仍然低于 200nm，通常仅能见到其末端吸收。例如饱和脂肪族醇或醚的吸收带范围为 180～185nm，饱和脂肪胺为 190～200nm，饱和脂肪族氯化物为 170～175nm，饱和脂肪族溴化物为 200～210nm。当分子中含有硫、碘等电离能较低的原子时，$\lambda_{max}$ 高于 200nm（如 $CH_3I$ 的 $n \to \pi^*$ 吸收峰 $\lambda_{max}$ = 258nm）。

（3）$\pi \to \pi^*$ 跃迁　分子中含有双键、三键的化合物和芳环及共轭烯烃时可发生此类跃迁。孤立双键的 $\lambda_{max}$ <200nm（例如乙烯的 $\lambda_{max}$ = 180nm）。随着共轭双键数的增加，吸收峰向长波方向移动。$\pi \to \pi^*$ 跃迁的吸收峰多为强吸收，其 ε 值很大，一般情况下 $\varepsilon_{max} \geqslant 10^4 L \cdot mol^{-1} \cdot cm^{-1}$。

(4) n→π* 跃迁　分子中含有孤对电子的原子和π键同时存在并共轭时（如含>C═O，>C═S，—N═O，—N═N—），会发生 n→π*。这类跃迁的 $\lambda_{max}$>200nm，但吸收强度弱，ε 一般<100L・mol⁻¹・cm⁻¹。

由于一般紫外-可见分光光度计只能提供 190～850nm 范围的单色光，因此，我们只能测量 n→σ* 跃迁、n→π* 跃迁和部分 π→π* 跃迁的吸收，而对只能产生 200nm 以下吸收的 σ→σ* 跃迁则无法测量。

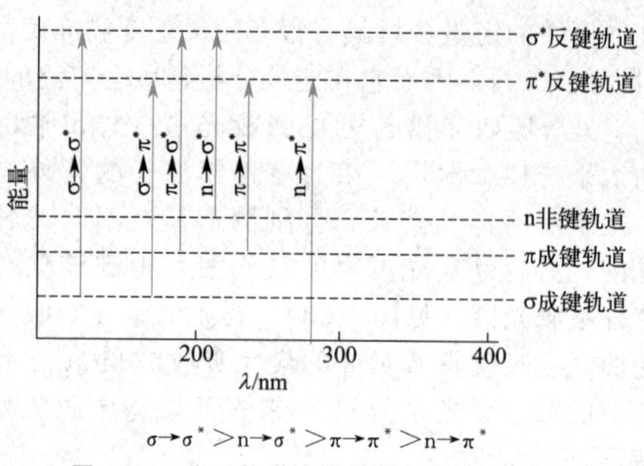


σ→σ* > n→σ* > π→π* > n→π*

图 1-35　分子轨道能级图及电子跃迁形式

### 1.5.2.3　紫外光谱中常用光谱术语

(1) 生色团（chromophore）　指能在 200～850nm 波长范围内产生特征吸收带的具有不饱和键的基团，例如 C═C，C═O，C═N，N═N 等，它们均含有 π 键，主要发生的是 n→π* 和 π→π* 跃迁。表 1-8 列出了某些常见生色团的吸收特性。

表 1-8　常见生色团的吸收特性

| 生色团 | 实例 | 溶剂 | $\lambda_{max}$/nm | $\varepsilon_{max}$/(L・mol⁻¹・cm⁻¹) | 跃迁类型 |
|---|---|---|---|---|---|
| >C═C< | $C_6H_{13}CH═CH_2$ | 正庚烷 | 177 | 13000 | π→π* |
| —C≡C— | $C_5H_{11}C≡CCH_3$ | 正庚烷 | 170 | 10000 | π→π* |
| >C═N— | $(CH_3)_2C═NOH$ | 气态 | 190，300 | 5000，— | π→π*<br>n→π* |
| —C≡N | $CH_3C≡N$ | 气态 | 167 | — | π→π* |
| >C═O | $CH_3COCH_3$ | 正己烷 | 186，280 | 1000，16 | n→σ*<br>n→π* |
| —COOH | $CH_3COOH$ | 乙醇 | 204 | 41 | n→π* |
| —$CONH_2$ | $CH_3CONH_2$ | 水 | 214 | 60 | n→π* |
| >C═S | $CH_3CSCH_3$ | 水 | 400 | — | n→π* |
| —N═N— | $CH_3N═NCH_3$ | 乙醇 | 339 | 4 | n→π* |
| —$NO_2$ (—N(═O)→O) | $CH_3NO_2$ | 乙醇 | 271 | 186 | n→π* |
| —N═O | $C_4H_9NO$ | 乙醚 | 300，665 | 100，20 | —，n→π* |
| —O—$NO_2$ (—O—N(═O)→O) | $C_2H_5ONO_2$ | 二氧六环 | 270 | 12 | n→π* |
| >S═O | $C_6H_{11}SOCH_3$ | 乙醇 | 210 | 1500 | n→π* |
| —$C_6H_5$ | $C_6H_5OCH_3$ | 甲醇 | 217，269 | 640，148 | π→π*<br>π→π* |

(2) 助色团（auxochrome）　助色团是一些含有未共用 n 电子对的氧原子、氮原子或卤素原子的基团。如—OH，—OR，—NHR，—SH，—Cl，—Br，—I，它们都含有未成键的 n 电子。助色团不会使物质具有颜色，但引进这些基团能增加生色团的生色能力，使其吸收波长向长波方向移动，并增加了吸收强度。在这些助色团中，由于具有孤对电子对的原子或原子团与发色团的 π 键相连，可以发生 p→π 共轭效应，结果使电子的活动范围增大，容

易被激发，使 $\pi \rightarrow \pi^*$ 跃迁吸收带向长波方向移动，即红移。

但是，对于羰基的 $\pi \rightarrow \pi^*$ 跃迁，当羰基接上含孤对电子对的助色团或接上烷基，均会使 $\pi \rightarrow \pi^*$ 跃迁吸收带向短波方向移动，即蓝移，而前者蓝移更加明显。

(3) 红移（red shift）和蓝移（blue shift） 由于取代基或溶剂的影响造成有机化合物结构的变化，使吸收峰向长波或短波方向移动的现象称为红移和蓝移。

(4) 增色效应（hyperchromic effect）和减色效应（hypochromic effect） 由于取代基或溶剂的影响造成有机化合物的结构变化使吸收峰强度（吸收峰高度）增加或减小的效应分别称为增色效应和减色效应。

(5) 末端吸收（end absorption） 指吸收曲线随波长变短而强度增大，直至仪器测量的极限，而不显示峰形。这种现象是由于吸收带出现在更短波长处所致。极限处吸收称为末端吸收。

(6) 肩峰 指吸收曲线在下降或上升处有停顿，或吸收稍微增加或降低的峰，原因是主峰内隐藏有其他峰。

(7) 溶剂效应 在不同溶剂中谱带产生的位移称为溶剂效应。原因是不同极性的溶剂对基态或激发态样品分子的生色团作用不同，或稳定化程度不同。

如图 1-36 所示，在大多数 $\pi \rightarrow \pi^*$ 跃迁中，基态的极性小于激发态，极性溶剂对于激发态的稳定作用大于基态，导致极性溶剂中 $\Delta E_p$ 降低，$\lambda_{max}$ 向长波方向移动。C═O 双键的 $n \rightarrow \pi^*$ 跃迁，基态的极性大于激发态的极性，极性溶剂对基态的稳定作用大于对激发态的稳定作用，导致极性溶剂中 $\Delta E_p$ 升高，$\lambda_{max}$ 向短波方向移动。

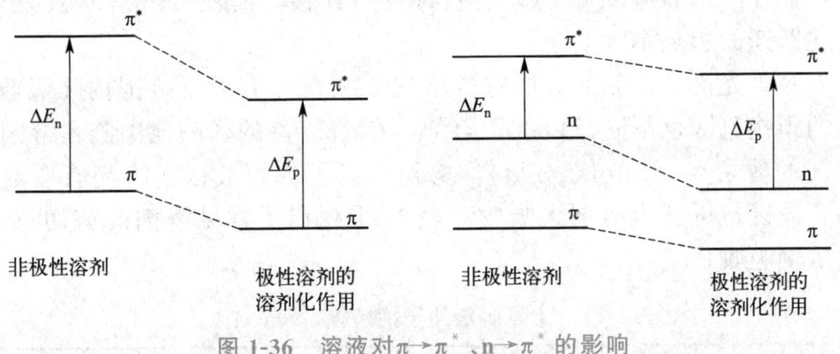


图 1-36 溶液对 $\pi \rightarrow \pi^*$、$n \rightarrow \pi^*$ 的影响

### 1.5.2.4 吸收带

紫外吸收光谱是带状光谱，分子中存在的一些吸收带已被确认。吸收带指吸收峰在紫外光谱中的谱带位置。

(1) 吸收带类型 根据电子和分子轨道的种类，吸收带可分为四种类型（见表 1-9）。

表 1-9 吸收带的四种类型

| 吸收带类型 | 跃迁类型 | $\varepsilon_{max}$ | 吸收峰特征 | 实例 |
|---|---|---|---|---|
| R | $n \rightarrow \pi^*$ | ≤100 | 弱 | 羰基、硝基 |
| K | $\pi \rightarrow \pi^*$ | ≥10000 | 很强 | 共轭烯(丁二烯,苯乙烯等) |
| B | $\pi \rightarrow \pi^*$ | 250～3000 | 多重吸收带 | 苯、苯同系物 |
| E | $\pi \rightarrow \pi^*$ | 2000～10000 | 强 | 芳环中的 C═C |

① R 带（基团型） 主要由 $n \rightarrow \pi^*$ 引起，即发色团中孤对电子对 n 电子向 $\pi^*$ 跃迁的结果。此吸收带强度较弱（$\varepsilon_{max} \leqslant 100$），$\lambda_{max}$ 一般>270nm。如丙酮的 $\lambda_{max}=279$nm，$\varepsilon_{max}=15$；乙醛的 $\lambda_{max}=291$nm，$\varepsilon_{max}=11$。

② K 带（共轭型） 由 $\pi \rightarrow \pi^*$ 跃迁引起，其特征是吸收峰强（$\varepsilon_{max} \geqslant 10000$），具有共轭体系。有发色团的芳香族化合物（如苯乙烯、苯乙酮）的 UV 光谱中的 K 带，随着共轭体系的增加，其

波长红移并出现增色效应。

③ B带（苯型） 专指苯环上的 $\pi\rightarrow\pi^*$ 跃迁所产生的吸收带，在 230～270nm 形成一个多重吸收峰（其形状类似人的手掌，俗称五指峰，见图 1-37），通过其精细结构［见图 1-25(b)］可识别芳香族化合物。但一些有取代的苯环可引起此带的消失。

④ E带（乙烯型） 产生于 $\pi\rightarrow\pi^*$ 跃迁，可看成是苯环中 π 电子相互作用导致其激发态的能量发生裂分的结果。如苯的 $\pi\rightarrow\pi^*$ 跃迁可以观察到三个吸收带 $E_1$、$E_2$ 和 B 带，其中 $E_1$ 带常落在真空紫外区一般不易观察到（见图 1-37）。

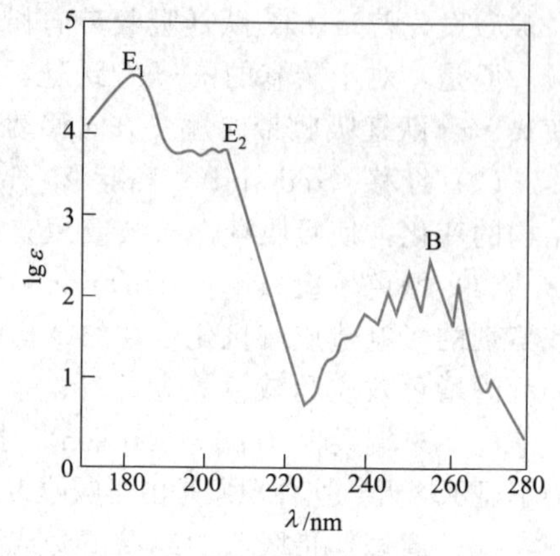


图 1-37 苯的紫外吸收光谱图

（正己烷为溶剂）

（2）溶剂对吸收带的影响 由于紫外吸收光谱的测定大多数是在溶液中进行的，而溶剂的不同将会使吸收带的位置及吸收曲线的形态有着较大的影响（见表 1-10）。

表 1-10 不同溶剂对硝基苯中 $\pi\rightarrow\pi^*$ 跃迁的影响

| 溶剂 | 水 | 乙醇 | 庚烷 | 气相 |
|---|---|---|---|---|
| $\lambda_{max}$/nm | 265.5 | 259.5 | 251.8 | 233.1 |

一般来讲，极性溶剂会造成 $\pi\rightarrow\pi^*$ 吸收带发生红移，而使 $n\rightarrow\pi^*$ 跃迁发生蓝移，而非极性溶剂对上述跃迁的影响不太明显。

在进行紫外吸收光谱的绘制时，所选的溶剂必须在样品吸收范围内无吸收。溶剂不同，紫外吸收光谱的干扰范围也不同。以水作溶剂，在 1cm 厚的样品池中测得溶剂吸光度为 0.1 时的波长为溶剂的剪切点（cutoff point），剪切点以下的短波区，溶剂有明显的紫外吸收，剪切点以上的长波区，可认为溶剂无吸收。表 1-11 列出了常见溶剂的剪切点，当在此波长以上使用时无溶剂吸收。

表 1-11 常见溶剂的干扰极限（1cm 光程）

| 溶剂 | λ/nm | 溶剂 | λ/nm | 溶剂 | λ/nm | 溶剂 | λ/nm |
|---|---|---|---|---|---|---|---|
| 水 | 205 | 乙醇(95%) | 204 | 正庚烷 | 210 | 四氯化碳 | 265 |
| 甲醇 | 205 | 乙醚 | 215 | 二氯甲烷 | 232 | 苯 | 280 |
| 环己烷 | 205 | 己烷 | 195 | 氯仿 | 245 | 丙酮 | 330 |

## 1.5.3 常见有机化合物的紫外吸收光谱

### 1.5.3.1 饱和烃及其取代衍生物

饱和有机化合物在紫外吸收光谱分析中常用作溶剂，如正己烷、环己烷、庚烷、异辛烷、乙醇、甲醇等，一般含有 $\sigma\rightarrow\sigma^*$ 的跃迁，其紫外吸收 $\lambda_{max}<150$nm。若有助色团和饱和烃相连，除 $\sigma\rightarrow\sigma^*$ 跃迁外，还产生 $n\rightarrow\sigma^*$ 跃迁，$\lambda_{max}$ 产生红移。

### 1.5.3.2 含有孤立双键的不饱和烃

由于含有孤立双键的不饱和烃都含有 π 电子的不饱和体系，当分子吸收一定能量的光子时，可以发生 $\pi\rightarrow\pi^*$、$\pi\rightarrow\sigma^*$ 的跃迁。带有未共用 n 电子的物质还会发生 $n\rightarrow\sigma^*$ 及 $n\rightarrow\pi^*$ 的跃迁。

$\pi\rightarrow\pi^*$ 跃迁大部分发生在 200nm 以下，如乙烯的 $\pi\rightarrow\pi^*$ 跃迁的两个吸收带分别是 $\lambda_{max1}=165$nm（$\varepsilon_1=1000$），$\lambda_{max2}=182$nm（$\varepsilon_2=10000$）。乙醛中羰基的 $\pi\rightarrow\pi^*$ 跃迁为 $\lambda_{max}=182$nm（$\varepsilon=10000$），而 $n\rightarrow\pi^*$ 跃迁吸收带很弱，但出现在近紫外区；所以在羰基化合物中，随着烷基

或助色团的加入，n→π* 跃迁吸收带发生蓝移（见表 1-12）。

表 1-12　一些羰基的 n→π* 跃迁吸收带

| 化合物 | $\lambda_{max}$/nm | $\varepsilon_{max}$ | 溶剂 | 化合物 | $\lambda_{max}$/nm | $\varepsilon_{max}$ | 溶剂 |
|---|---|---|---|---|---|---|---|
| 甲醛 | 310 | 5 | 异戊烷 | 乙酸 | 204 | 41 | 乙醇 |
| 乙醛 | 289 | 17 | 正己烷 | 乙酰胺 | 214 | — | 水 |
| 丙酮 | 279 | 15 | 正己烷 | 乙酰氯 | 235 | 53 | 正己烷 |

### 1.5.3.3　含有共轭体系的有机化合物

当多重键（如双键、三键）仅被一个单键隔开，就会产生共轭。π 轨道的重叠，降低了相邻轨道之间的能级间隔，其结果是吸收光谱的红移和吸光度的普遍增强。共轭程度越大（如几个双键或三键和单键的交替），红移越明显。

含有两个以上双键，且双键间隔单键相连的有机化合物为共轭体系有机化合物。共轭体系化合物中的 π→π* 跃迁，由于其能量降低导致发生明显的红移，大多数出现在 200nm 以上的区域。如乙烯的 π→π* 跃迁 $\lambda_{max}$=182nm，而 1,3-丁二烯 $\lambda_{max}$=217nm，1,3,5-己二烯 $\lambda_{max}$=268nm，1,3,5,7-环己烯 $\lambda_{max}$=304nm。

对于共轭体系化合物的紫外吸收光谱研究得很多，从中也得出了一些规律性的内容。

对于共轭双烯和多烯化合物 π→π* 跃迁（K 带），随着取代基的变化及共轭体系的延伸，吸收谱带会发生一些规律性的变化，其中伍德沃德（Woodward）总结出一个取代双烯的经验规则。当通过其他方法获得一系列可能的分子结构式后，可通过此类规则估算其 $\lambda_{max}$，并与实测值对比。伍德沃德-费塞尔经验规则（见表 1-13）如下所述：

（1）以共轭二烯骨架为主链，其紫外吸收光谱 $\lambda_{max}$ 基本值为 217nm。在双键碳原子上每增加一个共轭双键，$\lambda_{max}$ 增加 30nm；每取代一个烷基或环基，$\lambda_{max}$ 增加 5nm；每增加一个环外双键，$\lambda_{max}$ 增加 5nm；每增加一个卤素取代，$\lambda_{max}$ 增加 17nm。不在双键碳原子上且双键不成共轭状态时的取代，皆不能使其 $\lambda_{max}$ 值得到增加。

表 1-13　伍德沃德-费塞尔规则（乙醇溶液）

| 项目 | 数值 | 双键碳原子上每一个取代基： | 数值 |
|---|---|---|---|
| 非环或非同环① 共轭双烯母体基本值 | 214nm | —R | 加 5nm |
| 母体同环共轭双烯基本值 | 253nm | —O—COR | 加 0nm |
| 每个延伸共轭双键 | 加 30nm | —OR | 加 6nm |
| 每个环外双键② | 加 5nm | —Cl，—Br | 加 5nm |
| 每个烷基取代或环残基 | 加 5nm | —$NR_2$ | 加 60nm |

① 表中的环均指六元环，若为五元环或七元环，其基本值分别为 228nm 和 241nm。

② 指双键的两个碳原子中有一个碳原子在环上，且和共轭二烯形成共轭状态。

（2）若为六元环，可分为同环二烯、异环二烯。同环二烯的紫外 $\lambda_{max}$ 基本值 253nm；异环二烯的紫外 $\lambda_{max}$ 基本值 214nm。

（3）若为五元环或七元环，其紫外 $\lambda_{max}$ 基本值分别为 228nm 和 241nm，应用上面规则可对一些结构的 $\lambda_{max}$ 进行预测。

（4）计算规则

① 当同环双烯和异环双烯同时存在，则以同环双烯基本值为准。$\lambda_{max}$ 值以最大计算值为计算结果。

② 一个未知物，当它可能是二烯、三烯或四烯时，可以利用伍德沃德-费塞尔经验规则计算其$\lambda_{max}$。如果结构合理，通常计算值与实验值比较接近。该规则不适合交叉共轭体系，也不适用于芳香系统。由于分子中各基团之间的相互作用，或空间立体阻碍，常使得伍德沃德-费塞尔经验规则产生误差，在这方面已有人对此规则作了修正。

③ 通常反式异构体的$\lambda_{max}$值及$\varepsilon$值都大于相应的顺式异构体。

④ 在烯烃中，虽然激发态的极性比基态大，但与溶剂仍未能形成较强的作用，所以溶剂对这类化合物的$\lambda_{max}$的影响可忽略不计。

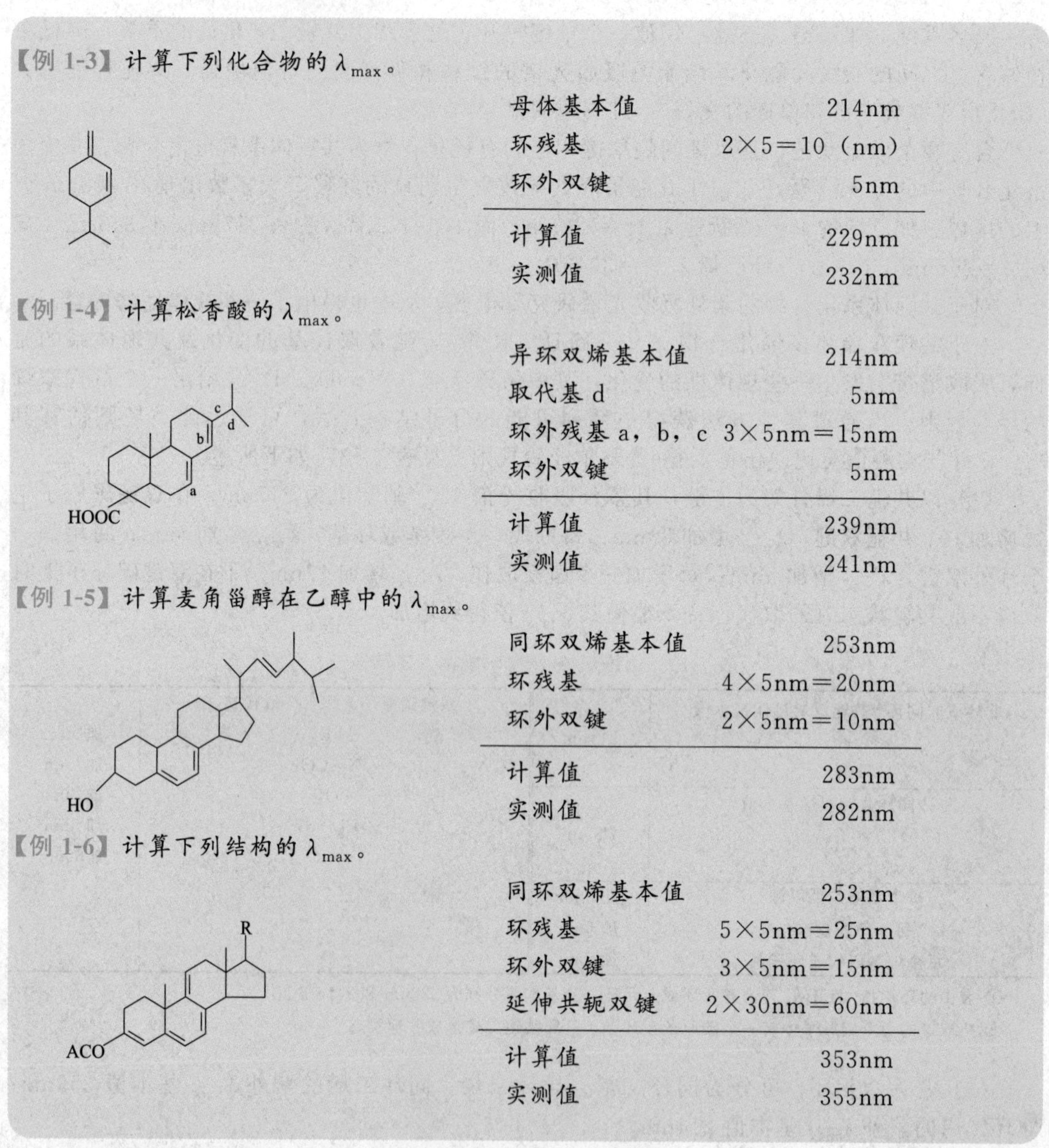

【例 1-3】计算下列化合物的$\lambda_{max}$。

| | |
|---|---|
| 母体基本值 | 214nm |
| 环残基 | 2×5＝10（nm） |
| 环外双键 | 5nm |
| 计算值 | 229nm |
| 实测值 | 232nm |

【例 1-4】计算松香酸的$\lambda_{max}$。



| | |
|---|---|
| 异环双烯基本值 | 214nm |
| 取代基 d | 5nm |
| 环外残基 a，b，c | 3×5nm＝15nm |
| 环外双键 | 5nm |
| 计算值 | 239nm |
| 实测值 | 241nm |

【例 1-5】计算麦角甾醇在乙醇中的$\lambda_{max}$。



| | |
|---|---|
| 同环双烯基本值 | 253nm |
| 环残基 | 4×5nm＝20nm |
| 环外双键 | 2×5nm＝10nm |
| 计算值 | 283nm |
| 实测值 | 282nm |

【例 1-6】计算下列结构的$\lambda_{max}$。



| | |
|---|---|
| 同环双烯基本值 | 253nm |
| 环残基 | 5×5nm＝25nm |
| 环外双键 | 3×5nm＝15nm |
| 延伸共轭双键 | 2×30nm＝60nm |
| 计算值 | 353nm |
| 实测值 | 355nm |

对于链状共轭多烯化合物，随着共轭双键数目的增多，$\pi \rightarrow \pi^*$跃迁所需的能量越来越小，吸收带就越向长波方向移动，强度也越大。当共轭双键数目增加到一定程度时，吸收带便进入可见光区。例如：全反式$\beta$-胡萝卜素具有 11 个共轭双键，其$\lambda_{max}=452nm$，呈现橙红色。某些物质的$\lambda_{max}<400nm$，但其吸收带的尾部拖入可见光区，因而呈现浅浅的颜色。

### 1.5.3.4 α,β-不饱和羰基化合物

此类化合物在紫外区域主要是n→π* 和π→π* 跃迁，前者在320nm左右有一个弱吸收带（ε<100）。而π→π* 跃迁在220～260nm之间有强吸收带（ε<10000）。例如：4-甲基-3-戊烯-2-酮在正己烷中分别为n→π* 跃迁（$\lambda_{max}$=322.6nm，ε=90）、π→π* 跃迁（$\lambda_{max}$=238nm，ε=12600）。此类化合物的π→π* 跃迁的位置随着取代基结构的不同而有规律地变化着，也可用已建立的经验规则计算这类化合物紫外吸收光谱的$\lambda_{max}$ 值（见表1-14）。

表1-14 α,β-不饱和羰基化合物$\lambda_{max}$ 值的经验规则（乙醇中）

| $\overset{\delta}{C}=\overset{\gamma}{C}-\overset{\beta}{C}=\overset{\alpha}{C}-C(=O)-R$ | | $\lambda_{max}$/nm | | | |
|---|---|---|---|---|---|
| 母体烯酮（开链或大于五元环） | | 215 | | | |
| 五元环烯酮 | | 202 | | | |
| 醛类 | | 207 | | | |
| 同环共轭双烯 | | 加39 | | | |
| 每个延伸双键 | | 加30 | | | |
| 每个环外双键 | | 加5 | | | |
| 取代基 | | α | β | γ | δ及δ+1,δ+2,… |
| | —R烷基 | 10 | 12 | 18 | 18 |
| | | 10 | 10 | 10 | 酸或酯类为10 |
| | —Cl | 15 | 12 | 12 | 12 |
| | —Br | 25 | 30 | 25 | 25 |
| | —OH | 35 | 30 | 30 | 50 |
| | —OR | 35 | 30 | 17 | 31 |
| | —SR | | 85 | | |
| | —OCOR | 6 | 6 | 6 | 6 |
| | $—O^-$ | 50 | 75 | | |
| | $—NR_2$ | | 95 | | 酸或酯类为70 |
| | —NHR | | 95 | | 酸或酯类为70 |

【例1-7】计算下列化合物的$\lambda_{max}$（乙醇中）。

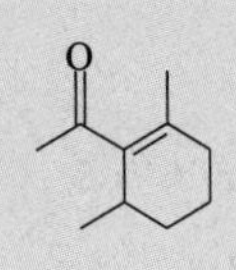


| | |
|---|---|
| 母体基本值 | 215nm |
| α-烷基取代 | 10nm |
| β-烷基取代 | 2×12nm=24nm |
| 计算值 | 385nm |
| 实测值 | 388nm |

【例1-8】计算下列化合物的$\lambda_{max}$。

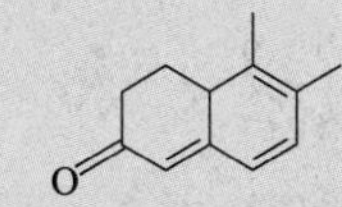


| | |
|---|---|
| 母体基本值 | 215nm |
| 延伸双键 | 2×30nm=60nm |
| 环外双键 | 5nm |
| 同环双烯 | 39nm |
| β-烷基取代 | 12nm |
| δ-烷基取代 | 3×18nm=54nm |
| 计算值 | 385nm |
| 实测值 | 388nm |

#### 1.5.3.5 芳香族化合物

芳香族体系（含苯基或苯官能团）存在共轭效应。当取代基被引入苯环上时，其精细结构逐渐平滑，同时伴随着红移和强度的增加。单取代苯视取代基的不同，使苯的谱带发生不同程度的红移。一般来说，连有推电子基团的红移强弱顺序为：$CH_3$＜Cl＜Br＜OH＜$OCH_3$＜$NH_2$＜$O^-$；连有吸电子基团的红移强弱顺序为：$^+NH_3$＜—$SO_2NH_2$＜$CO_2^-$≤CN＜—COOH＜$COCH_3$＜CHO＜$NO_2$。

例如，苯酚有两个吸收带：$\lambda_{max1}=211$nm（$\varepsilon_1=6200$）和 $\lambda_{max2}=270$nm（$\varepsilon_2=1450$）。当用碱处理后变成 C₆H₅—ONa，其紫外光谱吸收带变为 $\lambda_{max1}=236$nm（$\varepsilon_1=9400$）和 $\lambda_{max2}=287$nm（$\varepsilon_2=2600$）。因此通过这一变化可判断未知化合物中是否含酚羟基。

Scott 总结了芳香醛、酮、羧酸和酯类的 $\lambda_{max}$ 计算经验规则（见表 1-15）。

表 1-15 C₆H₅—C(=O)—X 型化合物的 Scott 经验规则（乙醇中）

| 母体基本值 C₆H₅—C(=O)—X | | $\lambda_{max}$/nm | | |
|---|---|---|---|---|
| X＝烷基或环残基 | | 246 | | |
| X＝H | | 250 | | |
| X＝OH 或 OR | | 230 | | |
| 取代基 | | 增量/nm | | |
| | | 邻位 | 间位 | 对位 |
| | —R | 3 | 3 | 10 |
| | —OH，—OR | 7 | 7 | 25 |
| | $—O^-$ | 11 | 20 | 78 |
| | —Cl | 0 | 0 | 10 |
| | —Br | 2 | 2 | 15 |
| | $—NH_2$ | 13 | 13 | 58 |
| | —NHAc | 20 | 20 | 45 |
| | $—NR_2$ | 20 | 20 | 85 |
| | —NHR | — | — | 73 |

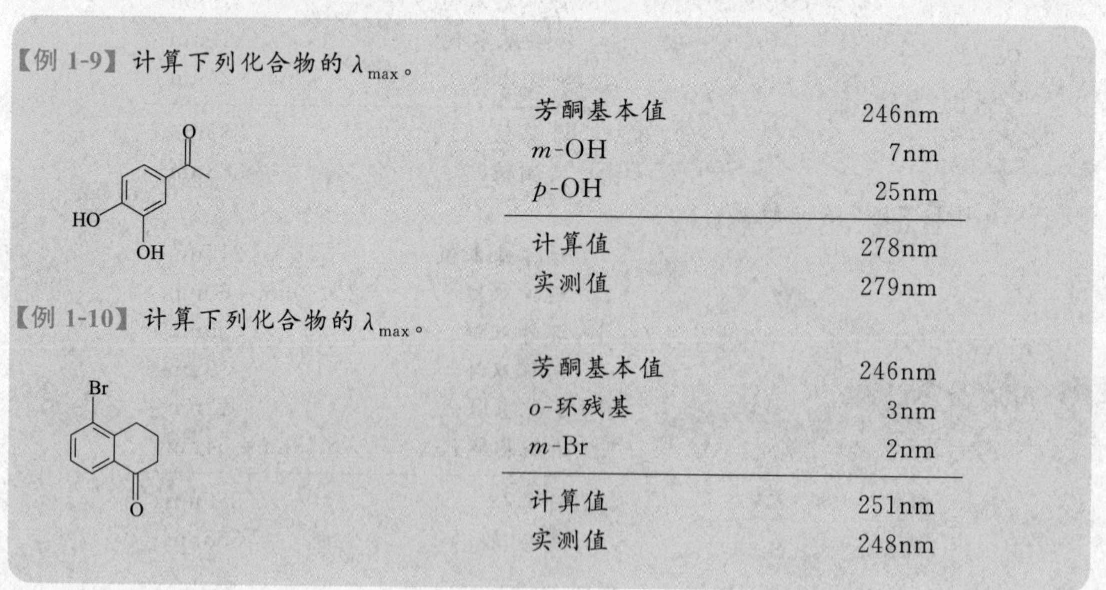

【例 1-9】计算下列化合物的 $\lambda_{max}$。



| | |
|---|---|
| 芳酮基本值 | 246nm |
| *m*-OH | 7nm |
| *p*-OH | 25nm |
| 计算值 | 278nm |
| 实测值 | 279nm |

【例 1-10】计算下列化合物的 $\lambda_{max}$。



| | |
|---|---|
| 芳酮基本值 | 246nm |
| *o*-环残基 | 3nm |
| *m*-Br | 2nm |
| 计算值 | 251nm |
| 实测值 | 248nm |

当邻位连接体积大的基团时，可减弱羰基与苯环间的共平面性，从而造成计算值与实测

值存在较大的偏差。例如：

(2,4,6-三甲基苯乙酮结构式：$CH_3$、$COCH_3$、$CH_3$、$CH_3$)　$\lambda_{max计算}=262nm$；　$\lambda_{max实测}=242nm$。

#### 1.5.3.6 杂环化合物

具有芳香性的杂环化合物在紫外吸收光谱中有明显的吸收。五元杂环化合物如吡咯、呋喃、噻吩等与苯环的吸收曲线基本不相似，但仍在 200～230nm 区域内出现吸收峰（见表 1-16）。

表 1-16 杂环化合物的 $\lambda_{max}$ 和 $\varepsilon_{max}$

| 化合物 | $\lambda_{max}$/nm | $\varepsilon_{max}$ | 溶剂 |
|---|---|---|---|
| 呋喃（O） | 207 | 9100 | 环己烷 |
| 噻吩（S） | 231 | 7100 | 环己烷 |
| 吡咯（N—H） | 208 | 7700 | 环己烷 |

### 1.5.4 应用

紫外吸收光谱常用的范围为 200～400nm。分析工作中，只有 $\pi\rightarrow\pi^*$、$n\rightarrow\pi^*$ 对光谱的产生有意义。相对来说，紫外吸收光谱在反映分子结构的特征性方面远不及红外吸收光谱等，但灵敏度高，对共轭体系或芳香族化合物有特征性，因此紫外吸收光谱适用于分子中具有不饱和化合物的分析，尤其在定量分析方面应用甚广。在定性分析方面，紫外吸收光谱对于判断有机化合物中的发色团和助色团的种类、位置、数目以及区别饱和与不饱和化合物、测定分子的共轭程度，进而确定未知物的结构骨架等方面有独到的优点。

#### 1.5.4.1 初步估计共轭体系的分子结构

从紫外-可见吸收光谱图中可以得到各吸收带的 $\lambda_{max}$ 和相应的 $\varepsilon_{max}$ 两类重要数据，可反映出分子中生色团或生色团与助色团的相互关系，即分子内共轭体系的特征，但并不能反映整个分子的结构。未知化合物的紫外吸收光谱与其分子共轭体系间的关系如下：

(1) 未知化合物在 220～700nm 内无吸收，说明该化合物可能是脂肪烃、脂环烃或它们的简单衍生物（氯化物、醇、醚、羧酸类等），也可能是非共轭烯烃。

(2) 未知化合物在 220～250nm 范围有强吸收带（$\lg\varepsilon\geqslant4$，K 带）说明分子中可能存在两个共轭的不饱和键（共轭二烯或 $\alpha,\beta$-不饱和醛、酮）。

(3) 未知化合物在 200～250nm 范围有强吸收带（$\lg\varepsilon$ 为 3～4），结合 250～290nm 范围的中等强度吸收带（$\lg\varepsilon$ 为 2～3）或显示不同程度的精细结构，说明分子中可能有苯基存在。前者为 E 带，后者为 B 带（芳环的特征谱带）。

(4) 未知化合物在 250～350nm 范围有低强度或中等强度的吸收带（R 带），且峰形较对称，说明分子中可能含有醛、酮羰基或共轭羰基。

(5) 未知化合物存在 300nm 以上的高强度吸收，说明该化合物具有较大的共轭体系。若其吸收强度高且具有明显的精细结构，则说明其可能是稠环芳烃、稠环杂芳烃或其衍生物。

(6) 若未知化合物的紫外吸收谱带对酸、碱敏感，碱性溶液中 $\lambda_{max}$ 红移，加酸恢复至中性介质中的 $\lambda_{max}$（如 210nm），则表明分子中可能存在酚羟基。若酸性溶液中 $\lambda_{max}$ 蓝移，加碱可恢复至中性介质中的$\lambda_{max}$（如230nm），则表明分子中可能存在芳氨基。

### 1.5.4.2　根据$\lambda_{max}$的大小判别化合物的结构

（1）用紫外吸收光谱区别三氯乙醛及其水溶液　$Cl_3$-CHO（已烷中）：$\lambda_{max}$＝290nm（ε＝33），表明分子中可能有醛基；$Cl_3$-CHO（水中）：$\lambda_{max}$＝290nm，不出现吸收峰，则表示分子中不存在醛基。

（2）用紫外吸收光谱测定异丙叉丙酮的结构　分子式为$C_4H_{10}O$，具有两种结构式，共轭体系：$\lambda_{max}$＝235nm（ε＝12000）；非共轭体系：220nm以上无吸收。

解析紫外吸收光谱应考虑吸收带的位置（$\lambda_{max}$）、吸收带的强度（ε值）及吸收带的形状三个方面。由吸收带的位置可判断共轭体系的大小，而吸收带的强度和形状可用于判断属于何种吸收带（K带、E带、B带、R带）。

紫外吸收光谱一般都比较简单，多数化合物只有一两个吸收带，容易解析，但确定化合物的结构则需要配合经验规则计算或查阅标准图谱。

【例1-11】确定紫罗兰酮α,β异构体的结构。已知紫罗兰酮的两种异构体结构如右图所示。紫外吸收光谱测得α-异构体的$\lambda_{max}$＝228nm（ε＝14000），β-异构体的$\lambda_{max}$＝296nm（ε＝11000）。

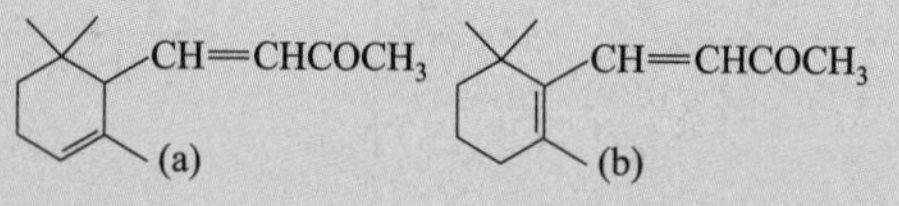

CH═CHCOCH$_3$ (a)　　CH═CHCOCH$_3$ (b)

解：运用表1-14的数据分析推算（a）、（b）的$\lambda_{max}$：

$\lambda_{max}$(a)＝215＋12＝227(nm)，$\lambda_{max}$(b)＝215＋30＋3×18＝299(nm)

将计算值与实测值比较，α-紫罗兰酮的结构为（a），β-紫罗兰酮的结构为（b）。

【例1-12】叔醇（A）经浓$H_2SO_4$脱水后得到产物B，已知B的分子式为$C_9H_{14}$，紫外吸收光谱测得$\lambda_{max}$＝242nm，试确定B的结构。

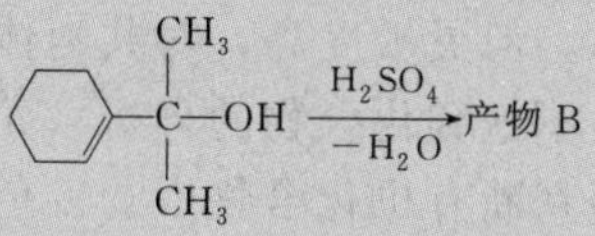

$CH_3$—C(—OH)—$CH_3$ $\xrightarrow[-H_2O]{H_2SO_4}$ 产物B

解：产物B的分子式是$C_9H_{14}$，叔醇失去一分子水。失水可经由两个途径发生，1、2位失水得到产物的结构为（a）；1、4位失水，双键发生移动，得到产物的结构为（b）。

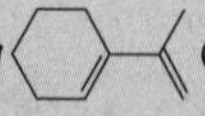

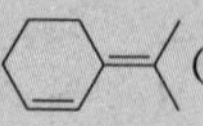

根据规则计算a和b的$\lambda_{max}$，结果如下：

（1）$\lambda_{max(a)}$＝214＋3×5＝229(nm)；

（2）$\lambda_{max(b)}$＝214＋4×5＋5＝239(nm)。

则产物B的结构为b，即1、4位失水容易发生。

## 思考与练习1.5

1. 某化合物在正己烷和乙醇中分别测得最大吸收波长为$\lambda_{max}$＝317nm和$\lambda_{max}$＝305nm，该吸收的跃迁类型为（　　）。

A. $\sigma \to \sigma^*$　　B. $n \to \sigma^*$　　C. $\pi \to \pi^*$　　D. $n \to \pi^*$

2. 下列化合物中，吸收波长最长的化合物是（　　）。

A. $CH_3(CH_2)_6CH_3$　　B. $(CH_2)_2C$═$CHCH_2CH$═$C(CH_3)_2$

C. $CH_2$═CHCH═$CHCH_3$　　D. $CH_2$═CHCH═CHCH═$CHCH_3$

3. 在300nm波长进行分光光度测定时，应选用（　　）吸收池。

A. 硬质玻璃　　B. 软质玻璃　　C. 石英　　D. 透明塑料

4. 下列化合物中，吸收波长最长的是（　　）。

A. 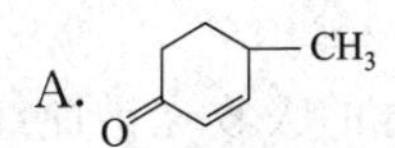　B. 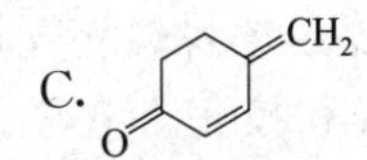　C. 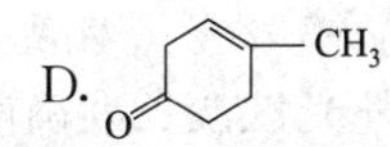　D. $-CH_3$

5. 某非水溶性化合物，在200～250nm有吸收，当测定其紫外可见光谱时，应选用的合适溶剂是（　　）。

A. 正己烷　B. 丙酮　C. 甲酸甲酯　D. 四氯乙烯

6. 在 $CH_3-\overset{O}{\overset{\|}{C}}-CH=C(CH_3)_2$ 中，$n\rightarrow\pi^*$ 跃迁的吸收带，在（　　）中测定时，其最大吸收的波长最长。

A. 水　B. 甲醇　C. 正己烷　D. 氯仿

阅读园地

扫描二维码可拓展阅读“紫外-可见分光光度计的发明者”。

紫外-可见分光光度计的发明者

## 1.6 实验

### 1.6.1 紫外-可见分光光度计的调校

#### 1.6.1.1 实验目的

（1）学习分光光度计波长准确度和吸收池配套性的检验方法。

（2）学会正确使用紫外-可见分光光度计。

（3）学会根据说明书操作其他型号的分光光度计。

#### 1.6.1.2 仪器和工具

UV-7504型紫外-可见分光光度计（或其他型号分光光度计），镨钕滤光片。

#### 1.6.1.3 实验内容与操作步骤

在阅读过仪器使用说明书后进行以下检查和调试。

分光光度计波长校正

（1）开机检查及预热　检查仪器，连接电源，打开仪器电源开关，开启吸收池样品室盖，取出样品室内遮光物（如干燥剂），预热20min。

（2）仪器波长准确度检查和校正

① 可见光区波长准确度检查和校正。扫描二维码可观看操作视频。

a. 在吸收池对准光路的位置插入一块白色硬纸片，将波长调节器，从720nm向420nm方向慢慢转动[1]，观察出口狭缝射出的光线颜色是否与波长调节器所指示的波长相符，（黄色光波长范围较窄，将波长调节在580nm处应出现黄光）。若相符，说明该仪器分光系统基本正常。若相差甚远，应调节灯泡位置。

b. 取出白纸片，在吸收池架内垂直放入镨钕滤光片，以空气为参比，盖上样品室盖，将波长调至500nm，按“$\frac{0ABS}{100\%T}$”键仪器自动将参比调为“0.000A”，用样品槽拉杆将镨钕滤光片推入光路，读取吸光度值。以后在500～540nm波段每隔2nm测一次吸光度值。记录各吸光度值和相应的波长盘标示值，查出吸光度最大时相应的波长标示值（$\lambda_{max}^{标示}$）。当（$\lambda_{max}^{标示}$－529nm）＞3nm时，则需要调节仪器的波长。反复测529nm±5nm处的吸光度值，

[1] 有的仪器波长的调节是直接在键盘上输入波长数值。

直至波长盘标示值在 529nm 处相应的吸光度值最大为止，取出滤光片放入盒内。

【注意】*每改变一次波长，都应重新调空气参比的零点。*

② 紫外光区波长准确度检查和校正。在紫外光区常通过绘制苯蒸气的吸收光谱曲线来检查其波长准确度。

具体做法是：在吸收池中滴一滴液体苯，盖上吸收池盖，待苯挥发充满整个吸收池后，就可以测绘苯蒸气的吸收光谱。若实测结果与苯的标准光谱曲线不一致，则表示仪器有波长误差，必须加以调整。

【注意】*有的仪器可以使用工作软件直接绘制苯蒸气的紫外吸收光谱曲线。若无此功能，则应持续改变工作波长，同时再测定各个波长下苯蒸气的吸光度。每改变一次波长，必须重新调空气参比的零点。*

(3) 吸收池的配套性检查　JJG 178—2007 规定，石英吸收池（220nm 处）或玻璃吸收池（440nm）装蒸馏水，将一个吸收池作为参比池，调节 $\tau$ 为 100%，测量其他各池的 $\tau$。$\tau$ 的差值<0.5%的吸收池可配套使用。

进行配套性检查的简便方法是（扫描二维码可观看操作视频）：

① 用波长调节旋钮将波长调至 440nm。

② 检查吸收池透光面是否有划痕或斑点，吸收池各面是否有裂纹。如有则不能使用。

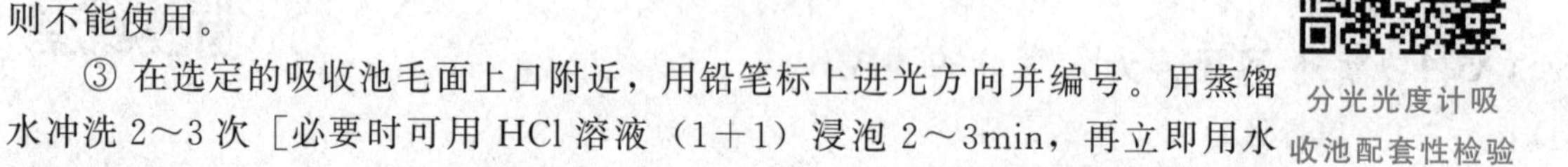

分光光度计吸收池配套性检验

③ 在选定的吸收池毛面上口附近，用铅笔标上进光方向并编号。用蒸馏水冲洗 2～3 次［必要时可用 HCl 溶液（1+1）浸泡 2～3min，再立即用水冲洗干净］。

④ 用拇指和食指捏住吸收池两侧毛面，分别在 4 个吸收池内注入蒸馏水到池高约 3/4 处；用滤纸吸干池外壁的水滴（【注意】*不能擦*），再用擦镜纸或丝绸巾轻轻擦拭光面至无痕迹。按池上所标箭头方向（进光方向）垂直放在吸收池架上，并用吸收池夹固定好（确保光路是从吸收池光面通过）。

【注意】*池内溶液不可装得过满以免溅出，从而腐蚀吸收池架和仪器。装入水后，池内壁不可有气泡（装液时可沿池内壁缓慢倒入）。*

⑤ 盖上样品室盖，将参比位置上的吸收池推入光路。调零。

⑥ 拉动样品槽拉杆，依次将被测溶液推入光路，读取相应的透射比或吸光度。若所测各吸收池透射比偏差均小于 0.5%，则这些吸收池均可配套使用。超出上述偏差的吸收池不能配套使用。

(4) 结束工作　检查完毕，关闭电源。取出吸收池，清洗后晾干入盒保存。在样品室内放入干燥剂，盖好样品室盖，罩好仪器防尘罩。

清理工作台，打扫实验室，填写仪器使用记录。

#### 1.6.1.4　HSE 要求

(1) 注意用电安全。不能湿手插、拔电源插座。

(2) 吸收池只能轻轻捏住毛面（稍用力可能将其捏碎），不能用手触碰光面。

#### 1.6.1.5　原始记录与数据处理

(1) 在表 1-17 中记录原始数据。

(2) 绘制镨钕滤光片和苯蒸气的吸收光谱曲线，找出各吸收峰的位置，与标准比对并判断仪器在可见光区或近紫外光区波长示值的准确度是否符合要求。

(3) 根据各吸收池的测量结果判断吸收池是否可以配套使用。

**表 1-17 紫外-可见分光光度计检查调试记录表**

分析者：________ 班级：________ 学号：________ 分析日期：________

| 检测条件 | | | | | | | | | | | | | | | |
|---|---|---|---|---|---|---|---|---|---|---|---|---|---|---|---|
| 仪器名称： | | | | | | | 仪器型号与编号： | | | | | | | | |
| 可见光区波长准确度检查与校正 | | | | | | | | | | | | | | | |
| 波长/nm | | | | | | | | | | | | | | | |
| 吸光度 $A$ | | | | | | | | | | | | | | | |
| $\lambda_{max}^{标示}$/nm | | 与标准值差值/nm | | | | | 结论 | | | | | | | | |
| 紫外光区波长准确度检查与校正 | | | | | | | | | | | | | | | |
| 主要吸收峰波长/nm | | | | | | | | | | | | | | | |
| 标示值 | | | | | | | | | | | | | | | |
| 差值/nm | | | | | | | | | | | | | | | |
| 结论 | | | | | | | | | | | | | | | |
| 吸收池配套性检查 | | | | | | | | | | | | | | | |
| 工作波长/nm： | | | | | | | 吸光物质： | | | | | | | | |

| 吸收池编号 | 1# | 2# | 3# | 4# |
|---|---|---|---|---|
| $\tau$/% | | | | |
| 调整后重测 $\tau$/% | | | | |
| 结论 | | | | |

### 1.6.1.6 思考题

（1）简述波长准确度的检查方法。

（2）在吸收池配套性检查中，若吸收池架上二、三、四格的吸收池吸光度出现负值，应如何处理？

### 1.6.1.7 评分表

| 项目 | 考核内容 | 记录 | 分值 | 扣分 | 考核内容 | 记录 | 分值 | 扣分 | 备注 |
|---|---|---|---|---|---|---|---|---|---|
| 开机、调试(4分) | 开机 | | 1 | | 工作站连接 | | 1 | | |
| | 预热 20min(或仪器自检通过) | | 1 | | 关机 | | 1 | | |
| 波长示值准确度的测定(13分) | 滤光片的放置 | | 2 | | 调 0/100 操作 | | 2 | | 操作正确且规范记√，操作不正确或不规范记× |
| | 苯蒸气的制备与放置 | | 2 | | 扫描波长范围的设置 | | 2 | | |
| | 拉杆的使用(轻、缓、匀) | | 1 | | 吸收曲线的绘制 | | 2 | | |
| | 波长的调节 | | 1 | | 文件保存、标识、打印 | | 1 | | |
| 吸收池配套性检验(10分) | 吸收池的取放方法 | | 2 | | 皿差测量 | | 2 | | |
| | 吸收池光面擦拭方法 | | 2 | | 吸光度值为负值时的处理 | | 2 | | |
| | 注液高度 | | 2 | | | | | | |
| 原始记录(12分) | 完整、及时 | | 3 | | 清晰、规范 | | 3 | | |
| | 真实、无涂改 | | 3 | | 有效数字正确 | | 3 | | |
| 可见光区波长示值准确度(15分) | 符合要求(15分)；≥3nm，<5nm(10分)；≥5nm，<10nm(5分)；≥10nm(0分) | | | | | | | | |
| 紫外光区波长示值准确度(15分) | 主要吸收峰波长示值符合要求(15分)；≥2/3 吸收峰波长示值符合要求(10分)；≥1/2 吸收峰波长示值符合要求(5分)；<1/2 吸收峰波长示值符合要求(0分) | | | | | | | | |
| 配套性检验结果(15分) | <0.002(15分)；≥0.002，<0.004(12分)；≥0.004，<0.006(9分)；≥0.006，<0.008(6分)；≥0.008，<0.010(3分)；≥0.010(0分) | | | | | | | | 以吸光度最差值评分 |
| 报告与结论(2分) | 完整、明确、规范、无涂改 | | | | | | | | 缺结论扣10分 |
| HSE要求(10分) | 态度端正、操作规范，团队合作意识强，节约意识强，正确处理“三废”，无安全事故 | | | | | | | | 有安全事故者扣50分 |
| 分析时间(4分) | 开始时间： 结束时间： 完成时间： | | | | | | | | 每超5分钟扣1分 |
| 总分 | | | | | | | | | |

### 1.6.2 邻二氮菲分光光度法测定微量铁

#### 1.6.2.1 实验目的

(1) 学习如何选择可见分光光度法的分析条件。

(2) 学习采用分光光度法测定微量铁的操作方法。

#### 1.6.2.2 实验原理

可见分光光度法测定无机离子，通常要经过两个过程：一是显色过程，二是测量过程。为了使测定结果有较高的灵敏度和准确度，必须选择合适的显色条件和测量条件。这些条件主要包括入射光波长、显色剂用量、有色配合物稳定性、溶液酸度等。

(1) 入射光波长　一般情况下，应选择被测物质的最大吸收波长（$\lambda_{max}$）作为入射光，这样不仅灵敏度高，准确度也好。当$\lambda_{max}$附近有干扰物质存在时，不能选择$\lambda_{max}$作为入射光，可根据“吸收最大，干扰最小”的原则来选择波长（比如选择次大吸收波长）。

(2) 显色剂用量　显色剂的合适用量可通过实验来确定。方法是：配制一系列被测元素浓度相同但显色剂用量不同的溶液，分别测其吸光度，绘制 $A$-$c_R$ 曲线，找出曲线平台部分，选择合适用量即可。

(3) 溶液酸度　选择合适的酸度，可以在不同 pH 值缓冲溶液中，加入等量的被测离子和显色剂，分别测其吸光度，绘制 $A$-pH 曲线，找出曲线平台部分（或 pH 变化时吸光度变化较小的部分），选择合适的 pH 范围。

(4) 有色配合物的稳定性　有色配合物的颜色应当稳定足够的时间，至少应保证在测定过程中，吸光度基本保持不变，以保证测定结果的准确度。

(5) 干扰的排除　当被测试液中有其他干扰组分共存时，必须采取一定措施排除干扰。一般可以采取以下几种措施来达此目的：

① 根据被测组分与干扰物化学性质的差异，用控制酸度、加掩蔽剂、氧化剂等方法来消除干扰。

② 选择合适入射光波长，以避开干扰物引入的吸光度误差。

③ 选择合适的参比溶液来抵消干扰组分或试剂在测定波长下的吸收。

用于铁的显色剂很多，其中邻二氮菲是测定微量铁的一种较好的显色剂。邻二氮菲又称邻菲罗啉，是测定$Fe^{2+}$的一种高灵敏度和高选择性试剂，与$Fe^{2+}$生成稳定的橙色配合物。配合物的$\varepsilon=1.1\times10^4 L\cdot mol^{-1}\cdot cm^{-1}$，pH 在 2～9（一般维持在 5～6）之间，在还原剂存在下，颜色可保持几个月不变。由于$Fe^{3+}$与邻二氮菲生成淡蓝色配合物，所以，在加入显色剂之前，需用盐酸羟胺先将$Fe^{3+}$还原为$Fe^{2+}$。此方法选择性高，相当于铁量 40 倍的$Sn^{2+}$、$Al^{3+}$、$Ca^{2+}$、$Mg^{2+}$、$Zn^{2+}$，20 倍的 Cr(Ⅵ)、V(Ⅴ)、P(Ⅴ)，5 倍的$Co^{2+}$、$Ni^{2+}$、$Cu^{2+}$等，都不干扰测定。

#### 1.6.2.3 仪器和试剂

(1) 仪器　可见分光光度计（或紫外-可见分光光度计）一台，100mL 容量瓶 1 个，50mL 容量瓶 10 个，10mL 移液管 1 支，10mL 吸量管 1 支，5mL 吸量管 3 支，2mL 吸量管 1 支，1mL 吸量管 1 支。

(2) 试剂

① 铁标准溶液（$100.0\mu g\cdot mL^{-1}$）：准确称取 0.8634g $NH_4Fe(SO_4)_2\cdot 12H_2O$ 置于烧杯中，加入 10mL $3mol\cdot L^{-1}$ 硫酸溶液，移入 1000mL 容量瓶中，用蒸馏水稀至标线，摇匀。

② 铁标准溶液（$10.00\mu g\cdot mL^{-1}$）：移取 $100.0\mu g\cdot mL^{-1}$ 铁标准溶液 10.00mL 于 100mL 容量瓶中，并用蒸馏水稀至标线，摇匀。

③ 盐酸羟胺溶液：$100g\cdot L^{-1}$（用时配制）。

④ 邻二氮菲溶液：1.5g·$L^{-1}$，先用少量乙醇溶解，再用蒸馏水稀释至所需浓度（避光保存，两周内有效）。

⑤ 乙酸钠溶液：1.0mol·$L^{-1}$。

⑥ 氢氧化钠溶液：1.0mol·$L^{-1}$。

1.6.2.4 实验内容与操作步骤（扫描二维码可观看操作视频）

邻二氮菲分光光度法测定水样中微量铁含量（溶液配制）

邻二氮菲分光光度法测定水样中微量铁含量（吸收曲线绘制）

邻二氮菲分光光度法测定水样中微量铁含量（工作曲线绘制与水中微量铁测定工作站操作）

邻二氮菲分光光度法测定水样中微量铁含量（工作曲线绘制与水中微量铁测定仪器面板操作）

(1) 准备工作

① 清洗容量瓶、移液管及需用的玻璃器皿。

② 配制铁标准溶液和其他辅助试剂。

③ 按仪器使用说明书检查仪器。开机预热 20min，并调试至工作状态。

④ 检查仪器波长的正确性和吸收池的配套性。

(2) 绘制吸收曲线，选择测量波长　取两个 50mL 干净的容量瓶；移取 10.00μg·$mL^{-1}$ 铁标准溶液 5.00mL 于其中一个 50mL 容量瓶中，然后在两个容量瓶中各加入 1mL 100g·$L^{-1}$ 盐酸羟胺溶液，摇匀。放置 2min 后，各加入 2mL 1.5g·$L^{-1}$ 邻二氮菲溶液，5mL 乙酸钠（1.0mol·$L^{-1}$）溶液，用蒸馏水稀至刻线，摇匀。用 2cm 吸收池，以试剂空白为参比，在 440～540nm 间，每间隔 10nm 测量一次吸光度 $A$。在峰值附近每间隔 5nm 测量一次 $A$。以波长 $\lambda$ 为横坐标，$A$ 为纵坐标绘制吸收光谱曲线，并确定最大吸收波长 $\lambda_{max}$。

【注意】**每加入一种试剂都必须摇匀（平摇）。改变入射光波长时，必须重新调节参比溶液 A＝0.000。**

(3) 有色配合物稳定性试验　取两个洁净的容量瓶，用步骤 (2) 方法配制铁-邻二氮菲有色溶液和试剂空白溶液，放置约 2min 后立即用 2cm 吸收池，以试剂空白溶液为参比溶液，在选定的波长下测定 $A$。以后隔 10、20、30、60、120min 测定一次 $A$，并记录不同时间下的 $A$。

(4) 显色剂用量试验　取 6 只洁净的 50mL 容量瓶，各加入 10.00μg·$mL^{-1}$ 铁标准溶液 5.00mL、100g·$L^{-1}$ 盐酸羟胺溶液 1mL，摇匀（平摇）。分别加入 0mL、0.50mL、1.00mL、2.00mL、3.00mL、4.00mL 1.5g·$L^{-1}$ 邻二氮菲，5mL 乙酸钠溶液，用蒸馏水稀至标线，摇匀。用 2cm 吸收池，以试剂空白溶液为参比溶液，在选定的波长下测定 $A$。记录各测试溶液的 $A$。

(5) 溶液 pH 的影响　在 6 只洁净的 50mL 容量瓶中，各加入 10.00μg·$mL^{-1}$ 铁标准溶液 5.00mL，1mL 100g·$L^{-1}$ 盐酸羟胺溶液，摇匀（平摇）。再分别加入 2mL 1.5g·$L^{-1}$ 邻二氮菲溶液，摇匀（平摇）。用吸量管分别加入 1mol·$L^{-1}$NaOH 溶液 0.00mL、0.50mL、1.00mL、1.50mL、2.00mL、2.50mL，用蒸馏水稀释至标线，摇匀。用精密 pH 试纸（或酸度计）测定各测试溶液的 pH。再用 2cm 吸收池，以试剂空白为参比溶液，在选定波长下，测定各测试溶液的 $A$。记录各测试溶液 pH 及其对应的 $A$。

（6）工作曲线的绘制　于6个洁净的50mL容量瓶中，分别加入10.00μg·mL$^{-1}$铁标准溶液0.00mL、2.00mL、4.00mL、6.00mL、8.00mL、10.00mL；各加入1mL 100g·L$^{-1}$盐酸羟胺溶液，摇匀（平摇）；再各加入2mL 1.5g·L$^{-1}$邻二氮菲溶液，摇匀（平摇）；各加入5mL乙酸钠溶液，摇匀（平摇）；最后用蒸馏水稀释至标线，摇匀，配制成标准系列溶液。用2cm吸收池，以试剂空白为参比溶液，在选定波长下，测定并记录各标准系列溶液的$A$。

（7）铁含量测定　取3个洁净的50mL容量瓶，分别加入适量（以$A$落在工作曲线中部为宜）含铁未知试液，按步骤（6）显色，测量并记录各试液的$A$。

【注意】***为确保测量结果的准确性，最好将未知试液与标准系列溶液同步显色。***

（8）结束工作　测量完毕，关闭电源，拔下电源插头，取出吸收池，清洗晾干后入盒保存。清理工作台，罩上仪器防尘罩，填写仪器使用记录。清洗容量瓶和其他玻璃仪器并放回原处。

### 1.6.2.5　HSE要求

（1）显色过程中，每加入一种试剂均要摇匀（平摇，不盖塞子）。

（2）在考察同一因素对显色反应的影响时，应保持仪器的测定条件一致。在测量过程中，应不时重调仪器零点和参比溶液的$\tau=100\%$。

（3）试样和工作曲线测定的实验条件应保持一致，所以最好两者同时显色、同时测定。

（4）待测试样应完全透明，如有浑浊，应预先过滤。

### 1.6.2.6　原始记录与数据处理

（1）将所有测量数据记录在表1-18中。

（2）用1.6.2.4步骤（2）所得的数据绘制$Fe^{2+}$-邻二氮菲的吸收光谱曲线，选取测定用的入射光波长（$\lambda_{max}$）。

（3）绘制吸光度（$A$）-时间（$t$）曲线，确定合适的稳定时间（即测量时间）；绘制吸光度（$A$）-显色剂用量（$c_R$）曲线，确定合适的显色剂用量；绘制吸光度（$A$）-pH曲线，确定适宜的pH范围。

（4）绘制铁的工作曲线，计算回归方程和相关系数。

（5）由试样的测定结果，求出试样中铁的平均含量。计算测定相对平均偏差$R\bar{d}$。

（6）计算铁-邻二氮菲配合物的摩尔吸光系数$\left(\varepsilon=\dfrac{A}{bc}\right)$。

表1-18　微量铁测定数据记录表

分析者：________　班级：________　学号：________　分析日期：________

| 检测条件 | | | |
|---|---|---|---|
| 仪器名称 | | 仪器型号与编号 | |
| 吸收池规格 | | 吸收池材质 | |
| $A$(吸收池1#) | | $A$(吸收池2#) | |

| 吸收曲线的绘制（可直接附图） | | | | | | | | | | | | | | | |
|---|---|---|---|---|---|---|---|---|---|---|---|---|---|---|---|
| 波长/nm | | | | | | | | | | | | | | | |
| $A$ | | | | | | | | | | | | | | | |
| 波长/nm | | | | | | | | | | | | | | | |
| $A$ | | | | | | | | | | | | | | | |
| $\lambda_{max}$/nm | | | | | | | | | | | | | | | |

| 有色配合物稳定性试验（可直接附图） | | | | | | | | | | |
|---|---|---|---|---|---|---|---|---|---|---|
| 工作波长/nm | | | | | | | | | | |
| 时间/min | 2 | 5 | 10 | 20 | 30 | 40 | 50 | 60 | 90 | 120 |
| $A$ | | | | | | | | | | |
| 结论 | | | | | | | | | | |

续表

| 显色剂用量试验（可直接附图） | | | | | | |
|---|---|---|---|---|---|---|
| 工作波长/nm | | | | | | |
| $V_R$/mL | | | | | | |
| $c_R$/($\mu$g·mL$^{-1}$) | | | | | | |
| $A$ | | | | | | |
| 结论 | | | | | | |
| 溶液 pH 的影响（可直接附图） | | | | | | |
| 工作波长/nm | | | | | | |
| $V_{NaOH}$/mL | | | | | | |
| pH | | | | | | |
| $A$ | | | | | | |
| 结论 | | | | | | |
| 工作曲线的绘制（可直接附图） | | | | | | |
| 参比溶液 | | | | | 工作波长/nm | |
| 还原剂名称与浓度/(g·L$^{-1}$) | | | | | 加入体积/mL | |
| 缓冲溶液名称与浓度/(mol·L$^{-1}$) | | | | | | |
| 显色剂名称与浓度/(g·L$^{-1}$) | | | | | | |
| 编号 | 1# | 2# | 3# | 4# | 5# | 6# |
| $V_{铁标液}$/mL | | | | | | |
| $\rho_S$/($\mu$g·mL$^{-1}$) | | | | | | |
| $A$ | | | | | | |
| 工作曲线方程 | | | | | 相关系数 | |

| 铁含量的测定 | | | |
|---|---|---|---|
| 样品名称 | | 样品编号 | |
| 样品移取体积/mL | | 稀释体积/mL | |
| 编号 | 7# | 8# | 9# |
| A | | | |
| 从工作曲线查出浓度 $\rho_x$/($\mu$g·mL$^{-1}$) | | | |
| 未知试样中铁的浓度 $\rho_{Fe}$/($\mu$g·mL$^{-1}$) | | | |
| 平均值 $\bar{\rho}_{Fe}$/($\mu$g·mL$^{-1}$) | | | |
| 相对平均偏差 $R\bar{d}$/% | | | |
| 结论 | | | |

### 1.6.2.7 思考题

（1）实验中为什么要进行各种条件试验？

（2）绘制工作曲线时，坐标分度大小应如何选择才能保证读出测量值的全部有效数字？

（3）根据实验，说明测定 $Fe^{2+}$ 的浓度范围。

### 1.6.2.8 评分表

| 项目 | 考核内容 | 记录 | 分值 | 扣分 | 考核内容 | 记录 | 分值 | 扣分 | 备注 |
|---|---|---|---|---|---|---|---|---|---|
| 溶液的配制（6 分） | 移液管的规范操作 | | 2 | | pH 试纸或 pH 计的使用 | | 2 | | |
| | 容量瓶的规范操作 | | 2 | | | | | | |
| 开机、调试、基本操作（15 分） | 开机 | | 1 | | 吸收池的取放方法 | | 1 | | 操作正确且规范记√，操作不正确或不规范记× |
| | 预热 20min（或仪器自检通过） | | 1 | | 吸收池光面擦拭方法 | | 1 | | |
| | 工作站连接 | | 1 | | 注液高度 | | 1 | | |
| | 拉杆的使用（轻、缓、匀） | | 1 | | 皿差测量 | | 1 | | |
| | 波长的调节 | | 1 | | 吸光度值为负值时的处理 | | 1 | | |
| | 调 0/100 操作 | | 1 | | 文件保存、标识、打印 | | 1 | | |
| | 扫描波长范围的设置 | | 1 | | 关机 | | 1 | | |
| | 吸收曲线的绘制 | | 1 | | | | | | |

续表

| 项目 | 考核内容 | 记录 | 分值 | 扣分 | 考核内容 | 记录 | 分值 | 扣分 | 备注 |
|---|---|---|---|---|---|---|---|---|---|
| 原始记录(9分) | 完整、及时 | | 3 | | 清晰、规范 | | 3 | | |
| | 真实、无涂改 | | 3 | | | | | | |
| 数据处理(9分) | 计算公式正确 | | 3 | | 计算结果正确 | | 3 | | |
| | 有效数字正确 | | 3 | | | | | | |
| 工作波长的选择(5分) | 符合要求(5分);不符合要求(0分) | | | | | | | | |
| 稳定时间选择(5分) | 符合要求(5分);不符合要求(0分) | | | | | | | | |
| 溶液 pH 范围选择(5分) | 符合要求(5分);不符合要求(0分) | | | | | | | | |
| 工作曲线相关系数(10分) | ≥0.9999(10分);≥0.9995,<0.9999(7分);≥0.999,<0.9995(4分);≥0.99,<0.999(2分);<0.99(0分) | | | | | | | | 以最差值评分 |
| 结果准确度(10分) | <0.5%(10分);≥0.5%,<1%(8分);≥1%,<2%(6分);≥2%,<3%(4分);≥3%,<5%(2分);≥5%(0分) | | | | | | | | 以误差评分 |
| 结果精密度(10分) | <0.5%(10分);≥0.5%,<1%(8分);≥1%,<2%(6分);≥2%,<3%(4分);≥3%,<5%(2分);≥5%(0分) | | | | | | | | 以 $R\bar{d}$ 评分 |
| 报告与结论(2分) | 完整、明确、规范、无涂改 | | | | | | | | 缺结论扣10分 |
| HSE 要求(10分) | 态度端正、操作规范,团队合作意识强,节约意识强,正确处理“三废”,无安全事故 | | | | | | | | 有安全事故者扣50分 |
| 分析时间(4分) | 开始时间:　　结束时间:　　完成时间: | | | | | | | | 每超5分钟扣1分 |
| 总分 | | | | | | | | | |

## 1.6.3 目视比色法测定废水中微量铬

### 1.6.3.1 实验目的

(1) 学习目视比色的方法。

(2) 学习目视法测定水中铬的原理和方法。

### 1.6.3.2 实验原理

铬在水中常以铬酸盐(六价铬)形式存在。在酸性溶液中,Cr(Ⅵ)与二苯碳酰二肼反应生成紫红色配合物,可通过目视比色法测定试样中微量(或痕量)Cr(Ⅵ)的含量。

### 1.6.3.3 仪器与试剂

(1) 仪器　50mL 比色管一套、比色管架、250mL 容量瓶一个,5mL 移液管一支,5mL 吸量管 2 支。

(2) 试剂

① 铬标准贮备液($\rho_{Cr(Ⅵ)}=50.0mg\cdot L^{-1}$)。称取 0.1415g 已在 105~110℃干燥过的分析纯 $K_2Cr_2O_7$,溶于蒸馏水中,再定量转移至 1000mL 容量瓶,用蒸馏水稀至标线,摇匀。

② 铬标准操作液($\rho_{Cr(Ⅵ)}=1.00\mu g\cdot mL^{-1}$)。移取 5.00mL 铬标准贮备液于 250mL 容量瓶中,用蒸馏水稀释至刻度,摇匀。

③ 二苯碳酰二肼。溶解 0.1g 二苯碳酰二肼于 50mL 的乙醇(体积分数 $\varphi=95\%$)中,边搅拌边加入 20mL(1+9)硫酸溶液(此溶液应为无色溶液,如溶液有色,不能使用)。储于棕色瓶并存放于冰箱中。一月内有效。

### 1.6.3.4 实验内容与操作步骤

(1) 准备工作　选择一套 50mL 比色管,洗净后置于比色管架上。

**【注意】比色管的几何尺寸和材料（玻璃颜色）要相同，否则将影响比色结果。洗涤时，不能使用铬酸洗液洗涤；若必须使用，为防止器壁对铬离子的吸附，应依次使用 $H_2SO_4$-$HNO_3$ 混合酸、自来水、蒸馏水洗涤为宜。**

（2）配制铬系列标准溶液　依次移取铬标准操作液（$\rho_{Cr(VI)}=1.00\mu g \cdot mL^{-1}$）0.00mL、0.50mL、1.00mL、2.00mL、3.00mL、4.00mL 于 50mL 比色管中，加 40mL 水，摇匀。分别加入 2.50mL 二苯碳酰二肼溶液后，再用蒸馏水稀至标线，混匀，放置 10min。

（3）试样　移取适量的试样（以试样显色后的色泽处于标准系列中间为宜）于另一支干净比色管，按步骤（2）的方法显色，再用蒸馏水稀释至标线，混匀，放置 10min 后，与标准色阶对比其颜色的深浅。

**【注意】比色时应尽量在阳光充足而又不直接照射的条件下进行。若夜间或光线不足时，尽量采用日光灯。**

（4）记录观察结果　试样的色泽可能与某个标准系列溶液的色泽接近，也可能介于两相邻标准系列溶液的色泽之间。使用比色管下端的玻璃可以使光程长度增加一倍，有利于更准确地判断测定结果。

（5）结束工作　清洗仪器并放回原处，整理工作台。

#### 1.6.3.5 HSE 要求

（1）为了提高测定准确度，在与样品颜色相近附近的标准溶液的浓度变化间隔要小些。

（2）不能在有色灯光下观察溶液的颜色，否则会产生误差。

（3）观察溶液颜色应自上而下垂直观察。

（4）本次实验使用到含铬标液或试样，需集中进行环保处理至其符合排放要求。

#### 1.6.3.6 原始记录与数据处理

将实验结果记录在表 1-19 中，根据观测结果和试样体积确定废水中 Cr（Ⅵ）含量（以 $\mu g \cdot L^{-1}$ 表示）。

表 1-19　微量铬测定数据记录表

分析者：________　班级：________　学号：________　分析日期：________

| 配制标准色阶 | | | | | | |
|---|---|---|---|---|---|---|
| 标准溶液浓度/($\mu g \cdot mL^{-1}$) | | | 稀释体积/mL | | | |
| 显色剂名称 | | | 显色剂加入体积/mL | | | |
| 编号 | 1# | 2# | 3# | 4# | 5# | 6# |
| 标液加入体积/mL | | | | | | |
| 浓度/($\mu g \cdot mL^{-1}$) | | | | | | |
| 测定废水中的微量铬 | | | | | | |
| 样品名称 | | | 样品编号 | | | |
| 样品移取体积/mL | | | 稀释体积/mL | | | |
| 显色剂名称 | | | 显色剂加入体积/mL | | | |
| 样品溶液的颜色深浅对应加入标液的体积/mL | | | | | | |
| 样品中微量铬的浓度 | | | | | | |

#### 1.6.3.7 思考题

标准色阶的浓度间隔应如何来确定？

#### 1.6.3.8 评分表

| 项目 | 考核内容 | 记录 | 分值 | 扣分 | 考核内容 | 记录 | 分值 | 扣分 | 备注 |
|---|---|---|---|---|---|---|---|---|---|
| 溶液的配制(20分) | 移液管的规范操作 | | 5 | | 比色管的选用 | | 5 | | 操作正确且规范记√，反之，记× |
| | 容量瓶的规范操作 | | 5 | | 比色管的清洗 | | 5 | | |
| 比色操作(20分) | 在充足的日光(或日光灯)下观察 | | 5 | | 使用管下玻璃以提高光程长度 | | 5 | | |
| | 自上而下垂直观察 | | 5 | | 试样色阶判断准确 | | 5 | | |
| 原始记录(9分) | 完整、及时 | | 3 | | 清晰、规范 | | 3 | | |
| | 真实、无涂改 | | 3 | | | | | | |
| 数据处理(9分) | 计算公式正确 | | 3 | | 计算结果正确 | | 3 | | |
| | 有效数字正确 | | 3 | | | | | | |
| 结果准确度(26分) | ≤5%(26分)；≥5%，<10%(16分)；≥10%，<15%(8分)；≥15%(0分) | | | | | | | | |
| 报告与结论(2分) | 完整、明确、规范、无涂改 | | | | | | | | 缺结论扣10分 |
| HSE要求(10分) | 态度端正、操作规范，团队合作意识强，节约意识强，正确处理“三废”，无安全事故 | | | | | | | | 有安全事故者扣50分 |
| 分析时间(4分) | 开始时间： 结束时间： 完成时间： | | | | | | | | 每超5分钟扣1分 |
| 总分 | | | | | | | | | |

### 1.6.4 有机化合物紫外吸收光谱的绘制与鉴定

#### 1.6.4.1 实验目的

（1）学习紫外吸收光谱曲线的绘制方法。

（2）学习利用紫外吸收光谱曲线进行化合物的定性鉴定和纯度检查。

#### 1.6.4.2 实验原理

将未知试样（供试品）和标准样品（对照品）用同种溶剂配制成相近浓度的溶液，然后在相同条件下，分别绘制它们的UV图，比较两者是否一致（比较主要吸收峰形状、位置、强度与相对强度)。若两者基本一致，表明供试品与对照品成分基本一致。在没有对照品的情况下，可将试样的吸收光谱与标准谱图（如Sadtler紫外吸收光谱图）对比，若二者的 $\lambda_{max}$ 和 $\varepsilon_{max}$ 基本相同，则表明试样与标准物质可能是同一物质。

在没有紫外吸收峰的物质中检查有高吸光系数的杂质，也是UV图的重要用途之一。例如，检定乙醇中是否存在杂质苯，只需要测定乙醇试样在256nm处有无苯的吸收峰即可。因为乙醇在此波长下无吸收。

#### 1.6.4.3 仪器与试剂

（1）仪器　紫外-可见分光光度计（带工作站），1cm石英吸收池（两只）。

（2）试剂　无水乙醇，未知芳香族化合物，对照品（水杨酸等），乙醇试样（内含微量杂质苯）。

#### 1.6.4.4 实验内容与操作步骤

（1）准备工作

① 按仪器说明书检查仪器，开机预热20min。

② 检查仪器波长的正确性和1cm石英吸收池的成套性。

（2）未知芳香族化合物的鉴定

① 配制未知芳香化合物的水溶液。称取未知芳香化合物0.1000g，用去离子水溶解后，转移入100mL容量瓶中，稀至标线，摇匀。从中移取10.00mL于1000容量瓶中，稀至标线，摇匀（合适的试样浓度应通过试验来确定)。

按同法配制几种对照品的水溶液。

② 用1cm石英吸收池，以去离子水作参比溶液，在200～360nm范围绘制其吸收光谱曲线。

③ 用1cm石英吸收池，以去离子水作参比溶液，在200～360nm范围绘制对照品溶液的吸收光谱曲线。

(3) 乙醇中杂质苯的检查　用1cm石英吸收池，以纯乙醇作参比溶液，在220～280nm波长范围内测定乙醇试样的吸收曲线。

#### 1.6.4.5 HSE要求

(1) 实验中所用的试剂应经提纯处理。

(2) 石英吸收池每换一种溶液或溶剂都必须清洗干净，并用被测溶液或参比液荡洗三次。

(3) 本次实验使用到芳香族化合物标液或试样，废液需集中进行环保处理至其符合排放要求。

#### 1.6.4.6 原始记录数据处理

在表1-20中记录以下信息。

(1) 绘制并记录未知芳香化合物和对照品的UV图（如仪器未带工作软件，则需手动绘制 $A$-$\lambda$ 吸收曲线）和实验条件；确定峰值波长，计算峰值波长处 $A_{1cm}^{1\%}$ 值（指吸光物质的质量浓度为 $10g \cdot L^{-1}$ 的溶液，在1cm厚的吸收池中测得的吸光度）和摩尔吸光系数 $\varepsilon$，与对照品谱图比较，确定未知化合物的名称。

(2) 绘制乙醇试样的UV图，记录实验条件，根据吸收光谱曲线确定是否有苯的吸收峰，如有，记录峰值波长。

表1-20　有机化合物紫外吸收光谱绘制与鉴定记录表

分析者：__________　班级：__________　学号：__________　分析日期：__________

| 检测条件 | | | |
|---|---|---|---|
| 仪器名称 | | 仪器型号与编号 | |
| 吸收池规格 | | 吸收池材质 | |

| 吸收曲线的绘制(可直接附图) | | | | | | | | | | | | | | | |
|---|---|---|---|---|---|---|---|---|---|---|---|---|---|---|---|
| 波长/nm | | | | | | | | | | | | | | | |
| 未知样品 $A_x$ | | | | | | | | | | | | | | | |
| 对照品1$A_1$ | | | | | | | | | | | | | | | |
| 对照品2$A_2$ | | | | | | | | | | | | | | | |
| 对照品3$A_3$ | | | | | | | | | | | | | | | |
| 波长/nm | | | | | | | | | | | | | | | |
| 未知样品 $A_x$ | | | | | | | | | | | | | | | |
| 对照品1$A_1$ | | | | | | | | | | | | | | | |
| 对照品2$A_2$ | | | | | | | | | | | | | | | |

| UV谱图的比对 | | | | |
|---|---|---|---|---|
| 参数 | 未知样品 | 对照品1 | 对照品2 | 对照品3 |
| $\lambda_{max}$/nm | | | | |
| $A_{1cm}^{1\%}$ | | | | |
| $\varepsilon$ | | | | |
| 比对过程 | | | | |
| 结论 | | | | |

续表

| 乙醇试样吸收曲线的绘制(可直接附图) | | | | | | | | | | | | | | | |
|---|---|---|---|---|---|---|---|---|---|---|---|---|---|---|---|
| 波长/nm | | | | | | | | | | | | | | | |
| 乙醇试样 $A_{乙}$ | | | | | | | | | | | | | | | |
| 波长/nm | | | | | | | | | | | | | | | |
| 乙醇试样 $A_{乙}$ | | | | | | | | | | | | | | | |
| 是否有苯的吸收峰及波长 | | | | | | | | | | | | | | | |
| 结论 | | | | | | | | | | | | | | | |

1.6.4.7 思考题

(1) 试样溶液浓度大小对测量有何影响？实验中应如何调整？

(2) 如果试样是非水溶性的，则应如何进行鉴定，请设计出简要的实验方案。

1.6.4.8 评分表

| 项目 | 考核内容 | 记录 | 分值 | 扣分 | 考核内容 | 记录 | 分值 | 扣分 | 备注 |
|---|---|---|---|---|---|---|---|---|---|
| 溶液的配制(4分) | 移液管的规范操作 | | 2 | | 容量瓶的规范操作 | | 2 | | 操作正确且规范记√，操作不正确或不规范记× |
| 开机、调试、基本操作(26分) | 开机 | | 2 | | 吸收曲线的绘制 | | 2 | | |
| | 预热20min(或仪器自检通过) | | 2 | | 吸收池的取放方法 | | 2 | | |
| | 工作站连接 | | 2 | | 吸收池光面擦拭方法 | | 2 | | |
| | 拉杆的使用(轻、缓、匀) | | 2 | | 注液高度 | | 2 | | |
| | 波长的调节 | | 2 | | 文件保存、标识、打印 | | 2 | | |
| | 调0/100操作 | | 2 | | 关机 | | 2 | | |
| | 扫描波长范围的设置 | | 2 | | | | | | |
| 原始记录(12分) | 完整、及时 | | 3 | | 清晰、规范 | | 3 | | |
| | 真实、无涂改 | | 3 | | 有效数字正确 | | 3 | | |
| 数据处理(6分) | 吸收曲线横、纵坐标正确 | | 3<br>3 | | 绘制平滑吸收曲线 | | 3 | | |
| $\lambda_{max}$ 的查找与比对(9分) | 结果符合要求(9分)；结果不符合要求(0分) | | | | | | | | |
| $A_{1cm}^{1\%}$ 的计算与比对(9分) | 结果符合要求(9分)；结果不符合要求(0分) | | | | | | | | |
| ε 的计算与比对(9分) | 结果符合要求(9分)；结果不符合要求(0分) | | | | | | | | |
| 乙醇中杂质苯的检测(9分) | 结果符合要求(9分)；结果不符合要求(0分) | | | | | | | | |
| 报告与结论(2分) | 完整、明确、规范、无涂改 | | | | | | | | 缺结论扣10分 |
| HSE要求(10分) | 态度端正、操作规范,团队合作意识强,节约意识强,正确处理“三废”,无安全事故 | | | | | | | | 有安全事故者扣50分 |
| 分析时间(4分) | 开始时间： 结束时间： 完成时间： | | | | | | | | 每超5分钟扣1分 |
| 总分 | | | | | | | | | |

## 1.6.5 紫外分光光度法测定粗品蒽醌纯度

1.6.5.1 实验目的

(1) 学习紫外分光光度法测定蒽醌含量的原理和方法。

(2) 了解当样品中有干扰物质存在时，入射光波长的选择方法。

(3) 进一步熟练使用紫外-可见分光光度计。

#### 1.6.5.2 实验原理

蒽醌分子式，由此可见它会产生 $\pi \rightarrow \pi^*$ 跃迁和 $n \rightarrow \pi^*$ 跃迁。蒽醌在 $\lambda=251nm$ 处有强吸收，其 $\varepsilon=45820$，在 $\lambda=323nm$ 处还有一种强吸收，其 $\varepsilon=4700$。然而，工业生产的蒽醌中常常混有副产品邻苯二甲酸酐，在 $\lambda=251nm$ 处会对蒽醌的吸收产生明显的干扰。因此，定量测定蒽醌时通常选择的工作波长是 $\lambda=323nm$。这样可避免邻苯二甲酸酐的干扰。

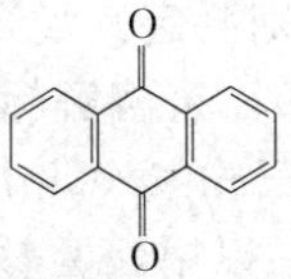

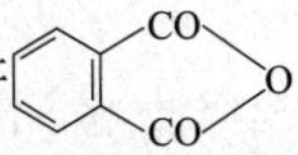

紫外吸收定量测定与可见分光光度法相同。方法是在一定波长和一定比色皿厚度下，绘制 $A\text{-}\rho$ 工作曲线，再由工作曲线查出未知试样中蒽醌的浓度，从而计算其含量。

#### 1.6.5.3 仪器与试剂

（1）仪器　紫外-可见分光光度计（带工作站软件），1cm 石英吸收池（2 只，成套），1000mL、50mL 容量瓶各 1 个，10mL 容量瓶 10 个。

（2）试剂　蒽醌，邻苯二甲酸酐，甲醇（均为分析纯），工业品蒽醌试样。

#### 1.6.5.4 实验内容与操作步骤

（1）配制蒽醌标准溶液

① $0.100mg \cdot mL^{-1}$ 的蒽醌标准溶液。准确称取 0.1000g 蒽醌，加甲醇溶解后，定量转移至 1000mL 容量瓶中，用甲醇稀释至标线，摇匀。

【注意】*蒽醌用甲醇溶解时，应采用回流装置，水浴加热回流方能完全溶解。或者采用超声辅助溶解的方式。*

② $0.0400mg \cdot mL^{-1}$ 的蒽醌标准溶液。移取 20.00mL 浓度为 $0.100mg \cdot mL^{-1}$ 的蒽醌标准溶液于 50mL 容量瓶中，用甲醇稀至标线，摇匀。

③ $0.0900mg \cdot mL^{-1}$ 邻苯二甲酸酐标准溶液。准确称取 0.0900g 邻苯二甲酸酐，加甲醇溶解后，定量转移至 1000mL 容量瓶中，用甲醇稀释至标线，摇匀。

（2）仪器使用前准备

① 打开样品室盖，取出样品室内干燥剂，接通电源，预热 20min 并点亮氘灯。

② 检查仪器波长示值准确性。清洗石英吸收池，进行成套性检验。

③ 将仪器调试至工作状态。

（3）绘制吸收曲线

① 蒽醌吸收曲线的绘制。移取 $0.0400mg \cdot mL^{-1}$ 的蒽醌标准溶液 2.00mL 于 10mL 容量瓶中，用甲醇稀至标线，摇匀。用 1cm 吸收池，以甲醇为参比，在 200～380nm 波段，每隔 10nm 测定一次吸光度（峰值附近每隔 1nm 测一次）。绘出吸收曲线，确定其最大吸收波长（$\lambda_{max}$）和次大吸收波长（$\lambda_2$）。也可直接扫描该溶液的吸收曲线（波长间隔 1nm）。

② 邻苯二甲酸酐吸收曲线的绘制。取 $0.0900mg \cdot mL^{-1}$ 的邻苯二甲酸酐标准溶液于 1cm 吸收池中，以甲醇为参比，在 240～330nm 波段，每隔 10nm 测定一次吸光度（峰值附近每隔 1nm 测一次），绘出吸收曲线，确定其最大吸收波长（$\lambda_{max}$）。也可直接扫描该溶液的吸收曲线（波长间隔 1nm）。

【注意】*改变波长，必须重调参比溶液 $\tau=100\%$。*

（4）绘制蒽醌工作曲线　用吸量管分别吸取 $0.0400mg \cdot mL^{-1}$ 的蒽醌标准溶液

2.00mL、4.00mL、6.00mL、8.00mL 于四个 10mL 容量瓶中，用甲醇稀释至标线，摇匀。用 1cm 吸收池，以甲醇为参比，在次大吸收波长（$\lambda_2$）处，分别测定其吸光度，并记录。

（5）测定蒽醌试样中蒽醌含量　准确称取蒽醌试样 0.0100g，按溶解标样的方法溶解并转移至 100mL 容量瓶中，用甲醇稀释至标线，摇匀。吸取三份 4.00mL 该溶液于三个 10mL 容量瓶中，再以甲醇稀释至标线，摇匀。用 1cm 吸收池，以甲醇为参比，在确定的入射光波长（通常为 $\lambda_2$）处测定其吸光度，并记录之。

（6）结束工作

① 实验完毕，关闭电源，取出吸收池，清洗晾干放入盒内保存。

② 清理工作台，罩上仪器防尘罩，填写仪器使用记录。

### 1.6.5.5　HSE 要求

（1）本实验应完全无水，故所有玻璃器皿须干燥后方可使用。

（2）甲醇易挥发，对眼睛有害，使用时应注意安全。

（3）废液需集中处理至符合排放要求。

### 1.6.5.6　原始记录与数据处理

（1）绘制蒽醌及邻苯二甲酸酐的吸收曲线，确定合适的工作波长。

（2）绘制蒽醌的 $A$-$\rho$ 工作曲线，计算回归方程和相关系数。可利用 Excel 电子表格绘制 $A$-$\rho$ 工作曲线，查出回归方程和相关系数。

利用工作曲线，由试样的测定结果，查出试样中蒽醌的平均浓度（$\mu g \cdot mL^{-1}$），并计算粗品蒽醌的纯度和相对平均偏差（$R\bar{d}/\%$），按照表 1-21 记录相关信息。

表 1-21　蒽醌纯度测定记录表

分析者：________　班级：________　学号：________　分析日期：________

| 检测条件 | | | |
|---|---|---|---|
| 仪器名称 | | 仪器型号与编号 | |
| A(吸收池 1#) | | A(吸收池 2#) | |

| 吸收曲线的绘制(可直接附图) | | | | | | | | | | | | | | | |
|---|---|---|---|---|---|---|---|---|---|---|---|---|---|---|---|
| 吸光物质名称:蒽醌 | | | | | | | | 浓度/($\mu g \cdot mL^{-1}$) | | | | | | | |
| 波长/nm | | | | | | | | | | | | | | | |
| $A$ | | | | | | | | | | | | | | | |
| 波长/nm | | | | | | | | | | | | | | | |
| $A$ | | | | | | | | | | | | | | | |
| $\lambda_{max}$/nm | | | | | | | | $\lambda_2$/nm | | | | | | | |
| 吸光物质:邻苯二甲酸酐 | | | | | | | | 浓度/($\mu g \cdot mL^{-1}$) | | | | | | | |
| 波长/nm | | | | | | | | | | | | | | | |
| $A$ | | | | | | | | | | | | | | | |
| 波长/nm | | | | | | | | | | | | | | | |
| $A$ | | | | | | | | | | | | | | | |
| $\lambda_{max}$/nm | | | | | | | | | | | | | | | |

| 工作曲线的绘制(可直接附图) | | | | | |
|---|---|---|---|---|---|
| 参比溶液 | | | 工作波长/nm | | |
| 编号 | 0# | 1# | 2# | 3# | 4# |
| $V_{标液}$/mL | | | | | |
| $\rho_S$/($\mu g \cdot mL^{-1}$) | | | | | |
| $A$ | | | | | |
| $A_{校}$ | | | | | |
| 工作曲线方程 | | | 相关系数 | | |

续表

| 粗品蒽醌纯度的测定 | | | |
|---|---|---|---|
| 样品名称 | | 样品编号 | |
| 样品称取质量/g | | 定容体积/mL | |
| 样品移取体积/mL | | 稀释体积/mL | |
| 编号 | 5# | 6# | 7# |
| $A$ | | | |
| 从工作曲线中查出的浓度$\rho_x$/($\mu$g·mL$^{-1}$) | | | |
| 未知试样中蒽醌的浓度 $\rho$/($\mu$g·mL$^{-1}$) | | | |
| 粗品蒽醌纯度 $w$/% | | | |
| 平均值$\bar{w}$/% | | | |
| 相对平均偏差 R$\bar{d}$/% | | | |
| 结论 | | | |

#### 1.6.5.7　思考题

(1) 本实验为什么要使用甲醇作参比溶液?

(2) 若既要测蒽醌含量又要测出杂质邻苯二甲酸酐的含量，应如何进行?

(3) 为什么紫外分光光度计定量测定中未加显色剂?

#### 1.6.5.8　评分表

| 项目 | 考核内容 | 记录 | 分值 | 扣分 | 考核内容 | 记录 | 分值 | 扣分 | 备注 |
|---|---|---|---|---|---|---|---|---|---|
| 溶液的配制(4分) | 移液管的规范操作 | | 2 | | 容量瓶的规范操作 | | 2 | | |
| 开机、调试、基本操作(15分) | 开机 | | 1 | | 吸收池的取放方法 | | 1 | | 操作正确且规范记√，操作不正确或不规范记× |
| | 预热20min(或仪器自检通过) | | 1 | | 吸收池光面擦拭方法 | | 1 | | |
| | 工作站连接 | | 1 | | 注液高度 | | 1 | | |
| | 拉杆的使用(轻、缓、匀) | | 1 | | 皿差测量 | | 1 | | |
| | 波长的调节 | | 1 | | 吸光度值为负值时的处理 | | 1 | | |
| | 调0/100操作 | | 1 | | 文件保存、标识、打印 | | 1 | | |
| | 扫描波长范围的设置 | | 1 | | 关机 | | 1 | | |
| | 吸收曲线的绘制 | | 1 | | | | | | |
| 原始记录(9分) | 完整、及时 | | 3 | | 清晰、规范 | | 3 | | |
| | 真实、无涂改 | | 3 | | | | | | |
| 数据处理(9分) | 计算公式正确 | | 3 | | 计算结果正确 | | 3 | | |
| | 有效数字正确 | | 3 | | | | | | |
| 吸收曲线的绘制(5分) | 符合要求(5分);不符合要求(0分) | | | | | | | | |
| 工作波长的选择(5分) | 符合要求(5分);不符合要求(0分) | | | | | | | | |
| 工作曲线相关系数(10分) | ≥0.9999(10分);≥0.9995,<0.9999(7分);≥0.999,<0.9995(4分);≥0.99,<0.999(2分);<0.99(0分) | | | | | | | | |
| 结果准确度(15分) | <0.5%(15分);≥0.5%,<1%(12分);≥1%,<2%(9分);≥2%,<3%(6分);≥3%,<5%(3分);≥5%(0分) | | | | | | | | 以误差评分 |
| 结果精密度(12分) | <0.5%(12分);≥0.5%,<1%(10分);≥1%,<2%(8分);≥2%,<3%(5分);≥3%,<5%(3分);≥5%(0分) | | | | | | | | 以R$\bar{d}$评分 |
| 报告与结论(2分) | 完整、明确、规范、无涂改 | | | | | | | | 缺结论扣10分 |

续表

| 项目 | 考核内容 | 记录 | 分值 | 扣分 | 考核内容 | 记录 | 分值 | 扣分 | 备注 |
|---|---|---|---|---|---|---|---|---|---|
| HSE 要求(10 分) | 态度端正、操作规范,团队合作意识强,节约意识强,正确处理“三废”,无安全事故 | | | | | | | | 有安全事故者扣 50 分 |
| 分析时间(4 分) | 开始时间: 结束时间: 完成时间: | | | | | | | | 每超 5 分钟扣 1 分 |
| 总分 | | | | | | | | | |

## 本章主要符号的意义及单位

| 符号 | 意义及单位 | 符号 | 意义及单位 | 符号 | 意义及单位 |
|---|---|---|---|---|---|
| $E$ | 光子的能量,J(焦耳)或 eV(电子伏特) | $\phi_{tr}$ | 透射光通量 | $\rho_B$ | 物质 B 的质量浓度,$g \cdot L^{-1}$ |
| $h$ | 普朗克(Planck)常数,$6.626\times10^{-34} J \cdot s$ | $\tau$ | 透射比 | $\varepsilon$ | 摩尔吸光系数,$L \cdot mol^{-1} \cdot cm^{-1}$ |
| $\nu$ | 频率,Hz | $A$ | 吸光度 | $a$ | 质量吸光系数,$L \cdot g^{-1} \cdot cm^{-1}$ |
| $\lambda$ | 波长,nm(纳米)或 μm(微米) | $b$ | 光程长度,cm | $r$ | 相关系数 |
| $\phi_0$ | 入射光通量 | $c(B)$ | 物质 B 的物质的量浓度,$mol \cdot L^{-1}$ | | |

## 本章要点

扫描二维码可查看本章要点。

第 1 章要点

# 2

# 红外吸收光谱法

| 学习引导 | 学习目标 | 学习方法 |
| --- | --- | --- |
| 红外吸收光谱法(简称红外光谱法)是鉴别化合物和确定物质分子结构的常用手段之一。利用红外光谱法还可以对单一组分或混合物中各组分进行定量分析。红外光谱法具有灵敏度较高和分析速度快、应用范围广等特点,适用于各种有机物质的结构分析。红外光谱法已经广泛应用于化学、化工、医药、生物等各领域。<br>本章主要介绍红外吸收光谱法所涉及的方法原理、红外吸收光谱仪的分析流程及各组成部件的基本构造、固体及液体样品的制样要求、红外吸收光谱谱图解析的一般方法等知识点。 | 通过技能训练应能熟练掌握固体及液体样品的制备、红外吸收光谱仪的基本操作、红外吸收光谱的绘制与识谱、解谱;能对实验数据进行正确分析和处理,准确表述分析结果;能完成仪器的日常维护保养工作,学会排除简单的故障。 | 学习过程中,复习已经学习过的光谱分析基础知识,如物理学中的光学基本常识、有机化合物官能团分类和重要有机化合物的构造等,对理解和掌握本章的知识要点很有帮助。认真规范地完成每一个技能训练是帮助您掌握操作技能、加强动手能力的重要途径。此外还可以通过所提供的参考文献、阅读材料和网络信息了解一些新技术,以拓宽自己的知识面。 |

## 2.1 基本原理

### 2.1.1 概述

红外吸收光谱（infrared absorption spectrum，IR）和紫外-可见吸收光谱同属于分子光谱。当分子吸收外界辐射能后，总能量变化是电子运动能量变化、振动能量变化和转动能量变化的总和。由于紫外可见光区的波长为200～780nm，分子吸收该光区辐射获得的能量足以使价电子发生跃迁而产生紫外可见吸收光谱。然而分子振动能级跃迁同时伴随着转动能级间跃迁需要的能量较小，用吸收能量较低的红外光子照射分子时将引起振动与转动能级间的跃迁，由此产生的分子吸收光谱称为红外吸收光谱或称振-转光谱。

#### 2.1.1.1 红外光区的划分

红外光波波长位于可见光波和微波波长之间，0.75～1000μm 范围内。0.75～2.5μm 为近红外区，2.5～25μm 为中红外区，25～1000μm 为远红外区。其中应用最广的是 2.5～15.4μm 的中红外区。由 $\bar{\nu}(\mathrm{cm}^{-1})=\dfrac{10^4}{\lambda(\mu\mathrm{m})}$ 可知，2.5～15.4μm 波长范围对应的波数范围为 4000～650$\mathrm{cm}^{-1}$。大多数有机化合物及许多无机化合物的化学键振动均落在这一区域。

#### 2.1.1.2 红外吸收光谱的表示法

如图 2-1 所示，以波长 $\lambda$ 或波数 $\bar{\nu}$ 为横坐标，表示吸收峰的位置。波数是单位厘米长度对应的波的数量。即 $\bar{\nu}=\frac{10000}{\lambda}$，其中 $\lambda$ 的单位是 $\mu$m，$\bar{\nu}$ 的单位是 $cm^{-1}$。

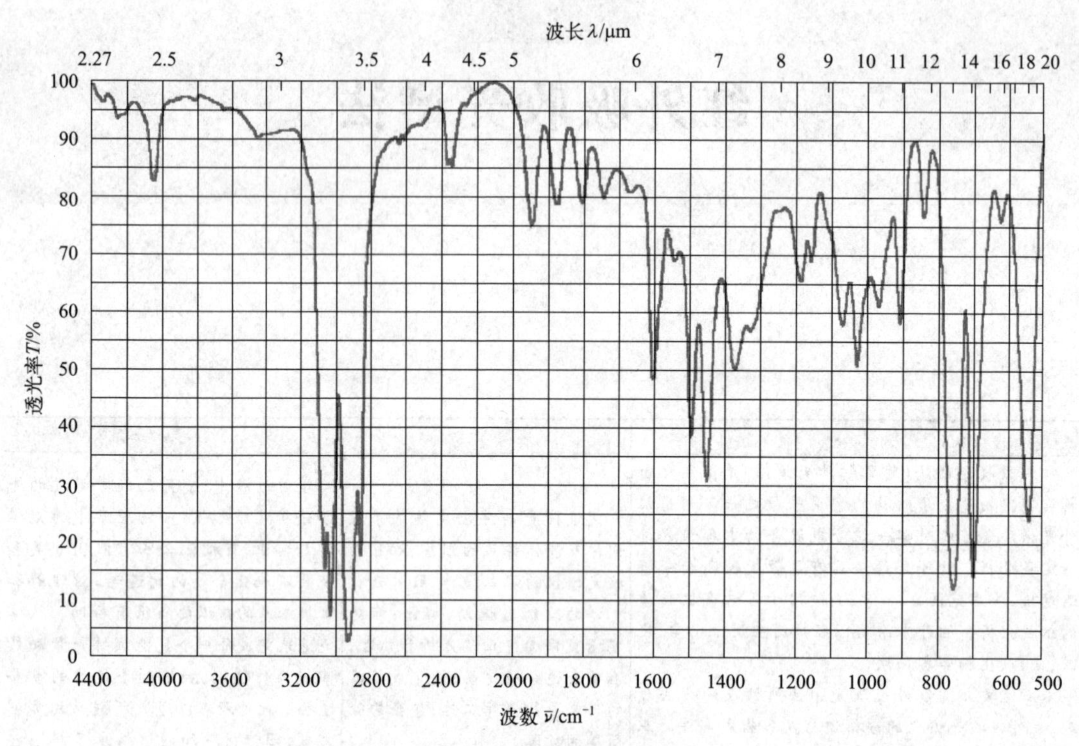


图 2-1　聚苯乙烯的红外吸收光谱图

例如：波长为 3.5$\mu$m 的红外光的波数为 $\bar{\nu}=\frac{10000}{3.5}=2857cm^{-1}$。

纵坐标表示吸收峰的强度，多以透光率（$T$）表示，自下而上从 0～100%。吸收峰的强度遵循朗伯-比尔（Lambert-Beer）定律。吸收强度越低，则表明透光率越大；当无吸收时，曲线在图的最上部。所谓的吸收峰实际上是由上向下的谷。

2.1.1.3　红外吸收光谱的特点

（1）红外吸收光谱与其他方法相比，具有如下优势：

① 各类相态（固、液、气）的样品均能直接进行测试，也不受样品熔点、沸点和蒸气压的限制，甚至一些表面涂层和不溶、不熔融的弹性体（如橡胶），也可直接获得其 IR 图。

② 几乎所有的有机化合物均有其特征的 IR 图。依据 IR 图吸收峰位置、数量及强度，可鉴定未知化合物的分子结构或确定其化学基团；依据吸收峰的强度，可对某分子或某化学基团进行定量分析和纯度鉴定。

③ 红外常规仪器价格低廉，便于普及。且现在已经积累了大量的标准 IR 图（如 Sadtler 标准红外光谱集等）供分析查阅与比对。

④ 样品用量少（可达 $\mu$g 级）且测试时不破坏试样，分析速度快，操作方便。

（2）红外吸收光谱的局限性是：有些物质不能产生红外吸收峰，还有些物质（如旋光异构体，不同分子量的同一种高聚物）不能用红外吸收光谱法进行定性鉴别。此外，IR 图上的吸收峰有一些是不能做出理论解释的，因此可能干扰分析测定。而且，IR 定量分析的准确度和灵敏度均低于 UV-Vis。

## 2.1.2 基本原理

### 2.1.2.1 红外吸收光谱的产生

分子吸收电磁辐射后被激发到一个较高的内部能级，其增加的能量等于吸收光子的能量。三种类型的内部能量可以被量子化：

（1）分子可沿不同轴线转动，对应的转动处于一定能级，所以在一个转动跃迁中该分子可以吸收电磁辐射并激发到一个较高的转动能级。

（2）分子中的原子或原子团相对于彼此振动，并且该振动发生在一定的能级水平。然后，在振动跃迁中该分子可吸收电磁辐射，并激发到一个更高的振动能级。

（3）分子的最外层电子、价电子，可以被激发到一个较高的电子能级，与电子能级相关，吸收更高能级的电磁辐射，X射线、内层电子通常被激发。

分子通过吸收光子发生能级跃迁，每种跃迁都存在许多不同的能级，因此有多个波长可被吸收，从而产生多个吸收峰。三种跃迁过程中的能级大小顺序为：电子能级＞振动能级＞转动能级。每个能级的数量级不同。转动跃迁仅吸收非常低的能量（长波，即微波或远红外区域），振动跃迁需要吸收较高的能量（中红外到近红外区域），而电子跃迁需要更高的能量（可见光和紫外光区域，第一章已讨论）。

纯转动跃迁发生在长波长（低能量，远红外光区）区域，吸收峰比较尖锐。转动跃迁发生时，在光谱中将出现吸收线，每条线的波长对应于一个特定的跃迁，因此可获得分子转动能级的基本信息，然而该区域在分析中很少应用。

随着能量的增加（波长减小），除了转动能级跃迁之外也将发生振动能级跃迁，伴随不同的转动-振动能级跃迁的组合，各最低振动能级的转动能级以及可激发到振动能级激发态的不同转动能级，可能有几种不同的振动能级激发态，且每个伴随着许多转动能级，导致了许多跃迁，产生许多比较复杂的吸收峰。这些峰发生的波长与分子的振动形式有关，其吸收发生在中红外和远红外区域，形成了一个个红外吸收光谱图。

### 2.1.2.2 产生红外吸收光谱的条件

（1）分子振动方程式　分子振动可近似地看作是分子中的原子以平衡点为中心，以很小的振幅做周期性的振动。这种分子振动的模型可以用经典的方法来模拟（见图2-2）。对双原子分子而言，可以看成是一个弹簧连接两个小球，$m_1$ 和 $m_2$ 分别代表两个小球的质量，即两个原子的质量，弹簧的长度就是分子化学键的长度。这个体系的振动频率取决于弹簧的强度，即化学键的强度和小球的质量。其振动是在连接两个小球的键轴方向上发生的。用经典力学的方法可以得到如下计算公式：

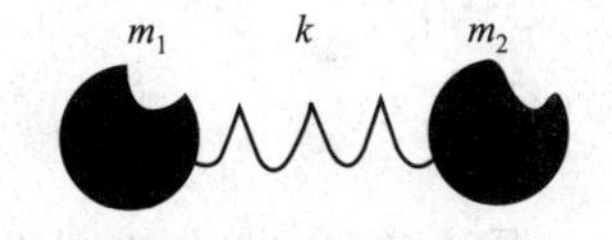


图2-2　双原子分子振动模型

$$\nu=\frac{1}{2\pi}\sqrt{\frac{k}{\mu}} \tag{2-1}$$

或

$$\bar{\nu}=\frac{1}{2\pi c}\sqrt{\frac{k}{\mu}} \tag{2-2}$$

可简化为

$$\bar{\nu}\approx 1304\sqrt{\frac{k}{\mu}} \tag{2-3}$$

式中，$\nu$ 是频率，Hz；$\bar{\nu}$ 是波数，$cm^{-1}$；$k$ 是化学键的力常数，$g \cdot s^{-2}$；$c$ 是光速，$c=3\times10^{10}cm \cdot s^{-1}$；$\mu$ 是原子的折合质量，$\mu=\frac{m_1m_2}{m_1+m_2}$。

一般来说，单键的 $k=4\times10^5 \sim 6\times10^5 g \cdot s^{-2}$；双键的 $k=8\times10^5 \sim 12\times10^5 g \cdot s^{-2}$；

三键的 $k=12\times10^5\sim20\times10^5\,g\cdot s^{-2}$。

双原子分子的振动只发生在连接两个原子的直线上，并且只有一种振动方式，而多原子分子则有多种振动方式。假设分子由 $n$ 个原子组成，每一个原子在空间都有 3 个自由度，则分子有 $3n$ 个自由度。非线性分子的转动有 3 个自由度，线性分子则只有两个转动自由度，因此非线性分子有（$3n-6$）种基本振动，而线性分子有（$3n-5$）种基本振动。

（2）简正振动　分子中任何一个复杂振动都可看成是不同频率的简正振动的叠加。简正振动是指这样一种振动状态：分子中所有原子都在其平衡位置附近作简谐振动，其振动频率和位相都相同，只是振幅可能不同，即每个原子都在同一瞬间通过其平衡位置，且同时到达其最大位移值。每一个简正振动都有一定的频率，称为基频。水（$H_2O$）和二氧化碳（$CO_2$）的简正振动如图 2-3 和图 2-4 所示。

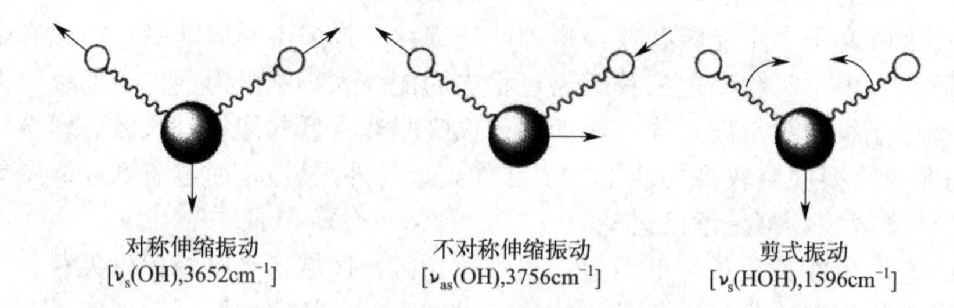


图 2-3　水分子的 3 种简正振动方式

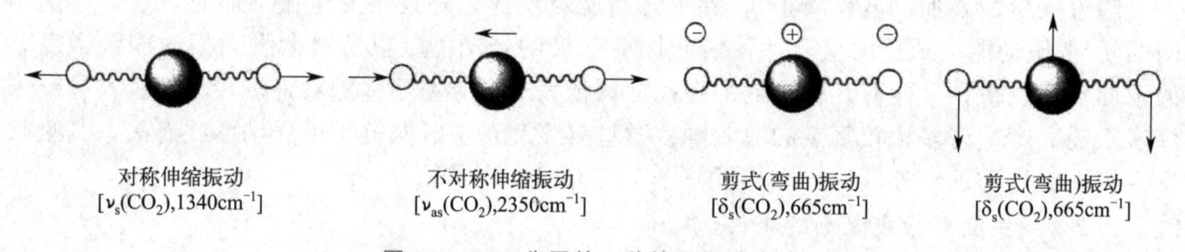


图 2-4　$CO_2$ 分子的 4 种简正振动方式

（+和－表示垂直于纸面的振动）

分子的简正振动可分为化学键的伸缩振动和变形振动两大类。

① 伸缩振动。指化学键两端的原子沿键轴方向作来回周期运动。振动过程中键角不发生改变，可分为对称伸缩振动（symmetrical stretching vibration，$\nu_s$）与不对称伸缩振动（asymmetrical stretching vibration，$\nu_{as}$）。例如亚甲基的伸缩振动（见图 2-5）。

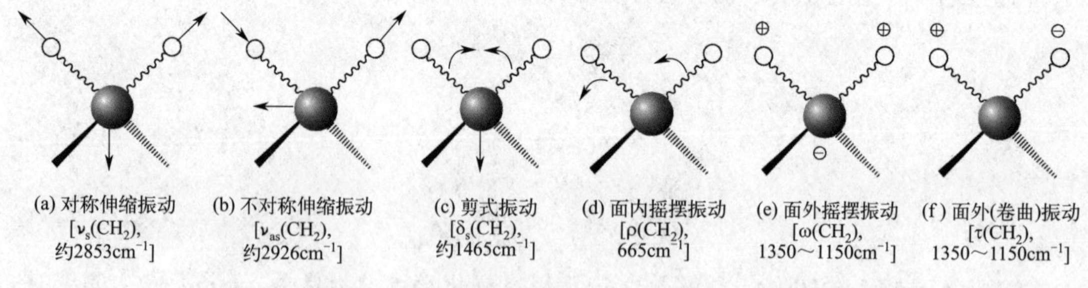


图 2-5　伸缩振动与变形振动的各种方式（以亚甲基—$CH_2$ 为例）

（“+”表示运动方向垂直于纸面向里，“－”表示运动方向垂直于纸面向外）

② 变形振动（或称弯曲振动）。指使化学键角发生周期性变化的振动，用 $\delta$ 表示。如果

弯曲振动完全位于平面上，则称面内弯曲振动；如果弯曲振动的方向垂直于分子平面，则称为面外弯曲振动。剪式振动和平面摇摆振动为面内弯曲振动，非平面摇摆和扭曲振动为面外弯曲振动。例如亚甲基的弯曲振动（见图 2-5）。

同一种键型，其不对称伸缩振动的频率大于对称伸缩振动的频率，远大于弯曲振动的频率，而面内弯曲振动的频率又大于面外弯曲振动的频率。

（3）红外吸收光谱产生的条件　分子必须满足两个条件才能吸收红外辐射：

① 分子振动或转动时，必须有瞬间偶极矩的变化。分子作为一个整体来看呈电中性，但构成分子的各原子的电负性却各不相同，分子可显示出不同的极性。分子在不停地振动过程中，其正、负电荷的大小是不变的，但正、负电荷中心的距离会发生改变，因此分子偶极矩也会发生改变。因分子振动而使偶极矩发生瞬时变化的分子才具有红外活性（与是否具有永久性偶极矩无关）。例如，$CO_2$ 分子是一个线型分子，其永久偶极矩等于零，但它的不对称振动必然伴随偶极矩的变化，因此 $CO_2$ 分子是具有红外活性的分子。而同核双原子分子，例如 $H_2$、$N_2$、$O_2$ 等则属于非红外活性分子。

② 只有当照射分子的红外辐射频率与分子某种振动方式的频率相同时，分子才能吸收能量，从基态振动能级跃迁到较高能量的振动能级，从而在 IR 谱图上出现相应的吸收带。

（4）实际分子振动谱线减少或增加的原因　上面是以简正振动的方式描述振动的。实际分子的振动不完全是这样的。有时，某些分子的吸收峰多一些，而另一些分子的吸收峰则少一些。如具有 12 个原子组成的分子按照 $3n-6$ 计算应有 30 个振动自由度，即有 30 条吸收谱线，但实际这些谱线的数目与计算值产生差距。

谱线减少的原因主要有：

① 若分子的各简正振动频率相同，则吸收带重合。这种现象称为简并。

② 分子振动时，若不发生偶极矩变化，则不产生吸收。例如：$CO_2$ 有四种简正振动（$3\times3-5=4$，见图 2-4），但 $\nu_s$ 在振动时无偶极矩变化，不具备红外活性；两种形式的 $\delta_s$ 是二重简并振动。因此，$CO_2$ 的 IR 谱图中，仅出现 $2950cm^{-1}$、$665cm^{-1}$ 两个吸收峰。

③ 由于仪器的分辨率低，有些峰检测不出来。

④ 有些频率不同的峰重叠在一起。

⑤ 有些振动吸收的能量超出中红外区域，无法被检测。

谱线增加的主要原因有以下几方面：

① 倍频（泛频）带（over tone）：出现在强的基频带频率的大约两倍处（实际上比两倍低），一般都是弱吸收带（强度为基频的 1/10 或 1/100）。例如 C═O 伸缩振动频率约在 $1700cm^{-1}$ 处，其倍频带出现在约 $3400cm^{-1}$ 处，通常和—OH 的伸缩振动吸收带相重叠。

② 合频（组频）带（combination tone）：也是弱吸收带，出现在两个或多个基频频率之和或频率之差附近。如基频分别为 $\nu_1$ 和 $\nu_2$ 的吸收带，其合频带可能出现在 $\nu_1+\nu_2$ 或 $\nu_1-\nu_2$ 附近。例如一取代苯在 $2000\sim1660cm^{-1}$ 有吸收带，即为 $\delta_{C-H}=1000\sim700cm^{-1}$ 的合频。

③ 振动耦合（vibrational coupling）：当分子中两个或两个以上相同的基团与同一个原子连接时，其振动吸收带常发生分裂，形成双峰，这种现象称为振动耦合。有伸缩振动耦合、弯曲振动耦合、伸缩与弯曲振动耦合三类。

例如：$(CH_3)_2CH$—中的两个甲基相连在同一碳上，其 $\delta_{C-H}$ 的频率相互耦合，则在 $1380cm^{-1}$ 和 $1350cm^{-1}$ 处出现强度相近的两个振动频率，这是由弯曲振动耦合引起的。

丙二酸 $CH_2(COOH)_2$ 中的羰基在 $1740cm^{-1}$ 和 $1710cm^{-1}$ 出现两个吸收峰，是羰基伸缩振动耦合引起的。

④费米共振（Fermi resonance）：当强度很弱的倍频带或组频带位于某一强基频吸收带附近时，弱的倍频带或组频带和基频带之间发生耦合，使得倍频带或组频带加强，而基频带强度降低，这个振动称为费米共振。

例如：醛在 $2820cm^{-1}$ 和 $2720cm^{-1}$ 处出现两个峰，原因是醛基的 $\nu_{C-H}$ 在 $2800cm^{-1}$ 基频处，而 $\delta_{C-H}$ 的倍频也在 $2\times1400=2800cm^{-1}$ 附近。结果使醛基在 $2800cm^{-1}$ 附近出现两个峰。如图 2-6 所示。

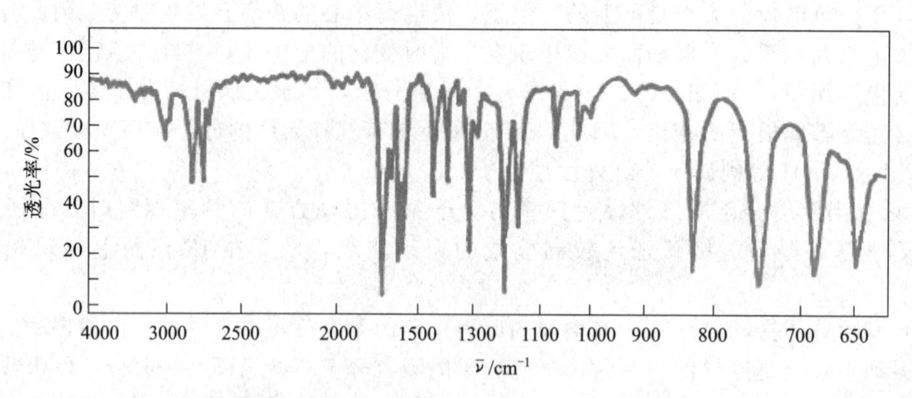


图 2-6　苯甲醛的红外吸收光谱

## 2.1.3　红外吸收光谱与分子结构的关系

### 2.1.3.1　红外吸收峰类型

（1）基频峰　分子吸收一定频率的红外光，振动能级由基态（$n=0$）跃迁到第一振动激发态（$n=1$）时，所产生的吸收峰称为基频峰。由于 $n=1$，基频峰的强度一般都比较大，因而基频峰是红外吸收光谱上主要的一类吸收峰。

（2）泛频峰　在红外吸收光谱上除基频峰外，还有振动能级由基态（$n=0$）跃迁至第二（$n=2$）、第三（$n=3$）、……、第 $n$ 振动激发态时，所产生的吸收峰，称为倍频峰。由 $n=0$ 跃迁至 $n=2$ 时，所产生的吸收峰称为二倍频峰。由 $n=0$ 跃迁至 $n=3$ 时，所产生的吸收峰称为三倍频峰。依次类推。二倍及三倍频峰等统称为倍频峰，其中二倍频峰还经常可以观测得到，三倍频峰及其以上的倍频峰，因跃迁概率很小，一般都很弱，常观测不到。

除倍频峰外，尚有合频峰 $n_1+n_2$，$2n_1+n_2$，…；差频峰 $n_1-n_2$，$2n_1-n_2$，…。倍频峰、合频峰及差频峰统称为泛频峰。合频峰和差频峰多数为弱峰，一般在谱图上不易辨认。

取代苯的泛频峰出现在 $2000\sim1667cm^{-1}$ 的区间，主要是由苯环上碳氢面外变形振动的倍频等所构成。由于其峰形与取代基的位置有关，所以可通过其峰形的特征性来进行取代基位置的鉴定，其峰形和取代位置的关系如图 2-7 所示。

（3）特征峰和相关峰　化学工作者根据大量的 IR 谱图数据、对比了大量的 IR 谱图后发现，具有相同官能团（或化学键）的一系列化合物有近似相同的吸收频率，证明官能团（或化学键）的存在与谱图上吸收峰的出现是对应的。因此，可用一些易辨认的、有代表性的吸收峰来确定某种官能团的存在。凡是可用于鉴定官能团存在的吸收峰，称为特征吸收峰，简称特征峰。如—C≡N 的特征吸收峰在 $2247cm^{-1}$ 处。

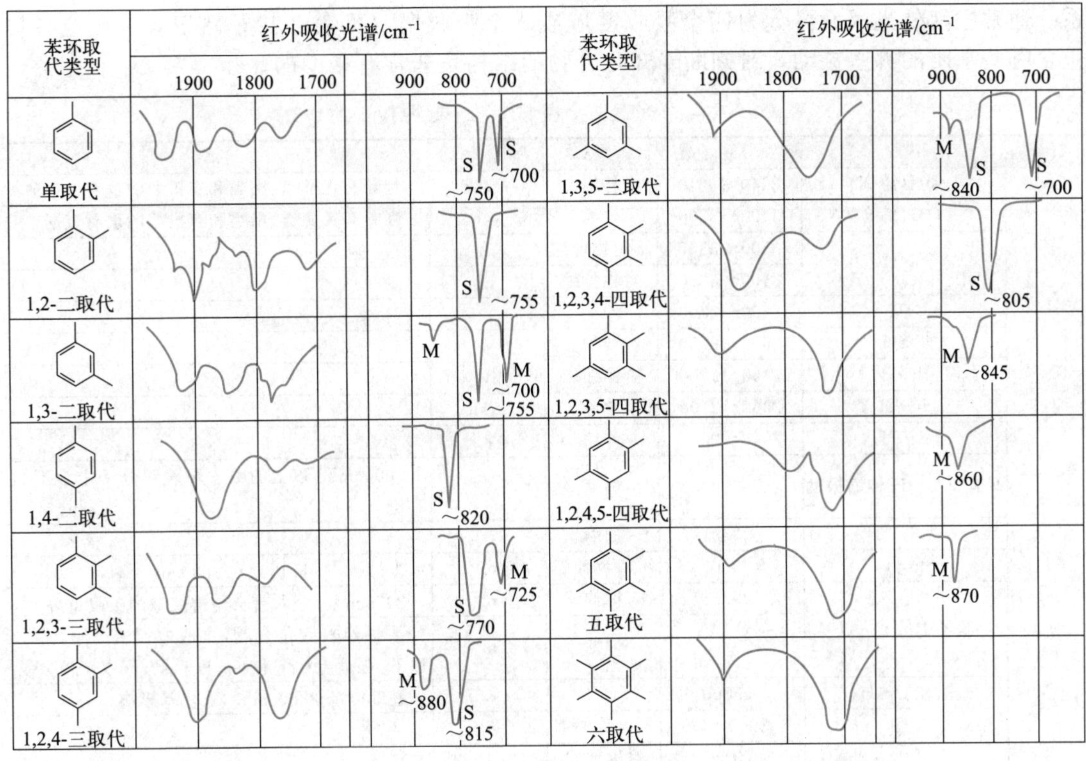


图 2-7 各取代苯的$\gamma_{CH}$振动吸收和在 1650～2000cm$^{-1}$ 的吸收面貌

又因为每个官能团均有数种振动形式，而每一种具有红外活性的振动一般相应产生一个吸收峰，有时还能观测到泛频峰，因而常常不能只由一个特征峰来肯定官能团的存在。例如分子中如有—CH ═CH$_2$ 存在，则在红外光谱图上能明显观测到 $\nu_{as(=CH_2)}$、$\nu_{C=C}$、$\gamma_{=CH}$、$\gamma_{=CH_2}$ 四个特征峰。这一组峰是因—CH ═CH$_2$ 的存在而出现的相互依存的吸收峰。若想证明某化合物中存在该官能团，则其 IR 谱图中这四个吸收峰都应存在，缺一不可。在化合物的 IR 谱图中由于某个官能团的存在而出现的一组相互依存的特征峰，可互称为相关峰，用以说明这些特征吸收峰具有依存关系，并区别于非依存关系的其他特征峰，如—C ≡N 只有一个 $\nu_{C\equiv N}$ 峰，而无其他相关峰。

用一组相关峰鉴别官能团的存在是一个比较重要的原则。在有些情况下因与其他峰重叠或峰太弱，并非所有的相关峰均能被观测到，但实际进行定性鉴别时，必须找到主要的相关峰才能确认某个官能团的存在。

2.1.3.2 红外吸收光谱的分区

分子中的各种基团都有其特征红外吸收带，其他部分只有较小的影响。中红外区因此又划分为特征谱带区（4000～1330cm$^{-1}$，即 2.5～7.5μm）和指纹区（1333～667cm$^{-1}$，即 7.5～15μm）。前者吸收峰比较稀疏，容易辨认，主要反映分子中特征基团的振动，便于基团鉴定，有时也称之为基团频率区。后者吸收光谱复杂：有 C—X（X=C、N、O）单键的伸缩振动，有各种变形振动。由于它们的键强度差别不大，各种变形振动能级差小，所以该区域谱带特别密集，但却能反映分子结构的细微变化。每种化合物在该区的谱带位置、强度及形状都不一样，形同人的指纹，故称指纹区，在对未知化合物进行定性鉴别（特别是与标准谱图进行比对）时用处很大。

利用红外吸收光谱鉴定有机化合物结构，必须熟悉重要的红外区域与结构（基团）的关系。通常中红外光区又可分为四个吸收区域或八个吸收段（见表 2-1），熟记各区域或各段包含哪些基团的哪些振动，对判断未知化合物的结构是非常有帮助的。

表 2-1 中红外光区四个区域（八个吸收段）的划分

| 区域 | 基团 | 吸收频率/$cm^{-1}$ | 振动形式 | 吸收强度 | 说明 |
|---|---|---|---|---|---|
| 第一区域/氢伸缩区 | —OH(游离) | 3640～3610 | 伸缩 | m,sh | 判断有无醇类、酚类和有机酸的重要依据❶ |
| | —OH(缔合) | 3400～3200 | 伸缩 | s,b | 判断有无醇类、酚类和有机酸的重要依据 |
| | —$NH_2$ | 3500～3350 | 不对称伸缩 | m | |
| | | 3400～3250 | 对称伸缩 | m | |
| | —NH— | 3400～3300 | 伸缩 | m～w | |
| | —SH | 2600～2550 | 伸缩 | w | |
| | P—H | 2450～2280 | 伸缩 | m～w,sh | |
| | Si—H | 2360～2100 | 伸缩 | s,sh | |
| | B—H | 2640～2200 | 伸缩 | s | |
| | 不饱和 C—H 伸缩振动 | $>3000$ | 伸缩 | | 3000$cm^{-1}$ 以上的吸收峰表明分子中含不饱和键 |
| | ≡C—H | 3300 | 伸缩 | s,sh | |
| | ═$CH_2$ | 3080 | 不对称伸缩 | m | 末端═C—H 出现在 3085$cm^{-1}$ 附近 |
| | 苯环中的 C—H | 2975 | 对称伸缩 | m | 2975$cm^{-1}$ 吸收带会与链烷基的吸收重叠 |
| | | 3030 | 伸缩 | m | 某些芳香族化合物，主吸收带在 3000$cm^{-1}$ 以下，强度上比饱和 C—H 稍弱，但谱带较尖锐 |
| | 饱和 C—H | $<3000$ | | s | 在 3000～2800$cm^{-1}$，取代基影响小 |
| | —$CH_3$ | 2960±5 | 不对称伸缩 | s | |
| | | 2870±10 | 对称伸缩 | s | |
| | —$CH_2$— | 2925±5 | 不对称伸缩 | s | 三元环中的—$CH_2$ 出现在 3050$cm^{-1}$ |
| | | 2850±10 | 对称伸缩 | | —C—H 出现在 2890$cm^{-1}$，很弱 |
| 第二区域/三键区 | —C≡N | 2260～2210 | 伸缩 | s～m,sh | 针状，干扰少 |
| | N≡N | 2300～2150 | 伸缩 | m | |
| | —C≡C— | 2260～2100 | 伸缩 | v | R—C≡C—H，2100～2140$cm^{-1}$；R—C≡C—R′，2190～2260$cm^{-1}$；若 R′═R，无红外吸收谱带 |
| | —C═C═C— | 1950 附近 | 伸缩 | v | 此外会出现费米共振的倍频带 |
| 第三区域/双键区 | —C═C— | 1680～1620 | 伸缩 | m,w | C═C 的吸收一般很弱，如两侧取代基团相同，则无红外活性，故不能据此有无吸收判断有无双键。 |
| | 芳环中 C═C | 1600,1580,1500,1450 | 伸缩 | v | 苯环的骨架振动，特征吸收，强度可变，一般 1500 比 1600$cm^{-1}$ 强，1450$cm^{-1}$ 会与 $CH_2$ 吸收峰重叠 |
| | —C═O | 1850～1600 | 伸缩 | s | 其他吸收带干扰少，是判断羰基（酮类、酸类、酯类、酸酐等）的特征频率，位置变动大 |
| | —CO—(酮) | 1715 | 伸缩 | vs | 与醛相接近，比醛低 10～15，不易区分 |
| | —CHO(醛) | 1725 | 伸缩 | vs | 与酮相接近，但醛在 2820$cm^{-1}$、2720$cm^{-1}$ 有 2 个中等强度特征吸收峰，后者较尖锐，与其他 CH 不易混淆，易识别 |

❶ 羧酸—COOH 中的 OH 伸缩振动由于缔合而向低波数位移，在 3000～2500$cm^{-1}$ 附近出现一特征宽吸收带。$NH_4^+$ 在 3300～3030$cm^{-1}$ 有很强的宽吸收带。

续表

| 区域 | 基团 | 吸收频率/$cm^{-1}$ | 振动形式 | 吸收强度 | 说明 |
|---|---|---|---|---|---|
| 第三区域/双键区 | —COO—(酯) | 1735 | 伸缩 | vs | 不受氢键影响和溶剂影响，与不饱和键共轭时向低波数位移，强度不变 |
| | —COOH(羧酸) | 1760～1710 | 伸缩 | vs | 通常以二分子缔合体形式存在，吸收峰在1725～1700$cm^{-1}$附近。在$CCl_4$中，单体和二缔合体同时存在，出现2条吸收带，单体吸收带在1760$cm^{-1}$附近 |
| | —CO—O—CO—(酸酐) | 18,201,760 | 伸缩 | vs | 两条吸收带相对强度不变 |
| | —$NO_2$(脂肪族) | 1550 | 不对称伸缩 | s | —$NO_2$的特征吸收带 |
| | | 1370±10 | 对称伸缩 | s | —$NO_2$的特征吸收带 |
| | —$NO_2$(芳香族) | 1525±15 | 不对称伸缩 | s | —$NO_2$的特征吸收带 |
| | | 1345±10 | 对称伸缩 | s | —$NO_2$的特征吸收带 |
| | S═O | 1220～1040 | 伸缩 | s | |
| 第四区域/指纹区 | C—O | 1300～1000 | 伸缩 | vs | C—O键(酯、醚、醇类)的极性很强，故强度强，常成为谱图中最强的吸收峰 |
| | C—O—C | 1150～1070 | 不对称伸缩 | s | 醚类C—O—C $\nu_{as}$=1100±50$cm^{-1}$是最强吸收 |
| | | 1000～900 | 对称伸缩 | m | |
| | ═C—O—C | 1275～1200 | 不对称伸缩 | vs | |
| | | 1075～1020 | 对称伸缩 | s | |
| | —$CH_3$ | 1460±10❶ | 不对称弯曲 | m | 是—$CH_3$的特征吸收 |
| | —$CH_2$ | 1460±10 | 对称弯曲 | m | 也称剪式振动 |
| | —$CH_3$ | 1370～1380 | 对称弯曲 | s | 也称伞式振动，很少受取代基影响，且干扰小，是—$CH_3$的特征吸收 |
| | —$(CH_2)_n$—，$n>4$ | 720 | 面内弯曲 | w | 4个或4个以上—$CH_2$相连时有此吸收峰 |
| | ═$CH_2$ | 910～890 | 面外摇摆 | s | |
| | —$NH_2$ | 1650～1560 | 变形 | m,s | |
| | C—F | 1400～1000 | 伸缩 | s | |
| | C—Cl | 800～600 | 伸缩 | s | |
| | C—Br | 600～500 | 伸缩 | s | |
| | C—I | 500～200 | 伸缩 | s | |

注：s—强吸收，b—宽吸收带，m—中等强度吸收，w—弱吸收，sh—尖锐吸收峰，v—吸收强度可变。

(1) O—H，N—H键伸缩振动段　O—H伸缩振动的吸收峰在3700～3100$cm^{-1}$，游离羟基的伸缩振动的吸收峰在3600$cm^{-1}$左右，形成氢键缔合后移向低波数，谱带变宽，特别是羧基中的O—H，吸收峰常展宽到3200～2500$cm^{-1}$。该谱带是判断未知化合物是否是醇、酚和有机酸的重要依据。一、二级胺或酰胺等的N—H伸缩振动类似于O—H键，但—$NH_2$为双峰，—NH—为单峰。游离的N—H伸缩振动的吸收峰在3500～3300$cm^{-1}$，强度中等，缔合将使峰的位置及强度都发生变化，但不及羟基显著，向低波数移动也只有100$cm^{-1}$左右。

(2) 不饱和C—H伸缩振动段　烯烃、炔烃和芳烃等不饱和烃的C—H伸缩振动的吸收峰大部分在3100～3000$cm^{-1}$，只有端炔基(≡C—H)伸缩振动的吸收峰在3300$cm^{-1}$。

(3) 饱和C—H伸缩振动段　甲基、亚甲基、叔碳氢及醛基的碳氢伸缩振动的吸收峰在3000～2700$cm^{-1}$，其中只有醛基C—H伸缩振动的吸收峰在2720$cm^{-1}$附近(特征吸收峰)，其余均在3000～2800$cm^{-1}$。和不饱和C—H伸缩振动比较可以发现，3000$cm^{-1}$是区分饱和与不饱和烃的分界线。

❶ 大部分有机化合物都含有$CH_3$、$CH_2$，因此此峰经常出现。

(4) 三键与累积双键段　在 2400～2100cm$^{-1}$ 范围内的红外吸收光谱带很少，只有 C≡C、C≡N 等三键的伸缩振动和 C═C═C、N═C═O 等累积双键的不对称伸缩振动的吸收峰落在此范围，因此易于辨认，但必须防止空气中 $CO_2$ 的干扰（2350cm$^{-1}$）。

(5) 羰基伸缩振动段　羰基（$\overset{O}{\overset{\|}{-C-}}$）的伸缩振动的吸收峰在 1900～1650cm$^{-1}$，所有羰基化合物在该段均有非常强的吸收峰，而且往往是谱带中第一强峰，特征性非常明显。这也是判断有无羰基存在的重要依据。其具体位置还和邻接基团密切相关，对推断羰基类型化合物有重要价值。

(6) 双键伸缩振动段　烯烃中的双键和芳环上的双键以及碳氮双键的伸缩振动的吸收峰在 1675～1500cm$^{-1}$。其中芳环骨架振动的吸收峰在 1600～1500cm$^{-1}$ 之间（有 2～3 个中等强度的吸收峰），这是判断未知化合物中有无芳环存在的重要标志之一。而 C═C 或 C═N 伸缩振动的吸收峰则落在 1675～1600cm$^{-1}$ 区域。

(7) C—H 面内变形振动段　烃类 C—H 面内变形振动的吸收峰在 1475～1300cm$^{-1}$。一般甲基、亚甲基的变形振动位置都比较固定。由于甲基（$—CH_3$）存在着对称与不对称变形振动，因此通常可看到两个以上的吸收峰。亚甲基的变形振动在此区域内仅有 $\delta_s$（约 1465cm$^{-1}$），而 $\delta_{as}$ 即 $\rho_{CH_2}$ 的吸收峰出现在约 720cm$^{-1}$ 处。

(8) 不饱和 C—H 面外变形振动段　烯烃 C—H 面外变形振动（$\gamma_{C-H}$）的吸收峰在 1000～800cm$^{-1}$。不同取代类型的烯烃，其 $\gamma_{C-H}$ 位置不同，因此可用以判断烯烃的取代类型。芳烃 $\gamma_{C-H}$ 的吸收峰在 900～650cm$^{-1}$，对于确定芳烃的取代类型是很有特征性的（见图 2-7）。

### 2.1.4 常见官能团的特征吸收频率

用 IR 谱图确定未知化合物中是否存在某种官能团时，应先确定其特征峰是否存在，若存在，则查找对应的相关峰是否存在（或被其他吸收峰覆盖）。如果其相关峰也存在，则说明未知化合物中可能存在该官能团。因此，若想熟练掌握 IR 谱图官能团的鉴别，则需非常熟悉有机化合物中常见官能团的特征峰和相关峰，并且还须多做谱图解析的练习。表 2-2 列举了有机化合物重要官能团的特征频率。

表 2-2　常见官能团红外吸收特征频率表

| 化合物类型 | 官能团 | 吸收频率/cm$^{-1}$ | | | | | 备注 |
|---|---|---|---|---|---|---|---|
| | | 4000～2500 | 2500～2000 | 2000～1500 | 1500～900 | 900 以下 | |
| 烷基 | $—CH_3$ | 2960,尖[70]<br>2870,尖[30] | | | 1460,[<15]<br>1380,[15] | | 1. 甲基与 O、N 原子相连时，2870cm$^{-1}$ 的吸收移向低波数。<br>2. 偕二甲基使 1380cm$^{-1}$ 吸收产生双峰 |
| | $—CH_2$ | 2925,尖[75]<br>2850,尖[45] | | | 1470,[8] | 725～720[3] | 1. 与 O、N 原子相连时，2850cm$^{-1}$ 吸收移向低波数。<br>2. $—(CH_2)_n—$中，$n>4$ 时方有 725～720cm$^{-1}$ 的吸收，当 $n$ 小时往高波数移动 |
| | △三元碳环 | 3000～3080<br>[变化] | | | | | 三元环上有氢时，方有此吸收 |

续表

| 化合物类型 | 官能团 | 吸收频率/$cm^{-1}$ | | | | | 备注 |
|---|---|---|---|---|---|---|---|
| | | 4000～2500 | 2500～2000 | 2000～1500 | 1500～900 | 900 以下 | |
| 不饱和烃 | $=CH_2$ | 3080,[30]<br>2975,[m] | | | | | $=CH—$, 3020$cm^{-1}$,[m] |
| | $C=C$ | | | 1675～1600<br>[m～w] | | | 共轭烯移向较低波数 |
| | $—CH=CH_2$ | | | | 990,尖[50]<br>910,尖[110] | | $\rangle C=CH_2$, 895$cm^{-1}$,尖[100～150]❶ |
| | $≡C—H$ | 3300,尖<br>[100] | | | | | |
| | $—C≡C—$ | | 2140～2100<br>[5] | | | | 末端炔烃 |
| | | | 2260～2190<br>[1] | | | | m 间炔烃 |
| 苯环及稠芳环 | $C=C$ | | | 1600,尖<100<br>1580,[变化]<br>1500,尖<100 | 1450,[m] | | |
| | $=CH$ | 3030,<60 | | | | | |
| | | | | 2000～1600,<br>[5] | | | 当该区无别的吸收峰时,可见几个弱吸收峰。 |
| | | | | | | 710～690<br>尖[s] | 苯环单取代;1,3-二取代;1,3,5-及 1,2,3-三取代时附加此吸收❷ |
| 杂芳环 | 吡啶 | 3075～3020<br>尖[s] | | 1620～1590,<br>[m]<br>1500[m] | | 920～720<br>尖[s] | 900 以下吸收近似于苯环的吸收位置(以相邻氢的数目考虑) |
| | 呋喃 | 3165～3125<br>[m,w] | | 约 1600,<br>约 1500 | 约 1400 | | |
| | 吡咯 | 3490,尖<br>[s];<br>3125～3100,<br>[w] | | 1600～1500<br>[变化],两个吸收峰 | | | NH 产生的吸收<br>$=CH$ 产生的吸收 |
| | 噻吩 | 3125～3050 | | 约 1520 | 约 1410 | 750～690,<br>[s] | |
| 醇和酚 | 游离态 | | | | | | 存在于非极性溶剂的稀溶液 m |
| | 伯醇<br>$—CH_2OH$ | 3640,尖[70] | | | 1050,尖<br>[60～200] | | 酚, 3610$cm^{-1}$,尖[m];1200$cm^{-1}$,尖[60～200] |

❶ 反式二氢,965$cm^{-1}$,尖[100];顺式二氢,800～650$cm^{-1}$,[40～100],常出峰于 730～675$cm^{-1}$;三取代烯,840～800$cm^{-1}$,尖[40]。

❷ 苯环上孤立氢(如苯环上五取代),900～850$cm^{-1}$[m];苯环上两个相邻氢,820～800$cm^{-1}$,尖[s];苯环上有三个相邻氢,800～750$cm^{-1}$,尖[s];苯环上有四个或五个相邻氢,770～730$cm^{-1}$,尖[s]。

续表

| 化合物类型 | 官能团 | 吸收频率/cm$^{-1}$ | | | | | 备注 |
|---|---|---|---|---|---|---|---|
| | | 4000～2500 | 2500～2000 | 2000～1500 | 1500～900 | 900 以下 | |
| 醇和酚 | 仲醇<br>—CHOH | 3630,尖[55] | | | 1100,尖[60～200] | | |
| | 叔醇<br>—CHOH | 3620,尖[45] | | | 1150,尖[60～200] | | |
| | 多聚体 | 3600,宽[s] | | | | | 二聚体,3600～3500cm$^{-1}$,常被多聚体的吸收峰掩盖 |
| | 分子内氢键:多元醇 | 3600～3500[50～100] | | | | | π-氢键,3600～3500cm$^{-1}$;螯合键,3200～2500cm$^{-1}$,宽[w] |
| 醚 | C—O—C | | | | 1150～1070,[s] | | |
| | ═C—O—C | | | | 1275～1200,[s]<br>1075～1020,[s] | | |
| | $\overset{\text{O}}{\triangle}$ | | | | 1250,[s] | 950～810,[s]<br>840～750,[s] | 环上有氢时有3050～3000cm$^{-1}$,[m,w] |
| 酮 | 链状饱和酮 | | | 1725～1705,尖[300～600] | | | |
| | 环状酮:六元环 | | | 1725～1705尖[vs] | | | 五元环❶,1750～1740cm$^{-1}$尖[vs];四元环,1755cm$^{-1}$,尖[vs] |
| | α,β-不饱和酮 | | | 1685～1665尖[vs] | | | 羰基吸收❷ |
| | | | | 1650～1600尖[vs] | | | 烯键吸收 |
| 醛 | 饱和醛 | 2820[w]<br>2720[w] | | 1740～1720尖[vs] | | | |
| | α,β-不饱和醛 | | | 1705～1680尖[vs] | | | α,β,γ,δ-不饱和醛,1680～1660cm$^{-1}$,尖[vs];Ar—CHO,1715～1695cm$^{-1}$,尖[vs] |
| 羧酸 | 饱和羧酸 | 3000～2500,宽 | | 1760[1500] | 1440～1395[m,s] | | 1760cm$^{-1}$为单体吸收 |
| | | | | 1725～1700[1500] | 1320～1210[s]920,宽[m] | | 1725～1700cm$^{-1}$为二聚体吸收,可能有两个吸收,即单体与二聚体吸收 |
| | α,β-不饱和羧酸 | | | 1720[vs]<br>1715～1690[vs] | | | 分别为单体及二聚体吸收 |
| | Ar—COOH | | | 1700～1680[vs] | | | α-卤代羧酸,1740～1720cm$^{-1}$[vs] |

❶ 三元环,1850cm$^{-1}$,尖[极强];大于七元环,1720～1700cm$^{-1}$尖[极强]。

❷ Ar—CO—,1700～1680cm$^{-1}$,尖[极强];Ar—CO—Ar,1670～1660cm$^{-1}$,尖[极强];α-卤代酮,1745～1725cm$^{-1}$,尖[极强];α-二卤代酮,1765～1745cm$^{-1}$,尖[极强];二酮,1730～1710cm$^{-1}$,尖[极强];苯醌,1690～1660cm$^{-1}$,尖[极强]。

续表

| 化合物类型 | 官能团 | 吸收频率/$cm^{-1}$ | | | | | 备注 |
|---|---|---|---|---|---|---|---|
| | | 4000～2500 | 2500～2000 | 2000～1500 | 1500～900 | 900 以下 | |
| 酸酐 | 饱和、链状酸酐 | | | 1820[vs]<br>1760[vs] | 1170～1045,[vs] | | α,β-不饱和酸酐：1775$cm^{-1}$[vs],1720$cm^{-1}$[vs] |
| | 六元环酸酐 | | | 1800[vs]<br>1750[vs] | 1300～1175[vs] | | 五元环酸酐,1865$cm^{-1}$[vs],1785$cm^{-1}$[vs]；1300～1200$cm^{-1}$[vs] |
| 酯 | 饱和链状羧酸酯 | | | 1750～1730,尖[500～1000] | 1300～1050(两个峰)[vs] | | |
| | α,β-不饱和羧酸酯 | | | 1730～1715[vs] | 1300～1250[vs]<br>1200～1050[vs] | | α-卤代羧酸酯,1770～1745$cm^{-1}$[vs]；Ar—COOR❶,1730～1715$cm^{-1}$[vs],1300～1250$cm^{-1}$[vs],1180～1110$cm^{-1}$[vs] |
| 羧酸盐 | —COO— | | | 1610～1550[s] | 1420～1300[s] | | |
| 酰氯 | 饱和酰氯 | | | 1815～1770[vs] | | | α,β-不饱和酰氯 1780～1750$cm^{-1}$,尖[vs] |
| 酰胺 | 伯酰胺 —$CONH_2$ | 3500,3400 双峰[s] (3350～3200,双峰) | | | | | N-H 吸收(圆括号内数值为缔合状态吸收峰)。羰基吸收,酰胺Ⅰ带,1690(1650)$cm^{-1}$,尖[vs]；酰胺Ⅱ带,1600(1640)$cm^{-1}$,[s],固态有两个峰。 |
| | 仲酰胺 —CONH— | 3440[s] (3300,3070) | | | | | N-H 吸收。羰基吸收,酰胺Ⅰ带,1680(1665)$cm^{-1}$,尖[vs]；酰胺Ⅱ带,1530(1550)$cm^{-1}$,[变化]；酰胺Ⅲ带,1260(1300)$cm^{-1}$,[m,s] |
| | 叔酰胺 —CON< | | | 1650(1650) | | | |
| 胺 | 伯胺 R—$NH_2$ 及 Ar—$NH_2$ | 3500(3400)[m,s]<br>3400(3300)[m,s] | | | 1640～1560[s,m] | | 圆括号内数值为缔合状态吸收峰 |
| | 仲胺 RNH—R′ | 3350～3310[w] | | | | | Ar—NHR,3450$cm^{-1}$[m]；Ar-NH Ar′,3490$cm^{-1}$[m]；杂环上 NH,3490$cm^{-1}$[s] |
| | 叔胺 Ar—N(R)(R′) | | | | 1350～1260[m] | | |

❶ CO—O—C═C—,1770～1745$cm^{-1}$[vs]；CO—O—Ar,1740$cm^{-1}$[vs]。

续表

| 化合物类型 | 官能团 | 吸收频率/$cm^{-1}$ | | | | | 备注 |
|---|---|---|---|---|---|---|---|
| | | 4000~2500 | 2500~2000 | 2000~1500 | 1500~900 | 900以下 | |
| 胺盐 | $—NH_3^+$ | 3000~2000[s]1个或多个吸收峰 | | 1600~1575,[s]<br>1550~1500,[s] | | | $—NH_2^+$,3000~2250$cm^{-1}$[s],1个或多个吸收峰,1620~1560$cm^{-1}$[m];<br>$—NH^+$,2700~2250$cm^{-1}$[s],1个或多个吸收峰 |
| 腈 | R—C≡N | | 2260~2240,尖[变化] | | | | α,β-不饱和腈,2240~2215$cm^{-1}$,尖[变化];<br>Ar—C≡N,2240~2215$cm^{-1}$,尖[变化] |
| 硫氰酸酯 | R—S—C≡N | | 2140,尖[vs] | | | | Ar—S—C≡N,2175~2160$cm^{-1}$,尖[vs] |
| 异硫氰酸酯 | R—N=C=S | | 2140~1990尖[vs] | | | | Ar—N=C=S,2130~2040$cm^{-1}$,尖[vs] |
| 亚胺 | >C=N— | | | 1690~1630,[m] | | | 共轭时移向低波数方向 |
| 肟 | >C=N—OH | 3650~3500宽[s] | | 1680~1630,[变化] | 960~930 | | 3650~3500$cm^{-1}$的吸收在缔合时移向低波数方向 |
| 重氮 | —N=N | | | 1630~1575,[变化] | | | |
| 硝基 | $R—NO_2$ | | | 1550,尖[vs] | 1370,尖[vs] | | $Ar—NO_2$,1535,尖[vs];1345,尖[vs]。<br>亚硝基—NO,1600~1500,[s]。 |
| 硝酸酯 | $—O—NO_2$ | | | 1650~1600,[s] | 1300~1250,[s] | | 亚硝酸酯—ONO,1680~1650,[变化];1625~1610,[变化] |
| 含硫化合物 | 硫醇,—SH | 2600~2550[w] | | | | | |
| | >C=S | | | | 1200~1050,[s] | | 亚砜 >S=O,1060~1040,尖[300]砜,1350~1310,尖[250~600];1160~1120,尖[500~900]。 |
| | 磺酸盐 $R—SO_3M^+$ | | | | 1200,宽[vs]<br>1050[s] | | $M^+$表示金属离子 |
| 卤代物 | C—F | | | | 1400~1000,[vs] | | C—Cl,800~600[s];C—Br,600~500,[s];C—I,500[s]。 |
| 含磷化合物 | P—H | | 2440~2280[m,w] | | | | P—C,750~650;P=O,1300~1250[s];P—O—R,1050~1030[s];P—O—Ar,1190[s] |

注:1. 本表仅列出常见官能团的特征红外吸收。

2. 表中所列吸收峰位置均为常见数值。

3. 吸收峰形状标注在吸收峰位置之后,“尖”表示尖锐的吸收峰,“宽”表示宽而钝的吸收峰,若处于二者之间则不加标注。

4. 吸收峰强度标注在吸收峰位置及峰形之后的方括号中,“vs”“s”“m”“w”表示吸收峰的强度,vs:表观摩尔吸收系数(ε)>200,s:ε在75~200之间,m:ε在25~75之间,w:ε<25。(当有近似的ε数值时,则标注该数值。)

### 思考与练习 2.1

1.（多选）红外光谱是（　　）。

A. 分子光谱　　B. 原子光谱　　C. 吸收光谱　　D. 电子光谱　　E. 振动光谱

2.（多选）在下面各种振动模式中，不产生红外吸收带的是（　　）。

A. 乙炔分子中的—C≡C—对称伸缩振动

B. 乙醚分子中的 C—O—C 不对称伸缩振动

C. $CO_2$ 分子中的 O═C═O 对称伸缩振动

D. HCl 分子中的 H—Cl 键伸缩振动

3. 下列 5 个吸收带与 5 个基团，请指出各吸收带是由哪个基团引起的。

(1) $3300cm^{-1}$（　　）；　(2) $3030cm^{-1}$（　　）；　(3) $2960cm^{-1}$（　　）；

(4) $2720cm^{-1}$（　　）；　(5) $2250cm^{-1}$（　　）。

A. $—CH_3$　　B. ≡C—H　　C. $CH═C—CH_3$　　D. O═CH　　E. —C≡N

4. 假设将红外光谱区分为 4 个频率区，下列各键的振动频率分别落于哪些区？

(1) O—H 的伸缩振动 $\nu_{O-H}$（　　）；　(2) C—O 的伸缩振动 $\nu_{C-O}$（　　）；

(3) C—H 的弯曲振动 $\delta_{C-H}$（　　）；　(4) N—H 的伸缩振动 $\nu_{N-H}$（　　）；

(5) C—C 的伸缩振动 $\nu_{C-C}$（　　）；　(6) C≡C 的伸缩振动 $\nu_{C\equiv C}$（　　）；

(7) C—N 的伸缩振动 $\nu_{C-N}$（　　）；　(8) C—H 的伸缩振动 $\nu_{C-H}$（　　）；

(9) N—H 的弯曲振动 $\delta_{N-H}$（　　）。

A. $4000～2500cm^{-1}$　B. $2500～1500cm^{-1}$　C. $1500～1000cm^{-1}$　D. $1000～600cm^{-1}$

5. 有一含氧化合物，如用红外光谱判断它是否为羰基化合物，主要依据的谱带范围为（　　）。

A. $3500～3200cm^{-1}$　　B. $1950～1650cm^{-1}$

C. $1500～1300cm^{-1}$　　D. $1000～650cm^{-1}$

近红外吸收光谱——一种生物医学研究的有效方法

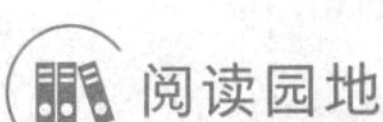

### 阅读园地

扫描二维码可拓展阅读“近红外吸收光谱——一种生物医学研究的有效方法”。

## 2.2　红外吸收光谱仪

红外吸收光谱仪是一种用于测量和分析物质的红外辐射的仪器。根据其工作原理和应用领域的不同，可以分为以下几种类型：

(1) 色散型红外吸收光谱仪　使用一个光源发出连续红外辐射，通过光学元件将其分散成不同波长的光束。样品与红外光束相互作用后，经过检测器检测并转换为电信号，最终形成 IR 谱图。

(2) 反射式红外吸收光谱仪　这种光谱仪使用反射技术，将红外辐射从样品表面反射回来进行测量。适用于固体和液体样品，且样品无须进行预处理或制备。

(3) 透射式红外吸收光谱仪　这种光谱仪使用透射技术，将红外辐射透过样品进行测量。适用于气体和液体样品，需要将样品置于透明的红外窗口中进行测量。

(4) 傅里叶变换红外吸收光谱仪（FT-IR）　这是一种基于傅里叶变换的红外吸收光谱仪，使用干涉仪将红外辐射变成干涉光束，通过样品被吸收后再由检测器进行测量，最后经由傅里叶函数变换后将干涉图转变成普通的 IR 谱图。

(5) 近红外吸收光谱仪　这种光谱仪可得到待测物质对近红外区域（700～2500nm）辐射的吸收光谱，常用于分析和检测样品中的化学成分、含水量、营养价值等。

本节重点介绍色散型红外吸收光谱仪和傅里叶变换红外吸收光谱仪。

## 2.2.1 色散型红外吸收光谱仪

### 2.2.1.1 工作原理

图 2-8 显示了色散型红外吸收光谱仪的工作原理。红外光源发出的红外辐射通过反射镜 $M_1$、$M_2$ 和 $M_3$、$M_4$ 后，被分成等强度的两束光，一束通过参比池，称参比光束；一束通过试样池，称测量光束。两束光会合于切光器 $M_7$。切光器是一个可旋转的扇形反射镜，每秒旋转 13 次，周期性地切割两束光，使参比光束和测量光束每隔 $\frac{1}{13}$s 交替通过入射狭缝进入光栅（单色器），再交替通过出射狭缝进入检测器。

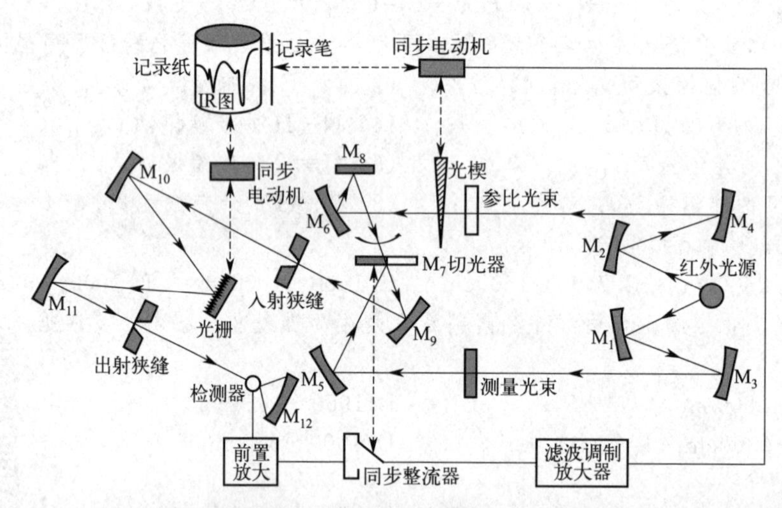


图 2-8　色散型红外光谱仪工作原理（M 为反射镜）

光在单色器内被光栅色散成各种波长的单色光。假定某单色光不被样品吸收，则此两束光强度相等，检测器不产生交流信号。改变波长后，若该波长下的单色光被样品吸收，则两束光强度有差别，检测器上就会产生与光强度成正比的交流信号；该信号经放大、选频、检波和调制及功率放大后，推动同步电动机，带动位于参比光路上的光学衰减器（光楔），使之向减小光强的方向移动，直至两束光强度相等，在检测器上无交流信号为止，此时电动机处于平衡状态；记录笔与光楔同步，因而光楔部分的改变相当于试样的透射比，它作为纵坐标直接被绘制在记录纸上；由于光栅的转动可得到波长连续变化的单色光，因此，记录纸即可绘制出透射比随波长（或波数）变化的红外吸收光谱图。

### 2.2.1.2 仪器主要部件

(1) 光源　红外光源（见表 2-3）通常是一种惰性固体，用电加热使其能在较宽的波长范围内发射高强度的连续红外辐射，常用的红外光源有能斯特灯与硅碳棒。

表 2-3　红外吸收光谱仪常用光源

| 光源名称 | 选用波数范围/$cm^{-1}$ | 说明 |
|---|---|---|
| 能斯特(Nernst)灯 | 5000～400 | $ZrO_2$,$ThO_2$ 等烧结而成 |
| 碘钨灯 | 10000～5000 | |

续表

| 光源名称 | 选用波数范围/$cm^{-1}$ | 说明 |
|---|---|---|
| 陶瓷光源 | 9600～50 | 适用于FT-IR,需用水冷却或空气冷却 |
| 硅碳棒 | 7800～50 | 适用于FT-IR,需用水冷却或风冷却 |
| EVER-GLO光源 | 9600～20 | 改进型硅碳棒光源 |
| 炽热镍铬丝圈 | 5000～200 | 需风冷却 |
| 高压汞灯 | <200 | 适用于FT-IR的远红外光区 |

能斯特灯（见图2-9）是用金属锆、钇、铈或钍等氧化物烧制而成直径1～3mm、长2～5cm的中空棒或实心棒。室温下不导电，工作前须先预热，加热至800℃后变成导体，开始发光。其优点是发光强度高、稳定性较好；缺点是价格较贵、机械强度差、稍受压或扭动会损伤。

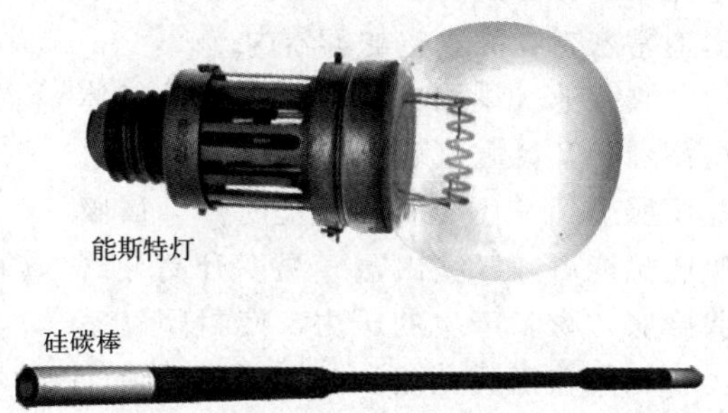


图2-9 能斯特灯和硅碳棒

硅碳棒（见图2-9）是由碳化硅烧结而成的两端粗中间细（直径约5cm，长约5cm）的实心棒，在低波数区域发光强度较大。与Nernst灯相比，其优点是坚固、寿命长、发光面积大，工作前不需预热；缺点是工作时需要水冷却或风冷却。

（2）样品室　红外光谱仪的样品室一般为一个可插入固体薄膜或液体池的样品槽，如果需要对特殊的样品（如超细粉末等）进行测定，则需要配备相应的附件。

（3）单色器　单色器由狭缝、准直镜和色散元件（光栅或棱镜）通过一定的排列方式组合而成，它的作用是把通过吸收池而进入入射狭缝的复合光分解成单色光照射到检测器上。

早期的仪器多采用棱镜作为色散元件。棱镜由红外透光材料如NaCl、KBr等盐片制成。表2-4列出了红外光区中常用光学材料的性能。

表2-4 红外光区常用光学材料透光范围和物理性能

| 材料名称 | 透光范围 $\lambda$/μm | 折射率/μm | 水中溶解度/($g \cdot 100mL^{-1}$) | 熔点 $T$/K | 密度/($g \cdot mL^{-1}$) | 热导率/(cgs②$\times 10^{-2}$) |
|---|---|---|---|---|---|---|
| LiF | 0.12～9.0 | 1.33 | 0.27(291 K) | 1143 | 2.64(298 K) | 2.7(314 K) |
| NaCl | 0.21～26 | 1.54 | 35.7(273 K) | 1074 | 2.16(293 K) | 1.55(289 K) |
| KCl | 0.21～30 | 1.49 | 34.7(293 K) | 1049 | 1.98(293 K) | 1.56(315 K) |
| KBr | 0.25～40 | 1.56 | 53.5(273 K) | 1003 | 2.75(298 K) | 0.71(299 K) |
| CsBr | 0.3～55 | 1.66 | 124(298 K) | 909 | 4.44(293 K) | 0.23(298 K) |
| CsI | 0.24～70 | 1.79 | 44(273 K) | 899 | 4.53(293K) | 0.27(298 K) |
| KRS-5① | 0.5～40 | 2.37 | 0.05(293 K) | 688 | 7.37(290 K) | 0.13(293 K) |

① KRS-5：碘溴化铊，TlBrI（thallium-bromide-iodide）。

② 热导率的数值是指在单位时间内，温度梯度为1（即在单位长度内温度降低1度）时通过与温度梯度相互垂直的单位面积传递的热量。国际制中单位是瓦·米$^{-1}$·开$^{-1}$（$W \cdot m^{-1} \cdot K^{-1}$），cgs制中单位是卡·厘米$^{-1}$·秒$^{-1}$·度$^{-1}$（$cal \cdot cm^{-1} \cdot s^{-1} \cdot ℃^{-1}$）。1 $cal \cdot cm^{-1} \cdot s^{-1} \cdot ℃^{-1} = 4.1868 \times 10^2\ W \cdot m^{-1} \cdot K^{-1}$。

盐片棱镜由于盐片易吸湿而使棱镜表面的透光性变差，且盐片折射率随温度增加而降低，因此必须在恒温、恒湿的房间内使用。目前已很少用棱镜制作红外吸收光谱仪。

目前常采用闪耀光栅作为红外吸收光谱仪的色散元件，其优点是分辨率高，且不需要恒温设备。在金属或玻璃坯子上每毫米间隔内刻画几百条甚至上千条等距离线槽即构成光栅。

当红外辐射照射到光栅表面时，产生乱反射现象，由反射线间的干涉作用而形成光栅光谱。各级光栅相互重叠，需要在光栅前面加上前置滤光片以分离高级次的干扰光。

（4）检测器　红外吸收光谱仪的检测器主要有高真空热电偶、测热辐射计、气体检测计、热检测器和光检测器等。

高真空热电偶的原理是：若热电偶两端点温度不同，则会产生温差热电势。当红外光照射在热电偶一端时，其温度增加，因此两端点温度不同，从而产生温差热电势，在回路中有电流通过，且其大小随照射的红外光的强弱而变化。为提高灵敏度和减少热传导损失，热电偶通常密封在高真空的容器内。

高莱池（见图 2-10）是常用的气体检测器，其灵敏度较高。当红外光通过盐窗照射到黑色金属薄膜上时，金属膜吸收热能后，气室内氪气温度升高导致膜膨胀，膨胀产生的压力，使封闭气室另一端的软镜膜凸起。与此同时，从光源射出的光到达软镜膜时，将光反射到光电池上，产生与软镜膜的凸出度成正比，也与最初进入气室的辐射成正比的光电流。高莱池可用于整个红外波段，其不足之处是采用的有机膜易老化、寿命短，且时间常数较长，不适于扫描红外检测。

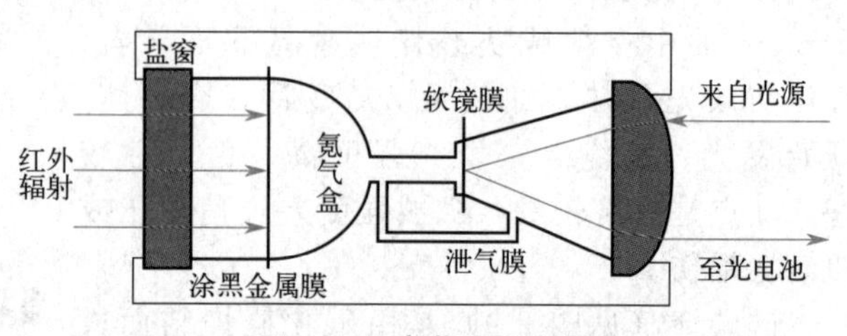

图 2-10　高莱池示意图

热检测器和光检测器由于灵敏度高，响应快，多用于傅里叶变换红外吸收光谱仪（FT-IR）的检测器。热检测器的工作原理是：把某些热电材料的晶体放在两块金属板中，当光照射到晶体上时，晶体表面电荷分布发生变化，由此可测量红外辐射的功率。常用的热检测器有氘代硫酸三甘钛（DTGS）、钽酸锂（$LiTaO_3$）等。光检测器的工作原理是：某些材料受光照射后，其导电性能发生变化，由此可测量红外辐射的变化。常用的光检测器有锑化铟、汞镉碲（MCT）等。

DTGS 检测器由氘代硫酸三甘钛晶体制成，一般将其制成几十微米的薄片，薄片越薄，灵敏度越高，加工越难。制成薄片后，还须在薄片两面引出两个电极通至检测器的前置放大器。DTGS 薄片在红外干涉光的照射下产生极微弱信号，经前置放大器放大后即可送入计算机进行傅里叶变换。DTGS 晶体易潮，使用时常用 KBr、CsI 等盐片将其密封。DTGS/KBr 检测器是测定中红外吸收光谱最常用的检测器，通常是 FT-IR 的标准配置。DTGS 检测器的检测范围宽（低频端可测到 $375cm^{-1}$），可在室温下工作；但与 MCT 检测器相比，灵敏度较低，响应时间也不够快。

MCT 检测器是由宽频带的半导体碲化镉和半金属化合物碲化汞混合制成的，主要有 MCT/A（适于 $10000\sim650cm^{-1}$）、MCT/B（适于 $10000\sim400cm^{-1}$）、MCT/C（适于 $10000\sim580cm^{-1}$）等 3 种类型的检测器。MCT 检测器的检测范围比 DTGS 窄，需在液氮温度下使用，但响应速度比 DTGS 快得多，灵敏度大约是 DTGS 的几十倍。

（5）放大器及记录机械装置　由检测器产生的电信号是很弱的（如热电偶产生的信号强度约为 $10^{-9}V$），必须经电子放大器放大。放大后的信号驱动光楔和马达，使记录笔在记录纸上移动以绘制 IR 谱图。

#### 2.2.1.3　仪器类型

色散型红外吸收光谱仪可分为简易型和精密型两种类型。前者只有一只 NaCl 棱镜或一块光栅，测定波数范围较窄，光谱的分辨率也较低；后者一般备有几个棱镜，在不同光谱区自动或手动更换棱镜，以获得宽的扫描范围和高的分辨能力。目前精密型红外吸收光谱仪测定的波数范围可扩大到微波区，且能获得更高的分辨率。

## 2.2.2 傅里叶变换红外吸收光谱仪

傅里叶变换红外光谱仪是红外吸收光谱仪器的第三代。早在20世纪初，人们就意识到由迈克尔逊干涉仪所得到的干涉图，虽然是时域（或距离）的函数，但同时却包含了光谱的信息。到50年代由P. Fellgett首次对干涉图进行了数学上的傅里叶变换计算，将时域干涉图转换成了常见的光谱图。随着电子计算机技术的发展和傅里叶变换快速计算方法的出现，到1964年，FT-IR才出现商品化仪器。

### 2.2.2.1 工作原理

FT-IR主要由迈克尔逊干涉仪和计算机两部分组成，整机工作原理如图2-11所示。由红外光源S发出的红外光经准直为平行红外光束进入干涉仪系统，经干涉仪调制后得到一束干涉光。干涉光通过样品$S_a$，获得含有光谱信息的干涉信号到达探测器D上，由D将干涉信号变为电信号。此处的干涉信号是一时间函数，即由干涉信号绘出的干涉图，其横坐标是动镜移动时间或动镜移动距离。这种干涉图经A/D转换器送入计算机，由计算机进行傅里叶变换的快速计算，即可获得以波数为横坐标的IR图。然后通过D/A转换器送入绘图仪而绘出标准IR图。

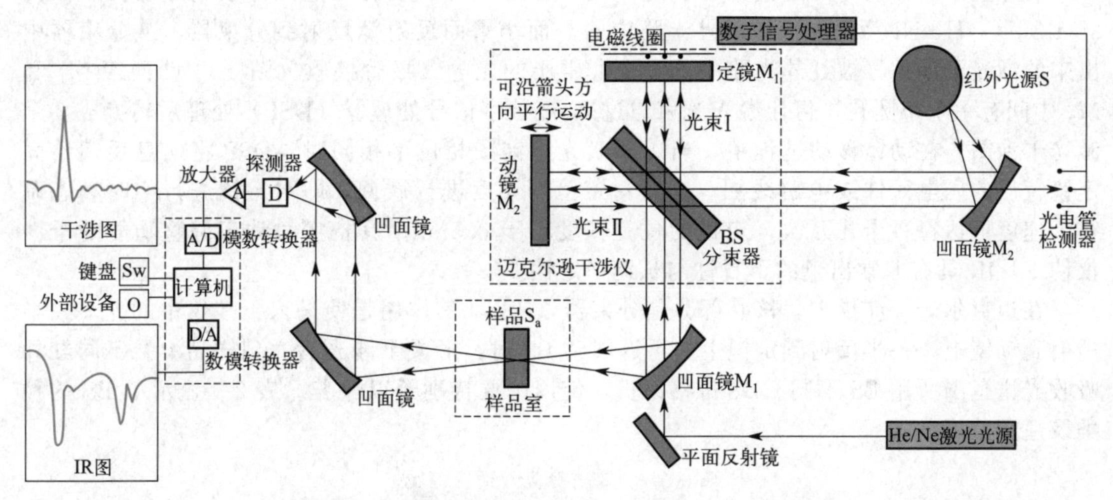


图2-11 傅里叶变换红外吸收光谱仪工作原理示意图

### 2.2.2.2 迈克尔逊干涉仪

FT-IR的核心部分是迈克尔逊干涉仪（见图2-11），由定镜、动镜、分束器和探测器组成。定镜$M_1$和动镜$M_2$相互垂直放置，定镜固定不动，动镜可沿图示方向作微小移动，再放置一呈45°角的半透膜分束器（beam splitter，BS，由半导体锗和单晶KBr组成）。BS可让入射的红外光一半透光，另一半被反射。当红外光进入干涉仪后，透过BS的光束Ⅱ入射到动镜表面，另一半被BS反射到定镜上称为光束Ⅰ，光束Ⅰ和光束Ⅱ又被定镜和动镜反射回到BS上。同样原理又被反射和透射到探测器D上。

若进入干涉仪的是波长为$\lambda$的单色光，开始时，因$M_1$和$M_2$与分束器BS的距离相等（此时$M_2$称为零位），光束Ⅰ和Ⅱ到达探测器时位相相同，发生相长干涉，亮度最大。当动镜$M_2$移动到入射光的$\lambda/4$距离时，则光束Ⅰ和Ⅱ的光程差为半波长（$\lambda/2$），在探测器上两光束的位相差为180°，此时发生相消干涉，亮度最小。当动镜$M_2$移动$\lambda/4$的奇数倍，即两

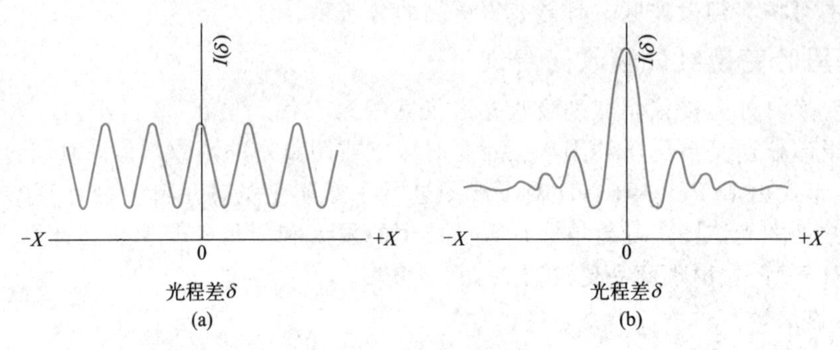


图 2-12 单色光（a）和连续波长多色光（b）的干涉图

光束光程差为半波长的奇数倍（如 $\pm\lambda/2$[1]，$\pm 3\lambda/2$，$\pm 5\lambda/2$，…）时均会发生类似相消干涉。同样，当动镜 $M_2$ 移动 $\lambda/4$ 的偶数倍时，即两光束光程差为波长的整数倍（如 $\pm\lambda$，$\pm 2\lambda$，$\pm 3\lambda$，…）时均会发生相长干涉。因此，当动镜 $M_2$ 匀速移动时，也即匀速连续改变两光束的光程差，就会得到单色光的干涉图［见图 2-12(a)］。当入射光为连续波长的多色光时便可得到有中心极大的并向两边衰减的对称干涉图［见图 2-12(b)］。

实际上，干涉仪中的定镜并非固定不动，在定镜背后装有压电元件或电磁线圈。如图 2-11 所示，He-Ne 激光光束被红外光路中的一面小平面反射镜反射到分束器，从分束器中出来的激光干涉信号被红外光路中的 3 个非常小的光电二极管接收（图 2-11 凹面镜 $M_1$ 和 $M_2$ 中间有一个小圆孔，可让激光光束通过），经数字信号处理器（DSP）处理后转换成 3 个激光干涉图。在动镜移动过程中，当 3 个激光干涉图相位不相同时，DSP 将信息反馈给固定镜背后的压电元件或电磁线圈，实时对定镜的倾度进行微调，即对定镜进行实时动态调整，速度可达每秒十几万次，定镜的位置精度小于 0.5nm。具备实时动态调整功能的干涉仪使 FT-IR 具有非常出色的重复性与长期稳定性。

在迈克尔逊干涉仪中，核心部分是分束器（BS），其作用是使进入干涉仪中的光，一半透射到动镜上，一半反射到定镜上，再返回到 BS 时，形成干涉光后送到样品上。不同红外吸收光谱范围所用 BS 不同。BS 价格昂贵，使用中要特别予以保养。表 2-5 显示了 BS 的种类及适用范围。

表 2-5 分束器分类及适用范围

| 名称 | 适用波数范围/$cm^{-1}$ | 名称 | 适用波数范围/$cm^{-1}$ |
|---|---|---|---|
| 石英($SiO_2$-VIS) | 25000～5000 | 6μm 聚酯薄膜(FIR) | 500～50 |
| 石英($SiO_2$-NIR) | 15000～2000 | 12μm 聚酯薄膜(FIR) | 250～50 |
| $CaF_2$(NIR-Si) | 13000～1200 | 23μm 聚酯薄膜(FIR) | 120～30 |
| KBr-Ge(宽范围) | 10000～370 | 50μm 聚酯薄膜(FIR) | 50～10 |
| KBr-Ge(MIR) | 5000～370 | | |

FT-IR 红外吸收谱图的记录、处理一般都在计算机上进行。目前国内外均有比较好的工作软件，如美国 PE 公司的 spectrum v3.02，可在软件上直接进行扫描操作，可对 IR 图进行优化、保存、比较、打印等。此外，仪器上的各项参数也可直接在工作软件上进行调整。

### 2.2.2.3 FT-IR 的优点

与经典色散型红外吸收光谱仪相比，FT-IR 的优点是：

---

[1] ± 表示动镜由 0 位向两边的位移，参见图 2-12。

（1）扫描速度极快。一般在1s内即可完成光谱范围的扫描，适于对快速反应过程的追踪，也便于与色谱的联用。

（2）分辨能力高。FT-IR在整个红外光谱范围内可达0.1～0.005$cm^{-1}$的分辨率，高分辨率的干涉仪甚至可以提供0.001$cm^{-1}$的分辨率。

（3）测量光谱范围宽（10000～10$cm^{-1}$），测量精度高（±0.01$cm^{-1}$），重现性好（0.1%），可用于整个红外光区的研究。

（4）灵敏度高。FT-IR所用光学元件少，无狭缝和光栅分光器，反射镜面大，光通量大，检测灵敏度高（检测限可达$10^{-9}$～$10^{-12}$g），特别适于测量弱信号光谱。

固体压片红外吸收光谱图的扫描（以PE Spectrum TWO型FT-IR为例）

### 2.2.3　常见红外吸收光谱仪的操作及日常维护

目前国内外的红外光谱仪有多种型号，性能各异，但实际操作步骤基本相似。下面以PE公司Spectrum X I FT-IR为例说明红外光谱仪的使用。

#### 2.2.3.1　PE Spectrum X I FT-IR使用方法

图2-13显示了SP X I FT-IR仪器操作面板，其操作步骤如下（扫描二维码可观看PE Spectrum TWO型FT-IR仪器的操作视频）：

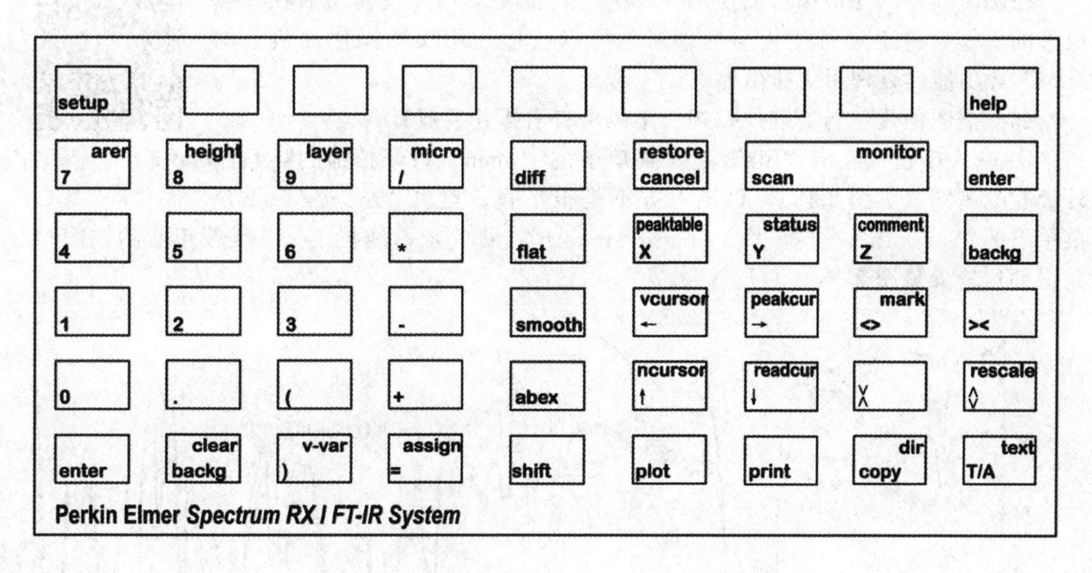


图2-13　PE Spectrum X I FT-IR操作面板图

setup—设置键（按下后，光谱仪显示器会在屏幕下方显示各项操作功能，对应于仪器面板上方的7个空白软件键）；scan—谱图的扫描；cancel—取消操作；clear—清除当前谱图；enter—确认操作；backg—背景的扫描；X、Y、Z—样品扫描通道（可临时存放3张谱图）；plot—绘图；print—打印；mark—吸收峰标记；diff—谱图比较；flat—调节基线水平；smooth—谱线平滑；abex—谱图的放大或缩小；text—输入文本；copy—复制；shift—功能切换键（切换至右上角功能）

（1）开机　按顺序打开光谱仪主机、计算机显示器和主机、打印机电源开关，预热20min，打开spectrum v3.02工作软件（主界面见图2-14）。

（2）采集背景光谱

① 回复工厂设置。方法是依次按下操作面板上的restore、setup、factory（setup键右侧对应的空白软件键）键。值得注意的是，仪器使用完毕关机前应重新完成一次恢复工厂设置操作。

图 2-14　spectrum v3.02 工作软件主界面

② 扫描背景。方法是依次按下操作面板上的 scan 、 backg 、 4 键（“4”表示扫描次数，可根据需要改变扫描的次数）。也可以在工作软件上直接点击 BKGrd 扫描背景光谱。

(3) 放入测试样品　将固体样品制成压片后置于样品室中，或者将液体样品注入液体池后置于样品室中。

(4) 采集样品光谱　方法是依次按下操作面板上的 scan 、 X 、 1 键（“X”表示临时存放的通道。共有“X”“Y”“Z” 3 个临时通道，存放在临时通道的光谱应及时保存，否则下次再扫描时就将前次谱图覆盖）。也可以在工作软件上直接点击 scan 扫描样品光谱。

在临时通道的光谱图可以使用“copy”功能将其用软盘拷出后在计算机上的工作软件上进行优化与处理，也可以直接使用仪器操作面板上的“flat”等功能键处理后再拷出保存。

红外吸收光谱图的优化与处理

(5) 谱图的优化与处理（扫描二维码可查看操作视频）

① 基线校正。点击“file”下拉菜单下的“open”打开扫描的样品红外吸收光谱图（见图 2-15），该图上方不是很平直。点击“process”下拉菜单下的“smooth”，选择“automatic smooth”，即完成基线校正。基线校正后的谱图与原始图的比较参见图 2-15。

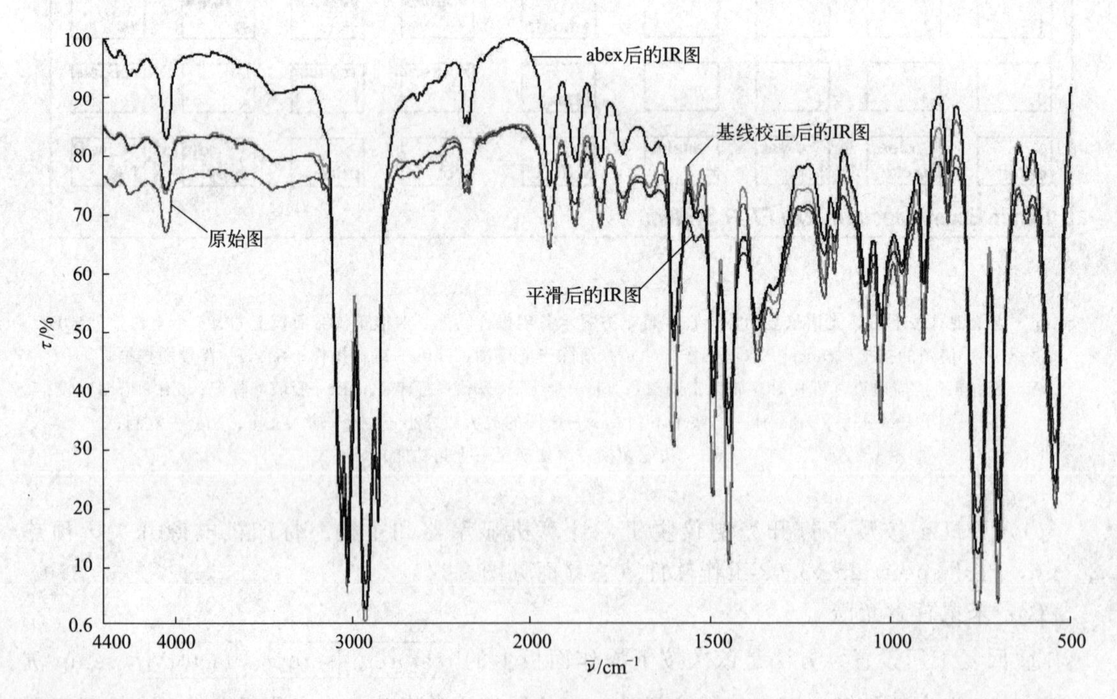


图 2-15　处理前后红外吸收光谱图的比较

② 平滑处理。基线校正后的谱图中可能还存在少量毛刺，此时可进行平滑处理。选中基线校正后的谱图，点击“process”下拉菜单下的“smooth”，选择“automatic smooth”，即完成平滑处理。平滑处理前后的谱图的比较参见图 2-15。

③ 谱图放大。平滑后的谱图透射比最大值接近 85%，未达到理想的 100%左右，此时可对其进行放大。选中平滑处理后的谱图，点击“process”下拉菜单下的“abex”，弹出对话框（见图 2-16），可选择全波段“Full range”或所需波段“Limited Range”进行处理，吸光度数值设置为 1.5 即可。abex 前后谱图的比较参见图 2-15。

④ 谱图的优化。选定需要优化的谱图，点击主界面上的 format 图标，弹出对话框（见图 2-17）。在“Ranges”选项中可设置横、纵坐标范围，在“Scale”选项中可设置横、纵坐标刻度大小，在“Graph Colors”选项中可选择格子或背景颜色，在“Spectrum Colors”选项中可选择光谱图的颜色，在“Annotations”选项中可选择是否要添加网格。经过上述处理后的谱图如图 2-1 所示。

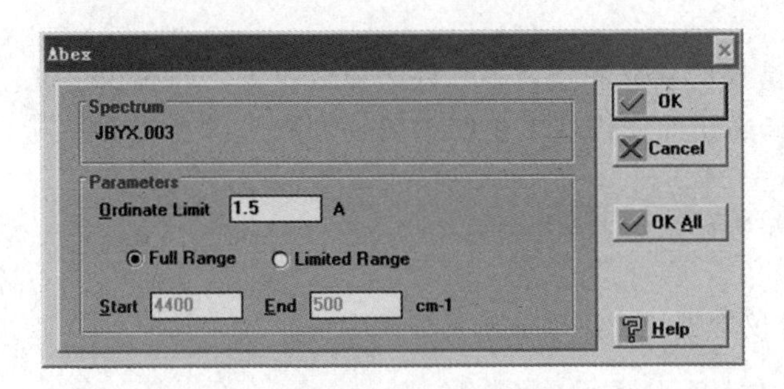


图 2-16　abex 对话框

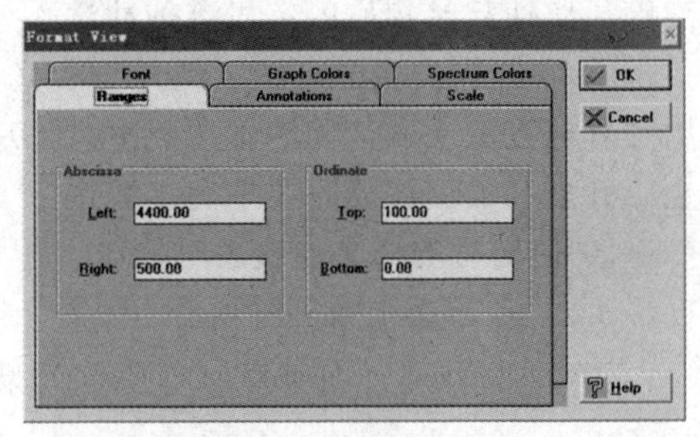


图 2-17　format 对话框

除此之外，点击“process”下拉菜单中的“absorbance”可将谱图的纵坐标转换成吸光度；点击“process”下拉菜单中的“convert X…”可改变谱图的横坐标，比如将横坐标改成波数；点击“process”下拉菜单中的“label peak”可标示每个吸收峰的峰值；点击“process”下拉菜单中的“add/edit text”可在谱图上编辑文本（如注明样品名称）。

(6) 谱图的比对与打印　spectrum v3.02 工作软件具有强大的谱图比对功能。工作时先扫描部分标准谱图，并将其保存在工作软件中，组成谱图库。分析时即可将所扫描样品谱图与谱图库中的标准谱图进行比对，减少谱图解析的时间。

### 2.2.3.2　仪器日常维护与保养

(1) 工作环境

① 温度。仪器应安放在恒温的室内，较适宜的温度是 15～28℃。

② 湿度。仪器应安放在干燥环境中，相对湿度应小于 65%。

③ 防震。仪器中光学元件、检测器及某些电气元件均应安置在没有震动的房间内稳固的实验台上。

④ 电源。仪器使用的电源要远离火花发射源和大功率磁电设备，同时采用电源稳压设备，并设置良好的接地线。

(2) 日常维护和保养

① 仪器应定期保养，保养时注意切断电源，不要触及任何光学元件及狭缝机构。

② 经常检查仪器存放地点的温度、湿度是否在规定范围内。一般要求实验室装配空调和除湿机。

③ 仪器中所有的光学元件都无保护层，绝对禁止用任何东西擦拭镜面，镜面若有积灰，应用洗耳球吹。

④ 各运动部件要定期用润滑油润滑，以保持仪器运转轻快。

⑤ 仪器不使用时用软布遮盖整台机器；长期不用，再用时需先对其性能进行全面检查。

(3) 主要部件的维护和保养

① 能斯特灯的维护。能斯特灯是红外吸收光谱仪的常用光源，使用时要求性能稳定和噪声低，因此要注意维护。能斯特灯有一定的使用寿命，要控制时间，不要随意开启和关闭，实验结束时要立即关闭。能斯特灯的机械性能差，容易损坏，因此在安装时要小心，不能用力过大，工作时要避免被硬物撞击。

② 硅碳棒的维护。硅碳棒容易被折断，要避免碰撞。硅碳棒在工作时，温度可达1400℃，要注意水冷或风冷。

③ 光栅的维护。不要用手或其他物体接触光栅表面，光栅结构精密，容易损坏，光栅表面有灰尘或污物时，严禁用绸布、毛刷等擦拭，也不能用嘴吹气除尘，只能用四氯化碳溶液等无腐蚀且易挥发的有机溶剂冲洗。

④ 狭缝、透镜的维护。红外吸收光谱仪的狭缝和透镜不允许碰撞或积尘，如有积尘可用洗耳球或软毛刷清除。如果污物难以去除，允许用软木条的尖端轻轻除去，直至正常为止。开启和关闭狭缝时要平衡、缓慢。

⑤ 使用后的样品池应及时清洗、干燥后存放于干燥器中。

#### 2.2.3.3 仪器简单故障的排除

表2-6列出了一种典型红外吸收光谱仪常见故障原因分析及处理方法。

表2-6 典型FTIR仪器常见故障分析及处理方法

| 常见故障 | 产生故障原因 | 处理方法 |
|---|---|---|
| 干涉仪不扫描，不出现干涉图 | 计算机与红外仪器通信失败 | 检查计算机与仪器的连接线是否连接好，重新启动计算机和光学台 |
| | 更换分束器后没有固定好或没有到位 | 将分束器重新固定 |
| | 红外仪器电源输出电压不正常 | 检查仪器面板上灯和各种输出电压是否正常 |
| | 分束器已损坏 | 请仪器维修工程师检查、更换分束器 |
| | 控制电路板元件损坏 | 请仪器维修工程师检查 |
| | 空气轴承干涉仪未通气或气体压力不够高 | 通气并调节气体压力 |
| | 主光学台和外光路转换后，穿梭镜未移动到位 | 光路反复切换，重试 |
| | 室温太低或太高 | 用空调调节室温 |
| | He-Ne激光器不亮或能量太低 | 检查激光器是否正常 |
| | 软件出现问题 | 重新安装操作软件 |
| 干涉图能量太低 | 分束器出现裂缝 | 请仪器维修工程师检查、更换分束器 |
| | 光阑孔径太小 | 增大光阑孔径 |
| | 光路未准直好 | 自动准直或动态准直 |
| | 光路中有衰减器 | 取下光路衰减器 |
| | 检测器损坏或MCT检测器无液氮 | 请仪器维修工程师检查、更换检测器或添加液氮 |
| | 红外光源能量太低 | 更换红外光源 |
| | 各种红外光反射镜太脏 | 请仪器维修工程师清洗 |
| | 非智能红外附件位置未调节好 | 调整红外附件位置 |
| 干涉图能量溢出 | 光阑孔径太大 | 缩小光阑孔径 |
| | 增益太大或灵敏度太高 | 减小增益或降低灵敏度 |
| | 动镜移动速度太慢 | 重新设定动镜移动速度 |
| | 使用高灵敏度检测器时未插入红外光衰减器 | 插入红外光衰减器 |

续表

| 常见故障 | 产生故障原因 | 处理方法 |
| --- | --- | --- |
| 干涉图不稳定 | 控制电路板元件损坏或疲劳 | 请仪器维修工程师检查 |
| | 水冷却光源未通冷却水 | 通冷却水 |
| | 液氮冷却检测器真空度降低，窗口有冷凝水 | MCT检测器重新抽真空 |
| 空气背景单光束光谱有杂峰 | 光学台中有污染气体 | 吹扫光学台 |
| | 使用红外附件时，附件被污染 | 清洗红外附件 |
| | 反射镜、分束器或检测器上有污染物 | 请仪器维修工程师检查 |
| 空光路检测时基线漂移 | 开机时间不够长，仪器不稳定 | 开机1h后重新检测 |
| | 高灵敏度检测器(如MCT检测器)工作时间不够长 | 等检测器稳定后再测试 |

## 思考与练习 2.2

1. 下列红外光源中，（　　）可用于远红外光区。

A. 碘钨灯　B. 高压汞灯　C. 能斯特灯　D. 硅碳棒

2. FT-IR中的核心部件是（　　）。

A. 硅碳棒　B. 迈克尔逊干涉仪　C. DTGS　D. 光楔

3. 迈克尔逊干涉仪的核心部分是（　　）。

A. 动镜　B. 定镜　C. 分束器　D. 光源

4. （多选）常用于FT-IR中的检测器是（　　）。

A. 高真空热电偶检测器　B. DTGS检测器

C. 测热辐射计　D. 汞镉碲检测器

5. 高莱池属于（　　）。

A. 高真空热电偶检测器　B. 气体检测器

C. 测热辐射计　D. 光电导检测器

## 阅读园地

扫描二维码查看“现代近红外吸收光谱分析技术简介”。

现代近红外吸收光谱分析技术简介

# 2.3 实验技术

## 2.3.1 红外试样的制备

### 2.3.1.1 制备试样的要求

（1）试样应该是单一组分的纯物质，纯度应大于98%或符合商业标准。多组分样品应在测定前采用分馏、萃取、重结晶、离子交换或其他方法进行分离提纯，否则各组分光谱相互重叠，难以解析。

（2）试样中应不含游离水。水本身有红外吸收（见图2-3），会严重干扰样品IR谱图，还会浸蚀吸收池的盐窗（KBr材质）。

（3）试样的浓度和测试厚度应适当，以使IR谱图中大多数吸收峰的透射比在10%～80%范围内。

### 2.3.1.2 固体试样

（1）压片法　把1～2mg固体样品放在玛瑙研钵中研细（粒径约2μm），加入100～200mg磨细干燥的碱金属卤化物（多用光谱纯KBr）晶体（或粉末），混合均匀后，加入压

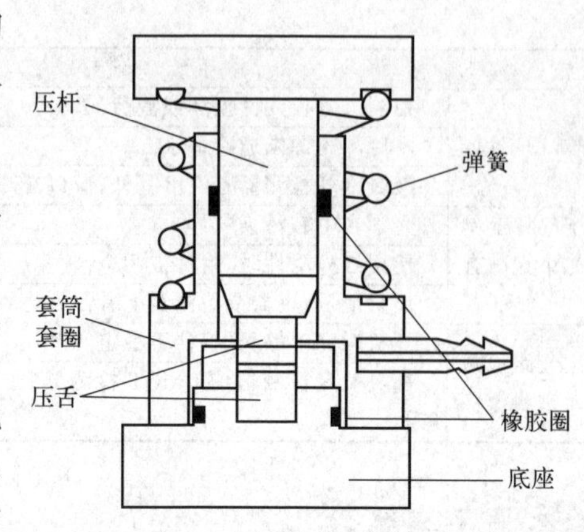

图 2-18　压片机的构造

模内，在压片机上边抽真空边加压，制成厚约1mm，直径约10mm的透明片子，然后在仪器上绘制其IR谱图。

① 压片机的构造。如图2-18所示，压片机由压杆和压舌组成。压舌的直径为13mm，两个压舌的表面光洁度很高，以保证压出的薄片表面光滑。因此，使用时要注意样品的粒度、湿度和硬度，以免损伤压舌表面的光洁度。

② 压片的过程（扫描二维码可观看操作视频）。将其中一个压舌放在底座上，光洁面朝上，并装上压片套圈，研磨后的样品粉末放在这一压舌上，将另一压舌光洁面向下轻轻转动以保证样品粉末平面平整，顺序放入压片套筒、弹簧和压杆，加压约30MPa，持续约1min。拆片时，将底座换成取样器（形状与底座相似），将上、下压舌及中间的样品薄片和压片套圈一起移到取样器上，再分别装上压片套筒及压杆，稍加压后即可取出压好的薄片。

红外吸收光谱仪——固体压片操作

（2）石蜡糊法　将固体样品研成细末，与糊剂（如液体石蜡油）混合成糊状，然后夹在两窗片之间，置于仪器上绘制其IR谱图。石蜡油是一精制过的长链烷烃，具有较大的黏度和较高的折射率。但用石蜡油做成糊剂不能用来测定饱和碳氢键的吸收情况，此时可以用六氯丁二烯代替石蜡油做糊剂。

（3）薄膜法　把固体样品制成薄膜的方法有两种：一种是直接将样品放在盐窗上加热，熔融样品涂成薄膜；另一种是先把样品溶于挥发性溶剂中制成溶液，然后滴在盐片上，待溶剂挥发后，样品遗留在盐片上而形成薄膜。

（4）熔融成膜法　样品置于晶面上，加热熔化，合上另一晶片。此法适用于熔点较低的固体样品。

（5）漫反射法　样品加分散剂研磨后加到专用漫反射装置中。此法适用于某些在空气中不稳定、高温下能升华的样品。

### 2.3.1.3　液体试样

（1）液膜法　也可称为夹片法。即在可拆池两侧之间，滴上1～2滴液体样品，使之形成一层薄薄的液膜。液膜厚度可借助于池架上的固紧螺钉作微小调节。此操作简便，适用于绘制高沸点及不易清洗的样品的IR谱图。

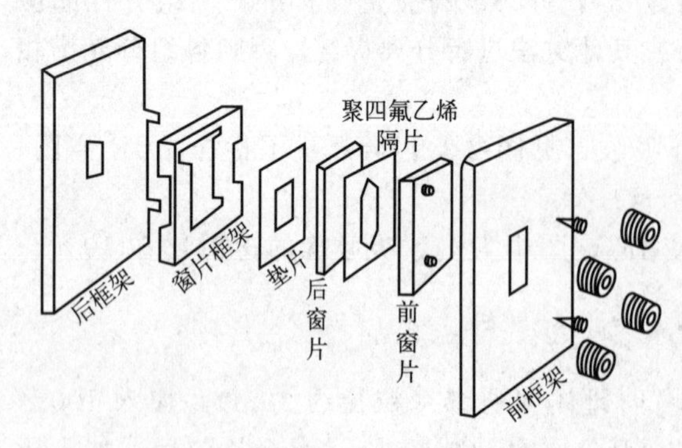

图 2-19　液体池组成的分解示意图

（2）液体池法

① 液体池的构造。如图2-19所示，液体池由后框架、窗片框架、垫片、后窗片、间隔片、前窗片和前框架等7个部分组成。通常后框架和前框架由金属材料制成；前窗片和后窗片为氯化钠、溴化钾、KRS-5和ZnSe等晶体薄片；间隔片常由铝箔和聚四氟乙烯等材料制成，起着固定液体样品的作用，厚度为0.01～2mm（可调）。

② 装样和清洗方法。吸收池应倾斜30°，

用注射器（不带针头）吸取待测液体样品，由下孔注入直到样品从上孔溢出为止；再用聚四氟乙烯塞子塞住上、下注射孔，用高质量的纸巾擦去溢出的液体后，便可置于仪器上绘制样品的IR谱图了。测试完毕，取出塞子，用注射器吸出样品，由下孔注入溶剂，冲洗2～3次。冲洗后，用洗耳球吸取红外灯附近的干燥空气吹入液体池内以除去残留的溶剂（使其挥发），然后放在红外灯下烘烤至干。最后将液体池置于干燥器中保存。

③ 液体池厚度的测定。根据均匀的干涉条纹的数目可测定液体池的厚度。方法是：将空液体池作为样品进行扫描，两盐片间的空气对光的折射率不同而产生干涉。根据干涉条纹的数目可计算液体池的厚度（见图2-20）。测试波长范围以1500～600cm$^{-1}$为宜，计算公式如下：

$$b=\frac{n}{2}\left(\frac{1}{\bar{\nu}_1-\bar{\nu}_2}\right) \tag{2-4}$$

式中，$b$是液体池厚度，cm；$n$是两波数间所夹的完整波形个数；$\bar{\nu}_1$、$\bar{\nu}_2$分别为起始和终止的波数，cm$^{-1}$。

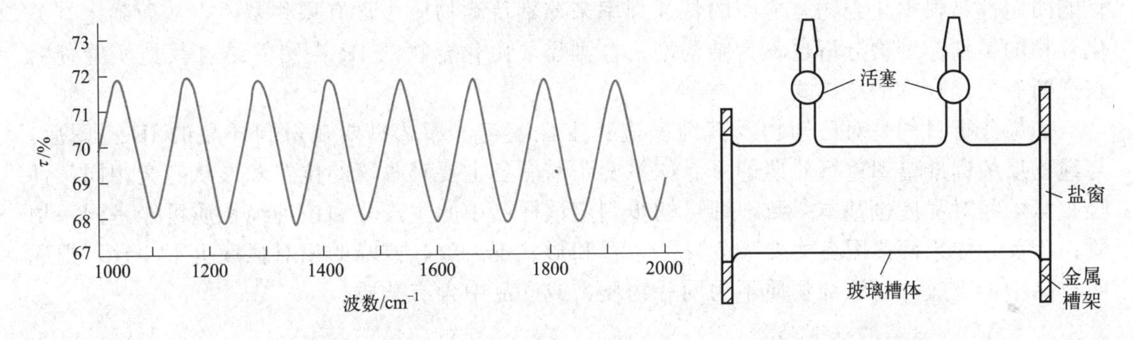


图2-20 溶液的干涉条纹图

图2-21 红外气体槽

（3）溶液法　将溶液（或固体）样品溶于适当的红外用溶剂（如$CS_2$、$CCl_4$、$CHCl_3$等）中，然后注入液体池中进行测定。此法既可用于未知样品的定性鉴别，也特别适用于定量分析。此外，它还能用于红外吸收很强、用液膜法不能得到满意谱图的液体样品的定性分析。在使用溶液法时，所选红外溶剂应在较大范围内无吸收，且样品的吸收带尽量不被红外溶剂的吸收带所干扰，同时还要考虑红外溶剂对样品吸收带的影响（如形成氢键等溶剂效应）。

### 2.3.1.4　气体试样

气体样品一般都灌注于如图2-21所示的玻璃气槽内进行测定。它的两端有可透过红外光的窗片。窗片的材质一般是NaCl或KBr。进样时，一般先把气槽抽真空，然后再灌注样品。

### 2.3.1.5　聚合物样品

根据聚合物物态和性质不同主要有以下几种类型的聚合物样品：①黏稠液体，可用液膜法、溶液挥发成膜法、加液加压液膜法、全反射法、溶液法；②薄膜状样品，可用透射法、镜面反射法、全反射法；③能磨成粉的样品，可用漫反射法、压片法；④能溶解的样品，可用溶解成膜法、溶液法；⑤纤维、织物等，可用全反射法；⑥单丝或以单丝排列的纤维样品可采用显微测量技术；⑦不熔不溶的高聚物，如硫化橡胶、交联聚苯乙烯等，可用热裂解法。

#### 2.3.1.6 载体材料的选择

目前以中红外区（波长范围为 4000～400cm$^{-1}$）应用最广泛，通常载体材料选择氯化钠（4000～600cm$^{-1}$）、溴化钾（4000～400cm$^{-1}$）等晶体；这些晶体表面易吸水造成“发乌”，影响红外光的透过。为此，所用的窗片（NaCl 或 KBr 晶体）应放在干燥器内，且要求在湿度较小的环境里操作。此外，晶体片质地脆，而且价格较贵，使用时要特别小心。含水样品的测试应采用 KRS-5（4000～250cm$^{-1}$）、ZnSe（4000～500cm$^{-1}$）和 $CaF_2$（4000～1000cm$^{-1}$）等载体材料。近红外光区用石英和玻璃载体材料，远红外光区用聚乙烯载体材料。

### 2.3.2 红外光谱分析技术

扫描二维码查看详细内容。

红外光谱分析技术

### 2.3.3 定性鉴别

红外光谱的定性分析，大致可分为官能团定性和结构分析两个方面。官能团定性是根据化合物官能团的特征频率来鉴别待测物质中含有哪些基团，从而确定有关化合物的类别。结构分析也称为结构剖析，则需要由化合物的 IR 谱图并结合其他实验资料来推断有关化合物的结构式。

如果分析目的是对已知物及其纯度进行定性鉴定，那么只要在得到样品的 IR 谱图后，与纯物质的标准谱图进行对照即可。如果两张谱图各主要吸收峰的位置和形状完全相同，且吸收峰的相对强度也基本一致，即可初步判定该样品中的主成分和该种纯物质可能是同一物质；相反，如果两谱图各主要吸收峰的位置和形状不一致，或峰的相对强度也不一致，则说明样品中的主成分与该纯物质不为同一物质，或样品中含有杂质。

#### 2.3.3.1 定性分析的一般步骤

测定未知物的结构，是红外光谱定性分析的一个重要用途，一般步骤如下：

（1）试样的分离和精制　采用各种分离手段（如分馏、萃取、重结晶、层析等）提纯未知试样，以得到单一的纯物质。否则，试样不纯不仅会给光谱的解析带来困难，还可能引起“误诊”。

（2）收集未知试样的有关资料和数据　了解试样的来源、元素分析值、分子量、熔点、沸点、溶解度、有关的化学性质，以及 UV 谱图、核磁共振波谱图、质谱图等。这些对谱图的解析有很大的帮助，可以大大节省谱图解析的时间。

（3）确定未知物的不饱和度　所谓不饱和度（$U$）是表示有机分子中碳原子的饱和程度。计算不饱和度的经验公式为：

$$U=1+n_4+\frac{1}{2}(n_3-n_1) \tag{2-5}$$

式中，$n_1$、$n_3$、$n_4$ 分别为分子式中一价、三价和四价原子的数目。通常规定双键和饱和环状结构的不饱和度为 1，三键的不饱和度为 2，苯环的不饱和度为 4。

比如 $C_6H_5NO_2$ 的不饱和度 $U=1+6+\frac{1-5}{2}=5$，即该分子中含有一个苯环和一个 N═O 键。

（4）谱图解析　未知化合物分子结构复杂，所含各类基团的振动形式繁多，致使其主要红外吸收峰可能多达几十个。谱图解析时没有必要对谱图中的每一个吸收峰的归属做逐一的解释，因为有时只要辨认几个至十几个特征吸收峰即可确定该未知化合物的分子结构，而且目前还有很多红外吸收峰无法作出合理的解释。如果在样品 IR 谱图的 4000～650cm$^{-1}$ 区域只出现少数几个宽峰，则该试样可能为无机物或多组分混合物，因为较纯的有机化合物或高分子化合物都具有较多和较尖锐的吸收峰。

谱图解析的程序无统一的规则，一般可归纳为两种方式：一种是按IR谱图中吸收峰强度的顺序进行解析，即首先识别最强峰，然后是次强峰或较弱峰，确定它们分别属于何种基团，同时查对指纹区的相关峰加以验证，以初步推断该试样物质的类别，最后详细地查对有关光谱资料来确定其结构。

另一种是按基团顺序解析，即首先按C═O、O—H、C—O、C═C（包括芳环）、C≡N和—$NO_2$等几个主要基团的顺序，采用肯定与否定的方法，判断试样IR谱图中这些主要基团的特征吸收峰存在与否，以获得分子结构的概貌，然后查对其细节，确定其结构。在解析过程中，要把注意力集中到主要基团的相关峰上，避免孤立解析。首先，不必急于分析约3000cm$^{-1}$的$\nu_{C-H}$吸收，因为几乎所有有机化合物都有这一吸收带。其次，也不必为基团的某些吸收峰位置有所差别而困惑。由于这些基团的吸收峰都是强峰或较强峰，因此易于识别，并且含有这些基团的化合物属于一大类，所以无论是肯定或否定其存在，都可大大缩小进一步查找的范围，从而能较快地确定试样物质的结构。按基团顺序解析红外吸收光谱的方法如下：

① 首先查对$\nu_{C=O}$在1840～1630cm$^{-1}$（s）的吸收是否存在，如存在，则可进一步查对下列吸收峰是否存在，以判断该羰基化合物的种类：

酰胺：查对$\nu_{N-H}$在3500cm$^{-1}$（m-s）的吸收（有时为等强度双峰）是否存在；

羧酸：查对$\nu_{O-H}$在3300～2500cm$^{-1}$宽而散的吸收峰是否存在；

醛：查对CHO基团的$\nu_{C-H}$在2720cm$^{-1}$的特征吸收是否存在；

酸酐：查对$\nu_{C=O}$在1810cm$^{-1}$和1760cm$^{-1}$的双峰是否存在；

酯：查对$\nu_{C-O}$在1300～1000cm$^{-1}$（m-s）特征吸收是否存在；

酮：若以上基团吸收都不存在时，则此羰基化合物很可能是酮；此外，可查对酮的$\nu_{as,C-C-C}$在1300～1000cm$^{-1}$弱吸收峰是否存在。

② 如果谱图上无$\nu_{C=O}$吸收带，则可查对是否为醇、酚、胺、醚等化合物：

醇或酚：查对是否存在$\nu_{O-H}$在3600～3200cm$^{-1}$（s，宽）和$\nu_{C-O}$在1300～1000cm$^{-1}$（s）的特征吸收；

胺：查对是否存在$\nu_{N-H}$在3500～3100cm$^{-1}$和$\delta_{N-H}$在1650～1580cm$^{-1}$（s）的特征吸收；

醚：查对是否存在$\nu_{C-O-C}$在1300～1000cm$^{-1}$的特征吸收，且无醇、酚的$\nu_{O-H}$在3600～3200cm$^{-1}$的特征吸收。

③ 查对是否存在C═C双键或芳环：查对是否存在链烯$\nu_{C=C}$（1650cm$^{-1}$）的特征吸收；是否存在芳环的$\nu_{C=C}$（1600cm$^{-1}$和1500cm$^{-1}$）的特征吸收；查对是否存在链烯或芳环$\nu_{=C-H}$（3100cm$^{-1}$）的特征吸收。

④ 查对是否存在C≡C或C≡N三键吸收带：查对是否存在$\nu_{C\equiv C}$（2150cm$^{-1}$，w、尖锐）的特征吸收；查对是否存在$\nu_{\equiv C-H}$（3200cm$^{-1}$，m、尖）的特征吸收；查对是否存在$\nu_{C\equiv N}$（2260～2220cm$^{-1}$，m-s）的特征吸收。

⑤ 查对是否存在硝基化合物。查对是否存在$\nu_{as,NO_2}$（1560cm$^{-1}$，s）和$\nu_{s,NO_2}$（1350cm$^{-1}$）的特征吸收。

⑥ 查对是否存在烃类化合物。如在试样IR谱图中未找到以上各种基团的特征吸收峰，

而在 $3000cm^{-1}$、$1470cm^{-1}$、$1380cm^{-1}$ 和 $780\sim720cm^{-1}$ 有吸收峰，则它可能是烃类化合物。烃类化合物具有最简单的 IR 谱图。

对于一般的有机化合物，通过以上的解析过程，再仔细观察谱图中的其他光谱信息，并查阅较为详细的基团特征频率材料，就能较为满意地确定未知试样物质的分子结构。对于复杂有机化合物的结构分析，往往还需要与其他结构分析方法（如$^1$H NMR、MS 等）配合使用，详细情况可查阅有关专著。

### 2.3.3.2 标准谱图的使用

进行定性分析时，如果能获得待测物质相应的纯品，一般可通过谱图对照进行定性鉴别。对于没有已知纯品的化合物，则需要与标准谱图进行对照，最常见的标准谱图有 3 种，即萨特勒标准红外光谱集（Sadtler，catalog of infrared standard spectra）、分子光谱文献 “DMS” （documentation of molecular spectroscopy）穿孔卡片和 ALDRICH 红外光谱库（The Aldrich Library of Infrared Spectra）。

萨特勒（Sadtler）光谱数据库是世界上优秀的谱图收藏库，包括 259000 张 IR 谱图、3800 张 NIR 谱图、4465 张 Raman 谱图、560000 张 NMR 谱图、200000 张 MS 谱图、30271 张 UV-Vis 光谱，以及未数码化的 GC 谱图。其中又以 IR 谱图数据库最为全面。Sadtler 红外数据库包括聚合物、纯有机化合物、工业化合物、染料颜料、药物与违禁毒品、纤维与纺织品、香料与香精、食品添加剂、杀虫剂与农品、单体、重要污染物、多醇类和有机硅等。

萨特勒标准红外光谱集已收集的 IR 谱图分两大类，即标准光谱（分为棱镜光谱、光栅光谱和傅里叶红外光谱）和商品光谱。标准光谱（standard spectra）是指纯度在 98% 以上化合物的 IR 谱图。商品光谱（commercial spectra）是指工业产品的光谱，按 ASTM 分类法分成 23 类。此外，它还有各种各样的索引，使用非常方便。

### 2.3.3.3 红外吸收光谱图的解析示例

**【例 2-1】未知化合物 1 分子式为 $C_3H_7NO_2$，图 2-25 给出其红外吸收光谱图，试推测其分子结构。**

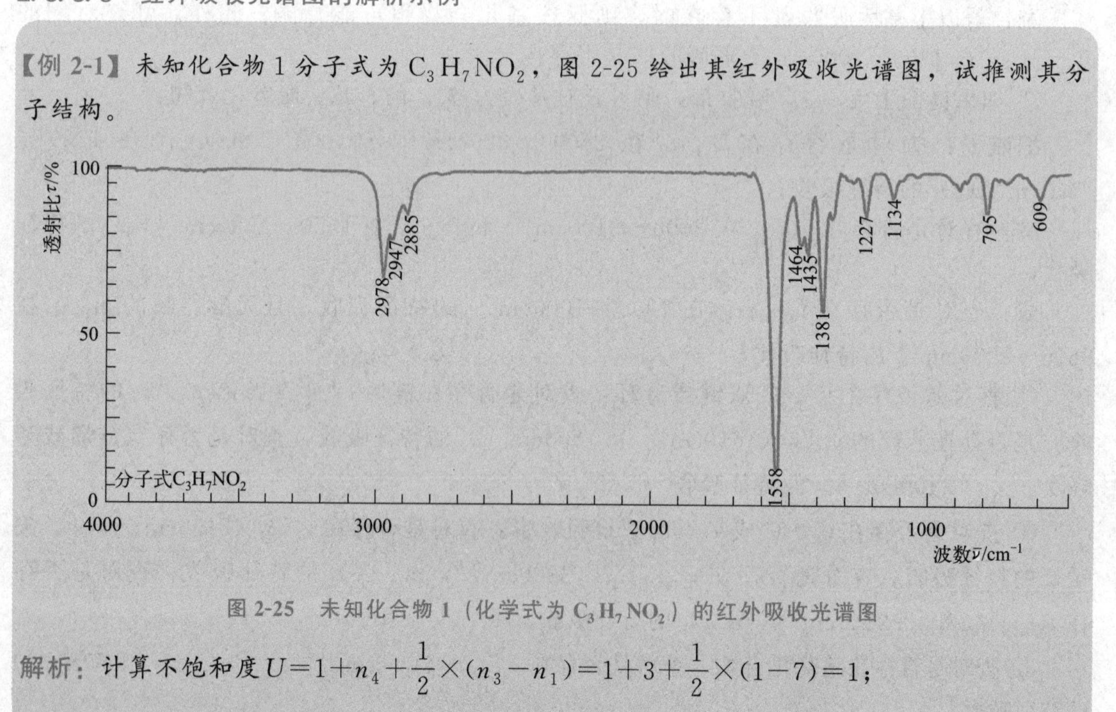


图 2-25 未知化合物 1（化学式为 $C_3H_7NO_2$）的红外吸收光谱图

解析：计算不饱和度 $U=1+n_4+\frac{1}{2}\times(n_3-n_1)=1+3+\frac{1}{2}\times(1-7)=1$；

双键区 $1558cm^{-1}$ 是硝基（—$NO_2$）不对称伸缩振动$\nu_{as}$ 对应的吸收峰，表明分子结构中可能含有—$NO_2$（含 1 个不饱和度）；

$2978cm^{-1}$ 是甲基不对称伸缩振动 $\nu_{as}$ 对应的吸收峰、$2885cm^{-1}$ 是甲基对称伸缩振动 $\nu_s$ 对应的吸收峰，$1435cm^{-1}$ 是甲基面外摇摆振动 $\delta_{as}$ 对应的吸收峰，$1381cm^{-1}$ 是甲基伞式振动$\delta_s$ 对应的吸收峰，表明分子结构中可能含有—$CH_3$；

$2947cm^{-1}$ 是亚甲基不对称伸缩振动$\nu_{as}$ 对应的吸收峰，$1464cm^{-1}$ 是亚甲基剪式振动 $\delta_s$ 对应的吸收峰，表明分子结构中可能含有—$CH_2$；

综上所述，未知化合物 1 可能是 1-硝基丙烷（$CH_3CH_2CH_2NO_2$）。

对照 1-硝基丙烷的标准红外吸收光谱图可以验证解析结果。

【例 2-2】未知化合物 2 分子式为 $C_7H_8O$，图 2-26 给出其红外吸收光谱图，试推测其分子结构。

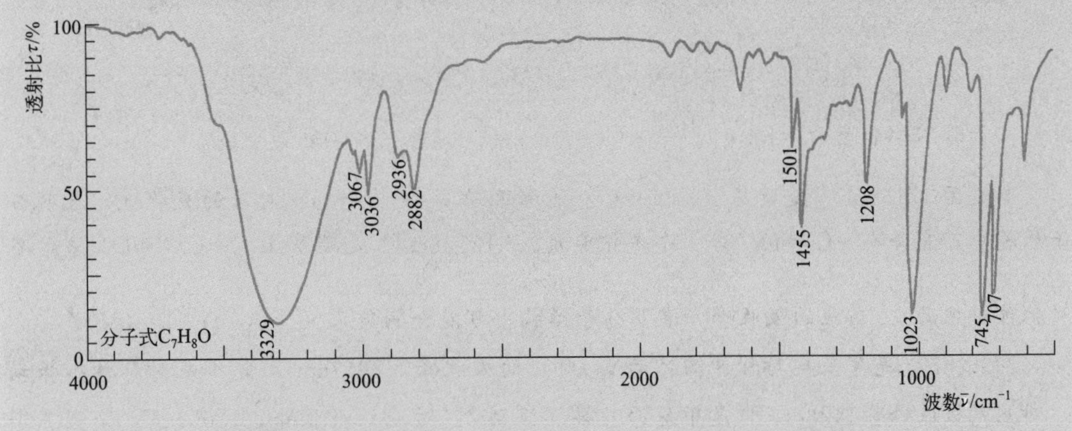


图 2-26 未知化合物 2（化学式为 $C_7H_8O$）的红外吸收光谱图

解析：计算不饱和度 $U=1+n_4+\frac{1}{2}\times(n_3-n_1)=1+7+\frac{1}{2}\times(0-8)=4$；

双键区 $1501cm^{-1}$、$1455cm^{-1}$ 是苯环（—$C_6H_5$）骨架振动对应的吸收峰，$3067cm^{-1}$、$3036cm^{-1}$ 是苯环（—$C_6H_5$）上 C—H 伸缩振动 $\nu$（—CH）对应的吸收峰，指纹区的 $745cm^{-1}$、$707cm^{-1}$ 是苯环（—$C_6H_5$）上 C—H 面外摇摆振动 ω（苯环 C—H）和卷曲振动 τ（苯环 C—H）对应的吸收峰，表明分子结构中可能含有苯环（不饱和度为 4），再结合 1700～$2000cm^{-1}$ 位置对应的吸收峰型，表明苯环上是单取代；

$3329cm^{-1}$ 是羟基伸缩振动 $\nu$（—OH）对应的吸收峰，$1023cm^{-1}$ 是伯醇伸缩振动 $\nu$（—C—C—O）对应的吸收峰，且为谱图中第一强峰，表明分子结构中可能含有伯醇（—OH）；

$2936cm^{-1}$ 是亚甲基不对称伸缩振动 $\nu_{as}$ 对应的吸收峰，$2882cm^{-1}$ 是亚甲基对称伸缩振动 $\nu_s$ 对应的吸收峰，表明分子结构中可能含有—$CH_2$；

综上所述，该未知化合物可能是苯甲醇（苯环—$CH_2OH$）。

对照苯甲醇的标准红外吸收光谱图可以验证解析结果。

【例 2-3】 未知化合物 3 分子式为 $C_3H_6O$，图 2-27 给出其红外吸收光谱图，试推测其分子结构。

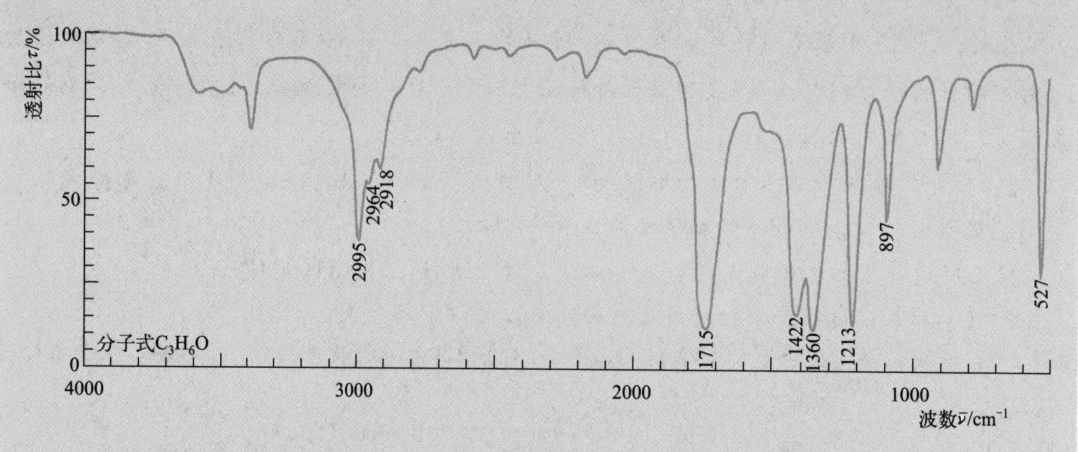


图 2-27 未知化合物 3（化学式为 $C_3H_6O$）的红外吸收光谱图

解析：计算不饱和度 $U=1+n_4+\frac{1}{2}\times(n_3-n_1)=1+3+\frac{1}{2}\times(0-6)=1$；

双键区 $1715cm^{-1}$ 是羰基（—C═O）伸缩振动 $\nu$（—C═O）对应的吸收峰，表明分子结构中可能含有—C═O（含 1 个不饱和度）；$1213cm^{-1}$ 是羰基上 C—C（═O）—C 不对称伸缩振动 $\nu_{as}$ 对应的吸收峰，表明分子结构中可能含酮羰基（ $-\overset{\overset{\displaystyle O}{\|}}{C}-$ ）；

$2995cm^{-1}$ 是甲基反对称伸缩振动 $\nu_{as}$ 对应的吸收峰，$2918cm^{-1}$ 是甲基对称伸缩振动 $\nu_s$ 对应的吸收峰，$1422cm^{-1}$ 是甲基面外摇摆振动 $\delta_{as}$ 对应的吸收峰，$1360cm^{-1}$ 是甲基伞式振动 $\delta_s$ 对应的吸收峰，表明分子结构中可能含有—$CH_3$；

综上所述，未知化合物 3 可能是丙酮（ $CH_3-\overset{\overset{\displaystyle O}{\|}}{C}-CH_3$ ）。

对照丙酮的标准红外吸收光谱图可以确证解析结果。

【例 2-4】 未知化合物 4 分子式为 $C_9H_9N$，图 2-28 给出其红外吸收光谱图，试推测其分子结构。

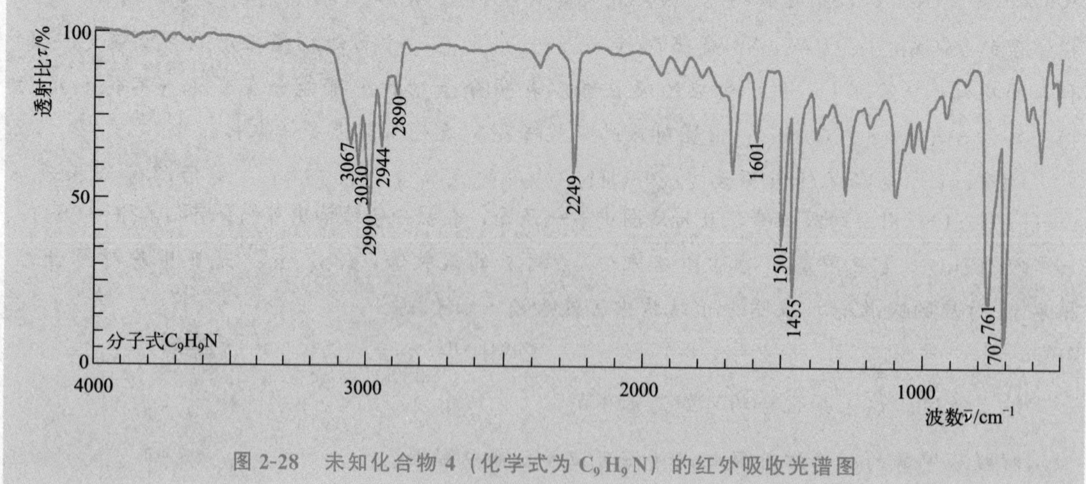


图 2-28 未知化合物 4（化学式为 $C_9H_9N$）的红外吸收光谱图

解析：计算不饱和度$U=1+n_4+\frac{1}{2}\times(n_3-n_1)=1+9+\frac{1}{2}\times(1-9)=6$；

双键区1601cm$^{-1}$、1501cm$^{-1}$、1455cm$^{-1}$是苯环（—$C_6H_5$）骨架振动对应的吸收峰，3067cm$^{-1}$、3030cm$^{-1}$是苯环（—$C_6H_5$）上C—H伸缩振动$\nu$(—CH)对应的吸收峰，指纹区的761cm$^{-1}$、707cm$^{-1}$是苯环（—$C_6H_5$）上C—H面外摇摆振动$\omega$（芳环C—H）和卷曲振动$\tau$（芳环C—H）对应的吸收峰，表明分子结构中可能含有苯环（不饱和度为4），再结合1700～2000cm$^{-1}$位置对应的吸收峰型，表明苯环上是单取代；

2249cm$^{-1}$脂肪族腈碳氮三键伸缩振动$\nu$(R—C≡N)对应的吸收峰，表明分子结构中可能含有碳氮三键（R—C≡N）（不饱和度为2）；

2990cm$^{-1}$是甲基反对称伸缩振动$\nu_{as}$对应的吸收峰，2944cm$^{-1}$是甲基对称伸缩振动$\nu_s$对应的吸收峰，甲基面外摇摆振动$\delta_{as}$和伞式振动$\delta_s$对应的吸收峰可能被重叠，表明分子结构中可能含有—$CH_3$；

2890cm$^{-1}$是叔碳上C—H伸缩振动$\nu$(—C—H—)对应的吸收峰，表明分子结构中可能含有—CH—；

综上所述，未知化合物4可能是$\alpha$-甲基苄腈（$CH_3$ CH C≡N）。

对照$\alpha$-甲基苄腈的标准红外谱图可以确证解析结果。

### 2.3.4 定量分析

扫描二维码查看详细内容。

定量分析

## 思考与练习 2.3

1. 若固体样品在空气中不稳定，在高温下容易升华，则红外样品的制备宜选用（　　）。

A. 压片法　　B. 石蜡糊法　　C. 熔融成膜法　　D. 漫反射法

2. （多选）液体池的间隔片常由（　　）材料制成，起着固定液体样品的作用。

A. 氯化钠　　B. 溴化钾　　C. 聚四氟乙烯　　D. 铝箔

3. （多选）用红外光谱测试薄膜状聚合物样品时，可采用（　　）。

A. 全反射法　　B. 漫反射法　　C. 热裂解法　　D. 镜面反射法

4. （多选）红外光谱分析中，对含水样品的测试可采用（　　）材料作载体。

A. NaCl　　B. KBr　　C. KRS-5　　D. $CaF_2$

5. 计算下列分子的不饱和度。

(1) $C_8H_{10}$　(2) $C_8H_{10}O$　(3) $C_4H_{11}N$　(4) $C_{10}H_{12}S$　(5) $C_8H_{17}Cl$

(6) $C_7H_{13}O_2Br$

6. 未知化合物Ⅰ的红外吸收光谱图如图2-30所示（已知化合物为直链烷烃取代物），试推测其分子结构式。

7. 未知化合物Ⅱ的红外吸收光谱图如图2-31所示，试推测其结构式。

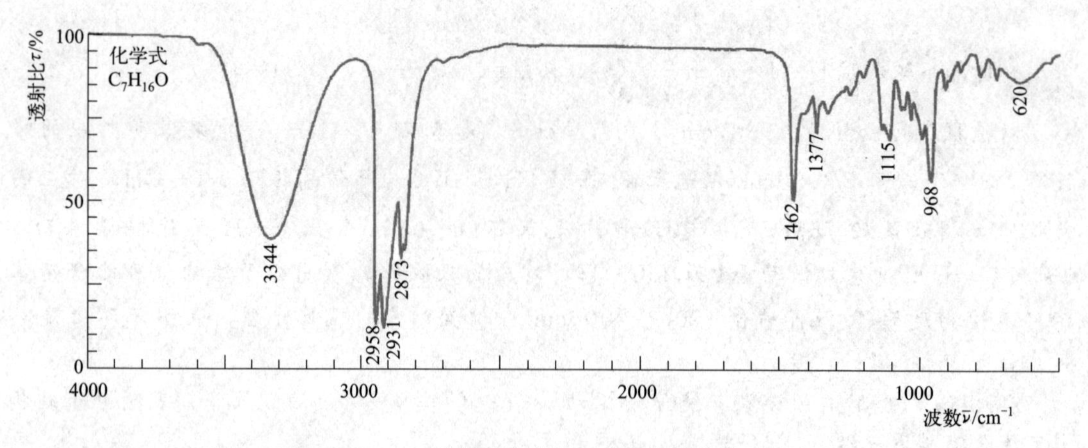


图 2-30 未知化合物Ⅰ红外吸收光谱图

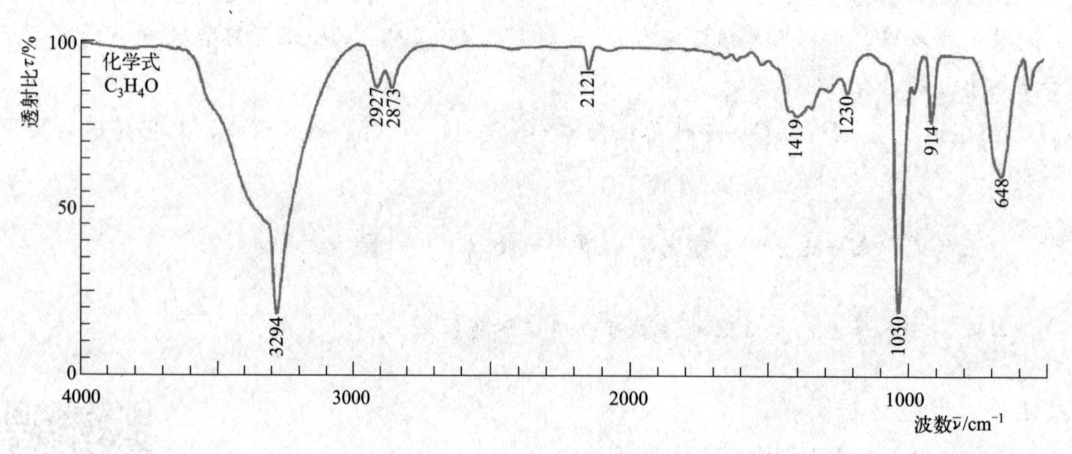


图 2-31 未知物Ⅱ红外吸收光谱图

8. 未知化合物Ⅲ的红外吸收光谱图如图 2-32 所示，试推测其结构式。

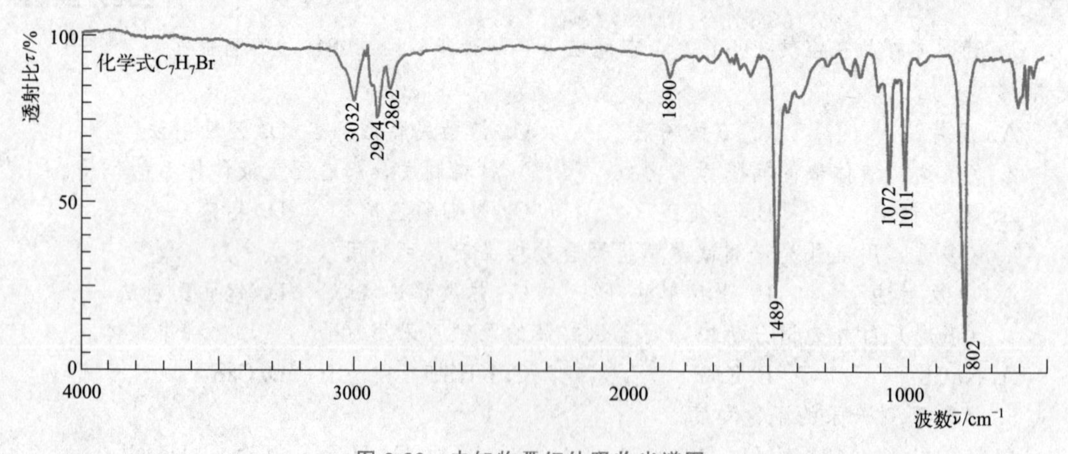


图 2-32 未知物Ⅲ红外吸收光谱图

9. 未知化合物Ⅳ的红外吸收光谱图如图 2-33 所示，试推测其结构式。

10. 未知化合物Ⅴ的红外吸收光谱图如图 2-34 所示，试推测其结构式。

11. 未知化合物Ⅵ的红外吸收光谱图如图 2-35 所示，试推测其结构式。

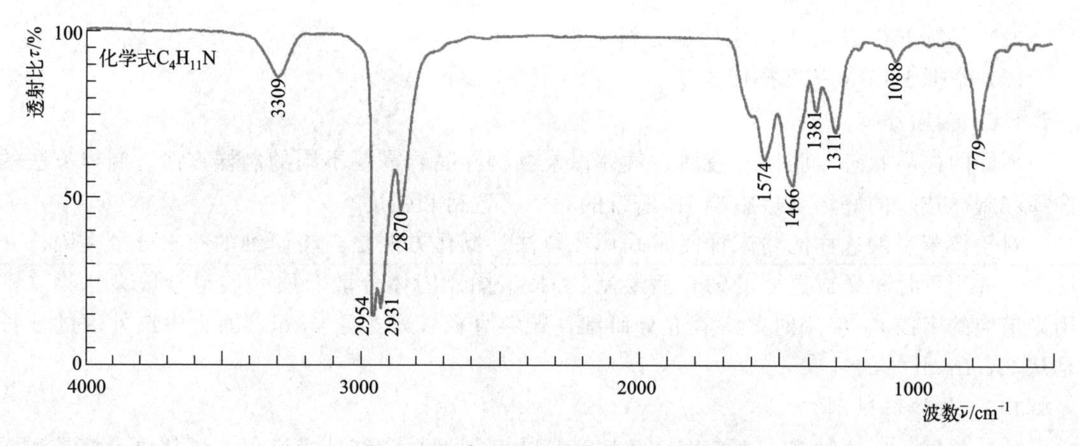


图 2-33 未知物Ⅳ红外吸收光谱图

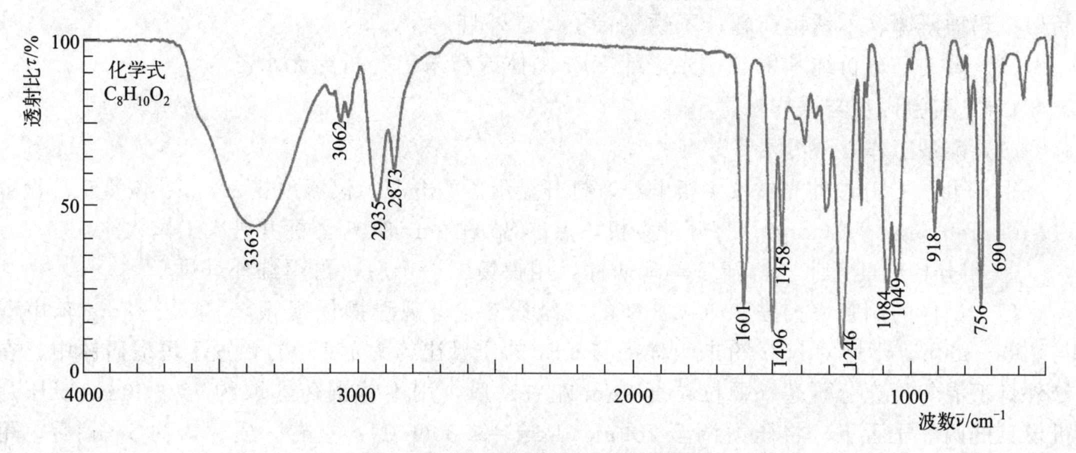


图 2-34 未知物Ⅴ红外吸收光谱图

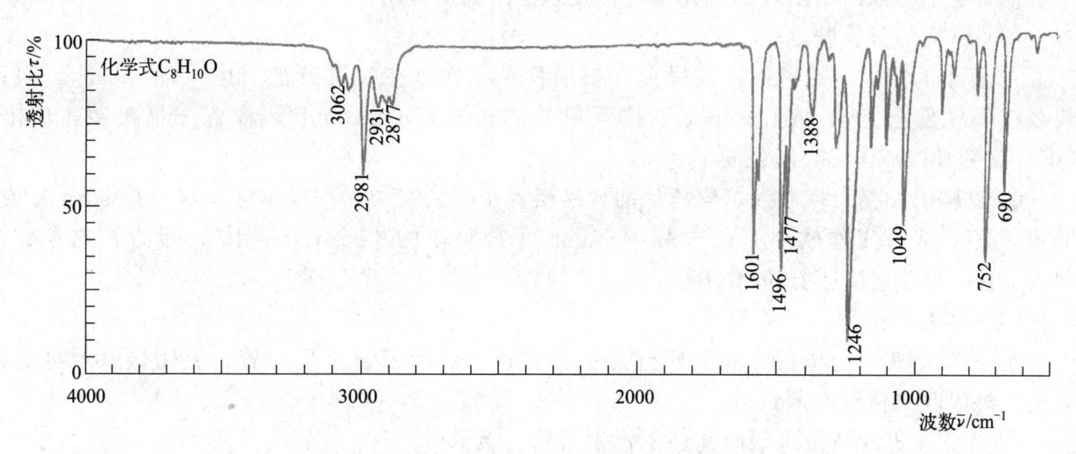


图 2-35 未知物Ⅵ红外吸收光谱图

## 2.4 实验

### 2.4.1 苯甲酸红外吸收光谱的绘制与解析（压片法）

#### 2.4.1.1 实验目的

(1) 掌握一般固体样品的制样方法以及压片机的使用方法。

（2）了解 FT-IR 的工作原理和分析流程。

（3）掌握 FT-IR 基本操作方法。

### 2.4.1.2 实验原理

不同的样品状态（固体、液体、气体以及黏稠样品）需要不同的制样方法。制样方法的选择和制样技术的好坏直接影响 IR 谱带的频率、数目和强度。

对于像苯甲酸这样的粉末样品常采用压片法。操作方法是：将研细的粉末分散在固体介质中，并用压片机压成透明的薄片后绘制其 IR 谱图。固体分散介质一般是金属卤化物（常用光谱纯的 KBr），使用时要将其充分研细，颗粒直径最好小于 2μm（因为中红外区的波长是从 2.5μm 开始的）。

### 2.4.1.3 仪器与试剂

（1）仪器　Perkin Elmer SP RX I FT-IR 或其他型号的红外光谱仪；压片机、模具和样品架；玛瑙研钵、不锈钢药匙、不锈钢镊子、红外灯。

（2）试剂　分析纯苯甲酸，光谱纯 KBr 晶体或粉末，分析纯无水乙醇。

### 2.4.1.4 实验内容与操作步骤

（1）准备工作

① 开机。打开红外光谱仪主机电源，打开显示器的电源，仪器预热 20min；恢复工厂设置（按 restore＋setup＋factory）；打开计算机，点击 Spectrum v3.01 图标并进入工作软件。

② 用分析纯的无水乙醇清洗玛瑙研钵，用擦镜纸擦干后，再用红外灯烘干。

（2）试样的制备（扫描 2.3.1.2 节的二维码 2-3 可观看操作视频）　取 2～3mg 苯甲酸与 200～300mg 干燥的 KBr 粉末（样品与 KBr 的质量比约为 1∶100），置于玛瑙研钵中，在红外灯下混匀，充分研磨（颗粒粒度 2μm 左右）后，用不锈钢药匙取约 70～80mg 于压片机模具的两片压舌下。将压力调至 28kgf（1kgf＝9.80665N）左右，压片，约 5min 后，用不锈钢镊子小心取出压制好的试样薄片，置于样品架中待用。

（3）试样的分析测定

① 背景的扫描。在未放入试样前，扫描背景 1 次（在仪器键盘上按 scan＋backg＋1；或在工作软件上点击 Instrument 下拉菜单的"scan background"，设置扫描参数，单击 OK；或者直接点击 Bkgrd 图标）。

② 试样的扫描。将放入试样压片的样品架置于样品室中，扫描试样 1 次（按 scan X 或 Y 或 Z＋1；或在工作软件上点击 Instrument 下拉菜单的"scan sample"，设置扫描参数，单击 OK；或者直接点击 Scan 图标）。

（4）结束工作

① 关机。实验完毕后，先关闭红外工作软件，然后恢复工厂设置，关闭显示器电源，关闭红外吸收光谱仪电源。

② 用无水乙醇清洗玛瑙研钵、不锈钢药匙、镊子。

③ 清理台面，填写仪器使用记录。

### 2.4.1.5 HSE 要求

（1）在红外灯下操作时，用溶剂（乙醇，也可以用四氯化碳或氯仿）清洗盐片，不要离灯太近，否则，移开灯时温差过大，会导致盐片碎裂；

（2）取出试样压片时为防止压片破裂，应用泡沫或其他物品作缓冲；

（3）谱图处理时，平滑参数不要选择太高，否则会影响谱图的分辨率；

（4）固废需按要求规范处理。

### 2.4.1.6　原始记录与数据处理（扫描2.3.1.2节的二维码2-3可观看操作视频）

（1）对基线倾斜的谱图进行校正（在仪器键盘上按“flat”，或在工作软件上点击“Process”下拉菜单里的“baseline correction”），噪声太大时需对谱图进行平滑处理（在仪器键盘上按“smooth”，或在工作软件上点击“Process”下拉菜单里的“smooth”）；有时也需要对谱图进行“abex”处理，使谱图纵坐标处于透射比为0～100%的范围内。

（2）标出试样谱图上各主要吸收峰的波数值，然后打印出试样的红外吸收光谱图。

（3）选择试样苯甲酸的主要吸收峰，指出其归属。将实验记录填写至表2-7。

表2-7　苯甲酸红外吸收光谱数据记录表

分析者：________　班级：________　学号：________　分析日期：________

<table>
<tr><td colspan="9">检测条件</td></tr>
<tr><td>仪器名称</td><td colspan="3"></td><td colspan="3">仪器型号与编号</td><td colspan="2"></td></tr>
<tr><td>温度/℃</td><td colspan="3"></td><td colspan="3">湿度/%</td><td colspan="2"></td></tr>
<tr><td>苯甲酸质量/mg</td><td colspan="3"></td><td colspan="3">KBr质量/mg</td><td colspan="2"></td></tr>
<tr><td colspan="9">IR谱图的绘制与解析(可直接附图)</td></tr>
<tr><td>主要吸收峰波数/nm</td><td></td><td></td><td></td><td></td><td></td><td></td><td></td><td></td></tr>
<tr><td>吸收峰形状</td><td></td><td></td><td></td><td></td><td></td><td></td><td></td><td></td></tr>
<tr><td>吸收强度 $\tau$/%</td><td></td><td></td><td></td><td></td><td></td><td></td><td></td><td></td></tr>
<tr><td>振动形式归属</td><td></td><td></td><td></td><td></td><td></td><td></td><td></td><td></td></tr>
<tr><td>结论</td><td colspan="8"></td></tr>
</table>

### 2.4.1.7　思考题

（1）用压片法制样时，为什么要求研磨到颗粒粒度在2μm左右？研磨时不在红外灯下操作，谱图上会出现什么情况？

（2）对于一些高聚物材料，很难研磨成细小的颗粒，采用什么方法制样比较好？

### 2.4.1.8　评分表

<table>
<tr><th>项目</th><th>考核内容</th><th>记录</th><th>分值</th><th>扣分</th><th>考核内容</th><th>记录</th><th>分值</th><th>扣分</th><th>备注</th></tr>
<tr><td rowspan="4">试样的制备(16分)</td><td>模具的清洗</td><td></td><td>2</td><td></td><td>固体粉末粒度(<2μm)</td><td></td><td>2</td><td></td><td rowspan="4">压片破裂，每次扣5分，扣完本项分为止</td></tr>
<tr><td>试样的取样量</td><td></td><td>2</td><td></td><td>压片机的操作</td><td></td><td>2</td><td></td></tr>
<tr><td>KBr的取样量</td><td></td><td>2</td><td></td><td>压片质量(薄、匀、透明)</td><td></td><td>2</td><td></td></tr>
<tr><td>研磨操作</td><td></td><td>2</td><td></td><td>压片的完整性(含正确取出)</td><td></td><td>2</td><td></td></tr>
<tr><td rowspan="8">红外吸收光谱的绘制与处理(32分)</td><td>除湿机的使用</td><td></td><td>2</td><td></td><td>样品的扫描与谱图的保存</td><td></td><td>2</td><td></td><td rowspan="8">操作正确且规范记√，操作不正确或不规范记×</td></tr>
<tr><td>预热20min(或仪器自检通过)</td><td></td><td>2</td><td></td><td>Smooth操作</td><td></td><td>2</td><td></td></tr>
<tr><td>工作站连接</td><td></td><td>2</td><td></td><td>Baseline操作</td><td></td><td>2</td><td></td></tr>
<tr><td>固体压片的放置</td><td></td><td>2</td><td></td><td>Abex操作(归一化)</td><td></td><td>2</td><td></td></tr>
<tr><td>背景扫描</td><td></td><td>2</td><td></td><td>吸收峰的标识</td><td></td><td>2</td><td></td></tr>
<tr><td>样品架的放置</td><td></td><td>2</td><td></td><td>网格、谱图颜色的调整</td><td></td><td>2</td><td></td></tr>
<tr><td>扫描波长范围的设置</td><td></td><td>2</td><td></td><td>谱图的打印</td><td></td><td>2</td><td></td></tr>
<tr><td>扫描精度等参数的设置</td><td></td><td>2</td><td></td><td>关机操作</td><td></td><td>2</td><td></td></tr>
<tr><td rowspan="2">原始记录(9分)</td><td>完整、及时</td><td></td><td>3</td><td></td><td>清晰、规范</td><td></td><td>3</td><td></td><td></td></tr>
<tr><td>真实、无涂改</td><td></td><td>3</td><td></td><td></td><td></td><td></td><td></td><td></td></tr>
<tr><td>振动形式归属判断(27分)</td><td colspan="7">全部正确(27分)</td><td></td><td>每错一次扣5分，扣完为止</td></tr>
<tr><td>报告与结论(2分)</td><td colspan="7">完整、明确、规范、无涂改</td><td></td><td>缺结论扣10分</td></tr>
<tr><td>HSE要求(10分)</td><td colspan="7">态度端正、操作规范，团队合作意识强，节约意识强，正确处理“三废”，无安全事故</td><td></td><td>有安全事故者扣50分</td></tr>
<tr><td>分析时间(4分)</td><td colspan="7">开始时间：　　结束时间：　　完成时间：</td><td></td><td>每超5分钟扣1分</td></tr>
<tr><td colspan="9">总分</td><td></td></tr>
</table>

### 2.4.2 二甲苯红外吸收光谱的绘制与解析

#### 2.4.2.1 实验目的

（1）掌握液体试样的制样方法（液膜法和液体池法）。

（2）掌握使用 IR 谱图对未知物进行定性鉴别的一般方法。

#### 2.4.2.2 实验原理

液体样品的沸点低于 100℃时，可采用液体池法进行 IR 谱图的绘制与分析。选择不同的垫片尺寸可调节液体池的厚度，对强吸收的样品应用溶剂稀释后，再进行测定。

液体样品的沸点高于 100℃时，可采用液膜法进行 IR 谱图的绘制与分析。黏稠的样品也采用液膜法。具体方法为：在两个盐片（如 KBr 晶片）之间，滴加 1～2 滴未知样品。使之形成一层薄的液膜。对于流动性较大的样品，可选择不同厚度的垫片来调节液膜的厚度。

用 IR 谱图对未知样品的定性鉴别，一个最简单有效的方法是根据样品的来源判断样品的大致范围，接着取标准物质在相同条件下绘制其 IR 谱图，然后比较标准物质与未知样品的 IR 谱图。如果两者各主要吸收峰的位置和形状完全相同，峰的相对吸收强度也基本一致，则可初步判定该样品的主要成分与该种标准物质相同。

#### 2.4.2.3 仪器与试剂

（1）仪器　Perkin Elmer SP RX I FT-IR 或其他型号的红外光谱仪；液体池；3 支 1mL 注射器；两块 KBr 晶片；毛细管数支；擦镜纸。

（2）试剂　邻二甲苯、间二甲苯、对二甲苯（均为 A. R.）各 1 瓶；三种二甲苯的试样各 1 瓶；无水乙醇（A. R.）1 瓶。

#### 2.4.2.4 实验内容与操作步骤

（1）准备工作

① 开机。按 2.4.1.4 的方法正常开机。

② 用注射器装上无水乙醇清洗液体池 3～4 次；或直接用无水乙醇清洗两块 KBr 晶片，用擦镜纸擦干后，置于红外灯下烘烤。

（2）标样的分析测定

① 扫描背景。方法同 2.4.1.4。

② 扫描标样。在液体池中依次加入邻二甲苯、间二甲苯和对二甲苯的标样后，置于样品室中扫描其 IR 谱图，保存，记录下各标样对应的文件名。或者用毛细管分别蘸取少量的邻二甲苯、间二甲苯和对二甲苯标样均匀涂渍于一块 KBr 晶片上，用另一块夹紧后置于样品室中迅速扫描其 IR 谱图，保存，记录下各标样对应的文件名。

（3）试样的分析测定

① 扫描背景。方法同 2.4.1.4。

② 扫描试样。按与扫描标样相同的方法扫描三种试样的 IR 谱图，记录下各试样对应的文件名。

（4）结束工作

① 关机。按 2.4.1.4 节的方法正常关机。

② 用无水乙醇清洗液体池和 KBr 晶片。

③ 整理台面，填写仪器使用记录。

#### 2.4.2.5 HSE 要求

（1）每做一个标样或试样前均需用无水乙醇清洗液体池或两块 KBr 晶片，然后再用该标样或试样润洗 3～4 次。

（2）用液膜法测定标样或试样时要求操作迅速，以防止标样或试样的挥发。

（3）本次实验使用到含苯环的标液或试样，需集中进行环保处理至其符合排放要求。

### 2.4.2.6 原始记录与数据处理

（1）在表 2-8 中记录实验数据。对各谱图进行优化处理，方法同 2.4.1.6 节。

（2）对三种标样的谱图进行比较，指出其异同点。

（3）分析三种试样的谱图，判断其各属于何种二甲苯。

表 2-8 二甲苯红外吸收光谱数据记录表

分析者：________ 班级：________ 学号：________ 分析日期：________

| 检测条件 | | | | | | |
|---|---|---|---|---|---|---|
| 仪器名称 | | | 仪器型号与编号 | | | |
| 液体池厚度/cm | | | 温度与湿度 | | | |
| IR 谱图的绘制与解析（可直接附图） | | | | | | |
| 组分名称 | 邻二甲苯 | 间二甲苯 | 对二甲苯 | 试样 1 | 试样 2 | 试样 3 |
| 苯环骨架振动吸收峰 $\bar{\nu}_1$/nm | | | | | | |
| 苯环骨架振动吸收峰 $\bar{\nu}_2$/nm | | | | | | |
| 苯环骨架振动吸收峰 $\bar{\nu}_3$/nm | | | | | | |
| 苯环上 C—H 振动吸收峰 $\bar{\nu}$/nm | | | | | | |
| 指纹区吸收峰 $\bar{\nu}_1$/nm | | | | | | |
| 指纹区吸收峰 $\bar{\nu}_2$/nm | | | | | | |
| 结论 | | | | | | |

### 2.4.2.7 思考题

（1）测定液体样品时，为什么最好用液体池法？

（2）液体池和 KBr 晶片在使用过程中可以接触水溶液吗？为什么？

### 2.4.2.8 评分表

| 项目 | 考核内容 | 记录 | 分值 | 扣分 | 考核内容 | 记录 | 分值 | 扣分 | 备注 |
|---|---|---|---|---|---|---|---|---|---|
| 液体池的清洗与装样（8 分） | 液体池的清洗 | | 2 | | 液体池的厚度调节 | | 2 | | |
| | 取样操作（装样） | | 2 | | 测试后液体池的清洗 | | 2 | | |
| 红外吸收光谱的绘制与处理（28 分） | 除湿机的使用 | | 2 | | Smooth 操作 | | 2 | | 操作正确且规范记√，操作不正确或不规范记× |
| | 预热 20min（或仪器自检通过） | | 2 | | Baseline 操作 | | 2 | | |
| | 工作站连接 | | 2 | | Abex 操作（归一化） | | 2 | | |
| | 背景扫描 | | 2 | | 吸收峰的标识 | | 2 | | |
| | 液体池的放置 | | 2 | | 网格、谱图颜色的调整 | | 2 | | |
| | 扫描波长范围、精度的设置 | | 2 | | 谱图打印 | | 2 | | |
| | 样品的扫描与谱图的保存 | | 2 | | 关机操作 | | 2 | | |
| 原始记录（9 分） | 完整、及时 | | 3 | | 清晰、规范 | | 3 | | |
| | 真实、无涂改 | | 3 | | | | | | |
| 振动形式归属判断（24 分） | 全部正确（24 分） | | | | | | | | 每错一次扣 4 分，扣完为止 |
| 定性鉴别结果（15 分） | 全部正确（15 分） | | | | | | | | 每错一次扣 5 分，扣完为止 |
| 报告与结论（2 分） | 完整、明确、规范、无涂改 | | | | | | | | 缺结论扣 10 分 |
| HSE 要求（10 分） | 态度端正、操作规范，团队合作意识强，节约意识强，正确处理“三废”，无安全事故 | | | | | | | | 有安全事故者扣 50 分 |
| 分析时间（4 分） | 开始时间： 结束时间： 完成时间： | | | | | | | | 每超 5 分钟扣 1 分 |
| 总分 | | | | | | | | | |

## 2.4.3 几种聚合物红外吸收光谱的绘制与解析

### 2.4.3.1 实验目的

（1）掌握高分子化合物的预处理方法——薄膜法。

（2）掌握高分子化合物红外吸收光谱图解析的一般过程。

### 2.4.3.2 实验原理

高分子化合物由于聚合度较高，分子量大，很难研磨成颗粒粒度在 2$\mu$m 左右的粉末，压片比较困难，因此不能使用压片法进行样品预处理。一般可采用某种低沸点的溶剂将其溶解，制成溶液；然后将溶液滴在盐片上，待溶剂挥发后，样品便遗留在盐片上形成一层均匀的薄膜。这种方法称为薄膜法。经过预处理后的薄膜可以直接在红外吸收光谱仪上扫描其 IR 谱图。

若仪器配置有 UATR 附件，则可直接绘制聚合物的 IR 谱图。（扫描二维码可观看使用 UATR 附件绘制聚合物 IR 谱图的操作视频。）

固体高聚物红外吸收光谱图的扫描

### 2.4.3.3 仪器与试剂

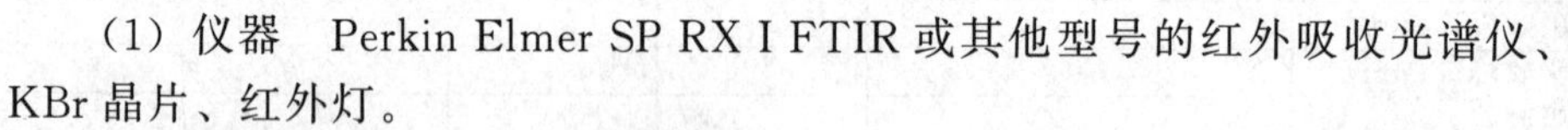

（1）仪器　Perkin Elmer SP RX I FTIR 或其他型号的红外吸收光谱仪、KBr 晶片、红外灯。

（2）试剂　取自不同用途的各类塑料薄膜（至少 3 种，要求纯度＞98%）、$CCl_4$（A. R.）或其他有机溶剂。

### 2.4.3.4 实验内容与操作步骤

（1）准备工作

① 开机。按 2.4.1.4 的方法正常开机。

② 样品的预处理。将一定量的塑料薄膜试样溶于 $CCl_4$（或其他溶剂）中制成溶液，然后滴在 KBr 盐片上，待溶剂挥发后（也可用红外灯稍微加热），试样遗留在晶片上形成薄膜。

（2）样品的分析测定

① 扫描背景。方法同 2.4.1.4。

② 扫描样品。直接将制成的样品薄膜固定在样品室中进行扫描，扫描方法同 2.4.1.4，并记录下对应的文件名。

③ 打印谱图，分析谱图的特征吸收峰，指出其归属。

（3）结束工作

① 关机。按 2.4.1.4 节的方法正常关机。

② 整理台面，填写仪器使用记录。

### 2.4.3.5 HSE 要求

（1）如果吸收峰高度超过检测范围，可用溶剂进一步稀释试样，使制成的薄膜变薄。

（2）若薄膜中的溶剂不易挥发，则可将盐片置于红外灯下稍加热（但不能使盐片破裂）。若所选溶剂沸点较高，有时也可直接采用溶液法对样品进行 IR 谱图的扫描，但在解析谱图时需防止溶剂吸收峰的干扰。

（3）固废需按要求规范处理。

### 2.4.3.6 原始记录与数据处理

（1）在表 2-9 中记录实验数据。对所绘制谱图进行优化处理。

（2）定性判别各聚合物的种类。

（3）对所绘制谱图上各吸收峰的归属进行判定。

**表 2-9 聚合物红外吸收光谱数据记录表**

分析者：________ 班级：________ 学号：________ 分析日期：________

| 检测条件 | | | |
|---|---|---|---|
| 仪器名称 | | 仪器型号与编号 | |
| 液体池厚度/cm | | 温度与湿度 | |
| IR 谱图的绘制与解析(可直接附图) | | | |
| 组分名称 | 未知聚合物 1 | 未知聚合物 2 | 未知聚合物 3 |
| 主要吸收峰$\bar{\nu}_1$、形状与强度 | | | |
| 主要吸收峰$\bar{\nu}_2$、形状与强度 | | | |
| 主要吸收峰$\bar{\nu}_3$、形状与强度 | | | |
| 主要吸收峰$\bar{\nu}_4$、形状与强度 | | | |
| 主要吸收峰$\bar{\nu}_5$、形状与强度 | | | |
| 主要吸收峰$\bar{\nu}_6$、形状与强度 | | | |
| 结论 | | | |
| 主要吸收峰对应振动形式的解析 | | | |
| 组分名称 | 未知聚合物 1 | 未知聚合物 2 | 未知聚合物 3 |
| 主要吸收峰$\bar{\nu}_1$ 对应振动形式 | | | |
| 主要吸收峰$\bar{\nu}_2$ 对应振动形式 | | | |
| 主要吸收峰$\bar{\nu}_3$ 对应振动形式 | | | |
| 主要吸收峰$\bar{\nu}_4$ 对应振动形式 | | | |
| 主要吸收峰$\bar{\nu}_5$ 对应振动形式 | | | |
| 主要吸收峰$\bar{\nu}_6$ 对应振动形式 | | | |
| 结论 | | | |

### 2.4.3.7 思考题

(1) 薄膜法与溶液法相比较有什么优势？各有什么不足？

(2) 使用红外吸收光谱法可否对样品进行定量分析？若可以，如何进行？

### 2.4.3.8 评分表

| 项目 | 考核内容 | 记录 | 分值 | 扣分 | 考核内容 | 记录 | 分值 | 扣分 | 备注 |
|---|---|---|---|---|---|---|---|---|---|
| 红外吸收光谱的绘制与处理(36 分) | 除湿机的使用 | | 2 | | 谱图的保存 | | 2 | | 操作正确且规范记√，操作不正确或不规范记× |
| | 预热 20min(或仪器自检通过) | | 2 | | Smooth 操作 | | 2 | | |
| | 工作站连接 | | 2 | | Baseline 操作 | | 2 | | |
| | 样品的制备 | | 2 | | Abex 操作(归一化) | | 2 | | |
| | 背景扫描 | | 2 | | 吸收峰的标识 | | 2 | | |
| | 样品的放置 | | 2 | | 网格的设置 | | 2 | | |
| | 扫描波长范围的设置 | | 2 | | 谱图颜色的调整 | | 2 | | |
| | 扫描精度等参数的设置 | | 2 | | 谱图的打印 | | 2 | | |
| | 样品的扫描 | | 2 | | 关机操作 | | 2 | | |
| 原始记录(9 分) | 完整、及时 | | 3 | | 清晰、规范 | | 3 | | |
| | 真实、无涂改 | | 3 | | | | | | |
| 振动形式归属判断(24 分) | 全部正确(24 分) | | | | | | | | 每错一次扣 4 分，扣完为止 |
| 定性鉴别结果(15 分) | 全部正确(15 分) | | | | | | | | 每错一次扣 5 分，扣完为止 |
| 报告与结论(2 分) | 完整、明确、规范、无涂改 | | | | | | | | 缺结论扣 10 分 |
| HSE 要求(10 分) | 态度端正、操作规范，团队合作意识强，节约意识强，正确处理“三废”，无安全事故 | | | | | | | | 有安全事故者扣 50 分 |
| 分析时间(4 分) | 开始时间： 结束时间： 完成时间： | | | | | | | | 每超 5 分钟扣 1 分 |
| 总分 | | | | | | | | | |

## 本章主要符号的意义及单位

| 符号 | 意义及单位 | 符号 | 意义及单位 | 符号 | 意义及单位 |
|---|---|---|---|---|---|
| $\lambda$ | 波长,nm,μm | $\mu$ | 原子折合质量,g | $\omega$ | 面外摇摆振动 |
| $\bar{\nu}$ | 波数,$cm^{-1}$ | $\nu$ | 伸缩振动 | $\tau$ | 卷曲振动 |
| $\nu$ | 频率,Hz | $\delta$ | 剪式振动 | $\mu$ | 偶极矩,德拜(D) |
| $\tau$ | 透射比,% | $\beta$ | 面内变形振动 | $r$ | 距离,m |
| $k$ | 化学键的力常数,$g\cdot s^{-2}$ | $\gamma$ | 面外变形振动 | $\varepsilon$ | 摩尔吸光系数,$L\cdot cm^{-1}\cdot mol^{-1}$ |
| $c$ | 光速,$cm\cdot s^{-1}$ | $\rho$ | 面内摇摆振动 | | |

## 本章要点

扫描二维码查看“第 2 章要点”。

第 2 章要点

# 3

# 原子吸收光谱法

学习指南

| 学习引导 | 学习目标 | 学习方法 |
| --- | --- | --- |
| 原子吸收光谱法是目前微量和痕量金属元素分析中灵敏且有效的方法之一，广泛应用于地质、冶金、机械、化工、农业、食品、轻工、生物医药、环境保护、材料科学等各个领域。<br>本章主要介绍原子吸收光谱法的基本原理、仪器与设备、实验技术等。 | 通过本章的学习，应重点掌握原子吸收光谱法定量分析基本原理，原子吸收分光光度计的结构、分析流程及日常维护保养方法，金属元素最佳实验条件的选择与优化、干扰消除方法、定量方法等知识要点。通过技能训练应能正确配制标准溶液和处理试样；能熟练地将仪器调试到最佳工作状态并对样品进行定量检测；能对实验数据进行正确分析和处理并准确表述分析结果；能对仪器进行日常维护保养工作，能排除仪器简单的故障。 | 学习过程中，如能复习已经学习过的相关知识，如无机化学中原子结构、金属和可燃性气体的性质等，有助于理解和掌握本章的知识点；规范、认真且按要求完成技能训练是掌握操作技能的最好方法。此外，通过查阅所提供的参考文献和阅读园地了解一些新技术和科学家的事迹，不仅可以拓宽自己的知识面，也能提高个人学好本门技术的兴趣。 |

## 3.1 概述

### 3.1.1 原子吸收光谱的发现与发展

原子吸收光谱法（atomic absorption spectrometry，AAS）是根据基态原子蒸气吸收待测元素特征谱线来测定试样中待测元素含量的分析方法，也称为原子吸收分光光度法。

1802 年，沃拉斯顿（Wollastone）发现太阳光谱（理论上应该是连续光谱）的照片上有很多未知的暗线（见图 3-1），后称夫琅禾费（Fraunhofer）线。1859 年基尔霍夫成功解释了夫琅禾费线产生的原因，并且应用于太阳外围大气组成的分析。

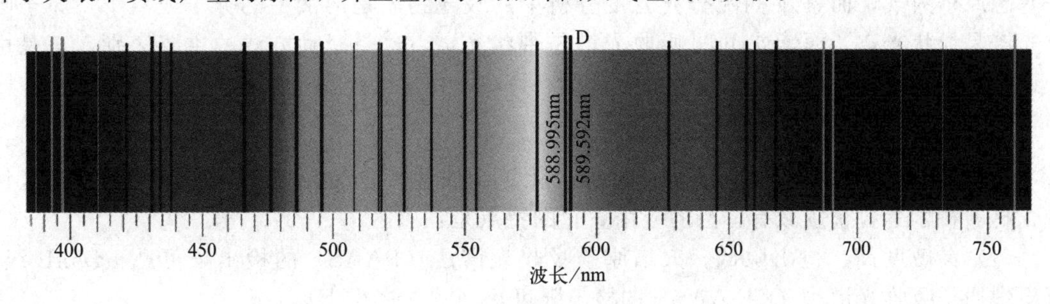


图 3-1 夫琅禾费线

（D 线为太阳大气中钠蒸气吸收所致，波长 588.995nm、589.592nm）

原子吸收光谱作为一种分析方法，是从1955年澳大利亚物理学家A. Walsh发表了论文《原子吸收光谱在化学分析中的应用》以后才开始的。这篇论文奠定了原子吸收光谱分析的理论基础。20世纪50年代末和60年代初，市场上出现了供分析用的商品原子吸收光谱仪。1961年苏联的Б. В. Львов提出电热原子化吸收分析，大大提高了原子吸收分析的灵敏度。1965年威尼斯（J. B. Willis）将氧化亚氮-乙炔火焰成功地应用于火焰原子吸收法，大大扩大了火焰原子化吸收法的应用范围。自20世纪60年代后期开始“间接”原子吸收光谱法的开发，使得原子吸收法不仅可测得金属元素，还可测定一些非金属元素（如卤素、硫、磷）和部分有机化合物（如维生素$B_{12}$、葡萄糖、核糖核酸酶等），为原子吸收法开辟了广泛的应用领域。

随着原子吸收技术的发展和其他科学技术的进步，原子吸收仪器也在不断地更新和发展。近年来，使用连续光源和中阶梯光栅，结合使用光导摄像管、二极管阵列多元素分析检测器、自动进样技术等，既简化了仪器结构，提高了仪器的自动化程度，改善了测定准确度，又实现了原子吸收光谱分析对多元素的同时测定，从而使原子吸收光谱法的面貌发生了重大的变化。

石墨炉横向加热技术（如国产的TAS990、986型仪器）是常用的技术之一，其最大优点是石墨管内温度均匀，确保了原子化效率均匀、原子浓度均匀，能显著降低基体效应和记忆效应，进一步提高检测结果的稳定性。

在原子吸收扣背景技术方面，目前已出现极具创新特色的可变磁场塞曼扣背景的仪器（如Jena公司的AASZeenit 700型为三磁场塞曼扣背景），其优点是：可调节分析灵敏度；可扩展固体分析的分析范围；不需换到次灵敏线测试；不需停气测试；不需稀释样品等。

近年来，联用技术（色谱-原子吸收联用、流动注射-原子吸收联用）得到了快速发展和突破，不管是在解决元素的化学形态分析方面，还是在测定有机化合物的复杂混合物方面，都有重要的用途。

### 3.1.2 原子吸收光谱分析过程

原子吸收光谱分析流程如图3-2所示。

试液喷射成细雾与燃气混合后进入燃烧的火焰中，被测元素在火焰中转化为原子蒸气。气态的基态原子吸收从光源发射出的与被测元素吸收波长相同的特征谱线，使该谱线的强度减弱，再经分光系统分光后，由检测器接收。产生的电信号，经放大器放大，由显示系统显示吸光度或光谱图。

原子吸收光谱法与紫外吸收光谱法都是基于物质对紫外或可见光的吸收而建立起来的分析方法，属于吸收光谱分析，但它们吸光物质的状态不同。原子吸收光谱分析中，吸收物质是基态原子蒸气，而紫外-可见分光光度分析中的吸光物质是溶液中的分子或离子。原子吸收光谱是线状光谱，而紫外-可见吸收光谱是带状光谱，这是两种方法的主要区别。正是由于这种差别，它们所用的仪器及分析方法都有许多不同之处。

### 3.1.3 原子吸收光谱法的特点和应用范围

原子吸收光谱法在地质、冶金、机械、化工、农业、食品、轻工、生物医药、环境保护、材料科学等各个领域有广泛的应用。它的特点是：

（1）灵敏度高、检出限低。火焰原子吸收光谱法（FAAS）的检出限可达ng/mL级，石墨炉原子吸收光谱法（GF-AAS）的检出限可达$10^{-14}\sim10^{-13}$g。

（2）准确度好，精密度高。FAAS相对误差$<1\%$（最佳可达$0.2\%$），其准确度接近经典化学分析方法。GF-AAS的准确度约$3\%\sim5\%$。

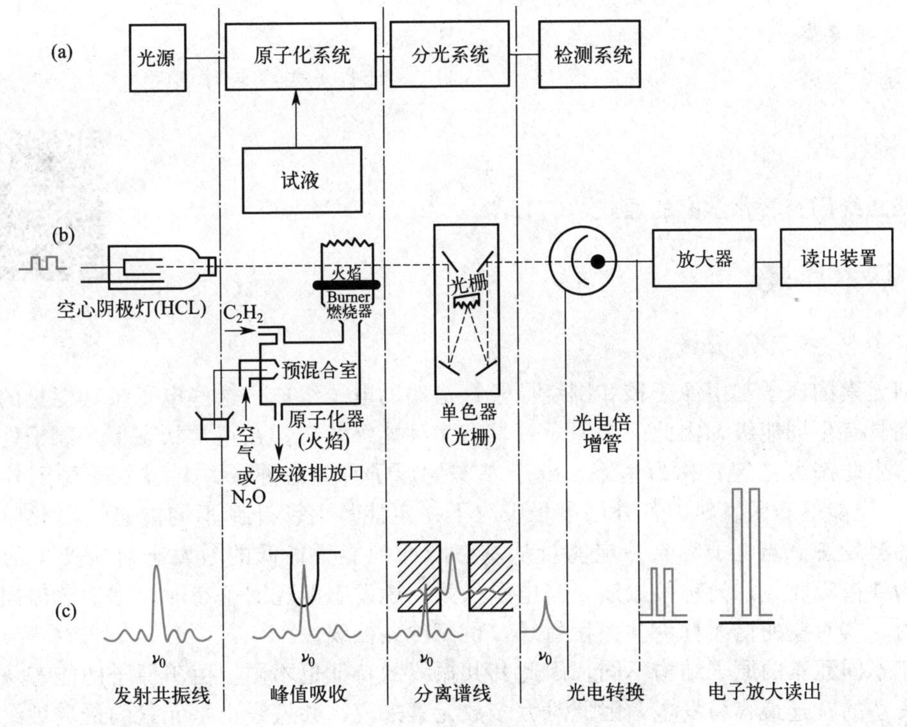


图 3-2 原子吸收光谱分析过程示意图

(3) 选择性好，抗干扰能力强。吸收谱线极具特征性，若实验条件合适，大多数情况下，可在不分离共存元素的情况下直接完成待测元素的定量检测。

(4) 仪器设备简单，操作简便，分析速度快。准备工作完成后，一个元素的定量检测仅需几分钟。若采用自动进样器，35min 内可完成 50 个试样中 6 种元素的同时定量检测。

(5) 应用范围广。AAS 可直接测定 70 多种金属元素，也可以采用间接方法测定一些非金属元素和有机化合物。

(6) 通常情况下分析不同的元素，必须使用不同的元素灯。目前连续光源的快速发展，也能实现一个光源测定多种元素，但应用还不够广泛。

(7) 样品用量少。FAAS 进样量约 2～6mL/min（微量进样法可小至 10～50μL）。GF-AAS 的液体进样量约 10～30μL，固体进样量约 30μg。

AAS 的不足之处：主要用于单元素的定量检测，且校正曲线线性范围较窄（约 2 个数量级）；部分元素（如钍、铪、铌、钼等）的检测灵敏度还比较低；测定复杂样品时仍需进行复杂的化学预处理，否则干扰将比较严重。

## 思考与练习 3.1

1. 下列关于原子吸收光谱法说法正确的是（　　）。

A. 原子吸收光谱分析中的吸光物质是溶液中的分子或离子

B. 原子吸收光谱法可以同时测定多个元素，使用方便

C. 原子吸收光谱法的准确度高，与经典化学分析方法相近

D. 原子吸收光谱是带状光谱

2. （多选）原子吸收光谱法的特点是（　　）。

A. 灵敏度高　　　　B. 选择性好

C. 操作简便　　　　D. 可进行多元素同时测定

**阅读园地**

扫描二维码查看化学家的通式“$C_4H_4$”。

化学家的通式“$C_4H_4$”

## 3.2 基本原理

### 3.2.1 共振线与分析线

任何元素的原子都由原子核和围绕原子核运动的电子组成。这些电子按其能量的高低分层分布而具有不同能级，因此一个原子可具有多种能级状态。在正常状态下，原子处于最低能态（这个能态最稳定）称为基态。处于基态的原子称基态原子。基态原子受到外界能量（如热能、光能等）激发时，其外层电子吸收了一定能量而跃迁到不同能态，因此原子可能有不同的激发态。当电子吸收一定能量从基态跃迁到能量最低的激发态时所产生的吸收谱线，称为共振吸收线，简称共振线。当电子从第一激发态跃迁回基态时，则发射出同样频率的光辐射，其对应的谱线称为共振发射线，也简称共振线。

由于不同元素的原子结构不同，因此其共振线的特征也不同。由于原子的能态从基态到最低激发态的跃迁最容易发生，因此对大多数元素来说，共振线也是元素的最灵敏线（通常为该元素的特征谱线）。原子吸收光谱分析法就是利用处于基态的待测原子蒸气对从光源发射的共振发射线的吸收来进行分析的，因此元素的共振线又称分析线。

### 3.2.2 谱线轮廓与谱线变宽

#### 3.2.2.1 谱线轮廓

从理论上讲，原子吸收光谱应该是线状光谱。但实际上任何原子发射或吸收的谱线都不是绝对单色的几何线，而是具有一定宽度的谱线。若在各种频率 $\nu$ 下，分别测定其吸收系数 $K_\nu$，则可绘制出以 $K_\nu$ 为纵坐标，$\nu$ 为横坐标的吸收曲线（如图 3-3 所示）。吸收曲线极大值对应的频率 $\nu_0$ 称为中心频率。中心频率所对应的吸收系数称为峰值吸收系数。在峰值吸收系数一半（$K_0/2$）处，吸收曲线呈现的宽度称为吸收曲线半宽度，以频率差 $\Delta\nu$ 表示。吸收曲线半宽度 $\Delta\nu$ 的数量级约为 $10^{-3} \sim 10^{-2}$nm（折合成波长）。吸收曲线的形状就是谱线轮廓。

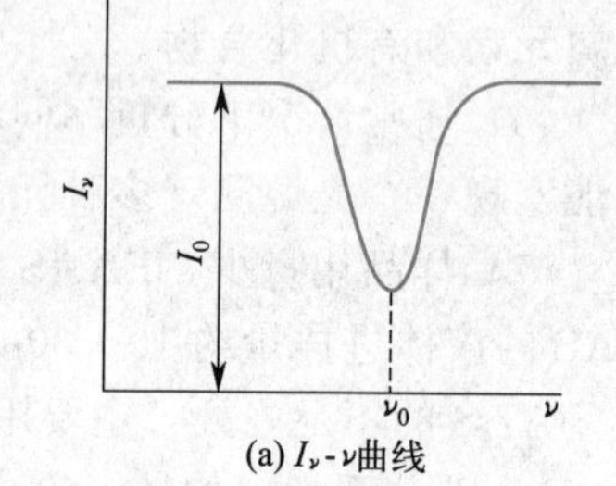


(a) $I_\nu$-$\nu$曲线

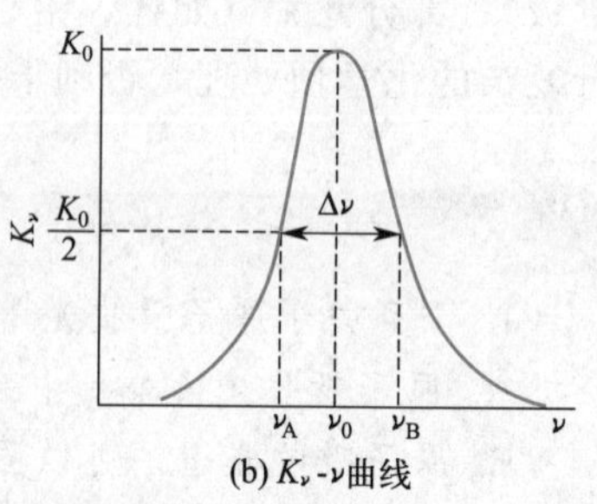


(b) $K_\nu$-$\nu$曲线

图 3-3　吸收曲线轮廓

#### 3.2.2.2 谱线变宽

原子吸收谱线变宽原因比较复杂，一般决定于原子本身的性质和外界因素两个方面。谱线变宽效应可用 $\Delta\nu$ 和 $K_0$ 的变化来描述。下面讨论影响谱线变宽的主要因素：

（1）自然变宽 $\Delta\nu_N$　在没有外界因素影响的情况下，谱线本身固有的宽度称自然宽度。不同谱线的自然宽度不同，与原子发生能级跃迁时激发态原子平均寿命有关，寿命长则谱线宽度窄。谱线自然宽度造成的谱线变宽远小于其他变宽因素，其大小约在 $10^{-5}$nm 数量级。

（2）多普勒（Doppler）变宽 $\Delta\nu_D$　多普勒变宽是由原

子在空间作无规则热运动引起的，所以又称热变宽。其变宽程度可用下式表示：

$$\Delta\nu_D = 7.16 \times 10^{-7} \nu_0 \sqrt{\frac{T}{A_r}} \tag{3-1}$$

式中，$\nu_0$ 为中心频率；$T$ 为热力学温度；$A_r$ 为原子量。

式(3-1) 表明，多普勒变宽与元素的相对原子量、温度和谱线的频率有关，由于 $\Delta\nu_D$ 与 $\sqrt{T}$ 成正比，所以在一定温度范围内，温度的微小变化对谱线宽度影响较小。被测元素的原子量 $A_r$ 越小，温度越高，则 $\Delta\nu_D$ 就越大（多普勒变宽时，中心频率无位移，只是两侧对称变宽，但 $K_0$ 值减少）。

(3) 压力变宽　压力变宽是由产生吸收的原子与蒸气中原子或分子相互碰撞而引起的谱线变宽，又称碰撞变宽。根据碰撞种类，压力变宽可分为劳伦兹（Lorentz）变宽和赫鲁兹马克（Holtzmork）变宽（共振变宽）。前者是产生吸收的原子与其他粒子（如外来气体的原子、离子或分子）碰撞而引起的谱线变宽，且随外界气体压力的升高而变大，随温度的升高而变小；后者是由同种原子之间发生碰撞而引起的谱线变宽。劳伦兹变宽使中心频率位移，谱线轮廓不对称，影响分析的灵敏度。共振变宽只在被测元素浓度较高时才有影响。

在通常的原子吸收实验条件下，吸收线轮廓主要受多普勒变宽（采用火焰原子化器时）和劳伦兹变宽（采用无火焰原子化器时）的影响。

### 3.2.3 原子蒸气中基态与激发态原子的分配

原子吸收光谱是以测定基态原子蒸气对同种元素特征谱线的吸收为依据的。测定时，首先要使样品中的待测元素由化合物状态转变为基态原子蒸气（称原子化过程，常通过加热的方式予以实现），过程中多数原子处于基态，还有部分原子因吸收了较高能量被激发而处于激发态。此两种能态原子数目的比值在一定温度下遵循玻尔兹曼分布定律：

$$\frac{N_j}{N_0} = \frac{P_j}{P_0} e^{\frac{-\Delta E}{KT}} \tag{3-2}$$

式中，$N_j$、$N_0$ 分别为单位体积内处于激发态和基态的原子数；$P_j$、$P_0$ 分别为激发态和基态能级的统计权重；$\Delta E$ 为激发态与基态两能级间能量差；$T$ 为热力学温度；$K$ 为玻尔兹曼常数。

表 3-1　某些元素共振激发态与基态原子数的比值

| 元素 | 谱线 $\lambda$/nm | 激发能 $E_j$/eV | $P_j/P_0$ | $N_j/N_0$ | | |
|---|---|---|---|---|---|---|
| | | | | 2000K | 2500K | 3000K |
| Na | 589.0 | 2.104 | 2 | $0.99\times10^{-5}$ | $1.44\times10^{-4}$ | $5.83\times10^{-4}$ |
| Sr | 460.7 | 2.690 | 3 | $4.99\times10^{-7}$ | $1.13\times10^{-5}$ | $9.07\times10^{-5}$ |
| Ca | 422.7 | 2.932 | 3 | $1.22\times10^{-7}$ | $3.65\times10^{-6}$ | $3.55\times10^{-5}$ |
| Fe | 372.0 | 3.332 | | $2.29\times10^{-9}$ | $1.04\times10^{-7}$ | $1.31\times10^{-6}$ |
| Ag | 328.1 | 3.778 | 2 | $6.03\times10^{-10}$ | $4.84\times10^{-8}$ | $8.99\times10^{-7}$ |
| Cu | 324.8 | 3.817 | 2 | $4.82\times10^{-10}$ | $4.04\times10^{-6}$ | $6.65\times10^{-7}$ |
| Mg | 285.2 | 4.346 | 3 | $3.35\times10^{-11}$ | $5.20\times10^{-9}$ | $1.50\times10^{-7}$ |
| Pb | 283.3 | 4.375 | 3 | $2.83\times10^{-11}$ | $4.55\times10^{-9}$ | $1.34\times10^{-7}$ |
| Zn | 213.9 | 5.795 | 3 | $7.45\times10^{-15}$ | $6.22\times10^{-12}$ | $5.50\times10^{-10}$ |

由式(3-2) 可知：对于给定波长的谱线，其 $P_j/P_0$ 和 $\Delta E$ 都是已知的，因此，$N_j/N_0$ 值仅取决于火焰温度 $T$（见表 3-1），且温度越高，$N_j/N_0$ 值就越大。同一温度下电子跃迁两能级间的能量差（$\Delta E$）越小，则共振线频率越低，$N_j/N_0$ 值也越大。由于原子化过程的火焰温度多低于 3000K，且多数元素的共振线小于 600nm，因此，大多数元素原子化过程

中的 $N_j/N_0$ 值均小于1%（见表3-1），即火焰中激发态原子数远远小于基态原子数。所以，进行原子吸收光谱分析时，可用基态原子数 $N_0$ 代替吸收辐射的原子总数。

## 3.2.4 原子吸收值与待测元素浓度的定量关系

### 3.2.4.1 积分吸收

原子蒸气层中基态原子吸收共振线的全部能量称为积分吸收，相当于图（3-3）吸收线轮廓下所包围图形的整个面积，以数学式表示为 $\int K_\nu \mathrm{d}\nu$。根据理论推导谱线的积分吸收与基态原子数的关系为：

$$\int K_\nu \mathrm{d}\nu = \frac{\pi e^2}{mc} f N_0 \tag{3-3}$$

式中，e 为电子电荷；$m$ 为电子质量；$c$ 为光速；$f$ 为振子强度，表示能被光源激发的每个原子的平均电子数，一定条件下对某给定元素，$f$ 为定值；$N_0$ 为单位体积原子蒸气中的基态原子数。

在火焰原子化法中，当火焰温度一定时，$N_0$ 与喷雾速度、雾化效率以及试液浓度等因素有关；当喷雾速度等实验条件恒定时，基态原子数目 $N_0$ 与试液浓度成正比，即 $N_0 \propto C$，对给定元素，在一定实验条件下，$\frac{\pi e^2}{mc} f$ 为常数。因此，

$$\int K_\nu \mathrm{d}\nu = kC \tag{3-4}$$

式(3-4) 表明：在一定实验条件下，基态原子蒸气的积分吸收与试液中待测元素的浓度成正比。因此，准确测量出积分吸收就可计算出试液中待测元素的浓度。然而要准确测量宽度仅 $10^{-3}$～$10^{-2}$nm 吸收线的积分吸收，就要采用高分辨率的单色器，在目前技术条件下很难轻易做到。所以原子吸收光谱法无法采用测量积分吸收的方式去准确检测待测元素的浓度。

### 3.2.4.2 峰值吸收

1955 年 A. Walsh 以锐线光源为激发光源，成功地实现了用测量峰值吸收系数 $K_0$ 的方法替代积分吸收。所谓锐线光源是指能发射出谱线半宽度很窄的（$\Delta\nu$ 为 0.0005～0.002nm）的共振线的光源。峰值吸收是指基态原子蒸气对入射光中心频率线的吸收。峰值吸收的大小以峰值吸收系数 $K_0$ 表示。若仅考虑原子热运动，且吸收线的轮廓取决于多普勒变宽，则：

$$K_0 = \frac{N_0}{\Delta\nu_D} \times \frac{2\sqrt{\pi \ln 2}\, e^2 f}{mc} \tag{3-5}$$

当温度等实验条件恒定时，对给定元素，$\frac{2\sqrt{\pi \ln 2}\, e^2 f}{\Delta\nu_D mc}$ 为常数，因此

$$K_0 = k'C \tag{3-6}$$

式(3-6) 表明，在一定实验条件下，基态原子蒸气的峰值吸收系数与试液中待测元素的浓度成正比。因此可通过测量峰值吸收系数的方法完成待测元素的定量分析。

为了准确测定峰值吸收系数 $K_0$，必须使用锐线光源代替连续光源，也就是说必须有一个与吸收线中心频率 $\nu_0$ 相同，半峰度比吸收线更窄的发射线作光源，如图 3-4 所示。

### 3.2.4.3 定量分析的依据

虽然峰值吸收系数 $K_0$ 与试液浓度在一定条件下成正比关系，但在实际测量过程中并不是直接测量 $K_0$ 值的大小，而是通过测量基态原子蒸气对特征谱线的吸光度并根据吸收定律进行定量的。

设待测元素的锐线光通量为 $\Phi_0$，当其垂直通过光程为 $b$ 的均匀基态原子蒸气时，由于被试样中待测元素的基态原子蒸气吸收，光通量减小为 $\Phi_{tr}$（见图 3-5）。

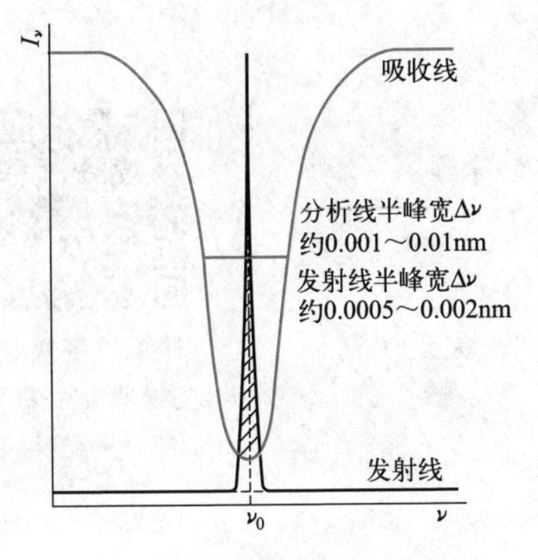


图 3-4 原子吸收的测量

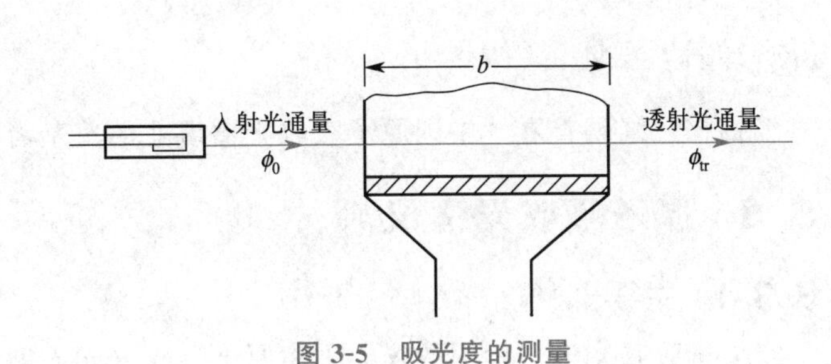


图 3-5 吸光度的测量

由吸收定律，

$$\frac{\Phi_{tr}}{\Phi_0}=e^{-K_0 b}$$

则

$$A=\lg\frac{\Phi_0}{\Phi_{tr}}=K_0 b\lg e$$

即

$$A=\lg e K_0 b$$

代入式(3-6)，得

$$A=\lg e k' C b$$

当实验条件一定时：

$\lg e k'$ 为一常数，令 $\lg e k'=K$，则

$$A=KCb \tag{3-7}$$

式(3-7) 表明，当锐线光源强度及其他实验条件一定时，基态原子蒸气对特征谱线的吸光度与试液中待测元素的浓度 $C$ 及光程长度 $b$（火焰法中为燃烧器的缝长）的乘积成正比。火焰法中 $b$ 通常不变，因此式(3-7) 可写为：

$$A=K'C \tag{3-8}$$

式中，$K'$ 为与实验条件有关的常数。式(3-7)、式(3-8) 即为原子吸收光谱法的定量依据。

## 思考与练习 3.2

1. （多选）影响谱线宽度的因素有（　　）。

A. 自然宽度　　B. 波长　　C. 温度　　D. 压力

2. （多选）在原子吸收分析的火焰中，激发态与基态原子浓度之比与（　　）有关。

A. 火焰温度　　B. 乙炔流量　　C. 待测液浓度　　D. 激发态与基态能级差

3. 原子吸收测量的信号是（　　）对特征谱线的吸收。

A. 分子　　B. 原子　　C. 电子　　D. 中子

4. 下列哪一个不是影响原子吸收谱线变宽的因素？（　　）

A. 激发态原子的寿命　　B. 压力

C. 温度　　D. 原子运动速度

5. 火焰原子吸光光度法的测定工作原理是（　　）。

A. 比尔定律　　B. 玻尔兹曼方程式

C. 罗马金公式　　D. 光的色散原理

中国原子吸收光谱事业的奠基者——吴廷照

 阅读园地

扫描二维码查看“中国原子吸收光谱事业的奠基者——吴廷照”。

## 3.3 原子吸收光谱仪

### 3.3.1 主要部件

原子吸收光谱分析用的仪器称为原子吸收分光光度计或原子吸收光谱仪。原子吸收光谱仪主要由光源、原子系统、分光系统、检测系统等四个部分组成。

#### 3.3.1.1 光源

光源的作用是发射待测元素的特征光谱，供测量用。为了保证峰值吸收的测量，要求光源必须能发射出比吸收线宽度更窄，并且强度大而稳定、背景低、噪声小，使用寿命长的线光谱。目前应用最广泛的是空心阴极灯和无极放电灯。

(1) 空心阴极灯

① 构造与工作原理。空心阴极灯（hollow cathode lamps，HCL）又称元素灯（结构见图 3-6），由一个在钨棒上镶钛丝或钽片的阳极和一个由发射所需特征谱线的金属或合金制成的空心筒状阴极组成。阳极和阴极封闭在带有光学窗口的硬质玻璃管内。管内充有几百帕低压惰性气体（氖或氩）。当在两电极施加 300～500V 电压时，阴极灯开始辉光放电。电子从空心阴极射向阳极，并与周围惰性气体碰撞使之电离。所产生的惰性气体的阳离子获得足够能量，在电场作用下撞击阴极内壁，使阴极表面上的自由原子溅射出来，溅射出的金属原子再与电子、正离子、气体原子碰撞而被激发，当激发态原子返回基态时，辐射出特征频率的锐线光谱。为了保证光源仅发射频率范围很窄的锐线，要求阴极材料具有很高的纯度。

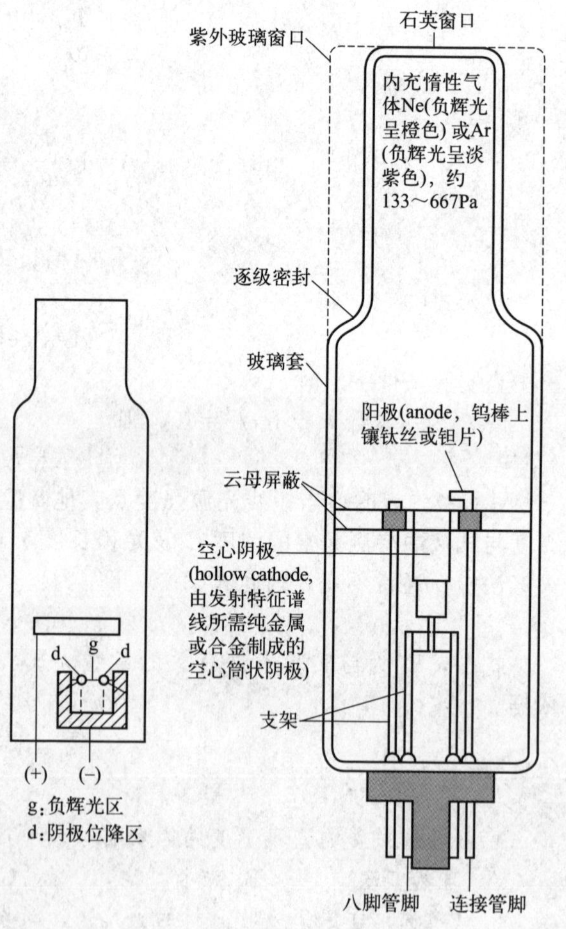


图 3-6　空心阴极灯结构示意图

通常单元素空心阴极灯只能用于一种元素的测定，但灯发射线干扰少、强度高[1]。

② 工作电流。增大工作电流可以增加 HCL 的发光强度，但工作电流过大会使辐射的谱线变宽，且增加灯内自吸收，使锐线光强度下降，背景增大；同时还会加快灯内惰性气体消耗，缩短灯寿命。灯电流过小，会使发光强度减弱，导致稳定性、信噪比等下降。分析时应选择合适的工作电流。为了改善 HCL 的放电特征，常采用脉冲供电方式。

③ 高强度空心阴极灯。图 3-7 为一种高强度空心阴极灯的结构示意图。它与普通 HCL 的区别是增加了一个能产生热电子发射的辅助灯丝和一个辅助阳极。两极间施加一恒定的放电电流，使阴极溅射出而位于阴极端口的原子云受到辅助激发。由于辅助放电的电压很低，因此只能激发低激发能的原子谱线，从而使得产生的谱线辐射强度与普通 HCL 相比提高了几倍至十几倍，且能大大改善信噪比，提高检测灵敏度和检出限，扩大校正曲线的动态线性范围。

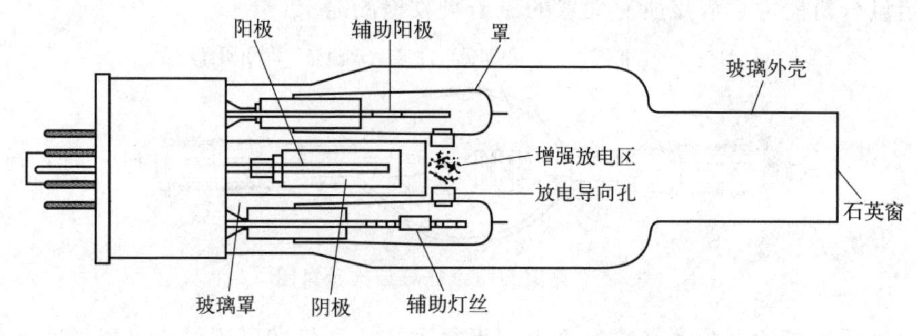


图 3-7 高强度空心阴极灯结构示意图

④ 使用注意事项：

**a. 空心阴极灯使用前应经过一段预热时间（20min～30min），使灯的发光强度达到稳定。**

**b. 灯在点燃后可从灯的阴极辉光颜色判断灯的工作是否正常：充氖气的灯负辉光的正常颜色是橙红色；充氩气的灯正常是淡紫色；汞灯是蓝色。若灯内存在杂质气体，则负辉光颜色变淡，如充氖气时变为粉红、发蓝或者发白。**

**c. 元素灯长期不用，应定期（每月或每隔 2～3 个月）点燃处理，即在工作电流下点燃 1h。**

**d. 使用元素灯时，应轻拿轻放。低熔点的灯（如 Cs、 Ga）用完后，要等冷却后才能移动。**

**e. 为使空心阴极灯发射强度稳定，要保持空心阴极灯石英窗口洁净，点亮后要盖好灯室盖，且测量过程中不打开，以防外界环境破坏灯内热平衡。**

(2) 无极放电灯　无极放电灯（EDL）又称微波激发无极放电灯（其结构见图 3-8），它是在石英管内放入少量金属或较易蒸发的金属卤化物，抽真空后充入几百帕压力的氩气，再密封。将它置于微波电场中，微波将灯的内充气体原子激发，被激发的气体原子又使解离的气化金属或金属卤化物激发而发射出待测金属元素的特征谱线。无极放电灯的发射强度比空心阴极灯大 100～1000 倍，谱线半宽度很窄，适用于对难激发的 As、Se、Sn 等元素的测定。目前已制成 Al、P、K、Rb、Zn、Cd、Hg、Sn、Pb、As 等 18 种元素的商品无极放

[1] 若阴极材料使用多种元素的合金，可制得多元素灯（最多可测 6～7 种元素）。多元素灯工作时可同时发出多种元素的共振线，可连续测定几种元素，减少了换灯的麻烦，但光强度较弱，且容易产生干扰，因此应用不广泛。

电灯。

(3) 连续光源　原子吸收光谱法测定元素含量时，每更换一种元素就需更换一个元素灯，大大增加了分析时间，也增加了分析成本。连续光源能较好地解决这个问题。高聚焦短弧氙灯（见图3-9）是一种典型的连续光源，它是一种气体放电光源。灯内充有高压氙气，在高频高电压激发下形成高聚焦弧光放电，辐射出从紫外到近红外的连续光源，可同时检测从As（193.76nm）到Cs（852.11nm）之间的多条任意分析谱线，具有同时多元素定性、定量分析能力，满足所有元素的原子吸收检测需求。

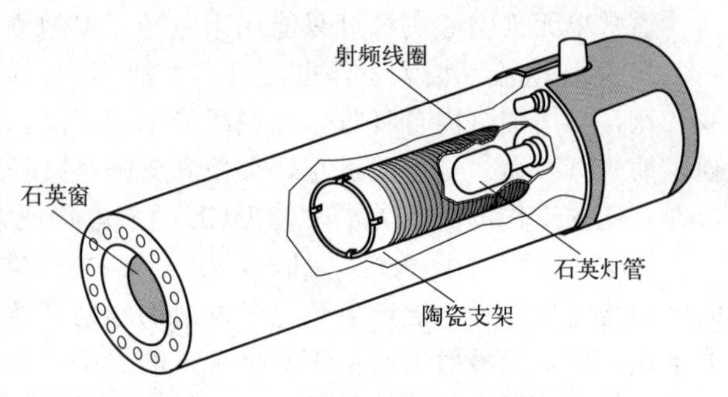


图 3-8　无极放电灯结构示意图

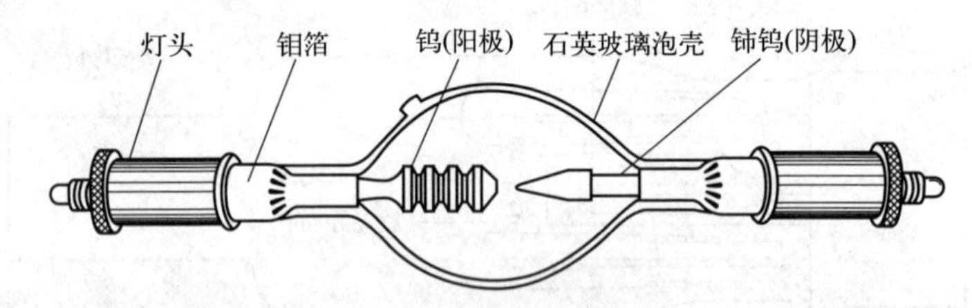


图 3-9　高聚集短弧氙灯结构示意图

该灯启动后即能达到最大光辐射输出，无须预热，开机即可测量，且能随时补偿光谱仪（含光源）的波动漂移（连续光源无自吸收现象），同时结合高分辨力的中阶梯光栅单色器（分辨力约0.002nm，有效地避免了因相邻两条谱线的重叠而造成的检测结果的非线性）和高性能CCD检测器（可同时检测分析信号和背景信号，从而实现精确校正背景），可以大大改善分析结果的准确性和测量精度，使检测动态线性范围扩大几个数量级。

### 3.3.1.2　原子化系统

将试样中待测元素变成基态原子蒸气的过程称为试样的原子化。完成试样原子化的设备称为原子化系统（或原子化器）。目前主要有火焰原子化法和非火焰原子化法两种。火焰原子化法利用火焰的热能将试样转化为气态原子。非火焰原子化法则是利用电加热或化学还原等方式将试样转化为气态原子。

原子化系统是原子吸收光谱仪的一个关键装置，直接决定了分析方法的灵敏度和准确度。

(1) 火焰原子化法

① 火焰原子化器。如图3-10所示，火焰原子化器由雾化器、预混合室和燃烧器等部分组成。

a. 雾化器。雾化器［其结构见图3-10(b)］的作用是将试液雾化成微小的雾滴。雾化器的性能直接影响方法检测灵敏度、测量精度和化学干扰等，因此要求其喷雾稳定、雾滴细微均匀和雾化效率高。雾化器的雾化效率一般为10%～30%。

b. 预混合室。预混合室的作用是进一步细化雾滴，并使之与燃料气均匀混合后进入火焰。部分未细化的雾滴在预混合室凝结下来成为残液。残液由预混合室废液排放口排出。为了避免回火爆炸的危险，废液排出管必须采用导管弯曲或将导管插入水中等水封方式。

c. 燃烧器。燃烧器［其结构见图3-10(a)］的作用是使燃气（如乙炔）在助燃气（如空

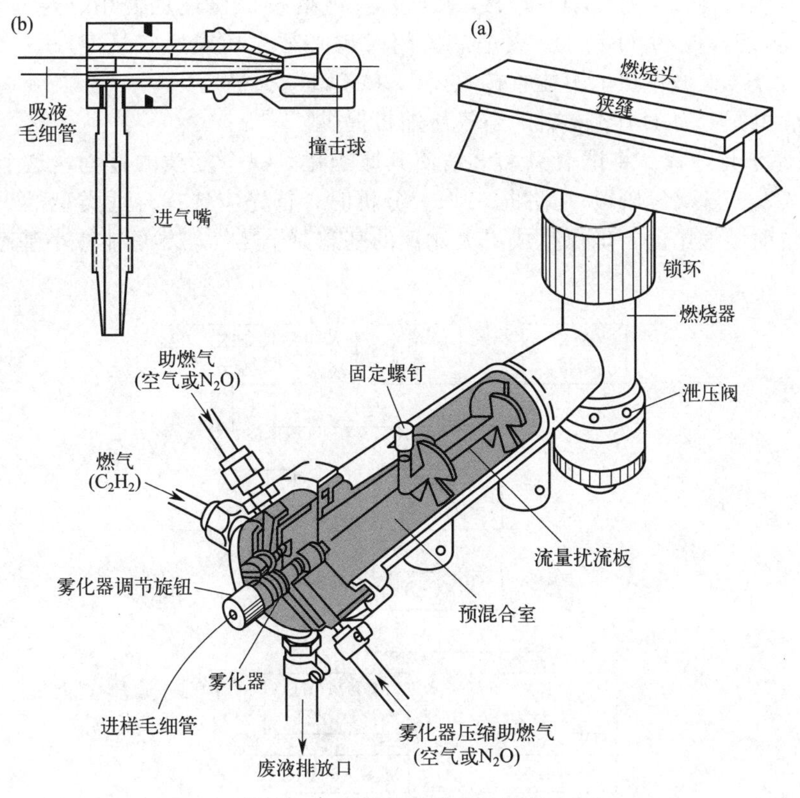


图 3-10 火焰原子化器示意图

气或 $N_2O$）的作用下形成火焰，使进入火焰的试样微粒原子化。预混合型原子化器通常采用不锈钢制成长缝型燃烧器（缝长约 100～120mm，缝宽约 0.5～0.7mm）。

d. 火焰种类及气源设备。火焰原子化器主要采用化学火焰，常用的火焰有以下 4 种：

空气-煤气（丙烷）火焰：这种火焰温度约 1900℃，适用于易挥发、易解离元素（如碱金属 Cd、Cu、Pb、Ag、Zn、Au 及 Hg 等）的分析。

空气-乙炔（$C_2H_2$）火焰：这是一种应用最广泛的火焰，最高温度约 2300℃，可测定 35 种以上的元素，且能得到较高的信噪比。

$N_2O$-乙炔（$C_2H_2$）火焰：这种火焰燃烧速度低，火焰温度达 3000℃左右，可测定约 70 种元素，是目前广泛应用的高温化学火焰。

空气-氢火焰：这是一种无色的低温火焰，最高温度约 2000℃，适用于易电离的金属元素（如 As、Se 和 Sn 等）的测定，特别适用于共振线位于远紫外区元素的测定。

由火焰的种类得知，火焰原子吸收分析常用的燃气、助燃气主要是乙炔（$C_2H_2$）、空气、氧化亚氮（$N_2O$）、氢气、煤气等。乙炔通常由乙炔钢瓶（白瓶红字，字样“乙炔”）提供。乙炔钢瓶内最大压力为 1.5MPa。乙炔溶于吸附在活性炭上的丙酮内，乙炔钢瓶使用至 0.5MPa 时应重新充气，否则钢瓶中的丙酮会混入火焰，使火焰不稳定，噪声大，影响测定。乙炔管道系统不能使用纯铜制品，以免产生乙炔铜爆炸。乙炔钢瓶附近不可有明火。使用时应先开助燃气（空气）再开燃气（乙炔）并立即点火，关气时应先关燃气再关助燃气。

$N_2O$ 又称笑气，有麻醉作用，且易爆。$N_2O$ 通常由氧化亚氮钢瓶（灰瓶黑字，字样“氧化亚氮”）提供，钢瓶内装有液态气体，减压后使用。使用 $N_2O$-$C_2H_2$ 火焰应小心，注意防止回火，禁止直接点燃 $N_2O$-$C_2H_2$ 火焰，应严格按操作规程使用（通常先点燃空气-$C_2H_2$ 火焰，再切换成 $N_2O$-$C_2H_2$ 火焰；关闭时也必须先切换回空气-$C_2H_2$ 火焰，再按要求关闭空气-$C_2H_2$ 火焰；切记不能直接关闭 $N_2O$-$C_2H_2$ 火焰）。

空气一般由压力为 1MPa 左右的空气压缩机提供。

② 火焰原子化过程。将试液引入火焰使其原子化是一个复杂的过程，这个过程包括雾滴脱溶剂、蒸发、解离等阶段（见图 3-11）。分析时，首先应选择合适类型的火焰，并调节合适的燃气与助燃气比值，确保生成更大比例的基态原子蒸气，尽可能减小基态原子的激发或电离。

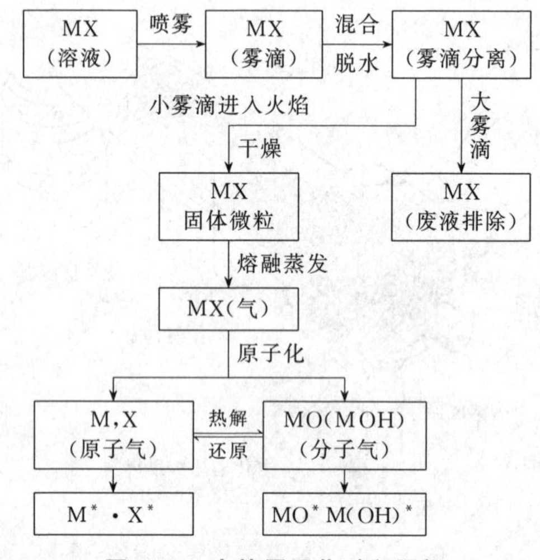


图 3-11 火焰原子化过程图解

③ 火焰原子化法的特点。火焰原子化法的操作简便，重现性好，有效光程大，对大多数元素有较高的灵敏度，因此应用广泛。但火焰原子化法原子化效率低，灵敏度不够高，而且一般不能直接分析固体样品。这些不足限制了火焰原子化法的应用范围，也促进了无火焰原子化法的发展。

（2）电加热原子化法

① 电加热原子化器。常用的电加热原子化器是管式石墨炉原子化器（其结构见图 3-12），它由炉体、电源、冷却水、气路系统等组成，使用低压（10～25V）大电流（400～600A）

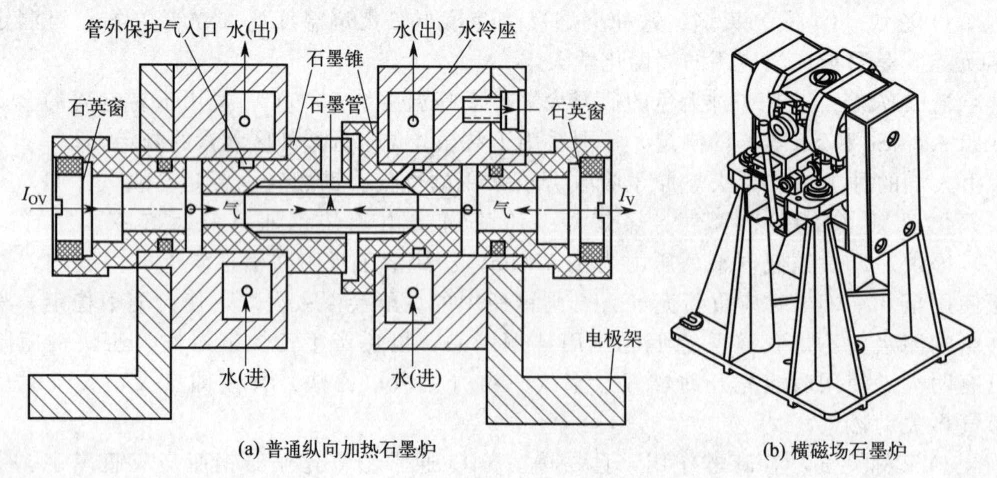


(a) 普通纵向加热石墨炉　(b) 横磁场石墨炉

图 3-12 管式石墨炉原子化器结构示意图

来加热石墨管，可升温至3000℃，使管中少量液体或固体样品蒸发和原子化。石墨管（见图3-13）上有小孔用于注入试液。石墨炉要不断通入惰性气体（通常为Ar），以保护原子化的基态原子蒸气不再被氧化，并用以清洗和保护石墨管。分析时，从冷却水进口通入20℃水可使石墨管在每次分析后迅速降到室温。

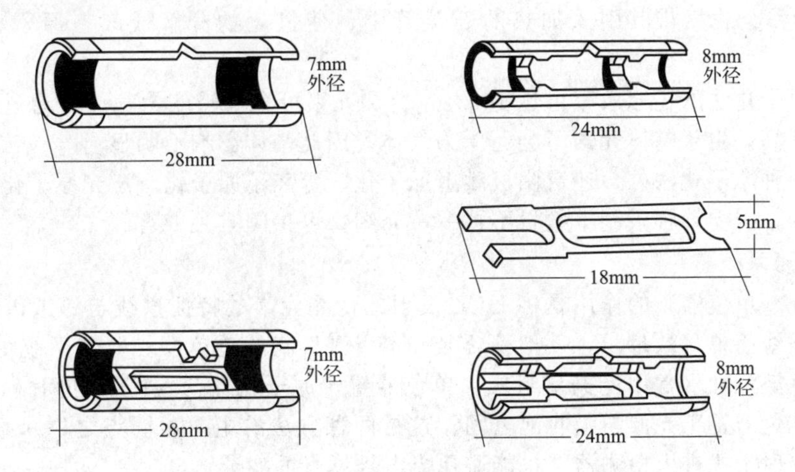


图3-13 各类石墨管

② 管式石墨炉原子化法原子化过程。包括4个阶段。

a. 干燥阶段。其目的是除去试样中水分等溶剂，干燥温度一般要高于溶剂的沸点（如水溶液温度控制在105℃），干燥时间取决于进样量体积（约1.5s/μL试样）。

b. 灰化阶段。其目的是尽可能除去试样中挥发的基体、有机物和其他干扰元素。一般灰化温度为100～1800℃，灰化时间为0.5s～5min。

c. 原子化阶段。其目的是使待测元素的化合物蒸气气化，然后解离为基态原子。原子化温度随待测元素而异，原子化时间约为3～10s。

d. 净化阶段。一个样品测定结束后，还需要用比原子化阶段稍高的温度加热，以除去石墨管中的残留物质，消除记忆效应，以便下一个试样的测定。

石墨炉的升温程序是微机处理控制的，进样后原子化过程按程序自动进行。

③ 管式石墨炉原子化法的特点。与火焰原子化器相比，石墨炉原子化器具有体积小、检出限低（$10^{-13}$～$10^{-14}$g）、原子化效率高（近100%）、样品用量少（液体与固体试样均可直接进样，液体试样约1～100μL，固体试样约20～40μg）等特点。

石墨炉原子化的主要缺点：基体蒸发时可能造成较大的分子吸收，炉管本身的氧化产生分子吸收，背景吸收较大；一些固体微粒会引起光散射造成假吸收；因此使用石墨炉原子化器必须使用背景校正装置校正。

石墨炉原子化器商品化仪器的炉体分为横向加热和纵向加热两种类型。纵向加热石墨炉（多数国产仪器）由于需在石墨管两端的电极上进行水冷，造成沿光路方向上存在温度梯度，从而使整个石墨管内具有不等温性，导致基体干扰严重，影响原子化过程。横向加热石墨炉技术解决了纵向的不等温性的缺点，大大增加了管内恒温区域，降低了原子化温度和时间，使得原子浓度均匀且稳定性好，显著地降低了基体效应和消除记忆效应，同时还可降低了对炉体的要求，增加石墨管的使用寿命。

（3）化学原子化法　化学原子化法又称低温原子化法，是利用化学反应将待测元素转变为易挥发的金属氢化物或氯化物，然后再在较低的温度下原子化。

① 汞低温原子化法。汞是唯一可采用这种方法测定的元素。因为汞的沸点低，常温下

蒸气压高，只要将试液中的汞离子用 $SnCl_2$ 还原为汞，在室温下用空气将汞蒸气引入气体吸收管中就可测其吸光度。这种方法常用于水中有害元素汞的测定。

② 氢化物原子化法。此法适用于 Ge、Sn、Pb、As、Sb、Bi、Se 和 Te 等元素的测定。在酸性条件下，将这些元素还原成易挥发易分解的氢化物，如 $AsH_3$、$SnH_4$、$BiH_3$ 等，然后经载气将其引入加热的石英管中，使氢化物分解成气态原子，并测定其吸光度。

氢化物原子化法的还原效率可达 100%，待测元素可全部转变为气体并通过吸收管，因此测定灵敏度高。由于基体元素不会还原为气体，因此基体影响不明显。

除上述三种原子化法外，还有阴极溅射原子化、等离子原子化、激光原子化法和电极放电原子化法等，因受篇幅限制本教材不再一一介绍，可参阅有关专著。

#### 3.3.1.3 分光系统

分光系统（单色器）的作用是将 HCL 发射的待测元素的特征谱线与邻近谱线分开。因原子吸收的谱线简单且数量少，一般不需要分辨率❶很高的单色器。分光系统由入射狭缝、出射狭缝和色散元件（常用光栅）组成。单色器置于原子化器与检测器之间（紫外-可见分光光度计的单色器置于光源与吸收池之间，这是两种方法的主要不同点之一），可防止原子化器内发射辐射干扰进入检测器，也能避免光电倍增管的疲劳。

为便于准确测量，要求有较强的出射光强度。所以当光源强度一定时，就需要选用适当的光栅色散率❷和狭缝宽度（$S$，mm）配合，以获得适于测量的光谱通带（$W$）来满足此要求。光谱通带是指单色器出射光谱所包含的波长范围，由光栅线色散率的倒数（又称倒色散率，$D$，$nm \cdot mm^{-1}$）和出射狭缝宽度所决定，其关系为：$W=DS$。

德国耶拿公司推出的 contrAA 型连续光源火焰原子吸收光谱仪，采用石英棱镜和高分辨率的大面积中阶梯光栅组成双单色器，得到了 0.002nm（280nm 处，小于吸收线半宽度）的极高分辨率，解决了谱线宽度的问题，采用氖灯进行多谱线同时波长定位和动态校正，保证了波长的准确度和重现性，使连续光源在近似单色光的条件下工作。

#### 3.3.1.4 检测系统

检测系统由光电转换器、信号放大器和显示器等组成。

（1）光电转换器　常用的检测器是光电倍增管，是利用二次电子发射放大光电流来将微弱的光信号转变为电信号的器件。光电倍增管（其结构见图 3-14）由一个表面涂有光敏材料的光电发射阴极、一个阳极以及若干个倍增极（打拿极）所组成。当光阴极受到光子的碰撞时，发出光电子。光电子继续碰撞倍增极，产生多个次级电子，这些电子再与下一级倍增极相碰撞，电子数依次倍增，经过 9～16 级倍增极，放大倍数可达 $10^6$～$10^9$。最后测量的

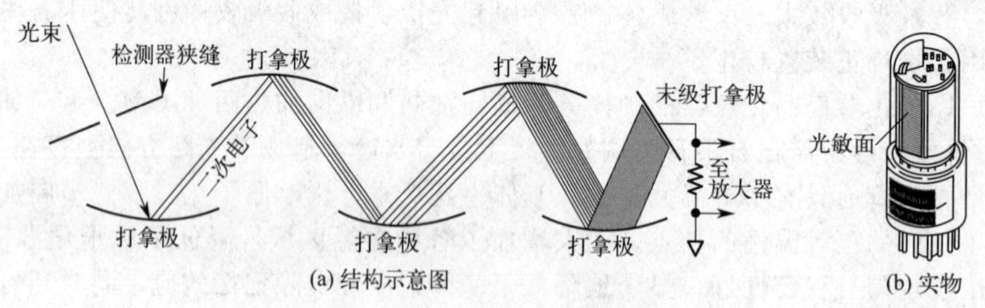


图 3-14　光电倍增管结构与工作原理

❶ 分辨率指将波长相近的两条谱线分开的能力。

❷ 色散率指色散元件将波长相差很小的两谱线分开所成的角长或两条谱线投射到聚焦面上的距离的大小。

阳极电流与入射光强度及光电倍增管的增益（即光电倍增管放大倍数对数）成正比。改变光电倍增管的负高压可以调节增益，从而改变检测器的灵敏度。

使用光电倍增管时，不能用太强的光照射，也不要使用太高的增益，这样才能保证光电倍增管良好的工作特性，否则会引起光电倍增管的“疲劳”乃至失效。所谓“疲劳”是指光电倍增管刚开始工作时灵敏度下降，过一段时间灵敏度趋于稳定，但长时间使用灵敏度又下降的光电转换不成线性的现象。

(2) 信号放大器　信号放大器的作用是将光电倍增管输出的电压信号放大后送入显示器。原子吸收光谱仪常采用同步解调放大器。放大器既有放大作用，又能滤掉火焰发射以及光电倍增管暗电流产生的无用直流信号，从而有效地提高信噪比。

(3) 显示器　原子吸收光谱仪的显示器一般同时具有数字打印和显示、浓度直读、自动校准和微机处理数据功能。

(4) 固体检测器　高档仪器常配置固体检测器。固体检测器有光电二极管阵列(PDA)、电荷耦合器件（CCD）和电荷注入器件（CID）。固体检测器主要由光电转换元件及电信号读出电路两部分组成。光电转换元件是由按照一定规律排列的被称为像素的感光小单元——硅光电二极管组成。PDA 是将硅光电二极管阵列、扫描电路及晶体管开关电路集成在一起；而 CCD 中的光敏元件则是二维阵列形式，可同时记录完整的时间-波长-信号的三维信息。不同波长的光照射在固体检测器表面不同部位时产生光生电荷，测量光生电荷的方式有两种：CID 为电荷注入式，即测量电荷从一个电极转移到另一个电极时产生的电压改变；CCD 则为电荷耦合式，即将电荷转移到敏感放大器中测量。CCD 具有量子效率高（约 90%）、噪声低（约 $5e^-$）、暗电流小（约 $0.001e^- \cdot s^{-1}$）的特点，适合于微弱光的检测；而 CIA 的优点则是信号可以重复读取。

## 3.3.2 仪器类型和主要性能

原子吸收光谱仪按光束形式可分为单光束和双光束两类，按波道数目又有单道、双道和多道之分。下面简单介绍几种常见类型的原子吸收光谱仪。

### 3.3.2.1 单道单光束型

单道是指仪器只有一个光源，一个分光系统，一个检测系统，每次只能测定一种元素。单光束是指从光源中发出的光仅以单一光束的形式通过原子化器、分光系统和检测系统。图 3-15 为单道单光束型原子吸收光谱仪的光学系统示意图。

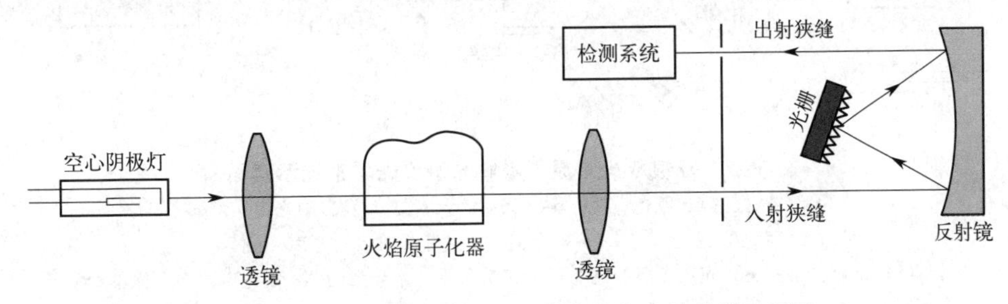


图 3-15　单道单光束型原子吸收光谱仪光学系统示意图

这类仪器结构简单，操作方便，体积小，价格低，能满足一般原子吸收分析的要求。其缺点是不能消除光源波动造成的影响，基线漂移。国产 WYX-1A、WYX-1B 等 WYX 系列，360、360M、360CRT 系列，普析 TAS990 等均属于此类仪器。

### 3.3.2.2 单道双光束型

双光束是指从光源发出的光被切光器分成两束强度相等的光，一束为样品光束通过原子化器被基态原子蒸气部分吸收；另一束只作为参比光束不通过原子化器，其光强不被减弱。两束光被原子化器后面的反射镜反射后，交替进入同一分光系统和检测系统。检测器将接受到的脉冲信号进行光电转换，并由放大器放大，最后由读出装置显示。图 3-16 为单道双光束型原子吸收光谱仪的光学系统示意图。由于两光束来源于同一个光源，光源的漂移通过参比光束的作用而得到补偿，所以能获得一个稳定的输出信号。不过由于参比光束不通过火焰，火焰扰动和背景吸收影响无法消除。国产 310 型、320 型、GFU-201 型、WFX-Ⅱ型均属此类仪器。

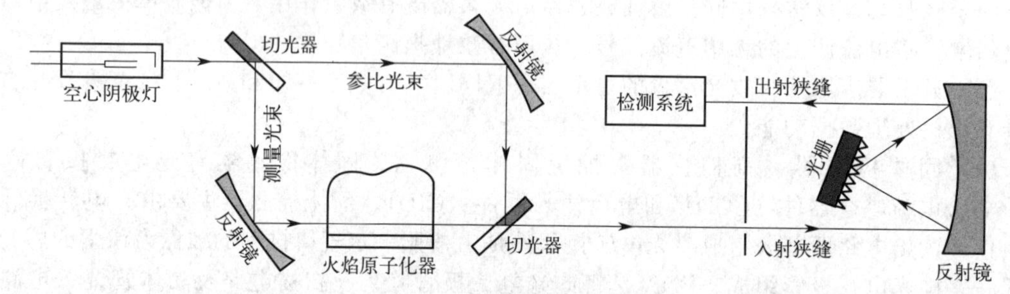


图 3-16　单道双光束型原子吸收光谱仪光学系统示意图

### 3.3.2.3　双道双光束型

如图 3-17 所示，这类仪器有两个光源，两套独立的分光系统和检测系统。每一光源发出的光均分为两束，一束为样品光束，通过原子化器；一束为参比光束，不通过原子化器。这类仪器可以同时测定两种元素，能消除光源强度波动的影响及原子化系统的干扰，准确度高，稳定性好，但仪器结构复杂，价格昂贵。

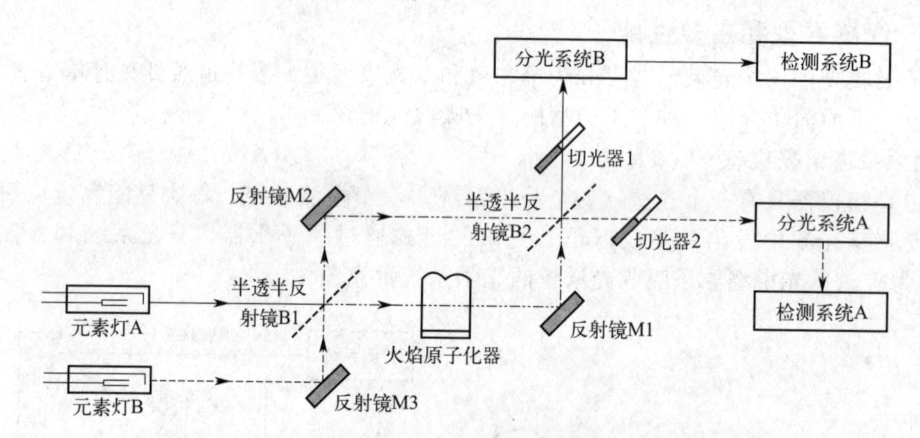


图 3-17　双道双光束原子吸收光谱仪光学系统示意图

备注：(1) 红色 (——►) 光束：元素灯 A 发出的光束；

(2) 蓝色 (-----►) 光束：元素灯 B 发出的光束；

(3) 紫色 (-·-·-►) 光束：经半透半反射镜后各有一半光强的 A、B 光束的混合光束

### 3.3.2.4　多道双光束型

多道双光束型原子吸收光谱仪可同时测量多种元素（8 种）的含量。图 3-18 为美国 PE 公司 PinAAcle900 型光纤实时双光束型仪器的光学系统示意图。HCL 和氘灯的辐射经光纤耦合器混合后分割成两束光（每束均含有 HCL 和氘灯的辐射），分别经过并行放置的石墨炉原子化器与火焰原子化器（两个原子化器根据测量需要一个作为测量光束，另一个则作为

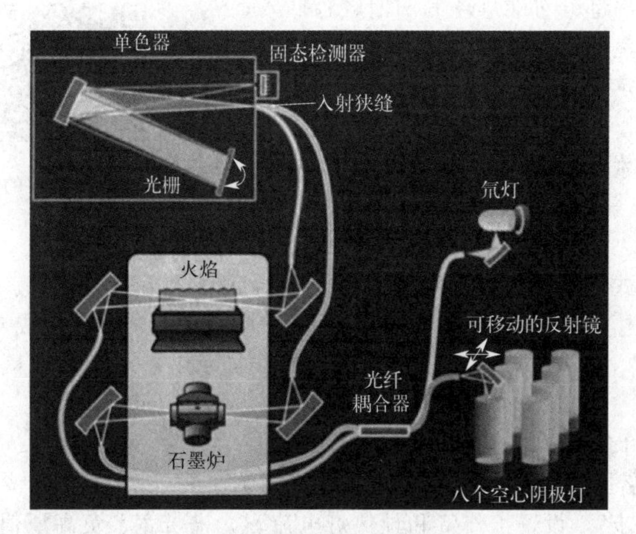


图 3-18 PinAAcle900 型原子吸收光谱仪光学系统示意图

参比光束）后汇聚到两根光纤中，传输至单色器入射狭缝的不同部位，通过光栅后又分别汇聚到出射狭缝的不同部位。装在出口狭缝处的特制固体检测器分别测量出两个光束中 HCL 和氘灯的信号。自动调节可移动反射镜，可在短时间内实现多个元素含量的测定。

由于光纤分割是从空间上把两组信号传递到检测器的不同部位，因此信号脉冲相位完全相同，实现了实时双光束测量。该仪器的特点是快速启动、无须校准，且稳定性、信噪比极佳，大大地提高了检测灵敏度和准确度。

### 3.3.3 仪器的操作与维护保养

原子吸收光谱仪虽然型号繁多，性能各异，但其基本操作多在工作软件进行。下面以 TAS990 型原子吸收分光光度计为例，简单介绍原子吸收光谱仪的一般使用方法、工作软件操作及日常维护保养和故障诊断与排除。

#### 3.3.3.1 TAS990 原子吸收光谱仪主要功能与技术参数

（1）仪器主要功能　普析公司生产的 TAS990 原子吸收光谱仪是一款全自动智能化的火焰-石墨炉原子吸收分光光度计。该机采用 PC 机和中文界面操作软件，操作简便、直观，具有氘灯背景校正、自吸背景校正功能。应用先进的电子电路系统和串口通信控制，实现了仪器的波长扫描、寻峰定位以及光谱通带宽度、原子化器高度和位置、燃气流量、灯电流和光电倍增管负高压等功能的自动调节。

（2）主要技术参数　波长范围：190.0～900.0nm；光栅刻线：1200 条/mm；波长准确度：±0.25nm；分辨率：优于 0.3nm；光谱带宽：0.1nm、0.2nm、0.4nm、1.0nm 和 2.0nm 五挡自动切换；仪器稳定性：30min 内基线漂移 $A<\pm 0.005$。

#### 3.3.3.2 火焰原子吸收光谱仪的操作方法（以 TAS990 型为例）

（1）检查仪器的电路、气路连接是否正常　TAS990 型原子吸收光谱仪采用 220V±10%，50Hz 单相交流电（需安装良好的稳压器），仪器应有良好的接地。

乙炔气体由乙炔钢瓶提供（纯度≥99.9%），空气由无油空气压缩机提供。气体管路连接密封性良好（可用皂膜法检漏）。

（2）安装空心阴极灯　仪器有回转元素灯架，可同时安装 8 只空心阴极灯，分析时通过软件选择所需元素灯和预热元素灯。操作步骤如下（扫描二维码可观看操作视频）：

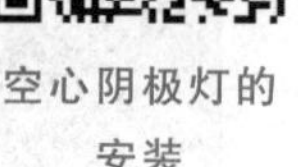

空心阴极灯的安装　　TAS900原子吸收光谱仪基本操作

① 将灯脚的凸出部分对准灯座的凹槽轻轻插入；

② 将灯装入灯室，记住灯位编号；

③ 拧紧灯座固定螺钉；盖好灯室门。

（3）仪器初始化（扫描二维码可观看操作视频）

① 打开稳压电源开关，打开电脑，然后打开仪器主机开关，点击电脑桌面的 AAWin2.0 图标，进入工作软件。

② 选择联机模式，系统将自动对仪器进行初始化（包括氘灯电机、元素灯电机、原子化器电机、燃烧头电机、光谱带宽电机以及波长电机等）。初始化成功的项目将标记为“√”，否则为“×”。如有一项失败，则需根据错误提示，查找失败原因，消除后继续初始化直至成功。

（4）设置元素灯参数

① 初始化成功后进入灯选择界面，选择测定元素和预热元素的种类和位置［见图 3-19(a)］。

② 点击“下一步”，设置工作灯和预热灯电流、光谱带宽、负高压值、燃烧器高度（指燃烧缝平面与空心阴极灯光束的垂直距离）和燃气流量等［见图 3-19(b)］。设置完毕后，仪器将自动调整元素灯的工作参数。

（5）调整燃烧器位置，对准光路　将对光板骑在燃烧器缝隙上［见图 3-20(a)］，轻轻调节燃烧器旋转调节钮［见图 3-20(b)］和前后调节钮［见图 3-20(c)］至合适位置，使从光源发出的光斑中心与对光板中线重合，且与燃烧缝平行（当对光板在燃烧器缝隙间滑动时，光斑始终平均分布在对光板中心线的两侧）。

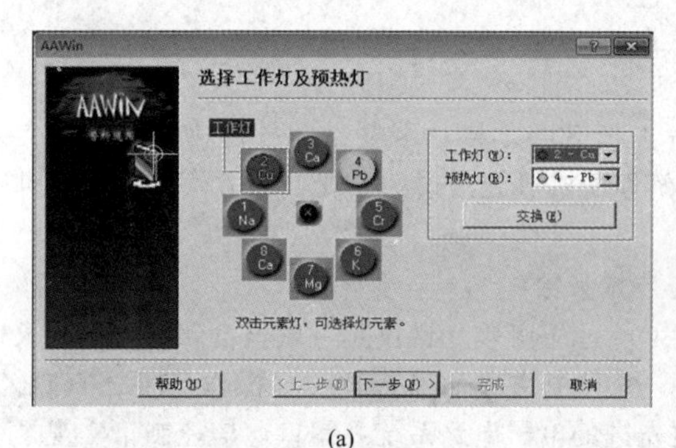


(a)

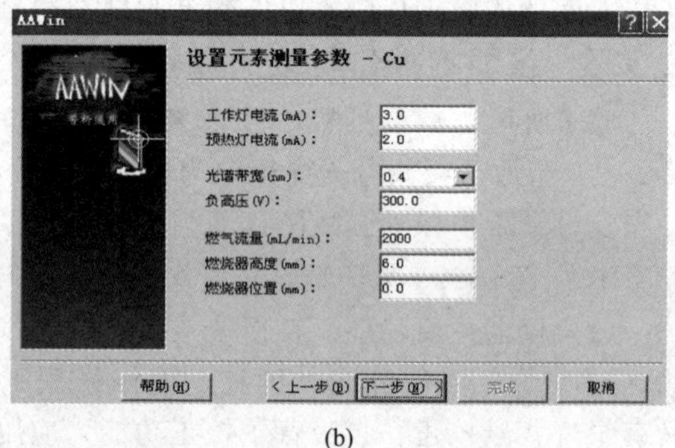


(b)

图 3-19　元素灯的选择（a）与工作参数设置（b）

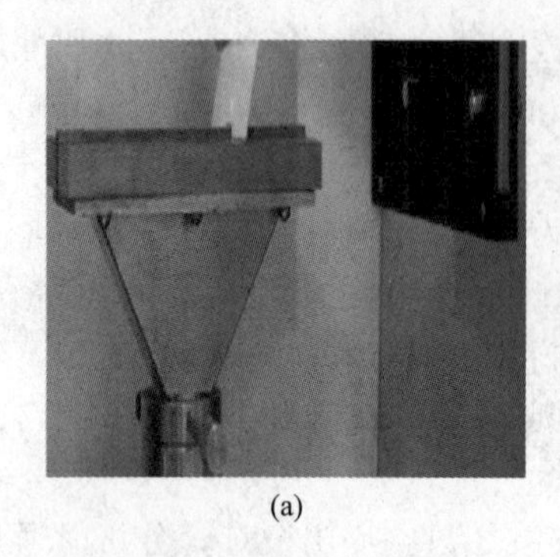

(a)

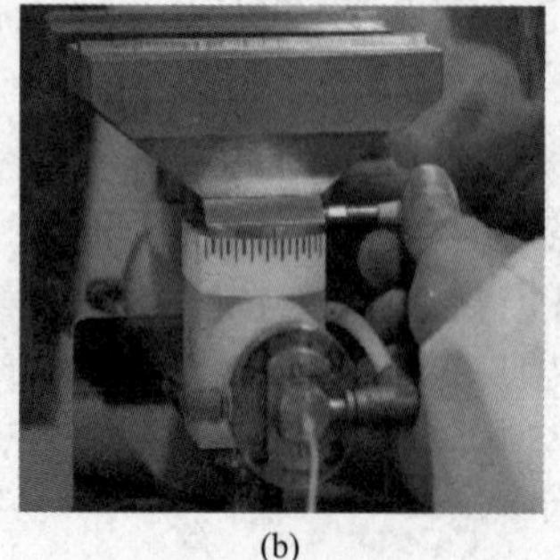

(b)

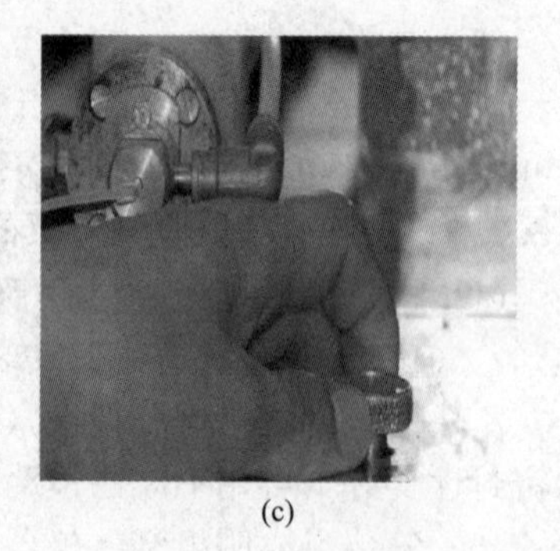

(c)

图 3-20　燃烧器位置的调整

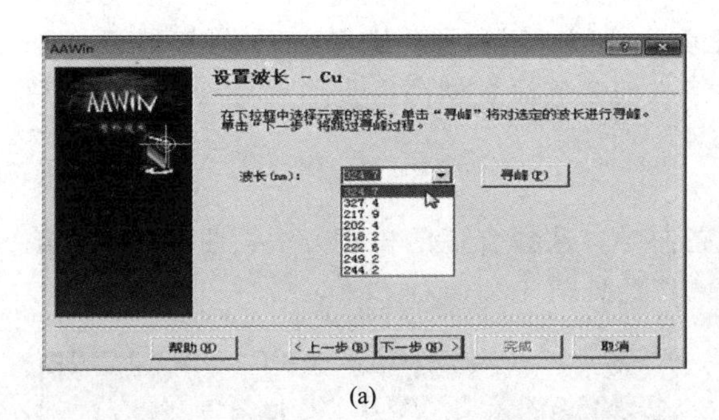


(a)

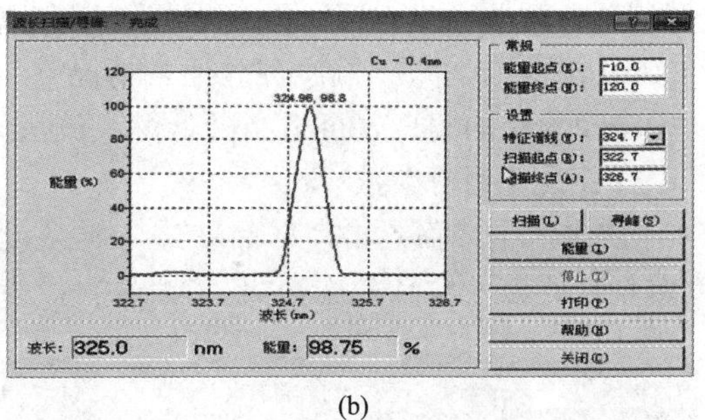


(b)

图 3-21　选择分析线 (a) 与寻峰 (b)

(6) 选择分析线　工作灯参数设置完成后点击“下一步”进入分析线设置界面。在下拉菜单中系统提供了待测元素可供选择的多条分析线［见图 3-21(a)］，选中最佳工作波长后点击“寻峰”，系统自动进入了寻峰界面［见图 3-21(b)］，并将波长调节到所需分析线位置，寻峰完成后关闭此菜单，即成功完成工作元素的参数设置。(注：若分析线对应能量值≥90%，说明元素灯能正常使用；否则，需更换元素灯。)

(7) 设置燃烧器参数，点火　检查空气压缩机、乙炔钢瓶的气体管路连接是否正确，管路及阀门密封性是否良好，确保无气体泄漏。

① 检查排水安全联锁装置 (检查方法：向排水安全联锁装置内连续加入蒸馏水，直至有水从废液排放管流出)；开启排风装置电源开关。

② 待排风装置排风 10min 后，打开空气压缩机开关 (扫描二维码可观看操作视频)，调节合适的输出压力 (通常为 0.3MPa)，打开空气阀门、减压阀 (压力约 0.25MPa)。

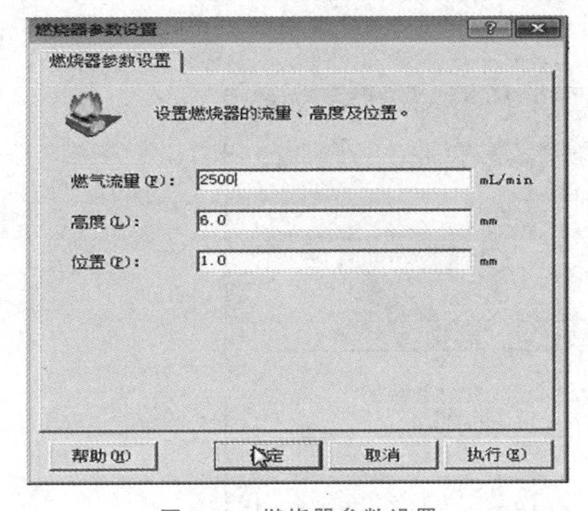


图 3-22　燃烧器参数设置

乙炔钢瓶与减压阀的操作

空气压缩机与减压阀的操作

③ 开启乙炔钢瓶总阀 (扫描二维码可观看操作视频)，调节乙炔钢瓶减压阀输出压约 0.07MPa；寻峰完成后点击进入元素测量界面，单击桌面“仪器”下拉菜单的“燃烧器参数”选项，弹出“燃烧器参数设置”对话框 (见图 3-22)，输入“燃气流量”值 2500mL/min，单击“确定”。

④ 向排水安全联锁装置内连续加入蒸馏水，直至有水从废液排放管流出。

⑤ 单击桌面“点火”图标，弹出“提示”对话框，显示“点火”前的注意事项，单击“确定”，燃烧器右侧自动喷出火舌，点燃乙炔-空气火焰 (若火焰未点燃，可重新点火，或适当增加乙炔流量后重新点火)；单击桌面“仪器”下拉菜单的“燃烧器参数”选项，弹出

“燃烧器参数设置”对话框，设置“燃气流量”值为待测元素检测合适的流量值（如2000mL/min），单击“确定”。通常情况下，点火前燃气流量稍高，火焰更易点着；点火后从安全及检测的角度，可适当降低燃气流量。

（8）设置测量参数

① 在测量界面点击“样品”进入样品设置向导，选择合适的校正方法、曲线方程、浓度单位，并输入样品名称，“起始编号”设为“1”[见图 3-23(a)]。

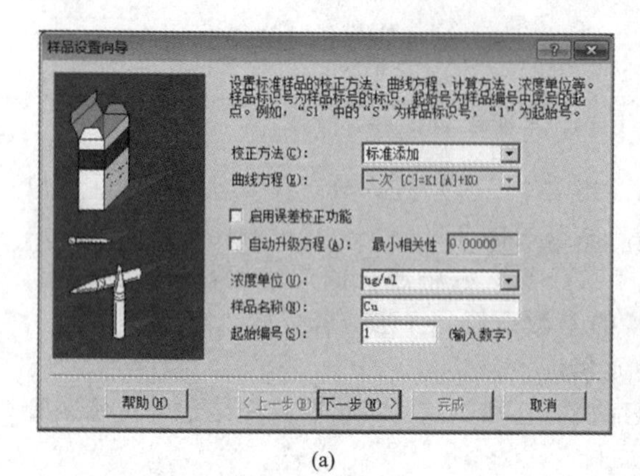


(a)

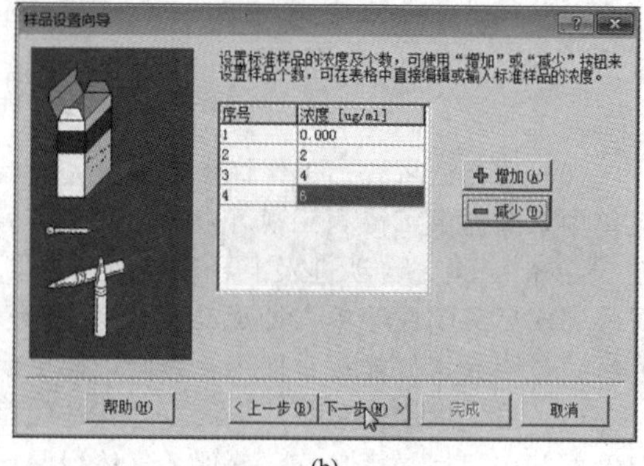


(b)

图 3-23　标准方法信息的设置（a）和标准样品浓度的设置（b）

② 单击“下一步”进入标准样品浓度设置页[见图 3-23(b)]，选择标准样品的数量，输入标准系列浓度。可点击“增加”或“减少”图标增减样品个数（通常在 4～8 之间）。

③ 单击“下一步”设置未知样品名称、数量、编号以及稀释比率等信息（见图 3-24）。

④ 单击“完成”结束样品设置向导，返回测量界面。

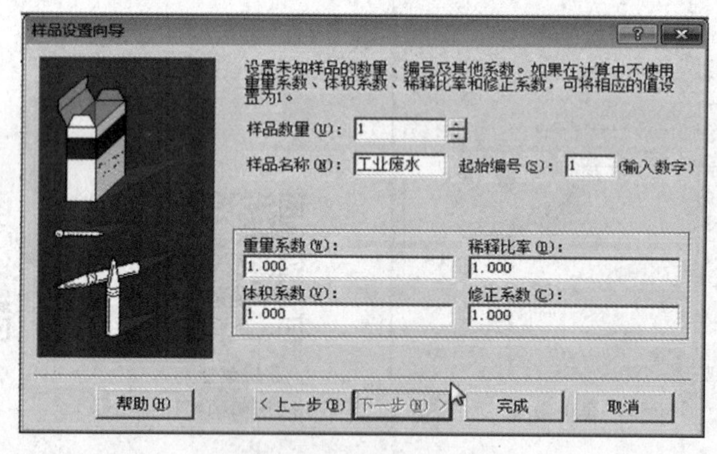


图 3-24　未知样品信息的设置

（9）溶液吸光度的测量

① 待火焰燃烧稳定后，吸喷空白溶剂（常为蒸馏水或稀酸溶液）“调零”。

② 将毛细管拔出，用滤纸擦去外壁水分后放入待测标准溶液中（浓度由小到大），点击“测量”按钮，待吸光度稳定后点击“开始”，系统自动读取吸光度值，并显示在表格中（见图 3-25）。

【注意】*每测定一个数据前，均需吸喷空白溶剂“调零”。所有标准溶液测量完毕，系*

**统自动绘制工作曲线，并显示相关系数等信息（见图 3-25）。**

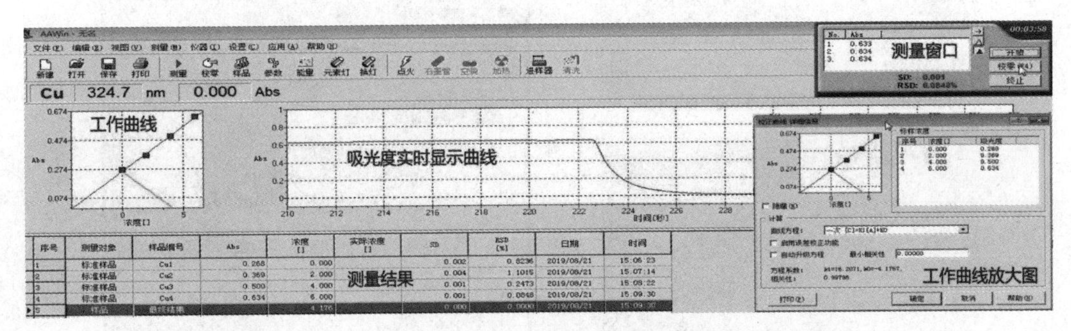


图 3-25　原子吸收测量状态图

③ 按步骤②测量未知样品溶液的吸光度，数据显示在表格中（本例标准加入法，无须再测量未知样品的吸光度），系统自动计算出未知样品浓度并显示在表格中。

④ 单击工作曲线区域任意位置（或点击“视图”下拉菜单的“校准曲线”）可显示工作曲线的放大图（见图 3-25），查看其线性方程、相关系数等参数。

（10）数据保存　全部测量完成后选择主菜单“文件”“保存”输入文件名、选择保存路径，单击“确定”即可。

（11）关机操作

① 测量完毕吸喷去离子水 5min；

② 关闭乙炔钢瓶总阀使火焰熄灭，待压力表指针回零后再旋松减压阀；

③ 关闭空气压缩机，待压力表和流量计回零后，关闭排风机开关；

④ 退出工作软件，关闭主机电源，关闭电脑，填写仪器使用记录；

⑤ 清洗玻璃仪器，整理实验台。

#### 3.3.3.3　石墨炉原子吸收分光光度计操作方法（以 TAS-990G 测铅为例）

（1）按仪器说明书检查仪器各部件，检查电源开关是否处于关闭状态，氩气钢瓶（银灰色瓶身、深绿色字，字样“氩”）及管路连接是否正确，气密性是否良好。

（2）按“3.3.3.2 火焰原子吸收光谱仪的操作方法”安装铅空心阴极灯。

（3）打开稳压电源开关，打开电脑，点击桌面的 AAWin2.0 图标，进入工作软件，仪器开始初始化。待氘灯反射镜电机、元素灯电机、原子化器电机、燃烧头高度电机、光谱带宽电机、波长电机等均确定后，仪器初始化完成。

（4）选择元素灯　按 3.3.3.2（4）的方法，选择铅元素灯为工作灯。

（5）设置测量参数　点击“下一步”进入测量参数设置界面，输入灯电流、光谱带宽、负高压等参数。

（6）设置测量波长　铅的分析线有多条，通常选择最灵敏线 283.3nm。点击“寻峰”，完成波长设置。

（7）选择测量方式　完成寻峰后进入元素测量界面，单击“仪器”下拉菜单的“测量方法”选项，弹出测量方法设置对话框，选择“石墨炉”，点击“确定”，选择石墨炉测量方式[见图 3-26(a)]。

（8）安装、调试石墨管　打开氩气钢瓶，调节出口压力为 0.5MPa，打开冷却水。点击工作界面的“石墨管”，这时石墨炉炉体打开，装入石墨管，点击“确定”，关闭石墨炉炉体，完成石墨管的安装。然后边手动旋转石墨炉前后、上下调节旋钮，边观察工作界面的吸光度栏，使吸光度达到最小值（此时石墨管挡光最小）。

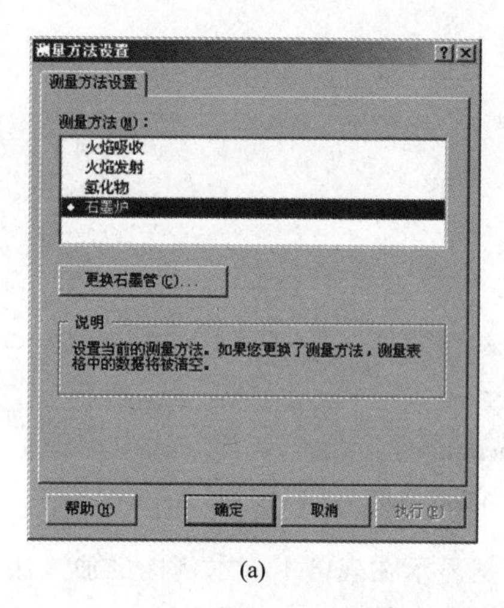


(a)

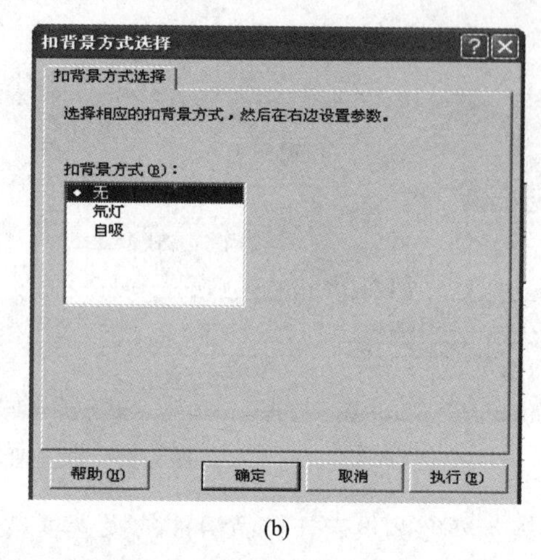


(b)

图 3-26　测量方法的选择（a）和扣背景方式的选择（b）

（9）选择扣背景方式　单击“仪器”下拉菜单中的“扣背景方式”[见图 3-26(b)]，弹出扣背景方式对话框，选择“氘灯”，点击“确定”。然后点击工作界面的“能量”，进行能量自动平衡，使 HCL 的能量与氘灯的能量达到平衡（见图 3-27）。

（10）设置石墨炉加热程序　点击“仪器”下拉菜单中的“石墨炉加热程序”，输入石墨炉干燥、灰化、原子化、净化阶段的加热温度、升温时间和保持时间等参数，然后点击“确定”返回工作界面（见图 3-28）。

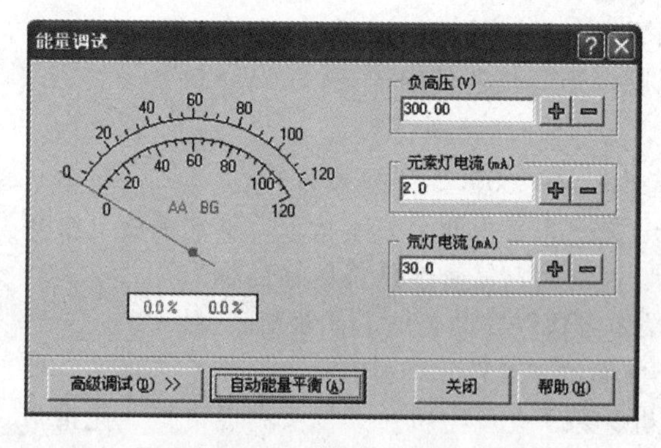


图 3-27　HCL 和氘灯的能量平衡

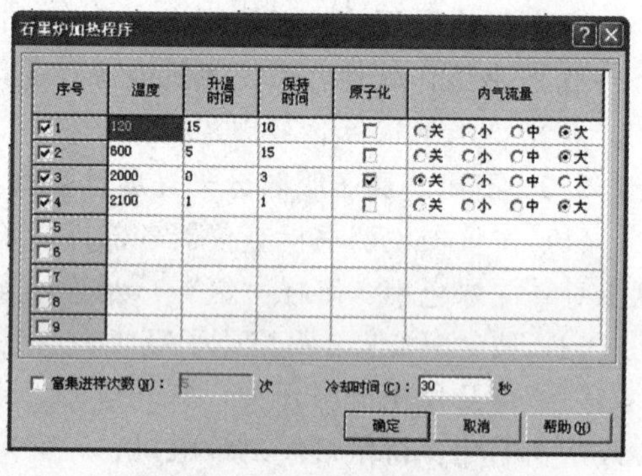


图 3-28　石墨炉加热程序设置

（11）设置样品测量参数　按 3.3.3.2（8）的方法进入样品设置向导，选择合适的校正方法、曲线方程、浓度单位，输入样品名称、数量等参数。

（12）设置测量次数及信号方式　点击工作界面下的“参数”，弹出测量参数对话框，在“常规”中输入标准、空白、试样的测量次数。在“信号处理”中选择峰高或峰面积、积分时间、滤波系数等（见图 3-29）。

（13）石墨管空烧　打开石墨炉电源开关，开启通风装置。点击主菜单中的“空烧”（正式分析前，应对新装的石墨管进行空烧，以除去管中杂质），设置空烧时间，点击“确定”开始空烧，一般空烧 2 次即可。

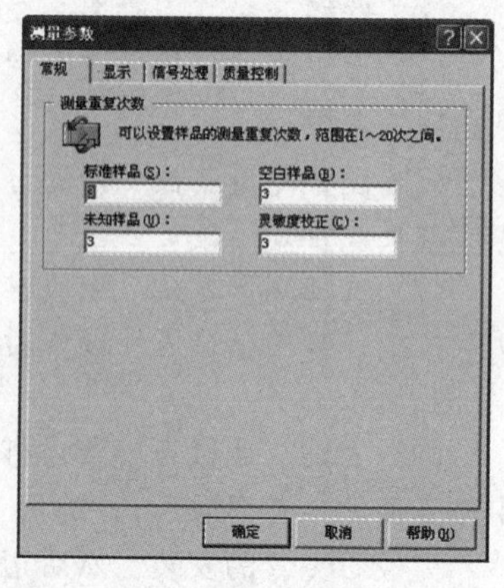


图 3-29　设置测量次数及信号方式

（14）标准曲线的绘制与样品测定　用微量进样器吸取

10～100μL 样品注入石墨管的进样孔中（或通过自动进样器进样）。点击“测量”，弹出测量对话框，点击“开始”，系统将按照前面设置的加热程序开始运行，测量曲线出现在谱图中，并在测量窗口中显示当前石墨管加热温度及各个加热步骤的倒计时。加热步骤完成后系统自动冷却石墨管，冷却结束后可再次进样以测量下一个标样或样品。测定结果（吸光度或峰高、峰面积）记录在表格中。

（15）结束工作　测定结束后保存测量数据，依次关闭冷却水和氩气钢瓶，关闭通风装置，关闭石墨炉电源，退出工作软件，关闭原子吸收光谱仪电源，关闭电脑，清洁实验台，填写仪器使用记录。

#### 3.3.3.4　仪器的日常维护与简单故障排除

（1）仪器工作环境要求　原子吸收光谱仪对实验室的要求见表 3-2。

表 3-2　原子吸收实验室环境要求一览表

| 项目 | 要求 |
| --- | --- |
| 温度 | 恒温 10～30℃ |
| 湿度 | <70% |
| 供水 | 多个水龙头，有化验盆（含水封）和地漏、石墨炉原子吸收光谱仪需配制专用上下水装置 |
| 废液排放 | 实验室备有专用废液收集桶，原子吸收光谱仪废液需排放在与仪器配套的废液桶中 |
| 供电 | 原子吸收光谱仪需设置单相插座若干，以供电脑、主机使用。要求电压 220V±10%，仪器需配置单独的稳压电源，通风柜单独供电；石墨炉需配置 220V/40A 电源，专用插座 |
| 供气 | 空气由空气压缩机提供，乙炔、氩气由高压钢瓶提供，纯度≥99.99% |
| 工作台防振 | 坚固、防振 |
| 防火防爆 | 配备二氧化碳灭火器 |
| 避雷防护 | 属于第三类防雷建筑物 |
| 防静电 | 设置良好接地 |
| 电磁屏蔽 | 有精密电子仪器设备，需进行有效电磁屏蔽 |
| 光照 | 配备窗帘，避免阳光直射 |
| 通风设备 | 配备排风管，仪器工作时产生的废气需及时排出室外 |

（2）仪器的日常维护与保养　对任何一类仪器只有正确使用和维护保养才能保证其运行正常，测量结果准确。原子吸收光谱仪的日常维护工作主要包括：

① 开机前，检查各电源插头是否接触良好，稳压电源是否完好，仪器各部分是否正常。

② 新购置或使用一段时间的 HCL，应定期检查其发射线波长与强度以及背景发射等情况，并做好记录，以便及时了解 HCL 的性能。仪器使用完毕后，元素灯须充分冷却后才能从灯架上取下存放。长期不用的灯，应定期在工作电流下点燃，以延长灯的寿命。

③ 定期检查气路接头和封口是否存在漏气现象，以便及时处理。使用过程中应注意下列情况：废液管道的水封液位变低，气体漏气，或燃烧器缝明显变宽，或助燃气与燃气比过大，或使用氧化亚氮-乙炔火焰时乙炔流量<$2L \cdot min^{-1}$ 等，这些情况都容易发生回火，必须及时处理。仪器设有燃气泄漏报警器，位于仪器内部燃气进口附近，只要接通仪器的外电源它就开始工作（无论仪器电源开关是否打开）。报警器除了提供异常状态时的安全连锁保护外，还同时提供声音报警。值得提醒的是：在任何时刻，如果出现异常状况或报警声，应立即按下紧急灭火开关（位于仪器正面右下角），关闭仪器的电源开关，关闭乙炔、氧化亚氮、氢气、空气、氩气等气体管道的主阀门，关闭循环冷却管道的主阀，待查明原因和彻底解决问题后才可以重新开机。

④ 仪器的不锈钢喷雾器为铂铱合金毛细管，不宜测定高氟浓度样品，使用后应立即用水冲洗，防止腐蚀；吸液用聚乙烯管应保持清洁，无油污，防止弯折；发现堵塞，可用软钢丝清除。

⑤ 预混合室要定期清洗积垢，喷过浓酸、浓碱液后，要仔细清洗；分析后应用蒸馏水吸喷 5～10min 进行清洗。

⑥ 燃烧器上如有盐类结晶，火焰呈齿形，可用滤纸轻轻刮去，必要时应卸下燃烧器，用 1∶1 乙醇-丙酮清洗，如有熔珠可用金相砂纸打磨，严禁用酸浸泡。

⑦ 单色器中的光学元件，严禁用手触摸或擅自调节。备用光电倍增管应轻拿轻放，严禁震动。仪器中的光电倍增管严禁强光照射，检修时须关掉负高压。

⑧ 仪器点火时，应先开助燃气，然后开燃气；关闭时先关燃气，然后关助燃气。

⑨ 乙炔钢瓶工作时应直立，严禁剧烈震动和撞击。工作时乙炔钢瓶应放置在专用的气源室中（需远离原子吸收光谱室），温度不宜超过 30～40℃，且通风良好。开启钢瓶时，阀门旋开不超过 1.5 转，防止丙酮逸出。

⑩ 使用石墨炉时，样品注入的位置需始终保持一致，以减少误差。工作时，冷却水的压力与惰性气体的流速应稳定。使用时，一定要确保通入惰性气体后才能接通电源，否则会烧毁石墨管。

（3）仪器简单故障及排除方法　原子吸收光谱仪简单故障、产生原因及排除方法见表 3-3。

**表 3-3　原子吸收分光光度计常见故障及排除方法**

| 故障现象 | 故障原因 | 排除方法 |
|---|---|---|
| 仪器总电源指示灯不亮 | (1)仪器电源线短路或接触不良；<br>(2)仪器保险丝熔断；<br>(3)保险管接触不良；<br>(4)电源输入线路中有断路处；<br>(5)仪器中的电路系统有短路处因而将保险丝熔断，或某点电压突然增高；<br>(6)指示灯泡坏；<br>(7)灯座接触不良 | (1)将电源线接好，压紧插头，如仍接触不良则应更换新电源线；<br>(2)更换新保险丝；<br>(3)卡紧保险管使接触良好；<br>(4)用万用表检查，并用观察法寻找断路处，将其焊接好；<br>(5)检查是否元件损坏，更换损坏的元件，或找到电压突然增高的原因进行排除；<br>(6)更换指示灯泡；<br>(7)改善灯座接触状态 |
| 初始化中波长电机出现“×” | (1)空心阴极灯未安装或未点亮；<br>(2)光路中有物体挡光；<br>(3)主机与计算机通信系统联系中断 | (1)重新安装空心阴极灯并点亮；<br>(2)取出光路中的挡光物；<br>(3)重新启动仪器 |
| 元素灯不亮 | (1)灯电源连线脱焊；<br>(2)灯电源插座松动；<br>(3)空心阴极灯损坏 | (1)重新安装空心阴极灯；<br>(2)更换灯位重新安装；<br>(3)换另一只灯试试 |
| 寻峰时能量过低，或能量超上限 | (1)元素灯不亮；<br>(2)元素灯位置不对；<br>(3)分析线选择错误；<br>(4)光路中有挡光物；<br>(5)灯老化，发射强度低 | (1)重新安装空心阴极灯；<br>(2)重新设置灯位；<br>(3)选择最灵敏线；<br>(4)移开挡光物；<br>(5)更换新灯 |
| 点击“点火”按钮，点火器无高压放电打火 | (1)空气无压力或压力不足；<br>(2)乙炔未开启或压力过小；<br>(3)废液液位过低；<br>(4)紧急灭火开关点亮；<br>(5)乙炔泄漏，报警；<br>(6)有强光照射在火焰探头上 | (1)检查空气压缩机出口压力是否合适；<br>(2)检查乙炔出口压力是否合适；<br>(3)向废液排放安全联锁装置中倒入蒸馏水；<br>(4)按紧急灭火开关使其熄灭；<br>(5)关闭乙炔，检查管路，打开门窗；<br>(6)挡住照射在探头上的强光 |
| 点击“点火”按钮，点火器有高压放电打火，但燃烧器火焰不能点燃 | (1)乙炔未开启或压力过小；<br>(2)管路过长，乙炔未进入仪器；<br>(3)有强光照射在火焰探头上；<br>(4)燃气流量不合适 | (1)检查并调节乙炔压力至正常值；<br>(2)重复多次点火；<br>(3)挡住照射在火焰探头上的强光；<br>(4)调整燃气流量 |

续表

| 故障现象 | 故障原因 | 排除方法 |
| --- | --- | --- |
| 选择氘灯扣背景时背景能量低或者没有 | (1)氘灯未启辉；<br>(2)仪器的工作波长不在 320nm 以下；<br>(3)氘灯半透半反射镜角度不合适,氘灯光斑与元素灯光斑不重合 | (1)检查氘灯并点亮；<br>(2)调整至合适波长；<br>(3)用调试菜单下氘灯电机单步正反转来调整使两束光光斑重合 |
| 氘灯扣背景测试时扣除倍数低或者不够 | 元素灯与氘灯两束光重合不好 | 检查并调节使两束光光斑重合 |
| 测试基线不稳定、噪声大 | (1)仪器能量低,光电倍增管负高压过高；<br>(2)波长不准确；<br>(3)元素灯发射不稳定；<br>(4)外电压不稳定、工作台震动 | (1)检查灯电流是否合适,如不正常重新设置；<br>(2)检查寻峰是否正常,如不正常重新寻峰；<br>(3)更换已知灯试试；<br>(4)检查稳压电源保证其正常工作,移开震源 |
| 测试时吸光度很低或无吸光度 | (1)燃烧缝没有对准光路；<br>(2)燃烧器高度不合适；<br>(3)乙炔流量不合适；<br>(4)分析波长不正确；<br>(5)能量值很低或已经饱和；<br>(6)吸液毛细管堵塞,雾化器不喷雾；<br>(7)样品中待测元素含量过低 | (1)调整燃烧器使光路平行均匀通过燃烧缝；<br>(2)升高燃烧器高度至合适位置；<br>(3)调整合适的乙炔流量；<br>(4)检查并调整分析波长；<br>(5)进行能量平衡；<br>(6)拆下并清洗毛细管；<br>(7)重新处理样品 |
| 测试时火焰不稳定 | (1)空气压缩机出口压力不稳；<br>(2)乙炔压力很低、流量不稳；<br>(3)燃烧缝有盐类结晶,火焰呈锯齿状；<br>(4)废液管中废液流动不畅或堵塞,或没有水封；<br>(5)排风设备排风量过大；<br>(6)仪器周围有风 | (1)检查空气压缩机压力表；<br>(2)更换乙炔钢瓶；<br>(3)清洗燃烧器；<br>(4)检查废液排出情况,清理或更换废液管,加水并使之形成水封；<br>(5)降低排风设备的排风量；<br>(6)打开排风,关闭门窗 |
| 点击计算机功能键,仪器不执行命令 | (1)计算机与主机处于脱机工作状态；<br>(2)主机在执行其他命令还没有结束；<br>(3)通信电缆松动；<br>(4)计算机死机,病毒侵害 | (1)重新开机；<br>(2)关闭其他命令或等待；<br>(3)重新连接通信电缆；<br>(4)重启计算机 |
| 更换石墨管时不自动打开,也不关闭炉体 | (1)氩气压力不正常；<br>(2)气路不顺畅或堵塞；<br>(3)主机与石墨炉电源控制连线连接不好 | (1)调整氩气压力为 0.4～0.5MPa；<br>(2)检查气路是否顺畅,有无打折、死弯；<br>(3)检查主机与石墨炉电源控制连线 |
| 石墨炉加热时状态不正常 | (1)仪器处于脱机状态；<br>(2)水流量或氩气压力不正常；<br>(3)石墨炉电源开关未打开；<br>(4)主机电路输出信号不正常；<br>(5)石墨炉电源后面板保险开关未闭合或保险熔丝熔断 | (1)检查主机与石墨炉电源控制连线是否牢固可靠；<br>(2)检查水流量是否大于 $1L \cdot min^{-1}$,氩气压力是否大于 0.5MPa；<br>(3)打开石墨炉电源开关；<br>(4)检查主机电路输出信号；<br>(5)合上石墨炉电源后面板保险开关或更换保险熔丝 |
| 石墨炉测试时吸光度小或几乎为 0 | (1)元素灯光斑未能穿过石墨管中心；<br>(2)波长选择有误；<br>(3)能量值不合适,或很低或已经饱和；<br>(4)石墨炉升温程序如干燥、灰化、原子化各阶段温度升温时间及保持时间不合适；<br>(5)原子化阶段关闭或减少了内气流；<br>(6)积分时间与原子化时间不匹配；<br>(7)石墨管严重老化 | (1)调整元素灯光斑使之正好穿过石墨管中心；<br>(2)选择元素的特征谱线；<br>(3)调整能量值；<br>(4)正确选择合适的石墨炉升温程序；<br>(5)重新设置石墨炉加热程序；<br>(6)重新设置积分时间与原子化时间；<br>(7)更换石墨管 |
| 石墨炉测试时炉体温度过高 | (1)水流量过低；<br>(2)出水流不顺畅,水冷电极的水路有阻塞物；<br>(3)原子化与空烧净化的温度高且时间较长 | (1)检查水流量是否大于 $1L \cdot min^{-1}$；<br>(2)检查出水流是否顺畅,清除水冷电极水路的阻塞物；<br>(3)应保持温度大于 2500℃时的时间总长小于 10s |

## 思考与练习 3.3

1. 原子吸收分光光度计的单色器安装位置在（　　）。

A. 空心阴极灯之后　　B. 原子化器之前

C. 原子化器之后　　D. 光电倍增管之后

2. 空心阴极灯的构造是（　　）。

A. 阴极为待测元素，阳极为铂丝，内充惰性气体

B. 阴极为待测元素，阳极为钨丝，内充氧气

C. 阳极为待测元素，阴极为钨丝，内抽真空

D. 阴极为待测元素，阳极为钨棒，内充低压惰性气体

3. 原子化器的作用是（　　）。

A. 将样品中的待测元素转化为基态原子　　B. 点火产生高温使元素电离

C. 蒸发掉溶剂，使样品浓缩　　D. 发射线光谱

4. 空心阴极灯中对发射线宽度影响最大的因素是（　　）。

A. 阴极材料　　B. 灯电流　　C. 内充气体　　D. 真空度

5. 原子吸收分析中光源的作用是（　　）。

A. 发射待测元素基态原子所吸收的特征共振辐射

B. 提供试样蒸发和激发所需的能量

C. 产生紫外线

D. 在广泛的光谱区域内发射连续光谱

6. 现代原子吸收分光光度计其分光系统的组成主要是（　　）。

A. 棱镜＋凹面镜＋狭缝　　B. 光栅＋凹面镜＋狭缝

C. 光栅＋平面反射镜＋狭缝　　D. 光栅＋透镜＋狭缝

7. （多选）下列关于原子吸收法操作描述正确的是（　　）。

A. 打开灯电源开关后，应慢慢将电流调至规定值

B. 空心阴极灯如长期搁置不用，将会因漏气、气体吸附等原因而不能正常使用，甚至不能点燃，所以，每隔3～4个月，应将不常用的灯通电点燃2～3h，以保持灯的性能并延长其使用寿命

C. 取放或装卸空心阴极灯时，应拿灯座，不要拿灯管，更不要碰灯的石英窗口，以防止灯管破裂或窗口被玷污，导致光能量下降

D. 空心阴极灯一旦打碎，阴极物质就暴露在外面，为了防止阴极材料上的某些有害元素影响人体健康，应按规定对有害材料进行处理，切勿随便乱丢

## 阅读园地

扫描二维码查看“石墨炉原子化新技术”。

石墨炉原子化新技术

# 3.4 实验技术

## 3.4.1 样品的处理与标准溶液的配制

### 3.4.1.1 取样

试样制备的第一步是取样，取样要有代表性。取样量取决于试样中被测元素的含量、分析方法和所要求的测量精度，大小要适当。样品在采样、包装、运输、碎样等过程中要防止污染，污染是限制灵敏度和检出限的重要原因之一。污染主要来源于容器、大气、水和所用试剂。痕量元素分析时必须考虑大气污染（空气中常含有 Fe、Ca、Mg、Si 等元素）。样品通过加工制成分析试样后，其化学组成必须与原始样一致。无机样品溶液应置于聚氯乙烯容器中，并维持必要的酸度，存放于清洁、低温、阴暗处；有机试样存放时应避免与塑料、胶木瓶盖等物质直接接触。

### 3.4.1.2 样品预处理

原子吸收光谱分析的试样通常是液体状态。待测样品预处理时的注意事项：**试样分解完全，在分解过程中不引入杂质和造成待测组分的损失，所用试剂及反应产物对后续测定无干扰。**

（1）样品溶解　无机试样优先选择去离子水作为溶剂溶解，并配制成合适的浓度范围(吸光度约 0.4)。若样品不能溶于水则需选用稀酸、浓酸或混合酸处理后配制成合适浓度的溶液。常用的酸是 HCl、$H_2SO_4$、$H_3PO_4$、$HNO_3$、$HClO_4$。用酸不能溶解或溶解不完全的样品可采用熔融法。熔剂的选择原则是：酸性试样用碱性熔剂（如 $NaHSO_4$、$KHSO_4$ 等)，碱性试样用酸性熔剂（如 $Na_2CO_3$、NaOH 等）。

（2）样品的灰化　灰化又称消化，灰化处理可除去有机物基体。灰化处理分为干法灰化和湿法消化两种。

① 干法灰化。指在较高温度下，用氧来氧化样品。具体做法：准确称取一定量样品，放入石英坩埚或铂坩埚中，于 80～150℃低温加热，去除大量有机物，然后置于高温炉中，加热至 450～550℃进行灰化处理。冷却后再将灰分用 $HNO_3$、HCl 或其他溶剂溶解。如有必要可加热溶液以使残渣完全溶解，最后定量转移至容量瓶中，稀释至标线，摇匀。干法灰化技术操作简单，可处理大量样品，一般不受污染，广泛用于无机分析前破坏样品中的有机物。此法不适用于易挥发元素，如 Hg、As、Pb、Sn、Sb 等的测定，这些元素在灰化过程中损失严重；此法也不适合 Bi、Cr、Fe、Ni、V 和 Zn 等元素的测定，这些元素在一定条件下可能以金属、氯化物或有机金属化合物的形式损失掉。

② 湿法消化。指在样品升温下用合适的酸加以氧化。常用的氧化性酸有 $HNO_3$、$H_2SO_4$ 和 $HClO_4$。这三种酸也可混合使用，如 $HNO_3+HCl$、$HNO_3+HClO_4$ 和 $HNO_3+H_2SO_4$ 等，其中最常用的混酸是 $HNO_3+H_2SO_4+HClO_4$（体积比为 3∶1∶1)。湿法消化样品损失少，但 Hg、Se、As 等易挥发元素不能完全避免。湿法消化时由于加入化学试剂，污染可能性远大于干法灰化。由于使用强氧化剂，需小心操作。

目前，采用微波消解样品已被广泛采用。无论是地质样品，还是有机样品，微波消解均可获得满意结果。采用微波消解，可将样品放在聚四氟乙烯焖罐中，于专用微波炉中加热。这种方法样品消解快、分解完全、损失少、适合大批量样品的处理，对微量、痕量元素的测定结果好。

### 3.4.1.3 标准样品溶液的配制

标准物多选用各元素合适的盐类，或相应的高纯（99.99%）金属丝、棒、片，但不能使用海绵状金属或金属粉末。金属在溶解前，需磨光或用稀酸清洗，以除去表面氧化层。

所需标准溶液的浓度低于 0.1mg·mL$^{-1}$ 时，应先配制成比使用浓度高 1～3 个数量级的浓溶液（大于 1mg·mL$^{-1}$）作为储备液，然后经稀释配制而成。配制储备液时通常需维持一定的酸度，以免器皿表面吸附。配制好的储备液应储于聚四氟乙烯、聚乙烯或硬质玻璃容器中。浓度很小（小于 1μg·mL$^{-1}$）的标准溶液不稳定，需现配现用。表 3-4 列出了常用标准储备溶液的配制方法。

表 3-4　常用标准储备溶液的配制

| 金属 | 基准物 | 配制方法(浓度 1mg/mL) |
|---|---|---|
| Ag | 金属银(99.99%) | 溶解 1.000g 银于 20mL(1+1)硝酸中，用水稀释至 1L |
| | $AgNO_3$ | 溶解 1.575g 硝酸银于 50mL 水中，加 10mL 浓硝酸，用水稀释至 1L |
| Au | 金属金 | 将 0.1000g 金溶解于数毫升王水中，在水浴上蒸干，用盐酸和水溶解，稀释到 100mL，盐酸浓度约 1mol/L |
| Ca | $CaCO_3$ | 将 2.4972g 在 110℃烘干过的碳酸钙溶于 1∶4 硝酸中，用水稀释至 1L |
| Cd | 金属镉 | 溶解 1.000g 金属镉于(1+1)硝酸中，用水稀释到 1L |
| Co | 金属钴 | 溶解 1.000g 金属钴于(1+1)盐酸中，用水稀释至 1L |
| Cr | $K_2Cr_2O_7$ | 溶解 2.829g 重铬酸钾于水中，加 20mL 硝酸，用水稀释至 1L |
| | 金属铬 | 溶解 1.000g 金属铬于(1+1)盐酸中，加热使之溶解，完全，冷却，用水稀释至 1L |

## 3.4.2 测定条件的选择

### 3.4.2.1 吸收线的选择

为了提高测定的灵敏度，通常应选用元素最灵敏线作为分析线。如果测定元素的浓度很高，或为了消除邻近光谱线的干扰等，也可选用次灵敏线作为分析线。例如，测定试液中的金属铷，其最灵敏线为 780.0nm，但为了避免钠、钾的干扰，可选用 794.0nm 次灵敏线作吸收线。表 3-5 列出了常用元素的分析线，可供使用时参考。

表 3-5　原子吸收光谱中常用元素的分析线　　单位：nm

| 元素 | 分析线 | 元素 | 分析线 | 元素 | 分析线 |
|---|---|---|---|---|---|
| Ag | 328.1,338.3 | Ge | 265.2,275.5 | Re | 346.1,346.5 |
| Al | 309.3,308.2 | Hf | 307.3,288.6 | Sb | 217.6,206.8 |
| As | 193.6,197.2 | Hg | 253.7 | Sc | 391.2,402.0 |
| Au | 242.3,267.6 | In | 303.9,325.6 | Se | 196.1,204.0 |
| B | 249.7,249.8 | K | 766.5,769.9 | Si | 251.6,250.7 |
| Ba | 553.6,455.4 | La | 550.1,413.7 | Sn | 224.6,286.3 |
| Be | 234.9 | Li | 670.8,323.3 | Sr | 460.7,407.8 |
| Bi | 223.1,222.8 | Mg | 285.2,279.6 | Ta | 271.5,277.6 |
| Ca | 422.7,239.9 | Mn | 279.5,403.7 | Te | 214.3,225.9 |
| Cd | 228.8,326.1 | Mo | 313.3,317.0 | Ti | 364.3,337.2 |
| Ce | 520.0,369.7 | Na | 589.0,330.3 | U | 351.5,358.5 |
| Co | 240.7,242.5 | Nb | 334.4,358.0 | V | 318.4,385.6 |
| Cr | 357.9,359.4 | Ni | 232.0,341.5 | W | 255.1,294.7 |
| Cu | 324.8,327.4 | Os | 290.9,305.9 | Y | 410.2,412.8 |
| Fe | 248.3,352.3 | Pb | 216.7,283.3 | Zn | 213.9,307.6 |
| Ga | 287.4,294.4 | Pt | 266.0,306.5 | Zr | 360.1,301.2 |

### 3.4.2.2 光谱通带宽度的选择

选择光谱通带，实际上就是选择狭缝的宽度（光谱通带宽度＝线色散率倒数×狭缝宽度）。当吸收线附近无干扰线存在时，增加狭缝宽度，可以增加光谱通带。若吸收线附近有干扰线存在，在保证有一定光强的情况下，适当减小狭缝宽度是有益的。光谱通带一般在0.5～4nm之间选择。表3-6列出了常用元素在测定时经常选用的光谱通带。

表3-6 不同元素常用光谱通带一览表 单位：nm

| 元素 | 共振线 | 通带 | 元素 | 共振线 | 通带 |
|---|---|---|---|---|---|
| Al | 309.3 | 0.2 | Mn | 279.5 | 0.5 |
| Ag | 328.1 | 0.5 | Mo | 313.3 | 0.5 |
| As | 193.7 | <0.1 | Na | 589.0① | 10 |
| Au | 242.8 | 2 | Pb | 217.0 | 0.7 |
| Be | 234.9 | 0.2 | Pd | 244.8 | 0.5 |
| Bi | 223.1 | 1 | Pt | 265.9 | 0.5 |
| Ca | 422.7 | 3 | Rb | 780.0 | 1 |
| Cd | 228.8 | 1 | Rh | 343.5 | 1 |
| Co | 240.7 | 0.1 | Sb | 217.6 | 0.2 |
| Cr | 357.9 | 0.1 | Se | 196.0 | 2 |
| Cu | 324.7 | 1 | Si | 251.6 | 0.2 |
| Fe | 248.3 | 0.2 | Sr | 460.7 | 2 |
| Hg | 253.7 | 0.2 | Te | 214.3 | 0.6 |
| In | 302.9 | 1 | Ti | 364.3 | 0.2 |
| K | 766.5 | 5 | Tl | 377.6 | 1 |
| Li | 670.9 | 5 | Sn | 286.3 | 1 |
| Mg | 285.2 | 2 | Zn | 213.9 | 5 |

① 使用10nm通带时，单色器通过的是589.0nm和589.6nm双线。若用4nm通带。测定589.0线，灵敏度可提高。

#### 3.4.2.3 空心阴极灯工作电流的选择

灯电流的选择原则是：在保证放电稳定和有适当光强输出的前提下，尽量选用低的工作电流。空心阴极灯上都标明了该灯的最大工作电流（额定电流）。对大多数元素而言，日常分析的工作电流宜采用额定电流的40%～60%，在此工作电流范围内可以保证空心阴极灯输出稳定且强度合适的锐线光。

#### 3.4.2.4 原子化条件的选择

（1）火焰原子化条件的选择

① 火焰的选择。火焰温度是影响原子化效率的基本因素，足够高的温度才能使试样充分转化为基态原子蒸气。但过高的温度则会增加原子的电离或激发，从而减少基态原子数目，降低检测灵敏度。因此在确保待测元素能充分解离为基态原子的前提下，低温火焰比高温火焰具有更高的灵敏度。

选择合适的火焰温度就是选择合适的火焰种类。当火焰种类选定后，则可通过选用合适的燃助比（燃气与助燃气流量比）对温度进行微调。燃气与助燃气流量比为1∶(4～6)的火焰（称贫燃性火焰），为清晰不发亮蓝焰，燃烧高度较低，温度高，还原性气氛差，仅适用于不易生成氧化物的元素（如Ag、Cu、Fe、Co、Ni、Mg、Pb、Zn、Cd、Mn等）的测定。燃气与助燃气流量比为(1.2～1.5)∶4的火焰（称富燃性火焰）发亮，燃烧高度较高，温度较低，噪声较大，且由于燃烧不完全呈强还原性气氛，因此适用于易生成氧化物的元素（如Ca、Sr、Ba、Cr、Mo等）的测定。多数金属元素测定时选用空气-乙炔火焰且流量比在3∶1～4∶1之间。

② 燃烧器高度选择。不同元素在火焰中形成基态原子的最佳浓度区域高度不同，因而灵敏度也不同。因此，应选择合适的燃烧器高度使光束从原子浓度最大的区域通过。一般在燃烧器狭缝口上方2～5mm间的火焰具有最大的基态原子密度，灵敏度最高。

③ 进样量的选择。试样的进样量一般为3～6mL/min。进样量过大，会对火焰产生冷

却效应。进样量过小，由于进入火焰的溶液太少导致吸收信号弱，从而导致检测灵敏度降低。

(2) 电热原子化条件的选择

① 载气的选择。通常选用惰性气体 Ar 或 $N_2$ 作载气（选用 $N_2$ 作载气时须考虑其在高温原子化时产生氰气带来的干扰)。载气流量影响检测灵敏度和石墨管寿命。目前多采用内外单独供气方式，外部供气流量 $1\sim5L\cdot min^{-1}$；内部气体流量 $60\sim70mL\cdot min^{-1}$。

② 冷却水。为使石墨管温度迅速降至室温，通常选用约 20℃、$1\sim2L\cdot min^{-1}$ 的冷却水（可在 20～30s 冷却)。水温不宜过低，流量亦不可过大，以免在石墨锥体或石英窗上产生冷凝水。

③ 原子化温度的选择。原子化过程中，干燥阶段的干燥条件直接影响分析结果的重现性。干燥时间可以调节，并和干燥温度（稍低于溶剂沸点）相配合，一般取样 10～100$\mu$L 时，干燥时间约为 15～60s。

灰化温度和时间的选择原则：在保证待测元素不挥发损失的条件下，尽量提高灰化温度，以去除比待测元素化合物容易挥发的样品基体，减少背景吸收。灰化温度和灰化时间可由试验确定，即保持干燥条件、原子化程序不变，绘制吸光度-灰化温度或吸光度-灰化时间的曲线获取最佳灰化温度和灰化时间。

原子化温度的选择原则：选用达到最大吸收信号的最低温度作为原子化温度，可延长石墨管的使用寿命。原子化时间与原子化温度是相配合的，通常在保证完全原子化的前提下，应尽量缩短原子化时间。

石墨炉所带的斜坡升温设施是一种连续升温设施，可用于干燥、灰化及原子化各阶段。石墨炉采用最大功率加热方式 $[(1.5\sim2.0)\times10^3℃\cdot s^{-1}]$ 可提高检测灵敏度，并在较宽的温度范围内有原子化平台区，且能实现在较低的原子化温度下达到最佳原子化条件，同时还可延长石墨管寿命。

④ 石墨管的清洗。为了消除记忆效应，在原子化完成后，一般需在 3000℃左右，采用空烧的方法来清洗石墨管，以去除残余的基体和待测元素，但时间宜短，否则将使石墨管寿命大大缩短。

## 3.4.3 干扰及其消除技术

### 3.4.3.1 物理干扰及其消除

物理干扰是指试样在转移、蒸发和原子化过程中物理性质（如黏度、表面张力、密度和蒸气压等）的变化而引起原子吸收强度下降的效应。物理干扰是非选择性干扰，对试样各元素的影响基本相同。物理干扰主要发生在试液抽吸过程、雾化过程和蒸发过程中。

消除物理干扰的方法：配制与被测试样相似组成的标准溶液。若试样组成未知，则可采用标准加入法或通过用溶剂稀释试液的方法来减少和消除物理干扰。此外，调整撞击小球位置以产生更多细雾、确定合适的抽吸量等，也能改善物理干扰对结果产生的负效应。

### 3.4.3.2 化学干扰及其消除

化学干扰是原子吸收光谱分析中的主要干扰。它是由于在样品处理及原子化过程中，待测元素的原子与干扰物质组分发生化学反应，形成更稳定的化合物，从而影响待测元素化合物的解离及其原子化，致使火焰中基态原子数目减少，而产生的干扰。例如，盐酸介质中测定 Ca、Mg 时，若存在 $PO_4^{3-}$ 则会对测定产生干扰，这是因为 $PO_4^{3-}$ 在高温时与 Ca、Mg 生成高熔点、难挥发、难解离的磷酸盐或焦磷酸盐，导致参与吸收的 Ca、Mg 基态原子数减少而造成的。

化学干扰是一种选择性干扰。消除化学干扰的方法有：

（1）使用高温火焰，可将在较低温度火焰中稳定的化合物在较高温度下解离。

（2）加入释放剂，使其与干扰元素形成更稳定更难解离的化合物，而将待测元素从原来难解离化合物中释放出来，使之有利于原子化，从而消除干扰。例如 $PO_4^{3-}$ 的存在会干扰 Ca 的测定。若加入 $LaCl_3$，则 $PO_4^{3-}$ 将与 $La^{3+}$ 反应生成更稳定的 $LaPO_4$，将钙从 $Ca_3(PO_4)_2$ 中释放出来，从而消除了干扰。

（3）加入保护剂，使其与待测元素或干扰元素反应生成稳定配合物，从而保护了待测元素，避免了干扰。例如加入 EDTA 可消除 $PO_4^{3-}$ 对 $Ca^{2+}$ 的干扰，原因是 $Ca^{2+}$ 先与 EDTA 配位形成稳定的化合物且在火焰中易解离。又如加入 8-羟基喹啉可以抑制 Al 对 Mg 的干扰，原因是 8-羟基喹啉与铝形成螯合物 $Al[C(C_9H_6)N]_3$，减少了铝的干扰。

（4）在石墨炉原子化中加入基体改进剂（一种或多种化学物质），通过与基体或分析物发生化学反应使其组成发生变化，或同时改变基体或分析物在原子化过程中的行为，从而消除基体组分对待分析物质的影响。

加入基体改进剂的作用：①将基体转化为易挥发的化学形态，方便其在灰化阶段除去；②将待分析元素转化为更稳定的化学形态，防止其在灰化阶段的损失；③将分析物转化为比基体更易挥发的化学形态，使其能先于基体完成检测，避免干扰；④将样品中分析物的各种化学形态转化为单一的形态，方便校正和提高检测灵敏度。例如金属汞极易挥发，若加入硫化物则可生成稳定性较高的硫化汞，此时灰化温度即可提高到 300℃。又如加入 $NH_4NO_3$ 可消除 NaCl 基体对测定 Cu 和 Cd 的干扰，原因是 NaCl 沸点高（约 1430℃），难挥发，但加入 $NH_4NO_3$ 后则生成易挥发的 $NH_4Cl$（338℃分解成氨气和氯化氢）和 $NaNO_3$（沸点 380℃）同时被除去。表 3-7 列出了部分常用的抑制干扰的试剂；表 3-8 列出了部分常见的基体改进剂。

表 3-7 部分常用抑制干扰的试剂

| 试剂 | 干扰成分 | 测定元素 | 试剂 | 干扰成分 | 测定元素 |
|---|---|---|---|---|---|
| La | Al,Si,$PO_4^{3-}$,$SO_4^{2-}$ | Mg | $NH_4Cl$ | Al | Na,Cr |
| Sr | Al,Be,Fe,Se,$NO_3^-$,$SO_4^{2-}$,$PO_4^{3-}$ | Mg,Ca,Sr | $NH_4Cl$ | Sr,Ca,Ba,$PO_4^{3-}$,$SO_4^{2-}$ | Mo |
| | | | $NH_4Cl$ | Fe,Mo,W,Mn | Cr |
| Mg | Al,Si,$PO_4^{3-}$,$SO_4^{2-}$ | Ca | 乙二醇 | $PO_4^{3-}$ | Ca |
| Ba | Al,Fe | Mg,K,Na | 甘露醇 | $PO_4^{3-}$ | Ca |
| Ca | Al,F | Mg | 葡萄糖 | $PO_4^{3-}$ | Ca,Sr |
| Sr | Al,F | Mg | 水杨酸 | Al | Ca |
| Mg+$HClO_4$ | Al,Si,$PO_4^{3-}$,$SO_4^{2-}$ | Ca | 乙酰丙酮 | Al | Ca |
| Sr+$HClO_4$ | Al,P,B | Ca,Mg,Ba | 蔗糖 | P,B | Ca,Sr |
| Nd,Pr | Al,P,B | Sr | EDTA | Al | Mg,Ca |
| Nd,Sm,Y | Al,P,B | Ca,Sr | 8-羟基喹啉 | Al | Mg,Ca |
| Fe | Si | Cu,Zn | $K_2S_2O_7$ | Al,Fe,Ti | Cr |
| La | Al,P | Cr | $Na_2SO_4$ | 可抑制 16 种元素的干扰 | Cr |
| Y | Al,B | Cr | $Na_2SO_4$+$CuSO_4$ | 可抑制 Mg 等十几种元素的干扰 | Cr |
| Ni | Al,Si | Mg | | | |
| 甘油,高氯酸 | Al,Fe,Th,稀土,Si,B,Cr,Ti,$PO_4^{3-}$,$SO_4^{2-}$ | Mg,Ca,Sr,Ba | | | |

表 3-8　分析元素与基体改进剂

| 分析元素 | 基体改进剂 |
| --- | --- |
| 镉 | 硝酸镁<br>Triton X-100<br>氢氧化铵<br>硫酸铵 |
| 锑 | 铜<br>镍<br>铂，钯<br>$H_2$ |
| 砷 | 镍<br>镁<br>钯 |
| 铍 | 铝，钙<br>硝酸镁 |
| 铋 | 镍<br>EDTA，$O_2$<br>钯<br>镍 |
| 硼 | 钙，钡<br>钙＋镁 |
| 镉 | 焦硫酸铵<br>镧<br>EDTA<br>柠檬酸 |
| 镉 | 组氨酸<br>乳酸<br>硝酸<br>硝酸铵<br>硫酸铵<br>磷酸二氢铵<br>硫化铵<br>磷酸铵<br>氟化铵<br>铂 |
| 钙 | 硝酸 |
| 铬 | 磷酸二氢铵 |
| 钴 | 抗坏血酸 |
| 铜 | 抗坏血酸<br>EDTA<br>硫酸铵<br>磷酸铵<br>硝酸铵<br>蔗糖<br>硫脲<br>过氧化钠<br>磷酸 |
| 镓 | 抗坏血酸 |
| 锗 | 硝酸<br>氢氧化钠 |
| 金 | Triton X-100＋Ni<br>硝酸铵 |
| 铟 | $O_2$ |
| 铁 | 硝酸铵 |
| 铅 | 硝酸铵<br>磷酸二氢铵<br>磷酸<br>镧<br>铂，钯，金<br>抗坏血酸<br>EDTA<br>硫脲<br>草酸 |
| 锂 | 硫酸，磷酸 |
| 锰 | 硝酸铵<br>EDTA<br>硫脲 |
| 汞 | 银<br>钯<br>硫化铵<br>硫化钠 |
| 汞 | 盐酸＋过氧化氢<br>柠檬酸 |
| 磷 | 镧 |
| 硒 | 硝酸铵<br>镍<br>铜<br>钼<br>铑<br>高锰酸钾，重铬酸钾 |
| 硅 | 钙 |
| 银 | EDTA |
| 碲 | 镍<br>铂，钯 |
| 铊 | 硝酸<br>酒石酸＋硫酸 |
| 锡 | 抗坏血酸 |
| 钒 | 钙、镁 |
| 锌 | 硝酸铵<br>EDTA<br>柠檬酸 |

（5）化学分离干扰物质。若以上方法均不能有效消除化学干扰时，则可采用离子交换、沉淀分离、有机溶剂萃取（萃取剂多为醇、酯和酮类化合物。此法应用较广泛，不仅可去除大部分干扰物，还能可起到浓缩的作用）等方法，将干扰元素从待测元素中分离出去后再进行测定。

### 3.4.3.3　电离干扰及其消除

在高温下，原子电离成离子，而使基态原子数目减少，导致测定结果偏低，此种干扰称为电离干扰。电离干扰主要发生在电离势较低的碱金属和部分碱土金属中。消除电离干扰最有效的方法是在试液中加入过量比待测元素电离电位低的其他元素（通常为碱金属元素）。由于所加元素在火焰中强烈电离，产生大量电子，从而抑制了待测元素基态原子的电离。例如测定 Ba 时，适量加入钾盐可以消除 Ba 的电离干扰。通常所加元素的电离电位越低，其加入量可以越少。适宜的加入量由试验确定。加入量太大会影响吸收信号和产生杂散光。

### 3.4.3.4　光谱干扰及其消除

光谱干扰是由于分析元素吸收线与其他吸收线或辐射不能完全分开而产生的干扰。光谱干扰包括谱线干扰和背景干扰两种，主要来源于光源和原子化器，也与共存元素有关。

（1）谱线干扰　谱线干扰有三种：

① 吸收线重叠。共存元素与待测元素的吸收线波长接近导致谱线重叠，使测定结果偏高，此时可另选其他无干扰的分析线作为工作波长或预先分离干扰元素。

② 光谱通带内存在非吸收线（待测元素的其他共振线与非共振线或光源中所含杂质的发射线），可减小狭缝，阻止非吸收线通入检测器，或者适当减小灯电流，降低非吸收线的发光强度。

③ 原子化器内直流发射干扰。消除方法是：对光源进行机械调制，或对空心阴极灯采用脉冲供电。

（2）背景干扰　指在原子化过程中，由于分子吸收和光散射作用而产生的干扰。背景干扰使吸光度增加，导致测定结果偏高。

分子吸收是指在原子化过程中，入射光被燃气、助燃气或试液中盐类和无机酸（主要是硫酸和磷酸）等分子或游离基所吸收而产生的干扰。分子吸收主要集中在紫外光区，如碱金属卤化物（KBr、NaCl、KI 等）、硫酸、磷酸（可选用吸收较小的盐酸、硝酸及高氯酸配制溶液）等在紫外光区均有很强的吸收；乙炔-空气、丙烷-空气等火焰在 $\lambda<250$nm 的紫外光区也有明显吸收。

光散射是指试液在原子化过程中形成高度分散的固体微粒，当入射光照射在这些固体微粒上时产生了散射（不被检测器检测），导致吸光度增大。通常入射光波长愈短，光散射作用愈强，试液基体浓度愈大，光散射作用也愈严重。

石墨炉原子化法的背景干扰远远大于火焰原子化法，若不扣除背景基本无法完成定量测量。消除背景干扰的方法有以下几种：

① 用邻近非吸收线扣除背景。先用分析线测量待测元素吸收和背景吸收的总吸光度，再用邻近非吸收线测量试液的吸光度（此吸收线不被待测元素基态原子蒸气所吸收），此即背景吸收。从总吸光度中减去邻近非吸收线的吸光度，即可达到扣除背景吸收的目的。

邻近非吸收线可用同种元素的非吸收线，也可用其他不同元素的非吸收线（此时样品中不得含有该元素）。邻近非吸收线波长与分析线波长愈相近，背景扣除愈有效。例如，Al 的分析线为 309.3nm，选 Al 的 307.3nm 作为非吸收线是合适的；Cr 的分析线为 357.9nm，选灯内 Ar 原子发射线 358.3nm 作为非吸收线是合适的；Mg 的分析线为 285.2nm，选 Cd 的 283.7nm 作为非吸收线是合适的。

② 用氘灯校正背景。先用空心阴极灯发出的锐线光通过原子化器，测量出待测元素和背景吸收的总和；再用氘灯发出的连续光通过原子化器，在同一波长下测出背景吸收。这种情况下待测元素的基态原子蒸气对氘灯连续光谱的吸收可以忽略。因此当两束光交替通过原子化器时，背景吸收的影响就可以扣除。

氘灯只能校正较低的背景，而且只适用于紫外光区的背景校正；可见光区的背景校正则需使用碘钨灯或氙灯。使用氘灯校正时，需调节氘灯光斑与空心阴极灯光斑完全重叠，并且需调节使两束入射光能量相等。

③ 用自吸收方法校正背景。当空心阴极灯在高电流下工作时，其阴极发射的锐线光会被灯内处于基态的原子吸收，使发射的锐线变宽，吸光度下降，灵敏度也下降。此即自吸收。如果先让空心阴极灯在低电流下工作，使锐线光通过原子化器，则可测得待测元素和背景吸收的总和；然后让空心阴极灯在高电流下工作（会产生明显的自吸收），再通过原子化器，可测得相当于背景的吸收；将两次测得的吸光度数值相减，即可扣除背景吸收。此方法的优点是使用同一光源，在相同波长下进行的校正，校正能力强。不足之处是长期使用此法会加速空心阴极灯的老化，降低检测灵敏度。

④ 塞曼效应校正背景。塞曼（Zeeman）效应是指谱线在外磁场作用下发生分裂的现象。该法可分为光源调制法和原子化器调制法两种，前者是将磁场加在光源上，使光源的发射线发生分裂与偏转；后者是将磁场加在原子化器上，使吸收谱线发生分裂与偏转。原子化器调制法有恒定磁场调制方式和可变磁场调制方式两种，前者指在原子化器上施加一个垂直于光束方向的恒定磁场，使吸收线分裂为 $\pi$ 和 $\sigma_{\pm}$，$\pi$ 平行于磁场方向，中心线与原子吸收线波长相同；$\sigma_{\pm}$ 垂直于磁场方向，波长发生偏离。

如图 3-30 所示，塞曼效应校正背景的原理是：光源发射线通过起偏器后变为偏振光，随着起偏器的旋转，某时刻平行于磁场方向的偏振光 $\pi$ 通过原子化器，此时可测得被分析物

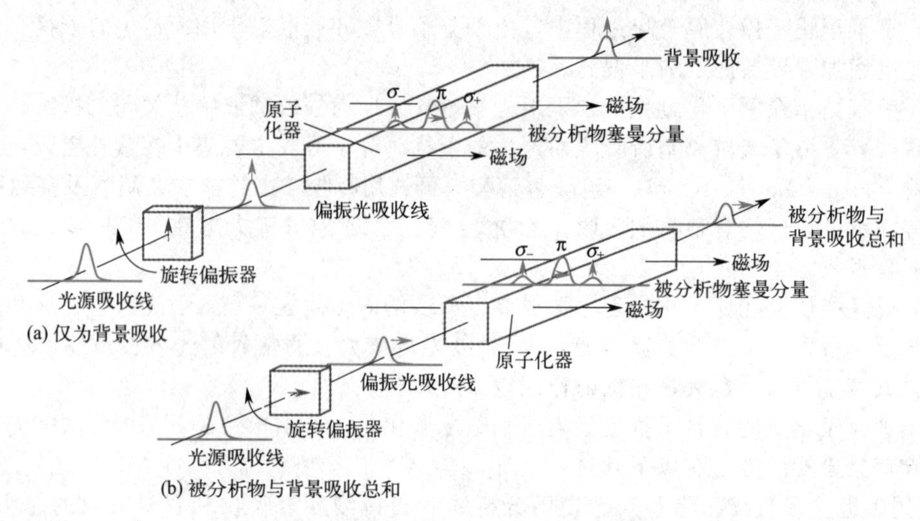


图 3-30 塞曼效应校正背景示意图

基态原子蒸气吸收与背景吸收的总和；另一时刻垂直于磁场的偏振光 $\sigma_{\pm}$ 通过原子化器时，不产生被分析物基态原子蒸气的吸收，此时测得的吸光度仅为背景吸收。两次测定吸光度之差，即为校正了背景吸收之后的吸光度。

塞曼效应校正背景可全波段进行，可校正吸光度高达 1.5～2.0 的背景，而氘灯只能校正吸光度小于 1 的背景，其准确度比较高。

## 3.4.4 定量分析

### 3.4.4.1 工作曲线法

工作曲线法（与 UV-Vis 类似）也称标准曲线法，其方法是：先配制一组浓度合适的标准溶液，在最佳测定条件下，由低浓度到高浓度依次测定它们的吸光度，然后以吸光度 $A$ 为纵坐标，标准溶液浓度（$c$ 或 $\rho$）为横坐标，绘制吸光度（A）-浓度（$c$ 或 $\rho$）的工作曲线(见图 3-31)。

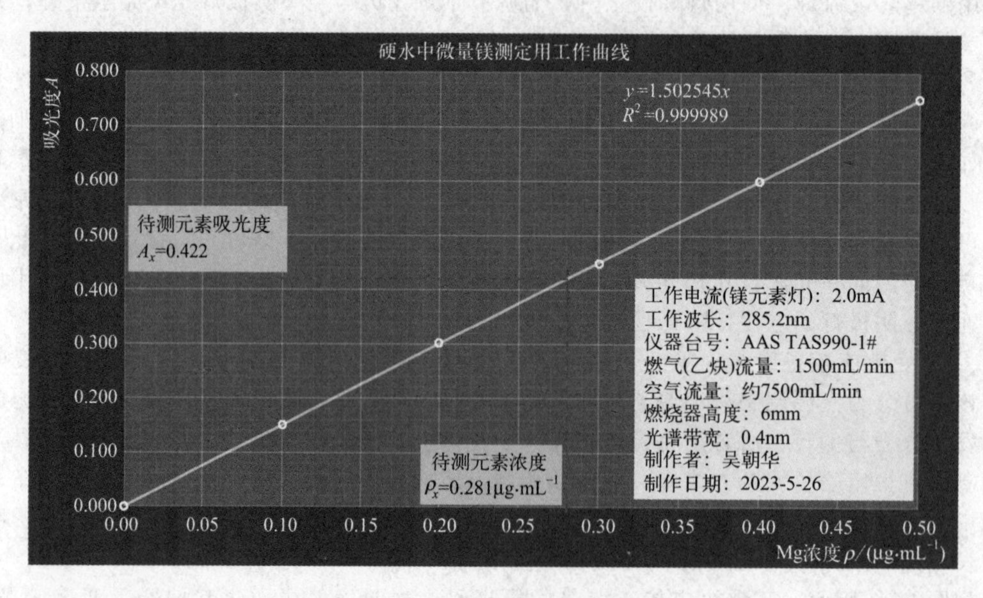


图 3-31 工作曲线法测定硬水中微量镁

用与绘制工作曲线相同的条件配制样品测试溶液并测定其吸光度，利用工作曲线以内插法求出被测元素的浓度 $c_x$ 或 $\rho_x$（如图 3-31 所示）。为了保证测定的准确度，测定时应注意以下几点：

① **标准溶液与试液的基体（指溶液中除待测组分外的其他成分的总体）应相似，以消除基体效应**[1]**。标准溶液浓度范围（建议对应吸光度约在 0.2～0.7 间）应将试液中待测元素的浓度（建议对应吸光度约 0.4）包括在内。**

② **整个分析过程操作条件（如工作电流、燃气和助燃气的流量等仪器工作条件，吸喷溶液时毛细管的位置、读数开始的时间等，同时还须考虑空气对流对火焰的影响）须保持不变，否则会导致吸光度信号的变化或引起工作曲线斜率的变化。标准系列溶液与试样溶液吸光度的测定应在同一时段进行。要求每次分析前须先用标准系列溶液对系统进行校正。**

③ **如果样品数量很大，应该在测量中途校验标准溶液（通常选与试样吸光度最接近的那个标准溶液）的吸光度是否发生明显变化，如果发生明显变化则应重新测量标准系列溶液并绘制新的工作曲线。**

④ **如果样品溶液吸光度超过最高浓度标准系列溶液的吸光度，则应稀释样品溶液使其吸光度在标准系列溶液吸光度范围的中部。**

⑤ **每次测定标样或试样的吸光度前须吸喷去离子水或空白溶液至吸光度回零以校正零点漂移。如果个别测定数据变动大，应重新测定。**

工作曲线法简便、快速，适于组成较简单的大批样品分析。当待测样品组成情况很复杂或不清楚时分析误差较大。

【例 3-1】测定某硬水样品中镁的含量，准确移取硬水样品 10.00mL 于 100mL 的容量瓶中，以蒸馏水稀释至标线，摇匀。喷入火焰，测出其吸光度为 0.422，图 3-31 为硬水中镁含量测定用工作曲线，计算该样品中镁的浓度。

解：

由工作曲线可查出，当 $A_x = 0.422$ 时，$\rho_x = 0.281\mu g \cdot mL^{-1}$，即稀释后硬水样品溶液中镁的质量浓度为 $0.281\mu g \cdot mL^{-1}$，则原硬水样品中镁的质量浓度为：$\rho_{Mg} = 0.281 \times 10 = 2.81\mu g \cdot mL^{-1}$。

### 3.4.4.2 标准加入法

当试样中共存物不明或基体复杂（可能包含几种不同元素且含量各异）而又无法配制与试样组成相匹配的标准溶液时，此时宜选用标准加入法进行定量分析。

具体操作方法是：吸取试液不少于 4 份，第 1 份不加待测元素标准溶液，从第 2 份开始，依次按比例加入不同量待测元素标准溶液，用溶剂稀释至相同体积，配制成测试溶液。以空白为参比，在相同测量条件下，分别测量各份测试溶液的吸光度，绘制吸光度（$A$）-浓度增量（$\Delta c$ 或 $\Delta\rho$）的工作曲线，并外推至浓度轴，则在浓度轴上的截距，即为待测试液中未知元素的浓度 $c_x$ 或 $\rho_x$（如图 3-32 所示）。

使用标准加入法的注意事项有：① **相应的标准曲线应是一条通过坐标原点的直线，待测组分的浓度应在此线性范围之内。**② **第 2 份中添加的标准溶液的浓度与待测试液的浓度应当接近（可通过试喷样品和标准溶液比较两者的吸光度来判断），以免曲线的斜率过大或过**

[1] 基体效应是指试样中与待测元素共存的一种或多种组分所引起的种种干扰。

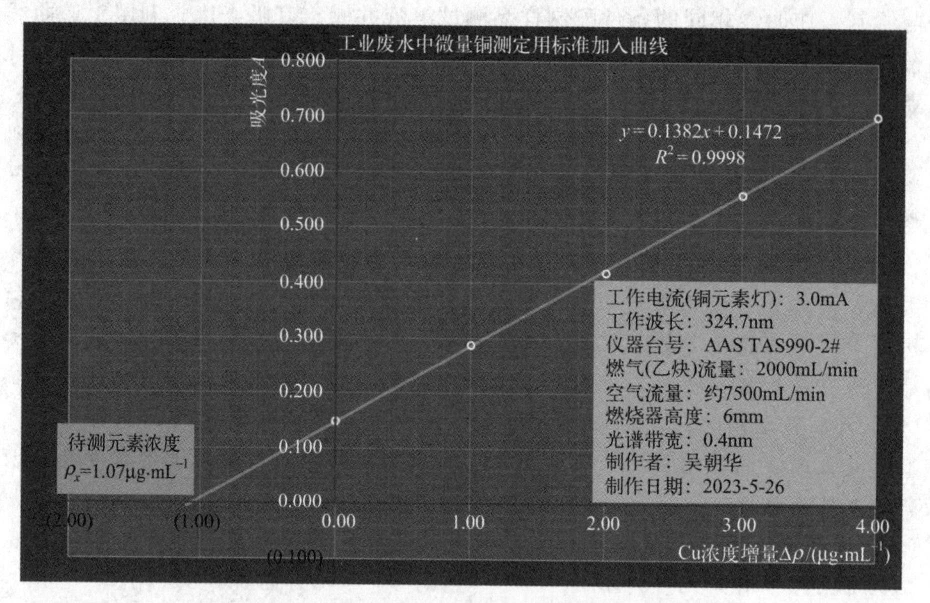


图 3-32　标准加入法测定工业废水中的微量铜

**小，给测定结果引入较大的误差。③为了保证能得到较为准确的外推结果，至少要采用四个点来制作外推曲线。④所有测试溶液应在相同测量条件下测定吸光度，且周围环境（如空气对流、电压的波动、机械振动等）也会影响测定结果的准确度。**

标准加入法可以消除基体效应带来的影响，并在一定程度上消除了化学干扰和电离干扰，但不能消除背景干扰。因此只有在扣除背景之后，才能得到待测元素的真实含量，否则将使测量结果偏高。

标准加入法每测定一个样品需要制作一条标准加入工作曲线，不适合大批量样品的测定，仅适用于基体复杂的少量样品的测定。

【例 3-2】测定工业废水中的微量铜。取 4 个 100mL 容量瓶，各加入 25.00mL 工业废水，再分别加入浓度为 $100\mu g \cdot mL^{-1}$ 的铜标准操作液 0.00mL、1.00mL、2.00mL、3.00mL、4.00mL，用 $HNO_3$（2＋100）溶液稀释至刻线，摇匀，配制成测试用的铜标准加入系列溶液，其中铜的浓度增加值 $\Delta\rho$ 分别为 $0.00\mu g \cdot mL^{-1}$、$1.00\mu g \cdot mL^{-1}$、$2.00\mu g \cdot mL^{-1}$、$3.00\mu g \cdot mL^{-1}$、$4.00\mu g \cdot mL^{-1}$。在相同操作条件下测得其吸光度分别为 0.149、0.287、0.418、0.561、0.703。求原工业废水中铜的浓度。

解：根据所测数据绘制出如图 3-32 所示的工作曲线，曲线与横坐标交点到原点距离为 $1.07\mu g \cdot mL^{-1}$，即稀释后的工业废水中铜的质量浓度为 $1.07\mu g \cdot mL^{-1}$。则原工业废水中铜的质量浓度为

$$\rho_{Cu} = 1.07 \times \frac{100.0}{25.00} = 4.28(\mu g \cdot mL^{-1})$$

#### 3.4.4.3　稀释法

稀释法实质是标准加入法的一种形式。设体积为 $V_S$ 的待测元素标准溶液的浓度为 $c_S$，测得其吸光度为 $A_S$，然后往该溶液中加入浓度为 $c_x$ 的样品溶液 $V_x$，测得混合液的吸光度为 $A_{S+x}$ 则 $c_x$ 为

$$c_x = \frac{[A_{S+x}(V_S+V_x)-A_SV_S]c_S}{A_SV_x} \tag{3-9}$$

若两次溶液的配制准确且吸光度的测量也准确，则此法快速易行。与标准加入法相比，此法不需单独测定样品溶液，且无须配制至少4份溶液，因此，大大减少了样品溶液的消耗。此外，对于高含量样品溶液，亦无须稀释，直接加入即可进行测定，简化了操作手续。

#### 3.4.4.4 内标法

内标法是指将一定量待测试液中不存在的元素N的标准物质加入一定量待测试液中进行测定的方法，所加入的这种标准物质称之为内标物质或内标元素。内标法与标准加入法的区别在于前者所加入标准物质是待测试液中不存在的；而后者所加入的标准物质是待测组分的标准溶液，是试液中存在的物质。

其具体操作方法是：在一系列不同浓度的待测元素标准溶液及试液中依次加入相同量的内标元素N，稀释至同一体积。在同一实验条件下，分别在内标元素及待测元素的共振吸收线处，依次测量每种溶液中待测元素M和内标元素N的吸光度$A_M$和$A_N$，并求出它们的比值$A_M/A_N$，再绘制$A_M/A_N$-$c_M$的内标工作曲线（如图3-33所示）。

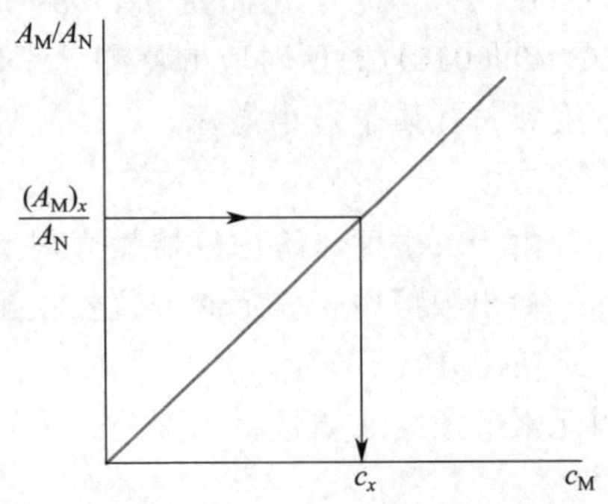


图3-33 内标工作曲线

由待测试液测出$(A_M)_x/A_N$，在内标工作曲线上用内插法查出试液中待测元素的浓度并计算试样中待测元素的含量。

在使用内标法时要注意选择合适的内标元素。要求所选用内标元素在物理及化学性质方面应与待测元素相同或相近；内标元素加入量应接近待测元素的量。实际分析时应通过试验来选择合适的内标元素和内标元素量。表3-9列举了部分元素测定时的内标元素。

表3-9 常用内标元素

| 待测元素 | 内标元素 | 待测元素 | 内标元素 | 待测元素 | 内标元素 |
|---|---|---|---|---|---|
| Al | Cr | Cu | Cd,Mn | Na | Li |
| Au | Mn | Fe | Au,Mn | Ni | Cd |
| Ca | Sr | K | Li | Pb | Zn |
| Cd | Mn | Mg | Cd | Si | Cr,V |
| Co | Cd | Mn | Cd | V | Cr |
| Cr | Mn | Mo | Sr | Zn | Mn,Cd |

内标法的优点是能消除物理干扰，还能消除因实验条件波动而引起的误差。内标法仅适用于双道或多道仪器，单道仪器上不能使用。

### 3.4.5 灵敏度、检出限和回收率

原子吸收光谱分析中，常用灵敏度、检出限和回收率对定量分析方法及测定结果进行评价。

#### 3.4.5.1 灵敏度

按国际纯粹与应用化学联合会（IUPAC）规定，原子吸收光谱法灵敏度的定义为$A$-$c$工作曲线的斜率（用$S$表示），即当待测元素的浓度或质量改变一个单位时，吸光度的变化量，其数学表达式为：

$$S=\frac{dA}{dc}或S=\frac{dA}{dm} \tag{3-10}$$

式中，$A$ 为吸光度，$c$ 为待测元素浓度，$m$ 为待测元素质量。

在火焰原子吸收法中，通常习惯于用能产生1%吸收（即吸光度值为0.0044）时所对应的待测溶液浓度（$\mu g \cdot mL^{-1}$）来表示分析的灵敏度，称为特征浓度（$c_c$）或特征（相对）灵敏度。特征浓度的测定方法：先配制一待测元素的标准溶液（其浓度应在线性范围内），再调节仪器至最佳工作条件，然后测定标准溶液的吸光度，按式(3-11)计算：

$$c_c = \frac{c \times 0.0044}{A} \tag{3-11}$$

式中，$c_c$ 为特征浓度，$\mu g \cdot mL^{-1}/1\%$；$c$ 为待测元素标准溶液的浓度，$\mu g \cdot mL^{-1}$；$A$ 为吸光度。

在无火焰原子化测定中，常用特征质量来表示测定灵敏度，即能产生1%吸收信号（$A=0.0044$）时所对应的待测元素的量（$\mu g$），又称绝对量。对分析工作来说，显然是特征浓度或特征质量愈小愈好。

### 3.4.5.2 检出限

由于灵敏度未考虑仪器噪声对测定结果的影响，因此不能作为衡量仪器最小检出量的指标。检出限可用于表示能被仪器检出的元素的最小浓度或最小质量。

按IUPAC规定，检出限的定义为：能够给出3倍于标准偏差的吸光度时，所对应的待测元素的浓度或质量。计算公式为：

$$D_c = \frac{c \times 3\sigma}{A} \text{或} D_m = \frac{cV \times 3\sigma}{A} \tag{3-12}$$

式中，$D_c$ 为相对检出限，$\mu g \cdot mL^{-1}$；$D_m$ 为绝对检出限，$\mu g$；$V$ 为溶液体积，mL；$c$ 为待测溶液浓度，$\mu g \cdot mL^{-1}$；$\sigma$ 为空白溶液测量标准偏差，测量方法：连续不少于10次测定空白溶液或接近空白的待测组分标准溶液的吸光度后，按 $\sigma=\sqrt{\frac{\sum(A_i-\bar{A})^2}{n-1}}$ 计算（式中，$A_i$ 为空白溶液单次测量的吸光度；$\bar{A}$ 为空白溶液多次平行测定的吸光度的平均值；$n$ 为测定次数，$n \geqslant 10$）。

检出限取决于仪器的稳定性，并随样品基体类型和溶剂种类的不同而变化。信号的波动来源于光源、火焰及检测器噪声，所以不同类型检测器检出限可能相差很大。不同元素可能有相同的灵敏度，但由于光源噪声、火焰噪声及检测器噪声的不同，会导致其检出限可能差别较大。检出限是衡量仪器性能的一个重要指标。通常情况下检出限越小说明检测方法越好。“未检出”指待测元素的量低于检出限，无法检测。

### 3.4.5.3 回收率

回收率常用于评价分析方法的准确度和可靠性。回收率的测定主要有两种方法：

（1）利用标准物质进行测定　将已知准确含量的待测元素的标准物质，在与试样相同条件下进行预处理，在相同仪器及相同操作条件下，以相同定量方法进行测量，测出标样中待测组分的含量，则回收率为测定值与真实值之比，即

$$\text{回收率} = \frac{\text{含量测定值}}{\text{含量真实值}} \times 100\% \tag{3-13}$$

此法简便易行，但多数情况下，含量已知的待测元素标样不易获得。

（2）利用标准加入法测定　在给定的实验条件下，先测定未知试样中待测元素的含量，然后在该试样中，准确加入一定量待测元素，以同样方法进行样品处理，在同样条件下，测定其中待测元素的含量，则回收率等于加标样后的测定值与未加标样前测定值之差与标样加

入量之比，即

$$回收率=\frac{加标样测定值-未加标样测定值}{标样加入量}\times100\% \tag{3-14}$$

显然，回收率愈接近100%，则方法的准确度和可靠性就愈高。

【例3-3】以火焰原子吸收光谱法测定基本试样中铅含量，测得铅平均含量为$4.6\times10^{-6}\%$。在含铅量为$4.6\times10^{-6}\%$的试样中添加铅标液，使其浓度增加$5.0\times10^{-6}\%$。然后在相同条件下测得铅含量为$9.0\times10^{-6}\%$，计算其回收率。

解：$回收率=\frac{(9.0-4.6)\times10^{-6}\%}{5.0\times10^{-6}\%}\times100\%=88\%$

## 思考与练习3.4

1. 原子化器内直流发射干扰可采用（　　）消除。

A. 加入过量的易电离元素　　B. 采用高温火焰

C. 对光源进行调制　　D. 加释放剂

2. 在原子吸收光谱法测钙时，加入EDTA的目的是消除哪种物质的干扰？（　　）

A. 磷酸　　B. 硫酸　　C. 镁　　D. 钾

3. WFX—2型原子吸收分光光度计，其线色散率倒数为$2nm\cdot mm^{-1}$，在测定Na含量时若光谱通带为2nm，则单色器狭缝宽度为（　　）μm。

A. 0.1　　B. 0.15　　C. 0.5　　D. 1

4. 消除物理干扰常用的方法是（　　）。

A. 配制与被测试样相似组成的标准样品　　B. 标准加入法或稀释法

C. 化学分离　　D. 使用高温火焰

5. 下列这些抑制干扰的措施，其中错误的是（　　）。

A. 为了克服电离干扰，可加入较大量易电离元素

B. 加入过量的金属元素，与干扰元素形成更稳定或更难挥发的化合物

C. 加入某种试剂，使待测元素与干扰元素生成难挥发的化合物

D. 使用有机络合剂，使与之结合的金属元素能有效地原子化

6. 碱金属及碱土金属的盐类在紫外区都有很强的分子吸收带，可采用下列哪些措施加以消除？（　　）

A. 可在试样及标准溶液中加入同样浓度的盐类

B. 进行化学分离

C. 采用背景校正技术

D. 另选测定波长

7. 火焰原子吸收光谱分析的定量方法有（　　）。

（1）标准曲线法

（2）内标法

（3）标准加入法

（4）公式法

（5）归一化法

(6) 保留指数法

A. (1)、(3)　　B. (2)、(3)、(4)　　C. (3)、(4)、(5)　　D. (4)、(5)、(6)

8. (多选) 原子吸收测定常用标准加入法定量，该方法具有 (　　) 的特点。

A. 可以消除光谱干扰　　B. 不适于大批量样品的测定

C. 可消除基体干扰　　D. 不需要制作样品空白

9. (多选) 在原子吸收光谱法中，由于分子吸收和化学干扰，应尽量避免使用 (　　) 来处理样品。

A. $H_2SO_4$　　B. $HNO_3$　　C. $H_3PO_4$　　D. $HClO_4$

10. (多选) 原子吸收法中消除化学干扰的方法有 (　　)。

A. 使用高温火焰　　B. 加入释放剂　　C. 加入保护剂　　D. 化学分离干扰物质

11. 称取某含铬试样 2.1251g，经处理溶解后，移入 50mL 容量瓶中，稀释至刻线。在四个 50.00mL 容量瓶内，分别精确加入上述样品溶液 10.00mL，然后再依次加入浓度为 $0.100mg \cdot mL^{-1}$ 的铬标准溶液 0.00mL、0.50mL、1.00mL、1.50mL，稀释至刻度，摇匀，在原子吸收分光光度计上测得相应吸光度分别为 0.061、0.182、0.303、0.415。试计算试样中铬的质量分数。

12. 吸取 0.00mL、1.00mL、2.00mL、3.00mL、4.00mL，浓度为 $10.0\mu g \cdot mL^{-1}$ 的 Ni 标准溶液，分别置于 25mL 容量瓶中，稀释至标线，在火焰原子吸收光谱仪上测得数据见表 3-10。

表 3-10　检测数据

| $V_{Ni}/mL$ | 0.00 | 1.00 | 2.00 | 3.00 | 4.00 |
|---|---|---|---|---|---|
| $A$ | 0.000 | 0.112 | 0.224 | 0.338 | 0.450 |

另称取镍合金试样 0.3125g，经溶解后移入 100mL 容量瓶中，稀释至标线。准确吸取此溶液 2.00mL，放入另一 25mL 的容量瓶中，以水稀释至标线，在与标准曲线完全相同的测定条件下，测得溶液的吸光度为 0.269。此试液中镍含量为多少？

13. 测定血浆试样中 Li 的含量，将四份 0.500mL 的血浆试样分别加至 5.00mL 水中，然后在这四份溶液中分别加入 0.0μL、10.0μL、20.0μL、30μL 的 $100\mu g \cdot mL^{-1}$ Li 标准溶液，在原子吸收分光光度计上测得吸光度依次为 0.133、0.261、0.395、0.526。计算此血浆中 Li 的质量浓度。

14. 某原子吸收分光光度计，测定浓度为 $0.20\mu g \cdot mL^{-1}$ 的钙标准溶液和浓度为 $0.20\mu g \cdot mL^{-1}$ 的镁标准溶液，吸光度分别为 0.035 和 0.089。计算该原子吸收分光光度计测定钙和镁的特征浓度，并比较两个元素灵敏度的高低。

## 阅读园地

扫描二维码查看“色谱-原子吸收联用技术”。

色谱-原子吸收联用技术

## 3.5　实验

### 3.5.1　原子吸收光谱法测定硬水中的微量镁

#### 3.5.1.1　实验目的

（1）认识原子吸收光谱仪主要组成部件。

（2）学习原子吸收光谱仪规范操作步骤；学习空心阴极灯的安装、气路连接、气密性检查和仪器的开、关机等方法；学习工作软件的使用方法。

（3）学习镁标准溶液的配制方法，学习使用工作曲线法测定试样中待测元素的含量。

#### 3.5.1.2　实验原理

在一定条件下，基态原子蒸气对锐线光源发出的共振线的吸收符合朗伯-比尔定律，其吸光度与待测元素在试样中的浓度成正比，即 $A=K'c$，因此，对于组成简单的试样，可采用工作曲线法对其中的金属元素进行定量测定。

原子吸收光谱法的工作曲线与紫外-可见分光光度法的工作曲线相似。工作曲线是否呈线性受许多因素的影响，分析过程中，必须保持标准溶液和试液的性质及组成接近，设法消除干扰，选择最佳测定条件，保证测定条件一致，才能得到良好的工作曲线和准确的分析结果。原子吸收光谱法工作曲线的斜率容易受外界因素（如喷雾效率和火焰状态等）的影响产生微小变化，因此，为确保检测结果的准确性，每次做样品测定时，应同时绘制工作曲线。

#### 3.5.1.3　仪器与试剂

（1）仪器　TAS990 型原子吸收光谱仪（或其他型号）、镁空心阴极灯、空气压缩机、乙炔钢瓶、100mL 烧杯 1 个、100mL 容量瓶 3 个，50mL 容量瓶 6 个，5mL 移液管 1 支，10mL 移液管 2 支，5mL 吸量管 1 支。

（2）试剂　镁标准储备液（$1.000\text{mg}\cdot\text{mL}^{-1}$）：购买标准品或配制。准确称取经 800℃ 灼烧至恒重的氧化镁（基准试剂）1.6583g，滴加 $1\text{moL}\cdot\text{L}^{-1}$ HCl 至完全溶解，定量转移至 1000mL 容量瓶中，稀至标线，摇匀。

#### 3.5.1.4　实验内容与操作步骤（扫描二维码可观看操作视频）

（1）配制镁标准溶液

① 配制 $\rho_{\text{Mg}}=5.00\mu\text{g}\cdot\text{mL}^{-1}$ 镁标准溶液　先移取 10mL$\rho_{\text{Mg}}=1.000\text{mg}\cdot\text{mL}^{-1}$ 标准储备液于 100mL 容量瓶中，用去离子水稀至标线，摇匀，此溶液浓度为 $\rho_{\text{Mg}}=0.1000\text{mg}\cdot\text{mL}^{-1}$；再移取 5mL$\rho_{\text{Mg}}=0.1000\text{mg}\cdot\text{mL}^{-1}$ 标准溶液于 100mL 容量瓶中，稀至标线，摇匀，此溶液浓度即为 $\rho_{\text{Mg}}=5.00\mu\text{g}\cdot\text{mL}^{-1}$ 镁标准溶液。

硬水中镁含量的测定（标准曲线法）

② 配制镁标准系列溶液　用 5mL 吸量管分别吸取 $\rho_{\text{Mg}}=5.00\mu\text{g}\cdot\text{mL}^{-1}$ 镁标准溶液 1.00mL、2.00mL、3.00mL、4.00mL、5.00mL 于 5 个 50mL 容量瓶中，用去离子水稀释至标线，摇匀。这些溶液中镁的质量浓度分别为 $0.100\mu\text{g}\cdot\text{mL}^{-1}$、$0.200\mu\text{g}\cdot\text{mL}^{-1}$、$0.300\mu\text{g}\cdot\text{mL}^{-1}$、$0.400\mu\text{g}\cdot\text{mL}^{-1}$、$0.500\mu\text{g}\cdot\text{mL}^{-1}$。

（2）配制硬水试样溶液　用 10mL 移液管移取硬水试样 10mL（可根据水质适当调节试样移取量）于 100mL 容量瓶中，用去离子水稀至标线，摇匀。

（3）按仪器说明书检查仪器各部件，检查电源开关是否处于关闭状态，各气路接口是否安装正确，气密性是否良好。

（4）安装空心阴极灯　将空心阴极灯的灯脚突出部分对准灯座的凹陷处轻轻插入。

**【注意】空心阴极灯使用时应轻拿轻放，特别是灯的石英窗应保持干净，避免划伤。**

(5) 打开稳压电源开关，打开电脑，然后打开仪器主机开关，点击电脑桌面的AAWin2.0图标，进入工作软件。选择联机模式，系统将自动对仪器进行初始化。(扫描二维码3-4可观看操作视频)

(6) 设置元素灯　初始化成功后进入灯选择界面，选择测定元素的元素灯（参见图3-19)。

(7) 设置实验条件　点击“下一步”进入“设置元素测量参数”界面设置，按下列测量条件进行设置（本实验是以TAS990原子吸收分光光度计为例设置实验条件，若使用其他仪器，应根据具体仪器要求设置测量参数)。

分析线：285.2nm；光谱通带：0.4nm；灯电流：2mA；乙炔流量：$2000mL \cdot min^{-1}$；燃烧器高度：6mm。

① 设置工作灯电流、预热灯电流、光谱带宽和负高压值等（参见图3-19)。将所需数据设定完成后，系统将会自动进行元素参数的调整。

② 调节燃烧器，对准光路。对光板调节燃烧器旋转调节钮、调节前后调节钮，使从光源发出的光斑在燃烧缝的正上方，与燃烧缝平行（扫描二维码3-4可观看操作视频)。

③ 选择分析线。参数设置完成后进入分析线设置页，选中测量波长后点击“寻峰”（见图3-21)，完成寻峰。

(8) 设置测量参数　寻峰完成后点击进入元素测量界面。在测量界面点击“样品”进入样品设置向导（见图3-23)。

① 在校正方法中选择“标准曲线”。

② 曲线方程中选择“一次方程”。

③ 浓度单位选择“$\mu g \cdot mL^{-1}$”。

④ 输入标准样品名称，本实验为“镁标样”。

⑤ 起始编号为：“1”。

⑥ 单击“下一步”设置标准样品的个数及标准系列溶液相应的浓度：$0.100\mu g \cdot mL^{-1}$、$0.200\mu g \cdot mL^{-1}$、$0.300\mu g \cdot mL^{-1}$、$0.400\mu g \cdot mL^{-1}$、$0.500\mu g \cdot mL^{-1}$（见图3-23)。

⑦ 单击“下一步”，再单击“下一步”，设置未知样品名称（本实验为“硬水样品”)、数量、编号等信息。(见图3-24)。单击“完成”结束样品设置向导，返回测量界面。

(9) 接通气源、点燃空气-乙炔火焰

① 检查空气压缩机、乙炔钢瓶的气体管路连接是否正确，管路及阀门密封性如何，确保无气体泄漏。

② 开启排风装置电源开关，排风10min后，接通空气压缩机电源，打开空气压缩机，调节输出压力0.25MPa（约$7500mL \cdot min^{-1}$，扫描二维码3-2可观看操作视频)。

③ 检查仪器排水安全联锁装置，确保排水槽中充满水，形成水封。开启乙炔钢瓶总阀，调节乙炔钢瓶减压阀输出压为0.07MPa；将燃气流量调节到$2000 \sim 2400mL \cdot min^{-1}$（扫描二维码3-1可观看操作视频)。

④ 点火。选择主菜单中的“点火”按钮，点燃火焰（点燃后适当调小燃气流量至$1500mL \cdot min^{-1}$左右)。

(10) 测量标准系列溶液和镁水样的吸光度

① 待火焰燃烧稳定后，吸喷空白溶剂“调零”。

② 将毛细管提出，用滤纸擦去毛细管外壁上的溶液后，放入待测标准溶液中（浓度由小到大)，点击“测量”按钮，待吸光度稳定后点击“开始”采样读取吸光度值（**【注意】每**

测完一个标准溶液都要吸喷空白溶剂“调零” ）。待5个标准溶液吸光度测量完成后，仪器会根据浓度和相应的吸光度绘制工作曲线。

③ 吸喷试样空白溶剂“调零”，用滤纸擦去毛细管水分后吸入待测样品溶液，重复②操作，测量样品的吸光度，测量数据显示在测量表格中，并自动计算出未知样品浓度。

④ 记录数据。记录测量标准系列溶液及样品溶液的吸光度；点击“视图”“校准曲线”，记录仪器所显示曲线方程的斜率、截距、相关系数和样品浓度。

（11）保存数据　全部测量完成后选择主菜单“文件”“保存”输入文件名、选择保存路径，确定即可保存数据。

（12）关机操作

①测量完毕吸喷去离子水5min；

② 关闭乙炔钢瓶总阀使火焰熄灭，待压力表指针回零后再旋松减压阀；

③ 关闭空气压缩机，待压力表和流量计回零后，关闭排风机开关；

④ 退出工作软件，关闭主机电源，关闭电脑，填写仪器使用记录；

⑤ 清洗玻璃仪器，整理实验台。

#### 3.5.1.5 HSE要求

（1）仪器在接入电源时应有良好的接地。

（2）安装好空心阴极灯后应将灯室门关闭，灯在转动时不得将手放入灯室内。

（3）点火前有时需要调节燃烧器的位置，使空心阴极灯发出的锐线光在燃烧缝的正上方，并与之平行。

（4）原子吸收光谱分析中经常接触电器设备，高压钢瓶，使用明火，因此应时刻注意安全，掌握必要的电器常识，急救知识，灭火器的使用。使用乙炔钢瓶时不可完全用完，必须至少剩余0.5MPa，否则钢瓶内的丙酮挥发进入火焰会导致背景增大，燃烧不稳定。

（5）乙炔为易燃易爆气体，必须严格按照操作步骤进行。切记在点火前应先开空气，后开乙炔；结束或暂停实验时应先关乙炔后关空气。点火时应确保其他成员手、脸不在燃烧室上方，应关上燃烧室防护罩。测定过程中也应关闭燃烧室防护罩，因为高温火焰可能产生紫外线，灼伤人的眼睛。在燃烧过程中不可用手接触燃烧器或仪器上方外壳以防止烧伤或者烫伤，不得在火焰上放置任何东西或将火焰挪作他用。火焰熄灭后燃烧器仍有高温，20min内不可触摸。

（6）在测量试样前应吸喷空白溶剂调零。

#### 3.5.1.6 原始记录与数据处理

（1）根据所测标准溶液的吸光度数值绘制工作曲线。

（2）在工作曲线中根据所测试样的吸光度值查出其浓度，并根据试样稀释倍数计算原硬水样品中镁的浓度（可参考例3-1）。

#### 3.5.1.7 思考题

（1）如何检查火焰原子化器排水装置是否处于正常工作状态？

（2）试验过程突然停电，应如何处置这一紧急情况？

（3）实际分析时，应如何调整并确保待测样品溶液的吸光度在工作曲线的中间部位？

（4）工作曲线法测定过程常出现曲线不过原点，试分析原因并提出解决办法。

（5）使用乙炔钢瓶要注意哪些问题？

#### 3.5.1.8 评分表

| 项目 | 考核内容 | 记录 | 分值 | 扣分 | 考核内容 | 记录 | 分值 | 扣分 | 备注 |
|---|---|---|---|---|---|---|---|---|---|
| 容量瓶、移液管操作(8分) | 移液管操作(外壁擦拭、调零、管身垂直、停留15s) | | 4 | | 容量瓶操作(2/3初摇、近刻线停留、定容、摇匀15次) | | 4 | | 1. 操作正确且规范记√,操作不正确或不规范记×;<br>2. 开机、关机顺序1次错误扣1分 |
| 开机操作(12分) | 气路连接与气密性检查 | | 1 | | 燃气流量的选择与设置 | | 1 | | |
| | 空心阴极灯的选择与安装 | | 1 | | 燃烧器高度的选择与设置 | | 1 | | |
| | 灯电流的选择与设置 | | 1 | | 工作曲线法定量,标准系列浓度及样品测量信息输入 | | 2 | | |
| | 光谱带宽的选择与设置 | | 1 | | 通风机开启及通风10min以上 | | 1 | | |
| | 测量波长的选择与设置 | | 1 | | 开机顺序 | | 2 | | |
| 点火操作(6分) | 废液排放装置(水封)的检查 | | 1 | | 乙炔钢瓶的开启与压力设置 | | 1 | | |
| | 空气压缩机的开启与压力设置 | | 1 | | 乙炔流量(点火前、后)的设置 | | 1 | | |
| | 空气压缩机压力设置 | | 1 | | 点火顺序 | | 1 | | |
| 测量操作(4分) | 测量前吸喷去离子水调零 | | 1 | | 读数(待吸光度值显示稳定后读取) | | 1 | | |
| | 测量顺序(由稀至浓) | | 1 | | 测后吸喷去离子水至吸光度回零 | | 1 | | |
| 关机操作(8分) | 测试完毕吸喷去离子水>5min | | 1 | | 取出空心阴极灯,妥善保存 | | 1 | | |
| | 气体关闭顺序(先关乙炔,再关空气) | | 1 | | 10min后,关闭排风机开关 | | 1 | | |
| | 气体关闭方法(先关总阀,待压力表回零后再旋松减压阀) | | 1 | | 实验完毕,仪器罩上防尘罩 | | 1 | | |
| | 关仪器开关,关工作站,关电脑开关 | | 1 | | 填写仪器使用记录 | | 1 | | |
| 文明操作(5分) | 实验过程台面保持整洁 | | 1 | | 清洗玻璃仪器并妥善保存 | | 1 | | |
| | 废液正确处理 | | 1 | | 试剂归位 | | 1 | | |
| | 废纸正确处理 | | 1 | | | | | | |
| 数据处理(8分) | 工作曲线绘制方法正确 | | 2 | | 计算结果正确 | | 1 | | |
| | 工作曲线标注项目齐全 | | 2 | | 单位正确 | | 1 | | |
| | 计算公式正确 | | 1 | | 有效数字正确 | | 1 | | |
| 工作曲线相关系数(10分) | ≥0.9999(10分);≥0.9995,<0.9999(7分);≥0.999,<0.9995(4分);≥0.99,<0.999(2分);<0.99(0分) | | | | | | | | |
| 精密度(10分) | <0.5%(10分);≥0.5%,<1%(8分);≥1%,<2%(6分);≥2%,<3%(4分);≥3%,<5%(2分);≥5%(0分) | | | | | | | | 以$R\bar{d}$评分 |
| 准确度(15分) | <1%(15分);≥1%,<2%(13分);≥2%,<3%(10分);≥3%,<5%(7分);≥5%,<10%(4分);≥10%(0分) | | | | | | | | 以误差评分 |
| 报告与结论(2分) | 完整、明确、规范、无涂改 | | | | | | | | 缺结论扣10分 |
| HSE要求(8分) | 态度端正、操作规范,团队合作意识强,节约意识强,正确处理"三废",无安全事故 | | | | | | | | |
| 分析时间(4分) | 开始时间: | | | | 结束时间: 完成时间: | | | | 每超5分钟扣1分 |
| 总分 | | | | | | | | | |

### 3.5.2 原子吸收光谱法测定工业废水中的微量铜

#### 3.5.2.1 实验目的

(1) 进一步熟练掌握原子吸收光谱仪的基本操作。

(2) 掌握采用标准加入法测定金属含量的操作、数据处理。

#### 3.5.2.2 实验原理

当试样复杂,配制的标准溶液与试样组成之间存在较大差别时,试样的基体效应对测定结果有较大影响;或干扰不易消除,分析样品数量较少时,宜采用标准加入法定量。方法是在相同量的待测样品溶液中加入不同量的已知准确浓度的几个标准溶液，然后在相同条件下分别测定其吸光度，绘制标准加入工作曲线，再将绘制的直线反向延长，与横轴相交，交点至原点所对应的浓度即为待测样品溶液的目标元素的浓度。

#### 3.5.2.3 仪器与试剂

（1）仪器　原子吸收光谱仪、铜空心阴极灯、50mL 容量瓶 7 个、100mL 容量瓶 1 个、5mL 吸量管 2 支、10mL 移液管 1 支、25mL 移液管 1 支。

（2）试剂　$\rho_{Cu}=100\mu g\cdot mL^{-1}$ 的铜标准溶液：购买标准品或配制。配制方法是：称取金属铜 0.1000g，置于 100mL 烧杯中，加 20mL $HNO_3$（1＋1），加热溶解。蒸至近干，冷却后加 5mL $HNO_3$（1＋1），加去离子水煮沸，盐类全部溶解，冷却并定量转移至 1000mL 容量瓶中，用去离子水稀至标线，摇匀。

#### 3.5.2.4 实验内容与操作步骤（扫描二维码可观看操作视频）

（1）配制标准系列溶液　按表 3-11 所给数据移取各类溶液于 5 个 50mL 容量瓶中，以稀硝酸（2＋100）稀释至标线，摇匀。

表 3-11　标准系列

| 容量瓶编号 | 1# | 2# | 3# | 4# | 5# |
|---|---|---|---|---|---|
| 含 $Cu^{2+}$ 水样/mL | 25.00 | 25.00 | 25.00 | 25.00 | 25.00 |
| $100\mu g\cdot mL^{-1}$ $Cu^{2+}$ 标准溶液/mL | 0.00 | 1.00 | 2.00 | 3.00 | 4.00 |
| 吸光度 $A$ | | | | | |

（2）进行开机前的各项检查工作（参阅 3.3.3.2 和 3.5.1.4）。

（3）开机、安装并调节空心阴极灯　按照规范的开机顺序打开仪器，安装铜空心阴极灯，调节好灯位置，点燃预热。

（4）设置实验条件　按如下实验条件进行参数设置（设置操作参见 3.3.3.2 或扫描二维码观看操作视频）。

工业废水中铜含量的测定（标准加入法）

火焰类型：空气-乙炔火焰；燃气流量：2000mL · $min^{-1}$；灯电流：3mA；光谱带宽 0.4nm；燃烧器高度 6mm；吸收线波长：324.7nm。

（本实验是以 TAS990 原子吸收光谱仪为例设置实验条件，若使用其他仪器，应根据具体仪器要求进行参数设置）

（5）设置测量参数　寻峰完成后点击进入元素测量界面。在测量界面点击"样品"进入样品设置向导（见图 3-23）。

① 在校正方法中选择"标准加入法"（有的软件叫"标准添加法"）。

② 曲线方程中选择"一次方程"。

③ 浓度单位选择"$\mu g\cdot mL^{-1}$"。

④ 输入标准样品名称，本实验为"铜标样"。

⑤ 起始编号为："1"。

⑥ 单击"下一步"设置标准样品的个数及标准系列溶液相应的浓度（见图 3-23）。

⑦ 单击"下一步"，再单击"下一步"，设置未知样品名称（本实验为"工业废水试样"）、数量（标准加入法样品数量为 1）、编号等信息（见图 3-23）。单击"完成"，返回测量界面。

（6）接通气源、点燃空气-乙炔火焰、调零　调节燃烧器位置；检查排水安全联锁装置；检查空气压缩机、乙炔钢瓶的气体管路连接正确性和管路及阀门密封性；开启排风装置电源开关，排风 10min 后，打开空气压缩机及风扇开关，调节输出压力为 0.25MPa（约 7500mL · $min^{-1}$）；开启乙炔钢瓶总阀，调节乙炔钢瓶减压阀输出压为 0.07MPa，将燃气流量调节到 2000mL · $min^{-1}$ 后，点火。待火焰稳定后吸喷空白溶剂调零。

（7）测量标准系列溶液吸光度　分别吸入标准系列溶液（浓度由小到大），点击"测量”，待吸光度稳定后点击“开始”采样读取吸光度值。

【注意】**每次测量前均需用空白溶剂调零。**

5个溶液测量完毕后，仪器会根据浓度与吸光度值绘制标准加入工作曲线并自动计算出工业废水样品中铜的浓度。

（8）记录并保存数据。

（9）结束工作　实验结束按步骤规范关机，填写仪器使用记录，清洗玻璃仪器，整理实验台。

#### 3.5.2.5 HSE 要求

（1）标准溶液加入量应视工业废水中铜的大致含量来设定，原则是：2#容量瓶中标准加入量与所加试液中铜含量尽量接近。本实验是以工业废水中铜含量约为 $4\mu g \cdot mL^{-1}$ 来设定铜标准溶液加入量的。

（2）定期检查管道，防止气体泄漏，严格遵守有关操作规定，注意安全。

#### 3.5.2.6 原始记录与数据处理

在坐标纸上绘制铜标准加入法工作曲线，并用外推法求得试样中铜的含量（可参考例题 3-2）。

#### 3.5.2.7 思考题

（1）标准加入法有什么特点？适用于何种情况下的分析？

（2）标准加入法对待测元素标准溶液加入量有何要求？

#### 3.5.2.8 评分表

见 3.5.1.8。

### 3.5.3 原子吸收光谱法测定葡萄糖酸锌口服液中的微量锌

扫描二维码可查看详细内容。

### 3.5.4 石墨炉原子吸收光谱法测定食品中的微量铅

扫描二维码可查看详细内容。

原子吸收光谱法测定葡萄糖酸锌口服液中的微量锌

石墨炉原子吸收光谱法测定食品中的微量铅

## 本章主要符号的意义及单位

| 符号 | 意义及单位 | 符号 | 意义及单位 | 符号 | 意义及单位 |
|---|---|---|---|---|---|
| $\nu$ | 频率，Hz | $A_r$ | 原子量 | $A$ | 吸光度 |
| $K_\nu$ | 基态原子对频率为 $\nu$ 的光的吸收系数 | $N_j$ | 单位体积内激发态原子数 | $b$ | 火焰法中燃烧器缝长，cm |
| $\nu_0$ | 谱线的中心频率，Hz | $N_0$ | 单位体积内基态原子数 | $c$ | 试液中待测元素的物质的量浓度，$mol \cdot L^{-1}$ |
| $K_0$ | 峰值吸收系数 | $P_j$ | 激发态能级的统计权重 | | |
| $\Delta\nu$ | 谱线半宽度，nm | $P_0$ | 基态能级的统计权重 | $\rho$ | 试液中待测元素的质量浓度，$g \cdot L^{-1}$ |
| $\Delta\nu_D$ | 多普勒变宽，nm | $T$ | 热力学温度，K | | |

## 本章要点

扫描二维码查看本章要点。

第 3 章要点

# 4

# 原子发射光谱法

学习指南

| 学习引导 | 学习目标 | 学习方法 |
| --- | --- | --- |
| 原子发射光谱法是元素定性、半定量、定量分析的主要手段之一。这种方法是通过判断试样中被测元素的原子或离子，在光源中被激发而产生特征辐射的波长及其强度的大小，对各元素进行定性分析、半定量分析和定量分析。原子发射光谱法具有样品用量少、应用范围广且快速、灵敏和选择性好等优点，已成为地质、冶金、金属加工、石油、化工、环保等行业中不可缺少的一种重要分析手段。<br>本章主要介绍原子发射光谱法基本原理、原子发射光谱仪、实验技术、定性和定量分析方法、方法的应用等理论知识和操作技能等。 | 通过本章的学习应掌握原子发射光谱法的基本原理；原子发射光谱仪常用光源的类型、工作原理、特点及适用范围，分光系统的作用、色散元件的种类及分光原理，常用的检测方法；原子发射光谱仪的主要类型；原子发射光谱分析的定性、半定量和定量分析方法；光谱的背景来源及扣除方法；原子发射光谱仪操作条件的选择、优化及日常维护保养等理论和实验技术，最终达到能用原子发射光谱法对实际样品进行分析检测的目的。 | 在学习本章前先复习《无机化学》中关于原子结构的知识，《仪器分析》中光谱分析的知识，对更好地掌握本章内容有很大的帮助。此外，通过阅读有关文献和补充材料，可以更好地了解原子发射光谱法，以使其得到更好的应用。 |

## 4.1 基本原理

### 4.1.1 原子发射光谱的产生

在通常情况下，组成物质的原子是处于稳定状态的，这种状态称为基态，它的能量是最低的。但是，当原子受到外界能量（如电能、热能或光能）作用时，原子的外层电子就从基态跃迁到更高能级上，处于这种状态的原子称为激发态。使原子从基态跃迁到激发态时所需的能量称为激发能，以电子伏特（eV）为单位。处于激发态的原子很不稳定，其寿命约为 $10^{-8}$s。当原子从高能级跃迁回基态或其他较低的能级时，多余的能量以电磁辐射的形式释放出来，因此就产生了原子发射光谱（atomic emission spectrometry，AES）。由激发态向基态跃迁所发射的谱线称为共振线。由第一激发态向基态跃迁发射的谱线称为第一共振线，它具有最小的激发能，因此最容易被激发，为该元素最强的谱线。

在激发光源作用下，原子获得足够的能量会发生电离。离子也可能被激发，其外层电子也可以发生跃迁而产生发射光谱。由于离子和原子具有不同的能级，所以离子发射的光谱与原子发射的光谱是不一样的。在原子谱线表中，用罗马数字Ⅰ表示原子发射的谱线，Ⅱ表示一次电离离子发射的谱线，Ⅲ表示二次电离离子发射的谱线。例如 Mg Ⅰ 258.21nm 为原子线，Mg Ⅱ 280.27nm 为一次电离离子线。

发射光谱的能量与波长之间的关系为：

$$\Delta E = E_2 - E_1 = h\nu = hc/\lambda \tag{4-1}$$

式中，$E_2$、$E_1$ 分别为高能级与低能级的能量，eV；$h$ 为普朗克常数，$6.63\times10^{-34}$ J·s；$\nu$ 及 $\lambda$ 分别为发射光的频率（Hz）和波长（nm）；$c$ 为光速。

从式(4-1) 可知，每一条发射光谱的谱线波长，和跃迁前后的两个能级之差成反比。由于原子内的电子轨道是不连续的（量子化的），故得到的光谱是线光谱。因为组成物质的各种元素的原子结构不同，所以产生的光谱也就不同，也就是说，每一种元素的原子都有它自己的特征谱线。光谱分析就是检测这些特征谱线是否出现，以鉴别某种元素是否存在，这是光谱定性分析的基本原理。

同样，在一定条件下，这些特征谱线的强弱与试样中待测元素的含量有关。通过测量元素特征谱线的强度，可以得到元素的含量，这就是光谱定量分析及半定量分析的理论依据。发射光谱分析的主要过程是在外加能量的作用下，使原子或离子得到激发，随后发射辐射（特征谱线），接下来利用光谱仪把原子或离子所发射的辐射按波长展开，获得光谱，再测量谱线波长、强度等，最后根据谱线波长和谱线强度进行光谱定性分析和定量分析。

### 4.1.2 谱线强度及其影响因素

#### 4.1.2.1 谱线强度

原子的外层电子在 $i$、$j$ 两个能级间跃迁，其发射谱线强度 $I_{i,j}$ 为单位时间、单位体积内光子发射的总能量，即

$$I_{ij}=N_iA_{ij}h\nu_{ij} \tag{4-2}$$

式中，$N_i$ 为单位体积内处于激发态的原子数；$A_{ij}$ 为 $i$、$j$ 两级间的跃迁概率；$h$ 为普朗克常数；$\nu_{ij}$ 为发射谱线的频率。

在热力学平衡的条件下，激发态原子数 $N_i$ 和基态的原子数目 $N_0$ 之间遵循 Boltzmann 分布定律，即

$$N_i=N_0\cdot\frac{g_i}{g_0}\cdot e^{\frac{-E_i}{kT}} \tag{4-3}$$

式中，$g_i$、$g_0$ 为激发态和基态的统计权重；$E_i$ 为激发能；$k$ 为 Boltzmann 常数；$T$ 为激发温度。

将式(4-3) 代入式(4-2) 可得

$$I=N_0\cdot\frac{g_i}{g_0}\cdot e^{\frac{-E_i}{kT}}\cdot Ah\nu \tag{4-4}$$

对某一谱线来说，$g_i/g_0$、跃迁概率、激发能是恒定值。考虑到激发态原子数目远比基态原子数目少，所以可用基态原子数来代替总原子数。因此，当温度一定时，该谱线强度与被测元素浓度成正比，即

$$I=Ac \tag{4-5}$$

式中，$I$ 为谱线强度；$A$ 为与测定条件有关的系数；$c$ 为元素含量。当考虑到谱线自吸时，上式可表示为

$$I=Ac^b \tag{4-6}$$

式中，$b$ 为自吸系数。这一公式称为 Schiebe-Lomakin 公式。$A$ 与试样蒸发、激发和发射的整个过程有关，与光源类型、工作条件、试样组分以及元素化合物形态等因素有关。元素含量很低时谱线不呈现自吸现象，此时 $b=1$，元素含量较高时，谱线自吸现象较严重，此时 $b<1$。因此实际分析过程中，往往采用 Schiebe-Lomakin 公式的对数形式，这样，只要 $b$ 是常数，就可以得到线性的工作曲线。由此可见，在一定条件下，谱线强度只与试样中

原子浓度有关，这正是原子发射光谱定量分析的理论依据。

#### 4.1.2.2 影响谱线强度的因素

影响谱线强度的因素主要有以下几个方面：

(1) 统计权重 谱线强度与激发态和基态统计权重之比成正比。

(2) 激发电位 激发电位增高，处于该激发态的原子数将迅速减少，因此谱线强度将减弱。

(3) 跃迁概率 跃迁概率指电子在某两个能级之间每秒跃迁的可能性的大小，与激发态的寿命成反比，也就是说原子处于激发态的时间越长，跃迁概率越小，产生的谱线强度越弱。

(4) 激发温度 理论上光源的激发温度越高，谱线强度越大。但实际上，温度升高，除了使原子易于激发外，同时也增加了原子的电离，因此元素的离子数不断增多，原子数不断减少，从而导致原子谱线强度减弱，所以实验时应选择合适的激发温度。

(5) 基态原子数 谱线强度与进入光源的基态原子数成正比，因此，一般情况下试样中被测元素的含量越大，发射的谱线强度也就越大。

### 思考与练习 4.1

1. 原子发射光谱法属于（　　）。

A. 电子光谱　B. 转动光谱　C. 振动光谱　D. 分子光谱

2. 原子发射光谱是由以下哪种跃迁产生的（　　）。

A. 辐射能使气态原子外层电子激发　B. 辐射能使气态原子内层电子激发

C. 电热能使气态原子内层电子激发　D. 电热能使气态原子外层电子激发

3. 原子发射光谱是（　　）。

A. 线光谱　B. 带光谱　C. 连续光谱　D. 转动光谱

4. 原子发射强度与元素浓度的关系为（　　）。

A. 成正比　B. 成反比

C. 谱线强度的对数与浓度对数成正比　D. 符合 Schiebe-Lomakin 公式

5. 原子发射光谱与原子吸收光谱的共同点在于（　　）。

A. 辐射能使气态原子内层电子产生跃迁　B. 基态原子对共振线的吸收

C. 气态原子外层电子产生跃迁　D. 激发态原子产生的辐射

6. （多选）影响谱线强度的因素有（　　）。

A. 激发电位　B. 跃迁概率　C. 激发温度　D. 基态原子数

### 阅读园地

扫描二维码查看“原子发射光谱法发展概况”。

原子发射光谱法发展概况

## 4.2 原子发射光谱仪

### 4.2.1 主要部件

原子发射光谱仪主要由光源、分光系统、检测系统三个部分所组成。

4.2.1.1 光源

光源的作用是提供足够的能量，使试样蒸发、原子化、激发，产生光谱。光源对光谱分析的灵敏度、准确度和精密度有很大的影响。对光源的要求是：灵敏度高、稳定性好、光谱背景小、结构简单、操作安全。原子发射光谱仪的光源有直流电弧、交流电弧、火花和等离子体等。

(1) 直流电弧（DCA） 直流电弧的基本电路如图4-1所示。图中E为直流电源，电压通常为220～380V，电流一般为5～30A。R为镇流电阻，作用是稳定和调节电流。L为电感，作用是减小电流波动。G为分析间隙，上下两个箭头表示电极，直流电弧通常用石墨或金属作为电极材料。直流电弧引燃有两种方式：一种是通上直流电，将上下电极接触短路再拉开而引燃；另一种是用高频引燃装置来引燃。引燃后阴极释放出来的电子不断轰击阳极，使阳极表面出现一个炽热的斑点，称为阳极斑。阳极斑的温度较高，有利于试样的蒸发，因此通常将试样置于阳极。在电弧燃烧过程中，电弧温度一般为4000～7000K，难以激发电离能高的元素。直流电弧的优点是设备简单、电极头温度高、蒸发能力强，适用于难挥发试样的分析。但放电不稳定，自吸现象严重，不适用于高含量元素的定量分析；弧焰温度较低、激发能力差，不适用于激发电离能高的元素。

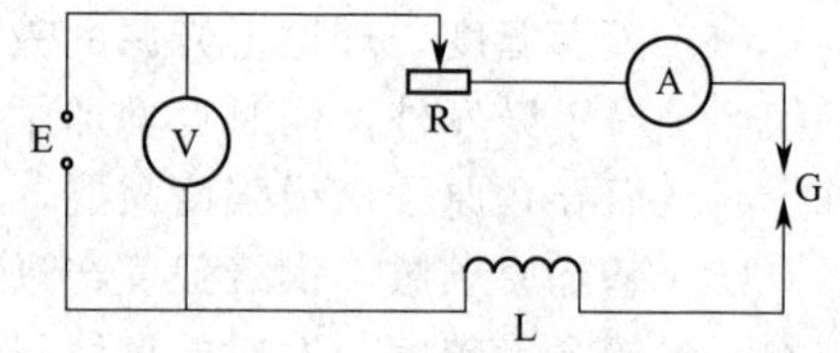

图4-1 直流电弧电路

(2) 交流电弧（ACA） 交流电弧有高压电弧和低压电弧两种，常采用低压交流电弧。其线路由两部分组成，一部分是低压电弧电路，一部分是高频引燃电路。低压交流电弧采用高频引燃装置产生的高频高压电流，不断击穿电极间的气体，造成电离，维持导电。在这种情况下，低频低压交流电就能不断地流过，维持电弧的燃烧。与直流电弧相比，电极温度稍低一些，因而蒸发能力差，不利于难挥发元素的挥发。但弧温比直流电弧高，激发能力强，有利于元素的激发。另外，操作简便安全，稳定性高，重复性较好，有利于定量分析。

(3) 火花 火花可分为低压火花和高压火花，其中高压火花应用较广。220V交流电压经变压器升压产生10000V以上的高压，并向电容器充电，当电容器两端的充电电压达到分析间隙的击穿电压时，储存在电容器中的电能立即向分析间隙放电，被击穿产生火花放电。这种火花光源放电的瞬间通过分析间隙的电流密度很大，火花瞬间温度可达到10000K以上，激发能力强，可激发电离能高的元素。但由于火花是以间歇方式放电的，平均电流密度并不高，因此，电极温度较低，不利于元素的蒸发。火花的优点是：放电稳定性好，试样消耗少，弧层较薄，自吸不严重，适用于高含量试样的分析。其缺点是：灵敏度低、蒸发能力差、背景大，不宜作微量元素分析；由于每次击穿面积不大，当试样不均匀时，分析结果代表性差；且仪器结构复杂，还需使用高压电源。

(4) 等离子体 等离子体一般是指高度电离的气体，内部含有大量的电子、离子和部分未电离的中性粒子，整体呈现电中性。与一般气体不同，等离子体能导电。最常用的等离子体光源包括直流等离子体喷焰（DCP）、电感耦合等离子体（ICP）、电容耦合微波等离子体

（CMP）和微波诱导等离子体（MIP）等。

① 直流等离子体喷焰　DCP（见图 4-2）是把氩（Ar）、氮（$N_2$）或氦（He）等气体吹入一个装置中进行放电的直流电弧，使弧光以火焰状喷出。实际上是惰性气体压缩的大电流直流弧光放电。

一般的直流弧光在电流增加时，弧柱随之增大，电流密度和有效能量几乎没有增加，所以弧温不能提高。直流等离子体喷焰形成时，惰性气体由冷却的喷口喷出，使弧柱外围的温度降低，弧柱收缩，电流密度和有效能量增加，所以激发温度有明显的提高。这种低温气流使弧柱收缩的现象，称为热箍缩效应。另外，在 DCP 放电时，带电粒子沿着一定的方向运动，产生电流，形成磁场，从而使得弧柱收缩，也能提高 DCP 的温度和能量。这种电磁作用引起的弧柱收缩的现象，称为磁箍缩效应。由于放电时的热箍缩效应和磁箍缩效应使等离子体受到压缩，DCP 的弧焰温度比直流电弧高，光源的稳定性也比直流电弧高。DCP 的缺点是基体干扰严重，精密度差，背景较大。

② 电感耦合等离子体　ICP 光源（见图 4-3）由高频发生器、进样系统（包括供气系统）和等离子炬管三部分组成，是现代原子发射光谱仪中广泛使用的一种光源。

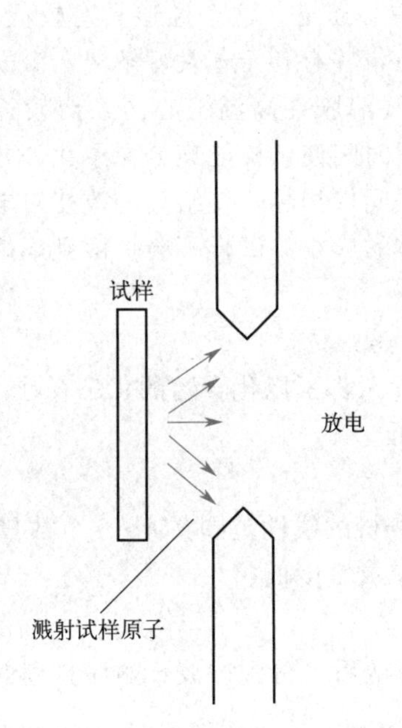


图 4-2　直流等离子体喷焰示意图

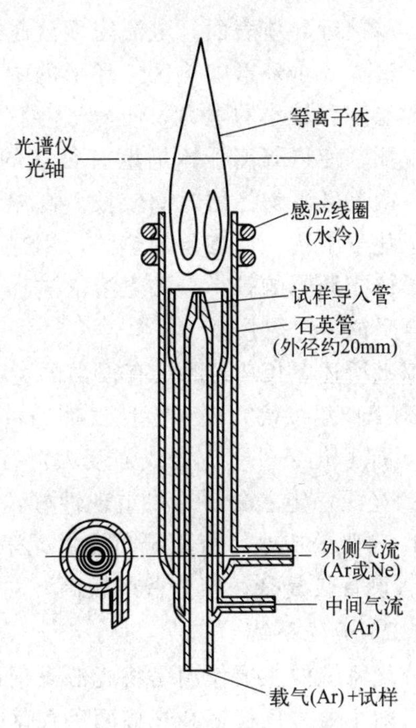


图 4-3　电感耦合等离子体光源示意图

石英管中通入 Ar，在石英管的上部绕有 2～4 匝线圈，并使之与高频发生器感应耦合而形成等离子体，然后通过雾化器把试样和载气（Ar）导入等离子体，进行激发和发射光谱分析。

为了使所形成的光源稳定，通常采用三层同轴等离子炬管。三层石英管均通氩气。最外层以切线方法通入冷却气（Ar），用于稳定等离子炬和冷却管壁以防烧毁。中层管通入辅助气体（Ar），用于点燃等离子体。内层通入 Ar 作为载气，把经过雾化器的试样以气溶胶的形式引入等离子体中。

目前电感耦合等离子体光源均采用 Ar 作为气源。使用 Ar 的优点是：Ar 作为单原子惰性气体，不与试样组分形成难解离的稳定化合物，也不会像分子那样因解离而消耗能量，且电离电位较低，有良好的激发性能，本身光谱背景简单。

ICP焰炬的外观与火焰相似，但不是化学燃烧的火焰而是气体放电，分为三个区域（图4-4）。

a. 焰心区。感应线圈区域内白色不透明的焰心是由高频电流形成的涡流区，温度最高达10000K，电子密度也很高。焰心区发射很强的连续光谱，光谱分析应避开这个区域。试样气溶胶在此区域被预热、蒸发，故又称预热区。

b. 内焰区。感应线圈上10～20mm处，呈淡蓝色半透明的焰炬，温度为6000～8000K。试样在此原子化、激发，然后发射很强的原子线和离子线。这是光谱分析所利用的区域，也称为测光区。测光时在感应线圈上的高度称为观测高度。

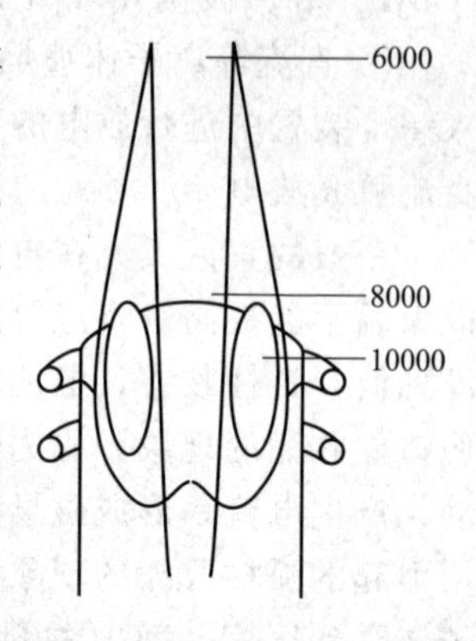


图4-4 电感耦合等离子体光源的温度分布

c. 尾焰区。内焰区上方，无色透明，温度低于6000K，只能发射激发能较低的谱线。

高频电流具有“趋肤效应”，电感耦合等离子体光源中高频感应电流绝大部分分流经导体外围，越接近导体表面，电流密度就越大。涡流主要集中在等离子体的表面层内，形成环状结构，造成一个环形加热区。环形的中心是一个进样中心通道，这个通道具有较低的气压、较低的温度和较小的阻力，使得气溶胶能顺利进入焰炬，并有利于蒸发、解离、激发、电离以及观测，使得等离子体焰炬有很高的稳定性。试样气溶胶在高温焰心区经历较长时间加热，在内焰区平均停留时间较长。高温与长的平均停留时间使试样能充分原子化，并有效地消除了化学干扰。周围是加热区，用热传导与辐射方式间接加热，使组分的改变对电感耦合等离子体光源影响较小，加之溶液进样量少，因此基体效应小。试样不会扩散到焰炬周围而形成自吸的冷蒸气层。

综上所述，ICP光源具有很强的竞争力。它的特点是：

a. 工作温度高，处于惰性气体条件下，几乎任何元素都不以化合物的状态存在。

b. 原子化条件下，谱线强度大，背景小，检出限低。

c. 光源稳定、分析结果重现性好，准确度高。

d. 自吸效应小，可用于高含量元素的分析，定量分析的线性范围在4～6个数量级。

e. 设备较复杂，维护费用较高，对非金属元素测定灵敏度低。

#### 4.2.1.2 分光系统

分光系统的主要作用是将光源发射的电磁辐射经色散后，得到按波长顺序排列的发射光谱。目前主要采用棱镜和光栅两种色散元件。

(1) 棱镜　棱镜是基于不同波长光的折射率不同来进行分光的。按制作材料的不同可将其分为玻璃棱镜、石英棱镜和萤石棱镜，它们分别适用于可见光区、紫外光区和远紫外光区。

棱镜的性能指标常用色散率和分辨率来表征。色散率是指把不同波长的光分开的能力。分辨率是指能正确分辨出相邻两条谱线的能力。色散能力越大，则分辨能力越强，棱镜的质量越好。

(2) 光栅　光栅是基于光的单缝衍射和多缝干涉来进行分光的。光栅分为透射光栅和反射光栅，后者使用较多。反射光栅依据光栅基面的形状不同，可分为平面反射光栅和凹面反射光栅；依据制作工艺的不同，又可分为刻划光栅、复制光栅和全息光栅。光栅的性能指标也可用色散率和分辨率来表征。

与棱镜相比，光栅的优点是：①适用波长范围广；②具有较大的线色散率和分辨率；③线色散率和分辨率大小基本上与波长无关。

#### 4.2.1.3 检测系统

检测系统的作用是将原子的发射光谱记录或检测出来，以进行定性或定量分析。原子发射光谱的检测方法（见图 4-5）有看谱法（目视法）、摄谱法和光电法。这三种方法的基本原理是相同的，都是把激发试样获得的复合光通过入射狭缝射在分光元件上，使之色散成光谱，然后通过测量谱线来检测试样中的分析元素。其区别主要在于光谱辐射的接受方式：看谱法是用人眼去接受，摄谱法是用感光板接受，而光电法则是用光电转化元件去接受。

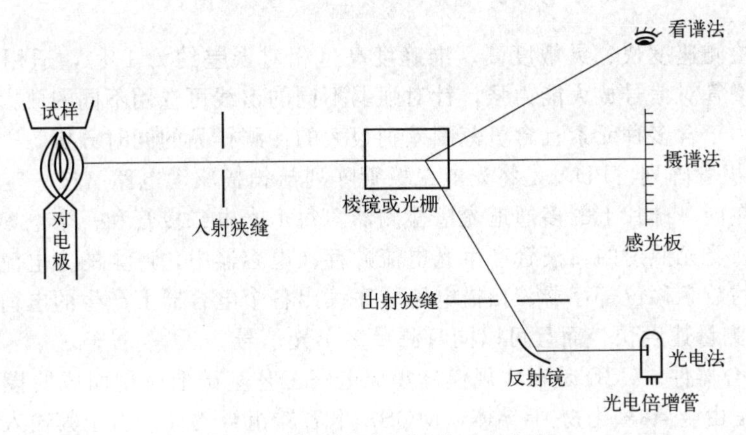


图 4-5 发射光谱分析的三种方法

（1）看谱法 用眼睛直接观测谱线强度的方法称为看谱法，仅适用于可见光波段。

（2）摄谱法 摄谱法是用感光板记录光谱。感光板又称光谱干板或像板，通常将卤化银均匀地分散在明胶中，然后涂布在玻璃板上制成。其作用是把来自光源的光信号以像的形式记录下来。感光板置于摄谱仪的焦平面上，接受被分析试样的光谱作用而感光，再经过显影、定影等过程后，制得光谱底片，底片上有许多黑度不同的光谱线。通过映谱仪放大，观察谱线位置及大致强度，然后进行光谱定性及半定量分析。在进行发射光谱分析时，照射到感光板上的光线越强，时间越长，则呈现在感光板上的谱线会越黑。所以常用黑度表示谱线在感光板上的变黑程度。摄谱法就是利用测微光度计测量谱线的黑度来进行光谱定量分析的。

（3）光电法 光电法是将光电转化器件作为检测器，利用光电效应将光能转化为电信号进行检测。该检测器主要有两类：光电发射器件，如光电管和光电倍增管；半导体光电器件，如光电二极管阵列（PDA）、电荷耦合器件（CCD）、电荷注入器件（CID）。

① 光电倍增管。光电倍增管既是光电转换元件，又是电流放大元件。光电倍增管是根据二次电子倍增现象制造的光电转换器件，由一个光阴极、多个电子倍增极和一个阳极所组成，相邻的倍增电极之间有 50～100V 的电压差（见图 4-6）。当入射光照射到光阴极释放出电子时，电子被电场加速打到第一个倍增极 $D_1$ 上，撞击出更多的二次电子，二次发射的电子又被加速打到第二个倍增极 $D_2$ 上，电子数目再度被二次发射过程倍增，依次类推，阳极最后收集到的电子数将是阴极发出的电子数的 $10^5$～$10^8$ 倍。

利用光电倍增管一类的光电转换器作为检测器，连接在分光系统的出口狭缝处（代替感光板），通过一套电子系统测量谱线的强度，所使用的仪器称为光电直读光谱仪。光电检测

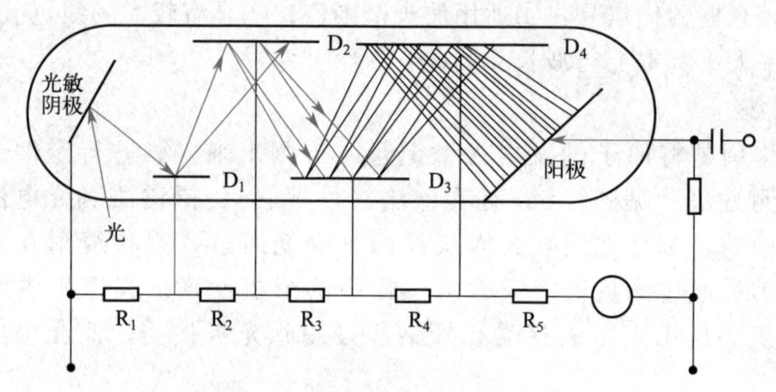


图 4-6 光电倍增管工作原理示意图

系统的优点是检测速度快、灵敏度高、准确度高（相对误差约为 1%），适用于较宽的波长范围。光电倍增管对信号放大能力强，针对强弱不同的谱线可选用不同的放大倍率，线性范围宽，特别适用于含多种元素且含量范围差别很大的待测样品的同时分析。

② 光电二极管阵列。PDA 是将光电二极管阵列与扫描驱动电路（按一定规律断通的多路开关）集成在同一硅片上的多通道光谱检测器。每个光电二极管和一个电容并联。当光照射到阵列上时，受光照射的二极管产生光电流贮存在电容器中，产生的光电流与光强度成正比。通过集成的数字移位寄存器，扫描电路顺序读出各个电容器上产生的电荷。与光电倍增管相比，PDA 测量速度快，而且可以同时测量多个光信号。

③ 电荷耦合器件。CCD 是在大规模硅集成电路工艺基础上研制而成的模拟集成电路芯片。基本结构是由金属-氧化物-半导体（MOS）电容器组合构成。由于其输入面空域上逐点紧密排布着对光信号敏感的像元，故它对光信号的积分与感光板的情形颇相似。但是，CCD 可借助必要的光学和电路系统，将光谱信息进行光电转换、储存和传输，在其输出端产生波长-强度二维信号，信号经放大和计算机处理后在显示器上显示出人眼可见的图谱，无须感光板的冲洗和测量黑度的过程。

这类检测器可同时进行多谱线检测。其动态响应范围和灵敏度均有可能达到甚至超过光电倍增管，加之其性能稳定、体积小、比光电倍增管更结实耐用，因此在发射光谱中有广泛的应用前景。

④ 电荷注入器件。CID 基本结构与 CCD 相似，也是一种 MOS 结构。当栅极上加上电压时，表面形成少数载流子（电子）的势阱，入射光子在势阱邻近被吸收时，产生的电子被收集在势阱里，其积分过程与电荷耦合器件一样。

CID 与 CCD 的主要区别在于读出过程。CCD 的电信号输出，必须经过电荷在多个像素单元间的转移后一次性读出，信号读取后立即消失。而在 CID 中，信号电荷不用转移，是直接注入体内形成电流来读出的。即每当积分结束时，去掉栅极上的电压，储存在势阱中的电荷少数载流子（电子）被注入体内，从而在外电路中引起信号电流，这种读出方式称为非破坏性读取。

### 4.2.2 仪器类型和主要性能

原子发射光谱仪按照使用色散元件的不同，可分为棱镜光谱仪和光栅光谱仪；按照光谱记录和测量方法的不同，可分为照相式摄谱仪、光电直读光谱仪和全谱直读光谱仪。

#### 4.2.2.1 摄谱仪

摄谱仪根据所用色散元件的不同，可分为棱镜摄谱仪和光栅摄谱仪。

（1）棱镜摄谱仪　棱镜摄谱仪根据棱镜色散能力的不同可分为大、中、小型摄谱仪。大型的色散力强，适用于具有复杂光谱的试样的分析；中型的适用于一般元素的分析；小型的可用于简单试样的分析。若按棱镜材料的不同，又可分为适用于可见光区的玻璃棱镜摄谱仪，适用于紫外光区的石英棱镜摄谱仪，以及适用于远紫外区的萤石棱镜光谱仪。平时较常用的是中型石英棱镜摄谱仪。

棱镜摄谱仪（见图 4-7）主要由照明系统、准光系统、色散系统（棱镜）以及投影系统（暗箱）四个部分组成。

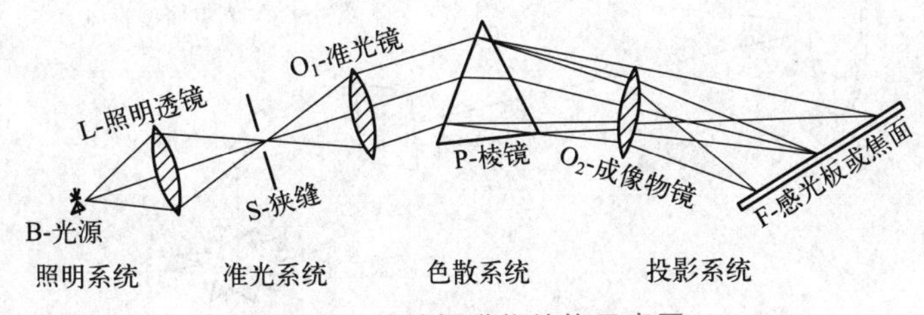


图 4-7　棱镜摄谱仪结构示意图

棱镜摄谱仪的光学特性常从色散率、分辨率和集光本领三个方面来进行考察。色散率是指把不同波长的光分开的能力；分辨率是指摄谱仪的光学系统能够正确分辨出相邻两条谱线的能力；集光本领是指摄谱仪的光学系统传递辐射的能力。

（2）光栅摄谱仪　光栅摄谱仪用衍射光栅作为色散元件，利用光的衍射现象进行分光。在发射光谱分析中，大多数采用平面光栅摄谱仪（见图 4-8）。与棱镜摄谱仪相比较，光栅摄谱仪的特点是：适用波长范围广，色散能力和分辨能力强。由于近年来光栅刻画技术和复制技术的迅猛发展，光栅摄谱仪得到越来越广泛的应用。光栅摄谱仪比棱镜摄谱仪有更高的分辨率，且色散率基本上与波长无关，更适用于一些含有复杂谱线的元素如稀土元素、铀、钍等试样的分析。

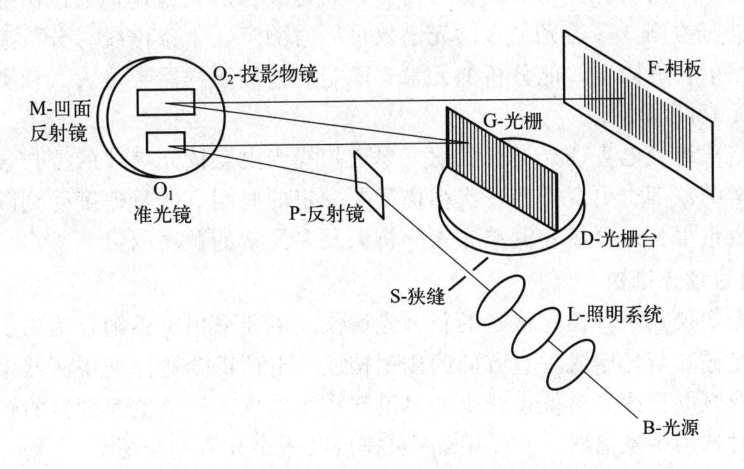


图 4-8　WPS-1 型平面光栅摄谱仪光路示意图

#### 4.2.2.2　光电直读光谱仪

光电直读光谱仪是利用光电测量方法直接测定光谱线强度的光谱仪，可分为单道扫描式和多道固定狭缝式两种类型。

（1）单道扫描光电直读光谱仪　单道扫描光电直读光谱仪只有一个出射狭缝，通过转动光栅或光电倍增管实现狭缝在光谱仪焦面上的扫描，采用扫描方式在不同时间内依次接收不同波长谱线的光谱辐射。

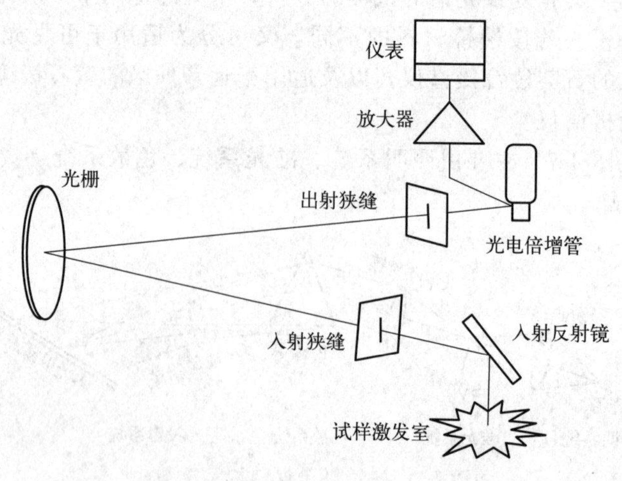


图 4-9 单道扫描光电直读光谱仪的光路示意图

图 4-9 为一台单道扫描式光谱仪的光路示意图，光源发出的光经入射狭缝后，打到一个可转动的光栅上，经光栅色散后，某特定波长的光反射通过出射狭缝投射到光电倍增管上，经过检测就得到一个元素的测定结果。随着光栅角度的不断变化，就可得到各种元素的测定结果。

(2) 多道固定狭缝光电直读光谱仪　多道固定狭缝光电直读光谱仪是在光谱仪的焦面上按分析线波长位置安装多个固定的出射狭缝和光电倍增管，同时接收多个元素的谱线。

从光源发出的光经入射狭缝投射到凹面光栅上，凹面光栅将光色散、聚焦在焦面上，在焦面上安装了多个出射狭缝，每一狭缝可使一条固定波长的光通过，通过出射狭缝后投射到光电倍增管上进行检测。多道光电直读光谱仪可同时测定几十条谱线，分析速度快，准确度高。其缺点是出射狭缝固定，能分析的元素也固定。适用于样品数量大、种类固定、要求分析速度快的多元素同时测定。

与多道固定狭缝光电直读光谱仪相比，单道扫描光电直读光谱仪的波长选择更为灵活方便，可测定元素的范围也更广，但一次扫描需要一定的时间，分析速度受到限制，因此更适用于分析样品数量少、组分多变的单元素分析以及多元素的顺序测定。

#### 4.2.2.3 全谱直读光谱仪

全谱直读光谱仪是一种性能优越的新型光谱仪。主要采用电感耦合等离子体光源，色散系统由中阶梯光栅和与光栅成垂直方向的棱镜构成，电荷耦合器件做检测器。这种仪器克服了多道固定狭缝光电直读光谱仪谱线少和单道扫描光电直读光谱仪速度慢的缺点，测定每一个元素可以同时选用多条谱线，在 1min 内可完成几十个元素的分析。

图 4-10 为全谱直读光谱仪的典型光路图。光源发出的光通过两个曲面反光镜聚焦于入射狭缝，之后经过抛物面准直镜反射成平行光，照射到中阶梯光栅上，使光在 $x$ 方向上色散，再经另一个光栅（Schmidt 光栅）在 $y$ 方向上进行二次色散，使光谱分析线全部色散在一个平面上，经反射镜反射进入紫外型电荷耦合器件检测器检测。Schmidt 光栅的中央有一个孔洞，部分光线可以穿过孔洞，经棱镜进行 $y$ 向二次色散，然后经透镜进入另一个可见光型电荷耦合器件检测器对可见区的光谱进行检测。该仪器采用两套成像光学系统，一套检测紫外区，一套检测可见光区，可获得紫外光区到可见光区的整个光谱。

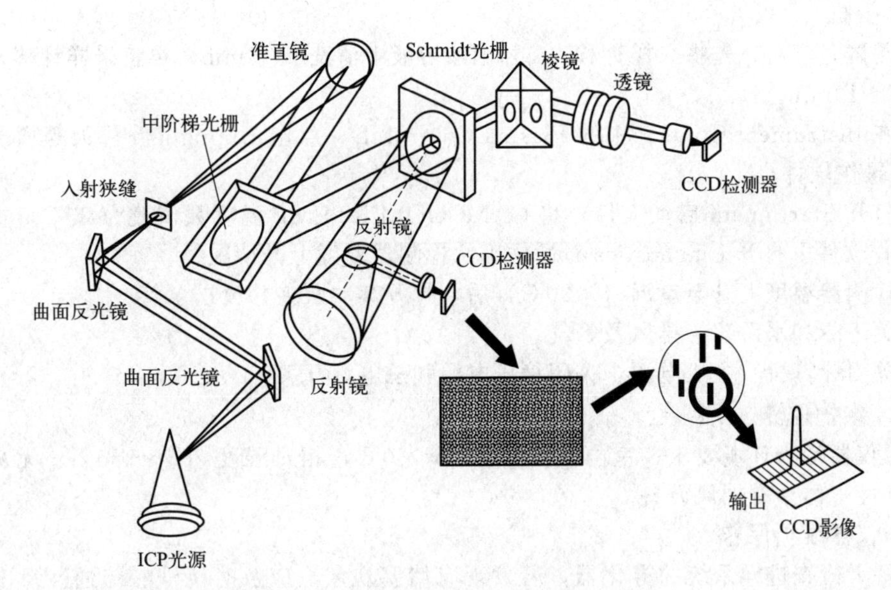


图 4-10 全谱直读光谱仪的典型光路图

## 4.2.3 仪器的操作与维护保养

### 4.2.3.1 仪器的操作

原子发射光谱仪的种类和型号很多，下面以 Prodigy XP 电感耦合等离子体原子发射光谱仪为例说明其仪器操作步骤。

(1) 开机

① 依次打开总电源、稳压电源、主机前侧电源及计算机。

② 打开启动文件 Startup，检查 COMCOOLERTEMP 是否≥20℃。

③ 打开氩气总阀，调节分压阀使分压表指针为 0.7MPa 左右，必须驱气 30min 以上，才能打开 Salsa 操作软件。

(2) 运行

① 打开循环水、排风开关。

② 在仪器控制面板设置功率、提升量、雾化器压力、冷却气流量等相关参数，并将检测器温度设置为－40℃。

③ 装好进样管与排液管；按下蠕动泵压板，确认蠕动泵运转正常。

④ 点击 Auto Start，点燃等离子体。

(3) 方法建立和运行

① 在 Method 下拉菜单中，选择“New”，并在对话框中输入方法名称等信息。

② 在 Instrument Control 及 Element Selection 中选择观察模式及添加元素谱线，为了能够得到相对准确可靠的分析结果，在测量前应对每条所选谱线进行波长校准。

③ 在 Standard/MSA 中点击 Add Standard，输入一系列工作曲线名称、浓度、单位等信息。

④ 在 Analytical Parameters 中对 Integration 项的积分时间、积分次数进行设定。

⑤ 在 Method 模块中点击菜单栏 Run 中的 Standard 项依次进入标准溶液，标准全部运行结束后在元素波长 Calibration 标签下查看工作曲线情况，点击 Accept 确认。

⑥ 标准曲线运行完毕且全部接受后即可进行样品的测量。

（4）关机

① 测试完毕后，先将采样针移入5%硝酸溶液中清洗3～5min，再将采样针移入高纯水中清洗5～10min。

② 在Instrument Control中的Plasma Control下，点击Extinguish熄灭等离子体，退出Salsa操作软件。

③ 打开Startup.ini启动文件，将CAMCOOLERTEMP温度数值改为25℃，重新进入Salsa操作软件，打开Diagnostics对话框确认检测器温度上升情况。

④ 检测器温度上升至室温（>20℃）后，打开蠕动泵夹并放松泵管。

⑤ 关闭冷却水系统、排风及氩气。

⑥ 关闭计算机、主机电源，关闭稳压电源和总电源开关。

#### 4.2.3.2 维护保养

（1）仪器运行环境要求　室内环境温度15～30℃，相对湿度20%～80%，无灰尘、烟雾和腐蚀性气体，有抽风设备。

（2）仪器维护保养

① 每天检查进样系统的雾化器，若发现有堵塞现象，应及时清洗、疏通。每次测定完毕，先用5%硝酸溶液清洗3～5min，再将采样针移入高纯水中清洗5～10min后再熄火。

② 三个月清洗一次雾化器和炬管，清洗方法是：先取下雾化器，再卸下炬管固定装置，将雾化器和炬管用20%硝酸浸泡一周，再分别用自来水、去离子水冲洗干净，晾干后使用。

③ 每次测定完毕熄火后，检查蠕动泵压板是否松开，必要时更换泵管。

④ 必要时清洗电感耦合等离子体风扇过滤网和循环水泵的过滤网。

⑤ 检测器冷却水三个月更换一次，使用纯水或蒸馏水；水位不足时应及时补充。

⑥ 冷却循环水三个月更换一次，使用超纯水。

⑦ 经常检查氩气是否需要更换，氩气气瓶压力为2～3MPa时需及时更换。

⑧ 开机后不能打开窗户以保持室温恒定。

### 思考与练习4.2

1. 原子发射光谱仪中光源的作用是（　　）。

A. 提供足够能量使试样蒸发、原子化/离子化、激发

B. 提供足够能量使试样灰化

C. 将试样中的杂质除去，消除干扰

D. 得到特定波长和强度的锐线光谱

2. 原子发射光谱分析中，具有低干扰、高精度、高灵敏度和宽线性范围的激发光源是（　　）。

A. 直流电弧　　B. 低压交流电弧

C. 电火花　　D. 高频电感耦合等离子体

3. 下列色散元件中，色散均匀，波长范围广且色散率大的是（　　）。

A. 滤光片　　B. 玻璃棱镜　　C. 光栅　　D. 石英棱镜

4.（多选）原子发射光谱的检测方法有（　　）。

A. 看谱法　　B. 摄谱法　　C. 光电法　　D. 目视法

5. 不是原子发射光谱仪的主要部件的是（　　）。

A. 光源　　B. 原子化器　　C. 光栅　　D. 检测器

阅读园地

扫描二维码查看“耀眼的双子星——本生与基尔霍夫”。

耀眼的双子星——本生与基尔霍夫

## 4.3 实验技术

### 4.3.1 样品的预处理

在光谱分析中，需要根据试样的组成、性质、状态以及所采用的光源种类对样品进行一定的预处理，当采用电弧或电火花光源时，需要将试样处理后装在电极上进行摄谱；当试样为导电性良好的固体金属或合金时可以将样品表面进行处理，除去表面的氧化物或污染物，加工成电极，与辅助电极配合，进行摄谱。这种用分析样品自身做成的电极称为自电极，而辅助电极则是配合自电极或支持电极产生放电效果的电极，通常用石墨作为电极材料，制成外径为6mm的柱体。

如果固体试样量少或者不导电时，可将其粉碎后装在支持电极上，与辅助电极配合摄谱。支持电极的材料为石墨，在电极头上钻有小孔，以盛放试样，常用的石墨电极如图4-11所示。对于液体试样，则可将试样滴于平头电极上蒸干后摄谱。当试样为有机物时，可先炭化、灰化，然后将灰化产物置于支持电极上进行摄谱。当采用电感耦合等离子体光源时，需要先将试样制成溶液，经雾化器使之成为气溶胶后，再引入光谱中。

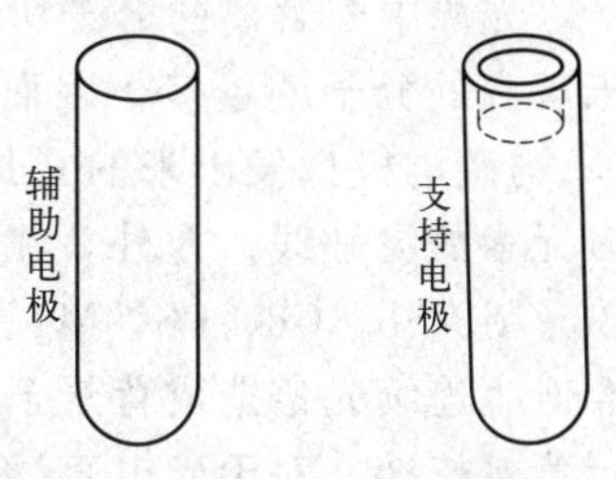

图4-11 常用石墨电极

### 4.3.2 测定条件的选择

测定时需根据试样的性质以及分析的要求来选择合适的测定条件。

(1) 光源的选择 从分析工作的实际出发，根据被测元素的特性、含量及分析要求，并结合光源的特性，选用合适的光源。选择光源时须考虑的被测元素特性有：①是高电离电位还是低电离电位；②是高含量还是低含量；③分析试样的形状和性质；④是定性分析还是定量分析等。充分考虑被测元素的特性才能达到进一步提高光谱分析的灵敏度和准确度的目的。

(2) 狭缝宽度的选择 定性分析时，为减少谱线的重叠，狭缝要窄，一般为5～7μm；定量分析时，为提高灵敏度，宜选用较宽的狭缝，一般为10～20μm。

(3) 内标元素和内标线 金属或合金的光谱分析中，一般采用基体元素作为内标元素。但在矿石光谱分析中，由于组分变化很大，而且基体元素的蒸发行为与待测元素也多不相同，所以一般不用基体元素作内标元素，而是加入一定量的其他元素作内标元素。

(4) 光谱缓冲剂 试样组分影响弧焰温度，弧焰温度又直接影响待测元素的谱线强度。为了减少试样成分对测定结果的影响，在试样中加入一种或几种辅助物质，这种物质称为光谱缓冲剂。光谱缓冲剂可以稳定光源的蒸发、激发温度，还可以稀释试样，减少试样与标准试样在组成及性质上的差别。光谱缓冲剂是一些具有适当电离能、适当熔点和沸点、谱线简单的物质。一般将碱金属盐类用作挥发元素的缓冲剂，碱土金属盐类用作中等挥发元素的缓冲剂，碳粉也是常用的光谱缓冲剂。

(5) 光谱载体 在试样中加入的有利于分析的物质称为光谱载体。光谱载体可以增加谱线强度，提高分析灵敏度，并可提高准确度和消除干扰。常见的光谱载体有盐类、碳粉等。

光谱载体能控制试样中的蒸发行为。例如加入卤化物载体，使试样中被分析元素从难挥发的氧化物转变成易挥发的卤化物，使其提前挥发，从而提高分析的灵敏度。光谱载体还能稳定与控制电弧温度，增加被测元素的停留时间。

目前光谱载体与光谱缓冲剂并无严格界限，很难截然分开，二者常常结合使用。

### 4.3.3 干扰及其消除技术

原子发射光谱中的干扰可分为光谱干扰和非光谱干扰两大类。

#### 4.3.3.1 光谱干扰

在原子发射光谱中最严重的光谱干扰是背景干扰。光谱背景是指在线状光谱上，叠加着由连续光谱、带状光谱或其他原因所造成的谱线强度的改变。光谱背景会影响分析结果的准确度以及方法的灵敏度，特别是对于微量及痕量分析而言，其影响尤为严重。

光源中未解离的分子所产生的带状光谱是传统光谱背景的主要来源，光源温度越低，未解离的分子就越多，因而背景就越强。在电弧光源中，最严重的背景干扰是空气中的 $N_2$ 与碳电极挥发出来的C原子所产生的稳定化合物CN分子的三条带状光谱，会干扰许多元素的灵敏线。此外，在分析线附近有很强的扩散性谱线存在时也会产生背景，如Zn、Bi、Al、Sb、Cd、Pb、Mg等元素共存时。在电火花及ICP光源中，电子与离子复合过程会产生连续光谱造成背景干扰。由于背景干扰的存在影响光谱分析的准确度，故必须进行背景校准。对于光电直读光谱法来说，可以利用仪器本身采用自动校正背景的方式来扣除背景。

#### 4.3.3.2 非光谱干扰

非光谱干扰主要来源于试样组成对谱线强度的影响，这种影响与试样在光源中的蒸发和激发过程有关。这种试样组成对谱线强度的影响被称为基体效应。

（1）试样激发过程对谱线强度的影响　物质蒸发进入激发光源内并原子化，原子或离子在激发光源的高温下被激发，激发态原子或离子按照光谱选择定则跃迁到较低的能级或基态，伴随着发射出一定波长的特征辐射。激发温度与光源中主体元素的电离能有关，当等离子区中含有大量低电离能的成分时，激发温度较低。电离能越高，光源的激发温度就越高。所以，激发温度也受试样基体组成的影响，进而影响谱线的强度。

（2）基体效应的抑制　在实际分析过程中，由于实际试样的基质复杂，当标准试样与试样的基体组成差别较大时，就会存在基体效应，使测量结果产生误差。为了避免这一问题，应尽量采用与试样基体一致的标准试样，以减少测定误差。但是，由于实际试样的组成千差万别，要使标样的组成与试样的组成完全一致是很难办到的。因此，在实际分析工作中，通常会向试样和标样中加入较大量的光谱缓冲剂和光谱载体，以减小试样组成对测定结果的影响。

### 4.3.4 定性分析

由于每种元素的原子结构不同，在光源的激发作用下，试样中每种元素都发射出自己的特征谱线，根据谱图上有无特征谱线的出现，就可以确定试样中是否存在这种元素。但每种元素可以产生许多特征谱线，多的可达几千条。在进行定性分析时，并不需要将该元素的所有谱线都找出来，只需检出几条灵敏线即可。

判断某元素是否存在的依据是必须检出两条以上不受干扰的最后线或灵敏线。如果只见到某元素的一条谱线，不能断定该元素确实存在于试样中，因为它也有可能是其他元素谱线的干扰线。

灵敏线是指元素激发能低、强度较大的谱线。元素谱线的强度随试样中该元素含量的减少而降低，当某一元素含量减至最低时，仍能观察到的谱线，称为最后线，它也是该元素的最灵敏线。由于发射光谱分析是根据灵敏线或最后线来检测元素是否存在的，所以这些谱线又统称为分析线。发射光谱的定性分析有以下两种方法。

(1) 标准样品光谱比较法　在同一条件下将试样与待测元素的纯物质或化合物并列摄谱，并根据光谱图进行比较，便可确定某些元素是否存在。例如检查铜中是否含有铅，只要将黄铜试样和已知含铅的黄铜标准试样并列摄于同一感光板上，比较并检查试样光谱中是否有铅的谱线存在便可确定。此法简单方便，但仅适用于简单试样的定性分析。

(2) 铁谱比较法　由于铁元素在 210～660nm 波长范围内有很多相距很近的谱线，每一条谱线的波长均已准确测定，因此可以铁谱为参比，再把其他元素的灵敏线按波长位置插入铁谱图的相应位置上，制成元素标准光谱图，并以其作为标准波长参考图。实际应用时通常将各个需检测元素的灵敏线按波长位置标插在铁光谱图的相应位置上，预先制备成元素标准光谱图（见图 4-12）。

对实际样品进行定性分析时，将试样和纯铁并列摄谱，再将摄得的谱图放大，然后同元素标准光谱图进行比较。根据试样光谱的谱线和元素标准光谱图上各元素灵敏线相重合的情况，就可直接确定有关谱线的波长，从而得出试样中存在何种元素。铁谱比较法应用较广，适用于测定复杂的组分。

发射光谱的定性分析简单快速，可靠性高。除摄谱法外，单道扫描光电直读光谱仪和全谱直读光谱仪也可通过与仪器配套的计算机来进行快速定性分析。

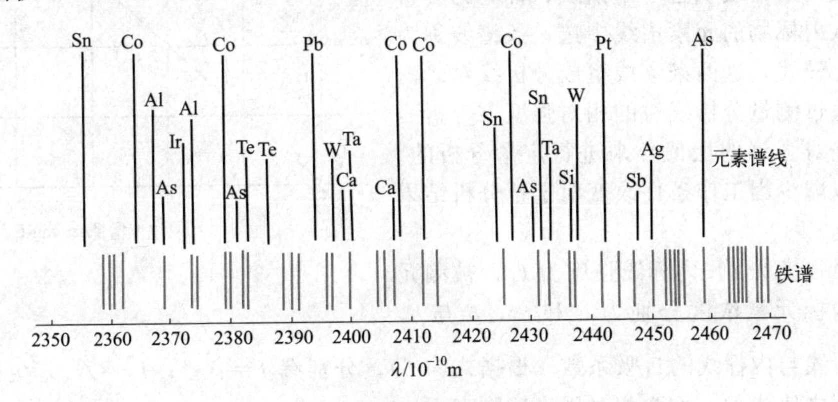


图 4-12　元素标准光谱图

## 4.3.5 定量分析

光谱定量分析的依据是元素的谱线强度与元素浓度之间的关系，这种关系可用 Schiebe-Lomakin 公式［式(4-6)］来表示，即 $I=Ac^b$。

以电弧、电火花为光源时，试样光谱中待测元素谱线强度除与该元素含量有关外，还与蒸发及激发条件、取样量以及试样组成等因素有关。因此实验条件的任何变化，都会导致光谱的定量分析产生较大误差。为克服这一问题，可采用测量谱线相对强度的方法——内标法进行光谱定量分析。

以电感耦合等离子体为光源时，自吸效应小，$b\approx1$。因此，光谱分析关系式为 $I=Ac$。电感耦合等离子体光源稳定性好，一般不使用内标法，而是采用标准曲线法进行定量分析。但当试样基质与标准曲线基质不一致（如试液组成、黏度等）时会引起分析信号在不同介质中存在差异，此时，采用内标法可避免这些差异对测定结果准确度的影响。此外，当试样基质组成复杂时，还可采用标准加入法进行定量分析。

#### 4.3.5.1 标准曲线法

标准曲线法是光谱定量分析中常用的一种方法。方法是：先配制一系列含不同浓度被测元素标样的标准溶液，再依次测定该标准溶液分析线的信号强度，以标准溶液浓度为横坐标，待测元素分析线的信号强度为纵坐标作图，绘制标准曲线。然后在相同条件下测定待测试样中分析线的信号强度，再从标准曲线中查出试样中待测元素的浓度。

#### 4.3.5.2 标准加入法

若找不到合适的基体配制标样，且待测元素浓度较低时，可采用标准加入法进行定量分析。具体操作方法是：取几份相同量的试样，第一份不加待测元素标准溶液，从第二份开始，依次按比例加入不同浓度（$c_1$，$c_2$，$c_3$，…）的待测元素标准溶液。在相同实验条件下，测量这一系列标准溶液中待测元素分析线的信号强度。以标准加入量浓度为横坐标，待测元素分析线的信号强度为纵坐标作图，可得到一条直线。将直线外推至浓度轴，则在浓度轴上截距的绝对值即为试样中待测元素的浓度 $c_x$，如图 4-13 所示。

在使用标准加入法时，加入已知含量的标准试样至少三个，且加入量应与测定元素的含量在同一个数量级（建议第一个的加入量与试样中待测元素含量相当）。

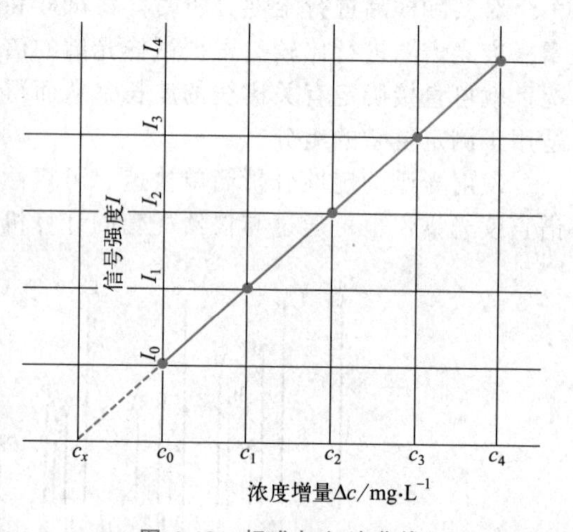


图 4-13 标准加入法曲线

#### 4.3.5.3 内标法

在待测元素谱线中选一条谱线，称它为分析线；另外从内标物的元素谱线中选一条谱线称为内标线或比较线，这两条谱线组成分析线对。内标法就是通过测量分析线对的相对强度（分析线与内标线绝对强度的比值）来进行定量分析的。内标法可以减少因工作条件改变对定量分析结果造成的影响。

分析线强度为 $I$，内标线强度为 $I_0$，被测元素浓度与内标元素浓度分别为 $c$ 和 $c_0$，$b$ 与 $b_0$ 分别为分析线与内标线的自吸系数。根据式(4-6)，分别有 $I=Ac^b$；$I_0=A_0c_0^{b_0}$。分析线与内标线强度之比为 $R$，称为相对强度。则有

$$R=I/I_0=Ac^b/(A_0c_0^{b_0})$$

式中，内标元素浓度 $c_0$ 为常数。

实验条件一定时，$a=A/(A_0c_0^{b_0})$ 为常数，则

$$R=I/I_0=ac^b \tag{4-7}$$

式(4-7) 为 AES 采用内标法定量的基本关系式。通常先绘制相对强度-浓度工作曲线，再从工作曲线求得试样中待测元素的含量。

内标元素可以是试样的基本元素，也可以是试样中不存在的元素。内标元素与被测元素在光源作用下应有相近的蒸发性质；分析线对选择需匹配，两条谱线均是原子线或离子线；分析线对两条谱线的激发能应相近，若内标元素与被测元素的电离能也相近，这样的分析线对称为均匀线对；分析线对波长应尽可能接近。

### 4.3.6 半定量分析

AES 的半定量分析是根据谱线光强比较相对谱线强度的一种准确度较差的定量分析方

法。此法快速简单，适用于对准确度要求不太高的检测。例如对钢铁与合金的分类、矿石品位的估计、化工产品的研究和分类以及化学法进行定量分析之前，提供试样元素大致含量和有关干扰情况等。实际工作中，经常遇到需对多种不同种类的试样迅速作出有一定数量级的含量判断，且要求分析速度快，但准确度可以稍差一些，这时使用光谱半定量分析法定量是非常适宜的。根据目测谱片上判断谱线强度方法的不同，光谱半定量分析法主要有以下几种。

#### 4.3.6.1 谱线强度比较法

配制被测元素浓度分别为1%、0.1%、0.01%和0.001%的四个标准，然后将标准和试样同时摄谱，并控制相同的摄谱条件。在摄得的谱片上查出试样中被测元素的灵敏线，根据被测元素灵敏线的黑度和标准试样中该谱线的黑度，目视进行比较，可得出试样的大致浓度范围。

#### 4.3.6.2 谱线呈现法（数线法）

当试样中待测元素的含量很低时，光谱图上只出现该元素的最后几条灵敏线。随着试样中该元素含量逐渐增高一些次灵敏线也逐渐出现。所以在固定的检测条件下，用不同含量待测元素的标准试样摄谱，把相应出现的谱线数编成一个谱线呈现表（表4-1为Pb的谱线呈现表）。在测定时，将分析试样在同样条件下摄谱，然后与谱线呈现表比较，即可得出试样中待测元素的大致含量。

表4-1 Pb的谱线呈现表

| 铅的含量/% | 谱线呈现情况 λ/nm | | | |
|---|---|---|---|---|
| | 1 | 2 | 3 | 4 |
| 0.001 | 283.31 清晰 | 261.42 很弱 | 280.20 很弱 | |
| 0.003 | 283.31 增强 | 261.42 增强 | 280.20 清晰 | |
| 0.01 | 280.20 增强 | 266.32 极弱 | 287.33 很弱 | |
| 0.03 | 280.20 较强 | 266.32 清晰 | 287.33 清晰 | |
| 0.1 | 280.20 更强 | 266.32 增强 | 287.33 增强 | |
| 0.3 | 239.39 较宽 | 257.73 不清 | | |
| 1 | 240.20 模糊 | 244.38 模糊 | 244.62 模糊 | 241.17 模糊 |
| 3 | 322.06 模糊 | 233.24 模糊 | | |
| 10 | 242.66 模糊 | 239.96 模糊 | | |
| 30 | 311.39 显现 | 369.75 显现 | | |

### 思考与练习 4.3

1. 在进行发射光谱定性分析时，要说明有某元素存在，（　　）。

A. 它的所有谱线均要出现　　B. 只要找到2～3条谱线

C. 只要找到2～3条灵敏线　　D. 只要找到1条灵敏线

2. （多选）原子发射光谱定性的方法有（　　）。

A. 标准样品光谱比较法　　B. 铁谱比较法

C. 谱线强度比较法　　D. 谱线呈现法

3. 用发射光谱进行定性分析时，作为谱线波长的比较标尺的元素是（　　）。

A. 钠　　B. 碳　　C. 铁　　D. 硅

4. （多选）原子发射中半定量分析方法主要有（　　）。

A. 工作曲线法　　B. 谱线呈现法　　C. 内标法　　D. 谱线强度比较法

5. （多选）原子发射中定量分析方法主要有（　　）。

A. 标准曲线法　　B. 标准加入法　　C. 内标法　　D. 谱线强度比较法

阅读园地

扫描二维码查看“原子质谱法”。

原子质谱法

## 4.4 应用

原子发射光谱法能同时测定多种元素，分析速度快、选择性好、灵敏度高（一般光源可达 $\mu g \cdot mL^{-1}$ 级或 $\mu g \cdot g^{-1}$ 级，电感耦合等离子体光源可达 $10^{-3} \sim 10^{-4}$ $\mu g \cdot mL^{-1}$ 或 $\mu g \cdot g^{-1}$）、准确度高（一般光源相对误差为 5%～10%，电感耦合等离子体光源的相对误差可达 1%以下）、试样消耗少。原子发射光谱法由于具有上述优点，所以在科学研究和生产实践的各个领域中得到了广泛的应用。例如在冶金、机械、轻工、化工方面，对原材料、半成品及成品等进行检验；炉前的快速分析，在核工业中分析核燃料等；对于地质勘探、普查、找矿等均起着重要的作用。此外原子发射光谱法在电子工业、农业、医疗、石油、环保和食品工业等方面也占有重要的地位，并广泛应用于微量和痕量元素的分析。

思考与练习 4.4

1. 原子发射光谱是怎样产生的？为什么原子发射光谱是线光谱？
2. 电感耦合等离子体光源的优点有哪些？
3. 简述背景产生的原因及消除的方法。
4. 原子发射光谱定性分析的依据是什么？常用的定性方法有哪些？
5. 原子发射光谱定量分析的依据是什么？常用的定量方法有哪些？
6. 影响原子发射光谱谱线强度的因素有哪些？

## 4.5 实验

### 4.5.1 ICP-AES 测定茶叶中的微量元素（铁、锰、铜、锌）

#### 4.5.1.1 实验目的

（1）了解 ICP-AES 的基本结构和工作原理。

（2）掌握 ICP-AES 的基本操作技术。

（3）掌握 ICP-AES 测定茶叶中微量元素的方法。

#### 4.5.1.2 实验原理

电感耦合等离子原子发射光谱仪是一种以电感耦合等离子体为光源的原子发射光谱装置，由高频等离子体发生器、进样系统、分光系统和检测器组成。样品由载气带入雾化系统进行雾化后，以气溶胶形式进入等离子体，在高温和惰性气体中被充分蒸发、原子化、电离和激发，发射出所含元素的特征谱线，根据特征谱线强度可定量测定元素的含量。ICP-AES 法具有灵敏度高、准确度高、稳定性好、线性范围宽、基体效应小、分析速度快以及多元素可同时测定等优点。用 ICP-AES 法能够方便、快速、准确地测定茶叶中的多种微量元素。

#### 4.5.1.3 仪器与试剂

（1）仪器　Optima 7000DV 型电感耦合等离子原子发射光谱仪（或其他型号 ICP-AES）、空气压缩泵、微波消解系统、电子天平（感量 0.1mg）。

（2）试剂　纯氩（99.99%）、硝酸（A.R.）、过氧化氢（A.R.）、铁、锰、铜、锌标准储备溶液（1000μg·mL$^{-1}$）、红茶、绿茶。

#### 4.5.1.4 实验内容与操作步骤

（1）标准系列溶液的配制　准确吸取 $\rho$=1000μg·mL$^{-1}$ 铁、锰、铜、锌单元素标准储备溶液各5.00mL，置于50mL容量瓶中，用2%硝酸溶液稀释至刻度，摇匀，配制成混合标准操作液，4℃保存，备用。此溶液每毫升相当于0.1mg铁、锰、铜、锌。再将该混合标准操作液逐级稀释成不同浓度系列的标准溶液（见表4-2），待测。

表4-2　铁、锰、铜、锌标准溶液浓度　　单位：μg·mL$^{-1}$

| 元素 | 浓度1 | 浓度2 | 浓度3 | 浓度4 | 浓度5 |
|---|---|---|---|---|---|
| 铁 | 0.0 | 0.01 | 0.1 | 1.0 | 10 |
| 锰 | 0.0 | 0.01 | 0.1 | 1.0 | 10 |
| 铜 | 0.0 | 0.01 | 0.1 | 1.0 | 10 |
| 锌 | 0.0 | 0.01 | 0.05 | 0.5 | 5.0 |

（2）试样处理　准确称取试样（1号样品：红茶；2号样品：绿茶）0.25g（精确至0.0002g）至消解罐中（平行测定2次）。加入6mL硝酸（2%），静置30min，再加入2mL过氧化氢（30%），静置2min，将消解罐盖上内塞，旋紧外盖，依次放入消解转盘。消解罐位置尽量对称分布。消解完成待自然冷却后，将试样消化液转移到25mL聚氯乙烯容量瓶中，用超纯水少量多次洗涤消解罐，并定容至刻度，混匀，待测，同时作试剂空白。

（3）仪器准备

① 开机。接通仪器电源，打开循环冷却水装置电源，打开排风，打开氩气阀门（压力为0.8MPa），接通空气压缩泵电源。

② 打开电脑，点击电脑桌面上的仪器控制软件图标，进入自检程序。

③ 自检完成后，在控制软件中输入测试信息：

a. 建立测试方法。点击控制软件工具栏中的“建方法”。点击“元素周期表”选择待测元素，再点击“元素周期表”中的“表格”选择待测元素的谱线波长，点击“把所选波长编入方法”完成选定。

b. 点击方法编辑器下工具条中的“校准”，输入校准空白和校准标样的个数和浓度，然后点击控制软件工具栏“文件”“保存”“方法”，输入文件名。

c. 输入试样信息。点击控制软件工具栏中的“试样信息”，在试样识别码栏下输入试样代码。点击控制软件工具栏“文件”“保存”“试样信息文件”，输入文件名。

至此所有要测试的信息都输入完成了。点击控制软件工具栏中的“工作区”按钮，弹出“打开工作区域文件”选中“ICP”文件，按“打开”，打开ICP控制软件工作区域。

④ 点火。点击等离子体控制中“打开”按钮点火，点燃等离子体火焰。数秒后进样系统中的蠕动泵运行，仪器进入测试工作状态。

（4）试样测定　待等离子体火焰稳定后方可进行测定。测定时，将标准空白、标准曲线溶液（按照浓度由低到高的顺序）、试剂空白液、待测试液分别导入ICP-AES中进行测定，以硝酸（2%）溶液作为标准空白。

（5）关机　测定完毕后，清洗进样系统，先用硝酸（2%）溶液清洗约5min，再用高纯水清洗约5min，然后熄火。

关闭软件、计算机。关闭仪器电源，关闭氩气阀与水循环开关，关闭空气阀及通风设备的开关。

4.5.1.5 HSE要求

(1) 仪器在正常工作状态切不可打开等离子体观察窗的门。

(2) 实验中经常观察等离子体各项工作参数是否有变化。尤其需关注氩气的剩余量。

(3) 测试完毕后，进样系统需用去离子水冲洗5min后再关机，以免试样沉积在雾化器口及石英矩管口。

4.5.1.6 原始记录与数据处理

(1) 将仪器工作参数和检测数据填入表4-3。

(2) 绘制各测试元素信号强度-浓度工作曲线。

(3) 从工作曲线中查出茶叶样品中各元素浓度。按式(4-8)计算茶叶中各元素的含量。

$$w_i = \frac{(A_{1i} - A_{0i})V}{m} \tag{4-8}$$

式中，$w_i$ 为试样中待测元素 $i$ 的含量，mg·kg$^{-1}$；$A_{1i}$ 为试液中待测元素 $i$ 的含量，mg·L$^{-1}$；$A_{0i}$ 为试剂空白液中待测元素 $i$ 的含量，mg·L$^{-1}$；$V$ 为试液体积，mL；$m$ 为试样干物质质量，g。

表4-3 茶叶中微量元素测定数据记录表

分析者：________ 班级：________ 学号：________ 分析日期：________

| 仪器工作参数 | | | | |
|---|---|---|---|---|
| 等离子体流量/(L·min$^{-1}$) | 辅助气流量/(L·min$^{-1}$) | 雾化器流量/(L·min$^{-1}$) | 射频功率/W | 进样量/(mL·min$^{-1}$) |
| | | | | |

| 标准曲线的绘制 各测试元素信号强度～浓度 | | | | | | | |
|---|---|---|---|---|---|---|---|
| 铁元素浓度/(μg·mL$^{-1}$) | 信号强度 | 锰元素浓度/(μg·mL$^{-1}$) | 信号强度 | 铜元素浓度/(μg·mL$^{-1}$) | 信号强度 | 锌元素浓度/(μg·mL$^{-1}$) | 信号强度 |
| 0.0 | | 0.0 | | 0.0 | | 0.0 | |
| 0.01 | | 0.01 | | 0.01 | | 0.01 | |
| 0.1 | | 0.1 | | 0.1 | | 0.05 | |
| 1.0 | | 1.0 | | 1.0 | | 0.5 | |
| 10 | | 10 | | 10 | | 5.0 | |

| 茶叶中微量元素的含量 | | | | |
|---|---|---|---|---|
| 元素 | 铁 | 锰 | 铜 | 锌 |
| 分析线波长/nm | | | | |
| 茶叶样品1/(mg·L$^{-1}$) | | | | |
| 茶叶样品1/(mg·L$^{-1}$) | | | | |
| 平均值/(mg·L$^{-1}$) | | | | |
| 茶叶样品1中元素含量/(mg·kg$^{-1}$) | | | | |
| 茶叶样品2/(mg·L$^{-1}$) | | | | |
| 茶叶样品2/(mg·L$^{-1}$) | | | | |
| 平均值/(mg·L$^{-1}$) | | | | |
| 茶叶样品2中元素含量/(mg·kg$^{-1}$) | | | | |

4.5.1.7 思考题

(1) 简述ICP的工作原理。

(2) 选择元素分析线的基本原则是什么？

#### 4.5.1.8 评分表

| 项目 | 考核内容 | 记录 | 分值 | 扣分 | 考核内容 | 记录 | 分值 | 扣分 | 备注 |
|---|---|---|---|---|---|---|---|---|---|
| 溶液的配制（10分） | 吸量管的润洗 |  | 2 |  | 容量瓶的操作 |  | 2 |  | 操作正确且规范记√，操作不正确或不规范记× |
|  | 吸量管的操作 |  | 2 |  | 电子天平的操作 |  | 2 |  |  |
|  | 容量瓶的试漏 |  | 2 |  |  |  |  |  |  |
| 开机、调试（12分） | 检查外电源及氩气供应 |  | 2 |  | 室温控制在15～30℃之间 |  | 2 |  |  |
|  | 高压钢瓶的使用 |  | 2 |  | 开机、关机步骤 |  | 4 |  |  |
|  | 检查排废、排气系统是否畅通 |  | 2 |  |  |  |  |  |  |
| 控制软件的使用（6分） | 分析方法的设置与保存 |  | 2 |  | 数据文件的命名与保存 |  | 2 |  |  |
|  | 点火操作 |  | 2 |  |  |  |  |  |  |
| 测量操作（6分） | 进样操作 |  | 3 |  | 实验完毕后冲洗进样系统 |  | 3 |  |  |
| 原始记录（6分） | 完整、及时 |  | 2 |  | 清晰、规范 |  | 2 |  |  |
|  | 真实、无涂改 |  | 2 |  |  |  |  |  |  |
| 数据处理（6分） | 计算公式正确 |  | 2 |  | 计算结果正确 |  | 2 |  |  |
|  | 有效数字正确 |  | 2 |  |  |  |  |  |  |
| 工作曲线相关系数（16分） | ≥0.9999（16）；≥0.9995，＜0.9999（12分）；≥0.999，＜0.9995（8分）；≥0.99，＜0.999（4分）；＜0.99（0分） |  |  |  |  |  | 16 |  | 以最差值计分 |
| 定量结果准确度（12分） | ＜1%（12）；≥1%，＜2%（8分）；≥2%，＜3%（6分）；≥3%，＜5%（4分）；≥5%，＜10%（2分）；≥10%（0分） |  |  |  |  |  | 12 |  | 以最差值评分（误差或加标回收率） |
| 定量结果精密度（10分） | ＜0.5%（10分）；≥0.5%，＜1%（8分）；≥1%，＜2%（6分）；≥2%，＜3%（4分）；≥3%，＜5%（2分）；≥5%（0分） |  |  |  |  |  | 10 |  | 以最差 $R\bar{d}$ 评分 |
| 报告与结论（2分） | 完整、明确 |  | 5 |  | 规范 |  | 5 |  | 缺结论扣10分 |
| HSE要求（10分） | 态度端正、操作规范，团队合作意识强，节约意识强，正确处理“三废”，无安全事故 |  |  |  |  |  | 10 |  |  |
| 分析时间（4分） | 开始时间： |  | 结束时间： |  | 完成时间： |  | 4 |  | 每超5分钟扣1分 |
| 总分 |  |  |  |  |  |  |  |  |  |

## 4.5.2 ICP-AES测定饮用水中的总硅

#### 4.5.2.1 实验目的

（1）了解顺序扫描光谱仪操作的方法。

（2）学会ICP光谱分析线的选择和扣除光谱背景的方法。

（3）学会获取扫描光谱图的方法。

#### 4.5.2.2 实验原理

ICP-AES具有灵敏度高、操作简便及精度高的特点。其中心通道温度高，可以使容易形成难熔氧化物的元素原子化和激发。本实验所测定的元素硅就属于用火焰光源难以测定的元素。

#### 4.5.2.3 仪器与试剂

（1）仪器　顺序扫描型等离子体原子发射光谱仪（ICP-AES）、容量瓶（250mL，1

个)、吸量管(5mL,1个)。

(2) 试剂 纯氩(99.99%)、标准硅储备液($1mg \cdot mL^{-1}$)、二次重蒸去离子水、饮用水试样。

4.5.2.4 实验内容与操作步骤

(1) 准备工作

① 配制硅标准操作液。准确移取 2.5mL $\rho=1mg \cdot mL^{-1}$ 标准硅储备液于 250mL 容量瓶中,用二次重蒸去离子水稀释至标线,摇匀,此为 $10.0\mu g \cdot mL^{-1}$ 的硅标准操作液。

② 仪器的开机。按仪器说明书启动 ICP-AES,用汞灯进行波长校正,点燃等离子体,预燃 20min。

(2) 标样的测定和工作曲线的绘制

① 获得扫描光谱图。用扫描程序,扫描窗 0.5nm,积分时间 0.1s,共扫描 4 条硅谱线,分别是 Si288.159nm,Si251.611nm,Si250.690nm 及 Si212.412nm。读出其峰值强度,在谱线两侧选择适宜的扣除背景波长,并读出光谱背景强度。

② 用单元素分析程序进行标准化。喷雾进样高标准溶液($10\mu g \cdot mL^{-1}$)及低标准溶液(本实验用二次重蒸去离子水)。绘制测试元素信号强度-浓度工作曲线,记下截距和斜率。积分时间为 1s。

(3) 试样的测定 进饮用水试样,进行样品测定,平行测定 5 次,记录测定值,计算其平均值和精密度(相对平均偏差 $R\bar{d}$,%)。

(4) 结束工作 熄灭等离子体,关计算机及主机电源。整理仪器台面。

4.5.2.5 HSE 要求

(1) 为节约工作氩气,准备工作全部完成后再点燃等离子体。

(2) 应先熄灭等离子体光源再关冷却氩气,否则,将可能烧毁石英矩管。

(3) 硅酸盐离子在酸性溶液中易形成不溶性的硅酸或胶体悬浮于水中。如果出现这种情况,将堵塞进样系统的雾化器,故用于测定硅的饮用水试样不要酸化或放置时间过长。

4.5.2.6 原始记录与数据处理

(1) 计算几条硅的谱线的背景比,选用谱线强度及谱线背景比均高的硅线作为分析线,并记录该线的扣除光谱背景波长。

(2) 绘制测试元素信号强度-浓度工作曲线(或直接由工作软件绘制并打印),求出样品中硅的浓度。

(3) 计算 5 次平行测定的精密度并记录在表 4-4 中($R\bar{d}$,%)。

表 4-4 饮用水中总硅测定数据记录表

分析者:________ 班级:________ 学号:________ 分析日期:________

| 元素 | 测定值/($\mu g \cdot L^{-1}$) | | | | | 平均值/($\mu g \cdot L^{-1}$) | 相对平均偏差/($R\bar{d}$)/% |
|---|---|---|---|---|---|---|---|
| | 1 | 2 | 3 | 4 | 5 | | |
| 硅 | | | | | | | |

4.5.2.7 思考题

影响测定的主要仪器参数有哪些?

### 4.5.2.8 评分表

| 项目 | 考核内容 | 记录 | 分值 | 扣分 | 考核内容 | 记录 | 分值 | 扣分 | 备注 |
|---|---|---|---|---|---|---|---|---|---|
| 溶液的配制（9分） | 吸量管润洗 | | 3 | | 容量瓶试漏 | | 3 | | 操作正确且规范记√，操作不正确或不规范记× |
| | 容量瓶稀释至刻度 | | 3 | | | | | | |
| 开机、调试（10分） | 检查外电源及氩气供应 | | 2 | | 检查排废、排气系统是否畅通，室温控制在15～30℃之间 | | 2 | | |
| | 高压钢瓶的使用 | | 2 | | 开机、关机步骤 | | 4 | | |
| 控制软件的使用（6分） | 分析方法的设置与保存 | | 2 | | 数据文件的命名与保存 | | 2 | | |
| | 点火操作 | | 2 | | | | | | |
| 测量操作(6分) | 进样操作 | | 3 | | 实验完毕后冲洗进样系统 | | 3 | | |
| 原始记录(9分) | 完整、及时 | | 3 | | 清晰、规范 | | 3 | | |
| | 真实、无涂改 | | 3 | | | | | | |
| 数据处理(9分) | 计算公式正确 | | 3 | | 计算结果正确 | | 3 | | |
| | 有效数字正确 | | 3 | | | | | | |
| 工作曲线相关系数(15分) | ≥0.9999(15分)；≥0.9995，<0.9999(12分)；≥0.999，<0.9995(8分)；≥0.99，<0.999(4分)；<0.99(0分) | | | | | | 15 | | |
| 定量结果准确度(10分) | <1%(10分)；≥1%，<2%(8分)；≥2%，<3%(6分)；≥3%，<5%(4分)；≥5%，<10%(2分)；≥10%(0分) | | | | | | 10 | | 以误差或加标回收率评分 |
| 定量结果精密度(10分) | <0.5%(10分)；≥0.5%，<1%(8分)；≥1%，<2%(6分)；≥2%，<3%(4分)；≥3%，<5%(2分)；≥5%(0分) | | | | | | 10 | | 以 $R\bar{d}$ 评分 |
| 报告与结论(2分) | 完整、明确、规范、无涂改 | | | | | | 2 | | 缺结论扣10分 |
| HSE要求(10分) | 态度端正、操作规范，团队合作意识强，节约意识强，正确处理“三废”，无安全事故 | | | | | | 10 | | |
| 分析时间(4分) | 开始时间： 结束时间： 完成时间： | | | | | | 4 | | 每超5分钟扣1分 |
| 总分 | | | | | | | | | |

## 本章主要符号的意义及单位

| 符号 | 意义及单位 | 符号 | 意义及单位 | 符号 | 意义及单位 |
|---|---|---|---|---|---|
| $E$ | 能量，eV | $N_0$ | 基态原子数 | $k$ | Boltzmann常数 |
| $\nu$ | 频率，Hz | $A_{ij}$ | $i$，$j$ 两级间的跃迁概率 | $T$ | 热力学温度，K |
| $\lambda$ | 波长，nm | $h$ | 普朗克常量 | $c$ | 物质的量浓度，$mol \cdot L^{-1}$ |
| $I$ | 谱线强度 | $g_i$ | 激发态的统计权重 | | |
| $N_i$ | 激发态原子数 | $g_0$ | 基态的统计权重 | | |

## 本章要点

扫描二维码查看本章要点。

第4章要点

# 5

# 气相色谱法

学习指南

| 学习引导 | 学习目标 | 学习方法 |
| --- | --- | --- |
| 色谱法是一种新型分离、分析技术，能解决那些物理常数相近、化学性质相似的同系物、异构体等组成复杂的混合物的分离和检测。气相色谱法是一种重要的色谱分析方法，目前已成为有机合成、天然产物、生物化学、石油化工、医药工业、食品工业以及环境监测等各个领域中不可缺少的一种重要分析手段。<br>本章主要介绍色谱法基本原理、气相色谱仪、气相色谱法实验技术等理论知识和气路连接、安装与检漏、归一化法与内标法的应用、气相色谱操作条件的选择与优化等操作技能等。 | 通过本章的学习应重点掌握色谱图及有关名词术语、色谱法的分类、气相色谱仪的工作流程与主要组成系统、气相色谱操作条件的选择与优化以及色谱法定性、定量方法等知识点。<br>通过技能训练应重点掌握气相色谱仪各个部件的使用方法和日常维护保养、气路系统的连接与检漏、高压钢瓶和气体发生器等辅助设备的使用和维护等实验技术。 | 在学习本章前先复习《物理化学》中关于分配的知识，《化工原理》中关于精馏塔的知识，对更好地掌握本章内容有很大的帮助。此外，通过阅读有关文献和补充材料，可以更多地了解气相色谱法部分新技术，同时拓宽知识面，以使其得到更好的应用。 |

## 5.1 方法原理

### 5.1.1 色谱法概述

#### 5.1.1.1 色谱法由来

色谱法（chromatography）是一种重要的分离、分析技术。特别适合于复杂混合物的快速分离分析，在许多领域均有十分广泛的应用。

色谱法是1906年由俄国植物学家茨维特创立的。他在日内瓦大学研究植物叶子的色素组成时，将一根填充活性$CaCO_3$的玻璃管（两端加上小团玻璃纤维棉）与吸滤瓶（或烧杯）连接；接着他将植物叶色素的石油醚浸取液倒入玻璃管顶部，浸取液中的色素就被吸附在$CaCO_3$上；接下来他用纯净的石油醚进行淋洗，几种色素便在玻璃管上展开并逐渐实现相互分离，在管内的$CaCO_3$上形成4种色带（见图5-1）。接着他继续用纯石油醚进行淋洗，便可分别得到各色素成分的纯溶液。

茨维特将上述分离方法称为色谱法，将填充$CaCO_3$的玻璃柱管称为色谱柱（column），将其中具有大表面积的活性$CaCO_3$固体颗粒称为固定相（stationary phase），将推动被分离的组分（色素）流过固定相的惰性流体（石油醚）称为流动相（mobile phase），将柱中出现的色带称为色谱图（chromatogram）。

现在的色谱法所分离的对象早已不限于有色物质，只是沿用色谱法这个名词。

IUPAC对色谱法的定义是：色谱法是一种物理分离方法，它具有两相，一相固定不动，称为固定相；另一相则按规定的方向流动，称为流动相。混合物之所以能被分离，是由于它

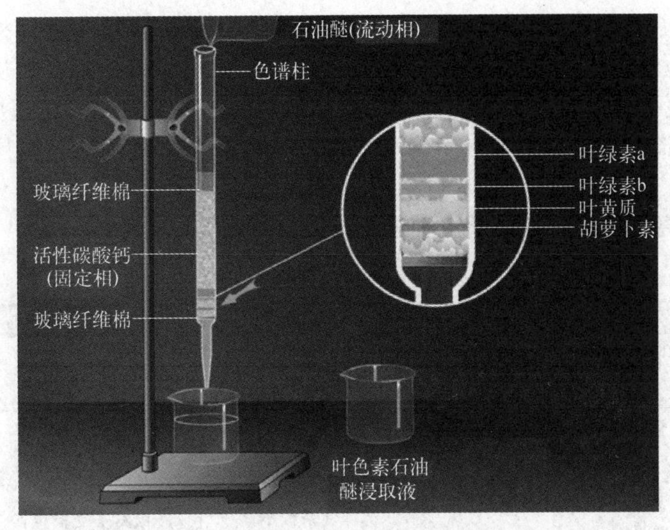


图 5-1 茨维特吸附色谱分离实验示意图

们在两相之间进行了多次分配。即当流动相携带混合物流经固定相时，就会与固定相发生作用。由于各组分的结构和性质有差异（如分子尺寸、分子质量、极性、电离常数、手性异构等），与固定相间发生的作用力大小不同，在两相间的分配系数不同。因此在相同推动力的作用下，各组分在两相间经过反复多次的分配平衡后，在固定相中的滞留时间有长有短，从而按先后顺序流出色谱柱，实现混合物的分离。

#### 5.1.1.2 色谱法的分类

色谱法有多种类型，从不同的角度可以有不同的分类方法。通常是按照下述三种方法进行分类的：

① 按流动相所处的状态，色谱法可分为气相色谱法（gas chromatography，GC）、液相色谱法（liquid chromatography，LC）和超临界流体色谱法（supercritical fluid chromatography，SFC）。由于固定相可以是固体吸附剂、固定液（附着在惰性载体上的一薄层液体有机物）或者键合固定相（通过化学反应将固定液键合到载体表面），因此，色谱法又有不同的分类，如表 5-1 所示。

表 5-1 色谱法的分类 (1)

| 流动相所处状态 | 固定相所处状态 | 固定相使用形式 | 色谱法名称 |
|---|---|---|---|
| 气体 | 液体(固定液) | 柱色谱 | 气 - 液色谱(GLC) |
|  | 固体(吸附剂) | 柱色谱 | 气 - 固色谱(GSC) |
| 液体 | 液体(固定液) | 柱色谱 | 液 - 液色谱(LLC) |
|  | 固体(吸附剂) | 柱色谱 | 液 - 固色谱(LSC) |
|  | 液体(固定液) | 平面色谱 | 纸色谱(PC) |
|  | 固体(吸附剂) | 平面色谱 | 薄层色谱(TLC) |
|  | 键合固定相 | 柱色谱 | 键合相色谱(CBPC) |
|  | 凝胶(多孔固体) | 柱色谱 | 体积排阻色谱(SEC) |
|  | 离子交换剂 | 柱色谱 | 离子交换色谱(IEC) |
| 超临界流体 | 键合固定相 | 柱色谱 | 超临界流体色谱(SFC) |

② 按固定相使用的形式，色谱法可分为柱色谱（固定相装填在色谱柱中，流动相多从柱头向柱尾不断地淋洗）、纸色谱（固定相为滤纸或纤维素薄膜，流动相从滤纸一端向另一端扩散）和薄层色谱（固定相为涂了硅胶或氧化铝薄层的玻璃板，流动相从薄层板一端向另一端扩散）。柱色谱又可分为填充柱色谱与毛细管柱色谱，而纸色谱与薄层色谱统称为平面色谱。

③ 按色谱分离过程的物理化学原理进行分类，如表 5-2 所示。

表 5-2 色谱法的分类（2）

| 项目 | 原理 | 平衡常数 | 流动相为液体 | 流动相为气体 |
| --- | --- | --- | --- | --- |
| 吸附色谱 | 利用吸附剂对不同组分吸附性能的差异 | 吸附系数 $K_A$ | 液固吸附色谱 | 气固吸附色谱 |
| 分配色谱 | 利用固定液对不同组分分配性能的差异 | 分配系数 $K_P$ | 液液分配色谱 | 气液分配色谱 |
| 离子交换色谱 | 利用离子交换剂对不同离子亲和能力的差异 | 选择性系数 $K_S$ | 液相离子交换色谱 | |
| 凝胶色谱 | 利用凝胶对不同组分分子阻滞作用的差异 | 渗透系数 $K_{PF}$ | 液相凝胶色谱 | |

目前，应用最广泛的是气相色谱法和高效液相色谱法，本章重点讨论气相色谱法。

## 5.1.2 色谱分离原理

### 5.1.2.1 色谱分离过程

色谱分离的基本原理是试样组分通过色谱柱时与填料之间发生相互作用，这种相互作用的差异使各组分互相分离而按先后次序从色谱柱流出。下面以填充柱内进行的分配色谱为例来说明色谱的分离过程。

色谱柱内紧密而均匀地装填着涂在惰性载体上的液体固定相（也叫固定液），流动相则连续不断地流经其间，两相充分接触却不互溶。如图 5-2 所示，色谱柱中 A、B 混合物的分离过程如下：

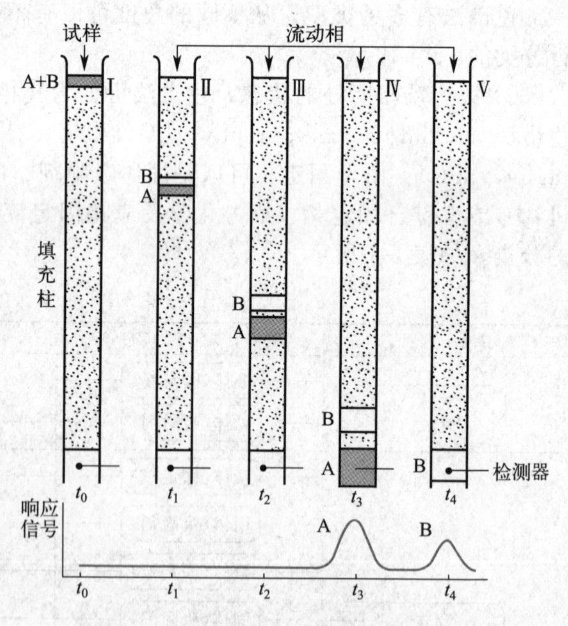

图 5-2 色谱分离过程示意图

（1）试样刚进入色谱柱时，A、B 两组分混合在一起。由于试样分子与两相分子间的相互作用，它们既可进入固定相，也可返回流动相，这个过程叫作分配。当试样进入流动相时，就随流动相一起沿色谱柱向前移动；当试样进入固定相时，就被滞留而不再向前移动。组分与固定相分子间的作用力（吸附或溶解等）越大，则该组分越易进入固定相，向前移动的速度就越慢；反之，组分若与流动相分子间的作用力（脱附或挥发等）越大，则越易进入流动相，向前移动的速度就越快。

（2）经过一段距离后，若样品中组分 A、B 的分配系数不同，则两个组分逐渐分离为 B、A＋B、A 几个谱带。

（3）经过连续、反复多次分配（$10^3 \sim 10^6$ 次），两组分分离成 A、B 两个谱带，实现了较好的分离。分离过程中值得注意的是：组分在色谱柱中迁移时，开始只是在柱头一条很窄的线，到离开色谱柱时由于自身在系统内的逐渐扩散，这条线就逐渐展宽，从而严重影响到混合物的分离。

（4）组分 A 进入检测器，信号被记录，在记录仪上得到色谱峰 A。

（5）组分 B 进入检测器，信号被记录，在色谱峰 A 之后又得到色谱峰 B。

由上述分离过程可知，色谱分离是基于试样中各组分在两相间平衡分配的差异而实现的。平衡分配一般可用分配系数与容量因子来进行表征。

#### 5.1.2.2 分配系数与容量因子

（1）分配系数　组分在固定相与流动相之间发生的吸附、脱附和溶解、挥发的过程，叫作分配过程。分配系数是指在一定温度与压力下，组分在两相间达到分配平衡时，组分在固定相与流动相中的浓度之比，用 $K$ 表示：

$$K=\frac{c_S}{c_M} \tag{5-1}$$

式中，$c_S$ 为组分在固定相中的浓度，$g \cdot mL^{-1}$；$c_M$ 为组分在流动相中的浓度，$g \cdot mL^{-1}$。

在气相色谱中，$K$ 值取决于组分及固定相的热力学性质，并随柱温、柱压的变化而变化。$K$ 值大，说明组分与固定相的亲和力大，组分在柱中滞留时间长，出峰慢；反之亦然。同一条件下，若两组分的 $K$ 值完全相同，则两组分色谱峰重合，无法分离。因此，不同组分分配系数的差异是实现色谱分离的先决条件。两组分分配系数相差越大，则越容易实现分离。

（2）容量因子　指在一定温度与压力下，组分在两相间达到分配平衡时，组分在固定相与流动相中质量之比，用 $k$ 表示：

$$k=K\frac{V_S}{V_M}=\frac{K}{\beta}=\frac{t'_R}{t_M} \tag{5-2}$$

式中，$\beta$ 为相比，其值等于色谱柱中流动相体积 $V_M$ 与固定相体积 $V_S$ 之比；$t'_R$ 与 $t_M$ 的物理意义见表 5-4。

### 5.1.3 常用术语

#### 5.1.3.1 色谱图

色谱图（也称色谱流出曲线）是指色谱柱流出物通过检测系统时所产生的响应信号对时间或流动相流出体积的曲线图（见图 5-3），一般以组分流出色谱柱的时间（$t$）或载气流出体积（$V$）为横坐标，以检测器对各组分的电信号响应值（单位为 mV）为纵坐标。

#### 5.1.3.2 色谱图名词术语

（1）基线　当没有组分进入检测器时，色谱流出曲线是一条只反映仪器噪声随时间变化的曲线（即在正常操作下，仅有载气通过检测系统所产生的响应信号曲线），称为基线。操作条件变化不大时，常可得到如同一条直线的稳定基线。图 5-3 中的 $OQ$ 即为基线。

① 基线噪声　指由各种因素引起的基线起伏，一般用 $N$ 表示，单位为 mV，如图 5-4 (a)（b）所示。噪声通常以 10～15min 内基线的波动来表示，如图 5-4 中的 $V_n$。

② 基线漂移　指基线随时间单方向的缓慢变化，一般用 $M$ 表示，单位为 $mV \cdot h^{-1}$，如图 5-4 中(c) 所示。漂移通常以 0.5h 或 1h 内基线的波动来表示。如图 5-4(c) 所示，从低电平点 $B$ 作水平线，从高电平点 $A$ 作垂直线，交于 $O$ 点，则漂移 $M=\overline{OA}/\overline{OB}$。

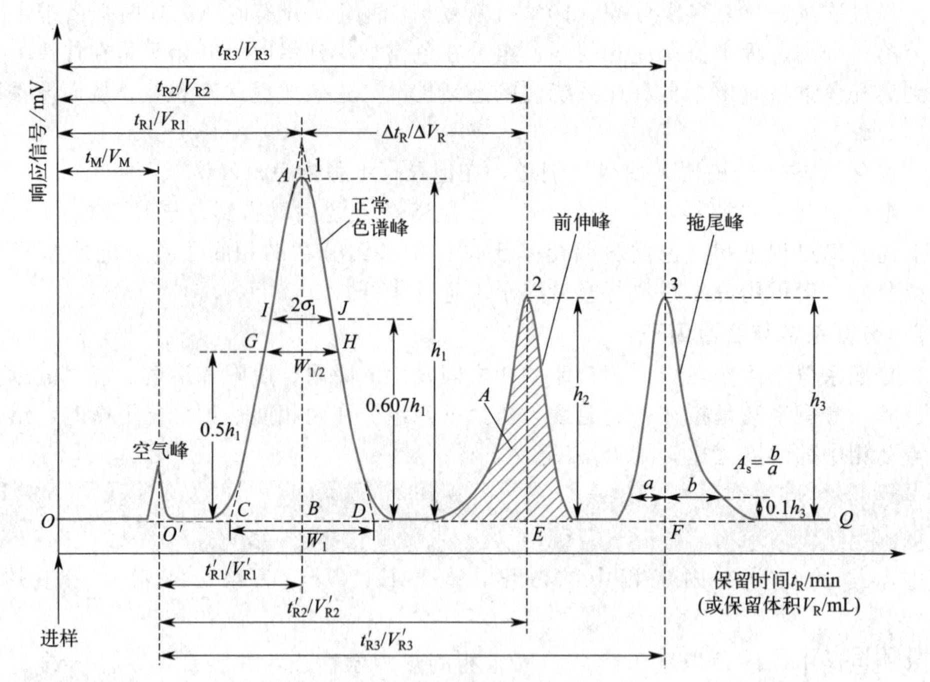


图 5-3 色谱峰与色谱流出曲线

(2) 色谱峰 当有组分进入检测器时，色谱流出曲线就会偏离基线，其输出信号随进入检测器组分浓度的变化而变化，直至组分全部离开检测器，此时绘出的曲线（即色谱柱流出组分通过检测系统时所产生响应信号的微分曲线），称为色谱峰（如图 5-3 所示）。由图 5-3 可知，色谱图上有一组色谱峰，每个峰至少代表样品中的一个组分。

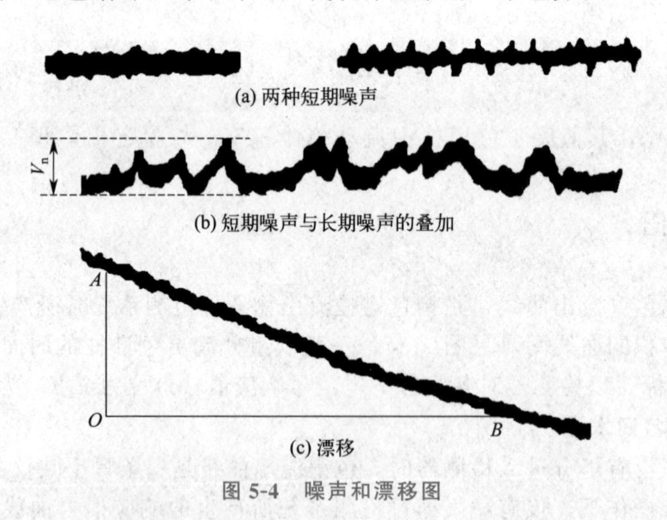


图 5-4 噪声和漂移图

理论上讲色谱峰应该是对称的，符合高斯正态分布（图 5-3 中的 1 号色谱峰）；实际得到的色谱峰一般都是不对称的，常见的有以下两种情况：

① 前伸峰：前沿平缓后部陡起的不对称色谱峰（图 5-3 中的 2 号色谱峰）。出现这种情况的原因很多，如进样量太大造成色谱柱超载。

② 拖尾峰：前沿陡起后部平缓的不对称色谱峰（图 5-3 中的 3 号色谱峰）。出现这种情况的原因很多，如色谱柱对某些组分的吸附性能太强。

前伸峰或拖尾峰一般可采用不对称因子 $A_s$ 来进行评价。不对称因子的定义是10%峰高处峰宽被峰顶点至基线垂线所分两部分的比值（如图 5-3 所示），$A_s=b/a$。$A_s>1$ 时色谱峰为拖尾峰，$A_s<1$ 时色谱峰为前伸峰。$A_s$ 越接近 1，说明色谱峰越对称。

（3）峰高、峰宽与峰面积　峰高或峰面积的大小与各个组分在样品中的含量成正比关系，是色谱分析法的定量参数，其定义与符号等如表 5-3 所示。

表 5-3　色谱图中各参数的定义与符号

| 术语名称 | 符号 | 图 5-3 中位置 | 定义 |
|---|---|---|---|
| 峰高 | $h$ | $\overline{AB}$ | 色谱峰最高点与基线间的距离 |
| 标准偏差 | $\sigma$ | $\overline{IJ}/2$ | $0.607h$ 处峰宽度的一半 |
| 峰宽 | W | $\overline{CD}$ | 在峰两侧拐点[1]处所作切线与基线相交两点间的距离，$W=4\sigma$ |
| 半峰宽 | $W_{1/2}$ | $\overline{GH}$ | 峰高一半处的峰宽，$W_{1/2}=2.354\sigma$ |
| 峰面积 | A | 色谱峰 2 阴影面积 | 色谱峰与基线延长线所包围图形的面积，$A=1.067hW_{1/2}$ |

（4）保留值　保留值是用来描述各组分色谱峰在色谱图中位置的参数。在一定实验条件下，组分的保留值具有特征性，是色谱分析法的定性参数，通常用时间或将组分带出色谱柱所需载气的体积来表示。保留值的定义与符号等如表 5-4 所示。

表 5-4　峰高、峰宽与峰面积

| 术语名称 | 符号 | 图 5-3 中位置 | 定义及说明 |
|---|---|---|---|
| 保留时间 | $t_R$ | $\overline{OB}$、$\overline{OE}$、$\overline{OF}$ | 从进样到组分出现峰最大值时所需的时间，即组分在柱中停留的时间 |
| 死时间 | $t_M$ | $\overline{OO'}$ | 不被固定相滞留的组分(如热导检测器选用空气、氢火焰离子化检测器选用甲烷)从进样到出现峰最大值所需的时间 |
| 调整保留时间 | $t'_R$ | $\overline{O'B}$、$\overline{O'E}$、$\overline{O'F}$ | $t'_R=t_R-t_M$，扣除了死时间的保留时间 |
| 保留体积 | $V_R$ | $\overline{OB}$、$\overline{OE}$、$\overline{OF}$ | $V_R=\overline{F}_c t_R$，从进样到组分出现峰最大值时所消耗流动相的体积[2] |
| 死体积 | $V_M$ | $\overline{OO'}$ | $V_M=\overline{F}_c t_M$，不被固定相保留的组分通过色谱柱所消耗流动相的体积[3] |
| 调整保留体积 | $V'_R$ | $\overline{O'B}$、$\overline{O'E}$、$\overline{O'F}$ | $V'_R=\overline{F}_c t'_R=V_R-V_M$，扣除了死体积的保留体积[4] |
| 相对保留值 | $r_{i,S}$ | — | $r_{i,S}=t'_{R_i}/t'_{R_S}=V'_{R_i}/V'_{R_S}$，某一组分 $i$ 与基准物质 S 调整保留值之比。$r_{i,S}$ 是柱温与组分性质、固定相及流动相性质的函数，与实验条件如柱内径、柱长、填充情况及流动相流速无关，在气相色谱定性分析中应用广泛 |

---

[1] 色谱流出曲线上二阶导数为 0 的点，对于正常色谱峰而言拐点在 $0.607h$ 处，即图 5-3 中的 $I$、$J$。

[2] $\overline{F}_c$ 为流动相平均体积流速。因为液体可以认为是不可压缩的，所以在液相色谱中，$\overline{F}_c$ 即为实测值；而在气相色谱中，由于气体是可压缩的，因此必须根据色谱柱的工作状态对实验值进行校正。校正公式为 $\overline{F}_c=F_0\left[\frac{p_0-p_w}{p_0}\right]\times\frac{3}{2}\left[\frac{(p_i/p_0)^2-1}{(p_i/p_0)^3-1}\right]\times\frac{T_c}{T_r}$，$F_0$ 是用皂膜流量计测得的柱后流速；$p_0$ 是柱后压，即大气压；$p_w$ 是饱和水蒸气压；$p_i$ 是柱进口压力；$T_c$、$T_r$ 分别是柱温和室温（用热力学温度表示）。

[3] 死体积系指色谱柱柱管内固定相颗粒间所剩空间、色谱仪管路连接接头间空间及检测器空间的总和（当后两项很小可忽略不计时，$V_M=\overline{F}_c t_M$）。因此，死时间也可以说是流动相充满柱内空隙体积时所耗费的时间，$t_M=L/\bar{u}$（$L$ 为柱长，cm；$\bar{u}$ 为流动相平均线速度，$cm\cdot s^{-1}$）。

[4] 保留时间因易受到流动相流速的影响而不易测得准确，保留体积与流动相流速无关而更易测准。由于实际上能从色谱图中直接得到保留时间，所以人们更乐于使用较不准确的保留时间作为定性参数。

### 5.1.4 色谱分析基本理论

用来解释色谱分离过程中各种柱现象和描述色谱流出曲线的形状以及评价柱效有关参数的常见理论有塔板理论和速率理论。

#### 5.1.4.1 塔板理论

塔板理论是 1941 年由马丁（Martin）和詹姆斯（James）提出的半经验式理论，他们将色谱分离过程比拟作一个精馏过程，即将连续的色谱分离过程看作是许多小段平衡过程的重复。

（1）塔板理论的基本假设　塔板理论把色谱柱比作一个精馏塔，由许多假想的塔板组成（即将色谱柱沿纵向分成许多个小段，如图 5-5 所示）。在每一小段（塔板）内，一部分空间由涂在载体上的固定液（液相，蓝色部分）占据，另一部分空间则充满流动相载气（气相，红色部分），载气占据的空间称为板体积 $\Delta V$。当欲分离的组分随载气进入色谱柱后，就在液相与气相这两相间进行分配。由于流动相在不停地移动，组分就在各个塔板里的气-液两相间不断地达到分配平衡。

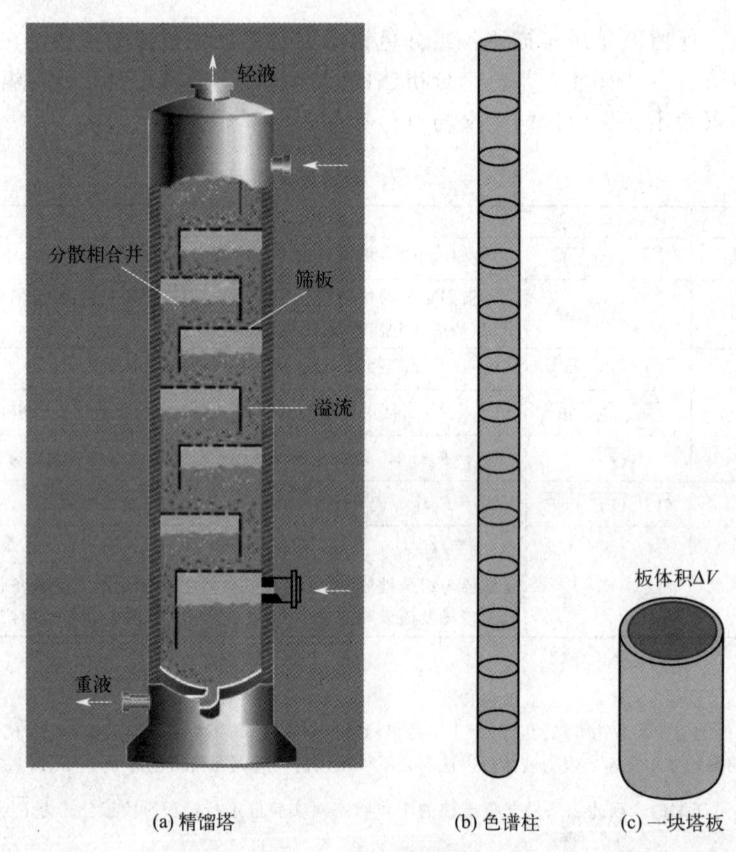


图 5-5　塔板理论假设

塔板理论假设：①在柱内每一小段长度（称理论塔板高度，用 $H$ 表示）内，组分可在气相与液相间很快达到分配平衡；②载气进入色谱柱，不是连续的而是脉动式的，每次进气为一个板体积（$\Delta V_m$）；③所有组分开始时都加在 0 号塔板上，且试样沿色谱柱方向的扩散（纵向扩散）可忽略不计；④分配系数在各塔板上均为常数。

假设色谱柱由 5 块塔板（即塔板数 $n=5$）组成，某单一组分的分配比 $k=1$，进入色谱柱的质量为单位质量1。当该组分加到0号塔板的时候，瞬间分配平衡，由于$k=1$，因此该组分在固定相中的质量（$m_s$）和在流动相中的质量（$m_m$）均为0.5。

表 5-5　组分在 $n=5$、$k=1$、$m=1$ 柱内任一板上的分配

| 塔板号 $n$ | 0 | 1 | 2 | 3 | 4 | 柱出口 |
|---|---|---|---|---|---|---|
| 进样 $\begin{cases} m_m \\ m_s \end{cases}$ | $\frac{0.5}{0.5}$ | | | | | 0 |
| 进气 $1\Delta V \begin{cases} m_m \\ m_s \end{cases}$ | $\frac{0.25}{0.25}$ | $\frac{0.25}{0.25}$ | | | | 0 |
| 进气 $2\Delta V \begin{cases} m_m \\ m_s \end{cases}$ | $\frac{0.125}{0.125}$ | $\frac{0.125+0.125}{0.125+0.125}$ | $\frac{0.125}{0.125}$ | | | 0 |
| 进气 $3\Delta V \begin{cases} m_m \\ m_s \end{cases}$ | $\frac{0.063}{0.063}$ | $\frac{0.063+0.125}{0.125+0.063}$ | $\frac{0.125+0.063}{0.063+0.125}$ | $\frac{0.063}{0.063}$ | | 0 |
| 进气 $4\Delta V \begin{cases} m_m \\ m_s \end{cases}$ | $\frac{0.031}{0.031}$ | $\frac{0.063+0.063}{0.063+0.063}$ | $\frac{0.063+0.125}{0.125+0.063}$ | $\frac{0.063+0.063}{0.063+0.063}$ | $\frac{0.031}{0.031}$ | 0 |
| 进气 $5\Delta V \begin{cases} m_m \\ m_s \end{cases}$ | $\frac{0.016}{0.016}$ | $\frac{0.016+0.063}{0.016+0.063}$ | $\frac{0.063+0.094}{0.063+0.094}$ | $\frac{0.094+0.063}{0.094+0.063}$ | $\frac{0.063+0.016}{0.063+0.016}$ | 0.031 |

此时有 $m_m=0.031$ 的组分流出色谱柱

当一个板体积（$1\Delta V$）以脉动方式进入0号板时，气相中所含固定相部分组分就被顶到1号塔板上，在1号塔板上的固定相与流动相间瞬间达到分配平衡（$m_{s1}=m_{m2}=0.25$）；留在0号塔板固定相中质量为0.5的组分在0号塔板两相间瞬间达到分配平衡（$m_{s0}=m_{m0}=0.25$）。此后，每当一个新的板体积载气以脉动的方式进入色谱柱时，上述过程就重复一次，其结果如表5-5所示。

由表5-5可知，对于由5块塔板组成的色谱柱，在$5\Delta V$体积的载气进入后，组分就开始在柱出口出现，进入检测器产生响应信号，得到组分的色谱峰［如图5-6(a)所示］，色谱峰上组分的最大浓度处所对应的流出时间或载气板体积数即为该组分的保留时间或保留体积。如果试样为多组分混合物，则经过多次分配平衡后，若各组分的分配系数有差异，则在柱出口处出现最大浓度时所需的载气板体积数亦将不同［如图5-6(b)所示］。因此不同组分的分配系数只要略有差异，就可能得到良好的分离效果。

图5-6(a)显示的色谱峰峰形明显不对称，且拖尾严重，这是由于塔板数太少（$n$仅为5）的缘故。当$n>50$即可得到比较对称的色谱峰。由于色谱柱的塔板数相当多（$n$约为$10^3\sim10^6$），因此色谱峰趋于正态分布。

（2）理论塔板数 $n$　塔板理论中，每一块塔板的高度称为理论塔板高度，简称板高，用$H$表示。假设整个色谱柱是直的，则当色谱柱长为$L$时，所得理论塔板数$n$为

$$n=\frac{L}{H} \tag{5-3}$$

显然，当色谱柱长$L$固定时，每次分配平衡需要的理论塔板高度$H$越小，则柱内理论塔板数$n$越多，组分在该柱内被分配于两相间的次数就越多，柱效能就越高。

计算理论塔板数$n$的经验式为：

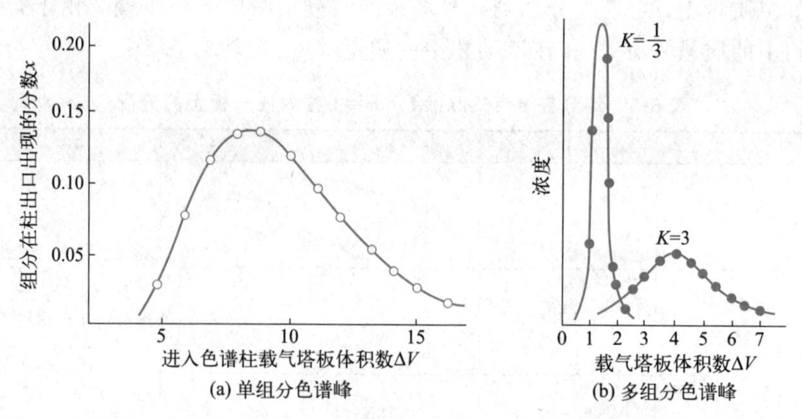


图 5-6　分配系数不同的组分出现浓度最大值时所需载气板体积

$$n=5.54\left(\frac{t_R}{W_{1/2}}\right)^2=16\left(\frac{t_R}{W}\right)^2 \tag{5-4}$$

式中，$n$ 是理论塔板数；$t_R$ 是组分保留时间；$W_{1/2}$ 是以时间为单位的半峰宽；$W$ 是以时间为单位的峰底宽。

由上式可知，组分的保留时间越长，峰形越窄，则理论塔板数 $n$ 越大。

（3）有效理论塔板数 $n_{eff}$　进行色谱分析时，经常出现一种现象：计算出的 $n$ 很大，但分离效能却并不高。这是由于保留时间 $t_R$ 中包括了死时间 $t_M$，而 $t_M$ 不参与柱内分配，即理论塔板数还未能真实地反映色谱柱的实际分离效能。为此，提出了有效理论塔板数 $n_{eff}$ 的概念，即以 $t'_R$ 代替 $t_R$ 来计算色谱柱的塔板数。其计算公式为：

$$n_{eff}=\frac{L}{H_{eff}}=5.54\left(\frac{t'_R}{W_{1/2}}\right)^2=16\left(\frac{t'_R}{W}\right)^2 \tag{5-5}$$

式中，$n_{eff}$ 是有效理论塔板数；$H_{eff}$ 是有效理论塔板高度；$t'_R$ 是组分调整保留时间；$W_{1/2}$ 是以时间为单位的半峰宽；$W$ 是以时间为单位的峰底宽。

由于相同色谱操作条件下对不同物质计算所得到的塔板数是不一样的，所以使用 $n_{eff}$ 或 $H_{eff}$ 评价色谱柱柱效能时，除应注明色谱条件外，还必须指出是对什么物质而言。

#### 5.1.4.2　速率理论

由于塔板理论的某些假设是不合理的，如分配平衡瞬间完成，溶质在色谱柱内运行是理想的（即不考虑纵向扩散）等，从而导致塔板理论无法说明影响塔板高度的物理因素是什么，也不能解释为什么在不同流速下测得不同理论塔板数这一实验事实。但塔板理论提出的“塔板”概念是形象的，“理论塔板高度”的计算也是简便的，所得到的色谱流出曲线方程式是符合实验事实的。速率理论是在塔板理论的基础上得到发展的。它阐明了影响色谱峰展宽的物理化学因素，并指明了提高与改进色谱柱效率的方向，为毛细管色谱柱和高效液相色谱的发展起着指导性的作用。

（1）速率理论方程式　在速率理论发展的进程中，首先由格雷科夫提出了影响色谱动力学过程的四个因素：在流动相内与流速方向一致的扩散、在流动相内的纵向扩展、在颗粒间的扩散和颗粒大小。

1956 年，范第姆特（Van Deemter）在物料（溶质）平衡理论模型的基础上提出了描述色谱柱内溶质分布的物料平衡偏微分方程式，并且指出柱内区带展宽的原因有：溶质在两相间的有效传质速率、溶质沿着流动相方向的扩展和流动相的流动性质。通过计算，他得到上述偏微分方程式的近似解，此即速率理论方程式（亦称范第姆特方程式）：

$$H = A + \frac{B}{\bar{u}} + C\bar{u} \tag{5-6}$$

式中，$H$ 为塔板高度；$\bar{u}$ 为载气的线速度，cm・s$^{-1}$；$A$ 为涡流扩散项；$B$ 为分子扩散项；$C$ 为传质阻力项，包括气相传质阻力项 $C_g\bar{u}$ 和液相传阻力项 $C_l\bar{u}$ 两项。

图 5-7 显示了理论塔板高度 $H$ 与流动相线速度 $\bar{u}$ 之间的关系图。

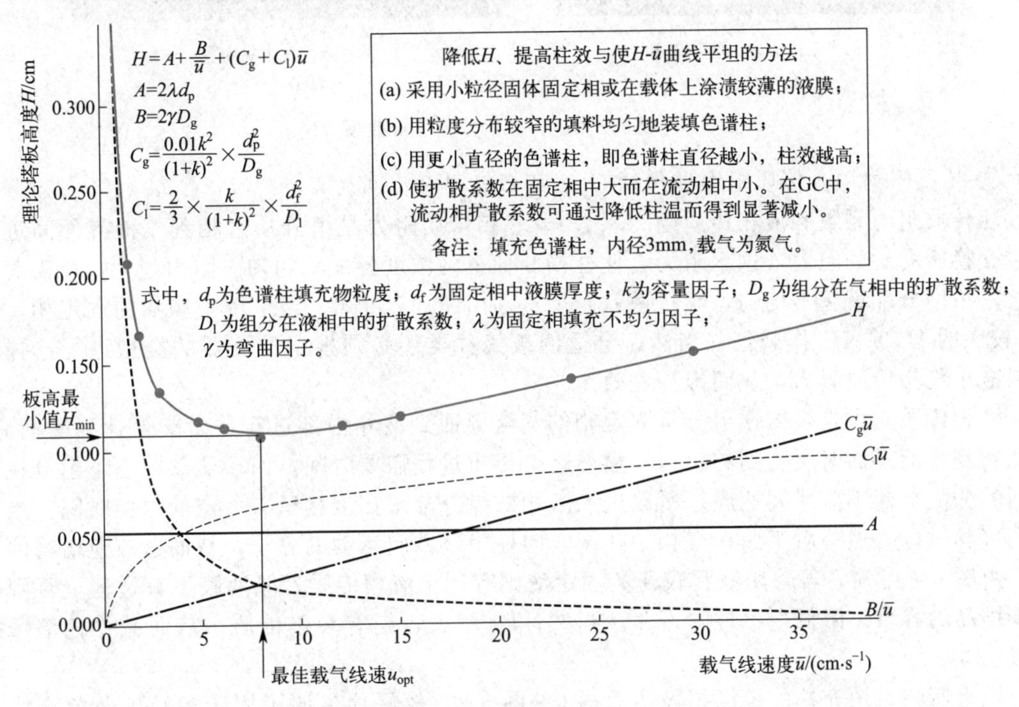


图 5-7　理论塔板高度 $H$ 与流动相线速度 $\bar{u}$ 之间的关系图

（2）影响柱效能的因素

① 涡流扩散项　涡流扩散项亦称多路效应项。由于试样组分分子进入色谱柱碰到柱内填充颗粒时不得不改变流动方向，因而它们在气相中形成紊乱的类似“涡流”的流动［见图 5-8(a)］。组分分子所经过的路径长度不同，到达柱出口的时间也不同，因而引起色谱峰的扩张。涡流扩散项所引起的峰形变宽与固定相颗粒平均直径 $d_p$ 和固定相的填充不均匀因子 $\lambda$ 有关。显然，使用粒径小、粒度均匀的固定相，并尽量填充均匀，可以减小涡流扩散，从而降低塔板高度，提高柱效。对于空心毛细管柱而言，因中间无填充物，不存在涡流扩散，所以 $A=0$。

② 分子扩散项　分子扩散项亦称纵向扩散项。组分进入色谱柱后，随载气向前移动，由于柱内存在浓度梯度，组分分子必然由高浓度向低浓度扩散（其扩散方向与载气运动方向一致），从而造成色谱峰扩张［如图 5-8(b) 所示］。由图 5-7 可知，分子扩散项与弯曲因子 $\gamma$（反映了固定相对分子扩散的阻碍程度，填充柱 $\gamma<1$，空心柱 $\gamma=1$）、组分在气相中的扩散系数 $D_g$（随载气和组分的性质、温度、压力的变化而变化）和载气平均线速 $\bar{u}$ 有关。$\bar{u}$ 越小，组分在气相中停留的时间越长，分子扩散也越大。所以，若加快载气流速，可减少由于分子扩散而产生的色谱峰扩张。由于 $D_g \propto \frac{1}{\sqrt{M_{载气}}}$，因此使用分子量较大的载气可以减小分子扩散项。

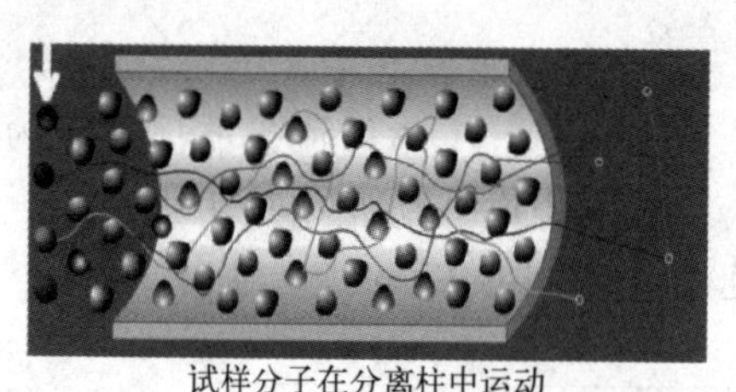


(a)

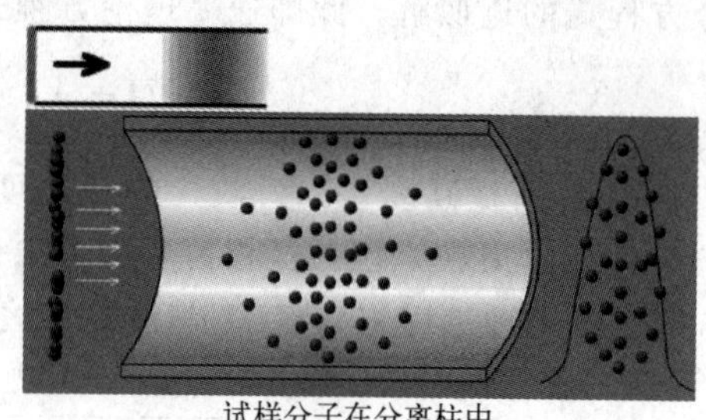


(b)

**图 5-8 涡流扩散项（a）与分子扩散项（b）**

③ 传质阻力项　传质阻力项包括 $C_g\bar{u}$ 和 $C_l\bar{u}$ 两项，即 $C\bar{u}=C_g\bar{u}+C_l\bar{u}$（$C_g$、$C_l$ 分别为气相传质阻力系数和液相传质阻力系数）。气相传质阻力是组分从气相到气液界面间进行质量交换所受到的阻力，这个阻力会使柱横断面上的浓度分配不均匀。阻力越大，所需时间越长，浓度分配就越不均匀，峰扩散就越严重。由图 5-7 可知，若采用小颗粒的固定相，以 $D_g$ 较大的 $H_2$ 或 He 作载气（当然，合适的载气种类还必须根据检测器的类型进行选择），可以减小气相传质阻力，从而提高柱效。

液相传质阻力是指试样组分从固定相的气液界面到液相内部进行质量交换达到平衡后，又返回到气液界面时所受到的阻力，显然这个传质过程需要时间。由于流动状态下组分在两相间的分配平衡不能瞬间达成，所以进入液相的组分分子在液相里有一定的停留时间，当它回到气相时，必然落后于原在气相中随载气向柱出口方向运动的分子，从而造成色谱峰的扩张。由图 5-7 可知，若采用液膜较薄的固定液则有利于液相传质，但液膜不宜过薄，否则会减少样品的容量，降低色谱柱的寿命。当然，$D_l$ 越大，越有利于传质，从而减少色谱峰的扩张。

综上所述，填充柱的范第姆特方程式（见图 5-7）较好地说明了固定相粒度及填充均匀程度、载气种类与流速、柱温、固定相液膜厚度和组分性质等对柱效、色谱峰扩张的影响，因此对气相色谱分离条件的选择与优化具有较强的指导意义。

毛细管柱与填充柱相比，是中空的，不存在涡流扩散项（$A=0$），但柱中的流动相存在纵向扩散（分子扩散），使得流动相沿管壁的流速低于沿轴心的流速，导致色谱峰展宽，且展宽的程度与毛细管柱的内径有关，毛细管柱的范第姆特方程式如下：

$$H=\frac{2D_g}{\bar{u}}+\frac{1+6k+11k^2}{24(1+k)^2}\times\frac{r^2}{D_g}\times\bar{u}+\frac{2}{3}\times\frac{k}{(1+k)^2}\times\frac{d_f^2}{D_l}\times\bar{u} \tag{5-7}$$

式中，$r$ 为毛细管柱半径（其他参数物理意义见图 5-7）。

由式(5-7) 可知，造成毛细管柱色谱峰扩展的主要因素是分子扩散、气相传质阻力（分子扩散）及液相传质阻力，且毛细管柱越细，柱效越高。

## 思考与练习 5.1

1. （多选）气相色谱谱图中，与组分含量成正比的是（　　）。

A. 保留时间　　B. 相对保留值　　C. 峰高　　D. 峰面积

2. 在气相色谱中，直接表征组分在固定相中停留时间长短的保留参数是（　　）。

A. 保留时间　　B. 死时间　　C. 保留体积

D. 相对保留值　　E. 调整保留时间

3.（多选）在气-固色谱中，样品中各组分的分离是基于（　　）。

A. 组分性质的不同　　B. 组分溶解度的不同

C. 组分在吸附剂上吸附能力的不同　　D. 组分在吸附剂上脱附能力的不同

4.（多选）在气-液色谱中，首先流出色谱柱的组分是（　　）。

A. 吸附能力大的　B. 吸附能力小的　C. 挥发性大的　D. 溶解能力小的

5. 某组分在色谱柱中分配到固定相的质量为 $m_A$，分配到流动相中的质量为 $m_B$，而该组分在固定相中的浓度为 $c_A$，在流动相中的浓度为 $c_B$，则该组分的分配系数为（　　）。

A. $m_A/m_B$　B. $m_A/(m_A+m_B)$　C. $c_A/c_B$　D. $c_B/c_A$

6. 范特姆特方程式主要说明了（　　）。

A. 板高的概念　　B. 组分在两相间的分配情况

C. 柱效降低的影响因素　　D. 影响色谱峰展宽的物理化学因素

E. 色谱分离操作条件的选择

阅读园地

扫描二维码可查看“气相色谱发明者——马丁与辛格”。

气相色谱发明者——马丁与辛格

## 5.2　气相色谱仪

### 5.2.1　基本结构及工作流程

气相色谱法是一种以气体为流动相采用冲洗法的柱色谱分离技术。气相色谱仪按气路结构可分为单柱单气路和双柱双气路两种类型。

单柱单气路型气相色谱仪（见图 5-9）的工作流程是：$N_2$ 或 $H_2$ 等载气（用来载送试样而不与待测组分作用的惰性气体）由高压气体钢瓶（或气体发生器）供给，经减压阀减压（压力约为 0.3MPa）后进入气体净化器（除去载气中的杂质和水分），再由压力或流速控制器（稳压阀与稳流阀）控制载气的压力和流量，然后通过气化室进入色谱柱、检测器后放空。待载气流量，气化室、色谱柱、检测器的温度以及记录仪的基线稳定后，液体试样可由进样器注入气化室，瞬间被汽化为气体并被载气带入色谱柱实现分离，被分离的各组分则依次进入检测器被检测。检测器将混合气体中各组分的浓度（$mg \cdot mL^{-1}$）或质量流量（$g \cdot s^{-1}$）转变成可测量的电信号，并经放大器放大后，通过记录仪即可得到其色谱图。

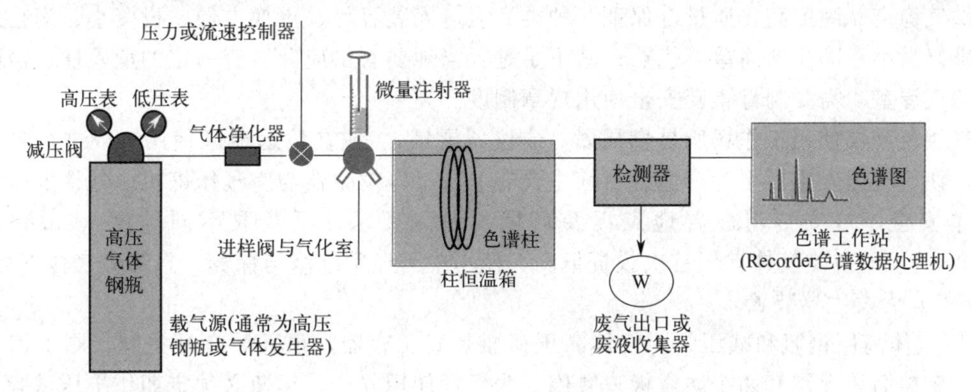


图 5-9　单柱单气路型气相色谱仪结构示意图

单柱单气路型气相色谱仪结构简单，价格便宜，操作方便，适用于恒温分析，但检测结果的稳定性与重现性易受气源波动的影响。一些简单的气相色谱仪如上分 GC102G 型等属于这种类型。

双柱双气路型气相色谱仪（见图 5-10）是将经过稳压阀后的载气分成两路进入各自的稳流阀、气化室、色谱柱和检测器并放空，其中Ⅰ路作分析用，Ⅱ路作补偿用。这种结构可以补偿因气源波动或固定液流失对检测器产生的影响，提高了仪器工作的稳定性，特别适用于程序升温和痕量分析。目前大多数气相色谱仪均属于这种类型，如 Agilent GC8890、山东惠分 HF901、浙江温岭福立 GC9790plus 等。此外，由于这类仪器可同时安装两根固定相性质不同的色谱柱，以供使用时选择进样，因此具有两台气相色谱仪的功能。

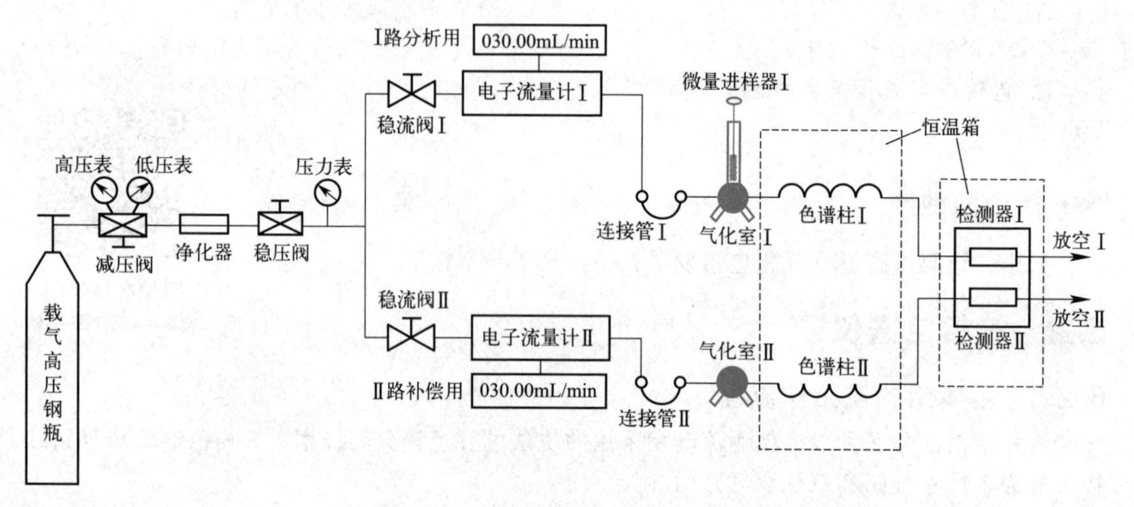


图 5-10 双柱双气路型气相色谱仪结构示意图

## 5.2.2 主要部件

### 5.2.2.1 气路系统

（1）气路系统的要求　气路系统要求载气纯净、密闭性好、流速稳定且流量测量准确。载气是载送样品进行分离的惰性气体，是气相色谱的流动相。常用的载气为 $N_2$、$H_2$、He、Ar（He、Ar 因价格较高，应用较少）。

（2）气路系统主要部件　载气通常由高压气体钢瓶或气体发生器来提供。高压钢瓶供气具有供气稳定、纯度高、质量有保证、种类齐全、安装容易、更换方便、投资小、运行成本低、维修量小、净化器简单等优点；其不足是：当地要有供应源、有一定的危险性、需配置专门的气源室、需要制订整套安全使用规章制度。

气相色谱仪使用工作场所易燃易爆（或仪器展销）、或在偏远地区使用、或进行野外考查时，使用气体发生器更为合适。目前主要有 $H_2$、$N_2$ 发生器与空气压缩机。气体发生器操作简单安全，对安装与放置地点以及环境无苛刻要求，可获取不同纯度（99.99%～99.9999%）的各类气体，但首次投资偏高，使用中需经常维修与保养，且部分气体（如 He 与 Ar 等）无发生器装置。

① 气体高压钢瓶和减压阀。气体高压钢瓶是高压容器，顶部装有开关阀，阀上需装保护罩，钢瓶筒体上需套两个防震橡皮腰圈。为保证使用安全，钢瓶必须定期作抗压试验，且详细记录试验日期、检验结论等，并载入档案。经检验需降压使用或报废的钢瓶，检验单位必须在瓶上打上钢印说明。

高压气体钢瓶使用不同颜色的漆色加以区分。$N_2$ 钢瓶外表面漆成黑色，喷黄色“氮”字；$H_2$ 钢瓶外表面漆成墨绿色，喷红色“氢”字；空气钢瓶外表面漆成黑色，喷白色“空气”二字。

高压气体钢瓶容量约 40L，充满时内部压力约 15MPa（150bar，2176psi），由于气相色谱仪使用的各种气体的压力约为 0.3MPa（3bar，43.5psi），因此需要通过减压阀降低钢瓶气源的输出压力。减压阀就是将高压气体调节到较小压力的设备，其结构[1]如图 5-11 所示。

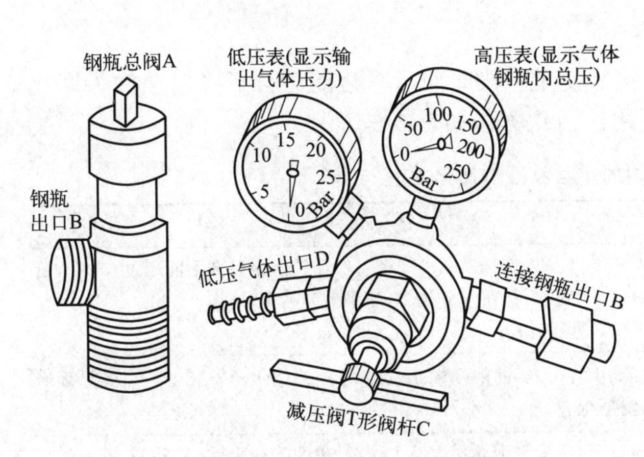


图 5-11　高压气瓶阀（左）与减压阀（右）

氮气高压钢瓶与减压阀的操作

空气高压钢瓶与减压阀的操作

氢气高压钢瓶与减压阀的操作

使用前（扫描二维码可观看 $N_2$、$H_2$ 和空气钢瓶与减压阀的操作视频）将减压阀的螺母旋紧于高压气体钢瓶出口 B 上，并将其低压气体出口 D 安装于气相色谱仪净化器入口处；然后逆时针旋转（用手或扳手）打开钢瓶总阀 A 约 2 圈，高压气体进入减压阀的高压室，高压表显示钢瓶内气体总压；接着沿顺时针方向缓慢转动减压阀 T 形阀杆 C 至合适输出压力（通常为 0.3MPa 或 3bar），气体进入减压阀低压室，低压表显示输出气体压力。实验结束后，先关闭钢瓶总阀 A，待压力表指针回零后，再沿逆时针方向旋松减压阀 T 形阀杆 C（避免减压阀中的弹簧长时间压缩失灵），关闭减压阀。

实验室常用的减压阀有氢、氧、乙炔等三种，氢气钢瓶选择氢气减压阀；氮气、空气钢瓶选氧气减压阀；乙炔钢瓶选乙炔减压阀，绝不能混用。

② 净化管。由于气体纯度会严重影响气相色谱检测器性能，因此从减压阀出来的气体需先通过净化管净化除去主要污染物（水、氧与烃类等）后才能进入色谱柱（气相色谱分析时要求气体中的杂质含量必须低于被分析物质的含量。通常情况下 $N_2$ 作载气时纯度≥99.998%；$H_2$ 作载气或燃气时纯度≥99.995%；空气的纯度要求：总烃$<0.02\times10^{-6}$，$CO_2<500\times10^{-6}$，$CO<10\times10^{-6}$，$CH_4<20\times10^{-6}$）。净化管通常为内径 50mm、长 200～250mm 的金属管（见图 5-12）。

净化管使用前需清洗烘干，方法是：先用 $100g\cdot L^{-1}$ 热 NaOH 溶液浸泡半小时，再用自来水冲洗干净，然后用蒸馏水清洗，烘干。净化管内主要装填分子筛、变色硅胶与活性

[1] 集中供气与单独供气用的减压阀外形是不同的，视频拍摄的是采用集中供气方式时高压钢瓶与减压阀的操作过程，教材上介绍的是采用单独供气方式时高压钢瓶与减压阀的规范操作方法。

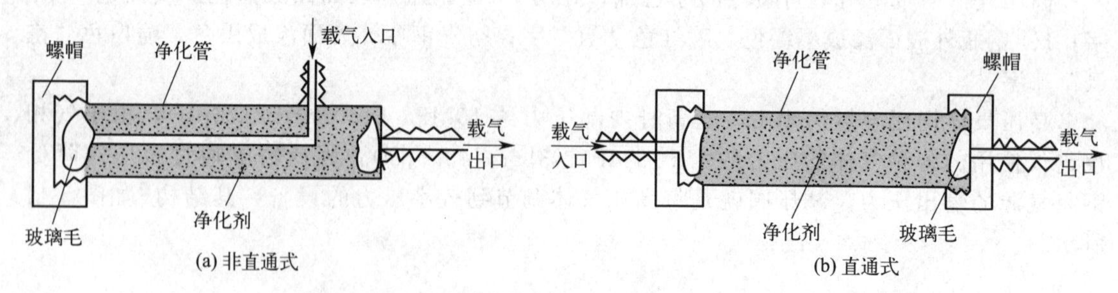


图 5-12 净化管的结构

炭，其净化物质的种类如表 5-6 所示。净化剂使用一段时间后净化能力会下降以至失去净化功能，此时可将净化剂进行活化后重复使用。活化方法如表 5-6 所示。

表 5-6 净化剂的净化物质与活化方法

| 净化剂 | 净化物质 | 活化方法 |
| --- | --- | --- |
| 4A、5A<br>分子筛 | 烃、水、$H_2S$<br>或油污等 | ①在空气中加热 520～560℃，烘烤 3～4h，冷却密封保存。活化温度不能超过 680℃，以免分子筛结构破坏。分子筛活化后残留水分越少，除水效率越高。<br>②装在过滤器中 350℃下通氮气 6h |
| 硅胶 | 水或烃类 | 普通硅胶粉碎过筛后，用 3mol/L 硅酸浸泡 1～2h，再用蒸馏水浸至无 $Cl^-$，180℃烘烤至全部变成蓝色，冷却封装保存 |
| 活性炭 | 烃类 | 非色谱用活性炭粉碎过筛，用苯浸泡几次以除去硫黄、焦油等杂质后，在 380℃下通过热水蒸气吹至乳白色物质消失为止，密封保存。使用前 160℃下烘烤 2h 即可 |

净化剂的种类取决于对载气纯度的要求，特定场合下也可使用 $P_2O_5$ 或 $CaCl_2$ 除水，使用碱石棉除 $CO_2$。净化管的出口和入口应加上标志，出口需用少量纱布或脱脂棉轻轻塞上，严防净化剂粉尘进入色谱仪。

③ 管路连接与检漏（扫描二维码可以观看操作视频）。气相色谱仪的管路多为内径 $\phi=$3mm 的不锈钢管（或紫铜管），用螺母、压环和 O 形密封圈进行连接。有时也用尼龙管或聚四氟乙烯管，但安全性不好，不推荐使用。

必须对气相色谱仪的气路认真仔细地检漏，气路不密封将造成数据的不准确，也可能因 $H_2$ 渗漏进入恒温箱，发生爆炸事故。检漏的方法有两种：一是皂膜检漏法，即用毛笔蘸上新鲜肥皂水（或起泡剂）涂于各接头上，若接头处有气泡溢出，则表明该处漏气，应重新拧紧，直到不漏气为止。检漏完毕需使用干布将皂液擦净；二是堵气观察法，即用橡皮塞堵住出口处，关闭稳压阀，若转子流量计流量为 0，压力表压力不下降，则表明不漏气，反之，若转子流量计流量指示不为 0，或压力表压力缓慢下降（压力降≥0.005MPa/0.5h），则表明该处漏气，应重新拧紧各接头以至不漏气为止。

气相色谱仪——气路安装与检漏

④ 压力和流量的控制。气相色谱仪气路系统的密封性、阻力变化、载气流速、压力变化等均影响仪器的稳定性和定性定量结果的准确性，辅助气体（如空气）流量的稳定性也会影响检测器的灵敏度和基线。优良的气路系统要求其压力与流速的稳定性须优于 0.5%～1%。气路系统多采用开关阀、稳压阀、稳流阀、针形阀等实现压力和流量的控制。

a. 开关阀。在气路中开关阀主要用于打开或切断气体的供给。其目的是将双气路系统中不用的载气气路切断，以及切断 $H_2$ 等危险气流或节省气体。

b. 针形阀。针形阀实际上是一个手动可变气阻。使用针形阀是为了细微地均匀调节流速（不能稳定压力），恒温分析中装在稳压阀后调节，程序升温分析中将它设计在稳流阀中。针形阀使用注意事项是：**进、出气口不能接反；严防水、灰尘等机械杂质进入；阀杆漏气可以更换密封垫圈；若需得到稳定的流速，则输入压力必须恒定。**

c. 稳压阀。当气源压力或输出流量波动时，使用稳压阀（又称压力调节器）能输出恒定压力的气体。气相色谱仪常用的稳压阀是波纹管双腔式稳压阀，其用途是：为针形阀提供稳定的气压；接在稳流阀前，提供恒定的参考压力；在毛细管色谱柱进样分析时，调节供给载气的柱前压。使用注意事项是：**所用气源应干燥，无腐蚀性、无机械杂质；保证输出压差≥0.05MPa；进、出气口不能接反；长期不用，应把调节旋钮放松，关闭阀，以防弹簧长期受力疲劳而失效。**

d. 稳流阀。采用程序升温分析时，由于柱温不断升高引起色谱柱阻力不断增加，虽然柱前压保持不变，但载气流量也会发生变化，此时可使用稳流阀（又称压力补偿器）来自动控制载气的稳定流速。稳流阀的使用注意事项是：**输入气中无水、无油、无机械杂质；进、出气口不能接反；柱前压比稳流阀输入压力小0.05MPa以上。**

稳流阀的输入压力为0.03～0.3MPa，输出压力为0.01～0.25MPa，输出流量为5～400mL·min$^{-1}$。若载气流量为40mL·min$^{-1}$，当柱温由50℃升至300℃时，此时载气流量变化可小于±1%。

⑤ 载气流量的测量与指示。载气流量是气相色谱分析的一个重要操作条件，目前可采用转子流量计、稳流阀、压力表（刻度阀）、皂膜流量计或电子气体流量计等方式对其进行测量与显示。

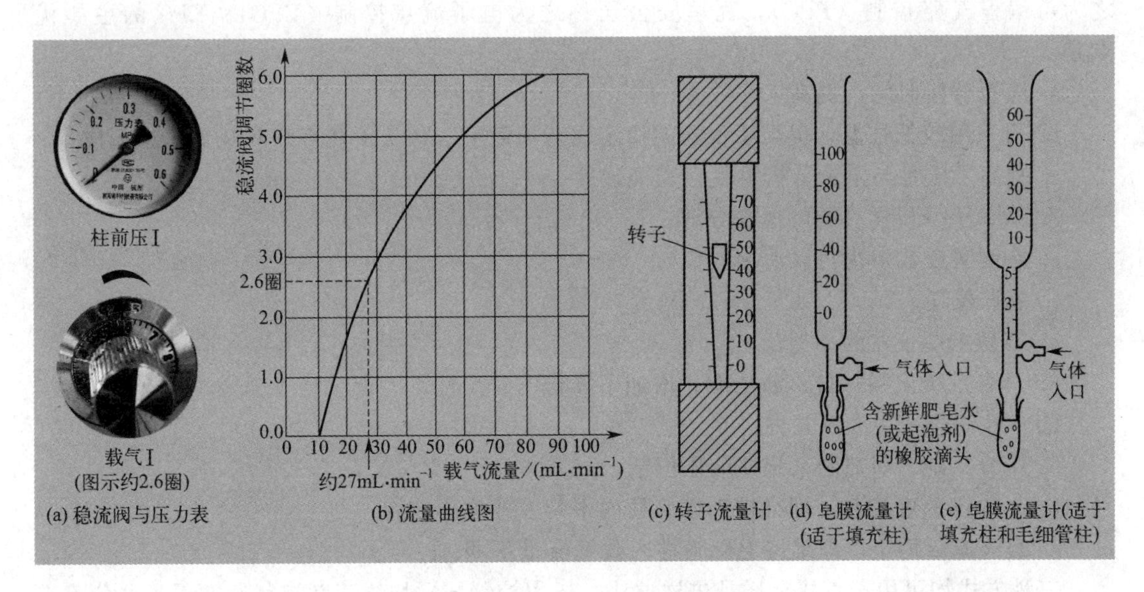


**图5-13　载气流量的测量与指示方式**

a. 转子流量计。如图5-13(c) 所示，转子流量计由一个上宽下窄的锥形玻璃管和一个能在管内自由移动的转子组成，其上、下接口处用橡胶圈密封。当气体自下端进入转子流量计又从上端流出时，转子随气体流动方向上升，转子上浮高度和气体流量有关。由于气体流量与转子高度不呈线性关系，因此使用前需先绘制气体流量与转子高度的关系曲线图（必须注明气体种类）。又由于转子流量计使用时要求严格控制环境压力和温度，因此目前已很少用其测量或指示载气的流量。

b. 稳流阀。如图 5-13(a) 所示，由于稳流阀旋转的圈数与流量近似呈线性，因此可先绘制圈数与流量的曲线［见图 5-13(b)］，然后从该曲线查阅载气的近似流量。部分气相色谱仪直接通过调节柱前压的大小设置载气的流量。

c. 皂膜流量计。皂膜流量计是目前用于测量气体流量的标准方法。它是由一根带有气体进口的量气管和橡皮滴头组成，使用时先向橡皮滴头中注入新鲜肥皂水（或起泡剂），挤动橡皮滴头让一个皂膜进入量气管。当气体自流量计底部进入时，皂膜就会沿着管壁自下而上移动。用秒表准确测量皂膜移动一定体积时所需的时间就可以计算气体的流量，其测量精度可达 1%（扫描二维码可观看视频）。

d. 电子气体流量计。在气体的流路中接入一个流量传感器，流量传感器将气体流量这个物理量转化成与之成正比的模拟量（电压或电流），再将其量化后转成数字量，即可在色谱仪的屏幕上以数字的形式显示出气体的流量。

气体流量的测定（皂膜流量计）

⑥ 电子气路控制系统。采用机械结构的气阻、针形阀、稳压阀等对气路系统进行控制时，气路压力与流量控制的精度与稳定性受到较大的限制。而使用电子压力控制和电子流量控制系统，则能极大地提高系统的稳定性与重现性。

电子气路控制系统（electronic pressure control，EPC）采用电子压力传感器和流量控制器，通过计算机的计算等诸多功能实现气路压力、流量与线速度的控制。EPC 是高档气相色谱仪的必备部件之一，日本岛津公司称之为自动流量控制系统（AFC），PE 公司称之为可编程气路控制（PPC），瓦里安公司称之为电子流量控制（EFC）。EPC 的主要优点是：

a. 缩短分析时间，提高工作效率；

b. 可采用较低柱温，提高了仪器的稳定性与灵敏度、延长了柱寿命和减少了运行成本；

c. 提高了定性与定量分析重复性和准确度；

d. 减少了分析样品的歧视与分解；

e. 全面实现数字化与自动化；

f. 节省载气；

g. 容易实现仪器的小型化；

h. 具有系统内漏气自诊断功能，增加了操作的安全性。

EPC 控制方式主要有三种：

a. 压力控制，即控制系统柱前压恒定；

b. 平均线速度控制，即维持毛细管柱内平均线速度不变；

c. 载气流量恒定，即维持毛细管柱内载气流量不变。

三种方式均可用于直接全样品进样方法。压力控制与平均线速度控制通常用于“分流进样”（见图 5-14）与“不分流进样”。如图 5-14 所示，总流量控制器（TFC）通过柱前压压力传感器反馈输出控制分流控制器（ESC），ESC 反过来再控制柱前压力。系统可根据线速度、柱温、柱内径和柱长等参数计算并自动设置柱前压为 49.6kPa，同时柱流量也自动地调整成 $1.67\text{mL}\cdot\text{min}^{-1}$，总流量调整成 $71.5\text{mL}\cdot\text{min}^{-1}$（$=1.67\times41+3$）。此时 TFC 控制总流量，ESC 控制柱前压，且与控制方式无关。

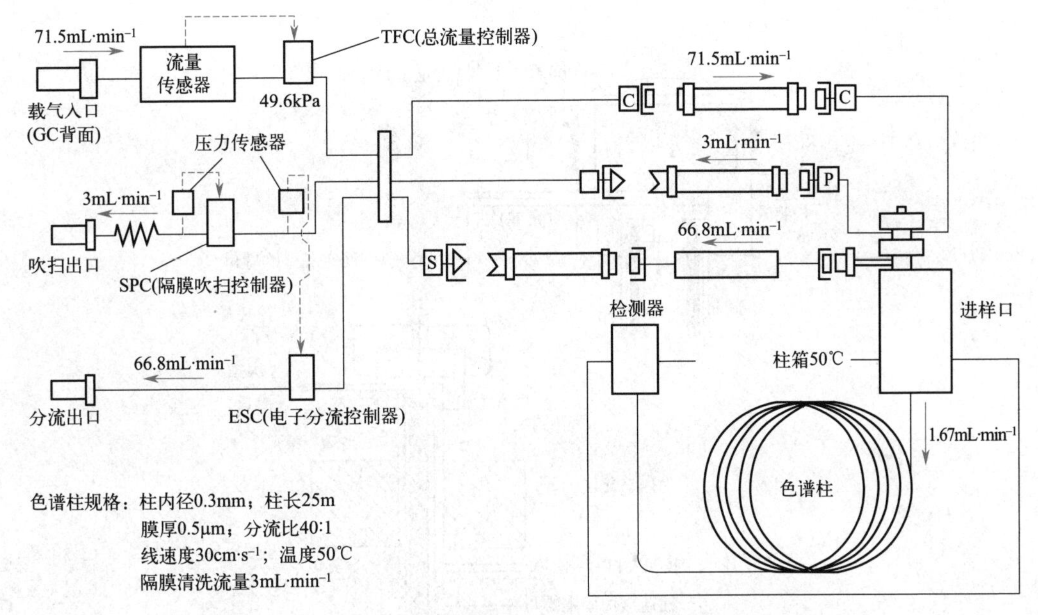


图 5-14　分流进样气路控制示意图

若选择压力控制方式，则不论柱温如何变化，柱前压始终保持恒定（49.6kPa）；若选择平均线速度控制方式，则柱前压将随柱温的升高自动升高，以维持平均线速度恒定。

#### 5.2.2.2　进样系统

（1）作用　进样系统是将样品引入气相色谱系统同时又不造成系统漏气的一种特殊装置。它要求进样系统能将样品定量引入，且有效汽化，然后用载气将汽化后的样品快速“扫入”色谱柱。进样是气相色谱分析中误差的主要来源之一。

（2）主要部件　气相色谱仪的进样系统通常包括进样器、气化室、隔垫、衬管等（见图5-15）。

① 进样器。主要有微量注射器（1$\mu$L、10$\mu$L 等，见图 5-16）、进样阀等手动进样器和自动进样器等。微量注射器常用于液体样品（固体样品可选择合适溶剂溶解后变成液体样品）的进样分析，操作简单、灵活，但操作误差较大。高档气相色谱仪配置有自动进样器，实现了分析自动化，且进样误差小。

六通阀定体积进样器（见图 5-17）用于气体样品的进样。载样时[图 5-17(a)]，气体样品由阀接头 1 注入，经接头 6 进入并充满定量环（Loop 管），多余的气体样品则经接头 3、2 后放空；此时，载气接头 5 经接头 4 到色谱柱。进样时[图 5-17(b)]，将阀旋转 60°后，载气由接头 5 经接头 6 后进入定量环，将环中气体样品经接头 3、4 送入色谱柱中进行分析；此时，气体样品直接由接头 1 注入，经接头 2 放空。调整定量环的规格可改变气体进样量的大小。定量环的规格主要有 0.5mL、1mL、3mL、5mL 等。六通阀定体积进样器使用温度较高、寿命长、耐腐蚀、死体积小、气密性好，可以在低压下使用。

② 气化室。气化室的作用是将液体样品瞬间汽化为气体，同时保证样品不分解。气化室实际上是一个加热器，多采用金属块作加热体。当用注射器针头直接将样品注入热区时，样品瞬间汽化，然后由预热过的载气（载气先经过已加热的汽化器管路）在气化室前部将汽化了的样品迅速送入色谱柱内。气相色谱分析要求气化室热容量足够大，温度足够高，气化室体积尽量小，无死角，以防止样品扩散，减小死体积，提高柱效。

硅胶垫的更换

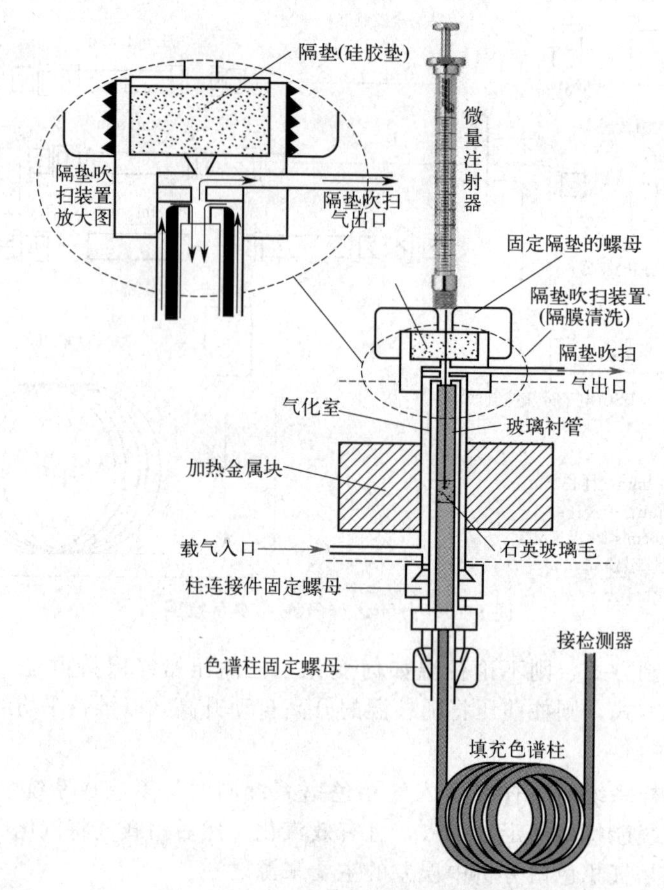


图 5-15 填充柱进样口结构示意图

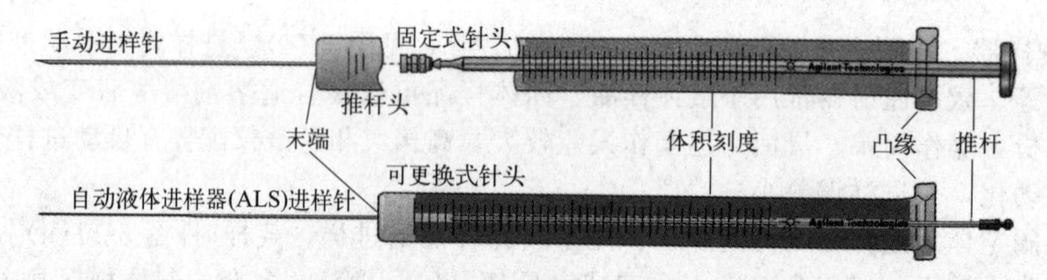


图 5-16 手动进样针（未按比例绘制）与 ALS 进样针结构示意图

③ 隔垫。进样隔垫（见图 5-15）一般由具有弹性的硅橡胶材料制成，其作用是在确保注入样品的情况下阻止气路系统漏气。隔垫使用多次后，其弹性减小或者被扎穿会导致漏气，需定期更换（扫描二维码可观看视频）。品质良好的隔垫在 350℃ 进样口温度下可承受 200 次以上的自动进样操作；手动进样更换时间不超过一周。

由于硅橡胶隔垫中不可避免地含有一些残留溶剂或低分子聚合物，且硅橡胶在气化室高温下还会发生部分降解，这些残留溶剂和降解产物进入色谱柱，就会出现“鬼峰”（即不是样品本身的峰），影响样品的分析检测。采用隔垫吹扫装置（也叫隔膜清洗装置，见图 5-15）可消除这一现象，方法是：载气进入色谱柱后，大部分气体经衬管向下流动，而少量载气（约 $3mL \cdot min^{-1}$）向上流动，从隔垫下方扫过，有效地吹扫出隔垫排出的可挥发物。因样品是在衬管内汽化，故不会随隔垫的吹扫而有所损失。

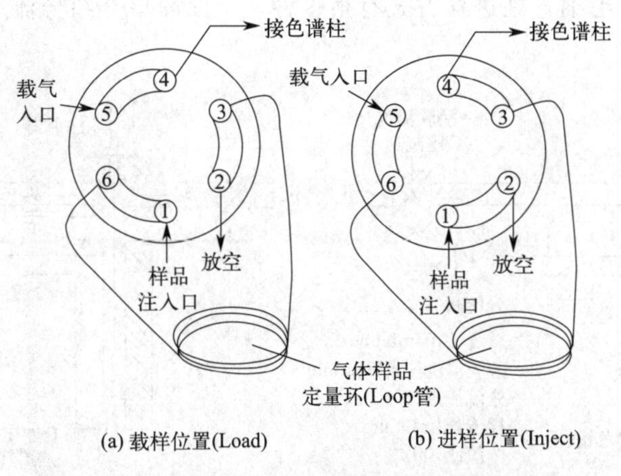


图 5-17 六通阀定体积进样器工作原理示意图

④ 衬管。气化室内不锈钢套管中插入的石英或玻璃衬管❶能起到保护色谱柱的作用，同时防止加热的金属表面催化样品发生不必要的化学反应。不同的进样方式需选择不同形状和规格的衬管（如图 5-18 所示）。分析时中应保持衬管干净，及时清洗或更换。

（3）填充柱进样系统　图 5-15 是一种常用的填充柱进样口。样品由微量进样针注入气化室，在气化室的高温下溶剂与样品瞬间汽化成气体，被载气送入色谱柱。

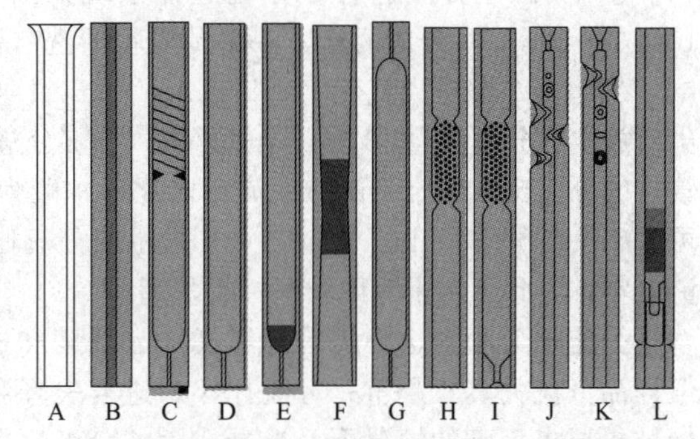


图 5-18 GC 常用进样口衬管结构及功能

（填充柱：A；不分流进样：B、D、E、G、J、K；分流进样：C、F、H、I、L。带玻璃毛：C、E、F、H、I、L；防样品汽化倒灌：G；保证快速进样：C、D、E、G、I；具聚焦功能：H、I；未脱活：F；带罩杯和填充物：L）

在气化室安装衬管可避免样品中极性组分的分解和吸附。衬管中部（温度最高区域）加塞一些硅烷化处理过的石英玻璃毛，当样品与其接触时，可尽快分散，加速汽化，减免“进样歧视❷”效应；此外，这些玻璃毛也能阻止样品中的高沸点组分（固体颗粒）或从隔垫中掉下来的碎屑进入色谱柱。

为避免样品在气化室的高温下可能发生的热分解，使用长进样针将样品直接注入至色谱柱顶端，使微量液体样品瞬间汽化，直接进入色谱柱的第一块塔板从而提高柱效。这种进样方法称为柱头进样，特别适合微量杂质分析（如农药残留量分析）。

（4）毛细管柱进样系统　毛细管柱与填充柱相比内径很细、液膜很薄，柱容量要比填充

❶ 其作用是：a. 提供一个温度均匀的气化室，防止局部过热；b. 石英或玻璃的惰性比不锈钢好，减少了汽化期间样品催化分解的可能性；c. 易于拆换清洗，以保持清洁的气化室表面——一些痕量非挥发性组分会逐渐积累残存于气化室中，高温下会慢慢分解，使基流增加，噪声增大，通过清洗玻璃衬套可以消除这种影响；d. 可根据需要选择管壁厚度及内径适宜的玻璃或石英衬管，以改变气化室的体积，而不用更换整个进样加热块。

❷ 进样歧视指注射针插入 GC 进样口时，针尖内的溶剂和样品中易挥发组分会先汽化，且无论进样速度多快，不同沸点组分的汽化速度总是存在差异。当注射完毕抽出针尖时，注射器中残留样品的组成与实际样品的组成存在差异，从而导致测定误差。通常高沸点组分的残留要多一些。使用自动进样器经校正后可忽略这一歧视作用。另：衬管中的玻璃毛能使针尖上的样品尽快分散以加速汽化，从而有效地减缓进样歧视。

柱小 2～3 个数量级。毛细管柱进样方式有很多种，下面简单介绍分流/不分流进样与大口径毛细管柱直接进样。

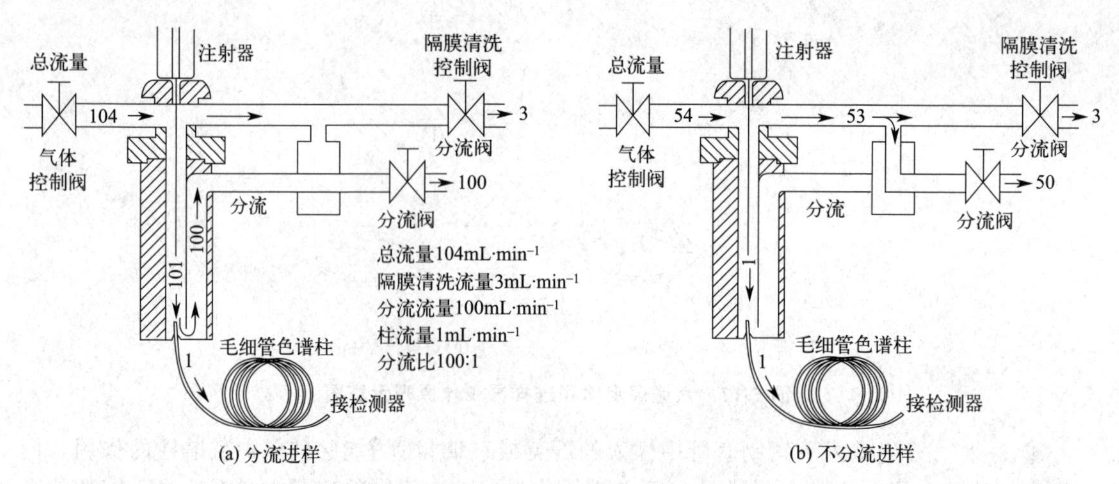


**图 5-19　分流/不分流进样系统示意图**

① 分流/不分流进样。分流进样系统如图 5-19(a) 所示。进入进样口的载气（总流量 $104mL \cdot min^{-1}$）分成两路，一路做隔膜清洗（清洗流量为 $1 \sim 3mL \cdot min^{-1}$，图示为 $3mL \cdot min^{-1}$），另一路进入气化室（$101mL \cdot min^{-1}$）与样品气体混合后又分成两路：大部分经分流出口放空（分流流量 $100mL \cdot min^{-1}$），小部分进入色谱柱（柱流量 $1mL \cdot min^{-1}$）。常规毛细管柱的分流比（分流流量与柱流量之比）一般为(20∶1)～(200∶1)，大口径厚液膜毛细管柱可为(5∶1)～(20∶1)。图 5-19(a) 显示的分流比为 100∶1。分流进样中由于大多数样品被分流放空，因此可防止毛细管柱柱容量超载。

分流比大小的选择需综合考虑样品浓度和进样量。一般来说，分流比大，有利于峰形，但样品分流失真较严重；分流比小，进样失真和分流歧视[1]变小，但初始谱带会变宽。在分析结果要求不高的情况下，选择较大的分流比更有利。分流进样方式适用于大部分挥发性样品特别是化学试剂的分析，也适用于浓度较高的样品或未知样品的分析。

由于毛细管柱的柱容量非常小，采用分流进样导致进入色谱柱的样品量很小，这对分析低浓度的微量组分和痕量组分极为不利，因此又发展出不分流进样。不分流进样兼具直接进样与分流进样的优点，样品几乎全部进入色谱柱，同时又能避免溶剂峰的严重拖尾，且灵敏度比分流进样要高 1～3 个数量级。

不分流进样系统如图 5-19(b) 所示。不分流进样时将分流电磁阀关闭，让样品全部进入色谱柱。不分流进样方式可以消除分流歧视现象，但汽化后的大量溶剂不可能瞬间进入色谱柱，会造成溶剂峰严重拖尾，从而掩盖早流出组分的色谱峰，这种现象称为溶剂效应。采用瞬间不分流技术可消除溶剂效应。

瞬间不分流技术指进样开始时，关闭分流电磁阀（系统处于不分流状态），待大部分汽化样品进入色谱柱后，开启分流阀（系统处于分流状态），将气化室内残留的溶剂气体（也含少量样品气体）很快从分流出口放空，尽可能消除溶剂峰拖尾对分析的影响。这种分流状态一直持续到分析结束，至下一个样品开始分析前再关闭分流阀。因此，瞬间不分流进样实

[1] 分流歧视指在相同汽化条件下，因组分汽化程度的不同（汽化不太完全的组分比汽化完全的组分多分流掉一些），所以各组分实际的分流比并不一致，从而导致进入色谱柱的样品组成不同于实际样品的组成。尽量使样品快速汽化是消除分流歧视的重要手段，如采用较高的汽化温度，使用合适的衬管等。

际上是分流与不分流的结合，并不是绝对不分流。在这个过程中，确定瞬间不分流的时间往往是分析能否成功的关键，其数值大小需要根据样品的实际情况和操作条件进行优化，经验值是45s左右（一般在30～80s之间），在此值下可保证95%以上的样品进入色谱柱。不分流进样方式常用于环境分析（如水和大气中痕量污染物的检测）、食品中农药残留检测以及临床和药物分析等。

分流/不分流进样均需选择合适的衬管。分流进样通常选用直通式衬管，且采用管内制成缩径、多层挡板式、添加烧结玻璃微球等形式（见图5-18 C、F、H、I、L），这样可增大与样品接触的比表面，提高样品汽化率，减小分流歧视。而不分流进样则多采用直通式衬管（见图5-18 B、D、E、G、J、K），且衬管容积宜相对较小（一般0.25～1mL），这样可尽量减少样品的稀释和初始谱带宽度。

② 大口径毛细管柱直接进样。由于大口径（内径≥0.53mm）毛细管柱的柱容量较高（与填充柱接近），因此可将其直接安装在填充柱进样口，像填充柱进样一样，所有汽化后的样品全部进入毛细管柱，这就是大口径毛细管柱直接进样。使用大口径毛细管柱直接进样时需先将填充柱接头换成大口径毛细管柱专用接头，并选择合适的衬管，与填充柱的衬管类似。为防止大口径毛细管柱样品汽化后向上倒灌，可将衬管上部做成锥形（见图5-18 G）；而衬管下部做成锥形（见图5-18 C、D、E、G、I）则可保证样品快速进入色谱柱，减小色谱峰的扩展。

(5) 顶空分析　顶空分析是取样品基质（液体或固体）上方的气相部分进行色谱分析，是一种间接分析方法，其理论依据是：在一定条件下，样品在气相和凝聚相（液相或固相）之间达成分配平衡后，样品在气相中的浓度与在凝聚相中的浓度成正比（图5-20显示了推导过程）。

待测物质在凝聚相中的初始浓度$c_0$，凝聚相原始体积$V_0$，达成分配平衡后，凝聚相体积基本不变，即$V_0=V_s$

顶空进样瓶总体积$V=V_g+V_s$

平衡后待测物质在凝聚相和气相中的浓度分别为$c_s$、$c_g$，则

$c_0V_0=c_0V_s=c_gV_g+c_sV_s=c_gV_g+Kc_gV_s$

式中$K$为平衡常数，$K=c_s/c_g$

令$\beta$为相比，$\beta=V_g/V_s$，常数

$$c_0=c_g\left(\frac{KV_s}{V_s}+\frac{V_g}{V_s}\right)=c_g(K+\beta)$$

因此$c_g=\frac{c_0}{K+\beta}$，即平衡状态下，气相中待测组分的浓度$c_g$与样品中该组分的浓度$c_0$呈正比

图5-20　顶空分析工作原理

顶空分析实质是一种气相萃取方法，即用气体作“溶剂”来萃取样品中的挥发性成分。依据取样与进样方式的不同，顶空分析可分为静态顶空和动态顶空，通常所使用的顶空即为静态顶空，而动态顶空就是吹扫捕集。

如图5-21所示，静态顶空的操作流程是：将定量液体样品加入顶空进样瓶中，压紧、密封，加热并加压至达成气-液两相平衡，液体样品中的挥发性成分进入气相中，用气密注射器抽取一定体积气相样品，注入GC进行分析。

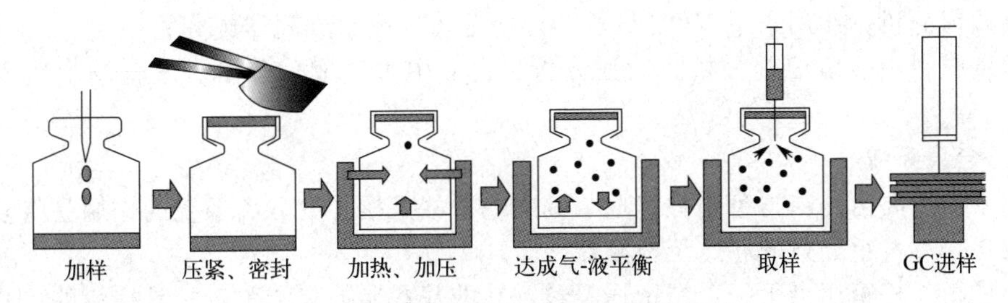


图5-21　静态顶空进样工作流程示意图

此种进样方式为手动进样，定量的准确度与精密度较差。压力控制定量管进样系统是一种商品化顶空自动进样器（见图5-22），其定量的准确度与精密度均较佳。它的工作过程分

为 4 步：

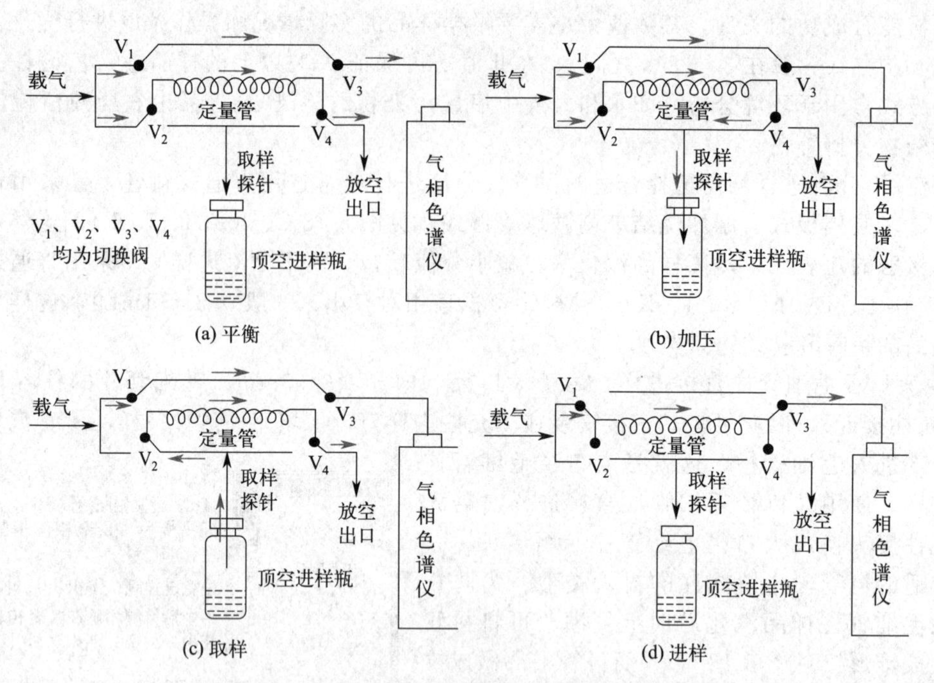


图 5-22 压力控制定量管进样系统工作流程

① 平衡。样品加入顶空进样瓶，加盖、密封，由系统自动抓入恒温槽中，在设定温度下平衡一定时间（如 20min）；此时，多数载气直接进入 GC 进样口，少量载气以低流速吹扫清洗定量管。

② 加压。待进样瓶温度平衡后，将取样探针插入样品瓶气相部分，切换 $V_4$，部分载气进入进样瓶加压（加压时间和压力大小由进样器自动控制）。此时，大部分载气仍然直接进入 GC 进样口。

③ 取样。同时切换 $V_2$、$V_4$，进样瓶中经加压的气体（含待测组分）通过探针进入定量管。分析时，可根据样品瓶压力和定量管体积设定合适的取样时间，一般不超过 10s，要求必须充满定量管。

④ 进样。同时切换 $V_1$、$V_2$、$V_3$、$V_4$。此时，所有载气均通过定量管，将样品送入 GC 进行分析。

顶空分析是分析复杂基质中挥发性有机物质（volatile organic compound，VOC）的一种快速而有效的方法，具有简便、环保（不需有机溶剂）、高速、灵敏的特点，主要应用于药物溶剂残留分析、饮用水中 VOC 分析、环境分析（废水或固体废弃物中 VOC 分析）、印刷品和包装材料中残留溶剂分析、刑侦分析、食品中香气成分分析、聚合物中残留溶剂分析等。

#### 5.2.2.3 分离系统

分离系统主要由柱箱与色谱柱组成，其中色谱柱是核心。分离系统的作用是将多组分样品分离成各个单一组分并顺序送至检测器。

（1）柱箱　柱箱相当于一个精密恒温箱，它的基本参数有两个：一是柱箱的尺寸，二是柱箱的控温参数。

柱箱的尺寸大一些有利于色谱柱的安装，但会增加能耗，加大柱箱内温度的不均匀性，同时增大仪器体积。目前商品化气相色谱仪的柱箱尺寸通常≤15L。

柱箱的温度范围一般为室温以上 4～450℃（使用液氮可低至－80℃），温度精度±0.1℃，带多阶程序升温设计，升温速率 0～60℃/min，能满足色谱操作条件优化的需要。

（2）色谱柱　色谱柱可分为填充柱和毛细管柱。

① 填充柱。填充柱指在柱内均匀、紧密填充固定相颗粒（或在固定相颗粒上涂渍薄层液膜）的色谱柱。柱长为 1～5m，内径为 2～4mm。依据内径大小可将填充柱分为经典型、微型和制备型三类。填充柱形状有 U 形和螺旋形，U 形柱效较高。柱材料多为不锈钢和玻璃。常用的材料是不锈钢，其质地坚硬、化学稳定性好，缺点是高温时对某些样品有催化效应。硬质玻璃材料表面吸附活性小，化学反应活性差，透明便于观察填充情况，分离极性化合物有优势，缺点是易碎。

填充柱的柱效可达 500～2000 块/m，柱容量大（可接受的单个组分的容量是 μg 级），特别适合永久性气体的分析。

② 毛细管柱。又称空心柱（见图 5-23），其分离效率远高于填充柱，可解决复杂的多组分混合物的分离分析问题。

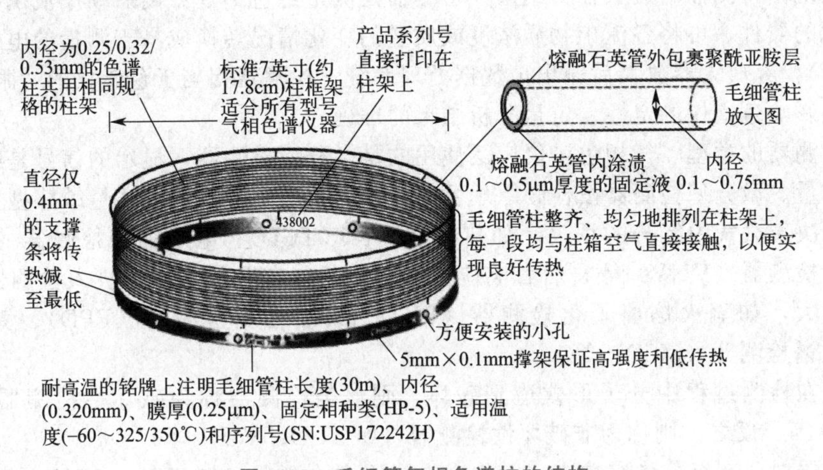


**图 5-23　毛细管气相色谱柱的结构**

常用的毛细管柱为涂壁空心柱［WCOT，见图 5-24(a)］，其内壁直接涂渍固定液，柱材料多用熔融石英，即弹性石英柱（熔融石英管外涂渍聚酰亚胺层）。柱长约 10～60m，内径为 0.1～0.75mm。按柱内径的不同，WCOT 又可分为微径柱、常规柱和大口径柱（见表 5-7)。WCOT 的缺点是柱内固定液涂渍量较小，且易流失。涂载体空心柱［SCOT，见图 5-24(b)］指内壁上沉积载体后再涂渍固定液的空心柱，大大增加了固定液的涂渍量，从而增加了固定液的内表面积，提高了柱效。多孔层空心柱［PLOT，见图 5-24(c)］指内壁上有多孔层（吸附剂）的空心柱，属于气-固色谱柱。SCOT 由于制备技术比较复杂，应用不普遍，而 PLOT 则主要用于永久性气体和低分子量有机化合物的分离分析。

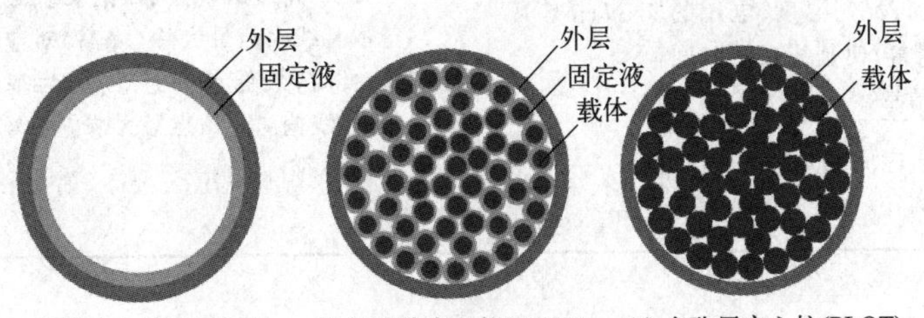


**图 5-24　毛细管柱的 3 种填充方式**

毛细管柱的柱效高，达 2000～10000 块/m，柱容量小（比填充柱小 1～2 个数量级），但分离效率特别高，适用于复杂混合物样品的分离分析，是目前常用的色谱柱。表 5-7 列出了常用色谱柱的特点及用途。

表 5-7　常用气相色谱柱的特点及应用

<table>
<tr><th colspan="2">柱类型</th><th>内径/mm</th><th>柱长/m</th><th>柱效<br>/(块/m)</th><th>液膜厚<br>度/μm</th><th>柱容量[1]<br>/ng</th><th>相对<br>压力</th><th>主要用途</th></tr>
<tr><td rowspan="3">填充柱</td><td>微型</td><td>≤1</td><td rowspan="3">1～3</td><td rowspan="3">1800～500</td><td rowspan="3">10</td><td rowspan="3">10～10^6</td><td rowspan="3">高</td><td>分析样品</td></tr>
<tr><td>经典</td><td>2～4</td><td>分析样品(尤其 VOC)</td></tr>
<tr><td>制备</td><td>>4</td><td>制备纯物质</td></tr>
<tr><td rowspan="3">WCOT</td><td>微径柱</td><td>0.1/0.18</td><td>10～20</td><td>12500～6600</td><td>0.1～1</td><td>10～350</td><td rowspan="3">低</td><td>快速 GC 分析</td></tr>
<tr><td>常规柱</td><td>0.25/0.32</td><td>15～60</td><td>5900～3700</td><td>0.1～1</td><td>30～800</td><td>常规分析(主体)</td></tr>
<tr><td>大口径柱</td><td>0.53</td><td>5～50</td><td>2200～2000</td><td>0.1～1</td><td>100～1500</td><td>定量分析(替代填充柱)</td></tr>
</table>

#### 5.2.2.4　检测系统

检测系统由检测器与放大器等组成。检测器是测量经色谱柱分离后顺序流出物质的质量或浓度变化的器件，可将各流出物质浓度或质量的变化情况转换成易于测量的电信号（如电流、电压等），经放大器放大后输出至数据处理系统。检测器相当于色谱仪的“眼睛”，其性能优劣直接影响色谱仪的定性、定量分析结果的准确性。

（1）检测器的类型　气相色谱仪广泛使用的是微分型检测器，显示的信号是组分在某一时刻的瞬时量。微分型检测器按检测原理可分为浓度敏感型检测器和质量敏感型检测器，前者响应值取决于载气中组分的浓度，如热导检测器（TCD）、电子捕获检测器（ECD）、真空紫外吸收检测器（VUV）等；后者响应值取决于组分在单位时间内进入检测器的量，与浓度关系不大，如氢火焰离子化检测器（FID）、火焰光度检测器（FPD）、氮磷检测器（NPD）、质谱检测器（MSD）等。

若组分在检测过程中分子形式遭到破坏，则该类检测器称为破坏性检测器，如 FID、FPD、NPD 等；反之，则称为非破坏性检测器，如 TCD、VUV 等。

若检测器对所有组分均有响应，则称之为通用型检测器，如 TCD、VUV、MSD；若检测器仅对具有某些特定性质的组分有响应，则称之为选择型检测器，如 TCD 仅对具有电负性的物质有响应。

（2）检测器的性能指标　检测器的性能指标主要包括噪声与漂移、灵敏度、检测限、线性范围和响应时间等，其定义、符号、单位及计算公式等如表 5-8 所示。

表 5-8　检测器性能指标与检定方法

<table>
<tr><th>性能<br>指标</th><th>定义</th><th>符号及单位</th><th>检定方法</th><th>备注</th></tr>
<tr><td>噪声</td><td>没有样品进入时，由于检测器本身及其他操作条件（如柱内固定液流失，硅胶垫流失，载气、温度、电压的波动，漏气等因素）使基线在短时间内发生起伏的信号</td><td>$N$，mV</td><td rowspan="2">开机，待基线稳定后，记录基线 30min，选取基线噪声最大峰（峰高）对应的信号值（此时，最低点应为 0 点）为基线噪声 $N$；基线偏离起始点最大响应信号值为基线漂移 $M$</td><td>噪声是检测器的本底信号，噪声越小，检测器性能越好</td></tr>
<tr><td>漂移</td><td>使基线在一定时间（如 0.5h）内对原点产生的偏离</td><td>$M$，mV·h$^{-1}$</td><td>漂移越小，检测器性能越好</td></tr>
</table>

[1] 柱容量：在色谱峰不发生畸变的前提下，允许注入色谱柱的单个组分的最大量。

续表

| 性能指标 | 定义 | 符号及单位 | 检定方法 | 备注 |
|---|---|---|---|---|
| 灵敏度 | 也称响应值，指检测信号($R$)对通过检测器组分量($Q$)的变化率 | $S_{TCD}$，mV·mL·$mg^{-1}$，指每毫升载气中含有1mg组分时，所产生的电位值；$S_{FID}$，mV·s·$mg^{-1}$，指1g样品通过检测器时，每秒所产生的电位值 | 开机，待基线稳定后，注入1～2μL测试样品(TCD：$\rho$=5mg·$mL^{-1}$苯-甲苯溶液；ECD：$\rho$=0.1ng·$\mu L^{-1}$丙体666-异辛烷溶液；FID：$\rho$=10～1000ng·$\mu L^{-1}$正十六烷-异辛烷溶液)，连续测定7次，记录并计算测试物质的平均峰面积$\overline{A}$，按下式计算。<br>$S_{TCD}=\frac{\overline{A}_{苯}F_c}{W}$，mV·mL·$mg^{-1}$ | 灵敏度越大，检测器性能越好 |
| 检测限 | 又称敏感度，指产生2倍噪声($N$)信号时，单位体积载气或单位时间内进入检测器的组分量 | $D=2N/S$($S$为灵敏度)，mg·$mL^{-1}$(TCD)、g·$s^{-1}$(FID) | $D_{ECD}=\frac{2NW}{\overline{A}_{丙体666}F_c}$，g·$mL^{-1}$<br>$D_{FID}=\frac{2NW}{\overline{A}_{正十六烷}}$，g·$s^{-1}$<br>式中，$F_c$为校正后的载气流速，mL·$min^{-1}$；$W$为进样量，g；$N$为基线噪声，mV；$\overline{A}$为平均峰面积，mV·min(TCD/ECD)、mV·s(FID) | 检测限越小，检测器性能越好 |
| 响应时间 | 指进入检测器的组分输出达到63%所需的时间 | $t$，s | 通常小于1s | 响应时间越短，检测器性能越好 |
| 线性与线性范围 | 线性指检测器内载气中组分浓度与响应信号成正比关系。<br>线性范围指被测组分的量与响应信号成线性关系的范围 | — | 配制系列浓度的测试溶液，平行测定3次，绘制峰面积平均值-进样量曲线，线性范围(相关系数≥0.99)以最大允许进样量与最小进样量的比值表示 | 线性范围越宽，检测器性能越好 |

用于气相色谱仪的检测器有几十种，最常用的是FID、TCD、ECD、FPD、MSD等，其中，使用最广泛、配置最常见的是FID。表5-9总结了几种常用检测器的特点和技术指标等。

表5-9 气相色谱仪常用检测器的特点和技术指标

| 检测器 | 类型 | 常用载气 | 检测限(灵敏度范围) | 线性范围 | 特点及应用 |
|---|---|---|---|---|---|
| 热导检测器(TCD) | 通用型/浓度型/非破坏性 | $H_2$/He | 丙烷<400pg·$mL^{-1}$($10^{-5}$～100%) | ≥$10^5$ | 要求温度和载气流量恒定；适合无机气体，特别是永久性气体的检测；不破坏分子结构 |
| 氢火焰离子化检测器(FID) | 准通用型/质量型/破坏性 | $N_2$/He | 正十六烷<3pg·$s^{-1}$($10^{-8}$～99%) | ≥$10^7$ | 要求气流稳定；适合碳氢化合物(对水、$H_2S$、含N化合物无响应)的分析检测 |
| 电子捕获检测器(ECD) | 浓度型/破坏性/选择型(含电负型物质) | $N_2$/Ar | 六氯苯，0.05～1pg/s；μ-ECD，高丙体666≤8fg/s(5×$10^{-11}$～$10^{-6}$) | ≥$10^4$ | 要求温度稳定；选择性响应含电负性物质(特别是卤素)，灵敏度极高 |
| 火焰光度检测器(FPD) | 质量型/破坏性，选择型(含S/含P物质) | $H_2$/He | 十二硫醇，S≤10pg/s(394nm)；磷酸三丁酯，P≤0.9pg/s(526nm) | S≥$10^3$；P≥$10^4$ | 选择性响应含S、P、N的化合物 |
| 氮磷检测器(NPD) | 质量型/破坏性/选择型(含N/含P物质) | $N_2$/He | 偶氮苯，N≤0.4pg/s；马拉硫磷，P≤0.4pg/s($10^{-10}$～0.1%) | N≥$10^3$；P≥$10^3$ | 选择性响应含N、P的化合物 |

续表

| 检测器 | 类型 | 常用载气 | 检测限(灵敏度范围) | 线性范围 | 特点及应用 |
|---|---|---|---|---|---|
| 质谱检测器(MSD) | 通用型/质量型/破坏性 | He | 约 10fg(EI) | $\geqslant 10^6$ | 几乎对所有物质有响应；提供未知分子质谱图(含分子量、分子结构等信息) |
| 真空紫外吸收检测器(VUV) | 通用型/浓度型/非破坏性 | He | 大多数物质：低 pg 级(如脂肪酸、多环芳烃等约 30pg) | $\geqslant 10^4$ | 几乎对所有物质有响应且不破坏分子结构；提供未知分子 UV 图(可定性鉴别异构体) |

注：1. $1pg=10^{-12}g$；$1fg=10^{-15}g$。

2. EI，电子轰击离子源。

（3）氢火焰离子化检测器　氢火焰离子化检测器（flame ionization detector，FID）又称氢焰检测器，是一种典型的破坏性质量型检测器。

① 结构。如图 5-25 所示，FID 的主要部件是离子室，一般由不锈钢制成，包括气体入口、出口、喷嘴、极化极和收集极及点火器等部件。极化极（－）为铂丝做成的圆环，安装在喷嘴之上；收集极（＋）是金属圆筒，位于极化极上方；两极间距≤10mm，可调节。两极间加一直流电压（150～300V），构成一外加电场。合适流量比的载气（$N_2$ 或 He）和燃气（$H_2$）由柱出口处进入，从喷嘴喷出，助燃气（空气）由另一侧进入离子室，经喷嘴附近的点火器点火后即产生氢火焰。

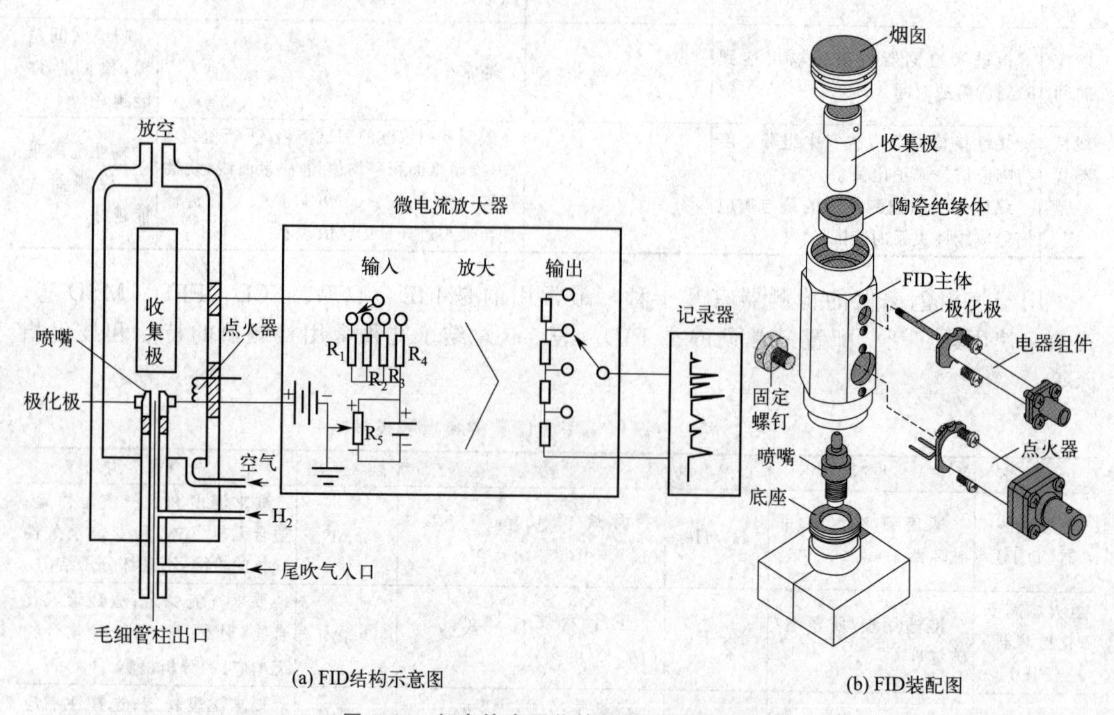


图 5-25　氢火焰离子化检测器结构示意图

② 检测原理。如图 5-26 所示，含碳化合物（$C_nH_m$，以 $CH_4$ 为例）进入高温氢火焰（2100℃）发生裂解产生含碳自由基（·CH）。·CH 与检测室内的激发态原子或分子氧反应生成碳正离子（$CHO^+$）与负电子（$e^-$）。$CHO^+$ 与氢火焰中大量的水蒸气碰撞，产生 $H_3O^+$。在外加电场的作用下，正离子（$CHO^+$、$H_3O^+$）向收集极移动，负离子（$e^-$）向极化极定向移动，从而形成微电流，再经由高电阻（图 5-25 中的 $R_1$～$R_4$，约 $10^7$～

$10^{10}\Omega$）放大后，产生明显的电压降 $E$。此电压信号经微电流放大器放大后，由记录器绘制出组分的色谱峰。

显然，该电压信号大小与进入火焰中组分的质量成正比，此即为 FID 定量的理论依据。

由于纯载气中含有极少量的有机杂质（低分子烃类化合物）和流失的固定液，因此进入氢火焰也会发生化学电离（载气 He 或 $N_2$ 不电离），产生极小的电流，生成一恒定信号（即基线）。此电流称为基流。分析时希望基流越小越好，调节 $R_5$（图 5-25）上反方向的补差电压可使流经输入电阻的基流降至“零”，使基线回零，此即“基流补偿”。

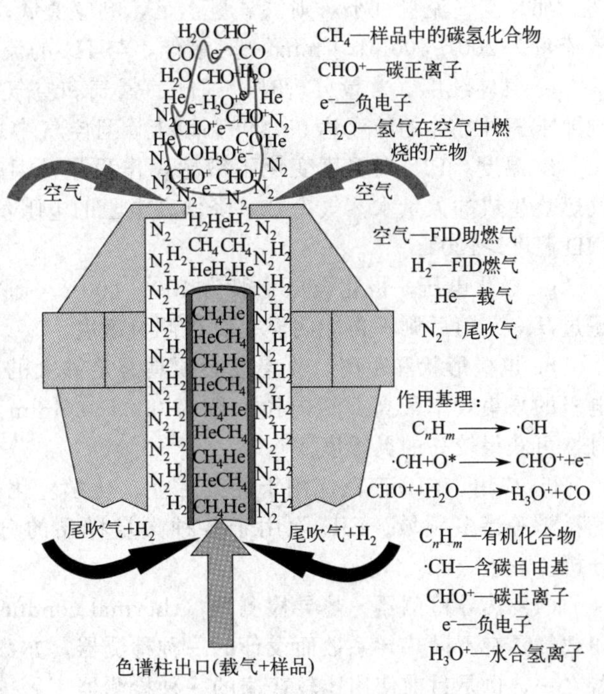

图 5-26 FID 检测原理示意图

③ 性能特征。FID 对大多数有机化合物尤其是对碳氢化合物有极高的灵敏度，检出限低至 $10^{-12}g \cdot s^{-1}$；线性范围 $>10^7$。FID 结构简单，死体积 $<1\mu L$，响应时间仅 1ms，可与填充柱或毛细管柱连接使用。FID 是应用最广泛的 GC 检测器，是气相色谱仪的标配。FID 的主要缺点是不能检测永久性气体、水、CO、$CO_2$、氮的氧化物、$H_2S$ 等物质。

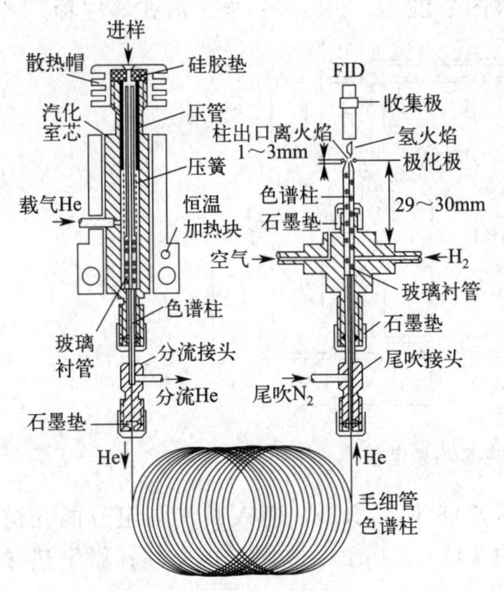

图 5-27 毛细管色谱柱与 FID 的连接

④ 检测条件的选择。

a. 毛细管柱插入喷嘴深度。毛细管柱插至离喷嘴口平面下 1～3mm 处（见图 5-27），有利于改善色谱峰峰形。若插入太低，流出组分与喷嘴金属表面接触易产生催化吸附；若插入太深，柱头进入氢火焰，易造成聚酰亚胺层分解，产生较大噪声。

b. 载气种类与流量。$N_2$、Ar 作载气时灵敏度高、线性范围宽（$N_2$ 价格较低，选用较多）。毛细管柱常用 He 作载气，但需采用 $N_2$ 作尾吹气以确保灵敏度不变小。

载气流量的选择主要考虑分离度。增大载气流量会降低检测限，所以载气流速以低些为妥。

c. 氮氢比。$N_2$ 与 $H_2$ 的最佳比例约在(1∶1.5)～(1∶1.37)，此时有较高的灵敏度和稳定性。若 $N_2$ 流量较低（如使用毛细管柱）或使用 He 等做载气，则需在色谱柱后加一路 $N_2$ 作为补充气（称尾吹气❶）。

d. 空气流量。空气既是氢火焰的助燃气（提供必要的氧），又能吹扫出 CO、$H_2O$ 等产物。如果空气流量过小，则供氧量不足，响应值低；流量过大，则火焰不稳，噪声增大。空气流量为 200～400mL·$min^{-1}$ 时最佳，与 $H_2$ 的流量比约为 10∶1。

e. 气体纯度。常量分析时，载气、氢气和空气纯度在 99.9%以上即可。痕量分析时，则要求三种气体的纯度达 99.999%以上，且空气中总烃含量<0.1μL·$L^{-1}$。

f. 温度。FID 对温度变化不敏感，作程序升温时有基线漂移，需进行补偿。为防止氢气燃烧生成的大量水蒸气冷凝，降低高电阻的电阻值，减小灵敏度，增大噪声，分析时要求 FID 温度>120℃。

g. 极化电压。极化电压一般为 150～300V。通常灵敏度随极化电压的增大而增大，但超过某一定值后则不再能明显提高检测灵敏度。

h. 电极形状和距离。收集极必须具有足够大的表面积以提高收集效率。目前，圆筒状电极的采集效率最高。其内径一般为 0.2～0.6mm。收集极与极化极之间距离为 5～7mm 时，可获得较高的灵敏度。

⑤ 应用。FID 广泛应用于烃类工业、化学、化工、药物、农药、法医化学、食品和环境科学等诸多领域。FID 除用于各种常量样品的分析外，还特别适合作各种样品的痕量分析。

（4）热导检测器　热导检测器（thermal conductivity detector，TCD）是根据被测组分和载气具有不同热导系数而设计的一种检测器，亦称热导池。它是最早出现的气相色谱检测器之一，也是目前使用比较普遍的一种检测器。

① 结构与测量电桥。TCD（见图 5-28）由池体和热敏元件构成，有双臂和四臂两种。四臂热导池池体由不锈钢或铜制成，具有四个大小、形状完全对称的孔道，每个孔道均装有一根形状相同的热丝（热敏元件，常用铼钨丝），且其电阻值在相同温度下基本相同（温度变化亦然）。四臂热导池的灵敏度比双臂热导池约高一倍。目前多采用四臂热导池。热导池的气路形式有直通式（图 5-28 $R_1$、$R_3$）、扩散式（图 5-28 $R_2$、$R_4$）和半扩散式等三种。

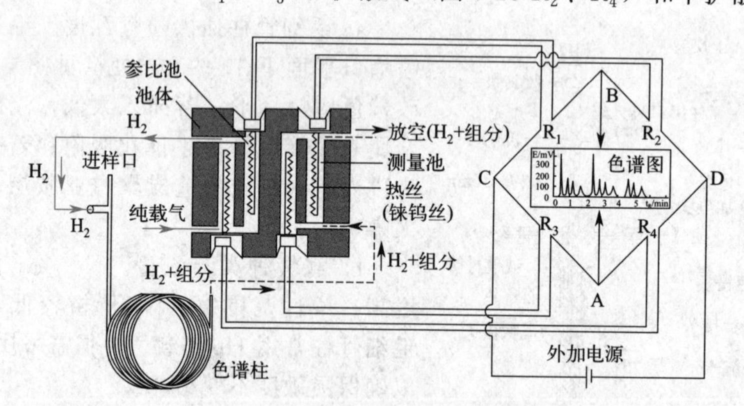


图 5-28　热导检测器结构与测量电桥

热导池中，只通纯载气的孔道称为参比池（图 5-28 $R_1$、$R_4$），通入载气与组分的孔道称为测量池（图 5-28 $R_2$、$R_3$）。热导池池体体积约 100～500μL，适用于填充柱；微型热导

❶　尾吹气是从色谱柱出口处直接进入检测器的一路气体，又叫补充气或辅助气。其作用一是保证检测器在最佳载气流量条件下工作，二是消除检测器死体积的柱外效应。

池（$\mu$-TCD）池体积在 100$\mu$L 以下，可连接毛细管柱。

如图 5-28 所示，参比池的 2 根铼钨丝（$R_1$、$R_4$）与测量池的 2 根铼钨丝（$R_2$、$R_3$，$R_1=R_2=R_3=R_4$）组成了惠斯通电桥的四个臂，构成测量电桥。

② 检测原理

a. 通载气并通电（通过测量池和参比池铼钨丝的电流相同）后，铼钨丝被加热，且部分热量均被相同流量的纯载气（热传导作用）带走，平衡后各铼钨丝的温度稳定在同一个数值，即 $T_1=T_2=T_3=T_4$。因参比池和测量池铼钨丝基本相同，所以其电阻也相同，即 $R_1=R_2=R_3=R_4$。此时，电桥平衡，A、B 两端没有信号输出，记录仪得到的是一条平直的基线。

b. 当载气携带待测组分进入测量池（参比池仍然通入纯载气）时，由于载气和待测组分混合气体与纯载气的热导系数不同，因此测量池与参比池的散热情况发生变化，平衡后两池孔中热丝的温度发生变化，即 $T'_1=T'_4\neq T'_2=T'_3$，所以 $R'_1=R'_4\neq R'_2=R'_3$，电桥失去平衡，A、B 两端有电压信号输出，记录仪得到待测组分的色谱峰。

载气中待测组分的浓度越大，测量池中气体热导能力改变就越显著，温度和电阻值改变也越显著，输出的电压信号就越强。理论证明：此输出电压信号（色谱峰面积或峰高）的大小与待测组分浓度成正比，这就是 TCD 的定量理论依据。

③ 性能特征。TCD 对单质、无机物或有机物均有响应，且相对响应值与使用 TCD 的类型、结构及操作条件等无关，通用性好。TCD 的线性范围$\geq 10^5$，定量准确，操作维护简单、价廉。不足之处是灵敏度相对较低。

④ 检测条件的选择

a. 载气种类、纯度和流量。载气与组分的导热能力（见表 5-10）相差越大，TCD 灵敏度越高，因此 TCD 通常选用 $H_2$（灵敏度最高）或 He（安全）作载气。使用毛细管柱接 $\mu$-TCD 时，必须加尾吹气（同载气）。

表 5-10　一些化合物蒸气和气体的热导系数（$\lambda$）

| 化合物 | $\lambda/[10^{-4}J\cdot(cm\cdot s\cdot ℃)^{-1}]$ | | 化合物 | $\lambda/[10^{-4}J\cdot(cm\cdot s\cdot ℃)^{-1}]$ | |
|---|---|---|---|---|---|
| | 0℃ | 100℃ | | 0℃ | 100℃ |
| 空气 | 2.17 | 3.14 | 正己烷 | 1.26 | 2.09 |
| 氢气($H_2$) | 17.41 | 22.4 | 环己烷 | — | 1.80 |
| 氦气(He) | 14.57 | 17.14 | 乙烯($C_2H_4$) | 1.76 | 3.10 |
| 氧气($O_2$) | 2.47 | 3.18 | 乙炔($C_2H_2$) | 1.88 | 2.85 |
| 氮气($N_2$) | 2.43 | 3.14 | 苯($C_6H_6$) | 0.92 | 1.84 |
| 二氧化碳($CO_2$) | 1.47 | 2.22 | 甲醇($CH_3OH$) | 1.42 | 2.30 |
| 氨($NH_3$) | 2.18 | 3.26 | 乙醇($CH_3CH_2OH$) | — | 2.22 |
| 甲烷($CH_4$) | 3.01 | 4.56 | 丙酮 | 1.01 | 1.76 |
| 乙烷($C_2H_6$) | 1.80 | 3.06 | 乙醚 | 1.30 | — |
| 丙烷($C_3H_8$) | 1.51 | 2.64 | 乙酸乙酯 | 0.67 | 1.72 |
| 正丁烷 | 1.34 | 2.34 | 四氯化碳 | — | 0.92 |
| 异丁烷 | 1.38 | 2.43 | 氯仿 | 0.67 | 1.05 |

载气纯度越高，TCD 灵敏度越高。用 TCD 检测高纯气中的杂质时，载气纯度必须比被测气体高十倍以上，否则将出倒峰。因此，TCD 最好使用纯度>99.99%的载气。

TCD 是浓度型检测器，要求检测时载气流速保持恒定。在柱分离许可的情况下，可尽量选用低流速。对 $\mu$-TCD，为有效消除柱外峰形扩张，必须确保载气加尾吹的总流量在 5～20mL·min$^{-1}$ 之间。参考池的气体流量要求与测量池相等。

b. 桥电流。一般来说灵敏度 $S$ 与桥电流（亦称桥流）的三次方成正比，所以增大桥电流可快速提高 TCD 灵敏度。由于桥电流增加，噪声也急剧增大，从而导致信噪比下降，检出限变大，同时又加速了热丝的氧化，缩短了 TCD 的使用寿命，过高的桥流甚至可将热丝烧断。所以，在满足分析灵敏度要求的前提下，尽量选取低桥电流。但 TCD 若长期在低桥电流下工作，也可能造成池污染。因此，使用 TCD 时，可根据仪器说明书推荐的桥电流值进行设置。

c. 检测器温度。TCD 灵敏度与热丝和池体间的温差成正比。检测时可通过提高桥电流或降低池体温度来增大温差，从而提高 TCD 灵敏度。池体温度即检测器温度，不能低于样品的沸点，以免样品在 TCD 中冷凝。

⑤ 单丝流路调制式热导池。Agilent 公司推出的单丝流路调制式热导池只用一根热丝，稳定性好、噪声小、响应快、灵敏度高（提高 3 个数量级）、线性范围宽（扩大 2 个数量级），可与毛细管柱配合使用。

如图 5-29 所示，单丝流路调制式热导池池体由长方形不锈钢制成，其内有环形气体流路，左通道中放有热丝，右通道比左通道略粗。中间为毛细管柱出口和尾吹气入口，Ⅰ与Ⅱ为切换气（亦称调制气，系纯载气），上方为气体出口。

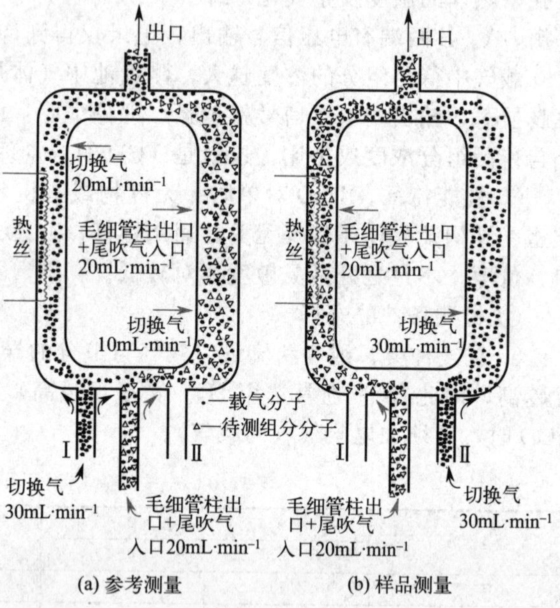

开机稳定后，色谱柱出口加尾吹气以一定流量进入池腔，其流动方向受切换气控制：

a. 当切换气以一定流量（如 30mL·min$^{-1}$）从Ⅰ进入，其中的 20mL·min$^{-1}$ 流量从左通道进入热丝至出口排出，另外的 10mL·min$^{-1}$ 流量则连同柱出口流出组分与尾吹气（图示流量为 20mL·min$^{-1}$）从右通道至出口排出。此时热丝作参考测量[见图 5-29(a)]。

(a) 参考测量　　(b) 样品测量

图 5-29　单丝流路调制式 TCD 工作原理示意图

b. 当切换气从Ⅱ进入，30mL·min$^{-1}$ 流量全部从右通道至出口排出，而 20mL·min$^{-1}$ 的柱出口流出组分与尾吹气（20mL·min$^{-1}$）则从左通道进入热丝至出口排出。此时热丝作样品测量[见图 5-29(b)]。

c. 切换器每秒切换 10 次，5 次为参考臂，5 次为测量臂。

d. 该热丝作为惠斯通电桥的一个臂，组成恒温检测电路，利用时域差从一根热丝上分别得到测量信号与参考信号，经调制后得到色谱图。

单丝流路调制式热导池的优点是：

a. 只用一根热丝，无须考虑热丝间的匹配问题；

b. 切换速度远大于恒温箱的热波动速度，对温度波动不敏感，噪声与漂移极低；

c. 仅需一根色谱柱；

d. 灵敏度高，检出限达 $4\times10^{-10}$g·mL$^{-1}$。

⑥ 应用。TCD 特别适用于永久性气体，$C_1$～$C_3$ 烃类，氮、硫和碳的各类氧化物以及水等挥发性化合物的分析。由于 TCD 是一种非破坏性检测器，既利于样品的收集，也可与其他检测器串联使用。

(5) 电子捕获检测器 电子捕获检测器(electron capture detector, ECD)是一种离子化检测器，可与FID共用一个放大器，其应用仅次于TCD和FID，是一种选择型浓度型检测器。

① 结构。图5-30是圆筒状同轴电极ECD结构示意图，其主体是电离室，阳极是外径约2mm的铜管或不锈钢管，金属池体为阴极。离子室内壁装有β射线放射源(常用$^{63}Ni$或$^{3}H$)。在阴极和阳极间施加一直流或脉冲极化电压。载气用$N_2$或Ar。

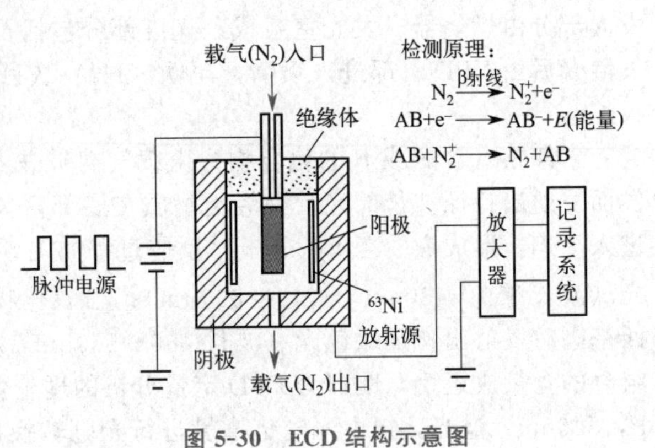

图5-30 ECD结构示意图

② 检测原理。如图5-30所示，当载气($N_2$)从色谱柱流出进入检测器时，$^{63}Ni$放射出β射线，使载气电离，产生正离子($N_2^+$)及低能量电子($e^-$)，生成的$N_2^+$与$e^-$分别向负极与正极移动，形成约$10^{-8}$A的恒定离子流，此即为检测器基流。

当含电负性元素(如卤素等)的组分(AB)随载气进入离子室时，可捕获低能量的电子形成稳定的负离子($AB^-$)并放出能量($E$)。最后，$AB^-$与$N_2^+$复合生成$N_2$和AB。

上述反应导致电子数和离子数目下降，从而使得基流降低，产生负信号，因此，记录仪可得到组分(AB)的倒峰。显然，此倒峰峰面积或峰高的大小与组分浓度成正比，此即为ECD定量的理论依据。分析时可通过改变极性使负峰变为正峰。

③ 性能特征及应用。ECD仅对具有电负性的物质，如含有卤素(F、Cl、Br、I)、S、P、O、N等元素的化合物有很强的响应，检出限为0.05～1pg/s(六氯苯)或≤8fg/s(高丙体666，微型ECD)，是一种高灵敏度的选择型检测器。ECD的线性范围较窄，≤$10^4$。

ECD特别适用于多卤化物、多环芳烃、金属离子的有机螯合物等物质的分析检测，还广泛应用于农药、大气及水质污染的检测，但ECD对无电负性的烃类则不适用。

④ 检测条件的选择

a. 载气种类及流量。ECD多采用$N_2$、Ar作载气，其基流与灵敏度均高于$H_2$和He。使用毛细管柱时，可用$H_2$和He作ECD的载气，尾吹用$N_2$或Ar。

载气的纯度影响ECD的基流，因此要求载气的纯度≥99.99%，且需彻底去除残留的水和氧。为获得较好的柱分离效果和较高基流，填充柱载气流量为20～50mL·min$^{-1}$，毛细管柱载气流量为0.1～10mL·min$^{-1}$(需引入尾吹气)。

b. 色谱柱和柱温。ECD池体易受污染，需选择耐高温、低流失或交联固定相，且检测时柱温宜偏低。色谱柱必须经过严格老化后才能与ECD连接。做程序升温时柱温变化对ECD灵敏度和基线无明显影响。

c. 检测器温度。ECD的响应受温度影响较大，因此检测器温度波动必须精密控制在小于±(0.1～0.3)℃(响应值测量精度≤1%)。ECD最高使用温度可达400℃($^{63}Ni$作放射源)或220℃($^{3}H$作放射源)。

d. 极化电压。极化电压对基流和响应值都有影响。最佳极化电压为饱和基流值85%时的极化电压。直流供电时，极化电压为20～40V；脉冲供电时，极化电压为30～50V。

(6) 火焰光度检测器 火焰光度检测器(flame photometric detector, FPD)是一种选

择型质量型检测器，对含S、P的化合物有很高的选择性和灵敏度，适用于分析检测含S、P的农药以及监测环境中含微量S、P的有机污染物。

① 结构和工作原理。如图5-31所示，FPD主要由火焰发光部分和光度部分构成。火焰发光部分由燃烧器、发光室组成。光度部分包括石英窗、滤光片和光电倍增管等。载气与空气混合后由FPD下部进入喷嘴，尾吹（$H_2$）从另一处进入，点燃后产生光亮、稳定的富氢火焰。

未知物（含S或P的化合物）由载气携带进入FPD，在富氢火焰中燃烧时，S、P被激发而发射出特征波长的光谱（烃类物质在底部富氢火焰中发光，被遮光罩挡住）。当硫化物进入火焰，形成激发态 $S_2^*$ 分子（反应过程如图5-30所示），返回基态时发射出特征蓝紫色光（波长350～430nm，$\lambda_{max}$＝394nm）；当磷化物进入火焰，形成激发态 $HPO^*$ 分子，返回基态时发射出特征绿色光（波长480～560nm，$\lambda_{max}$＝526nm）。两种特征光光强度与被测组分的含量成正比，此即为FPD定量分析的理论依据。特征光经滤光片（对S，394nm；对P，526nm）滤光，再由光电倍增管进行光电转换后，产生相应的光电流。经放大器放大后由记录仪记录下未知物的色谱图。

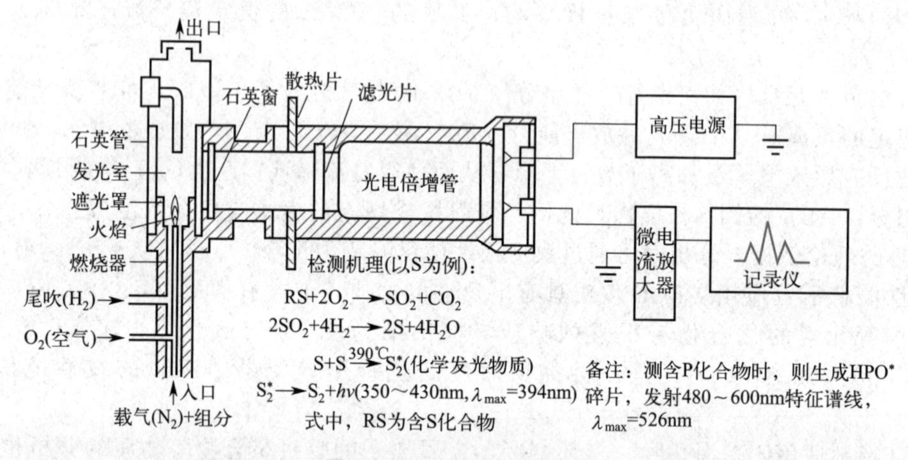


图5-31 FPD结构示意图

② 性能和应用。FPD是一种高灵敏度检测器，测P检测限≤0.9pg/s（磷酸三丁酯），线性范围≥$10^6$；测S检测限≤10pg/s（十二硫醇），线性范围≥$10^5$。FPD广泛用于石油产品中微量硫化合物及农药中有机磷化合物的分析。

③ 检测条件的选择

a. 气体流速。FPD需使用三种气体：空气、氢气和载气。$O_2/H_2$比是影响响应值最关键的参数。$O_2/H_2$比一般为0.2～0.4（需手动实测）。与测P相比，测S的$O_2/H_2$比稍高。FPD载气宜选用$H_2$，其次是He，不宜选用$N_2$。最佳载气流速可通过实测确定。

b. 检测器温度。S的响应值随FPD温度升高而减小；而P的响应值基本不随FPD温度的变化而变化。检测时，FPD温度宜≥125℃，可确保$H_2$燃烧生成的水蒸气不在FPD中冷凝而增大噪声。

c. 样品浓度。在一定浓度范围内，样品浓度对P的检测无影响，呈线性；而对S的检测却是非线性的。当被测样品中同时含S和P时，测定会互相干扰，因此使用FPD测S和测P时，需选用不同滤光片和不同火焰温度来消除彼此的干扰。

#### 5.2.2.5 温度控制系统和数据处理系统

（1）温度控制系统　温度控制系统是气相色谱仪的重要部件，直接影响柱的分离效能、检测器灵敏度和稳定性。目前多采用由单片机控制的数字控制（测温电路），其独立控温区可以是柱箱（色谱柱）、气化室或检测器，测温铂电阻（长时间稳定重复性 $10^{-4}$K）通常装在控温区域的中部。测温电路的目的：根据当前温度和设置温度，通过软件计算出当前加热状态（继续加热或停止加热），再驱动电路控制加热器件，实现控温的目的。控制点的控温精度要求为±(0.1～0.5)℃。

柱箱一般具有程序升温功能（由软件根据预设置柱温升温程序计算出在加热器件上应线性增加的控制量），升温速率为 1～30℃·$min^{-1}$（具备多阶升温功能）。由于程序升温结束后需柱温需降至初始温度方能继续下一个样品的分析，所以仪器常常采用自动后开门的方式来达到迅速降温的目的。

（2）数据处理系统　数据处理系统的基本功能是将检测器输出的模拟信号随时间的变化曲线（色谱图）绘制出来。色谱工作站是最常用的数据处理系统。

色谱工作站是由一台微型电脑来实时控制色谱仪器并进行数据采集和处理的一个系统，由硬件和软件两个部分组成。其中硬件包括一台微型计算机（具有主流配置）、色谱数据采集卡、色谱仪器控制卡和打印机。软件包括色谱仪实时控制程序、峰识别和峰面积积分程序、定量计算程序、报告打印程序等。

色谱工作站的功能：

① 通过显示器可实时观察进样出峰情况、计算结果，从而决定是否打印该次分析结果；

② 能保存并管理大量分离谱图与分析结果，并能分析比较多次平行检测结果；

③ 能提供复杂的定性与定量计算功能；

④ 通过局域网或 Internet 能迅速将分离谱图和结果传输到其他电脑，实现数据共享；

⑤ 工作站可对仪器操作条件（如程序升温、载气流量等）进行设置与更改，设置程序后色谱仪可自动进样与自动采集数据；

⑥ 具有反控功能的工作站可对仪器进行远程操作控制、远程故障诊断及远程操作指导等。

## 5.2.3 仪器的操作与维护保养

### 5.2.3.1 GC7890 型气相色谱仪的使用

GC7820 气相色谱仪的基本操作

图 5-32 与图 5-33 显示了 Agilent GC7890 型[1]气相色谱仪外形图和操作盘。该仪器（配置毛细管柱、FID、ECD）的操作步骤（扫描二维码可观看操作视频）是：

（1）开机

① 打开载气、空气、氢气等气源，并调节减压阀至合适的输出压力。

② 打开 GC 电源开关，双击电脑桌面 EZChrom Elite 图标，打开工作站（工作站主要界面图标可参考图 5-34）。

（2）编辑分析方法

① 点击“方法”菜单中的“仪器”进入仪器采集参数界面。

② 编辑自动进样器参数。点击“自动进样器”图标（也可直接在“操作盘”上点击“前进样器”或“后进样器”进行设置，设置后的结果显示在“显示屏”上；大多数操作均可直接在“操作盘”上进行，下同），选择前进样器或后进样器，设置进样体积、溶剂清洗

[1] 视频展示的是 GC7820 型气相色谱仪的基本操作方法，教材介绍的是 GC7890 型气相色谱仪的基本操作方法。两种型号仪器的操作面板与操作方法基本相同。

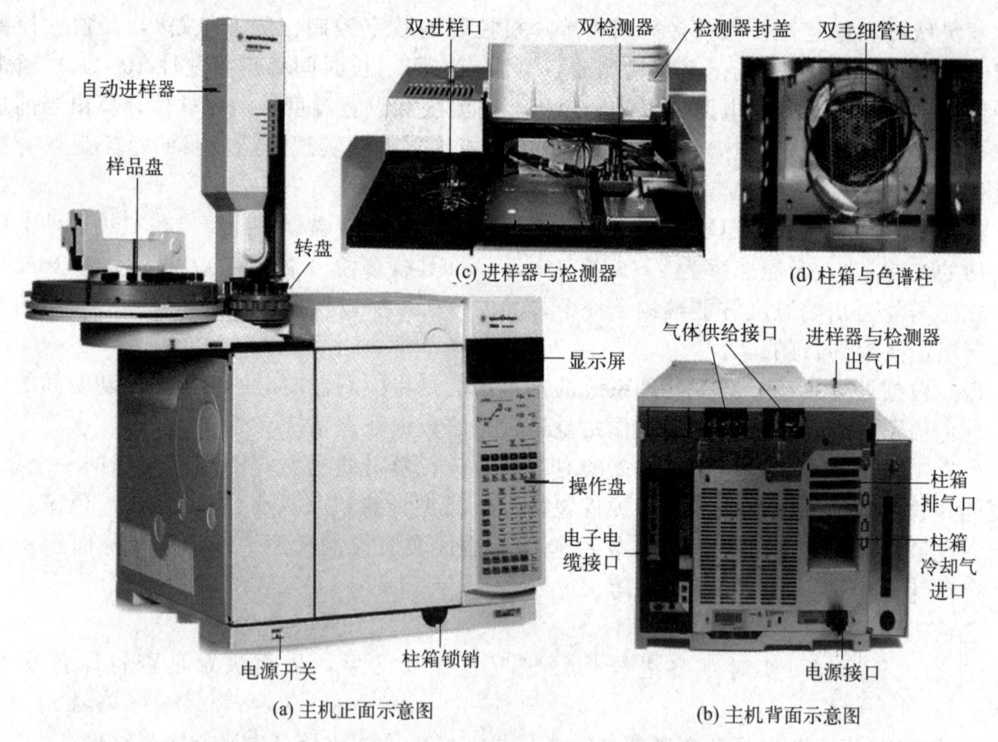


图 5-32　Agilent GC7890 型气相色谱仪外形图

次数、样品清洗次数及清洗体积等（见图 5-34）。

③ 编辑进样口参数。点击“进样口”图标，进入分流/不分流参数设定界面。点击“SSL-前”或“SSL-后”，选择进样模式，设置进样口温度、分流比、分流出口吹扫流量等参数，如图 5-35 所示。

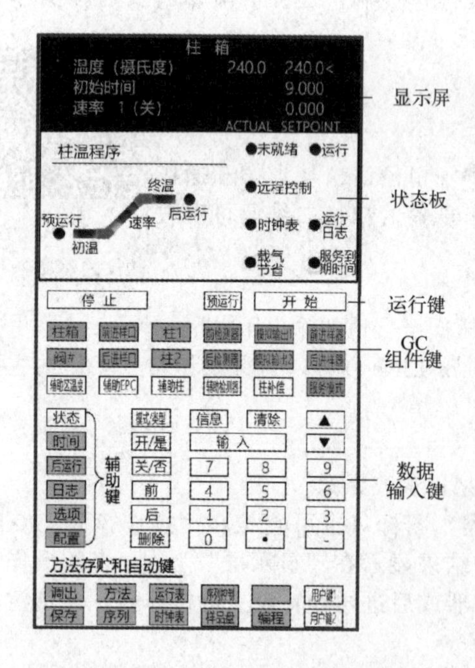


图 5-33　Agilent GC 7890 操作盘

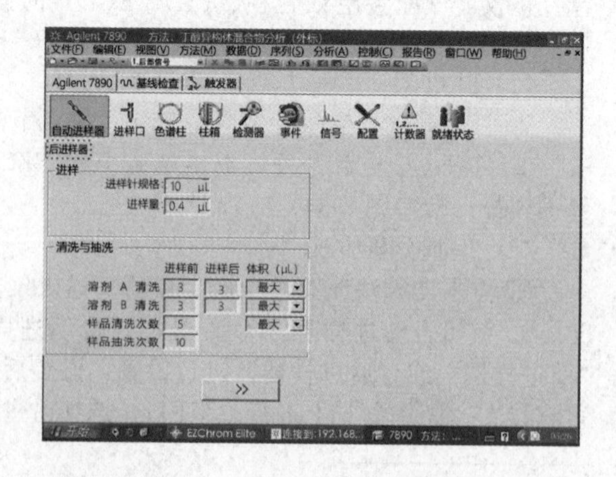


图 5-34　自动进样器参数的设置

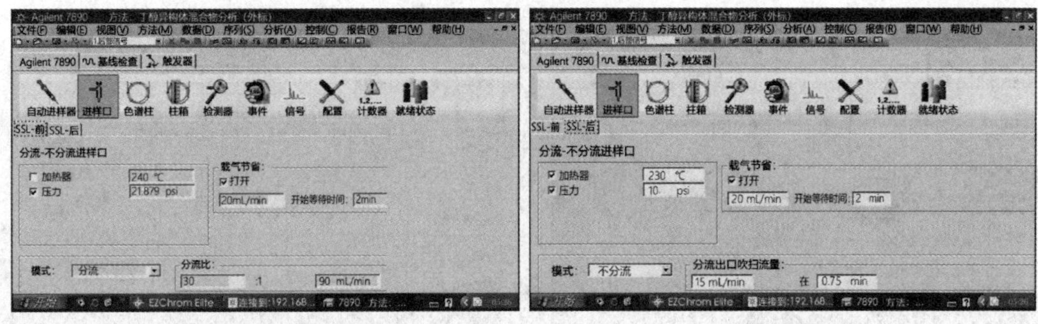


(a) 分流进样口参数设置　　(b) 不分流进样口参数设置

**图 5-35　分流/不分流进样口参数的设置**

④ 编辑色谱柱参数。点击“色谱柱”图标，选择恒定压力或恒定流量模式，设置平均线速度、压力、流量等参数（见图 5-36）。

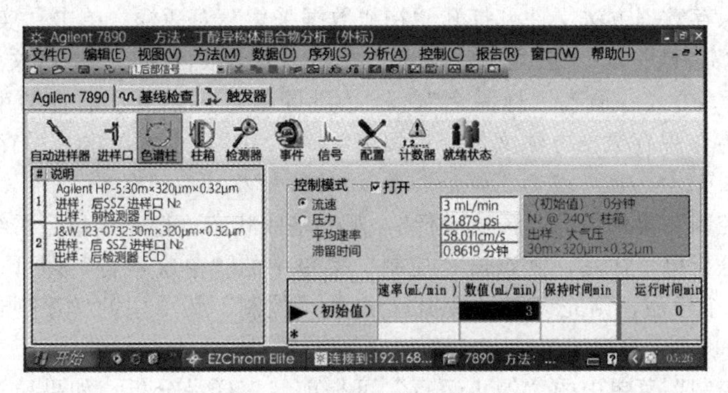


**图 5-36　色谱柱参数的设置**

⑤ 编辑柱箱参数。点击“柱箱”图标，设置平衡时间、最高柱箱温度、柱温（恒温或程序升温）等参数（见图 5-37）。图示为三阶程序升温，初始温度 100℃，最终温度 255℃，升温速率等参数如下：

100℃ 保持5min $\xrightarrow{20℃/min}$ 200℃ 保持2min $\xrightarrow{10℃/min}$ 240℃ 保持1min $\xrightarrow{3℃/min}$ 255℃ 保持10min

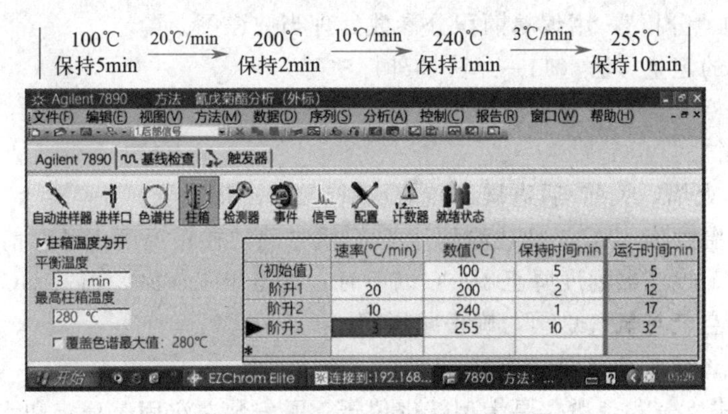


| | 速率(℃/min) | 数值(℃) | 保持时间min | 运行时间min |
|---|---|---|---|---|
| (初始值) | | 100 | 5 | 5 |
| 阶升1 | 20 | 200 | 2 | 12 |
| 阶升2 | 10 | 240 | 1 | 17 |
| 阶升3 | 3 | 255 | 10 | 32 |

**图 5-37　柱温（程序升温）的设置**

⑥ 编辑检测器参数。点击“检测器”图标，进入检测器参数设置界面。点击“FID 前”或“μECD 后”，设置检测器温度、空气与氢气流量、尾吹气流量等参数（见图 5-38）。

⑦ 根据需要编辑其他参数后，保存所有设置，并为新设置的方法命名，下次分析时可直接调出该方法。

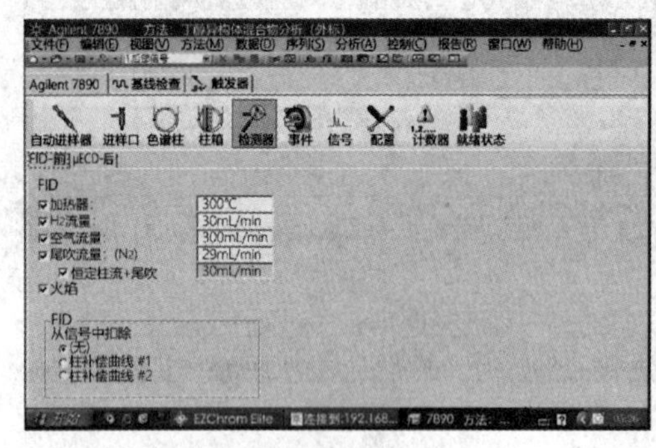


(a) FID参数设置

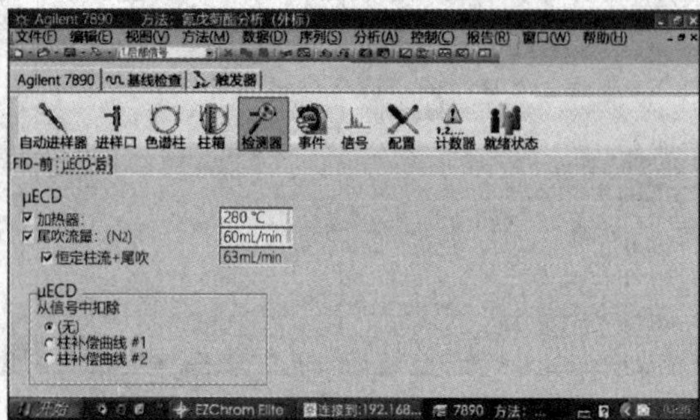


(b) μ-ECD参数设置

图 5-38　检测器参数的设置

（3）样品采集

① 设置并保存数据方法文件。打开“在线数据采集”对话框；单击“实验信息”选项，输入“项目名称”“操作员”“公司”等信息；指定“数据根目录”即数据文件保存路径，选择文件名“前缀”方式；输入“样品名”、样品量等信息；选中“运行结束后自动生成报告”；单击“保存”保存数据方法文件，后缀名为“DMD”；也可单击“另存为”，设定新的保存路径和文件名。

② 点击“控制”菜单中的“预览运行”，观察基线状态；待基线稳定后结束预览运行。

③ 如果要分析单个样品，则点击“控制”菜单中的“单次运行”即可；如果是自动进样器连续分析多个样品，则先设置样品 ID，点击“控制”菜单中的“序列运行”后，仪器会按程序自动分析多个样品。

④ 点击“控制”菜单中的“停止运行”可提前结束样品分析；如果原来设定的停止时间太短，可点击“控制”菜单中的“延长运行时间”，设置需延长的运行时间。

（4）谱图优化与报告编辑

① 点击“文件”菜单，选择数据＞打开，打开数据采集文件。

② 点击“方法”菜单，进入“积分事件表”，编辑阈值、宽度等积分参数，然后点击“分析”菜单下的“分析”，用编辑的积分参数处理当前谱图。

③ 选择合适的定量方法（归一化法、外标法等）。

④ 编辑报告格式，打印分析检测报告。

（5）结束工作

① 关闭 FID 火焰，关前/后进样口和前/后检测器的加热器。

② 设置柱箱温度为 40℃，待柱温到达 40℃后去除“柱箱温度为开”前面方框的“√”。

③ 待进样口、检测器温度降至 100℃以下时，先退出工作站，再关 GC 电源。

④ 关载气、空气与氢气总阀，旋松减压阀。

#### 5.2.3.2　气相色谱仪的日常维护保养

（1）环境要求　气相色谱仪是大型精密仪器，需安装在牢固、稳定和水平的水泥台或专用实验工作台上（防振），仪器周边需留≥60cm 的空间（便于维修），且 3m 内不能有明火；仪器需放在尘土少的环境（不用时加盖防尘罩），避免阳光直射或空调、暖气、电扇直吹，加装专用通风罩。

气相色谱仪需采用稳压电源供电（功率是仪器额定值的 1.5 倍或略大），需有良好的接地，配置过电保护装置；环境温度以 15～28℃为宜，湿度≤60％。

（2）气路系统

① 气体管路的清洗。清洗金属管路时，将管两端接头拆下，从色谱仪中取出金属管，先清洁管外壁，再用无水乙醇处理管内壁（除去大颗粒状堵塞物、有机物和水分）。若疏通后管路不通，可用洗耳球加压吹洗；加压后仍无效可用细钢丝捅针疏通管路，或使用酒精灯加热管路（使堵塞物在高温下碳化）。此外，可根据分析样品的特点选择其他清洗液（如萘烷、*N*,*N*-二甲基酰胺、蒸馏水、丙酮、乙醚、氟利昂、石油醚等）清洗金属管路。清洗完毕，加热该管路并用干燥气体吹扫后，方可将其装回原气路待用。

② 阀的维护。稳压阀、针形阀及稳流阀的调节必须缓慢进行，且均不可作开关使用；各种阀的进、出气口不能接反。

③ 流量计的维护。皂膜流量计使用时必须用澄清的新鲜肥皂水，或其他能起泡的液体（如烷基苯磺酸钠等）清洁、湿润。使用完毕应洗净、晾干（或吹干）后放入盒内保存。

④ 石墨垫的维护。石墨垫处理后（尤其是痕量分析时）方可使用，处理方法：放入恒温柱箱（400℃）中烘烤 2～3h，或放入蓝色火焰中使之赤红 1～2s。处理后的石墨垫应置于干燥器中待用，使用时不能用手直接拿取（防油脂污染），需定期更换。

（3）进样系统

① 隔垫（硅胶垫）的维护。选用尽可能低的进样器温度，可延长隔垫寿命。密封螺母不宜拧得太紧（太紧更易漏气，且缩短使用寿命）。选用的进样针针尖应锋利无倒刺。隔垫需定期更换。

② 衬管的维护。

a. 为防止汽化样品“倒灌”，衬管容积需不小于样品中溶剂汽化后的体积（250℃时溶剂的膨胀率：水，约 1000 倍；甲醇，450 倍；丙酮，245 倍；甲苯，170 倍；乙酸乙酯，185 倍；正己烷，140 倍；$CS_2$，300 倍；异辛烷，110 倍；乙腈，350 倍）。

b. 衬管内玻璃毛（或石英棉，需先进行硅烷化处理）应填充均匀，填充位置应位于针尖下方 1～2mm。为防止玻璃毛位置变动，需在柱前压降至 0 后方能更换隔垫或毛细管柱。为防止进样针触碰玻璃毛，可在针头上加装 1～2 个隔垫。

c. 当色谱峰出现拖尾、定量重复性变差或检测灵敏度明显变小时，应及时更换去活衬管或对衬管进行再去活处理。干净的样品衬管可一月更换一次，脏的样品建议每天更换一次。

d. 衬管的清洗方法：用蘸有溶剂（根据样品特性选取，如丙酮）的纱布擦洗内壁至干净后，晾干，添加玻璃棉，在 250℃恒温箱中烘干待用；或用热酸氧化去污；或在火焰中加热至 500℃去除有机残留物。

【注意】**清洗后不应再用手拿取（防油脂污染）。**

③ 液体微量进样针的维护。

a. 进样针使用前需用丙酮等溶剂洗净，使用后需立即清洗（防高沸点物质残留导致堵塞，清洗溶液顺序：5% NaOH 水溶液、蒸馏水、丙酮、氯仿）；忌用重碱性溶液洗涤。

b. 针尖为固定式者，不宜吸取有较粗悬浮物质的溶液；针尖堵塞时，可用 $\Phi$0.1mm 不锈钢丝串通；分析高沸点样品后，必须经清洗后方可保存，否则容易粘死；针尖不宜在高温下工作，不能用火烧，以免针尖退火失去穿戳能力。

c. 进样前需用滤纸除去针尖的残留。分析时应避免用手触摸针头部分（防出现“鬼峰”）。0.5～1$\mu$L 进样针若不慎拔出针芯，此时应拧开针头与刻度针管连接螺母，轻轻将针芯穿过密封垫后，再拧回螺母即可修复。

④ 进样口的维护。进样口玷污（隔垫微粒积聚造成进样口管道堵塞，或气源不纯使进

样口玷污）后需对其进行清洗。清洗方法：先从进样口处拆下色谱柱，旋下散热片，清除导管和接头部件内的隔垫微粒，用丙酮和蒸馏水依次清洗导管和接头并吹干，再按与拆卸相反程序安装，最后进行气密性检查。

（4）分离系统　使用色谱柱时应注意如下几点：

① 色谱柱安装注意事项（扫描二维码可观看操作视频）。

气相色谱仪毛细管色谱柱的安装

a. 选择合适的密封垫（清洁、完好，避免手接触；≤200℃，用硅橡胶垫圈；≤250℃，用聚四氟乙烯垫圈；≤300℃，用紫铜垫圈或柔性石墨垫圈），安装时防止碎渣进入色谱柱；安装时无须拧得太紧；石墨垫不能重复使用。

b. 安装前确保毛细管柱柱头清洁、平整；使用合适的柱切割工具（如陶瓷片或金刚石切割器）切割毛细管柱，切割后用放大镜检查切口是否平整；安装前按厂商要求量好插入进样口与检测器合适的位置，用隔垫做好标记，并确保安装到位。毛细管柱须置于色谱柱架上，不得与柱箱内壁接触。

c. 安装完毕必须进行严格的气密性检查，确保接头处不渗漏，防止高温下 $O_2$ 进入色谱柱引起固定相快速降解、柱流失，导致柱效与分离度下降。

② 新色谱柱使用前必须进行老化。方法是：将色谱柱安装在进样口上，不接检测器，将柱温由室温升至待测样品要求的操作温度以上 20℃（升温速率 8～10℃ · $min^{-1}$），达到终点温度后恒温 1～2h 或更长。然后接上检测器直至基线平直为止。

色谱柱使用一段时间或柱效明显下降后，也需进行老化操作。

色谱柱操作温度或老化温度不得超过其最高使用温度（在铭牌上查找，防止固定液流失或固定相颗粒脱落），也不能低于其最低使用温度（在铭牌上查找，防止固定液凝固失效）。分析结束应待柱温降至 50℃以下再关闭电源和载气，切忌温度过高时切断载气（防止 $O_2$ 扩散进入色谱柱）。

③ 新色谱柱使用前必须进行性能测试，并做好记录，存档（记录内容：柱材料、柱内径、柱长、固定液种类及液膜度、载体种类及粒径、允许温度范围、制作与购置日期、使用情况、测试样及分离谱图）。色谱柱在使用过程中应定期进行性能测试、记录并与前次测试结果进行比较，了解色谱柱的实际情况，便于出现分析问题时查找原因。

④ 采用小口径毛细管柱分流进样时，在分流调节阀前管路中，串接一段活性炭（40～60 目）吸附管（$\phi 3 \times 0.5$ mm，长 50～60mm）吸附有机物，保护分流调节阀。

⑤ 色谱柱使用过程中出现峰形变差、峰变小、基线漂移、鬼峰等现象时，通过老化操作（将色谱柱中的高沸点污染物冲出）往往能恢复色谱柱性能；毛细管色谱柱使用一段时间后出现峰拖尾、保留时间与灵敏度改变等现象时，将色谱柱前端截去 0.5～1m（将停留在色谱柱前端的非挥发性污染截去），再安装调试往往能恢复柱性能。

⑥ 使用老化或截去前端等方法不能恢复色谱柱性能时，可依次使用丙酮、甲苯、乙醇、氯仿和二氯甲烷对色谱柱进行清洗，方法是：在色谱柱正常工作时每次进样 5～10μL。必要时可将色谱柱（仅对键合或交联固定相而言）卸下用 20mL 左右的二氯甲烷或氯仿等溶剂进行冲洗。若上述方法均不能恢复色谱柱性能时，则更换新色谱柱。

⑦ 使用 TCD 在仪器关机时，必须在 TCD 尾吹排空接头处旋上闷头螺帽（防止空气中的 $O_2$ 渗入，造成固定液和铼钨丝的氧化）。

⑧ 色谱柱暂时不用时，应将其从仪器上卸下，在柱两端套上不锈钢螺帽（毛细管柱用硅橡胶堵上），放在柱包装盒中保存。重新安装毛细管色谱柱时需从柱头截去 2～4cm 以确保色谱柱内不会有硅橡胶碎屑。

(5) 检测系统

① FID使用注意事项:

a. 选用高纯气源(≥99.99%),且做好样品预处理,选用固定液流失小的色谱柱(必须充分老化)。

b. 在最佳$N_2/H_2$比(1.37∶1～1.5∶1,$H_2$约$30mL \cdot min^{-1}$)及最佳空气流量($200\sim400mL \cdot min^{-1}$)下使用。

c. 使用FID时,必须先通载气、空气,再开温度控制,待FID温度≥100℃才能通$H_2$点火;关机时,必须先关$H_2$熄火,再关闭温度控制。当柱温降至室温时,再关载气和空气。如果开机后FID温度低于100℃就通$H_2$点火,或关机时不先熄火就降温,容易造成FID收集极积水,导致放大器输入级绝缘下降,基线不稳。点火时,可将$H_2$开大些,点火后再慢慢将$H_2$流量调小(降低$H_2$流量速度过快容易熄火)。

d. 双FID仪器,若仅用其中一个,必须堵死另一路氢气。

e. 使用温度≥180℃;长期不用,在重新使用前,需在150℃以上烘烤2h。

f. 离子室应处于屏蔽、干燥和清洁的环境中;分析时切勿触及离子室外壳(防止高温烫伤)。

② TCD使用注意事项:

a. 使用高纯气源(≥99.99%),且做好样品预处理(防止过脏样品进入),选用固定液流失小的色谱柱(必须充分老化)。

b. 启动前先通载气10～15min(防止气路中残留$O_2$氧化铼钨丝);更换隔垫或色谱柱前,必须先关桥电流且降至室温。

c. 池体温度达到设定值后再通桥电流,且桥电流不能超过额定值($H_2$为载气,<270mA;$N_2$为载气,<150mA),以防因桥电流过载,烧断铼钨丝。

d. 结束工作时,先关闭桥流与控温加热,待池体温度降至70℃以下后方能关闭载气。

e. $\mu$-TCD载气流量约$20mL \cdot min^{-1}$。联用毛细管柱(其柱流量$1\sim3mL \cdot min^{-1}$,大口径毛细管柱流量约$10mL \cdot min^{-1}$)时,必须在柱出口处加上尾吹气(流量约$10\sim15mL \cdot min^{-1}$)。

f. 大口径毛细管柱是与$\mu$-TCD最佳配用的柱型。作程序升温时,TCD温度需高于程序升温终温20℃以上,桥电流约70～80mA。

g. 热导池不允许剧烈晃动。

③ TCD的清洗。当热导池使用时间长或被玷污后,可将其卸下并用丙酮、乙醚、十氢萘等溶剂多次浸泡(20min左右)清洗至所倾出溶液比较干净为止。洗净后的热导池可加热使溶剂挥发,再冷却后装入仪器,然后升温,通载气数小时后即可。

④ ECD使用注意事项:

a. $^{63}Ni$是放射源,尾气必须排放到室外,严禁检测器超温使用;ECD的拆卸、清洗应由专业人员进行,严禁私自拆卸ECD。

b. 尽可能选用高纯度的载气(纯度≥99.9995%),且气路系统需严格试漏(防止$O_2$和水渗入);所用净化器需及时更换或活化(防止净化器变成污染源);只能使用金属材料的气体管路(塑料管路可能含电负性物质);避免使用含卤素原子的固定液;选用低流失的隔垫,且使用前需严格老化处理。

c. 停机后需连续用补充气($N_2$,$5\sim10mL \cdot min^{-1}$)吹洗ECD。

d. ECD所用器皿专用(防止注射器、样品瓶等交叉污染)。

⑤ ECD的净化。若ECD基流下降,噪声增大,信噪比下降,或者基线漂移变大,线性

范围变小，甚至出负峰，则表明 ECD 可能污染，必须进行净化。净化方法是：将载气或尾吹气换成 $H_2$，调流速至 30～40mL·min$^{-1}$。气化室和柱温为室温，将检测器升至 300～350℃，保持 18～24h，使污染物在高温下与氢作用而除去。此方法称为"氢烘烤"。氢烘烤完毕，将系统调回至原状态，稳定数小时即可。

⑥FPD 使用注意事项：

a. 使用聚四氟乙烯材料的色谱柱，以尽量减小色谱柱的吸附性。

b. 保持燃烧室的清洁，避免固定液、烃类溶剂与冷凝水的污染。

c. 在富氢焰下工作，不点火不开氢气且随时观察避免火焰突然熄灭。

#### 5.2.3.3 气相色谱仪简单故障排除

气相色谱仪是结构比较复杂的大型精密仪器，仪器运行过程中出现的故障可能由多种原因造成，且不同型号的仪器，情况也不尽相同，其故障排除方法也各异。表 5-11 列出了气相色谱仪运行中出现的几种典型故障及排除方法，更详细的内容可参考各类仪器说明书或咨询工程师。

表 5-11 气相色谱仪典型故障和排除方法

| 故障现象 | 可能原因 | 故障排除方法 |
| --- | --- | --- |
| 仪器不能启动 | (1)供电电源不通。<br>(2)仪器保险丝被燃断 | (1)检查电源故障原因并排除(或未启动电源总闸)。<br>(2)更换新保险丝 |
| 仪器不能升温且报警 | (1)加热开关未打开。<br>(2)加热保险丝烧断。<br>(3)工作站上加热控制器未启动。<br>(4)载气未通入色谱柱 | (1)打开加热开关。<br>(2)更换新保险丝。<br>(3)确保工作站上加热控制器始终处于"启动"状态。<br>(4)确保载气通入色谱柱且流量正常 |
| 进样后不出峰 | (1)色谱柱未与进样口、检测器正常连接，或隔垫已扎破，或衬管过脏，或色谱柱中断断裂，或严重漏气。<br>(2)检测器或色谱工作站通道选择错误，或信号线连接不正确。<br>(3)样品未注入(如注射器针头堵塞、进样口硅胶垫漏气、未赶气泡进的是空气、进样口选择错误等)；或样品浓度过低，或分流比太大。<br>(4)柱温、检测器温度、进样器温度设置过低，或系统未启动加热程序，或 TCD 未开桥电流，或 FID 灵敏度设置过小。<br>(5)载气、氢气、空气等气路管道连接不正确(或严重漏气)，FID 未正常点火(含严重漏气) | (1)确保色谱柱正常连接且不漏气(检漏)；更换隔垫；清洗或更换衬管。<br>(2)查看各类信号线是否松脱；确保色谱工作站成功连接 GC，且通道选择正确。<br>(3)确保待测样品中含有目标检测物且浓度合适；确保样品被吸入进样针(不是气泡)且被注射进正确的进样口；确保分流比设置合适。<br>(4)确保柱温、检测器温度、进样器温度设定正确且已加热至设定值，确保仪器加热程序已启动。<br>(5)确保载气、氢气、空气等气路正确连接，且不漏气(流量值正确)，FID 正常点火(将冷金属表面置于火焰出口 15s，上面有冷凝水) |
| FID 不能点火或使用过程中熄灭 | (1)FID 积水(FID 温度太低，导致 $H_2$ 燃烧生成的大量水蒸气冷凝在收集极上)。<br>(2)FID 被污染(FID 温度太低导致部分样品冷凝在 FID 上)。<br>(3)检测器的 $H_2$ 和空气流量设置过小或流量比设置不正确。<br>(4)气路漏气致空气或 $H_2$ 未能正常到达 FID 内(含接错钢瓶，如将 $N_2$ 钢瓶当成空气钢瓶用)。<br>(5)载气流速设置过大或尾吹气流量设置不合适(过大会吹灭氢火焰)。<br>(6)FID 温度设置过低或未达到设定温度 | (1)积水不严重时，将 FID 升至 200℃，加大载气流量吹扫即可；积水严重时，需将 FID 卸下用乙醇或丙酮清洗并烘干。<br>(2)设定大流量空气，让 $H_2$ 完全燃烧，将污染物烧掉并从 FID 中排出。<br>(3)选择合适 $H_2$、空气、$N_2$ 流量比(如 1∶10∶1)，若不能点火，可适当增加 $H_2$ 的流量(如增加 1 倍左右)，点着后再将 $H_2$ 流量缓缓降至正常水平。(注：仪器长期不用，$H_2$ 管道充满空气，需要较长时间才能完全被 $H_2$ 置换，未置换前氢火焰不易点着。)<br>(4)确保气体正确连接且不漏气(检漏)。<br>(5)确保载气＋尾吹气流量总和约 30～50 mL·min$^{-1}$。<br>(6)确保 FID≥180℃ |

续表

| 故障现象 | 可能原因 | 故障排除方法 |
|---|---|---|
| 基线呈波浪状波动 | (1)载气和辅助气压力波动或高压钢瓶总压太小。<br>(2)柱箱温度或检测器温度波动。<br>(3)电源电压不稳 | (1)确保载气或辅助气高压钢瓶总压≥1MPa且输出压力≤0.4MPa。<br>(2)确保仪器温度控制系统性能是否良好,确保仪器柱箱门正常关闭。<br>(3)确保仪器供电电压的稳定性。必要时可增加稳压器 |
| 基线出现不规则尖刺 | (1)载气出口压力的突然变化。<br>(2)载气不干净,氢气或空气过脏。<br>(3)色谱柱填料涂层松动。<br>(4)电子元件接触不良或电源接触不良,或电子元件接线柱不干净。<br>(5)检测器中有灰尘或污染物。<br>(6)火焰不稳,烧到极化电压环。<br>(7)FID静电计出现故障,或调零电路故障。<br>(8)环境机械振动故障 | (1)确保载气出口处无异物,若有,立即去除。<br>(2)确保载气纯度符合要求。若更换高纯度载气后,问题解决,则说明载气纯度不够;若仍未解决问题,可检查并更换净化剂。<br>(3)更换色谱柱。<br>(4)确保仪器电子元件及接线柱洁净。<br>(5)确保检测器内部洁净。必要时拆开并清洗检测器。<br>(6)确保喷嘴安装位置正确,确保$H_2$、空气流量比正常($H_2$流量偏大,火焰高度增加且不稳)。<br>(7)确保FID电位计或信号线路板电子元件能正常工作(可咨询工程师)。<br>(8)将仪器置于坚固而稳定的工作台上 |
| 出现平头峰或圆头峰 | (1)进样量过大(样品浓度过大或进样体积过大)。<br>(2)分流比偏小。<br>(3)检测器灵敏度过大或TCD桥电流偏高 | (1)减少进样量,或对样品进行合理稀释,或减小进样体积(FID,≤1μL)。<br>(2)加大分流比。<br>(3)降低FID灵敏度档或减小TCD桥电流 |
| 色谱峰展宽 | (1)载气流量小。<br>(2)柱温过低。<br>(3)气化室或检测器温度过低。<br>(4)系统死体积过大 | (1)增加载气流量至正常值。<br>(2)提高柱温至合适值(保证样品中各组分能完全分离)。<br>(3)提高气化室温度(样品能完全汽化但不分解)或检测器温度(样品不冷凝)。<br>(4)重新安装色谱柱,减小死体积 |
| 出现前伸峰 | (1)色谱柱超载,进样量过大。<br>(2)载气流速太低。<br>(3)手动进样技术欠佳。<br>(4)进样口不干净。<br>(5)进样口汽化温度过低。<br>(6)试样与固定液或载气发生化学反应。<br>(7)两个相邻组分未能完全分离。<br>(8)色谱柱安装不正确 | (1)确保进样量不超载。方法:减少进样体积(FID,≤1μL)、稀释待测样品或增加分流比。<br>(2)增加载气流量至正常值。<br>(3)进样稳当、连贯、迅速(或采用自动进样方式)。<br>(4)清洗进样口。<br>(5)提高气化室温度(样品能完全汽化但不分解)。<br>(6)更换合适的固定液或载气。<br>(7)观察前伸峰是否系两个或多个色谱峰重叠所致。通过降低柱温、降低升温速率或更换高效色谱柱等方法使相邻峰完全分离。<br>(8)重新安装色谱柱,减小死体积 |
| 出现拖尾峰 | (1)色谱柱严重污染或色谱柱有吸附活性(或有裸露金属表面)。<br>(2)色谱柱安装位置不合适,漏气,或柱端切割不平整。<br>(3)衬管密封垫圈被污染或衬管未去活,导致待测物质被吸附。<br>(4)衬管中有杂质(固体颗粒)。<br>(5)进样针刺坏或损伤衬管中填料。<br>(6)溶剂/色谱柱不相溶。<br>(7)分流比太低。<br>(8)进样技术欠佳或进样量太大。<br>(9)进样口温度太高(早流出峰更易拖尾)或太低(随保留值增加拖尾愈严重)。<br>(10)PLOT柱过载 | (1)更换色谱柱。<br>(2)重新切断前端被污染的0.5～1m柱子(确保切割平整),重新安装色谱柱(确保位置正确)。<br>(3)更换密封垫圈,或对衬管进行脱活处理,痕量分析则更换全新衬管。<br>(4)清洗衬管,更换玻璃毛。<br>(5)更换全新衬管。<br>(6)针对待测样品和固定液类型选择合适的溶剂。<br>(7)适当调高分流比。<br>(8)进样稳当、连贯、迅速(或采用自动进样方式)。<br>(9)选择合适的进样口温度(通过试验确定)。<br>(10)确保进样量不超载。方法:减少进样体积(FID,≤1μL)、稀释待测样品或增加分流比 |

续表

| 故障现象 | 可能原因 | 故障排除方法 |
| --- | --- | --- |
| 出现反常峰形 | (1)隔垫污染或漏气。<br>(2)样品分解。<br>(3)检测室有污染物。<br>(4)色谱柱污染 | (1)更换隔垫。<br>(2)选择合适的进样口温度(样品能完全汽化但不分解)。<br>(3)清洗检测器。<br>(4)老化色谱柱或更换色谱柱 |

## 思考与练习 5.2

1. 装在高压气瓶的出口，用来将高压气体调节到较小的压力是（　　）。

A. 减压阀　　B. 稳压阀　　C. 针形阀　　D. 稳流阀

2. 既可用来调节载气流量，也可用来控制燃气和空气的流量的是（　　）。

A. 减压阀　　B. 稳压阀　　C. 针形阀　　D. 稳流阀

3. 下列试剂中，一般不用于气体管路的清洗的是（　　）。

A. 甲醇　　B. 丙酮　　C. 5%氢氧化钠水溶液　　D. 乙醚

4. 在气相色谱仪中，一般采用（　　）准确测定气体的流量。

A. 转子流量计　　B. 细缝流量计　　C. 容积流量计　　D. 皂膜流量计

5. 在气-液色谱中，色谱柱使用的上限温度取决于（　　）。

A. 试样中沸点最高组分的沸点　　B. 试样中各组分沸点的平均值

C. 固定液的沸点　　D. 固定液的最高使用温度

6. 在气-液色谱中，色谱柱使用的下限温度（　　）。

A. 应该不低于试样中沸点最低组分的沸点

B. 应该不低于试样中各组分沸点的平均值

C. 应该超过固定液的熔点

D. 不应该超过固定液的凝固点

7. 在毛细管色谱柱中，应用范围最广的是（　　）。

A. 玻璃柱　　B. 熔融石英玻璃柱　　C. 不锈柱　　D. 聚四氟乙烯管柱

8. （多选）下列哪些情况发生后，应对色谱柱进行老化？（　　）

A. 每次安装了新的色谱柱后

B. 色谱柱使用过程中出现鬼峰

C. 分析完一个样品后，准备分析其他样品之前

D. 更换了载气或燃气

9. （多选）评价气相色谱检测器的性能好坏的指标有（　　）。

A. 基线噪声与漂移　　B. 灵敏度与检测限

C. 检测器的线性范围　　D. 检测器体积的大小

10. （多选）下列气相色谱检测器中，属于浓度敏感型检测器的有（　　）。

A. TCD　　B. FID　　C. ECD　　D. FPD

11. （多选）下列气相色谱检测器中，属于质量敏感型检测器的有（　　）。

A. TCD　　B. FID　　C. ECD　　D. FPD

12. （多选）下列有关热导检测器的描述中，正确的是（　　）。

A. 热导检测器是典型的通用型浓度型检测器

B. 热导检测器是典型的选择性质量型检测器

C. 对热导检测器来说，桥电流增大，电阻丝与池体间温差越大，则灵敏度越大

D. 对热导检测器来说，桥电流减小，电阻丝与池体间温差越小，则灵敏度越大

E. 热导检测器的灵敏度取决于试样组分分子量的大小

13. 使用热导检测器时，为使检测器有较高的灵敏度，宜选用的载气是（　　）。

A. $N_2$　　B. $H_2$　　C. Ar　　D. $N_2$-$H_2$ 混合气

14. 所谓检测器的线性范围是指（　　）。

A. 检测曲线呈直线部分的范围

B. 检测器响应呈线性（$r \geqslant 0.99$）时，最大允许进样量和最小进样量之差

C. 检测器响应呈线性（$r \geqslant 0.99$）时，最大允许进样量和最小进样量之比

D. 最大允许进样量与最小检测量之比

15. 测定以下各种样品时，宜选用何种检测器？

(1) 从野鸡肉的萃取液中分析痕量的含氯农药（　　）；

(2) 测定有机溶剂中微量的水（　　）；

(3) 啤酒中微量硫化物（　　）；

(4) 白酒中的微量酯类物质（　　）。

A. TCD　　B. FID　　C. ECD　　D. FPD

16. 使用气相色谱仪时，有下列步骤，哪个次序是正确的？（　　）

(1) 打开桥电流开关；(2) 打开记录仪开关；(3) 通载气；(4) 升气化室温度，柱温，检测室温度；(5) 启动色谱仪开关。

A. (1)-(2)-(3)-(4)-(5)　　B. (2)-(3)-(4)-(5)-(1)　　C. (3)-(5)-(4)-(1)-(2)

D. (5)-(3)-(4)-(1)-(2)　　E. (5)-(4)-(3)-(2)-(1)

阅读园地

扫描二维码可查看“气相色谱新兴检测技术——真空紫外光谱检测器（VUV）”。

气相色谱新兴检测技术——真空紫外光谱检测器（VUV）

## 5.3 实验技术

### 5.3.1 样品的采集与制备

#### 5.3.1.1 样品的采集

样品的采集包括取样点的选择和样品的收集、样品的运输与贮存。用于色谱分析的样品主要有气体样品（含蒸汽）、液体样品（含乳液）、固体样品（含气体悬浮物、液体悬浮物），其采集方法有直接采集、富集采集和化学反应采集等。采集时需根据色谱分析的目的、样品的组成及浓度水平、样品物理化学性质（如样品溶解性、蒸气压、化学反应活性）等确定合适的采集方法。

(1) 样品采集前注意事项　采集样品需从整体中分离出具有代表性的部分，因此采样前需充分调查采样环境和现场，明确以下问题：

① 样品中主要成分（或有效成分）是什么？可能存在哪些干扰杂质？其浓度水平如何？

② 采集样品的地点和现场条件如何？应该采用非破坏性采样方法还是破坏性采样方法？

③ 采样完成后需得到哪些色谱分析的结果？

由于采集的样品量与使用分析技术的灵敏度成反比，因此对采样地点与采样时间的把握上还需注意以下问题：

① 确定采集样品的最佳时机；

② 确定采样的位置和采集样品的装置；

③ 确定采样过程可以保证的有效时间；

④ 确定采集样品的间隔时间。

(2) 液体样品的采集　液体样品主要是水样（包括环境水样、排放的废水水样及废水处理后的水样、饮用水水样、高纯水水样等）、饮料样品、油料样品、各种溶剂样品等。

液体样品的采集要求使用棕色玻璃采样瓶，要求采集时需完全充满采样瓶并使其刚刚溢出（灌装样品时不产生气泡），用瓶塞（聚四氟乙烯膜保护）密封好采样瓶（确保瓶内没有气泡）。采集好的样品需在4℃低温箱中保存，以备下一步使用。采集液体样品的保存时间为5～6h。采集液体样品的容器需多次酸洗和碱洗，用自来水和蒸馏水依次冲洗和润洗后，在烘箱中烘干备用。

液体样品也可采用吸附剂吸附富集的方法进行采集（待测组分浓度较低时），方法是：选用适当的吸附剂制成吸附柱，在采样现场让一定量的样品液体流过吸附柱，再将吸附柱密封好，带回实验室，制备成色谱分析用样品。

(3) 固体样品的采集　固体样品（如合成树脂材料、各种食品、土壤等）一般使用玻璃样品瓶收集并密封保存，有时也用铝箔将样品瓶进行包装后贮存。收集固体样品的容器一般都是一次性的。固体样品的均匀性较差，通常多取一些样品，再用缩分的方法采集所需要的样品。当原始样品的颗粒较粗时，还需先进行粉碎。

采集固体样品时不能直接用手去取样品，必要时可戴上干净的白布手套。

#### 5.3.1.2　样品的制备

扫描二维码查看详细内容。

样品的制备

### 5.3.2　分离操作条件的选择与优化

#### 5.3.2.1　分离度

(1) 定义　两相邻组分达到完全分离取决于两点：一是两组分色谱峰间的距离，即保留值的差值，它与各组分在两相间的分配系数有关；二是色谱峰的峰宽，与各组分在两相间的传质阻力有关。判断相邻两色谱峰的分离情况，一般用色谱柱总分离效能指标——分离度$R$来描述，其定义为：相邻两组分色谱峰保留值之差与色谱峰峰宽总和一半的比值，即

$$R=\frac{t_{R_2}-t_{R_1}}{(W_1+W_2)/2}=\frac{t'_{R_2}-t'_{R_1}}{(W_1+W_2)/2} \tag{5-8}$$

两峰相距越远，且两峰越窄，则$R$值就越大，两相邻组分分离就越完全。一般来说，当$R=1.5$时，两相邻组分分离程度可达99.7%。因此$R\geqslant1.5$，则表明相邻两色谱峰完全分离。

(2) 色谱分离基本方程式　图5-42(a)显示了色谱分离基本方程式，表明了分离度$R$与柱效$n$、选择性因子$\alpha$和容量因子$k$之间的关系。图5-42(a)为两相邻组分色谱峰未分开的初始谱图。

① 分离度与柱效的关系。图5-42(b)为增加柱效后两相邻组分的分离图。显然，增加柱效可以大大改善分离情况，但要防止因分析时间过长导致的峰展宽。

② 分离度与容量因子的关系。图5-42(c)为优化容量因子后两相邻组分的分离图。显然，增大$k$值有利于提高分离效果，但$k$值过大后则对$R$的改进较小，且分析时间却大为

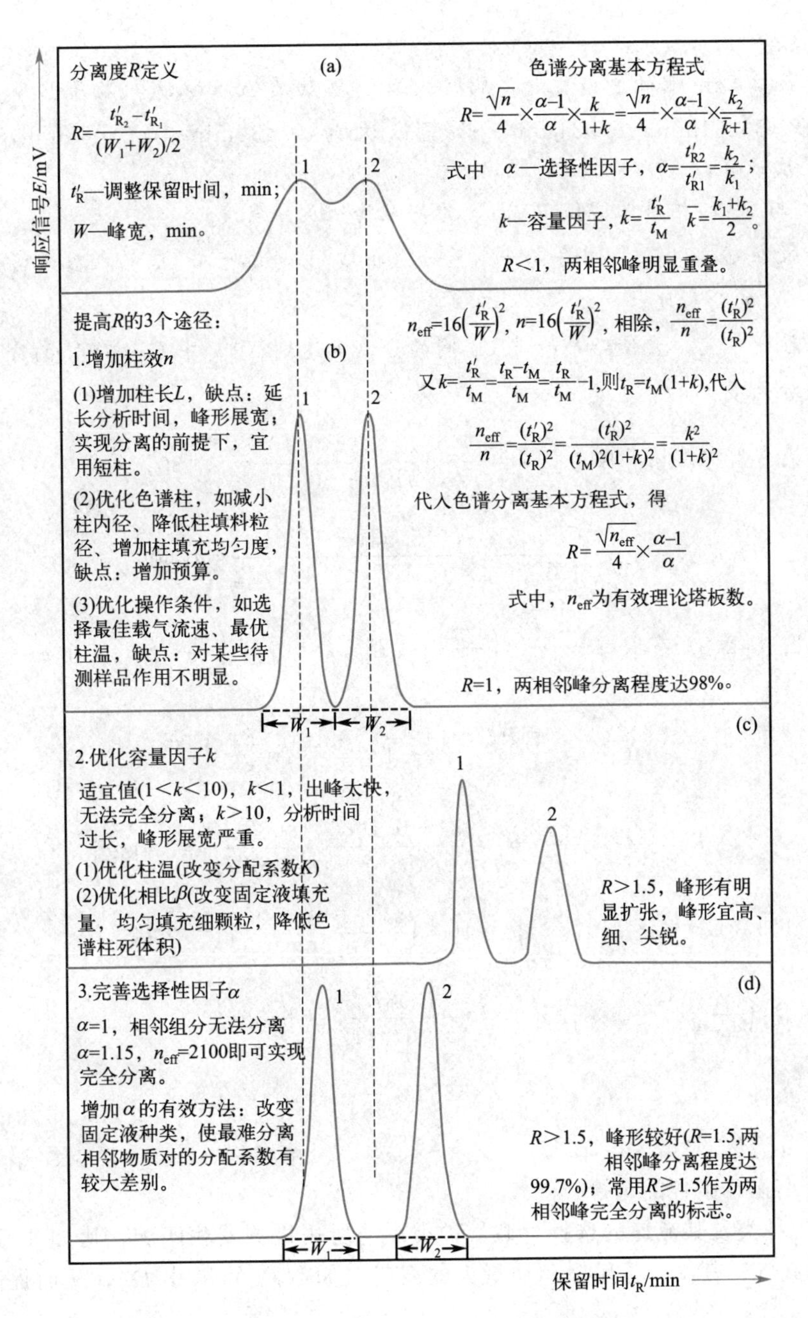


图 5-42 柱效、选择性因子对分离的影响

延长。$k$ 值的适宜范围在 1～10，可通过改变柱温或相比 $\beta$[1] 来予以调整。

③ 分离度与选择性因子 $\alpha$ 的关系。图 5-42(d) 为完善 $\alpha$ 后两相邻组分的分离图，显然，相邻组分分离完全，且峰形良好，分析时间较短。这说明：$\alpha$ 的微小变化能引起分离度的显著改变，增加 $\alpha$ 是提高分离度的有效方法。改变固定相或流动相的性质或组成可增大 $\alpha$ 值。如果 $\alpha=1$，则无论怎样提高柱效也无法使两相邻组分完全分离。

[1] $\beta=V_M/V_S$，指色谱柱内流动相和固定相的体积比，能反映各种类型色谱柱的特性。分配比与容量因子的关系是 $K=k\beta$。

【例 5-1】用某 200cm 长的色谱柱分离脂肪酸酯 $C_6$（物质 A）和 $C_8$（物质 B），两物质保留时间分别为 5.261min、5.931min，峰宽依次为 0.437min 与 0.453min，死时间为 0.108min，试计算：

（1）$C_6$ 与 $C_8$ 的相对保留值（以 $C_6$ 为基准物）及分离度；

（2）如果在 $C_6$ 与 $C_8$ 之间存在一杂质峰（物质 C），该峰与 $C_8$ 的相对保留值为 1.087，计算杂质与 $C_8$ 的分离度；

（3）若柱效不变，要使杂质峰与 $C_8$ 间的分离度达到（1）中 $C_6$ 与 $C_8$ 的分离度，则色谱柱长要增加至多少？

解：（1）由表 5-4 有，相对保留值 $r=\dfrac{t'_{R_B}}{t'_{R_A}}=\dfrac{5.931-0.108}{5.261-0.108}=1.130$；

由式(5-8) 有分离度 $R=\dfrac{t_{R_B}-t_{R_A}}{(W_A+W_B)/2}=\dfrac{5.931-5.261}{(0.437+0.453)/2}=1.506$。

（2）由图 5-42(b) 有 $R=\dfrac{\sqrt{n_{eff}}}{4}\times\left(\dfrac{\alpha-1}{\alpha}\right)$，则 $n_{eff}=16R^2\left(\dfrac{\alpha}{\alpha-1}\right)^2$，其中 $\alpha=\dfrac{t'_{R_C}}{t'_{R_B}}=1.087$，

又由式(5-5) 有 $n_{eff}=16\left(\dfrac{t'_{R_B}}{W_B}\right)^2$，则 $16R^2\left(\dfrac{\alpha}{\alpha-1}\right)^2=16\left(\dfrac{t'_{R_B}}{W_B}\right)^2$，即

$$R=\frac{t'_{R_B}}{W_B}\times\frac{\alpha-1}{\alpha}=\frac{5.931-0.108}{0.453}\times\frac{1.087-1}{1.087}=1.029$$

（3）由（2）可知 $n_{eff}=16\left(\dfrac{t'_{R_B}}{W_B}\right)^2=16\times\left(\dfrac{5.931-0.108}{0.453}\right)^2=2644$，

而 $n_{需要}=16R^2\left(\dfrac{\alpha}{\alpha-1}\right)^2=16\times1.506^2\times\left(\dfrac{1.087}{1.087-1}\right)^2=5662$，

所以 $L_{需要}=n_{需要}\cdot H_{需要}=n_{需要}\times\dfrac{L}{n_{eff}}=5662\times\dfrac{200}{2644}=428$（cm）。

#### 5.3.2.2 分离操作条件的选择

（1）载气种类及其流速的选择　载气种类须与所用检测器相匹配，比如 TCD 通常选用 $H_2$ 或 He 作载气；其次，选用摩尔质量大的载气（如 $N_2$）可减小 $D_g$，从而提高柱效能和分析速度。

由图 5-7 可知，载气流速有一最佳值，称最佳载气流速（$u_{opt}$），对应有塔板高度的最小值（$H_{min}$）和柱效最大值（$n_{max}$）。为缩短分析时间，同时又不明显降低柱效，实际载气流速往往稍高于 $u_{opt}$。分析时，填充柱（$\Phi$3mm）实用线速[1]约 10～14cm·$s^{-1}$（$N_2$ 为载气，约 40～60mL·$min^{-1}$）或 15～25cm·$s^{-1}$（$H_2$ 为载气，约 65～100mL·$min^{-1}$）；毛细管柱（$\Phi$0.25mm）实用线速约 20～30cm·$s^{-1}$（$N_2$ 为载气，约 0.59～0.88mL·$min^{-1}$）或 35～45 cm·$s^{-1}$（$H_2$ 为载气，约 1.03～1.32mL·$min^{-1}$）。

[1] 体积流量 $F$（单位 mL·$min^{-1}$）与线速 $u$（单位 cm·$s^{-1}$）之间的换算关系是 $u=\frac{F}{60\pi r^2}$（$r$ 为色谱柱半径，cm）。

（2）固定相的选择

① 固体吸附剂的选择。气-固色谱的固定相多为固体吸附剂，如强极性硅胶、中等极性氧化铝、非极性活性炭、特殊作用的分子筛和高分子多孔小球等。表5-12列出了常用固体吸附剂的性能、分离特征与活化方法等，可供选用时参考。

固体吸附剂具有吸附容量大、热稳定性好、无流失现象且价格便宜的优点；缺点是进样量稍大得不到对称峰、重现性差、柱效低、吸附活性中心易中毒、种类较少等。吸附剂需先进行活化处理，再装入色谱柱中使用。

**表5-12 气相色谱法常用固体吸附剂的性能比较**

| 吸附剂 | 主要化学成分 | 最高使用温度 | 性质 | 活化方法 | 分离特征 |
|---|---|---|---|---|---|
| 分子筛 | $x(MO)\cdot y(Al_2O_3)\cdot z(SiO_2)\cdot nH_2O$ | <400℃ | 极性 | 550℃活化2h，或350℃真空下活化2h | 特别适用于永久性气体和惰性气体的分离 |
| 硅胶 | $SiO_2\cdot xH_2O$ | <400℃ | 氢键型/极性 | 先用6mol·$L^{-1}$ HCl浸泡2h，再用蒸馏水洗至无$Cl^-$，然后160℃活化2h | 分离永久性气体及低级烃 |
| 氧化铝 | $Al_2O_3$ | <400℃ | 弱极性 | 200～1000℃下烘烤活化 | 分离烃类及有机异构体，在低温下可分离氢的同位素 |
| 活性炭 | C | <300℃ | 非极性 | 粉碎过筛，用苯浸泡3次，空气吹干后，通450℃水蒸气活化2h，最后150℃烘干 | 分离永久性气体及低沸点烃类，不适于分离极性化合物 |
| 碳分子筛 | C | >225℃ | — | 180℃通$N_2$活化4h | 分离永久性气体、低沸点烃类和低沸点极性化合物 |
| 石墨化炭黑 | C | >500℃ | 非极性 | 180℃通$N_2$活化4h | 分离气体、低沸点烃类和低沸点极性化合物，对高沸点有机化合物也能获得较对称的峰形 |
| GDX | 多孔共聚物 | <250℃ | 可从非极性到强极性 | 170～180℃下烘去微量水分后，$N_2$中活化处理10～20h | 分离强极性、腐蚀性的低沸点及高沸点化合物，特别适于有机物中微量水分的分析 |

化学键合固定相，又称化学键合多孔微球固定相，是一种以表面孔径度可人为控制的球形多孔硅胶为基质，利用化学反应方法把固定液键合在载体表面上制成的固定相，是一种新型合成固定相，常用于分析$C_1$～$C_3$烷烃、烯烃、炔烃、$CO_2$、卤代烃及有机含氧化合物等。这种固定相具有良好的热稳定性，适合作快速分析，对极性组分和非极性组分均能获得对称峰；且耐溶剂。

② 固定液的选择。气-液色谱所用的固定相是液体固定相，也称固定液。固定液可直接涂渍在毛细管色谱柱（涂壁空心柱，WCOT）中，也可先涂渍在载体表面再装填进填充色谱柱（涂载体空心柱，SCOT）中。气-液色谱法的峰形对称、分离重复性好、固定液种类多，应用更广泛。

a. 对固定液的要求。固定液均是低熔点、高沸点的有机化合物，在操作条件下必须是液态物质，需满足以下条件：

ⅰ. 对组分有良好的选择性。固定液对待分离混合物中的各组分应有不同的溶解度。

ⅱ. 蒸气压低，操作温度下流失少。

ⅲ. 润湿性好。能均匀涂布在载体表面或空心柱内壁。

ⅳ. 热稳定性好。在高温下不发生分解或聚合反应。

ⅴ. 化学惰性好。不与组分、载体或载气发生不可逆的化学反应。

ⅵ. 凝固点低且黏度适当。

b. 分类。常用的固定液有1000余种，可按极性大小对其进行分类。固定液极性指含不同官能团的固定液，与分析组分中官能团及亚甲基间相互作用的能力。通常用相对极性（$P$）来表示。方法规定：$\beta,\beta$-氧二丙腈 $P=100$，角鲨烷 $P=0$，其他固定液以此为标准测出其 $P$ 值。应用时将 $P$ 值分为五级，每20个相对单位为一级，$P$ 在0～+1间的为非极性固定液（亦可用“−1”表示非极性）；+2、+3为中等极性固定液；+4、+5为强极性固定液（或极性固定液）。图5-43显示了几种典型固定液的分子结构式。表5-13列出了常用固定液的性能等，可供选用时参考。

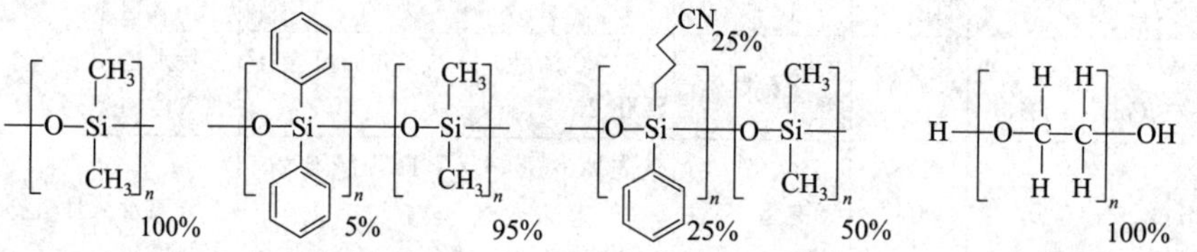

SE-30,100%甲基聚硅氧烷

SE-54,苯基(5%)甲基聚硅氧烷(95%)

OV-225,氰丙基(25%)苯基(25%)甲基聚硅氧烷(50%)

PEG-20M,聚乙二醇(分子量约20000,100%)

图 5-43　几种典型固定液的分子结构式

表 5-13　常用固定液的性能

| 固定液名称 | 型号 | 等级(相对极性数值) | 大致使用温度范围(恒温/程序升温)/℃ | 溶剂 | 分析对象 |
|---|---|---|---|---|---|
| 角鲨烷 | SQ | −1(0) | 20～140/150 | 乙醚/甲苯 | 烃类和非极性化合物 |
| 甲基聚硅氧烷(100%) | SE-30，OV1，OV-101，HP-1，HP-1ms，DB-1，DB-1ms，SPB-1，AT-1，BP-1，CP-Sil-5CB，Ultra-1，Rtx-1，007-1，ZB-1 | +1(5) | −60～325/350 | 氯仿/甲苯 | 烃、农药、多氯联苯、酚类、含硫化合物、调味剂及香料 |
| 苯基(5%)甲基聚硅氧烷(95%) | SE-54，HP-5，HP-5ms，DB-5，DB-5ms，Ultra-2，SPB-5，XTI-5，Mtx-5，CP-Sil-8CB，Rtx-5，BPX-5，BP-5，ZB-5 | +1(8) | −60～325/350 | 丙酮/苯 | 非挥发性化合物、生物碱、药物、脂肪酸甲酯、卤化物、农药、杀虫剂 |
| 苯基(14%)甲基聚硅氧烷(86%) | CP-Sil-13CB，Rtx-20 | +1(13) | −25～300/330 | 丙酮/苯 | 中等极性化合物 |
| 氰丙基苯基(6%)甲基聚硅氧烷(94%) | DB-1301，Rtx-1301，Mtx-1301，CP-1301 | +1(13) | −20～280/300 | 氯仿/二氯甲烷 | 芳氯物、酚、农药、挥发性有机物 |
| 苯基(35%)甲基聚硅氧烷(65%) | OV-11，DB-35，HP-35，Rtx-35，SPB-35，DB-35ms，AT-35，Sup-Herb，MDN-35，BPX-35 | +1(18) | 40～300/320 | 丙酮/苯 | CLP-农药，芳氯物，制药，滥用药物 |
| 氰丙基苯基(14%)甲基聚硅氧烷(86%) | OV-1701，DB-1701，CP-Sil-19CB，SPB-1701，Rtx-1701，Rtx-1701，CB-1701，007-1701，BPX-10，DB-1701P | +1(19) | −20～280/300 | 氯仿/二氯甲烷 | 农药、杀虫剂、TMS糖、芳氯物 |
| 苯基(50%)甲基聚硅氧烷(50%) | OV-17，HP-50，DB-17，CP-Sil-24CB，Rtx-50，BPX-50，SP-2250，CP-sil 19 CB | +2(24) | 40～280/300 | 丙酮/苯 | 药物、乙二醇、农药、甾类化合物 |

续表

| 固定液名称 | 型号 | 等级(相对极性数值) | 大致使用温度范围(恒温/程序升温)/℃ | 溶剂 | 分析对象 |
|---|---|---|---|---|---|
| 三氟丙基(50%)甲基聚硅氧烷(50%) | QF-1, DB-210, OV-210, OV202, SP-2410 | +2(36) | 40～230/250<br>40～240/260 | 氯仿/二氯甲烷 | 含卤化合物、金属螯合物、甾类化合物 |
| β-氰乙基(25%)甲基聚硅氧烷(75%) | XE-60 | +3(42) | 40～230/250 | 氯仿/二氯甲烷 | 苯酚、酚醚、芳胺、生物碱、甾类化合物 |
| 氰丙基(25%)苯基(25%)甲基聚硅氧烷(50%) | OV-225, DB-225, SP-2330, DB-225, CP-Sil-43CB, Rtx-225, BP-225, 007-225, CP-Sil 43CB | +3(43) | 45～200/225 | 氯仿/二氯甲烷 | 脂肪酸甲酯、中性兴奋剂 |
| 聚乙二醇改性(Mr 约 40000, 100%) | CAM, CP-wax-52CB | +3(52) | 20～250/265 | 丙酮/氯仿 | 胺、碱性化合物 |
| 聚乙二醇(*Mr*[1]约 20000, 100%) | PEG-20M, BP-20, 007-CW, HP-INNOWax, DB-Wax, Stabil-wax, Supelcowax-10, Rt-Wax | +3(55) | 20～250/260 | 丙酮/氯仿 | 酚、游离脂肪酸、溶剂、矿物油、调味剂及香料 |
| 聚乙二醇(*Mr* 约 20000)-硝基对苯二酸反应物 | HP-FFAP, OV-351, SP-1000, Stabilwax-DA, 007-FFAP, Nukol, DB-FFAP | +4(60) | 40～240/250 | 丙酮/氯仿 | 有机酸、醛、酮、丙烯酸酯 |
| 聚己二酸二乙二醇酯(100%) | DEGA | +4(67) | 20～180/200 | 丙酮/氯仿 | 分离 $C_1 \sim C_{24}$ 脂肪酸甲酯，甲酚异构体 |
| 聚丁二酸二乙二醇酯(100%) | DEGS | +5(81) | 20～180/200 | 丙酮/氯仿 | 分离饱和及不饱和脂肪酸酯，苯二甲酸酯异构体 |
| 1,2,3-三(2-氰乙氧基)丙烷(100%) | TCEP | +5(98) | 20～145/175 | 氯仿/甲醇 | 选择性保留低级含O化合物，伯、仲胺，不饱和烃、环烷烃等 |
| 环糊精 | CycloSil-B, LIPODEXC, Rt-BDEXm, B-DEX110, B-DEX120 | +3 | 35～260/280 | — | 手性化合物(一般用途) |

c. 固定液的选择方法。分析时需通过试验选择最佳固定液种类。已知样品固定液的选择可参考下列方法：

ⅰ. 按“相似相溶原则”。根据分离组分的极性选择相应极性的固定液。如非极性样品选择 SQ、SE-30、OV-101 或 HP-1 等，各组分按沸点由低到高的顺序流出，沸点相同时极性组分先流出；中等极性样品选择 OV-17、DB-210、XE-60 或 OV-225 等，组分按沸点由低到高的顺序流出，沸点相同时极性小的组分先流出；极性样品选择 PEG-20M、HP-FFAP、DB-WAX 或 DEGA 等，此时各组分按极性由小到大的顺序流出。

也可根据分离组分的化学结构选择含有相同官能团的固定液。若分离样品含较多支链或同分异构体组分，可选用易生成氢键的 PEG-20M。

ⅱ. 按主要差别选择固定液。根据分离样品中难分离物质对的主要差别情况选择合适的固定液。若组分间的主要差别是沸点，选择非极性固定液；若其主要差别是极性，则选择极性固定液。

ⅲ. 选用混合固定液。复杂组分可选用两种或两种以上的混合固定液，如 OV-17 与 QF-

[1] *Mr*，分子量。

1混合固定液可分析含氯农药。

ⅳ. 利用特殊选择性。特殊选择性固定液对特定样品具有良好的选择性。如手性固定液对旋光异构体化合物具有良好的分离效果。

未知成分的混合物样品可先选用毛细管柱进行定性分离，明确样品中组分的数量与极性范围等，再用中等极性的 QF-1 分析，然后根据分离情况的好坏调整固定液的极性，最终确定合适的固定液。

气相色谱实验室一般配置5根极性由小到大的毛细管色谱柱（比较有代表性的是 SE-30、OV-17、QF-1、HP-FFAP、DEGS）即可完成大多数分离任务。

③ 载体的选择。载体俗称担体，是一种多孔性固体颗粒，其作用是提供大面积的惰性表面以负载固定液。载体的基本要求是：比表面积大、化学惰性（无吸附性、无催化性）、热稳定性与机械强度好、颗粒孔径分布均匀。

a. 载体的分类。气-液色谱常用的载体可分为硅藻土型（红色担体和白色担体）与非硅藻土型两类。

红色担体由天然硅藻土煅烧而成，含氧化铁，呈红色，优点是表面结构紧密、孔径较小、比表面积大、机械强度好，可涂渍较多种类的固定液；缺点是表面有氢键及酸碱活性作用点，不宜涂渍极性固定液，多用于分析非极性或弱极性物质。红色担体型号有国产的201、6201、301和国外的 Chromosorb P、Gas chrom R 等。

白色担体是将硅藻土加助熔剂（$Na_2CO_3$）后煅烧而成，氧化铁变成无色铁硅酸钠配合物，呈白色。与红色担体相比，其结构疏松、机械强度差、表面孔径和比表面积较小，但表面活性中心显著减少，可用于涂渍极性固定液，分析极性物质。白色担体型号有国产的101、102和国外的 Chromosorb A. G. W、Celite 545 等。

非硅藻土型载体有氟载体、玻璃微球、高分子多孔微球（GDX）等。氟载体含聚四氟乙烯和聚三氟氯乙烯两个品种，适用于分析腐蚀性气体或强极性物质。玻璃微球载体使用时往往在微球上涂敷一层硅藻土粉末以增大其表面积，其优点是可在较低柱温下以很大载气线速分析高沸点物质；缺点是柱负荷量太小，柱寿命短。GDX 可直接作为吸附剂用于气-固色谱，也可作为载体涂渍固定液后使用，优点是吸附活性低、可选择范围大、热稳定性好、色谱峰峰形好、拖尾现象少，有利于烷烃、卤代烷、醇、酮、脂肪酸、胺、腈以及各种气体的分析，特别是有机物中痕量水的分析、超纯分析与程序升温分析。

b. 载体的预处理。硅藻土载体表面并非完全惰性，存在不同程度的活性中心，分析时会使柱效降低、色谱峰拖尾，使用前需进行预处理。载体的预处理方法有酸洗（去除金属铁氧化物等碱性基团）、碱洗（去除 $Al_2O_3$ 等酸性基团）、硅烷化（消除氢键结合力，减少色谱峰的拖尾）、釉化（表面玻璃化，堵住微孔）等。当然，也可购买预处理过的载体直接使用。

c. 载体的选择。选择载体的一般原则如下：

ⅰ. 分析非极性组分选用红色担体；分析极性组分宜选用酸洗处理过的白色担体。

ⅱ. 固定液用量>15%时宜选用红色担体；固定液用量<10%时宜选用表面处理过的白色担体（指酸洗与硅烷化）。

ⅲ. 分析非极性或极性高沸点样品时，可选用低涂渍量的玻璃微球载体。分析腐蚀性样品时，使用聚四氟乙烯载体。分析酸性样品，选用酸洗载体；分析碱性样品，选用碱洗载体。

ⅳ. 为增强载体惰性，可在涂渍固定液前先涂渍<1%的减尾剂（如聚乙二醇等）。

ⅴ. 一般选用80～100目的载体；为提高柱效也可选用100～120目的载体（柱长宜短，

以免柱压力降增大)。

④ 气-液填充色谱柱的制备。

a. 色谱柱柱管的选择与清洗。选用U形或螺旋形不锈钢色谱柱(玻璃柱易碎),柱内径2～4mm,长度1～2m。先试漏,方法是:将柱子一端堵住,浸入水中,另一端通气体,在高于使用操作压力下应没有气泡冒出,否则应更换柱子。再清洗,方法是:不锈钢柱依次用50～100g·$L^{-1}$热NaOH、自来水、10%盐酸、蒸馏水、无水乙醇冲洗数次至中性,烘干,待用(常用的柱子只需倒出原固定相,依次用蒸馏水、丙酮、乙醚等冲洗2～3次,烘干即可)。玻璃柱用洗液浸泡,然后用蒸馏水洗至中性,烘干即可。

b. 固定液的涂渍。根据液载比(固定液与载体的质量比约5%～15%,过低易拖尾,且柱容量太小)称取合适质量的固定液(于洁净烧杯中)和处理好的载体,在固定液中加入适量溶剂(其种类参考表5-13),完全溶解,将载体倒入其中(确保将载体浸没且有少许过量),在通风橱中轻轻晃动烧杯,用红外灯照射使溶剂全部挥发后即涂渍完毕(涂渍过程中不能用烘箱烘干,也不能用玻璃棒搅拌,以免碰碎载体)。涂渍完毕后将载体置于烘箱(50～60℃)中烘干、过筛,待用。

c. 色谱柱的装填。将色谱柱一端塞上玻璃毛,包以纱布,接入真空泵;另一端放置一专用小漏斗,在不断抽气下,加入涂渍好的固定液。装填时,可用木棍轻敲柱管,使固定液填充均匀紧密,直至填满(见图5-44)。取下柱管,将柱入口端塞上玻璃毛,做好标记。

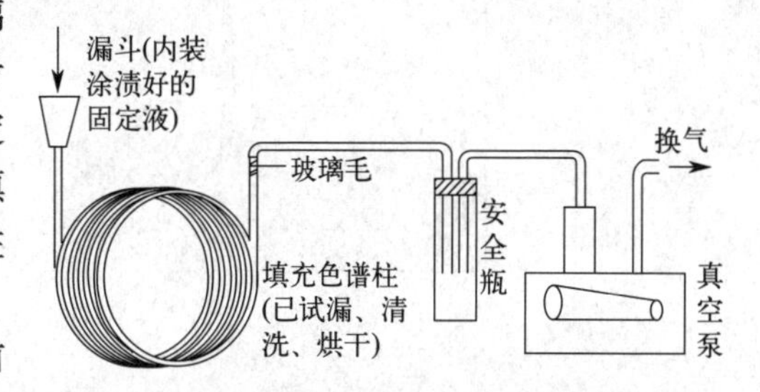

图5-44 气-液填充色谱柱的制备

d. 色谱柱的老化。新制备的色谱柱使用前需先进行老化处理,其目的:一是彻底除去固定相中残存的溶剂和某些易挥发性杂质;二是促使固定液更均匀、更牢固地涂渍在载体表面上。老化方法参考5.2.3.2。

(3) 柱温的选择 GC分析的固定相确定后,改善分离度最有效的参数是柱温。柱温不能超过固定液的最高使用温度(防止其流失),也不能小于固定液的最低使用温度(防止其在柱中冷凝)。升高柱温,可缩短分析时间、减小传质阻力,但分子扩散项增大、分离选择性下降;降低柱温,组分在两相间的扩散速率减小,分配不能迅速达到平衡,峰形变宽,柱效下降,且分析时间变长。柱温选择原则是:使最难分离对物质完全分离的前提下,选用较低的柱温(确保峰形对称、高而细,不展宽)。下面是针对不同样品采用GC分析时,初始柱温选取的经验值:

a. 高沸点混合物(沸点300～400℃),选用低固定液含量(质量分数1%～3%)的色谱柱,初始柱温约200～300℃,需采用高灵敏度检测器。

b. 沸点在200～300℃间的混合物,初始柱温约150～200℃,选用较高固定液含量(质量分数5%左右)的色谱柱。

c. 沸点在100～200℃间的混合物,初始柱温约100～150℃,使用较高固定液含量(质量分数10%左右)的色谱柱。

d. 气体、气态烃等低沸点混合物,选取初始柱温在其平均沸点,或高于平均沸点,多采用固体吸附剂作固定相,也可选择厚液膜的固定液作固定相。

e. 沸点较宽(沸点跨度>100℃)的混合物,采用恒温的方式很难保证所有组分完全分离,此时宜采用程序升温方式,即柱温按预定的加热速率,随时间作线性或非线性的增加。常用的是线性升温,即单位时间内温度上升的速率是恒定的,如5℃/min。图5-45为某宽沸程混合物在恒定柱温及程序升温时分离谱图的比较。柱温较低（45℃）时低沸点组分分离良好，但高沸点组分未出峰[见图 5-45(a)]，已流出的 5 号峰明显扩展；柱温较高（145℃）时，保留时间缩短，低沸点组分出峰密集，有重叠，高沸点组分峰形变宽[见图 5-45(b)]；采用程序升温[图 5-45(c)]时，低沸点和高沸点组分均获得完全分离，且峰形正常，分析时间合理。

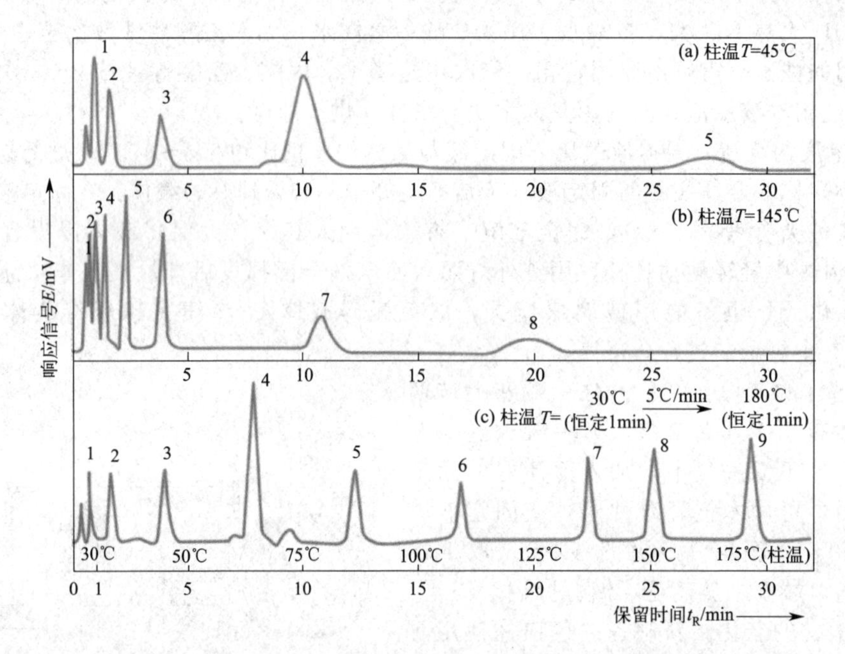


图 5-45　宽沸程混合物在恒定柱温及程序升温时分离谱图的比较

各组分名称及沸点：1—正丙烷（−42.1℃）；2—正丁烷（−0.5℃）；3—正戊烷（36℃）；4—正己烷（68℃）；5—正庚烷（98℃）；6—正辛烷（126℃）；7—溴仿（150.5℃）；8—间氯甲苯（161.6℃）；9—间溴甲苯（183.7℃）

对单阶程序升温而言[见图 5-46(a)]，起始温度（图中为 50℃）常选取样品中最易挥发组分的沸点附近，保持时间（图中为 5min）则取决于样品中低沸点组分的含量（保证其完全分离）。终止温度（图中为 300℃）则取决于样品中最难挥发组分的沸点或固定液的最高使用温度。若固定液最高使用温度大于组分的最高沸点，则可选取稍高于最高沸点的温度作为终止温度，此时终止时间（图中为 5min）可较短；反之，则应选择固定液最高使用温度作为终止温度，此时终止时间需较长，以保证所有高沸点组分被洗脱出来。

升温速率的选取既要保证所有组分均能完全分离，又要保证分析时长合理。内径 2～4mm，长 2～3m 的填充柱，初始升温速率通常选取 3～10℃/min；内径 0.25mm，长 25～50m 的毛细管柱，初始升温速率通常选取 0.5～4℃/min。

组成复杂的样品，可选择多阶程序升温[见图 5-46(b)]以保证样品中各个组分均能完全分离（气相色谱仪均能提供 3～7 阶程序升温）。

（4）气化室和检测器温度的选择　气化室温度取决于样品的化学稳定性和热稳定性、沸程范围、进样口类型等。合适的气化室温度既能保证样品瞬间完全汽化，又不引起样品分解。多数配置分流/不分流进样口的气相色谱仪，气化室温度常比柱温高 50～100℃。某些高沸点或热稳定性差的样品，为防止其分解，可调高分流比，在大量载气稀释的前提下，微量样品在低于沸点的温度下也能完全汽化。

检测器温度取决于样品的沸程范围、检测器类型等，通常高于最高组分沸点 50℃左右。

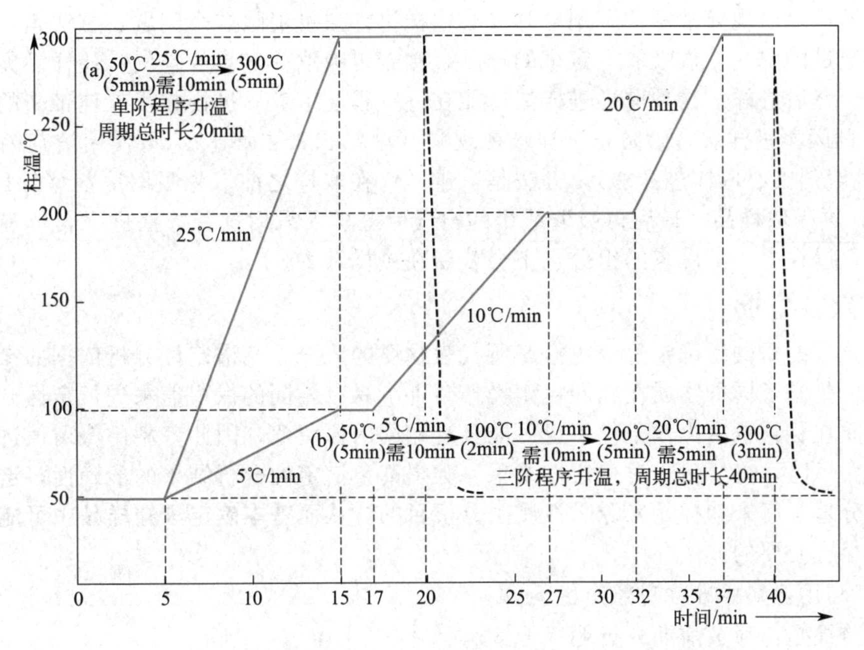


图 5-46　单阶和多阶程序升温示意图

（5）进样量与进样技术

① 进样量。进样量不能超过柱容量（参考表 5-7），否则色谱峰会扩展、变形；进样量也不能太小，否则无法被检测器检出。色谱分析时，当进样量超过某一数值使得所出色谱峰半峰宽变宽或保留值改变，此数值即为最大允许进样量。色谱柱长度和直径越大，固定液的涂渍量越大，则最大允许进样量也越大。使用内径 2～4mm、柱长 2m、固定液用量为 10% 左右的填充柱时，液体试样进样量约 0.1～5μL，气体试样进样量约 0.1～10mL。毛细管柱进样量通常≤1μL，可通过调节合适分流比以适应柱容量。

② 进样技术。进样速度快，样品随载气以浓缩状态进入色谱柱，色谱峰原始宽度窄，利于分离；进样缓慢，样品汽化后被载气稀释，原始峰形变宽，且不对称，既不利于分离也不利于定量。采用微量进样针直接进样时的操作要点是：

气相色谱仪进样操作

a. 常规进样方法。进样针先用溶剂抽洗 5～6 次，再用被测样品抽洗 5～6 次；然后缓缓抽取一定量样品（稍多于进样量），10μL 以上的进样针需防止空气进入（排出方法是在样品瓶中连续抽、推几次），排出过量的样品，并用滤纸吸去针杆处所沾的样品（推出样品前可先在针杆上插入一张滤纸）；取样后立即进样，进样时要求进样针垂直于进样口，左手扶着针头防弯曲，右手拿进样针（见图 5-47，扫描二维码可以观看操作视频），迅速刺穿隔垫，平稳、敏捷地推进针筒（针尖插到底，针头不能碰到气化室内壁），用右手食指平稳、轻巧、迅速地将样品注入，完成后立即拔出，要求整个过程稳当、连贯、迅速。进针位置及速度、针尖停留和拔出速度都会影响进样的重现性。手动进样的相对误差一般在 2%～5%。

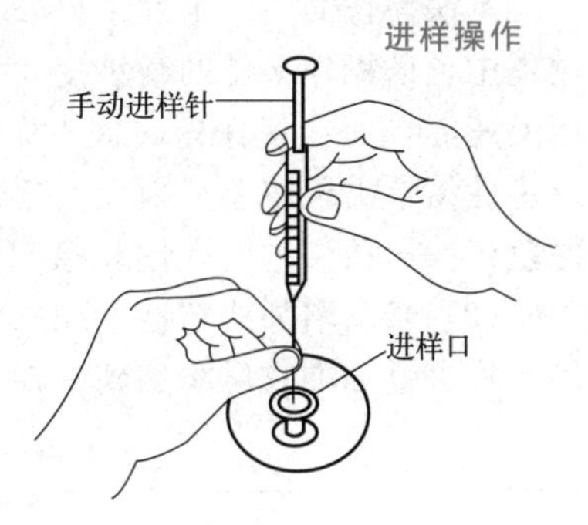


图 5-47　手动进样针进样姿势

b. 空气夹心取样进样法。将进样针（≥10μL）插入气化室时，针头部分零点几微升的样品会先汽化进入色谱柱，造成两次进样，出现异常峰。采用空气夹心取样进样法可消除这个问题，方法是：在取样前先吸取一定量的空气，再吸取一定量的样品，接着再吸取一定量的空气，让样品夹在两段空气柱之间，然后进样。这种取样进样法还能在一定程度上克服进样技术欠佳带来的误差。

c. 溶剂闪蒸进样法。为防止进样歧视现象（见 5.2.3.2 所述），可使用溶剂闪蒸进样法（也叫空气溶剂夹心取样进样法），方法是：进样针在取样之前，先吸取溶剂（1μL）和空气（0.5μL），再吸取样品，最后再吸取适量的空气后进样。采用这种方法进样，可确保样品全部注射到色谱柱中，高沸点的组分也不会残留在进样针中。

## 5.3.3 定性分析

定性分析的目的是确定每个色谱峰所代表物质的成分。色谱定性分析依据的参数是物质的保留值，是基于同种物质在相同色谱操作条件下具有相同的保留值来进行定性分析的。由于不同物质在相同色谱操作条件下也可能具有相同的保留值，因此，利用保留值进行定性分析存在较大风险，需要慎重对待定性结果。为提高色谱定性分析结果的准确性，定性分析前尽可能充分地了解未知样品来源、性质、分析目的，从而基本确定未知样品中可能含有的物质种类是很有必要的。

### 5.3.3.1 利用已知标准物对照定性

本法前提是：通过前期分析明确未知样品中可能含有某物质，且实验室备有该物质的标准品（亦称对照品，要求是色谱纯）。

（1）利用保留时间对照定性　将已知标准物与未知样品在相同色谱操作条件（如柱长、流动相种类及流速、固定相、柱温等）下分别进样分析，比较色谱峰的保留时间是否一致。若二者基本相同，则说明未知样品中可能含有该标准物；若二者不同，则说明未知样品中肯定不含有该标准物。

如图 5-48 所示，前期分析得知未知样品中可能 含有甲醇、乙醇、正丙醇、正丁醇、正戊醇。分别绘制未知样品和上述 5 种醇混合标样的色谱图，比较保留时间可知：未知样品中峰 2 可能是甲醇，峰 3 可能是乙醇，峰 4 可能是正丙醇，峰 7 可能是正丁醇，峰 9 可能是正戊醇。

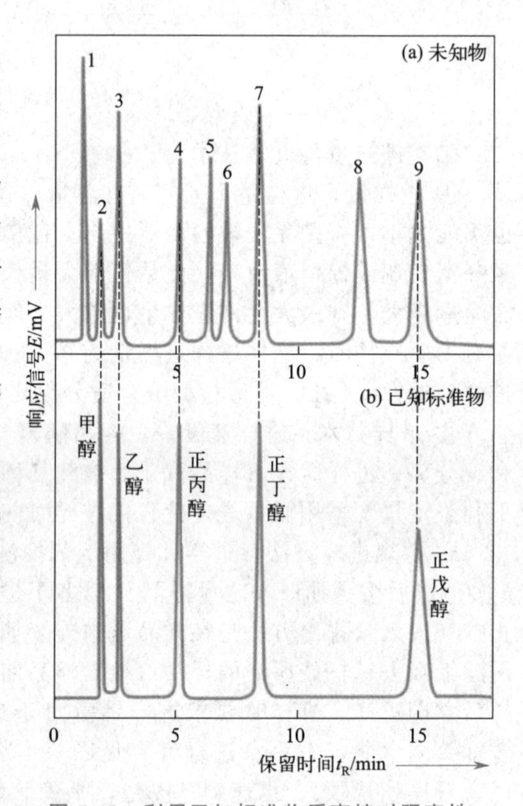


图 5-48　利用已知标准物质直接对照定性

本法操作简单，定性结果较为准确。但定性过程中色谱操作条件的微小变化（如柱温、流动相流速等）均会使保留时间[1]发生变化，从而导致定性结果出现偏差。因此，定性过程中必须确保色谱操作条件的一致性和稳定性。

（2）峰高增加法定性　如果色谱操作条件不易稳定，此时可采用峰高增加法定性。方法是：将少量标准物质添加到未知样品中制成标准品，然后在相同色谱操作条件下将未知样品

[1] 采用保留体积定性，可以避免载气流速变化对定性结果的影响，但保留体积的测量比较困难，往往是通过保留时间与载气流速来进行计算，因此应用不广泛。

和标准品注入 GC 分析，比较各组分色谱峰的相对变化情况来进行定性。此法也适合于未知样品色谱峰过于密集，保留时间不易辨别的情况。

如图 5-49 所示，对照（a）（b）两张色谱图，可知峰 3 的相对峰高明显增加，因此峰 3 可能与所添加标准物质是同种物质。也有可能加入纯物质后色谱峰峰高没有增加，而是出现图 5-49(b) 中虚线的 6 号峰，则可知未知样品中不含有所添加的标准物质。

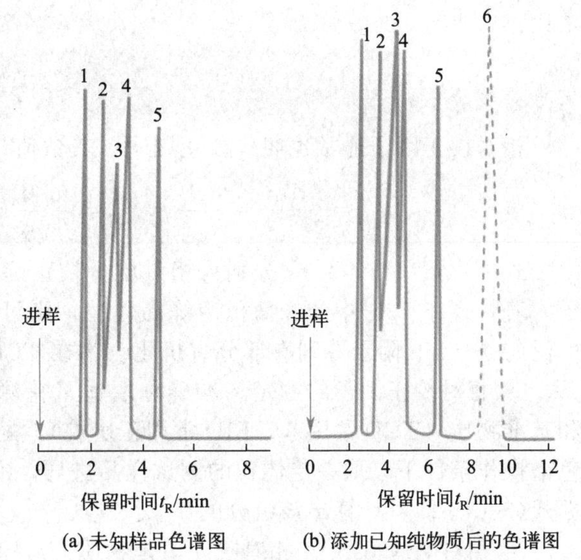

(a) 未知样品色谱图　(b) 添加已知纯物质后的色谱图

图 5-49　已知标准物增加峰高法定性

（3）利用双（多）柱法定性　为提高色谱定性分析结果的准确性，减少风险，可采用两根（或多根）极性差异较大的色谱柱分别进行定性。如果标准物质与未知样品中某组分在性能不同的两根（或多根）色谱柱上均具有基本相同的保留值，则基本可认定未知样品中含有该标准物质（若某一根色谱柱显示标准物质与未知样品中某组分色谱峰保留时间完全不同，则未知样品中该组分一定不是该标准物质）。所用的色谱柱越多，色谱柱的性能差别越大，则定性结果的可靠程度越大。

#### 5.3.3.2　利用文献保留值或与其他方法结合定性

扫描二维码查看详细内容。

利用文献保留值或与其他方法结合定性

### 5.3.4　定量分析

#### 5.3.4.1　定量分析基础

（1）定量分析基本公式　色谱法的定量依据是：在一定色谱操作条件下，进入检测器的组分 $i$ 的质量 $m_i$ 或浓度与检测器的响应信号（色谱峰的峰高或峰面积 $A_i$）成正比，即

$$m_i = f_i A_i \tag{5-10}$$

式中，$f_i$ 为定量校正因子。

（2）峰面积的测定　峰面积的测量精度将直接影响定量分析的精度。积分仪和色谱工作站可直接给出峰面积的数值，精度可达 0.2%～2%。为使峰面积的测量更为准确，可根据实际峰形调整积分参数（半峰宽、峰高和最小峰面积等）和基线。峰形对称的狭窄峰，可直接以峰高代替峰面积，既简便快速，又准确。

（3）定量校正因子的测定　定量校正因子分为绝对校正因子和相对校正因子，其大小主要取决于仪器的灵敏度。

① 绝对校正因子（$f_i$）。$f_i$ 指单位峰面积或单位峰高所代表的组分的量，即

$$f_i = \frac{m_i}{A_i}, f_{i(h)} = \frac{m_i}{h_i} \tag{5-11}$$

式中，$f_i$、$f_{i(h)}$ 分别为峰面积与峰高的绝对校正因子。由于准确测量 $f_i$ 存在困难，且 $f_i$ 易受操作条件的影响，不具备通用性，因此分析时多采用相对校正因子。

② 相对校正因子（$f'_i$）。相对校正因子指组分 $i$ 与另一标准物质 S 的绝对校正因子

之比：

$$f'_i=\frac{f_i}{f_S} \tag{5-12}$$

相对校正因子通常也叫作校正因子，其数值与所用计算单位有关，如：

$$f'_m=\frac{f_{i(m)}}{f_{S(m)}}=\frac{m_iA_S}{m_SA_i},f'_M=\frac{f_{i(M)}}{f_{S(M)}}=\frac{n_iA_S}{n_SA_i}=f'_m\frac{M_S}{M_i},f'_V=f'_M \tag{5-13}$$

式中，$f'_m$、$f'_M$、$f'_V$分别为相对质量校正因子、校正摩尔校正因子和相对体积校正因子。若将式(5-13) 中的峰面积用峰高代替，则可得到峰高的相对校正因子。分析时应用最广泛的是 $f'_m$。附录 3 列有部分有机化合物在 TCD 和 FID 上的 $f'_m$ 值。

③ 相对校正因子的测定。准确称取适量待测组分标准物质（色谱纯或已知准确含量）和基准物质（TCD 常用苯，FID 常用正庚烷），配制成已知准确浓度的测试样品。在一定的色谱操作条件下，取一定体积的测试样品进样，准确测量待测组分和基准物质的峰面积，根据式(5-13) 即可计算出该组分的 $f'_m$、$f'_M$、$f'_V$。

④ 相对响应值 $S'_i$。相对响应值是物质 $i$ 与标准物质 S 的响应值（灵敏度）之比，单位相同时，与校正因子互为倒数，即：

$$S'_i=\frac{1}{f'_i} \tag{5-14}$$

$f'_i$和 $S'_i$只与试样、标准物质以及检测器类型有关，与柱温、载气流速、固定液性质等无关，是一个能通用的参数。

#### 5.3.4.2 定量方法

色谱法中常用的定量方法有归一化法、标准曲线法（外标法）、内标法（含内标曲线法）和标准加入法。

(1) 归一化法　设试样中有 $n$ 个组分，各组分的质量分别为 $m_1$，$m_2$，…，$m_n$，在一定色谱操作条件下测得各组分峰面积分别为 $A_1$，$A_2$，…，$A_n$，则组分 $i$ 的质量分数 $w_i$ 为：

$$\begin{aligned}w_i&=\frac{m_i}{m_{\text{试样}}}\times100\%=\frac{m_i}{m_1+m_2+\cdots+m_n}\times100\%\\&=\frac{f'_iA_i}{f'_1A_1+f'_2A_2+\cdots+f'_nA_n}\times100\%=\frac{f'_iA_i}{\sum_{i=1}^{n}f'_iA_i}\times100\%\end{aligned} \tag{5-15a}$$

或

$$w_i=\frac{f'_{i(h)}h_i}{\sum_{i=1}^{n}f'_{i(h)}h_i}\times100\% \tag{5-15b}$$

式中，$f'_i$和 $f'_{i(h)}$分别为峰面积与峰高的相对质量校正因子。当 $f'_i$为摩尔校正因子或体积校正因子时，所得结果分别为组分 $i$ 的摩尔分数或体积分数。

若试样中各组分的 $f'_i$很接近（如同分异构体或同系物），可不用校正因子，直接用峰面积归一化法进行定量，即

$$w_i=\frac{A_i}{\sum_{i=1}^{n}A_i}\times100\% \tag{5-15c}$$

归一化法的优点是简便、准确，进样量、流速、柱温等条件的变化对定量结果的影响很

小；其不足是校正因子的测定比较复杂，且要求样品中各个组分均能被检测器响应，并能完全分离。

【例 5-2】有一含四种物质的样品，现用 GC 测定其含量，实验步骤如下：

（1）校正因子的测定　准确配制苯（基准物）与组分甲、乙、丙及丁的纯品混合溶液，其质量（g）分别为 0.526、0.653、0.879、0.923 及 0.985。吸取混合溶液 0.2μL，进样三次，测得平均峰面积（μV·s）分别为 1314、2022、2831、3318 及 2729。

（2）样品中各组分含量的测定　在相同实验条件下，取该样品 0.2μL，进样三次，测得组分甲、乙、丙及丁的平均峰面积（μV·s）分别是 1726、1858、2197 及 1949。

试计算（1）各组分的相对质量校正因子；（2）各组分的质量分数。

解：（1）由式(5-13) 有 $f'_m=\frac{m_i A_S}{m_S A_i}$，即 $f'_{m(甲)}=\frac{0.653\times1314}{0.526\times2022}=0.807$，

同理，$f'_{m(乙)}=0.776$，$f'_{m(丙)}=0.695$，$f'_{m(丁)}=0.902$。

（2）由式(5-15a) 有 $w_i=\frac{f'_i A_i}{\sum_{i=1}^{n} f'_i A_i}\times100\%$，则

$$w_甲=\frac{f'_甲 A_甲}{\sum_{i=1}^{n} f'_i A_i}\times100\%=\frac{0.807\times1726}{0.807\times1726+0.776\times1858+0.695\times2197+0.902\times1949}\times100\%=22.8\%$$

同理，$w_乙=23.6\%$，$w_丙=25.0\%$，$w_丁=28.7\%$。

（2）标准曲线法　又称外标法。先用纯物质配制不同浓度的标准系列溶液；在一定的色谱操作条件下，等体积准确进样，测量各峰的峰面积或峰高，绘制峰面积或峰高对浓度的标准曲线（其斜率即为绝对校正因子）；然后在完全相同的色谱操作条件下将试样等体积进样分析，测量其色谱峰峰面积或峰高，在标准曲线上查出样品中该组分的浓度。

也可直接用单点校正法（直接比较法）进行定量。方法是：先配制一个和待测组分含量相近且浓度已知的标准溶液，然后在相同色谱操作条件下，分别对待测样品和标准溶液等体积进样分析，分别得到待测样品和标准样品中目标组分的峰面积或峰高，通过下式进行计算：

$$w_i=\frac{w_S}{w_S}\times A_i\times100\%, w_i=\frac{w_S}{h_S}\times h_i\times100\% \tag{5-16}$$

当方法存在系统误差时（即标准工作曲线不通过原点），单点校正法的误差较大。

标准曲线法特别适合大量样品的分析，其优点是可直接从标准工作曲线上读出含量；其不足是每次样品分析的色谱条件（如检测器的响应性能、柱温、流动相流速及组成、进样量、柱效等）很难完全相同，待测组分与标准样品基体上存在差异，容易出现较大误差。

（3）内标法　内标法是将一种纯物质作为标准物（称内标物 S），定量加入到待测样品中，依据待测组分与内标物在检测器上响应值之比及内标物加入量进行定量分析的一种方法。其计算公式为

$$w_i=\frac{m_i}{m_{试样}}\times100\%=\frac{m_S\times\dfrac{f'_iA_i}{f'_SA_S}}{m_{试样}}\times100\%=\frac{m_S}{m_{试样}}\times\frac{f'_i}{f'_S}\times\frac{A_i}{A_S}\times100\% \tag{5-17a}$$

或

$$w_i=\frac{m_S}{m_{试样}}\times\frac{f'_{i(h)}}{f'_{S(h)}}\times\frac{h_i}{h_S}\times100\% \tag{5-17b}$$

式中，$f'_S$、$f'_{S(h)}$为内标物S的相对质量校正因子；$A_S$为内标物S的峰面积；$m_S$为加入内标物S的质量。

内标法中，若以内标物为基准，则$f'_S=1.0$，则式(5-17a)可简化为：

$$w_i=f'_i\times\frac{m_S}{m_{试样}}\times\frac{A_i}{A_S}\times100\%,w_i=f'_{i(h)}\times\frac{m_S}{m_{试样}}\times\frac{h_i}{h_S}\times100\% \tag{5-17c}$$

内标法的关键是选择合适的内标物。选择内标物的要求是：

① 内标物应是试样中不存在的纯物质；

② 内标物的性质应与待测组分性质相近，以使内标物的色谱峰与待测组分色谱峰靠近并与之完全分离；

③ 内标物与样品应完全互溶，但不能发生化学反应；

④ 内标物的加入量应接近待测组分含量。

内标法的优点是可消除进样量、操作条件的微小变化所引起的误差，定量较准确；其缺点是选择合适的内标物比较困难，每次分析均要准确称量试样与内标物的质量，不宜做快速分析。

在不知校正因子时，还可采用内标对比法来进行定量。方法是：先称取一定量的内标物S，加入到待测物已知含量的标准溶液中，配制成测试用标准溶液；再将相同量的内标物，加入到同体积的待测物样品溶液中，配制成测试用样品溶液。两种溶液分别进样，样品溶液中待测物的含量可用下式计算：

$$\frac{(A_i/A_S)_{样品}}{(A_i/A_S)_{标准}}=\frac{w_{i样品}}{w_{i标准}} \tag{5-18}$$

式中，$(A_i/A_S)_{样品}$、$(A_i/A_S)_{标准}$分别为测试用样品溶液和标准溶液中，待测物$i$与内标物S峰面积之比；$w_{i样品}$、$w_{i标准}$分别为待测物$i$在样品溶液和待测物标准溶液中的质量分数。

为进一步提高测定结果的准确度，还可采用内标曲线法进行定量。方法是：用待测组分的纯物质配制系列标准溶液，分别加入相同量的内标物，然后在相同色谱操作条件下进样分析（进样量不要求相同），以待测组分与内标物响应值之比（$A_i/A_S$或$h_i/h_S$）为纵坐标，以标准溶液的浓度为横坐标，绘制内标工作曲线。接着在试样溶液中加入相同量的内标物，配制成测试用的试样溶液，在完全相同的色谱操作条件下进样分析，得到$A_x/A_S$或$h_x/h_S$，然后在内标标准曲线上直接查出试样溶液中待测组分$i$的浓度。本法除可省去校正因子的测定外，还特别适用于大批量样品的分析。

【例5-3】测定二甲苯氧化母液中二甲苯的含量时，由于母液中除二甲苯外，还有溶剂和少量甲苯、甲酸，在分析二甲苯的色谱条件下不能流出色谱柱，所以常用内标法进行测定，以正壬烷作内标物。称取试样1.526g，加入内标物0.321g，测得色谱数据见表5-14。

表 5-14　内标法测二甲苯色谱数据

| 组分 | $A/(\mu V\cdot s)$ | $f'_m$ | 组分 | $A/(\mu V\cdot s)$ | $f'_m$ | 组分 | $A/(\mu V\cdot s)$ | $f'_m$ |
|---|---|---|---|---|---|---|---|---|
| 正壬烷 | 1090 | 1.14 | 对二甲苯 | 995 | 1.12 | 邻二甲苯 | 985 | 1.10 |
| 乙苯 | 870 | 1.09 | 间二甲苯 | 1127 | 1.08 | | | |

计算母液中乙苯和二甲苯各异构体的质量分数。

解：由式(5-17a) 有 $w_i=\dfrac{m_S}{m_{试样}}\times\dfrac{f'_i}{f'_S}\times\dfrac{A_i}{A_S}\times100\%$，则 $w_{乙苯}=\dfrac{0.321\times1.09\times870}{1.526\times1.14\times1090}\times100\%=16.1\%$。

同理，$w_{对二甲苯}=18.9\%$，$w_{间二甲苯}=20.6\%$，$w_{邻二甲苯}=18.3\%$。

【例 5-4】乙苯可用苯和溴乙烷经催化剂转换而成。测定乙苯含量时，以甲苯为内标物，先称取不同量的乙苯（色谱纯）与一定量的甲苯（色谱纯）混合均匀并稀释相同倍数后，均进样 0.2μL。称取未知样品 1.0526g，与标准品做相同处理后，在相同条件下进样分析。检测结果见表 5-15。计算未知样品中乙苯的质量分数。

表 5-15　乙苯含量测定数据

| $m_{甲苯}/g$ | 0.2526 | 0.2498 | 0.2625 | 0.2507 | 0.2516 | 0.2476 |
|---|---|---|---|---|---|---|
| $m_{乙苯}/g$ | 0.1263 | 0.5012 | 1.0526 | 1.5026 | 2.0132 | 未知样品 |
| $A_{甲苯}/(\mu V\cdot s)$ | 1283 | 1314 | 1278 | 1305 | 1291 | 1287 |
| $A_{乙苯}/(\mu V\cdot s)$ | 756 | 3005 | 6157 | 9901 | 12871 | 5627 |

解：先计算 $A_{乙苯}/A_{甲苯}$ 和 $m_{乙苯}/m_{甲苯}$，结果见表 5-16：

表 5-16　结算结果

| $A_{乙苯}/A_{甲苯}$ | 0.589 | 2.287 | 4.818 | 7.587 | 9.970 |
|---|---|---|---|---|---|
| $m_{乙苯}/m_{甲苯}$ | 0.500 | 2.006 | 4.010 | 5.994 | 8.002 |

绘制 $A_{乙苯}/A_{甲苯}$-$m_{乙苯}/m_{甲苯}$ 内标曲线（见图 5-50）。

$\left(\dfrac{A_{乙苯}}{A_{甲苯}}\right)_x=\dfrac{5627}{1287}=4.372$，查内标曲线得对应的 $\left(\dfrac{m_{乙苯}}{m_{甲苯}}\right)_x=3.519$（也可先由 Excel 等工具得出内标曲线回归方程 $\dfrac{A_{乙苯}}{A_{甲苯}}=1.2423\times\dfrac{m_{乙苯}}{m_{甲苯}}$，然后代入数值计算）。因此，未知样品中乙苯质量

$$m_{乙苯(x)}=3.519\times0.2476g=0.8713g$$

所以，未知样品中乙苯的质量分数为

$$w_{乙苯}=\frac{0.8713}{1.0526}\times100\%=82.78\%$$

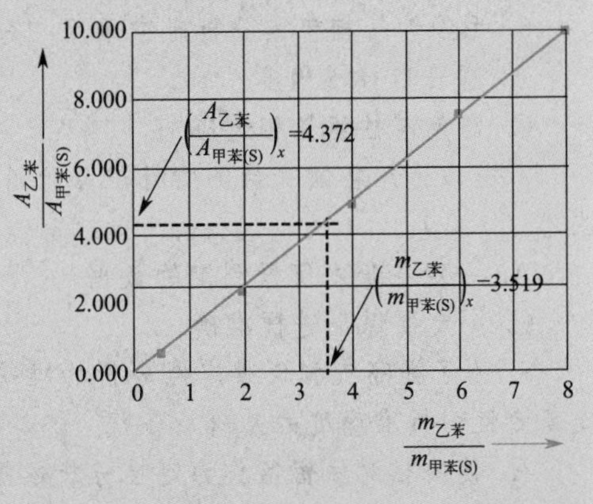


图 5-50　内标曲线法测定未知样品中的乙苯

（4）标准加入法　标准加入法实质上是一种以待测组分的纯物质为内标物的内标法。操作方法是：称取质量为 $m$ 的待测组分 $i$ 的纯物质（体积为 $V$），将其加入到待测样品溶液（其质量为 $m_{试样}$，体积为 $V_{试样}$；要求 $m_{试样}\gg m$，$V_{试样}\gg V$）中，分别测定增加纯物质前后组分 $i$ 的峰面积（或峰高），按式(5-19) 计算组分 $i$ 的质量分数。

$$w_i=\frac{\Delta w}{\frac{A_i'}{A_i}-1}\times 100\%=\frac{m}{m_{试样}\times\left(\frac{A_i'}{A_i}-1\right)}\times 100\%,w_i=\frac{m}{m_{试样}\times\left(\frac{h_i'}{h_i}-1\right)}\times 100\% \quad (5-19)$$

式中，$A_i$、$A_i'$分别为增加纯物质前后组分 $i$ 的峰面积；$h_i$、$h_i'$分别为增加纯物质前后组分 $i$ 的峰高。

标准加入法的优点是以待测组分的纯物质作内标物，操作简单；其缺点是色谱操作条件的微小变化会影响测定结果的准确度，增加纯物质前后两次进样量须保持一致。

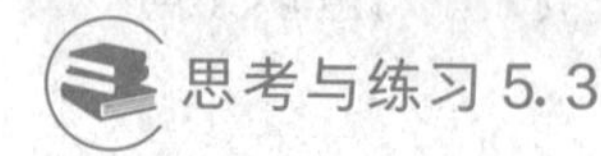

## 思考与练习 5.3

1. 在色谱流出曲线上，两峰间的距离取决于相应两组分在两相间的（　　）。

A. 分配系数　　B. 扩散速度　　C. 理论塔板数　　D. 理论塔板高度

2. 在气-液色谱法中，当两组分的保留值完全一样时，应采用哪一种操作才有可能将两组分分开（　　）。

A. 改变载气流速　B. 增加色谱柱柱长　C. 改变载气种类

D. 改变柱温　　E. 减小填料的粒度

3. 固定液选择的基本原则是（　　）。

A. 最大相似性原则　B. 同离子效应原则　C. 拉平效应原则　D. 相似相溶性原则

4. 下列有关分离度的描述中，正确的是（　　）。

A. 从分离度的计算式来看，分离度与载气流速无关

B. 分离度取决于相对保留值，与峰宽无关

C. 色谱峰峰宽与保留值差决定了分离度的大小

D. 高柱效一定具有高分离度

5.（多选）对于多组分样品的气相色谱分析一般宜采用程序升温的方式，其主要目的是（　　）。

A. 使各组分都有较好的峰高　　B. 缩短分析时间

C. 使各组分都有较好的分离度　　D. 延长色谱柱的使用寿命

6. 毛细管气相色谱分析时常采用“分流进样”操作，其主要原因是（　　）。

A. 保证取样准确度　　B. 防止污染检测器

C. 与色谱柱容量相适应　　D. 保证样品完全气化

7.（多选）在缺少待测物标准品时，可以使用文献保留值进行对比定性分析，操作时应注意（　　）。

A. 一定要是本仪器测定的数据　　B. 一定要严格保证操作条件一致

C. 一定要保证进样准确　　D. 保留值单位一定要一致

8. 为了提高气相色谱定性分析的准确度，常采用其他方法结合佐证，下列方法中不能提高定性分析准确度的是（　　）。

A. 使用相对保留值作为定性分析依据　B. 使用待测组分的特征化学反应进行佐证

C. 与其他仪器联机分析（如 GC-MS）　D. 选择灵敏度高的专用检测器

9.（多选）如果样品比较复杂，相邻两峰间距离太近或操作条件不易控制时，则准确测量保留值有一定困难，此时可采用（　　）。

A. 相对保留值进行定性

B. 加入待测物的标准物质以增加峰高的方法进行定性

C. 文献保留值进行定性

D. 利用选择性检测器进行定性

10. 在法庭上涉及审定一个非法的药品，起诉表明该非法药品经气相色谱分析测得的保留时间，在相同条件下，刚好与已知非法药品的保留时间一致，辩护证明，有几个无毒的化合物与该非法药品具有相同的保留值。你认为用下列哪个鉴定方法为好？（　　）

A. 用加入已知物以增加峰高的办法　　B. 利用相对保留值进行定性

C. 用保留值的双柱法进行定性　　D. 利用文献保留指数进行定性

11. 用一根 2.0m 长的 PEG-20M 色谱柱分离邻甲苯胺与对甲苯胺的混合物时，已知邻甲苯胺与对甲苯胺的保留时间分别为 2.77min 与 3.08min，半峰宽分别为 0.172min 与 0.190min。求色谱柱对这两个化合物的分离度。分离程度如何？

12. 在一根 1.0m 长的色谱柱上，分析某试样时，得到相邻两组分的保留时间分别为 6.07min 与 6.93min，空气峰的保留时间为 0.40min，组分 1 和组分 2 色谱峰基线宽度分别为 0.65min 与 0.75min。试求：(1) 调整保留时间 $t'_{R_1}$ 和 $t'_{R_2}$；(2) 相邻两组分的相对保留值 $r_{21}$；(3) 用组分 2 计算色谱柱的有效理论塔板数 $n_{有效}$；(4) 若需要达到分离度 $R=1.5$，分别求出 $n_{有效}$ 与所需的最短柱长。

13. 准确称取苯、正丙苯、正己烷、邻二甲苯等四种纯化合物，配制成混合溶液，进行气相色谱分析，得到表 5-17 的数据。

表 5-17　四种化合物的分析结果

| 组分 | $m$/μg | $A$/(μV·s) | 组分 | $m$/μg | $A$/(μV·s) |
|---|---|---|---|---|---|
| 苯 | 0.435 | 3962 | 正己烷 | 0.785 | 8026 |
| 正丙苯 | 0.864 | 7483 | 邻二甲苯 | 1.760 | 15001 |

计算正丙苯、正己烷、邻二甲苯三种化合物以苯为标准时的相对校正因子。

14. 在管式裂解气制乙二醇生产中，分析乙二醇及其杂质丙二醇与水含量时，采用气相色谱法（TCD）进行测定，以归一化法定量。测得数据见表 5-18。

表 5-18　乙二醇及杂质测定结果

| 组分 | 水 | 丙二醇 | 乙二醇 |
|---|---|---|---|
| $A$/(μV·s) | 361 | 6144 | 1457 |
| $f'_m$ | 1.21 | 0.86 | 1.00 |

试计算各组分的质量分数。

15. 在乙基液的色谱图中，除了出现二氯乙烷、二溴乙烷及四乙基铅三个主要峰外，还出现别的杂质峰（无须定量）。采用内标法对主要组分进行定量分析。若选用甲苯为内标物，甲苯与样品的质量比为 1∶10，实验测得各组分的峰面积和校正因子见表 5-19。

表 5-19　各组分峰面积和校正因子

| 组分 | 二氯乙烷 | 二溴乙烷 | 四乙基铅 | 甲苯 |
|---|---|---|---|---|
| $A$/(μV·s) | 1388 | 909 | 2678 | 923 |
| $f'_m$ | 1.00 | 1.65 | 1.75 | 0.870 |

试用内标法计算各组分的质量分数。

16. 用内标法测定环氧丙烷中的水分含量时，称取 0.0115g 甲醇（内标物），加到 2.2679g 样品中，测得水分与甲醇的色谱峰峰高分别为 148.8mm 和 172.3mm。水和甲醇的相对质量校正因子分别为 0.70 和 0.75，试计算环氧丙烷中水分的质量分数。

*17. 测定氯苯中的微量杂苯、对二氯苯、邻二氯苯时，以甲苯为内标，先用纯物质配制标准溶液，进行气相色谱分析，得表 5-20 的数据，试根据数据绘制标准曲线。

表 5-20　标准溶液测定结果

| 编号 | 甲苯 | 苯 | | 对二氯苯 | | 邻二氯苯 | |
|---|---|---|---|---|---|---|---|
| | 质量/g | 质量/g | 峰高比 | 质量/g | 峰高比 | 质量/g | 峰高比 |
| 0 | 0.0458 | 0.0000 | 0.000 | 0.0000 | 0.000 | 0.0000 | 0.000 |
| 1 | 0.0455 | 0.0056 | 0.234 | 0.0325 | 0.080 | 0.0243 | 0.031 |
| 2 | 0.0460 | 0.0104 | 0.471 | 0.0651 | 0.157 | 0.0487 | 0.063 |
| 3 | 0.0457 | 0.0157 | 0.705 | 0.0957 | 0.247 | 0.0731 | 0.097 |
| 4 | 0.0463 | 0.0213 | 0.932 | 0.1319 | 0.334 | 0.0992 | 0.131 |

在分析未知试样时，称取氯苯试样 5.260g，加入内标物 0.0321g，进样分析得到气相色谱图，测得各杂质与内标物的峰高比为：$h_{苯}/h_{甲苯}=0.341$；$h_{对二氯苯}/h_{甲苯}=0.298$；$h_{邻二氯苯}/h_{甲苯}=0.042$。计算试样中各杂质的质量分数。

*18. 分别取 0.10μL、0.20μL、0.30μL、0.40μL、0.50μL 的苯胺标准溶液（533mg/L 水溶液），在适宜条件下注入色谱仪，测得苯胺峰高见表 5-21。

表 5-21　苯胺标准溶液测定结果

| 苯胺标准溶液/μL | 0.00 | 0.10 | 0.20 | 0.30 | 0.40 | 0.50 |
|---|---|---|---|---|---|---|
| 苯胺进样量/mg | 0.000 | 0.053 | 0.107 | 0.160 | 0.213 | 0.267 |
| 苯胺峰高/mm | 0.00 | 45 | 89 | 134 | 176 | 219 |

试绘制出峰高-进样量曲线。分析未知水样时，将水样浓缩 50 倍，取所得浓缩液 0.30μL 注入色谱仪，测得其峰高为 138mm，计算水样中苯胺的浓度（以 mg/L 表示）。

19. 用标准加入法测定丙酮中微量水时，先称取 3.1865g 丙酮试样于样品瓶中，接着又称取 0.0256g 纯水标样于该样品瓶中，混合均匀。在完全相同的条件下，分别吸取 2.0μL 丙酮试样和 2.0μL 加入纯水标样后的丙酮试样于气相色谱仪中进行分析测试，得到相应水峰的峰高分别为 114mm 与 526mm。求丙酮试样中水的质量分数。

### 阅读园地

扫描二维码可查看“全二维气相色谱法”。

全二维气相色谱法　　气相色谱法的应用

## 5.4 应用

扫描二维码可查看详细内容。

## 5.5 实验

### 5.5.1 气相色谱仪气路连接、安装与检漏

#### 5.5.1.1 实验目的

（1）学会连接安装气路中各部件。

（2）学习气路的检漏和排漏方法。

（3）学会用皂膜流量计测定载气流量。

#### 5.5.1.2 仪器与试剂

（1）仪器　GC9790J 型气相色谱仪（或其他型号气相色谱仪），高压气体钢瓶（或气体发生器），减压阀，气体净化器（内装蓝色硅胶、活性炭、分子筛），填充色谱柱（$\Phi$3mm，长 2m），聚乙烯塑料管，石墨垫圈与 O 形圈，皂膜流量计（100mL），秒表。

（2）试剂　新鲜肥皂水或其他能起泡的液体（如烷基苯磺酸钠等）。

#### 5.5.1.3 实验内容与操作步骤

（1）准备工作

① 根据所用气体选择减压阀。使用氢气高压钢瓶选择氢气减压阀（氢气减压阀与钢瓶连接的螺母为左螺纹）；使用氮气（$N_2$）、空气高压钢瓶，选择氧气减压阀（氧气减压阀与钢瓶连接的螺母为右旋螺纹）。

② 准备气体净化器。清洗气体净化管并烘干，再分别装入分子筛、硅胶和活性炭。在气体出口处，塞一段脱脂棉（防止将净化剂的粉末吹入气相色谱仪中）。

③ 准备一定长度（视具体需要而定）的不锈钢管（或尼龙管、聚乙烯塑料管）。

GC9790J 型气相色谱仪（FID）气源至主机的气路连接如图 5-59 所示（带 TCD 的仪器系统只有一路载气，通常为 $H_2$ 或 He）。

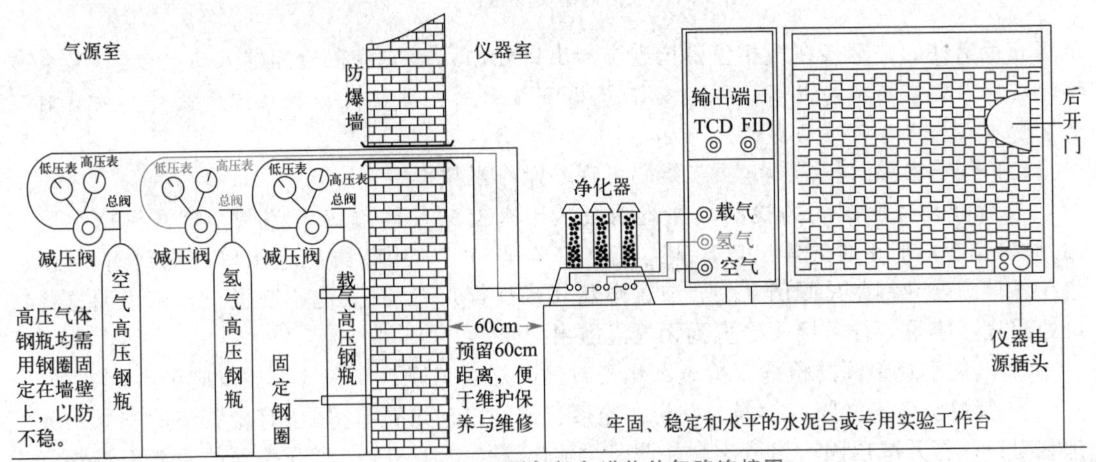


图 5-59 GC9790J 型气相色谱仪外气路连接图

（2）连接气路

① 钢瓶与减压阀的连接。将减压阀接高压钢瓶端连接在高压钢瓶的出口端，用手旋紧时，再用扳手拧紧（如图 5-60 所示）。

② 减压阀与气体管道的连接。用手将不锈钢管（或橡胶管）旋进减压阀的另一端，旋紧后再用扳手拧紧。

③ 气路管线连接方式。气相色谱仪的管线多数采用内径为 3mm 的不锈钢管，靠螺母、压环和 O 形密封圈进行连接（各部件连接顺序如图 5-61 所示，扫描 190 页二维码可观看操作视频）。有的也采用成本较低、连接方便的尼龙管或聚四氟乙烯管（需用“接管”），但效果不如金属管好。连接管道时，要求既要能保证气密性，又不损坏接头。

④ 气体管道与气体净化器的连接。按③的连接方式，将气体管道的出口连接至气体净化器相应气体的进口上。【注意】**连接时不要将进出口混淆，不要将气体种类接错。**

⑤ 气体净化器与 GC9790J 型气相色谱仪的连接。按③的连接方式，将气体净化器的出口接至气相色谱仪相应的进口上。【注意】**连接时同样要求不要将气体种类接错。**

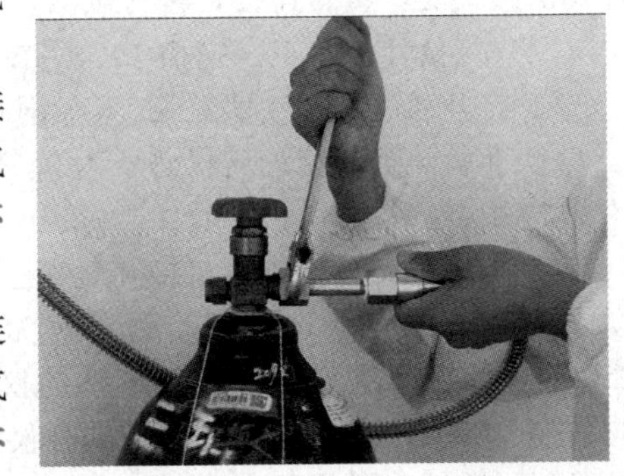

图 5-60 高压钢瓶与减压阀的连接

⑥ 填充色谱柱的安装。按③的连接方式，将选

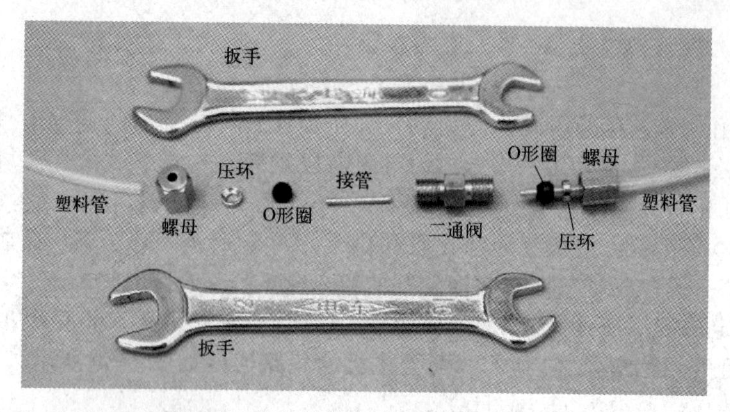


图 5-61　气相色谱仪气路管线连接方式

定填充色谱柱的一端接在气相色谱仪进样器出口处，另一端接在检测器入口处。【注意】**连接时应用石墨垫替换O形圈，并确保石墨垫圈与填充色谱柱大小相匹配。此外，安装时还需注意填充色谱柱两端的高度。**

（3）气路检漏（扫描190页二维码可观看操作视频）

① 钢瓶至减压阀间的检漏。关闭钢瓶减压阀上的气体输出节流阀，打开钢瓶总阀门（此时操作者不能正对气体出口，应与气体出口呈90°），用新鲜肥皂水（洗涤剂饱和溶液）涂在各接头处（钢瓶总阀门开关、减压阀及其接头等），如有气泡不断涌出，则说明这些接口处漏气。应重新拧紧接头处直到无气泡溢出为止。

② 汽化密封垫圈的检漏。检查汽化密封垫圈是否完好，如有气泡溢出应更换新垫圈。

③ 气源至色谱柱间的检漏（此步在连接色谱柱之前进行）。用垫有橡胶垫的螺帽封死气化室出口，打开减压阀输出节流阀并调节至输出表压0.4MPa；打开仪器的载气稳流阀（逆时针方向打开，旋至压力表呈一定值，如0.2MPa）；用新鲜肥皂水涂在各个管接头处，观察是否漏气，若有漏气，须重新连接直到不漏气为止。关闭气源，半小时后，若仪器上压力表指示的压力下降小于0.005MPa，则说明气化室前的气路不漏气，否则，应仔细检查找出漏气处，重新连接，再试漏，直至不漏气为止。

④ 气化室至检测器出口间的检漏。接好色谱柱，开启载气，输出压力调至0.2～0.4MPa间。将柱前压对应的稳流阀的圈数调至最大（配备电子流量计的仪器可直接调节气体流量约为100mL/min），然后堵死仪器检测器出口，用新鲜肥皂水逐个检查各接头，看是否有气泡溢出，若无，则说明此间气路不漏气（或关载气稳压阀，半小时后，若仪器上压力表指示的压力降小于0.005MPa，则说明此段不漏气，反之则漏气）。若漏气，则应仔细检查找出漏气处，重新连接，再行试漏，直至不漏气为止。

（4）流量计的校正（扫描192页二维码可观看操作视频）

① 打开载气（本次实验用$N_2$）钢瓶总阀，调节减压阀输出压力为0.4MPa。

② 准确调节气相色谱仪总压为0.3MPa（部分仪器稳压阀在仪器内部，无法调节，默认约0.3MPa）。

③ 将皂膜流量计支管口接在气相色谱仪载气出口（色谱柱出口或检测器出口）。

④ 调节载气稳流阀至圈数分别为2.0、2.5、3.0、3.5、4.0、4.5、5.0、5.5、6.0、7.0等示值处（对配备电子流量计的仪器，可直接调节载气流量为10、20、30、40、50、60、70、80、90、100mL/min；部分仪器只能通过调整柱前压的数值改变载气流量时，可设置不同数值的柱前压）。

⑤ 轻捏一下皂膜流量计胶头，使皂液上升封住支管，并产生一个皂膜。

⑥ 用秒表（多数气相色谱仪自带秒表功能）测量皂膜上升至一定体积所需的时间，记录相关数据。平行测定 3 次。

（5）结束工作

① 关闭气源。

② 关闭高压气体钢瓶。关闭钢瓶总阀，待压力表指针回零后，再将减压阀关闭（T 字阀杆逆时针方向旋松）。

③ 关闭主机上载气净化器开关和载气稳流阀（顺时针旋松）。

④ 填写仪器使用记录，做好实验室整理和清洁工作，并进行安全检查后，方可离开实验室。

#### 5.5.1.4 HSE 要求

（1）高压气体钢瓶和减压阀螺母一定要匹配，否则可能出现严重事故。

（2）安装减压阀时应先将螺纹凹槽擦净，然后用手旋紧螺母，确实入扣后再用扳手拧紧。

（3）安装减压阀时应小心保护好“表舌头”，所用工具忌油。

（4）在恒温室或其他近高温处的接管，一般用不锈钢管和紫铜垫圈而不能用塑料垫圈。

（5）检漏结束应将接头处涂抹的肥皂水擦拭干净，以免管道受损，检漏时氢气尾气应排出室外。

（6）用皂膜流量计测流量时每次改变载气稳流阀圈数（或设置新的气体流量）后，都需要等待一段时间（约 0.5～1min），待气体流量稳定后才能测量流量值。

#### 5.5.1.5 原始记录与数据处理（数据处理过程和校正曲线可另附页，贴于报告中）

（1）按公式 $F_{皂}=\frac{V}{t}$（$V$ 为皂膜流量计体积，mL；$t$ 为单个皂膜通过该体积所消耗的时间，min）计算稳定阀圈数（或电子流量计示值）对应的实际载气流量 $F_{皂}$（单位 mL/min），并将结果记录在表 5-17 中。

（2）按公式 $u=\frac{F_{皂}}{60\pi r^2}$（$r$ 为色谱柱半径，cm）计算载气流速 $u$（单位 cm/s），并将结果记录在表 5-22 中。

（3）依据实验数据在坐标纸上绘制 $F_{皂}$-稳流阀圈数（或电子流量计示值，或柱前压示值）校正曲线，并注明载气种类和柱温、室温及大气压力等参数。

表 5-22 皂膜流量计测定载气流量数据记录表

分析者：________ 班级：________ 学号：________ 分析日期：________

<table>
<tr><td colspan="16">仪器条件</td></tr>
<tr><td colspan="4">仪器名称：</td><td colspan="6">仪器型号：</td><td colspan="6">仪器编号：</td></tr>
<tr><td colspan="4">色谱柱型号：</td><td colspan="6">色谱柱规格：</td><td colspan="6">载气种类：</td></tr>
<tr><td colspan="4">室温/℃：</td><td colspan="6">大气压力/MPa：</td><td colspan="6">柱温/℃：</td></tr>
<tr><td colspan="16">载气准确流量的校正</td></tr>
<tr><td colspan="16">皂膜流量计体积/mL：</td></tr>
<tr><td>稳定阀圈数或电子流量计示值</td><td colspan="3"></td><td colspan="3"></td><td colspan="3"></td><td colspan="3"></td><td colspan="3"></td></tr>
<tr><td>柱前压/MPa</td><td colspan="3"></td><td colspan="3"></td><td colspan="3"></td><td colspan="3"></td><td colspan="3"></td></tr>
<tr><td>时间/min</td><td></td><td></td><td></td><td></td><td></td><td></td><td></td><td></td><td></td><td></td><td></td><td></td><td></td><td></td><td></td></tr>
<tr><td>$F_{皂}$/(mL/min)</td><td></td><td></td><td></td><td></td><td></td><td></td><td></td><td></td><td></td><td></td><td></td><td></td><td></td><td></td><td></td></tr>
<tr><td>$\overline{F}_{皂}$/(mL/min)</td><td colspan="3"></td><td colspan="3"></td><td colspan="3"></td><td colspan="3"></td><td colspan="3"></td></tr>
<tr><td>$u$/(cm/s)</td><td colspan="3"></td><td colspan="3"></td><td colspan="3"></td><td colspan="3"></td><td colspan="3"></td></tr>
<tr><td>相对平均偏差/%</td><td colspan="3"></td><td colspan="3"></td><td colspan="3"></td><td colspan="3"></td><td colspan="3"></td></tr>
</table>

续表

| 稳定阀圈数或电子流量计示值 | | | | | | | | | | | | | | | |
|---|---|---|---|---|---|---|---|---|---|---|---|---|---|---|---|
| 柱前压/MPa | | | | | | | | | | | | | | | |
| 时间/min | | | | | | | | | | | | | | | |
| $F_{皂}$/(mL/min) | | | | | | | | | | | | | | | |
| $\overline{F}_{皂}$/(mL/min) | | | | | | | | | | | | | | | |
| $u$/(cm/s) | | | | | | | | | | | | | | | |
| 相对平均偏差/% | | | | | | | | | | | | | | | |

结论：________________________________________

### 5.5.1.6 思考题

(1) 为什么要进行气路系统的检漏试验？

(2) 如何打开气源？如何关闭气源？

图 5-62 为典型气相色谱仪操作程序，可供参阅。

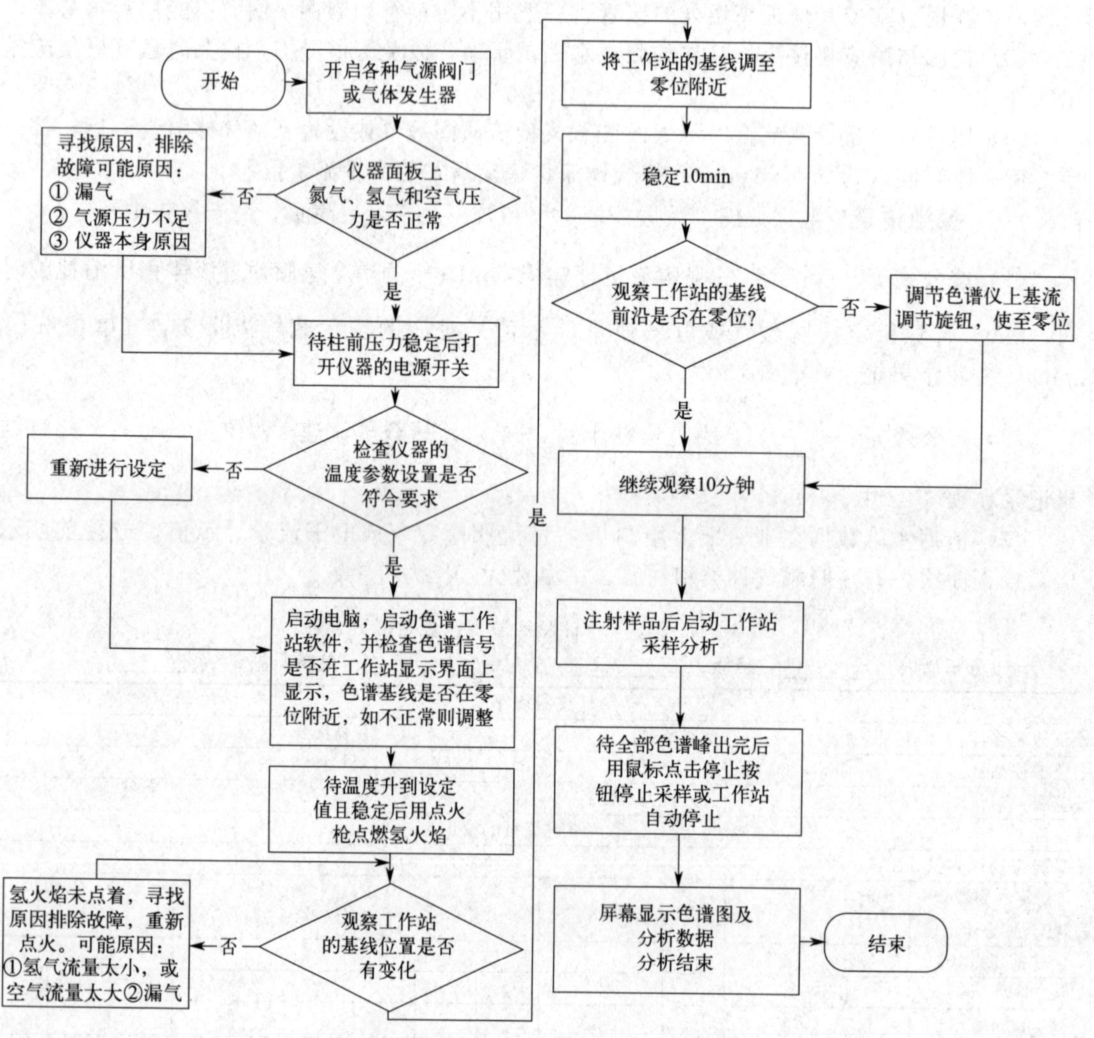


图 5-62 典型气相色谱仪操作程序（带 FID）

#### 5.5.1.7 评价表

| 项目 | 考核内容 | 记录 | 分值 | 扣分 | 考核内容 | 记录 | 分值 | 扣分 | 备注 |
|---|---|---|---|---|---|---|---|---|---|
| 开机、调试(24分) | 气路管道连接、安装 | | 4 | | 气路管道的检漏 | | 4 | | 1. 操作正确且规范记√，操作不正确或不规范记×；<br>2. 开机、关机顺序1次错误扣1分 |
| | 色谱柱选择与安装 | | 2 | | 高压钢瓶的使用 | | 2 | | |
| | 净化器的使用 | | 2 | | 载气流量的设置 | | 4 | | |
| | 皂膜流量计的预处理 | | 2 | | 开机、关机步骤 | | 4 | | |
| 测量操作(10分) | 皂膜的生成 | | 5 | | 时间的测量 | | 5 | | |
| 原始记录(12分) | 完整、及时 | | 4 | | 清晰、规范 | | 4 | | |
| | 真实、无涂改 | | 4 | | | | | | |
| 数据处理(12分) | 计算公式正确 | | 4 | | 计算结果正确 | | 4 | | |
| | 有效数字正确 | | 4 | | | | | | |
| 精密度(30分) | <1%(30分)；≥1%，<2%(24分)；≥2%，<3%(18分)；≥3%，<4%(12分)；≥4%，<5%(6分)；≥5%(0分) | | | | | | | | 以相对平均偏差 $\overline{Rd}$ 计 |
| 报告与结论(4分) | 完整、明确 | | 2 | | 规范 | | 2 | | 缺结论扣10分 |
| 实验态度(4分) | 端正 | | 2 | | 操作认真、规范 | | 2 | | 每超5分钟扣1分 |
| 分析时间(4分) | 开始时间： | | 结束时间： | | 完成时间： | | | | |
| 总分 | | | | | | | | | |

## 5.5.2 工业用仲丁醇纯度的测定（归一化法）

#### 5.5.2.1 实验目的

（1）掌握气相色谱法进样基本操作。

（2）掌握 FID 检测器的基本操作。

（3）掌握相对校正因子的测定操作。

（4）能使用归一化法对样品进行定性定量测定。

#### 5.5.2.2 实验原理

将适量工业仲丁醇产品注入带 FID 检测器的气相色谱仪（选用聚乙二醇或具有相同极性固定液的填充色谱柱或者毛细管色谱柱，采用恒温或者程序升温方式），仲丁醇和各丁醇异构体杂质能够有效分离（如图 5-63 所示）且分析时间通常<5min，测量各色谱峰峰面积，采用面积校正归一化法可以计算工业仲丁醇的纯度。

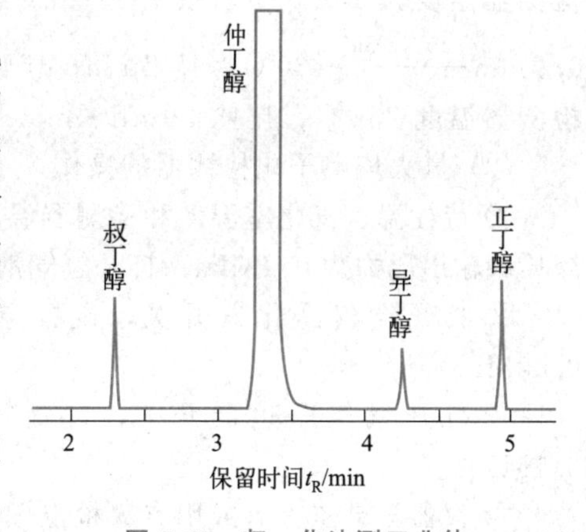


图 5-63 归一化法测工业仲丁醇纯度分离色谱图

#### 5.5.2.3 仪器与试剂

（1）仪器 GC7820 型气相色谱仪（或其他型号气相色谱仪，带 FID）、高压气体钢瓶（$N_2$❶、$H_2$ 与空气，或气体发生器）、氧气减压阀与氢气减压阀、气体净化器、填充色谱柱（PEG-20M，$\Phi$3mm，2m，100～120 目）或毛细管色谱柱（HP-35，$\Phi$0.32mm，30m，0.32$\mu$m）、石墨垫圈、隔垫、色谱工作站、容量瓶（50mL，4 个；10mL，1 个）、移液管（1mL，4 支）、样品瓶（6 个）、电子天平（精度±0.2mg）、进样针（1$\mu$L，6 支）。

❶ 载气也可选用 He。

（2）试剂　叔丁醇、仲丁醇、异丁醇、正丁醇标准品（均为色谱纯），工业仲丁醇样品（教师课前准备，必要时可用甲醇稀释），甲醇（色谱纯）。

5.5.2.4　实验内容与操作步骤

工业叔丁醇质量检验（归一化法）

（1）准备工作（扫描二维码可观看操作视频[1]）

① 配制标准贮备液。取4个50mL干燥洁净的容量瓶，各加入10mL甲醇，再分别加入1.0mL叔丁醇、仲丁醇、异丁醇与正丁醇（色谱纯），准确称其质量（精确至±0.2mg），分别记为$m_{叔}$、$m_{仲}$、$m_{异}$、$m_{正}$，加入甲醇至刻线，摇匀备用。此即为4种醇的标准贮备液，装入4个样品瓶中待用（体积不超过1/3，贴好标签）。

② 配制混合标准操作液。分别移取叔丁醇、仲丁醇、异丁醇与正丁醇标准贮备液各1.00mL于一个10mL干燥洁净的容量瓶中，加入甲醇至刻线，摇匀备用。此即为混合标准操作液，装入样品瓶中待用（体积不超过1/3，贴好标签）。

③ 配制测试样品溶液。另取一个干燥洁净的样品瓶，加入约3mL工业仲丁醇产品，待用。

（2）气相色谱仪的开机及参数设置

① 打开载气（$N_2$）钢瓶总阀，调节输出压力为0.4MPa。打开载气净化气开关。打开气相色谱仪电源开关。【注意】**气相色谱仪柱箱内预装PEG-20M填充柱或HP-35毛细管柱，先完成老化操作（老化时柱箱温度不超过色谱柱的最高使用温度）。**

② 打开色谱工作站。若仪器配备的是填充柱，设置载气流量为30mL/min（仪器未配备电子流量计时，则调节载气合适柱前压，如0.1MPa）。若仪器配备的是毛细管柱，设置载气流量为1.00mL·min$^{-1}$。

③ 若仪器配备的是填充柱，柱温为90℃，选用恒温方式，气化室温度为160℃，检测器温度为140℃。若仪器配备的是毛细管柱，柱温选用程序升温方式，65℃保持0.5min$\xrightarrow{20℃/min}$120℃保持2min；气化室温度200℃，分流进样模式，分流比1∶50；检测器温度250℃；尾吹29mL·min$^{-1}$。

（3）氢火焰离子化检测器的操作

① 待柱温、气化室温度和检测器温度到达设定值并稳定后，打开空气高压钢瓶，调节减压阀输出压力为0.4MPa；打开氢气钢瓶，调节减压阀输出压力为0.4MPa。

② 打开空气净化器开关，设置空气流量300mL·min$^{-1}$（或调节空气柱前压至0.03MPa）。

③ 打开氢气净化器开关，设置氢气流量30mL·min$^{-1}$（或调节氢气柱前压至0.1MPa）。

④ 仪器自动点火（或用点火枪点燃氢火焰）。【注意】**如果仪器无法点燃氢火焰，可将氢气流量调至60mL·min$^{-1}$，待氢火焰点着后再缓缓将其降至30mL·min$^{-1}$。**

⑤ 保存方法文件。让气相色谱仪走基线，待基线稳定。

⑥ 打开“在线数据采集”对话框，设置“项目名称”“操作员”等信息，选定文件保存路径，新建“工业仲丁醇质量检验”文件夹，保存数据采集文件。

（4）定性鉴别

① 进样，采集数据。单击“数据采集”选项，待仪器状态显示“就绪”且基线平直后，

[1] 该视频的分析对象是工业叔丁醇。

用进样针吸取 0.2μL 混合标准溶液，进样，单击“开始”采集数据。待所有物质均流出色谱柱后，单击“结束”停止采样。【注意】**如果混合标准溶液中的 4 个丁醇异构体色谱峰有重叠，则需调整柱温参数，重新进样，以确保上述 4 个色谱峰实现基线分离为止（最难分离物质对的分离度 $R \geqslant 1.5$）**。在最优色谱操作条件下吸取 0.2μL 测试样品溶液，进样并采集数据。

② 谱图处理。单击“离线分析”图标，单击“预览”查看分离谱图与数据，记录小杂峰峰高、峰面积等数据，关闭“预览”；单击“积分设置”选项，输入合适的“最小峰面积”和“最小峰高”校正值，去除小杂峰的积分，单击“保存”以保存离线积分方法；单击“色谱图”选项下“重新加载方法并积分”图标，处理当前谱图和数据，单击“预览”，查看处理后的结果，同时记录各组分保留时间等数据。【注意】**如果对处理后的结果不满意，可重复多次修改积分参数，必要时也可采用手动积分方式处理分离谱图。**

③ 定性鉴别。用进样针分别吸取 0.2μL 叔丁醇、仲丁醇、异丁醇与正丁醇标准贮备液，进样，单击“开始”采集数据。待该标准物质流出色谱柱后，单击“结束”停止采样。记录各标准物质色谱峰的保留时间。采用保留时间对照法对混合标准溶液和测试样品溶液中各组分进行定性鉴别，并将结论写在表格中。

④ 创建组分表。单击“离线分析”图标，打开测试样品数据文件；单击“校正表”选项，添加各分离组分保留时间、名称等信息，输入完毕后单击“保存”，单击“预览”，查看处理后的结果；关闭“预览”，单击“报告选项”，输入合适的横、纵坐标范围，单击“保存”，单击“预览”查看处理后的检测报告（如果谱图横、纵坐标显示不合理，可进一步调整其范围）。单击右上角“打印”图标，在弹出的“打印”对话框中，选定打印机型号、需打印的页码、份数等信息，单击“打印”以打印出检测报告；关闭“预览”。

（5）测定相对校正因子。在最佳色谱分离条件下，待基线平直后，用进样针吸取 0.2μL 混合标准操作液，进样，单击“开始”采集数据。待标样中所有物质均流出色谱柱后，单击“结束”停止采样。按上述方法处理谱图并打印谱图，记录 4 种丁醇的色谱峰对应的峰面积。平行测定 3 次。

（6）分析工业叔丁醇产品。在最佳色谱分离条件下，待基线平直后，用进样针吸取 0.2μL 测试样品溶液，进样，单击“开始”采集数据。待样品中所有物质均流出色谱柱后，单击“结束”停止采样。按上述方法处理谱图并打印谱图，记录 4 种丁醇的色谱峰对应的峰面积。平行测定 3 次。

（7）结束工作

① 实训完毕后先关闭氢气钢瓶总阀，待压力表回零后，关闭仪器上氢气稳压阀，关闭氢气净化器开关。

② 关闭空气钢瓶总阀，待压力表回零后，关闭仪器上空气稳压阀，关闭空气净化器开关。

③ 设置气化室温度、柱温在室温以上约 10℃、检测室温度 120℃。

④ 待柱温达到设定值时关闭气相色谱仪电源开关。

⑤ 关闭载气钢瓶和减压阀，关闭载气净化器开关。

⑥ 清理台面，填写仪器使用记录。

#### 5.5.2.5 HSE 要求

（1）进样针使用前先用丙酮或无水乙醇抽洗 5～6 次，再用所要分析的样品抽洗 5～6 次。

（2）定性鉴别时，需确保标准品与测试样品进样与数据采集在时间上的一致性。

（3）氢气是一种危险气体，使用过程中一定要按要求规范操作，并且需确保实验室有良好的通风设备。

（4）实验过程中需防止高温烫伤，防止玻璃仪器破损对操作者的划伤，防止触电。

### 5.5.2.6 原始记录与数据处理

（1）记录色谱操作条件。

（2）对每一次进样分析的色谱分离图进行适当优化处理。

（3）将优化后色谱图上显示出的保留时间与峰面积等数值填入表 5-23。

表 5-23 工业仲丁醇质量检验记录表

分析者：________ 班级：________ 学号：________ 分析日期：________

| 色谱分离条件 | | | |
| --- | --- | --- | --- |
| 样品名称： | 样品编号： | 仪器名称： | 仪器型号与编号： |
| 载气种类： | 载气流量： | 色谱柱型号： | 色谱柱规格： |
| 汽化温度： | 检测器类型： | 检测器温度： | 柱温： |
| 分流比： | 尾吹： | $H_2$ 流量： | 空气流量： |

| 定性鉴别 | | | | | | | | |
| --- | --- | --- | --- | --- | --- | --- | --- | --- |
| 标准品色谱峰保留时间 | 叔丁醇 | | 仲丁醇 | | 异丁醇 | | 正丁醇 | |
| 混合标准溶液中各色谱峰保留时间 | 叔丁醇 | | 仲丁醇 | | 异丁醇 | | 正丁醇 | |
| 测试样品色谱峰保留时间 | 1# | | 2# | | 3# | | 4# | |
| 定性鉴别结果 | | | | | | | | |

| 相对校正因子的测定 | | | | | | | | |
| --- | --- | --- | --- | --- | --- | --- | --- | --- |
| 名称 | 叔丁醇 | 仲丁醇 | 异丁醇 | 正丁醇 | $f'_{叔}$ | $f'_{仲}$ | $f'_{异}$ | $f'_{正}$ |
| 标样的质量 | | | | | — | — | — | — |
| 峰面积 1 | | | | | | | | |
| 峰面积 2 | | | | | | | | |
| 峰面积 3 | | | | | | | | |
| 平均值 | — | — | — | — | | | | |

| 工业仲丁醇产品纯度的测定 | | | | | |
| --- | --- | --- | --- | --- | --- |
| 名称 | 叔丁醇 | 仲丁醇 | 异丁醇 | 正丁醇 | $w_{仲}$ |
| 峰面积 1 | | | | | |
| 峰面积 2 | | | | | |
| 峰面积 3 | | | | | |
| 平均值/% | — | — | — | — | |
| $R\bar{d}$/% | — | — | — | — | |

结论：________________________

（4）数据处理（数据处理过程可另附页，贴于报告中）

① 采用标准物质对照法对测试样品中各色谱峰进行定性鉴别。

② 对混合标准操作液所绘制的色谱图，按公式 $f'_i=\dfrac{f_i}{f_S}=\dfrac{m_iA_S}{A_im_S}$（以叔丁醇或其他丁醇异构体为基准物质 S）计算各丁醇异构体混合物的相对校正因子 $f'_i$。

③对测试样品溶液所绘制的色谱图，按下式计算工业仲丁醇产品的纯度 $w_{仲}$（%），并计算其平均值与相对平均偏差 $R\bar{d}$（%）。

$$w_{仲}=\frac{f'_{仲}A_{仲}}{f'_{叔}A_{叔}+f'_{仲}A_{仲}+f'_{异}A_{异}+f'_{正}A_{正}}\times100\%$$

### 5.5.2.7 思考题

（1）使用 FID 时，应如何调试仪器至正常工作状态？如果氢火焰点不着或中途熄灭，你将如何处理？若实训中途突然停电，你又将作如何处理？

（2）实训结束时，应如何正常关机？

（3）操作 FID 时，为确保安全，应注意什么？

（4）什么情况下可以采用峰高归一化法进行定量分析？请写出计算公式。

（5）归一化法对进样量的准确性有无严格要求？为什么？

（6）本实训用 PEG 柱分离 4 种丁醇异构体混合物时，出峰顺序如何？有什么规律吗？

#### 5.5.2.8 评分表

| 项目 | 考核内容 | 记录 | 分值 | 扣分 | 考核内容 | 记录 | 分值 | 扣分 | 备注 |
|---|---|---|---|---|---|---|---|---|---|
| 开机、调试(21 分) | 气路管道连接、安装与检漏 | | 1 | | 色谱柱选择与安装 | | 1 | | 1. 操作正确且规范记√，操作不正确或不规范记×；2. 开机、关机顺序 1 次错误扣 1 分 |
| | 高压钢瓶的使用 | | 3 | | 净化器的使用 | | 2 | | |
| | 载气、氢气、空气流量的设置 | | 3 | | 柱箱、进样器、检测器温度的设置 | | 3 | | |
| | 分流比的设置 | | 1 | | 尾吹气的设置 | | 1 | | |
| | 点火操作 | | 2 | | 开机、关机步骤 | | 4 | | |
| 测量操作(7 分) | 样品前处理 | | 2 | | 进样针使用前处理 | | 1 | | |
| | 抽样操作 | | 2 | | 进样操作 | | 2 | | |
| 色谱工作站的使用(6 分) | 分析方法的设置与保存 | | 2 | | 数据文件的命名与保存 | | 1 | | |
| | 色谱图的绘制 | | 1 | | 色谱图的处理 | | 2 | | |
| 原始记录(9 分) | 完整、及时 | | 3 | | 清晰、规范 | | 3 | | |
| | 真实、无涂改 | | 3 | | | | | | |
| 数据处理(9 分) | 计算公式正确 | | 3 | | 计算结果正确 | | 3 | | |
| | 有效数字正确 | | 3 | | | | | | |
| 精密度(15 分) | ＜0.5%(15 分)；≥0.5%，＜1%(13 分)；≥1%，＜2%(10 分)；≥2%，＜3%(7 分)；≥3%，＜5%(4 分)；≥5%(0 分) | | | | | | | | 以 $R\bar{d}$ 计 |
| 准确度(15 分) | ＜0.5%(15 分)；≥0.5%，＜1%(13 分)；≥1%，＜2%(10 分)；≥2%，＜3%(7 分)；≥3%，＜5%(4 分)；≥5%(0 分) | | | | | | | | 以误差计 |
| 报告与结论(4 分) | 完整、明确、规范、无涂改 | | | | | | | | 缺结论扣 10 分 |
| HSE 要求(10 分) | 态度端正、操作规范，团队合作意识强，节约意识强，正确处理“三废”，无安全事故 | | | | | | | | 有安全事故者扣 50 分 |
| 分析时间(4 分) | 开始时间： 结束时间： 完成时间： | | | | | | | | 每超 5 分钟扣 1 分 |
| 总分 | | | | | | | | | |

### 5.5.3 再生水水质中苯系物的测定（内标法）

#### 5.5.3.1 实验目的

（1）进一步熟练掌握气相色谱法的进样操作。

（2）能用内标法对试样中待测组分进行定性、定量测定。

（3）进一步熟练掌握 FID 检测器的基本操作。

#### 5.5.3.2 实验原理

苯系物含量是再生水水质评价的重要指标。典型的苯系物有：苯、甲苯、乙苯、二甲苯，有时也将苯系物简称为 BTEX。将适量再生水产品注入带 FID 检测器的气相色谱仪（选用 DB-wax、PEG-20M 或其他同极性固定液的毛细管柱，采用程序升温方式），在一定色谱操作条件下可实现典型苯系物的完全分离（如图 5-64 所示），分析时间约 10min。测量各色谱峰峰面积，采用内标法（或内标曲线法，内标物可以选取所测再生水产品中不存在的某苯系物，如正丙苯）可以计算各类苯系物的含量。

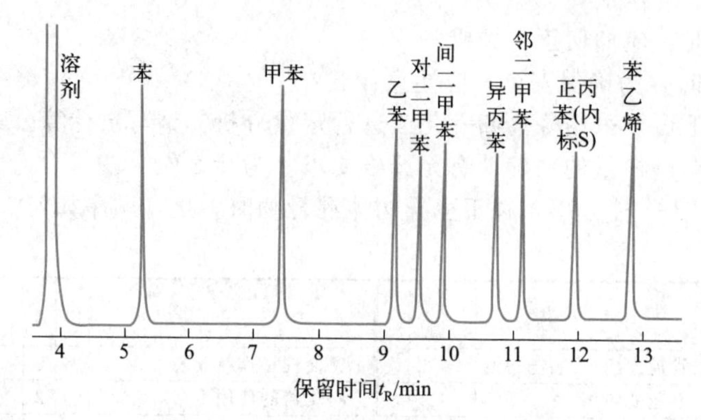


图 5-64 甲苯测试标样分离色谱图

#### 5.5.3.3 仪器与试剂

(1) 仪器 GC7820 型气相色谱仪（或其他型号气相色谱仪，带 FID）、高压气体钢瓶（$N_2$[1]、$H_2$ 与空气，或气体发生器）、氧气减压阀与氢气减压阀、气体净化器、毛细管色谱柱（DB-wax，$\Phi$0.53mm，30m，1.00μm）、石墨垫圈、隔垫、色谱工作站、容量瓶（250mL9 个，100mL11 个，50mL9 个）、移液管（1mL18 支，5mL9 支）、样品瓶（6 个）、电子天平（精度±0.2mg）、进样针（1μL，11 支）。

(2) 试剂 苯、甲苯、乙苯、对二甲苯、间二甲苯、异丙苯、邻二甲苯、正丙苯（内标物 S）、苯乙烯标准品（均为色谱纯），再生水样品（教师课前准备），溶剂选正己烷或甲醇（色谱纯或分析纯）。

#### 5.5.3.4 实验内容与操作步骤

(1) 准备工作（扫描二维码可观看操作视频[2]）

工业废水中甲苯含量测定（内标法）

①配制标准贮备液。取 9 个 250mL 干燥洁净的容量瓶，各加入 50mL 正己烷，再分别加入约 300μL 苯、甲苯、乙苯、对二甲苯、间二甲苯、异丙苯、邻二甲苯、正丙苯、苯乙烯，准确称其质量（精确至±0.2mg），分别记为 $m_{苯}$、$m_{甲}$、$m_{乙}$、$m_{对}$、$m_{间}$、$m_{异}$、$m_{邻}$、$m_{正}$、$m_{烯}$，加入正己烷至刻线，摇匀。此即为 9 种苯系物的标准贮备液，浓度约 1000μg·$mL^{-1}$，待用。**【注意】标准贮备液也可购置，均需−20℃～−10℃冷冻密封保存。**

② 配制标准溶液（约 20μg·$mL^{-1}$）。分别移取上述标准贮备液各 1.00mL 于 9 个 50mL 容量瓶中，加入正己烷至刻线，摇匀。此即为 9 种苯系物的标准溶液，待用。装入 9 个样品瓶中待用（体积不超过 1/3，贴好标签）。【注意】此溶液需现配现用。

③ 配制混合标准溶液。分别移取上述标准溶液（正丙苯除外）各 5.00mL 于 100mL 容量瓶中，加正己烷至刻线，摇匀。此即为 8 种苯系物的混合标准溶液，浓度约 1.00μg·$mL^{-1}$，待用。**【注意】此溶液需现配现用。**

④ 配制内标溶液。准确移取 5.00 mL 浓度约 20μg·$mL^{-1}$ 的正丙苯（内标物 S）标准溶液于 100mL 容量瓶中，加正己烷至刻线，摇匀。此即为内标溶液，浓度约 1.00μg·$mL^{-1}$，待用。**【注意】此溶液需现配现用。**

⑤ 配制标准操作液。准确移取 1.00mL 混合标准溶液于 100mL 容量瓶中，加入 1.00mL 内标溶液，加入正己烷至刻线，摇匀。此即为标准操作溶液，装入样品瓶中待用（体积不超过 1/3，贴好标签）。【注意】此溶液需现配现用。（如果采用内标曲线法定量，则

---

[1] 载气也可选用 He。

[2] 该视频的分析对象是工业废水，检测物是甲苯，内标物是苯。

需配制标准系列溶液，方法是：分别移取 0.00mL、0.25mL、0.50mL、1.00mL、2.50mL、5.00mL 混合标准溶液于 6 个 100mL 容量瓶中，各加入 1.00mL 内标溶液，加入正己烷至刻线，摇匀。此系列溶液仍需现配现用。）

⑥ 配制测试溶液。移取 5.00mL（体积值根据再生水预试验结果调整，要求主要苯系物浓度与标准操作液中对应浓度接近）混合标准溶液于 100mL 容量瓶中，准确称其质量，记为 $m_{试样}$，加入 1.00mL 内标溶液，加入正己烷至刻线，摇匀。此即为测试溶液，装入样品瓶中待用（体积不超过 1/3，贴好标签）。【注意】此溶液需现配现用。

(2) 气相色谱仪的开机及参数设置　按 5.5.2.4 的方法先预装 DB-wax 毛细管柱并老化，再正常开载气（$N_2$）、开机、开色谱工作站，并设置柱箱温度等参数。各参数为：载气流量为 1.00 mL·min$^{-1}$，气化室温度 160℃，分流进样模式，分流比 1∶50；柱温 40℃保持 4min $\xrightarrow{10℃/min}$ 130℃保持 2min；检测器温度 250℃；尾吹 29mL/min。

(3) 氢火焰离子化检测器的操作　待柱温、气化室温度和检测器温度到达设定值并稳定后，按 5.5.2.4 的方法正常打开空气（300mL·min$^{-1}$）、氢气（30mL·min$^{-1}$）并点火，保存方法文件，设置数据采集信息，新建“再生水水质中苯系物检测”文件夹，保存数据采集文件。

(4) 定性鉴别

① 进样，采集数据。待仪器准备就绪，用进样针吸取 0.2μL 标准操作液，进样，单击“开始”采集数据。待测试样品中所有物质均流出色谱柱后，单击“结束”停止采样。【注意】**如果标准操作液中的 9 个苯系物色谱峰有重叠，则需调整柱温参数，重新进样，以确保上述各色谱峰间均能实现基线分离为止（最难分离物质对的分离度 $R \geqslant 1.5$）。** 在最优色谱操作条件下吸取 0.2μL 测试溶液，进样并采集数据。

② 谱图处理。按 5.5.2.4 的方法处理谱图并保存，同时记录各组分保留时间等数据。

③ 定性鉴别。用进样针分别吸取 0.2μL 浓度约 20μg·mL$^{-1}$ 的各标准溶液，进样，并采集数据。记录各标准物质色谱峰的保留时间。采用保留时间对照法对标准操作液和测试样品溶液中各组分进行定性鉴别，并将结论写在表格中。

④ 创建组分表。按 5.5.2.4 的方法创建“校正表”，输入各色谱峰对应的组分名称等信息，同时输入“报告选项”信息，设置合适横、纵坐标范围，保存并打印色谱图。

(5) 测定相对校正因子。在最佳色谱分离条件下，待基线平直后，用进样针吸取 0.2μL 标准操作液，进样，单击“开始”采集数据。待所有物质均流出色谱柱后，单击“结束”停止采样。按上述方法处理谱图并打印谱图，记录 9 种苯系物（含内标物）的色谱峰对应的峰面积。平行测定 3 次。

(6) 分析再生水样品。在最佳色谱分离条件下，待基线平直后，用进样针吸取 0.2μL 测试溶液，进样，单击“开始”采集数据。待样品中所有物质均流出色谱柱后，单击“结束”停止采样。按上述方法处理谱图并打印谱图，记录各苯系物与内标物色谱峰对应的峰面积。平行测定 3 次。

(7) 结束工作

① 实训完毕后先关闭氢气钢瓶总阀，待压力表回零后，关闭仪器上氢气稳压阀，关闭氢气净化器开关。

② 关闭空气钢瓶总阀，待压力表回零后，关闭仪器上空气稳压阀，关闭空气净化器开关。

③ 设置气化室温度、柱温在室温以上约 10℃、检测室温度 120℃。

④ 待柱温达到设定值时关闭气相色谱仪电源开关。

⑤ 关闭载气钢瓶和减压阀，关闭载气净化器开关。

⑥ 清理台面，填写仪器使用记录。

#### 5.5.3.5 HSE要求

(1) 进样针使用前先用溶剂（正己烷或甲醇）抽洗5～6次，再用所要分析的样品抽洗5～6次。苯系物是有毒物质，配制溶液时需在通风橱内进行，实验室需安装良好的通风设施，气相色谱仪需安装良好的通风罩，实验过程中学生需全程戴好口罩、护目镜和手套。

(2) 定性鉴别时，需确保标准品与测试品进样与数据采集在时间上的一致性。

(3) 氢气是一种危险气体，使用过程中一定要按要求规范操作。

(4) 实验过程中需防止高温烫伤，防止玻璃仪器破损对操作者的划伤，防止触电。

#### 5.5.3.6 原始记录与数据处理

(1) 记录色谱操作条件。

(2) 对每一次进样分析的色谱分离图进行适当优化处理。

(3) 将优化后色谱图上显示出的保留时间与峰面积等数值填入表5-24。

表5-24　再生水水质中苯系物检测记录表

分析者：＿＿＿＿＿＿ 班级：＿＿＿＿＿＿ 学号：＿＿＿＿＿＿ 分析日期：＿＿＿＿＿＿

| 色谱分离条件 | | | |
|---|---|---|---|
| 样品名称： | 样品编号： | 仪器名称： | 仪器型号与编号： |
| 载气种类： | 载气流量： | 色谱柱型号： | 色谱柱规格： |
| 汽化温度： | 检测器类型： | 检测器温度： | 柱温： |
| 分流比： | 尾吹： | $H_2$ 流量： | 空气流量： |

| 定性鉴别 | | | | | | | | | | |
|---|---|---|---|---|---|---|---|---|---|---|
| 标准品色谱峰保留时间 | 苯 | | 甲苯 | | 乙苯 | | 对二甲苯 | | 间二甲苯 | |
| | 异丙苯 | | 邻二甲苯 | | 正丙苯 | | 苯乙烯 | | | |
| 混合标准溶液中各色谱峰保留时间 | 苯 | | 甲苯 | | 乙苯 | | 对二甲苯 | | 间二甲苯 | |
| | 异丙苯 | | 邻二甲苯 | | 正丙苯 | | 苯乙烯 | | | |
| 测试样品色谱峰保留时间 | 1# | | 2# | | 3# | | 4# | | 5# | |
| | 6# | | 7# | | 8# | | 9# | | | |
| 定性鉴别结果 | | | | | | | | | | |

相对校正因子的测定

| 名称 | 苯 | 甲苯 | 乙苯 | 对二甲苯 | 间二甲苯 | 异丙苯 | 邻二甲苯 | 正丙苯(S) | 苯乙烯 |
|---|---|---|---|---|---|---|---|---|---|
| 质量 | | | | | | | | | |
| 峰面积1 | | | | | | | | | |
| $f'_m$ | | | | | | | | — | |
| 峰面积2 | | | | | | | | | |
| $f'_m$ | | | | | | | | — | |
| 峰面积3 | | | | | | | | | |
| $f'_m$ | | | | | | | | — | |
| $\overline{f'_m}$ | — | | — | — | — | | | — | |

再生水水质中苯系物的测定

$m_{试样}$：＿＿＿＿＿＿；$m_S$：＿＿＿＿＿＿

| 名称 | 苯 | 甲苯 | 乙苯 | 对二甲苯 | 间二甲苯 | 异丙苯 | 邻二甲苯 | 正丙苯(S) | 苯乙烯 |
|---|---|---|---|---|---|---|---|---|---|
| 峰面积1 | | | | | | | | | |
| $w_i$/% | | | | | | | | — | |
| 峰面积2 | | | | | | | | | |
| $w_i$/% | | | | | | | | — | |
| 峰面积3 | | | | | | | | | |
| $w_i$/% | | | | | | | | — | |
| $\overline{w_i}$/% | | | | | | | | — | |
| $R\overline{d}$/% | | | | | | | | — | |

结论：＿＿＿＿＿＿＿＿＿＿＿＿＿＿＿＿＿＿＿＿

(4) 数据处理(数据处理过程可另附页,贴于报告中)

① 采用标准物质对照法对标准操作液和测试样品中各色谱峰进行定性鉴别。

② 对标准操作液所绘制的色谱图,按公式 $f_i'=\dfrac{f_i}{f_S}=\dfrac{m_iA_S}{A_im_S}$(以内标物 S 为基准)计算各丁醇异构体混合物的相对校正因子 $f_i'$。

③ 对测试样品所绘制的色谱图,按下式计算再生水水质中各苯系物的含量 $w_i$(%),并计算其平均值与相对平均偏差 $R\bar{d}$(%)。

$$w_i=\frac{m_S f_i' A_i}{m_{试样} f_S' A_S}\times 100\%$$

5.5.3.7 思考题

(1) 内标法定量有哪些优点?定量准确与否的关键因素是什么?

(2) 本次分析可否采用峰高进行定量分析?与采用峰面积进行定量分析,哪一个更合适?为什么?

(3) 内标曲线法与内标法相比(利用课外时间用另一种方法对再生水水质中的苯系物进行检测),有什么优缺点?

5.5.3.8 评分表

| 项目 | 考核内容 | 记录 | 分值 | 扣分 | 考核内容 | 记录 | 分值 | 扣分 | 备注 |
|---|---|---|---|---|---|---|---|---|---|
| 开机、调试(21分) | 色谱柱选择、安装与检漏 | | 3 | | 高压钢瓶与净化器的使用 | | 3 | | 1. 操作正确且规范记√,操作不正确或不规范记×;<br>2. 开机、关机顺序1次错误扣1分 |
| | 载气、氢气、空气流量的设置 | | 3 | | 柱箱、进样器、检测器温度的设置 | | 3 | | |
| | 分流比的设置 | | 1 | | 尾吹气的设置 | | 1 | | |
| | 点火操作 | | 2 | | 开机、关机步骤 | | 5 | | |
| 测量操作(7分) | 样品前处理 | | 2 | | 进样针使用前处理 | | 1 | | |
| | 抽样操作 | | 2 | | 进样操作 | | 2 | | |
| 色谱工作站的使用(6分) | 分析方法的设置与保存 | | 2 | | 数据文件的命名与保存 | | 1 | | |
| | 色谱图的绘制 | | 1 | | 色谱图的处理 | | 2 | | |
| 原始记录(9分) | 完整、及时 | | 3 | | 清晰、规范 | | 3 | | |
| | 真实、无涂改 | | 3 | | | | | | |
| 数据处理(9分) | 计算公式正确 | | 3 | | 计算结果正确 | | 3 | | |
| | 有效数字正确 | | 3 | | | | | | |
| 精密度(15分) | <0.5%(15分);≥0.5%,<1%(13分);≥1%,<2%(10分);≥2%,<3%(7分);≥3%,<5%(4分);≥5%(0分) | | | | | | | | 以最差 $R\bar{d}$ 评分 |
| 准确度(15分) | <1%(15分);≥1%,<2%(13分);≥2%,<3%(10分);≥3%,<5%(7分);≥5%,<10%(4分);≥10%(0分) | | | | | | | | 以最差误差评分 |
| 报告与结论(4分) | 完整、明确、规范、无涂改 | | | | | | | | 缺结论扣10分 |
| HSE要求(10分) | 态度端正、操作规范,团队合作意识强,节约意识强,正确处理"三废",无安全事故 | | | | | | | | 有安全事故者扣50分 |
| 分析时间(4分) | 开始时间: | | | | 结束时间: | | 完成时间: | | 每超5分钟扣1分 |
| 总分 | | | | | | | | | |

## 5.5.4 有机溶剂中微量水分的测定(外标法或标准加入法)

扫描252页二维码可查看详细内容。

## 5.5.5 顶空气相色谱法测定盐酸丁卡因原料药中的残留溶剂

扫描252页二维码可查看详细内容。

### 5.5.6 气相色谱法分离条件的选择与优化、分析方法的验证

扫描二维码可查看详细内容。

有机溶剂中微量水分的测定（外标法或标准加入法）

顶空气相色谱法测定盐酸丁卡因原料药中的残留溶剂

气相色谱法分离条件的选择与优化、分析方法的验证

## 本章主要符号的意义及单位

| 符号 | 意义及单位 | 符号 | 意义及单位 | 符号 | 意义及单位 |
|---|---|---|---|---|---|
| $A$ | 峰面积；速率理论方程式中涡流扩散项 | $f'_m$ | 相对质量校正因子 | $t_M$ | 死时间，min |
|  |  | $H$ | 理论塔板高度，mm | $t_R$ | 保留时间，min |
| $A_i$ | 组分 $i$ 的峰面积，$cm^2$ | $H_{eff}$ | 有效理论塔板高度，mm | $t'_R$ | 调整保留时间，min |
| $A_S$ | 标准物质的峰面积，$cm^2$ | $h$ | 峰高，cm | $u$ | 载气线速度，$cm \cdot s^{-1}$ |
| $B$ | 速率理论方程式中的分子扩散项 | $I$ | 保留指数 | $\overline{u}$ | 载气平均线速，$cm \cdot s^{-1}$ |
| $C$ | 速率理论方程式中的传质阻力项 | $I_0$ | 基流 | $u_{opt}$ | 载气最佳线速，$cm \cdot s^{-1}$ |
| $C_G$ | 组分在气相中的浓度，$g \cdot mL^{-1}$ | $K$ | 分配系数 | $V_G$ | 柱内气相体积，mL |
| $C_L$ | 组分在液相中的浓度，$g \cdot mL^{-1}$ | $k$ | 容量因子，分配比 | $V_L$ | 柱内液相体积，mL |
| $C_0$ | 进样浓度 | $L$ | 柱长，m | $V_M$ | 死体积，mL |
| $D$ | 检测限，$mg \cdot mL^{-1}$ 或 $g \cdot s^{-1}$ | $N$ | 基线噪声，mV | $V_R$ | 保留体积，mL |
| $d_f$ | 固定液液膜厚度，$\mu m$ | $n$ | 理论塔板数 | $V'_R$ | 调整调整保留体积，mL |
| $D_g$ | 组分在气相中的扩散系数，$cm^2 \cdot s^{-1}$ | $n_{eff}$ | 有效理论塔板数 | $W$ | 峰宽，cm 或 min |
|  |  | $p_i$ | 柱进口处压力，Pa | $W_{1/2}$ | 半峰宽，cm 或 min |
| $D_L$ | 组分在液相中的扩散系数，$cm^2 \cdot s^{-1}$ | $p_o$ | 柱出口处压力，Pa | $\alpha$ | 选择性因子 |
|  |  | $p_w$ | 水蒸气压，Pa | $\beta$ | 相比率 |
| $F_c$ | 校正到柱平均压力及柱温下载气体积流量，$mL \cdot min^{-1}$ | $R$ | 分离度 | $\gamma$ | 速率理论方程式中气体扩散路径的弯曲因子 |
|  |  | $r_{iS}$ | 相对保留值 |  |  |
| $f'_M$ | 相对摩尔校正因子 | $S$ | 检测器灵敏度 | $\eta$ | 黏度 |
| $f'_V$ | 相对体积校正因子 | $T$ | 热力学温度，K |  |  |

## 本章要点

扫描二维码查看本章要点。

第 5 章要点

# 6

# 高效液相色谱法

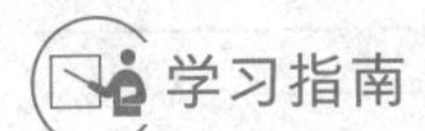

学习指南

| 学习引导 | 学习目标 | 学习方法 |
| --- | --- | --- |
| 高效液相色谱法是分离、分析高沸点有机化合物、热稳定性差的化合物、离子型化合物、高分子化合物以及具有生物活性的物质的常用方法，具有选择性高、分离效率高、灵敏度高、分析速度快、定量检测结果准确的特点，广泛应用于化工、生物医药、环境保护、食品、轻工、材料科学等领域。<br>本章主要介绍高效液相色谱法的基本原理(含分离模式、固定相、流动相及应用)、仪器与设备、实验技术等。 | 通过本章的学习，应重点掌握高效液相色谱法各模式的分离原理、分离理论、高效液相色谱仪结构与分析流程以及日常维护保养方法、典型样品分离条件的选择与优化、定量方法等知识要点。通过技能训练应能正确配制标准溶液和处理试样；能熟练地将仪器调试到最佳工作状态并对样品进行定性、定量检测；能对实验数据进行正确分析和处理并准确表述分析结果；能对仪器进行日常维护保养，能排除仪器简单的故障。 | 在学习本章前先复习《物理化学》中关于分配的知识、《化工原理》中关于精馏塔的知识以及本书第5章中关于色谱分析方面的基础知识，对更好地掌握本章内容有很大的帮助。通过阅读有关文献和补充材料，可以更多地了解高效液相色谱法部分新技术，同时拓宽知识面，可以提升个人学好本门技术的兴趣，使其得到更好的应用。此外，规范、认真且按要求完成技能训练是掌握操作技能的最好方法。 |

## 6.1 基本原理

### 6.1.1 概述

气相色谱法对具有较低沸点且加热不易分解的样品（约占全部有机物的20%）可以实现良好的分离分析。液相色谱法则对剩下的约占全部有机物80%的物质（沸点高、分子量大、受热易分解的有机化合物或具有生物活性的物质，以及多种天然产物）可以实现良好的分离分析。与气相色谱法不同的是，液相色谱法采用液体流动相（也叫载液、淋洗液）。早在1906年，茨维特发明的色谱就是液相色谱，但柱效极低。直到20世纪60年代后期，随着填料制备技术的发展、化学键合型固定相的出现、柱填充技术的进步以及高压输液泵的研制，以及色谱专家将已比较成熟的气相色谱法的理论与技术应用于经典液相色谱之中，液相色谱才逐步实现了高速化、高效化，从而产生了具有现代意义的高效液相色谱（high performance liquid chromatography，HPLC），而具有真正优良性能的商品化高效液相色谱仪直到1967年才出现。

高效液相色谱还可称为高压液相色谱、高速液相色谱、高分离度液相色谱或现代液相色谱，其特点是：

（1）高压：采用高压输液泵，可以提供2～35MPa[❶]的入口高压。

❶ HPLC常用的压力单位有兆帕（MPa）、磅/平方英寸（psi）、巴（bar），相互间的转换关系是：1MPa=145psi=10bar。

（2）高速：HPLC 的分析时间 0.05～1.0h，远少于经典液相（柱）色谱柱的分析时间（1～20h）。

（3）高效：HPLC 采用 5～50μm 的固定相颗粒，柱长约 10～25cm（柱内径 2～10mm），其柱效高达 50000 块/m（经典液相色谱柱效约 50 块/m）。

（4）高灵敏度：HPLC 进样量小，约 $10^{-6}$～$10^{-2}$g（经典液相色谱进样量约 1～10g），灵敏度高（采用紫外检测器，最小检出限约为 $10^{-9}$g；采用荧光检测器，最小检出限约为 $10^{-11}$g）。

高效液相色谱法与气相色谱法一样，具有选择性高、分离效率高、灵敏度高、分析速度快的特点，两种方法相互补充。表 6-1 显示了这两种方法的异同。

表 6-1　高效液相色谱法与气相色谱法的比较

| 项目 | 高效液相色谱法(HPLC) | 气相色谱法(GC) |
| --- | --- | --- |
| 进样方式 | 样品制成溶液 | 样品需加热气化或裂解 |
| 流动相 | 液体流动相可为离子型、极性、弱极性、非极性溶液，可与被分析样品产生相互作用，并能改善分离的选择性 | 气体流动相为惰性气体，不与被分析的样品发生相互作用 |
| | 液体流动相动力黏度约为 $10^{-3}$Pa·s，输送流动相压力高达 2～35MPa | 气体流动相动力黏度约为 $10^{-5}$Pa·s，输送流动相压力仅为 0.1～0.5MPa |
| 固定相 | 分离机理：可依据吸附、分配、筛析、离子交换、亲和等多种原理进行样品分离，可供选用的固定相种类繁多 | 分离机理：依据吸附、分配两种原理进行样品分离，可供选用的固定相种类较多 |
| | 色谱柱：固定相粒度大小约为 5～50μm；填充柱内径为约 2～10mm，柱长约 10～25cm，柱效约为 $2\times10^4$～$5\times10^4$ 块/m；毛细管柱内径约为 0.01～0.03mm，柱长约 5～10m，柱效约为 $1\times10^4$～$1\times10^5$ 块/m；柱温为常温 | 色谱柱：固定相粒度大小约为 0.1～0.5mm；填充柱内径约为 1～4mm，柱效约为 $1\times10^2$～$1\times10^3$ 块/m；毛细管柱内径约为 0.1～0.3mm，柱长约为 10～100m，柱效约为 $1\times10^3$～$1\times10^4$ 块/m，柱温为常温至 300℃ |
| 检测器 | 选择性检测器：紫外检测器(UVD)，二极管阵列检测器(DAD)，荧光检测器(FD)，电导检测器(ECD)。<br>通用型检测器：蒸发激光散射检测器(ELSD)，折光指数检测器(RID) | 选择性检测器：电子捕获检测器(ECD)，火焰光度检测器(FPD)，氮磷检测器(NPD)。<br>通用型检测器：热导检测器(TCD)，氢火焰离子化检测器(FID，针对有机物) |
| 应用范围 | 可分析低分子量低沸点样品；高沸点、中分子、高分子有机化合物(包括非极性、极性)；离子型无机化合物；热不稳定物质，或具有生物活性的生物分子 | 可分析低分子量、低沸点有机化合物；永久性气体；配合程序升温可分析高沸点有机化合物；配合裂解技术可分析高聚物 |
| 仪器组成 | 溶质在液相的扩散系数($10^{-5}$cm$^2$·s$^{-1}$)很小，因此在色谱柱以外的死体积应尽量小，以减少柱外效应对分离效果的影响 | 溶质在气相的扩散系数(0.1cm·s$^{-1}$)大，柱外效应的影响较小；毛细管气相色谱应尽量减小柱外效应对分离效果的影响 |

## 6.1.2　速率理论及影响峰展宽的因素

速率理论较好地解释了引起高效液相色谱峰形扩张的因素，可以较好地指导采用 HPLC 分离复杂混合物时操作条件的选择与优化。

### 6.1.2.1　速率理论

高效液相色谱分析中，当样品以柱塞状或点状注入液相色谱柱后，在液体流动相的带动下实现各个组分的分离，并引起色谱峰形的扩展，此过程与气-液色谱的分离过程类似，也符合速率理论方程式（即范特姆特方程式）：

$$H=H_{E}+H_{L}+H_{S}+H_{MM}+H_{SM}=A+\frac{B}{u}+Cu \tag{6-1}$$

式中，$A$ 为涡流扩散项（$H_E$），$B$ 为分子扩散项（$H_L$），$C$ 为传质阻力项，包括固定相的传质阻力项（$H_S$）、移动流动相的传质阻力项（$H_{MM}$）以及滞留流动相的传质阻力项

($H_{SM}$)。

6.1.2.2 影响速率理论方程式的因素

(1) 涡流扩散项 $H_E$ 当样品注入由全多孔微粒固定相填充的色谱柱后，在液体流动相的驱动下，样品分子不是沿直线运动，而是不断改变方向，形成紊乱似涡流的曲线运动。由于样品分子在不同流路中受到的阻力不同，因此在柱中的运行速度有快有慢，再加上运行路径的长短不一致，最终结果是不同样品分子到达柱出口的时间不同，从而导致峰形扩展。涡流扩散（见图 6-1）仅与固定相的粒度和柱填充的均匀程度有关。

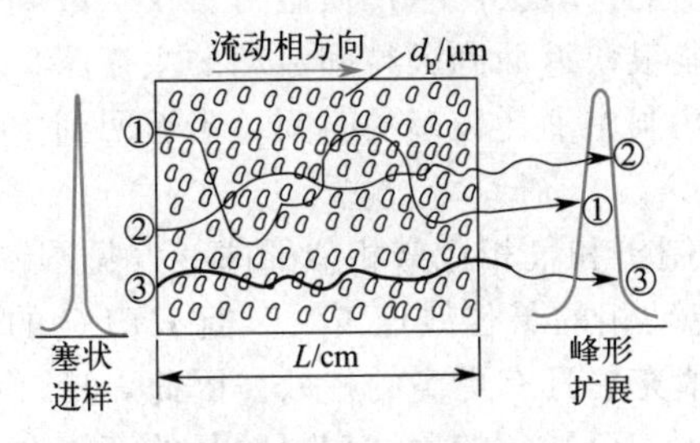


图 6-1 涡流扩散引起的峰形扩展

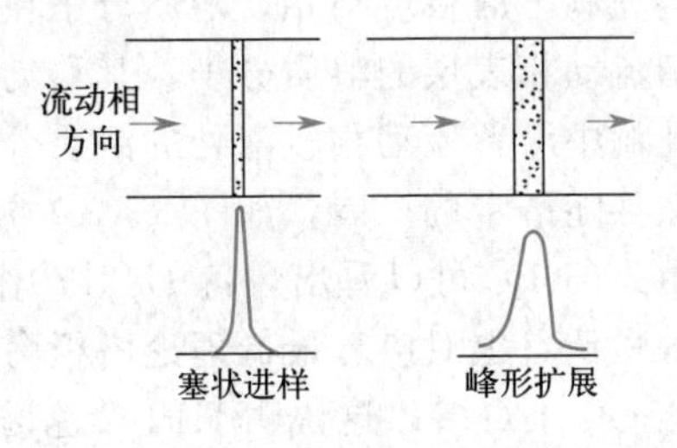


图 6-2 分子扩散引起的峰形扩展

(2) 分子扩散项 $H_L$ 当样品以塞状（或点状）进样注入色谱柱后，沿着流动相前进的方向产生扩散，因而引起色谱峰形的扩展，又称纵向扩散，如图 6-2 所示。显然，样品在色谱柱中滞留的时间越长，溶质在液体流动相中的扩散系数（$D_M$）越大，色谱谱带的分子扩散也越严重。由于 $D_M$ 的数值一般都很小，所以在大多数情况下可假设 $H_L \approx 0$。

(3) 固定相的传质阻力项 $H_S$ 溶质分子从液体流动相转移进入固定液（表面或内部）和从固定液（表面或内部）移出重新进入液体流动相时，速度不尽相同，会引起色谱峰形的明显扩展，如图 6-3(a) 所示。

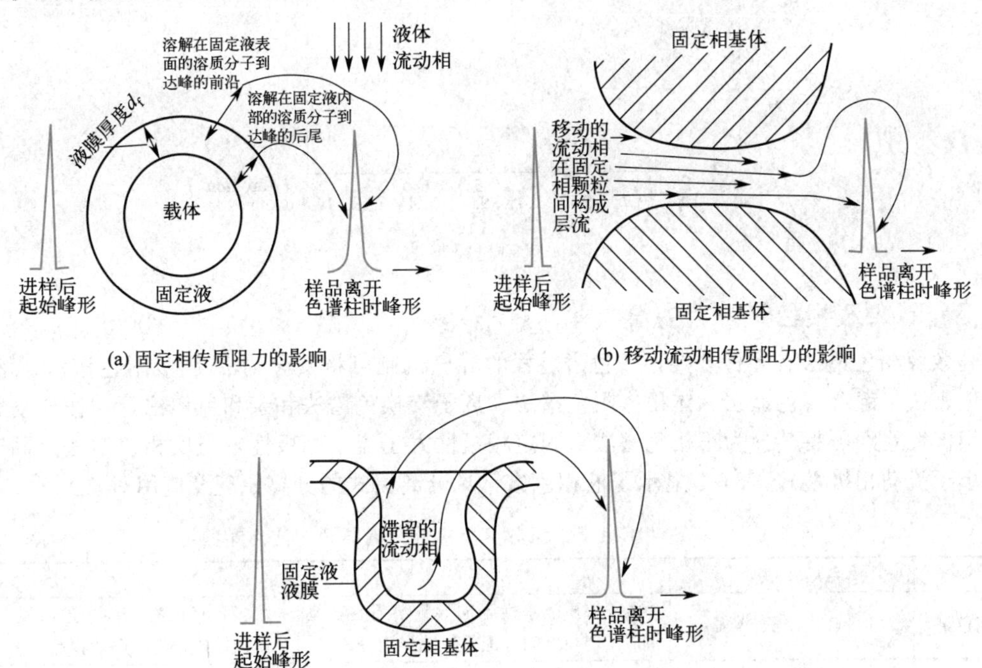


图 6-3 固定相的传质阻力引起的色谱峰形的扩展

当载体上涂布的固定液液膜比较薄，载体无吸附效应或吸附剂固定相表面具有均匀的物理吸附作用时，均可减少由于固定相传质阻力所带来的峰形扩展。

（4）移动流动相的传质阻力项 $H_{MM}$　在固定相颗粒间移动的流动相，处于不同层流时其流速不同。溶质分子在紧挨颗粒边缘的流动相层流中的移动速度要比在中心层流中的移动速度慢，因而引起峰形扩展。与此同时，也会有些溶质分子从移动快的层流向移动慢的层流扩散（径向扩散)，这会使不同层流中溶质分子的移动速度趋于一致而减少峰形扩散，如图 6-3(b) 所示。

（5）滞留流动相的传质阻力项 $H_{SM}$　柱中装填的无定形或球形全多孔固定相颗粒内部的孔洞充满了滞留流动相，溶质分子在滞留流动相中的扩散会产生传质阻力。仅扩散到孔洞中滞留流动相表层的溶质分子，其移动距离很短，能很快返回到颗粒间流动的主流路；而扩散到孔洞中滞留流动相较深处的溶质分子，则会在孔洞中消耗较多的时间，当返回到主流路时必然伴随谱带的扩展，如图 6-3(c) 所示。

由式(6-1) 可以看出，将 $H$ 对 $u$ 作图，也可绘制出和气相色谱相似的曲线（见图 6-4)，曲线的最低点也对应着最低理论塔板高度 $H_{min}$ 和流动相的最佳线速 $u_{opt}$。但 HPLC 的 $u_{opt}$ 数值比 GC 小得多，这说明 HPLC 色谱柱比 GC 的填充柱具有更高的柱效。因此，HPLC 色谱柱远短于 GC 的填充柱，一般仅为 150mm。由图 6-4 可知，随着柱填料粒径的下降，色谱柱的 $H_{min}$ 也逐渐下降，柱效逐渐提高。而且，$H$-$u$ 曲线后半段具有平稳的斜率，这说明流动相流速提高时，色谱柱柱效无明显的损失。因此，采用 HPLC 分析混合物样品时可以采用较高的流速，从而可以缩短分析时间。

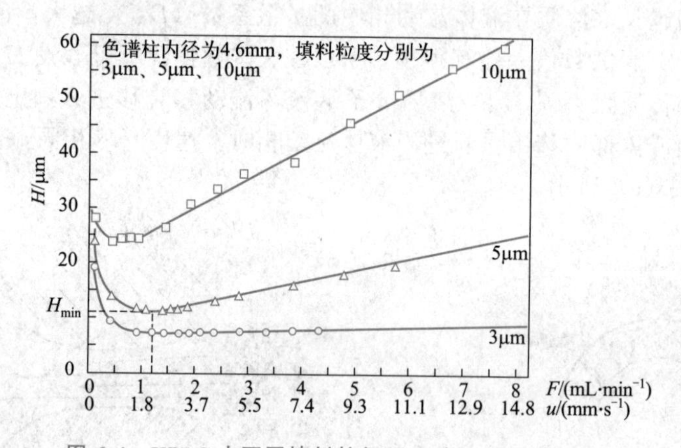


图 6-4　HPLC 中不同填料粒径下 $H$ 与 $u$ 之间的关系

## 6.1.3　高效液相色谱法的主要类型

高效液相色谱法有多种分类，按色谱过程的分离机制可将其分为液-固吸附色谱法、液-液分配色谱法、键合相色谱法、体积排阻色谱法、离子交换色谱法和亲和色谱法等；按流动相与固定相极性差别可将其分为正相色谱法（固定相极性大于流动相极性）与反相色谱法（固定相极性小于流动相极性)。表 6-2 显示了液相色谱常见分离模式的分离原理及应用对象。

表 6-2　高效液相色谱常见分离模式的分离原理与应用对象

| 分离模式 | 色谱柱种类 | 分离原理 | 应用对象 |
|---|---|---|---|
| 反相色谱 | $C_{18}$、$C_8$、酚基、苯基 | 由于溶质疏水性不同导致溶质在流动相与固定相之间分配系数差异而分离 | 大多数有机物，多肽、蛋白质、核酸等非极性或极性较弱的样品 |
| 正相色谱 | $SiO_2$、CN、$NH_2$ | 由于溶质极性不同导致在极性固定相上吸附强弱差异而分离 | 极性较强的化合物 |

续表

| 分离模式 | 色谱柱种类 | 分离原理 | 应用对象 |
| --- | --- | --- | --- |
| 离子交换色谱 | 强酸性阳离子交换树脂、强碱性阴离子交换树脂 | 由于溶质电荷不同及溶质与离子交换树脂库仑作用力差异而分离 | 离子和可离解化合物 |
| 凝胶色谱 | 凝胶渗透、凝胶过滤 | 由于分子尺寸及形状不同使得溶质在多孔性填料体系中滞留时间差异而分离 | 可溶于有机溶剂或水的任何非交联型化合物 |
| 疏水色谱 | 丁基、苯基、二醇基 | 由于溶质的弱疏水性及疏水性对流动相盐浓度的依赖性使溶质得以分离 | 具弱疏水性及疏水性随盐浓度而改变的水溶性生物大分子 |
| 亲和色谱 | 聚丙烯酰胺、全多孔 $SiO_2$ 微球 | 由于溶质与填料表面配基之间的弱相互作用力（即非成键作用力）所导致的分子识别现象而分离 | 多肽、蛋白质、核酸、糖缀合物等生物大分子及可与生物大分子产生亲和作用的小分子 |
| 手性色谱 | 手性柱 | 由于手性化合物与配基间的手性识别而分离 | 手性拆分 |

#### 6.1.3.1 液-固吸附色谱法和液-液分配色谱法

（1）分离原理　吸附色谱法的固定相是固体吸附剂，主要基于各组分在吸附剂上吸附能力的差异进行分离。当混合物随流动相通过吸附剂时，与吸附剂结构和性质相似的组分易被吸附，保留值较大；反之，与吸附剂结构和性质差异较大的组分不易被吸附，保留值较小，从而实现了不同组分间的分离。

分配色谱法中，一个液相作为流动相，另一个液相（即固定液）则分布在很细的惰性载体或硅胶上作为固定相，两者互不相溶。固定液对被分离组分是一种很好的溶剂。当混合物进入色谱柱后，各组分很快在两相间达到分配平衡。不同组分的分配系数不一样。分配系数大的组分更易进入固定液，保留值较大；分配系数小的组分容易从固定液转移至流动相中，保留值较小。这样分配系数不同的组分就能实现相互间的分离。分配色谱法又可根据固定相与流动相极性的相对大小分为正相色谱法与反相色谱法。

（2）固定相

① 固定相基质　目前 HPLC 固定相基质主要有无机基质和有机基质两大类：无机基质主要包括氧化硅、氧化铝等无机氧化物与分子筛、石墨化炭黑等；有机基质主要有聚羟基甲基丙烯酸丙酯（PHAM）、聚乙烯醇（PVA）等亲水性聚合物、聚苯乙烯-二乙烯基苯交联共聚物（PS-DVB）、聚甲基丙烯酸酯等疏水性聚合物以及葡萄糖、琼脂糖、纤维素、环糊精等软胶。无机基质的优点是机械强度高、溶胀性小、耐高压、应用范围广泛，缺点是表面复杂、重复性与稳定性较差。有机基质化学稳定性非常好，在正相、反相、疏水作用和凝胶色谱中应用较多。

HPLC 常用的填料类型主要有微孔填料、灌注填料、无孔填料、核壳填料等（见图 6-5）。目前普遍使用的是微孔填料，分析物与洗脱液可渗透进入孔隙，颗粒表面由微孔（孔径<10nm）覆盖。灌注填料的贯穿孔径达 600～800nm，且里面还有较小的内联介孔（如孔径 80nm），有效减小了峰展宽，非常适用于蛋白质等大分子的制备分离。无孔填料主要使用较小粒径的硅胶填料（直径约 1.5μm），因其填充不易均匀，填充的色谱柱柱压过高且填料易破碎，已基本被表面多孔填料所取代。核壳填料（亦称表面多孔填料、熔融核填料）由内熔融或无孔颗粒核与多孔颗粒外壳组成。分析物只与外壳反应，传质阻力小，分离效率高，目前已得到较广的应用。

② 吸附色谱法的固定相　可分为极性和非极性两大类。极性固定相主要有硅胶（酸性）、氧化镁和硅酸镁分子筛（碱性）等。非极性固定相有高强度多孔微粒活性炭、多孔石墨化炭黑、高交联度 PS-DVB 的单分散多孔微球、碳多孔小球等，应用最广泛的是硅

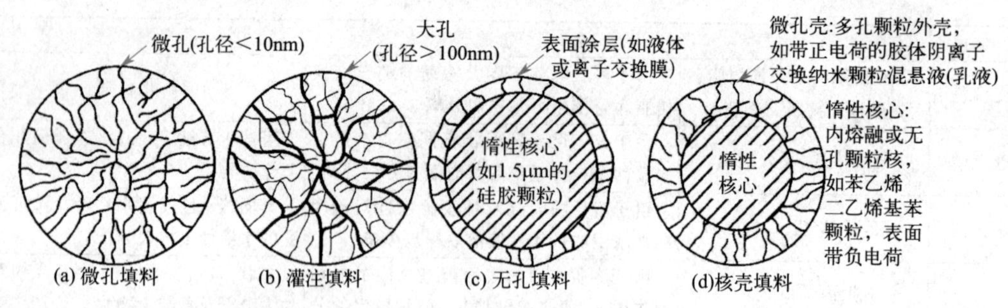


图 6-5　HPLC 填料结构类型

胶。硅胶主要有全多孔型和薄壳型两类。其中，薄壳型硅胶微粒固定相出峰快、柱效能高，适用于极性范围较宽的混合样品的分析，缺点是样品容量小；而全多孔型硅胶微粒固定相表面积大、柱效高，是吸附色谱法中使用最广泛的固定相。分析具体样品时应结合样品的特点及分析仪器来选择合适的吸附剂，选用时须考虑吸附剂的形状、粒度、比表面积等。

③ 分配色谱法的固定相　由惰性载体和涂渍在惰性载体上的固定液组成。其中，惰性载体主要是一些固体吸附剂，如全多孔球形微粒硅胶、全多孔氧化铝等；固定液主要有用于正相色谱法的$\beta,\beta$-氧二丙腈、聚乙二醇 600 等与应用于反相色谱法的甲基聚硅氧烷、正庚烷等，其涂渍方法与气-液色谱法基本一致。

用机械法涂渍的固定液制成的色谱柱在分析样品时，由于大量流动相连续通过会溶解部分固定液，造成固定液的流失，从而导致保留值变小、柱选择性下降。为防止固定液流失，通常采用的方法有：①尽量选择对固定液仅有较低溶解度的溶剂作为流动相；②流动相进入色谱柱前，预先用固定液饱和；③使流动相保持低流速，并保持色谱柱柱温恒定；④避免过大的进样量。

（3）流动相

① 流动相的一般要求　HPLC 分析中，流动相（也称作淋洗液）对改善分离效果有重要的辅助效应（见图 6-6）。

HPLC 所采用的流动相通常为各种低沸点的有机溶剂与水或缓冲溶液的混合物，对流动相的一般要求是：a. 化学稳定性好，不与固定相或样品组分发生化学反应；b. 与所选用的检测器相匹配；c. 对待分析样品有足够的溶解能力，以提高其测定灵敏度；d. 黏度小，以保证合适的柱压降；e. 沸点低，以有利于制备分离时样品中某些重要组分的回收；f. 纯度高，防止微量杂质在柱中积累，引起柱性能变化；g. 避免使用具有显著毒性的溶剂，以保证分析人员的安全；h. 价廉且易购。

② 吸附色谱法的流动相　在吸附色谱法中，若使用硅胶、氧化铝等极性固定相，应用弱极性的正戊烷、正己烷、正庚烷等作为流动相的主体，再适当加入二氯甲烷、氯仿、甲基叔丁基醚等中等极性溶剂，或四氢呋喃、乙腈、甲醇、水等极性溶剂，以调节流动相的洗脱强度[❶]，实现样品中各组分的完全分离。以氧化铝为吸附剂时，常用流动相洗脱强度次序为：甲醇＞异丙醇＞二甲基亚砜＞乙腈＞丙酮＞四氢呋喃＞二氯乙烷＞二氯甲烷＞氯仿＞甲

❶ 在吸附色谱中，常用溶剂强度参数 $\varepsilon^0$ 来表示溶剂的洗脱强度，它定义为溶剂分子在单位吸附剂表面 $A$ 上的吸附自由能 $E_a$，表征了溶剂分子对吸附剂的亲和程度。$\varepsilon^0$ 数值越大，表明溶剂与吸附剂的亲和能力越强，则越易从吸附剂上将被吸附的溶质洗脱下来，即溶剂对溶质的洗脱能力越强。

苯＞四氯化碳＞环己烷＞异戊烷＞正戊烷。

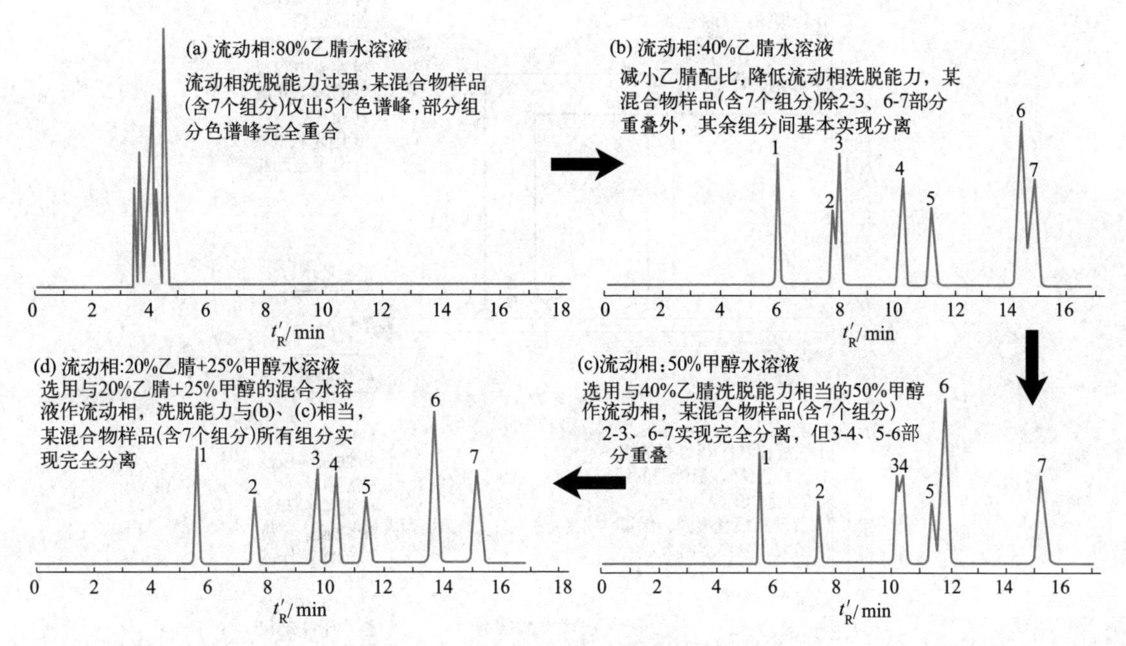


图 6-6 流动相种类与配比对混合物分离的影响

若使用 PS-DVB 共聚物微球、石墨化炭黑微球等非极性固定相，则应以水、甲醇、乙醇等作为流动相的主体，再适当加入乙腈、四氢呋喃等改性剂，以调节流动相的洗脱强度。

应用 HPLC 分析样品时，可根据流动相的洗脱序列，通过实验，选择合适强度的流动相。若样品各组分的分配比 $k'$ 值差异比较大，可采用梯度洗脱（即间断或连续地改变流动相的组成或其他操作条件，从而改变其洗脱能力）的方式实现各组分间的快速分离。

③ 分配色谱法的流动相　正相色谱法的流动相主体为正己烷、正庚烷，再加入异丙醚、二氯甲烷、四氢呋喃、氯仿、乙醇、乙腈等极性改性剂（＜20%）。反相色谱法的流动相主体为甲醇、乙腈与水，再加入二甲基亚砜、丙酮、乙醇、四氢呋喃、异丙醇等改性剂（＜10%）。图 6-7 显示了溶质保留值随溶质和溶剂极性变化的一般规律。

吸附色谱法常用于分离极性不同的化合物，也能分离具有相同极性基团、但数量不同的样品。此外，吸附色谱也适于同分异构体的分离。

分配色谱法既能分离极性化合物，又能分离非极性化合物，如烷烃、烯烃、芳烃、稠环、甾族等化合物。

### 6.1.3.2 键合相色谱法

二氧化硅颗粒表面的硅醇基（—SiOH）能提供极性作用位点，虽然可能导致色谱峰拖尾，但也可通过它引入所需的官能团，如与一氯硅烷 $R—(CH_3)_2SiCl$ 的反应：

$$—\overset{|}{\underset{|}{Si}}—OH + Cl—\overset{CH_3}{\underset{CH_3}{Si}}—R \longrightarrow —\overset{|}{\underset{|}{Si}}—O—\overset{CH_3}{\underset{CH_3}{Si}}—R + HCl[R=—CH_2—(CH_2)_{16}CH_3]$$

上述反应生成的产物是目前使用最为普遍的 $C_{18}$ 硅胶固定相，又称十八烷基硅烷（简称 ODS）。

采用上述化学键合的方式生成的固定相即为键合固定相，对应的液相色谱法称为键合相色谱法。键合固定相非常稳定，在使用中不易流失，且键合到载体表面官能团的极性可调，

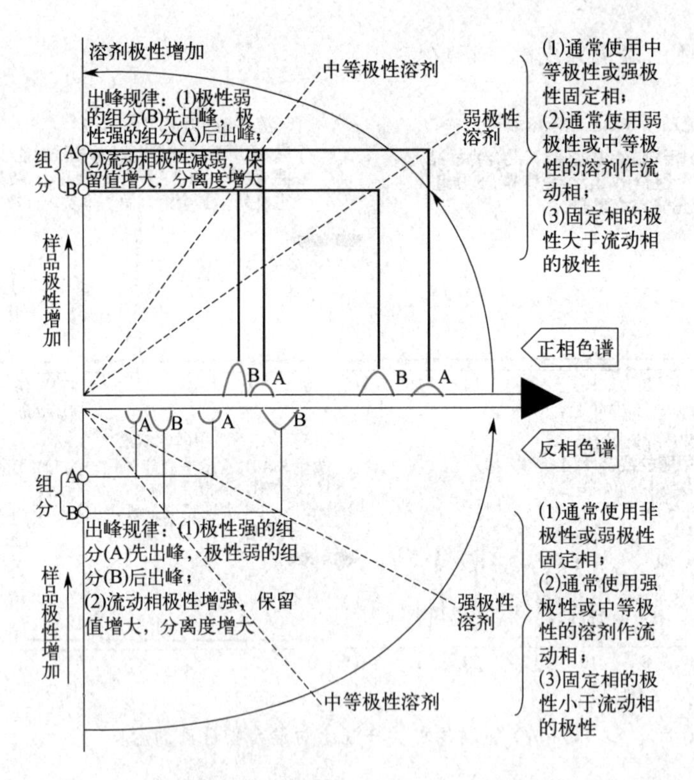


图 6-7　溶质保留值随溶质和溶剂极性变化的一般规律

因此适用于各种样品的分离分析。目前键合相色谱法已基本取代分配色谱法，在 HPLC 中使用极其普遍，获得了日益广泛的应用。

键合相色谱法也可分为正相键合相色谱法和反相键合相色谱法。前者键合固定相的极性大于流动相的极性，适用于分离各类极性与强极性化合物。后者键合固定相的极性小于流动相的极性，适用于分离非极性、极性或离子型化合物。

（1）分离原理　键合相色谱法中的固定相特性和分离机理与分配色谱法相比，均存有差异，所以一般不宜将键合相色谱法统称为液液分配色谱法。

① 正相键合相色谱法的分离原理　正相键合相色谱法使用的是极性键合固定相［将极性有机基团如氨基（$—NH_2$）、氰基（—CN）、醚基（—O—）等键合在硅胶表面］，溶质在此类固定相上的分离机理，属于分配色谱。

② 反相键合相色谱法的分离原理　反相键合相色谱法使用的是极性较小的键合固定相（将极性较小的有机基团如苯基、烷基等键合在硅胶表面），其分离机理可用疏溶剂作用理论来解释。该理论认为：键合在硅胶表面的非极性或弱极性基团具有较强的疏水特性，当用极性溶剂作流动相来分离含有极性官能团的有机化合物时，一方面，分子中的非极性部分与疏水基团产生缔合作用而保留在固定相中；另一方面，被分离物的极性部分受到极性流动相的作用而离开固定相，并减小其保留作用（见图 6-8）。显然，键合固定相对某种溶质分子的缔合能力和解缔能力之间的差异，决定了该溶质分子在色谱分离过程中保留值的大小。由于不同溶质分子的缔合和解缔能力间的差异有大有小，所以其流出色谱柱的速度便有快有慢，从而使得不同溶质分子（即样品中的各个组分）间得到了分离。

（2）固定相　化学键合固定相广泛使用全多孔或薄壳型微粒硅胶作为基体。化学键合固定相按极性大小可分为非极性、弱极性、极性化学键合固定相三种，其类型及应用范围如表 6-3 所示。

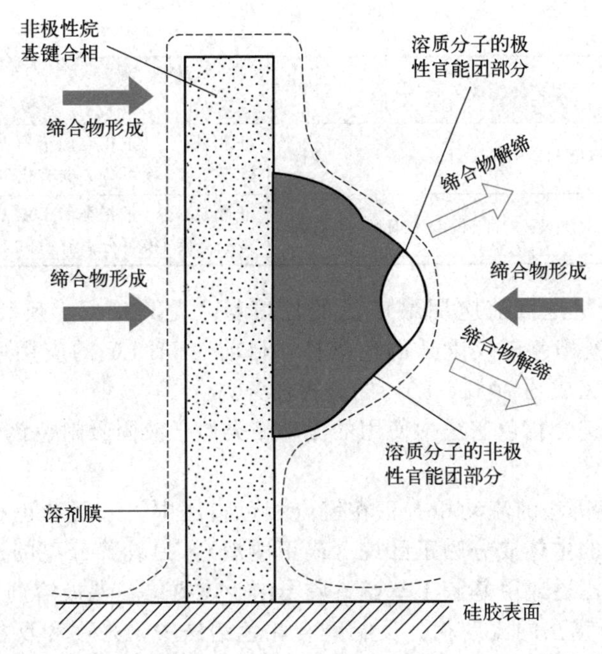


图 6-8　反相色谱中固定相表面上溶质分子与烷基键合相之间的缔合作用

表 6-3　键合固定相的类型及应用范围

| 类型 | 键合官能团 | 性质 | 色谱分离方式 | 应用范围 |
|---|---|---|---|---|
| 烷基<br>$—C_8$、$—C_{18}$ | $—(CH_2)_7—CH_3$<br>$—(CH_2)_{17}—CH_3$ | 非极性 | 反相、离子对 | 中等极性化合物，溶于水的强极性化合物，如：小肽、蛋白质、甾族化合物(类固醇)、核碱、核苷、核苷酸、极性合成药物等 |
| 苯基<br>$—C_6H_5$ | $—(CH_2)_3—C_6H_5$ | 非极性 | 反相、离子对 | 非极性至中等极性化合物，如：脂肪酸、甘油酯、多核芳烃、酯类(邻苯二甲酸酯)、脂溶性维生素、甾族化合物(类固醇)、PTH 衍生化氨基酸 |
| 酚基<br>$—C_6H_4OH$ | $—(CH_2)_3—C_6H_4OH$ | 弱极性 | 反相 | 中等极性化合物，保留特性类似于 $C_8$ 固定相，但对多环芳烃、极性芳香族化合物、脂肪酸等具有不同的选择性 |
| 醚基<br>—CH—CH₂ (环氧，O) | $—(CH_2)_3—O—CH_2—CH—CH_2$ (环氧，O) | 弱极性 | 反相或正相 | 醚基具有斥电子基团，适用于分离酚类、芳硝基化合物，其保留行为比 $C_{18}$ 更强($k'$增大) |
| 二醇基<br>—CH—CH₂ (OH OH) | $—(CH_2)_3—O—CH_2—CH—CH_2$ (OH OH) | 弱极性 | 正相 | 二醇基比未改性的硅胶具有更弱的极性，易用水润湿，适用于分离有机酸及其低聚物，还可作为分离肽、蛋白质的凝胶过滤色谱固定相 |
| 芳硝基<br>$—C_6H_4—NO_2$ | $—(CH_2)_3—C_6H_4—NO_2$ | 弱极性 | 正相或反相 | 分离具有双键的化合物，如芳香族化合物、多环芳烃 |
| 氰基<br>—CN | $—(CH_2)_3—CN$ | 极性 | 正相、反相 | 正相类似于硅胶吸附剂，为氢键接受体，适于分析极性化合物，溶质保留值比硅胶柱低；反相可提供与 $C_8$、$C_{18}$、苯基柱不同的选择性 |
| 氨基<br>$—NH_2$ | $—(CH_2)_3—NH_2$ | 极性 | 正相、反相、阴离子交换 | 正相可分离极性化合物，如芳胺取代物、酯类、甾族化合物、氯代农药；反相可分离单糖、双糖和多糖碳水化合物；阴离子交换可分离酚、有机羧酸和核苷酸 |

续表

| 类型 | 键合官能团 | 性质 | 色谱分离方式 | 应用范围 |
| --- | --- | --- | --- | --- |
| 二甲氨基 $-N(CH_3)_2$ | $-(CH_2)_3-N(CH_3)_2$ | 极性 | 正相、阴离子交换 | 正相类似于氨基柱的分离性能；阴离子交换可分离弱有机碱 |
| 二氨基 $-NH(CH_2)_2NH_2$ | $-(CH_2)_3-NH-(CH_2)_2-NH_2$ | 极性 | 正相、阴离子交换 | 正相类似于氨基柱的分离性能；阴离子交换可分离有机碱 |

非极性烷基键合相是目前应用最广泛的柱填料，尤其是 $C_{18}$ 反相键合固定相（简称ODS）。ODS是高效液相色谱仪默认的色谱柱。目前在HPLC的应用中，反相键合相色谱法使用最为普遍，能完成约70%～80%的分析任务。

（3）流动相　在键合相色谱法中使用的流动相类似于液固吸附色谱法、液液分配色谱法中的流动相。

① 正相键合相色谱法的流动相　正相键合相色谱法中，采用和正相液液分配色谱法相似的流动相，流动相的主体成分为正己烷（或正庚烷）。为改善分离的选择性，常加入的优选溶剂为质子接受体乙醚或甲基叔丁基醚、质子给予体氯仿、偶极溶剂二氯甲烷等。

② 反相键合相色谱法的流动相　反相键合相色谱法中，采用和反相液液分配色谱法相似的流动相，流动相的主体成分为水、质子接受体甲醇、质子给予体乙腈和偶极溶剂四氢呋喃等。实际分析时，采用甲醇-水体系即能满足大多数样品的分离要求。因此，反相键合相色谱法中应用最广泛的流动相是甲醇（乙腈的毒性比甲醇大5倍，且价格贵6～7倍）。

除上述流动相外，反相键合相色谱法中也常采用乙醇、正丙醇及二氯甲烷等作为流动相，洗脱强度的强弱顺序依次为：水（最弱）＜甲醇＜乙腈＜乙醇＜四氢呋喃＜丙醇＜二氯甲烷（最强）。

实际分析时采用适当比例的二元混合溶剂能解决大多数混合物样品的分离分析问题。有时为了获得最佳分离，也可以采用三元（最普遍的是再添加缓冲盐溶液）甚至四元混合溶剂作流动相。

（4）应用

① 正相键合相色谱法的应用　正相键合相色谱法多用于分离各类极性化合物如染料、炸药、甾体激素、多巴胺、氨基酸和药物等。

② 反相键合相色谱法的应用　反相键合相色谱系统由于操作简单、稳定性与重复性好，已成为一种通用型液相色谱分析方法。极性、非极性，水溶性、油溶性，离子型、非离子型，小分子、大分子，具有官能团差别或分子量差别的同系物，均可采用反相液相色谱技术实现分离。

a. 在生物化学和生物工程中的应用。在生物化学和生物工程研究中，经常涉及对氨基酸、多肽、蛋白质及核碱、核苷、核苷酸、核酸等生物分子的分离分析，反相键合相色谱法正是这类样品的主要分析手段。图6-9为用Eclispe Plus $C_{18}$ 细内径柱快速分离23种氨基酸标准物的分离谱图。

b. 在医药研究中的应用。人工合成药物的纯化及成分的定性、定量测定，中草药有效成分的分离、制备及纯度测定，临床医药研究中人体血液和体液中药物浓度、药物代谢物的测定，新型高效手性药物中手性对映体含量的测定等，都可以用反相键合相色谱予以解决。图6-10显示了用Pursuit XRs$C_8$ 色谱柱分离8种局部麻醉剂的色谱图。

c. 在食品分析中的应用。反相键合相色谱法在食品分析中的应用主要有：食品本身组成，尤其是营养成分（如维生素、脂肪酸、香料、有机酸、矿物质等）的分析；人工加入的

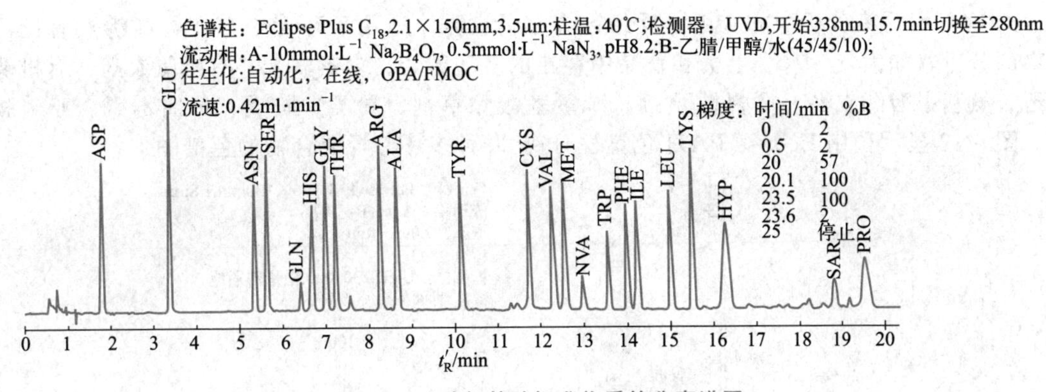


图 6-9　23 种氨基酸标准物质的分离谱图

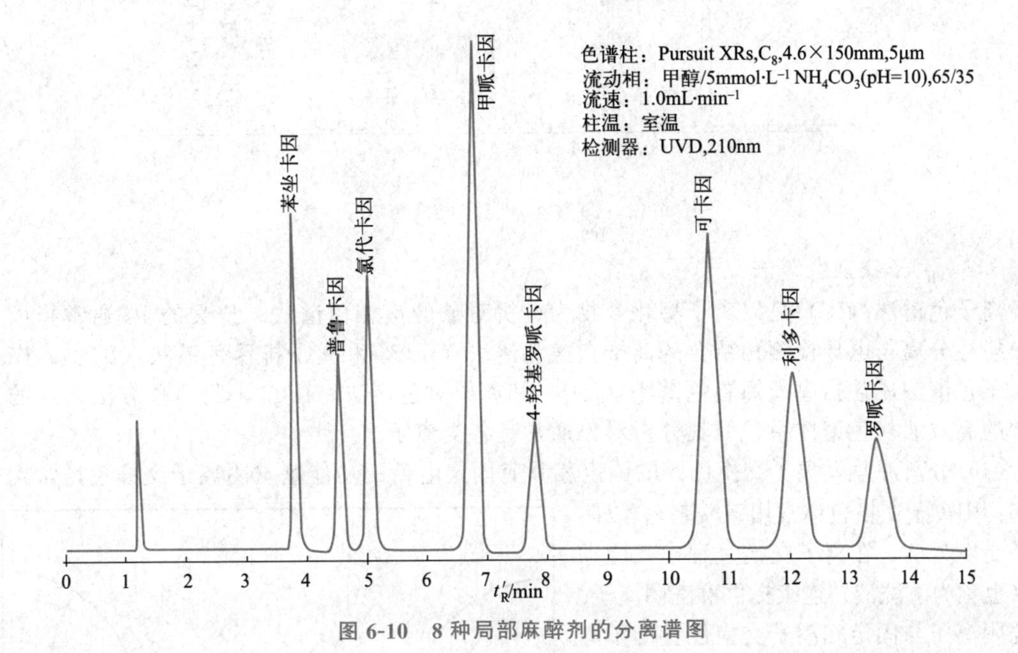


图 6-10　8 种局部麻醉剂的分离谱图

食品添加剂（如甜味剂、防腐剂、人工合成色素、抗氧化剂等）的分析；对食品加工、贮运、保存过程中由周围环境引起的污染物（如农药残留、霉菌毒素、病原微生物等）的分析。图 6-11 显示了用 Poroshell 120EC-$C_{18}$ 色谱柱在 3min 内完成食品中 6 种常见添加剂的分离色谱图。

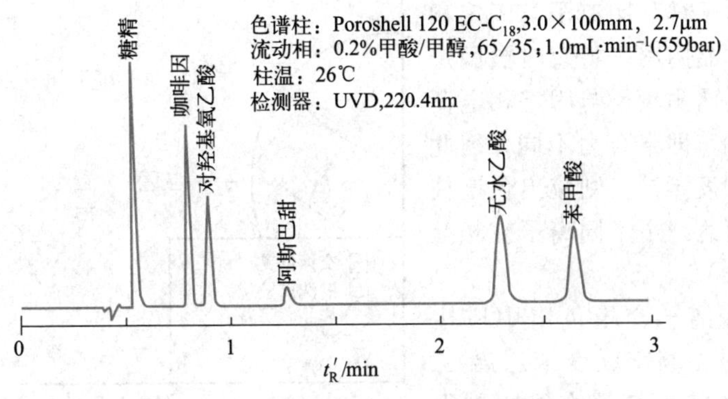


图 6-11　食品中 6 种常见添加剂的分离谱图

d. 在环境污染分析中的应用。反相键合相色谱方法适用于环境中存在的高沸点有机污染物的分析，如大气、水、土壤和食品中存在的多环芳烃、多氯联苯、有机氯农药、有机磷农药、氨基甲酸酯农药、含氮除草剂、苯氧基酸除草剂、酚类、胺类、黄曲霉素、亚硝胺等。图 6-12 显示了用 Eclipse PAH 色谱柱分离 20 种多环芳烃混合物的色谱图。

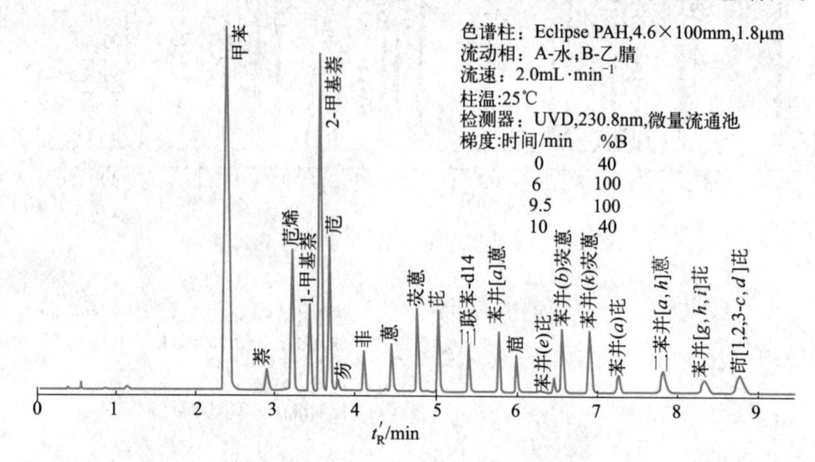


图 6-12 20 种多环芳烃的分离谱图

#### 6.1.3.3 离子交换色谱法

离子色谱法（IC）是以离子型化合物为分析对象的液相色谱法。狭义的 IC 通常指以离子交换柱分离与电导检测相结合的离子交换色谱法（IEC）和离子排斥色谱法（ICE）。广义的离子色谱法还包括离子抑制色谱法（ISC）和离子对色谱法（IPC），此两种方法采用的是通常的高效液相色谱体系，但其分析对象通常是各类离子。

（1）分离原理 离子交换色谱的固定相具有固定电荷的功能基（阴离子交换色谱常用季胺基；阳离子交换色谱常用磺酸基）。以阴离子交换为例，在离子交换过程中，流动相（也称为淋洗液）连续提供淋洗阴离子。淋洗阴离子与固定相离子交换位置的阳离子以库仑力相结合，并保持电荷平衡。进样之后，样品中的各个阴离子与淋洗剂阴离子竞争固定相上的正电荷位置（见图 6-13）。当固定相上的阴离子交换位置被样品阴离子转换时，由于样品阴离子与固定相之间的库仑力，样品阴离子将暂时被固定相保留。样品中不同阴离子与固定相电荷之间的库仑力不同，即亲合力不同，因此被固定相保留的程度不同，则流出色谱柱的速度不同，从而达到了不同离子被相互分离的目的。

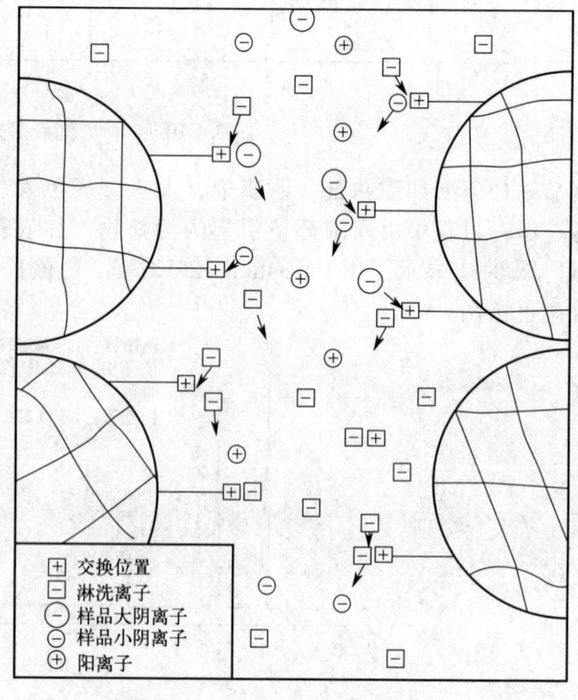


图 6-13 阴离子交换示意图

（2）固定相 离子交换色谱中应用最广泛的固定相是在高交联度苯乙烯-二乙烯苯共聚物上连接可解离官能团制得的离子交换树脂，也称离子交换剂。离子交换树脂可分为两类，即阴离子与阳离子交换树脂。按离子交换官能团酸碱性的强弱，阴离子交换树脂又可分为强碱性（如季胺基团）与弱碱性（如伯胺、仲胺基团）；阳离子交换树脂又可分为强酸性（如磺酸基团）与弱酸性（如羧酸基团）。

根据固定相形态的不同，离子交换树脂可分为全多孔型与薄壳型两类。薄壳型是通过在苯乙烯-二乙烯苯共聚物惰性实心球表面偶联一层离子交换膜而制得的，具有传质速率快、柱效高的特点，因此应用广泛。

(3) 流动相　阴离子交换色谱流动相的种类取决于所用检测方法。抑制型[1]阴离子交换色谱常用的流动相是 $B_4O_7^-$、$OH^-$、$HCO_3^-$、$CO_3^{2-}$、甘氨酸等，其中 $HCO_3^-/CO_3^{2-}$ 混合离子是最常用的阴离子洗脱液。非抑制型[2]阴离子交换色谱常用的流动相是游离羧酸（如苯甲酸、水杨酸等）、羧酸盐（如苯甲酸钾、邻苯二甲酸氢钾等）。通常情况下阴离子的滞留时间次序是：$SO_4^{2-} > C_2O_4^{2-} > I^- > NO_3^- > CrO_4^{2-} > Br^- > SCN^- > Cl^- > HCOO^- > CH_3COO^- > OH^- > F^-$。

阳离子交换色谱流动相的种类受检测方式的限制较少，常用的流动相是稀无机酸（如 HCl、$HNO_3$，分析碱金属离子）、有机酸（如酒石酸、柠檬酸、马来酸，分析碱金属与碱土金属离子）、酸与二胺的混合液（如 HCl＋间苯二胺·2HCl，pH＝4.0，分析碱土金属离子；又如酒石酸＋乙二胺，pH＝4.0，分析二价过渡金属离子；再如乙二胺＋$\alpha$-羟基丁酸，分析稀土金属离子）。通常情况下阳离子的滞留时间次序是：$Ba^{2+} > Pb^{2+} > Ca^{2+} > Ni^{2+} > Cd^{2+} > Cu^{2+} > Co^{2+} > Zn^{2+} > Mg^{2+} > Ag^+ > Cs^+ > Rb^+ > K^+ > NH_4^+ > Na^+ > H^+ > Li^+$。

(4) 应用　离子色谱法的分析对象有无机阴离子、无机阳离子、有机阴离子（有机酸、烷基磺酸等）、有机阳离子（胺、醇胺、生物碱等）、天然有机物（糖、醇、酚、维生素等）、生物物质（氨基酸、核酸、蛋白质）等，广泛应用于环境、食品、农业、生物医学、制药、材料、化学工业等领域。图 6-14、图 6-15、图 6-16 显示的分别是离子交换色谱法分析阴离子、阳离子以及甜味剂的分离谱图。

#### 6.1.3.4 体积排阻色谱法

体积排阻色谱法（又称空间排阻色谱法，SEC）是一种主要依据分子尺寸大小的差异来进行分离的液相色谱方法。根据所用凝胶的性质，SEC 可分成使用水溶液作为流动相的凝胶过滤色谱法（GFC）和使用有机溶剂作为流动相的凝胶渗透色谱法（GPC）。

(1) 分离原理　体积排阻色谱法的分离是基于分子的立体排阻，样品中各组分分子与固定相之间不存在相互作用。当混合组分随流动相进入由多孔性凝胶构成的固定相时，其中的大分子组分不能进入凝胶孔洞而被完全排阻，沿多孔性凝胶粒子间的空隙直接通过色谱柱，首先从柱中被洗脱出来；中等大小的组分分子能进入凝胶中一些适当的孔洞中，但不能进入更小的微孔，在色谱柱中受到阻滞，以较慢的速度从柱中被洗脱出来；小分子组分则可进入凝胶中的绝大部分孔洞中，在柱中滞留较长的时间，以更慢的速度从色谱柱中被洗脱出来；而溶剂分子质量最小，可进入凝胶中的所有孔洞，在色谱柱中滞留的时间最长，最后从色谱柱中流出。

体积排阻色谱中，溶剂分子最后从柱中流出，对应的保留时间称为死时间，对应的洗脱体积称为柱的死体积。这与其他液相色谱法明显不同。

---

[1] 离子交换色谱分析时若选用电导值比较大的 NaOH（阴离子）作流动相，直接将色谱柱接入电导检测器（ECD）时，因其背景电导较大，从而导致试样中阴离子的检测灵敏度极差。此时需将色谱柱流出物先通过一个自动连续再生阴离子抑制器（可生成 $H^+$，与 NaOH 反应后生成水，大大降低背景电导）后，再通入检测器，从而大大提高所测阴离子的灵敏度。此法即为抑制型离子交换色谱（suppressed IC）。

[2] 离子交换色谱分析时若直接选用低电导的苯甲酸盐（阴离子）或者稀硝酸（阳离子）作为流动相，因其背景电导较低，可将色谱柱流出物直接通入检测器，此法称为非抑制型离子交换色谱（unsuppressed IC）。

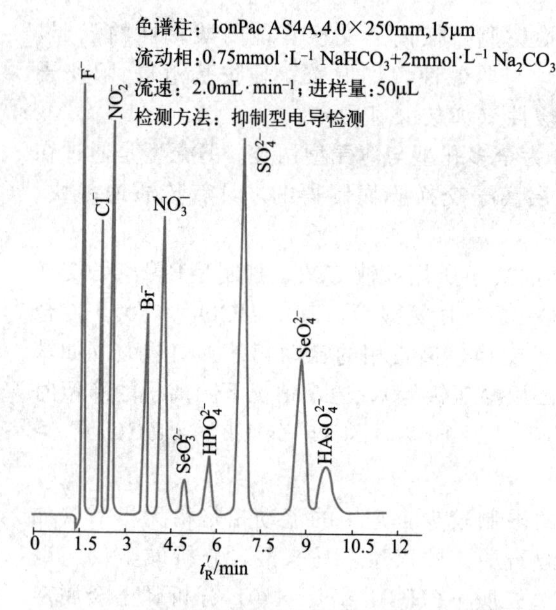


图 6-14　常见无机阴离子和非金属含氧根阴离子的分离谱图

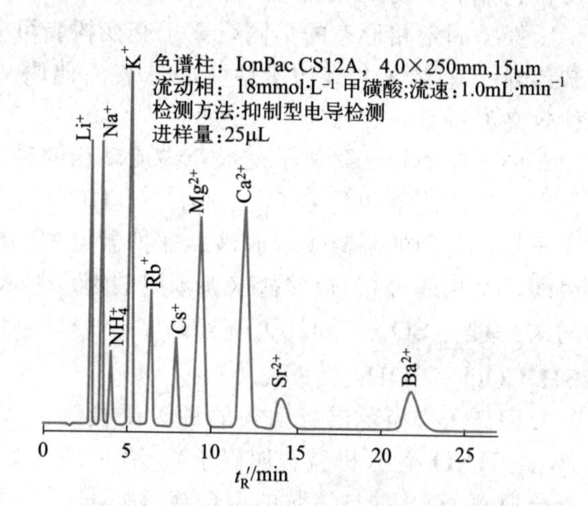


图 6-15　一价和二价阳离子的分离谱图

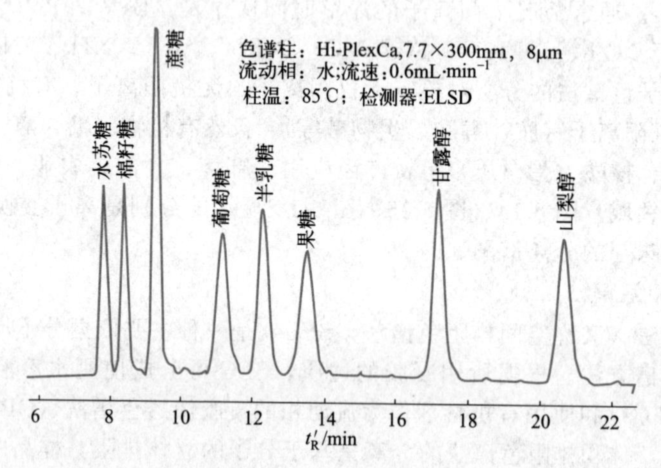


图 6-16　食品中甜味剂的分离谱图

（2）固定相　体积排阻色谱法使用的固定相（见表 6-4）依据机械强度的不同可分为软质凝胶、半刚性凝胶和刚性凝胶三大类。凝胶是指含有大量液体（通常为水）的柔软而富有弹性的物质，是一种经过交联而具有立体网状结构的多聚体。分析时可针对样品的特性精确控制凝胶孔径的大小。

表 6-4　体积排阻色谱法常用固定相

| 类型 | 材料 | 常见型号 | 流动相 |
|---|---|---|---|
| 软性凝胶 | 葡聚糖 | Sephadax | 水 |
| | 聚苯乙烯 | Bio-Bead-S | 有机溶剂 |
| 半刚性凝胶 | 聚苯乙烯 | Styragel | 有机溶剂（丙酮与醇除外） |
| | 交联聚乙烯醋酸酯 | EMgeltypeOR | 有机溶剂 |
| 刚性凝胶 | 玻璃珠 | CPG-10 | 有机溶剂和水 |
| | 硅胶 | Porasil | 有机溶剂和水 |

（3）流动相　体积排阻色谱法流动相的作用仅仅在于溶解样品，与样品的分离度没有关

系。选择流动相时需考虑的要点是：①对样品要有良好的溶解能力，以保证良好的分离效果；②与色谱柱中填充的凝胶相匹配，能浸润凝胶，且能防止凝胶的吸附作用；③与所用检测器相匹配，尽量选用具有低黏度的溶剂。

① 凝胶过滤色谱法的流动相　GFC通常使用以水为基质的具有不同pH的缓冲溶液作为流动相。当使用亲水性有机凝胶（如葡聚糖、琼脂糖等）、硅胶等为固定相时，可向流动相中加入少量无机盐（如NaCl、KCl等），维持流动相的离子强度在0.1～0.5间，以减小固定相的吸附作用和基体的疏水作用；当需洗脱生物大分子（如蛋白质等）时，可向流动相中加入变性剂（如6mol·$L^{-1}$的盐酸胍、PEG-20M等），并在低流速下完成混合物的分离。

② 凝胶渗透色谱法的流动相　GPC测定高聚物分子量时，优先选择四氢呋喃[1]作为流动相，因其对样品具有良好的溶解性，且具有较低的黏度，并可使小孔径聚苯乙烯凝胶溶胀。*N*,*N*-二甲基甲酰胺、邻二氯苯、1,2,4-三氯苯、间甲酚等可在高柱温下使用。强极性六氟异丙醇、三氟乙醇、二甲基亚砜等，可用于粒度小于10μm的硅质凝胶柱。

（4）应用　体积排阻色谱法的用途是：①测定合成聚合物的分子量分布（与其性能有密切关系），研究聚合机理，选择聚合工艺条件等；②分离纯化大分子样品（如蛋白质、核酸等）；③能简便快速地分离样品中分子量相差较大的简单混合物，非常适用于对未知样品的初步探索性分离。

## 思考与练习6.1

1. 液-固色谱中，若使用硅胶、氧化铝等极性固定相，应以弱极性溶剂作为流动相主体，适当加入中等极性或极性溶剂作为改性剂，以调节流动相的洗脱强度，下列溶剂中（　　）不适于作为该条件下加入的改性剂。

A. 氯仿　　B. 乙醚　　C. 甲醇　　D. 正戊烷

2. 所谓反相液相色谱是指（　　）。

A. 流动相为极性物质，固定相为非极性物质

B. 流动相为非极性物质，固定相为极性物质

C. 当组分流出色谱柱后，又返回色谱柱入口

D. 流动相不流动，固定相移动

3.（多选）在高效液相色谱化学键合固定相的制备中，作为基体材料使用较广泛的是（　　）。

A. 硅藻土　　B. 高分子多孔微球　　C. 全多孔微粒硅胶

D. 薄壳型微粒硅胶　　E. 玻璃微球

4. 在高效液相色谱系统中，最常用的色谱柱是（　　）。

A. ODS　　B. 苯基柱　　C. 胺基柱　　D. 腈基柱

5.（多选）凝胶渗透色谱柱能将被测物按分子体积大小进行分离，一般来说，分子体积越大，则该分子（　　）。

A. 在流动相中的浓度越小

B. 在色谱柱中保留时间越短

C. 在色谱柱中保留时间越长

D. 在固定相中的浓度越大

---

[1] 四氢呋喃在储存时易生成过氧化物，尤其在日光的照射下形成得更快。因此，蒸馏四氢呋喃时应有防护罩，在剩余10%时需停止蒸馏，如若蒸干会引起爆炸。

E. 流出色谱柱越早

6. 高效液相色谱法中引起色谱峰扩张的主要因素是（　　）。

A. 涡流扩散　　B. 纵向扩散　　C. 传质阻力　　D. 待分离物的浓度

7. 在高效液相色谱法中，提高色谱柱柱效最有效的途径是（　　）。

A. 减小填料粒度　　B. 适当升高柱温　　C. 降低流动相流速　　D. 加大色谱柱的内径

8. 欲测定聚乙烯的分子量及分子量分布，应选用下列哪种色谱？（　　）

A. 液液分配色谱　　B. 液固吸附色谱　　C. 键合相色谱　　D. 凝胶色谱

阅读园地

扫描二维码查看“超高压液相色谱系统”。

超高压液相色谱系统

## 6.2 高效液相色谱仪

高效液相色谱仪是实现液相色谱分析的仪器设备，自1967年问世以来，50余年间得到了极大的发展。通过使用高压输液泵、全多孔微粒填充柱和高灵敏度检测器等，实现了对待测样品中各组分的高速、高效和高灵敏度的分离、分析，且自动化、智能化程度较高。

### 6.2.1 仪器工作流程

高效液相色谱仪由一个个单元组件组成，使用者可根据分析需求将各所需单元组件进行组合。目前，最基本的组件是高压输液系统、进样器、色谱柱、检测器和工作站（数据处理系统）。此外，还可根据需要配置自动进样系统、预柱、流动相在线脱气装置和自动控制系统等装置。抑制型离子交换色谱仪的色谱柱流出物需先通过一个自动连续再生离子抑制器（生成 $H^+$ 或 $OH^-$），再通入检测器。图6-17是高效液相色谱仪的结构示意图。

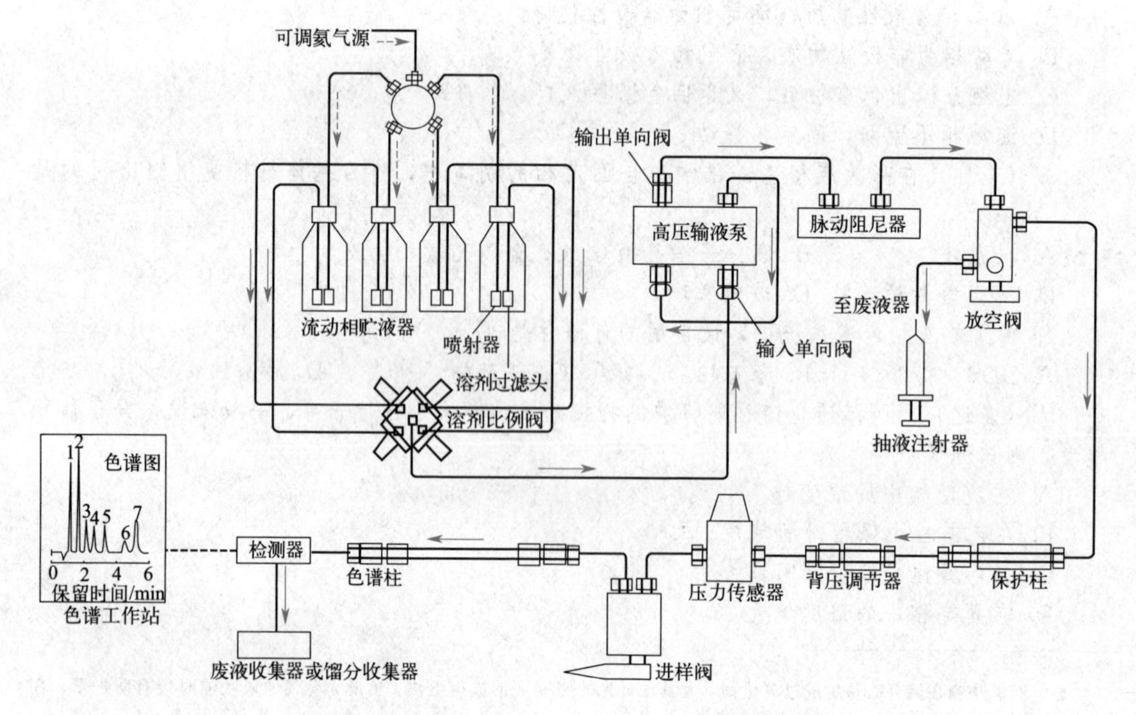


图6-17　高效液相色谱仪结构示意图

高效液相色谱仪的工作流程是：高压输液泵将贮液器中的流动相以稳定的流速（或压力）输送至分析体系，在色谱柱之前通过进样器将样品导入，流动相将待测样品依次带入保护柱、色谱柱，在色谱柱中样品里的各组分实现相互分离，并依次随流动相流至检测器被检测，检测信号则被送至工作站记录、处理和保存。带样品的流动相废液最终由废液收集器或馏分收集器回收。可调氦气源连续向流动相贮液器中通入氦气，以去除流动相中的气泡。

## 6.2.2 主要部件

### 6.2.2.1 高压输液系统

高压输液系统一般包括贮液器、高压输液泵、过滤器、梯度洗脱装置等。

（1）贮液器　贮液器是用来盛装符合要求的流动相的容器。对它的要求是：①必须有足够的容积，以确保重复分析时中途不更换流动相；②脱气方便；③能耐一定的压力；④所选材质对所用溶剂呈化学惰性。

贮液器一般是以不锈钢、玻璃、聚四氟乙烯或特种塑料聚醚醚酮（PEEK）衬里为材料，容积一般为 0.5～2L。所有流动相在放入贮液罐之前必须经过 0.45μm 滤膜过滤，以除去流动相中的机械杂质，防止输液管道或进样阀产生阻塞现象。

所有流动相在使用前必须脱气。因色谱柱在高压力下工作，而检测器在常压下工作。若流动相中所含有的气泡（空气）未被除去，则流动相通过色谱柱时其中的气泡在高压下被压缩，流至检测器时在常压下气泡会释放出来，从而造成检测器噪声增大、基线不稳等现象，使得仪器不能正常工作。在梯度洗脱时此现象尤其突出。

（2）高压输液泵　高压输液泵是高效液相色谱仪的关键部件，其作用是将流动相以稳定的流速或压力输送到色谱柱。带有在线脱气装置的色谱仪，流动相先经过脱气装置后再输送到色谱柱。

① 高压输液泵的要求。为保证分析结果的准确性与稳定性，高压输液泵的基本要求是：

a. 泵体材料耐化学腐蚀。

b. 耐高压，且能在高压下连续工作 8～24h。HPLC 高压泵最高工作压力约 41.36MPa(6000psi)，超高压液相色谱高压泵的最高压力可达 68.94MPa(10000psi)。

c. 输液平衡，脉动小，流量重复性（±0.5%内）与准确度高（±0.5%内）。

d. 流量范围宽（一般为 0.001～10mL·$min^{-1}$；制备色谱约 1～1000mL·$min^{-1}$），连续可调。

e. 溶剂转换容易，系统死体积小。

f. 能够自动设定时间流速程序，定时开机、关机。

g. 具备梯度洗脱功能。

h. 耐用且维护方便，更换柱塞杆和密封圈方便、容易；具备柱塞杆清洗功能。

② 高压输液泵类型。高压输液泵一般可分为恒压泵和恒流泵两大类。恒流泵在一定操作条件下可输出恒定体积流量的流动相。恒流泵有往复型泵和注射型泵，其特点是泵的内体积小，用于梯度洗脱尤为理想。恒压泵又称气动放大泵，是输出恒定压力的泵，其流量随色谱系统阻力的变化而变化。恒压泵的优点是输出无脉冲，对检测器的噪声小，通过改变气源压力即可改变流速；缺点是流速不够稳定，会随溶剂黏度不同而发生变化。表 6-5 列出了几种常见高压输液泵的基本性能。

表 6-5 常见高压输液泵的性能比较

| 名称 | 恒流或恒压 | 脉冲 | 更换流动相 | 梯度洗脱 | 再循环 | 价格 |
|---|---|---|---|---|---|---|
| 气动放大泵 | 恒压 | 无 | 不方便 | 需两台泵 | 不可以 | 高 |
| 螺旋传动注射泵 | 恒流 | 无 | 不方便 | 需两台泵 | 不可以 | 中等 |
| 单柱塞型往复泵 | 恒流 | 有 | 方便 | 可以 | 可以 | 较低 |
| 双柱塞型往复泵 | 恒流 | 小 | 方便 | 可以 | 可以 | 高 |
| 往复式隔膜泵 | 恒流 | 有 | 方便 | 可以 | 可以 | 中等 |

目前高效液相色谱仪普遍采用的是往复式恒流泵，特别是双柱塞型往复泵（见图 6-18）。恒压泵在高效液相色谱仪发展初期使用较多，现在主要用于液相色谱柱的制备。

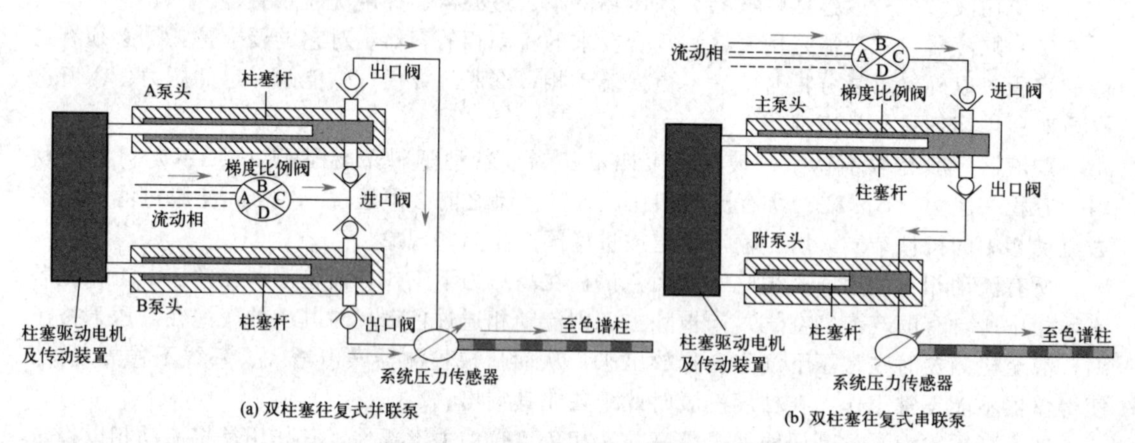


图 6-18 双柱塞型往复泵结构示意图

（3）过滤器 高压输液泵的活塞和进样阀阀芯的机械加工精密度非常高，微小的机械杂质进入流动相，均会导致上述部件的损坏；同时机械杂质在柱头上积累，会造成柱压升高，使色谱柱不能正常工作。因此，在高压输液泵的进口和出口与进样阀之间，应设置过滤器。过滤器包括溶剂过滤器和管道过滤器（见图 6-19）。

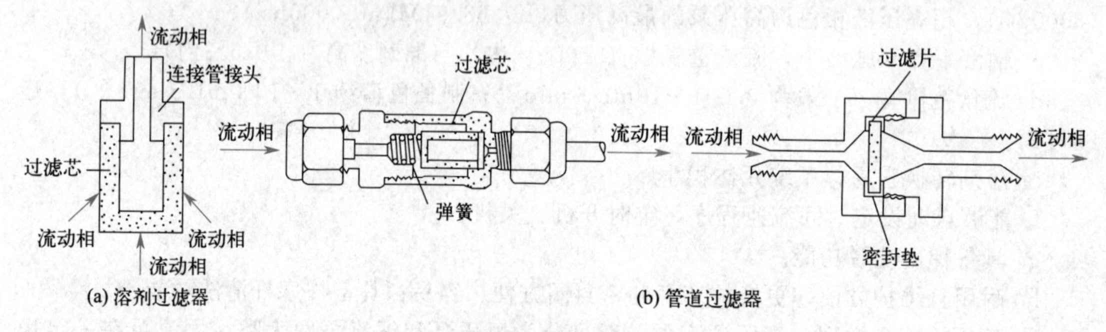


图 6-19 过滤器结构

过滤器的滤芯用不锈钢烧结材料制成，孔径 2～3$\mu$m，耐有机溶剂的侵蚀。若发现过滤器堵塞（发生流量减小的现象），可将其浸入稀 $HNO_3$ 溶液，在超声波清洗器中用超声波振荡 10～15min，即可将堵塞的固体杂质洗出。若清洗后仍不能达到要求，则应更换滤芯。

（4）梯度洗脱装置 在分离复杂样品时，经常会出现先流出的各组分间色谱峰有重叠，而后流出的各组分间分离度太大且峰形较差（往往分析时间过长）。采用梯度洗脱技术可以使保留值相差较大的多组分在合理的时间内全部出峰且相互间完全分离。

梯度洗脱技术多指流动相梯度，即在分离过程中改变流动相的组成（溶剂极性、离子强度、pH 等）或浓度。梯度洗脱依据梯度装置提供的流路个数可分为二元梯度、三元梯度等，依据溶液混合方式又可分为高压梯度和低压梯度。

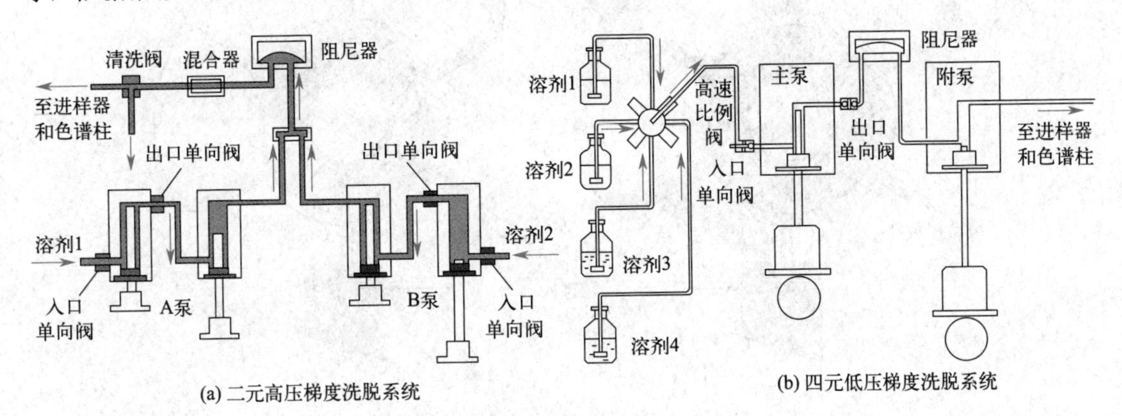


图 6-20 梯度洗脱系统示意图

高压梯度系统一般只用于二元梯度[见图 6-20(a)]，即用两个高压泵分别按设定比例输送两种不同溶剂至混合器，在高压状态下将两种溶剂进行混合，然后以一定的流量输出。该系统的优点是通过梯度程序控制器可精确控制每台泵的输出，获得任意形式的梯度曲线，精度高，易于实现自动化控制。缺点是必须同时使用两台高压输液泵，价格昂贵，故障率较高。

低压梯度系统[图 6-20(b)所示]是将 2～4 种溶剂按一定比例输入高压泵前的一个比例阀中，混合均匀后以一定的流量输出。优点是只需一个高压输液泵，成本低廉、使用方便。分析时多元梯度泵的流路可部分空置，因此四元梯度泵也可只进行二元梯度或三元梯度操作。

#### 6.2.2.2 进样器

进样器是将样品溶液准确送入色谱柱的装置，要求密封性好、死体积小、重复性好，且因进样引起的分离系统的压力和流量波动要很小。常用的进样器有以下两种：

(1) 六通阀进样器　HPLC 采用的手动进样器几乎都是耐高压、重复性好和操作方便的六通阀进样器（其结构如图 6-21 所示）。其进样体积由定量管（loop 管）确定，通常是 10μL 或 20μL。

操作时先将阀柄置于图 6-21(a) 所示的装样位置，进样口只与定量管接通，处于常压状态。用平头微量注射器（体积应约为定量管体积的 4～5 倍）注入待测样品溶液，样品溶液停留在定量管中，多余的样品溶液从 6 处溢出。将阀柄顺时针转动 60°至图 6-21(b) 所示的进样位置时，流动相与定量管接通，样品溶液被流动相带到色谱柱中进行分离分析。

(2) 自动进样器　自动进样器由计算机自动控制定量阀，按预先编制的注射样品操作程序进行工作，其结构如图 6-22 所示。取样、进样、复位、样品管路清洗和样品盘的转动，全部按预定程序自动进行，一次可进行几十个或上百个样品的分析。

自动进样器的优点是进样量可连续调节，进样重复性高，适用于大量样品的分析，节省人力，可实现自动化、智能化操作。缺点是一次性投资较高。

#### 6.2.2.3 色谱柱

色谱是一种分离分析手段，担负分离作用的色谱柱是色谱仪的心脏，柱效高、选择性好、分析速度快是对色谱柱的一般要求。

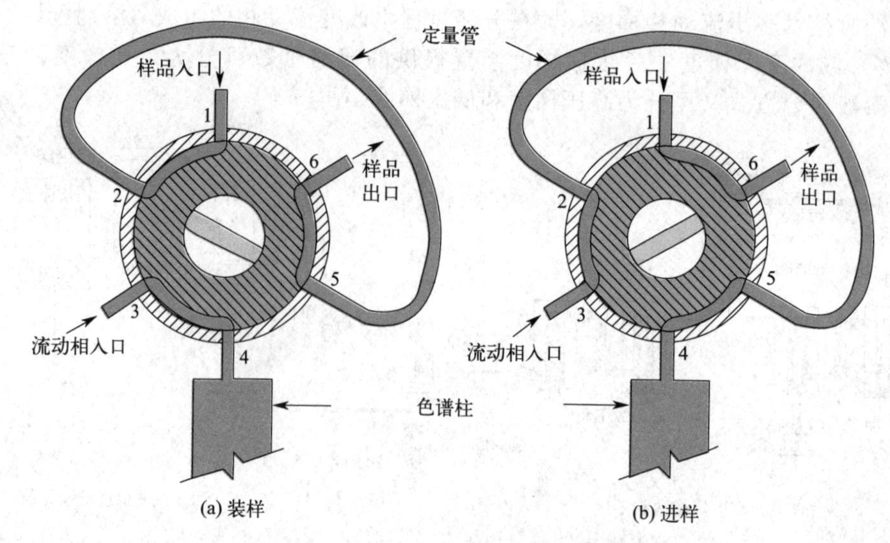


图 6-21　高效液相色谱仪六通阀进样器

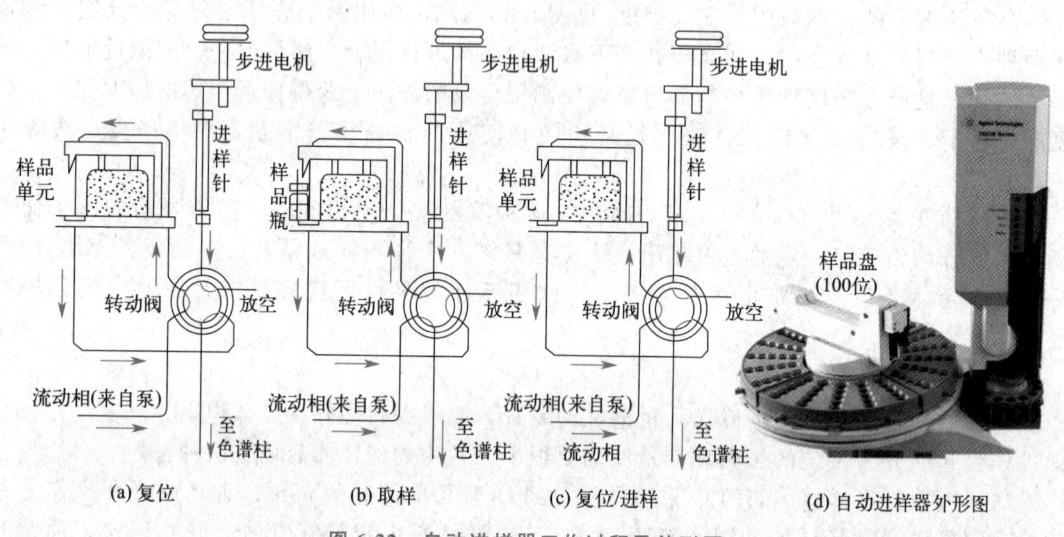


图 6-22　自动进样器工作过程及外形图

(1) 色谱柱的结构　色谱柱管为内部抛光的不锈钢或塑料柱管，其结构如图 6-23(a)所示。通过柱两端的接头[图 6-23(b)]与其他部件（如前连进样器，后接检测器）连接。通过螺母将柱管和柱接头牢固地连成一体。为了使柱管与柱接头牢固而严密地连接，通常使用一套两个不锈钢垫圈——呈细环状的后垫圈固定在柱管端头合适位置，呈圆锥形的前垫圈再从柱管端头套出，正好与接头的倒锥形相吻合。用连接管将各部件连接时其接头也按类似的方法操作。另外，在色谱柱的两端还需各放置一块由多孔不锈钢材料烧结而成的过滤片[见图 6-23(b)]，出口端的过滤片起挡住填料的作用，入口端的过滤片既可防止填料倒出，又可保护填充床在进样时不被损坏。

此外，色谱柱在装填料之前是没有方向性的，但填充完毕的色谱柱是有方向的，即流动相的方向应与柱的填充方向（装柱时填充液的流向）一致。色谱柱的管外都以箭头显著地标示了该柱的使用方向（而不像气相色谱那样，色谱柱两头标明接检测器或进样器），安装和更换色谱柱时一定

色谱柱的
选择与安装

要使流动相能按箭头所指方向流动（扫描二维码可观看操作视频）。

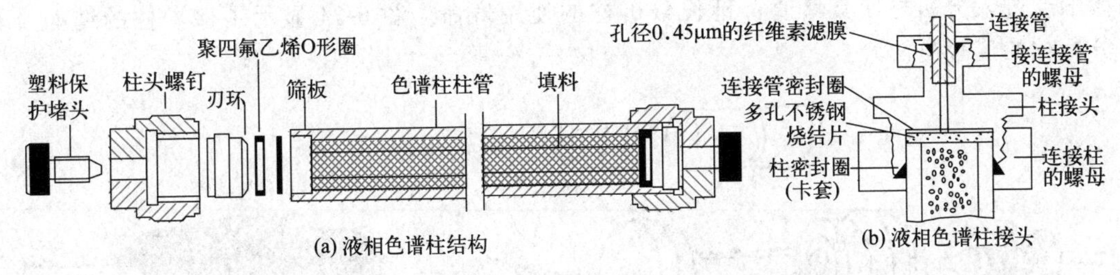


图 6-23　色谱柱与色谱柱接头结构示意图

（2）色谱柱的种类　用于 HPLC 的各种微粒填料如硅胶，或以硅胶为基质的键合相、氧化铝、有机聚合物微球（包括离子交换树脂）等，其粒度一般有 1.8μm、3μm、5μm、7μm、10μm 等规格，理论塔板数可达 5000～20000 块/m。通常情况下，理论塔板数为 500 块的色谱柱即可完成日常的分析任务。较难分离的物质对需采用高达 2 万块理论塔板数的色谱柱。因此，液相色谱柱柱长多为 100～300mm 左右。

常用液相色谱柱的内径有 4.6mm、3.9mm、2mm 等规格。色谱柱越细，相同长度下的柱效越高，溶剂的消耗量也大大下降。细内径柱与常规柱相比，若进样量相同（确保不过载），得到的色谱峰更窄、更高，大大提高了检测器的灵敏度，特别适合痕量分析。使用细内径柱也能减少实验成本，降低废弃流动相对环境的污染和流动相溶剂对操作人员健康的损害。目前，1mm 甚至更细内径的高效填充柱也得到了广泛的应用。在与质谱联用时，为减小溶剂用量，甚至采用内径为 0.5mm 以下的毛细管柱。

用作半制备或制备目的的液相色谱柱，其内径多在 6mm 以上。

（3）色谱柱的评价　液相色谱柱属于易耗品，新购置的色谱柱或者色谱柱使用一段时间后均需定时对其性能进行评价。合格的色谱柱评价报告应给出色谱柱的基本参数，如柱长及内径、填充载体的种类和粒度、柱效等。评价液相色谱柱的仪器系统应满足相当高的要求，一是液相色谱仪器系统的死体积应尽可能小，二是采用的样品及操作条件应当合理，在此合理的条件下，评价色谱柱的样品可以完全分离并有适当的保留时间。表 6-6 列出了评价各种液相色谱柱的样品及操作条件。

表 6-6　评价各种液相色谱柱的样品及操作条件

| 色谱柱 | 样品 | 流动相(体积比) | 进样量/μg | 检测器 |
| --- | --- | --- | --- | --- |
| 烷基键合相柱($C_8$,$C_{18}$) | 苯、萘、联苯、菲 | 甲醇-水(83∶17) | 10 | UVD,254nm |
| 苯基键合相柱 | 苯、萘、联苯、菲 | 甲醇-水(57∶43) | 10 | UVD,254nm |
| 氰基键合相柱 | 三苯甲醇、苯乙醇、苯甲醇 | 正庚烷-异丙醇(93∶7) | 10 | UVD,254nm |
| 氨基键合相柱(极性固定相) | 苯、萘、联苯、菲 | 正庚烷-异丙醇(93∶7) | 10 | UVD,254nm |
| 氨基键合相柱(弱阴离子交换剂) | 核糖、鼠李糖、木糖、果糖、葡萄糖 | 水-乙腈(98.5∶1.5) | 10 | RID |
| $SO_3H$ 键合相柱(强阳离子交换剂) | 阿司匹林、咖啡因、非那西汀 | 0.05mol·$L^{-1}$ 甲酸铵-乙醇(90∶10) | 10 | UVD,254nm |
| $R_4NCl$ 键合相柱(强阴离子交换剂) | 尿苷、胞苷、脱氧胸腺苷、腺苷、脱氧腺苷 | 0.1mol·$L^{-1}$ 硼酸盐溶液(加 KCl 调 pH=9.2) | 10 | UVD,254nm |
| 硅胶柱 | 苯、萘、联苯、菲 | 正己烷 | 10 | UVD,254nm |

（4）保护柱　保护柱是一根装在色谱柱（分析柱）的入口端，且装填有与其相同固定相

微粒的短柱（长 5～30mm），其滤芯可适时方便更换。保护柱的作用是防止流动相中的微小固体颗粒进入分析柱使其堵塞，延长分析柱的使用寿命。图 6-24 显示了保护柱的结构及其与分析柱的连接方法。

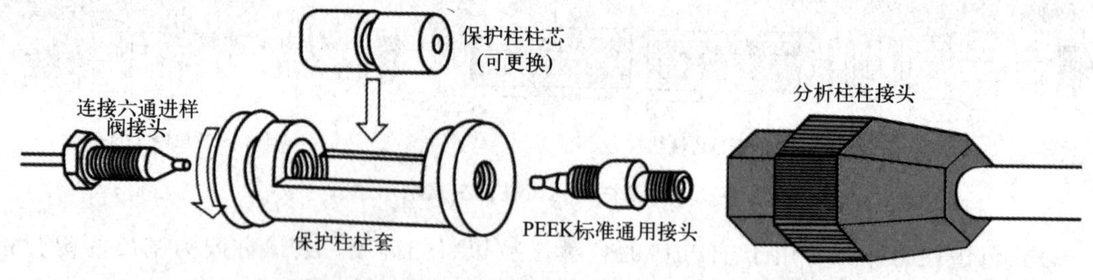


图 6-24　保护柱结构及其与分析柱连接示意图

更换分析柱不仅浪费（分析柱昂贵，且柱子失效往往只在柱端部分），且费事（需重新建立分析方法），而保护柱对色谱系统的影响基本上可以忽略不计（仅使分析柱损失一点柱效）。因此，加装保护柱是有必要的。

（5）色谱柱恒温装置　提高柱温有利于降低溶剂黏度和提高样品溶解度，改善分离度，提升保留值的重复性。HPLC 常用的色谱柱恒温装置有水浴式、电加热式和恒温箱式三种。液相色谱柱的温度通常控制在 30～40℃左右。其最高温度不宜超过 100℃，否则会因流动相汽化导致分析工作无法正常完成。

#### 6.2.2.4　检测器

检测器、泵与色谱柱是组成 HPLC 的三大关键部件。

检测器是用于连续监测色谱柱流出物组成和含量变化的装置。其作用是将柱流出物中样品组成和含量的变化转化为可供检测的信号，完成待测样品中各组分的定性鉴别和定量检测。

（1）检测器的要求　理想的 HPLC 检测器应满足以下要求：①具有高灵敏度和可预测的响应；②对样品所有组分均有响应，或具有可预测的特异性，适用范围广；③温度和流动相流速的变化对响应没有影响；④响应与流动相的组成无关，可作梯度洗脱；⑤死体积小，不造成柱外谱带扩展；⑥使用方便、可靠、耐用，易清洗和检修；⑦响应值随样品组分量的增加呈线性增加，线性范围宽；⑧不破坏样品组分；⑨能提供待检测组分色谱峰定性鉴别和定量检测的信息；⑩响应时间足够快。

实际上很难找到满足上述全部要求的 HPLC 检测器，但可根据不同的分离目的对这些要求予以取舍，选择适用的检测器。

（2）检测器的分类　HPLC 检测器一般分为两类：通用型检测器和选择型检测器。通用型检测器适用范围广，能对所有组分有响应。通用型检测器对流动相也有响应，易受温度变化、流动相组成和流速变化的影响，噪声和漂移较大，灵敏度较低，一般不能用于梯度洗脱（有些通用型检测器如蒸发激光散射检测器也可用于梯度洗脱）。

选择型检测器用以测量被分离样品组分某种特性的变化。这类检测器对样品中组分的某种物理或化学性质敏感，而这一性质是流动相所不具备的，或至少在操作条件下不显示。选择型检测器灵敏度高，受操作条件变化和外界环境影响小，通常可用于梯度洗脱操作。与通用型检测器相比，选择型检测器的应用范围受到一定的限制。这类检测器包括紫外检测器、荧光检测器、安培检测器等。

（3）检测器的性能指标　常见 HPLC 检测器的性能指标如表 6-7 所示。

表 6-7 高效液相色谱法常用检测器性能指标

| 性能 | 可变波长紫外吸收检测器(UVD) | 折光指数检测器(RID) | 荧光检测器(FLD) | 电导检测器(ECD) | 蒸发激光散射检测器(ELSD) |
|---|---|---|---|---|---|
| 测量参数 | 吸光度(AU) | 折射率(RIU) | 荧光强度(AU) | 电导率($\mu S \cdot cm^{-1}$) | 质量(ng) |
| 池体积/μL | 1～10 | 3～10 | 3～20 | 1～3 | — |
| 类型 | 选择型 | 通用型 | 选择型 | 选择型 | 通用型 |
| 线性范围 | $10^5$ | $10^4$ | $10^3$ | $10^4$ | 约 10 |
| 最小检出浓度/($g \cdot mL^{-1}$) | $10^{-10}$ | $10^{-7}$ | $10^{-11}$ | $10^{-3}$ | — |
| 最小检出量 | 约 1ng | 约 1μg | 约 1pg | 约 1mg | 0.1～10ng |
| 噪声(测量参数) | $10^{-4}$ | $10^{-7}$ | $10^{-3}$ | $10^{-3}$ | $10^{-3}$ |
| 用于梯度洗脱 | 可以 | 不可以 | 可以 | 不可以 | 可以 |
| 对流量敏感性 | 不敏感 | 敏感 | 不敏感 | 敏感 | 不敏感 |
| 对温度敏感性 | 低 | $10^{-4}$℃ | 低 | 2%/℃ | 不敏感 |

(4) 常见检测器　用于 HPLC 的检测器大约有三四十种。下面简单介绍目前在 HPLC 中使用比较广泛的紫外吸收检测器、折光指数检测器、荧光检测器、电导检测器和蒸发激光散射检测器。其他类型的检测器可参阅有关专著。

①紫外吸收检测器　紫外吸收检测器 (ultraviolet absorption detector，UVD) 属于非破坏型、浓度敏感型检测器，是 HPLC 中使用最为广泛的一种检测器，其使用率约占 70%，对占物质总数约 80%的在紫外-可见光区有吸收的物质均有响应。UVD 的检测波长范围包括紫外光区（190～350nm）和可见光区（350～710nm），部分检测器还可向近红外光区延伸。

UVD 的工作原理是基于朗伯-比尔定律，即对于给定的检测池，在固定波长下，紫外吸收检测器可输出一个与样品浓度成正比的光吸收信号——吸光度 (A)。

UVD 的特点是：灵敏度高，可达 0.001AU（对具有中等紫外吸收的物质，最小检出量可达 ng 数量级，最小检出浓度可达 $pg \cdot L^{-1}$ 级）；噪声低，约 $10^{-5}$AU；线性范围宽，应用广泛；需选用无紫外吸收特性的溶剂作为流动相；对流动相流速和柱温变化不敏感，适用于梯度洗脱；结构简单，使用维修方便。

UVD 可分为三种类型：固定波长、可变波长和光电二极管阵列检测器。

a. 固定波长 UVD。图 6-25(a) 为固定波长 UVD 的结构示意图，其工作流程是：低压汞灯发射出固定波长的紫外光（$\lambda$=254nm[1]），经入射石英棱镜准直、再经遮光板分为一对平行光束后，分别进入流通池中的测量臂和参比臂。被流通池中的流动相（测量臂中含待测组分）吸收后的出射光，经遮光板、出射石英棱镜及紫外滤光片后，仅有 254nm 的紫外光被双光电池接受。双光电池分别检测出测量臂与参比臂的光强度，以参比臂的光强度为基准，可得到测量臂光强度被吸收程度的大小（即吸光度），再经对数放大器放大后，由记录仪绘制出色谱图。固定波长 UVD 检测波长恒定，应用范围受限，目前在 HPLC 中配备较少。

流通池是 UVD 中的关键部件，是样品流经的光学通道（样品池），也是流动相贮存或流通的光学通道（参比池），一般用不锈钢或聚四氟乙烯材料制成，透光材料选用石英。流通池的标准池体积为 5～8μL，光程长为 5～10mm，内径小于 1mm。常见的流通池结构有 Z 形、H 形和圆锥形（见图 6-26）。

[1] 采用磷光转换的方法可获得 $\lambda$=280nm 的紫外光。

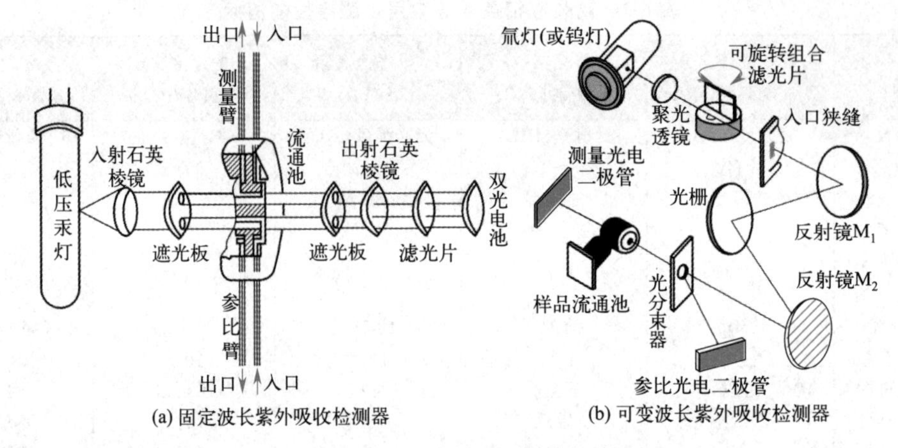


(a) 固定波长紫外吸收检测器　　(b) 可变波长紫外吸收检测器

图 6-25　紫外吸收检测器结构示意图

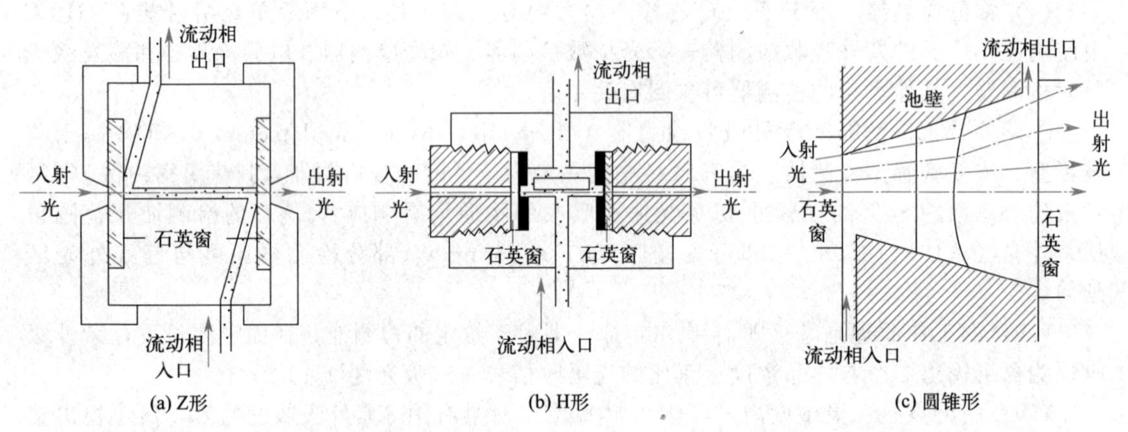


(a) Z形　　(b) H形　　(c) 圆锥形

图 6-26　紫外吸收检测器的流通池

目前常用的流通池结构为 H 形[见图 6-26(b)]。流动相从池体下方中间流入后，分成两路，按相反方向流动到达石英窗口，从上方中间汇合流出。流通池的侧面是石英窗，用聚四氟乙烯圈密封。为防止孔壁形成多次反射和折射，流通池内壁需精心抛光和保持清洁。H 形池体的优点是利于补偿由于流速变化造成的噪声和基线漂移，可防止峰形展宽。圆锥形流通池[见图 6-26(c)]可消除由于池内液体折射率的变化而形成的“液体棱镜”效应，目前也得到了较为广泛的应用。

b. 可变波长 UVD。图 6-25(b) 为可变波长 UVD 的结构示意图，其工作流程是：光源(氘灯或钨灯，波长在 190～600nm 连续可调）发射的光经聚光透镜聚焦，由可旋转组合滤光片滤去杂散光，再通过入口狭缝至平面反射镜 $M_1$，经反射后到达光栅，光栅将光衍射色散成不同波长的单色光。当某一波长的单色光经平面反射镜 $M_2$ 反射至光分束器时，分成两束：透过光分束器的光通过样品流通池后到达检测样品的测量光电二极管；被光分束器反射的光则到达检测基线波动的参比光电二极管（基准）；比较测量和参比光电二极管的光强信号，可得到样品流通池中各组分对光的吸收程度大小（即吸光度）。

可变波长 UVD 在某一时刻只能采集流动相对某一特定波长光的吸收信号。如果待测样品中各个组分的最大吸收波长不一致，则可预先编制合适的采集时间程序（确定不同时间段对应的检测波长），通过光栅的自动偏转，以确保每个组分进入检测器时均能吸收该组分的最大吸收波长，获得最灵敏的检测。

c. 光电二极管阵列检测器。光电二极管阵列检测器（photo-diode array detector，DAD）是目前 HPLC 中使用频率较高的检测器（结构示意图见图 6-27），其工作流程是：光源（钨灯与氘灯组合光源[1]）发射的复合光（180～600nm）经消色差透镜聚焦后，形成一束单色聚焦光进入流通池，透射光经全息凹面衍射光栅色散后，投射到二极管阵列上而被检测。二极管阵列检测元件由 1024 个（或 512 个）光电二极管组成，可同时检测待测样品对 180～600nm 范围内所有光的吸收情况。DAD 每 10ms 完成一次检测，每 1s 可进行快速扫描并采集到近 100000 个检测数据，绘制出进入检测器的流动相随时间变化的光谱吸收曲线，得到由 $A$、$\lambda$、$t'_R$ 组成的三维色谱图（见图 6-28），全部检测过程由计算机控制完成。DAD 可对待测组分同时进行定性鉴别与定量分析。

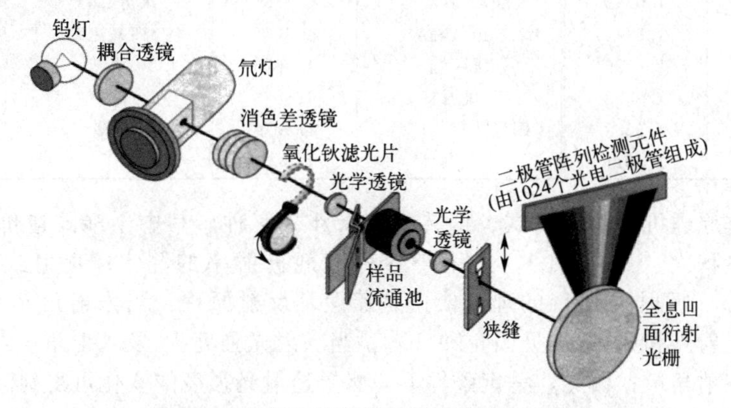


图 6-27 光电二极管阵列检测器结构示意图

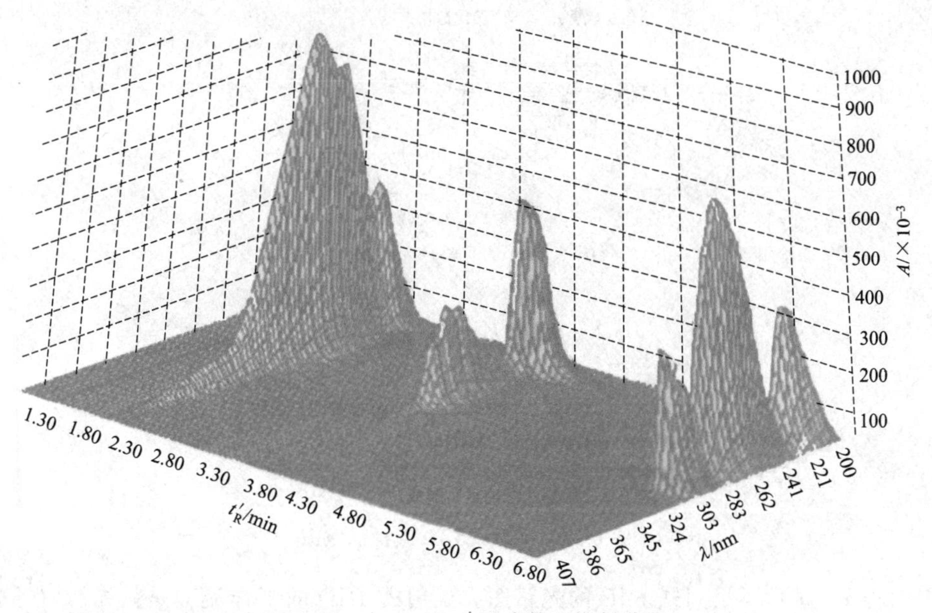


图 6-28 由 A、$\lambda$、$t'_R$ 组成的三维色谱图

② 折光指数检测器 折光指数检测器（refractive index detector，RID）又称示差折光

---

[1] 特殊的后置灯设计使钨灯灯丝的影像恰好聚焦在氘灯放电处，在光学上把两个光源结合在一起，使两束光共用一个光轴进入光学透镜。

检测器，是通过连续监测参比池和测量池中溶液的折射率之差来测定试样浓度的检测器。溶液的光折射率是溶剂（流动相）和溶质各自的折射率乘以其物质的量浓度之和。含有待测样品中某组分的流动相和流动相本身之间光折射率之差即表示样品中该组分在流动相中的浓度。原则上凡是与流动相光折射率有差别的组分均可用RID进行检测。表6-8列出了常用溶剂在20℃时的折射率。

表6-8　常用溶剂在20℃时的折射率

| 溶剂 | 折射率 | 溶剂 | 折射率 | 溶剂 | 折射率 |
|---|---|---|---|---|---|
| 甲醇 | 1.3288 | 乙酸甲酯 | 1.3617 | 溴乙烷 | 1.4239 |
| 水 | 1.3330 | 异丙醚 | 1.3679 | 环己烷(19.5℃) | 1.4266 |
| 二氯甲烷(15℃) | 1.3348 | 乙酸乙酯(25℃) | 1.3701 | 氯仿(25℃) | 1.4433 |
| 乙腈 | 1.3441 | 正己烷 | 1.3749 | 四氯化碳 | 1.4664 |
| 乙醚 | 1.3526 | 正庚烷 | 1.3876 | 甲苯 | 1.4961 |
| 正戊烷 | 1.3579 | 1-氯丙烷 | 1.3886 | 苯 | 1.5011 |
| 丙酮 | 1.3588 | 四氢呋喃(21℃) | 1.4076 | | |
| 乙醇 | 1.3611 | 二氧六环 | 1.4224 | | |

RID按工作原理可分为反射式、偏转式和干涉式三种。其中干涉式造价昂贵，使用较少；偏转式池体积大（约10μL），适用于各种溶剂折射率的测定；反射式池体积小（约3μL），应用较多。反射式RID的理论依据是菲涅耳反射原理：当入射角$\theta$小于临界角时，入射光分解成反射光和透射光[见图6-29(b)]；当入射光强度$I_0$及入射角$\theta$固定时，透射光强度$I$取决于折射角$\theta'$；因此，一定条件下，测量透射光强度的变化可得到流动相与组分折射率之差，然后可计算得出待检测组分的浓度。

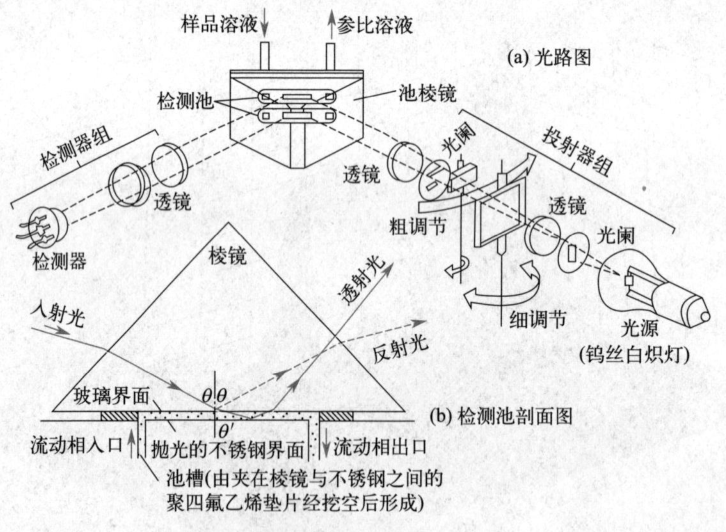


图6-29　反射式RID结构示意图

图6-29(a)显示了反射式RID的光路图。反射式RID的工作流程是：光源（通常是钨丝白炽灯）发出的光，经垂直光阑与平行光阑、透镜准直成两束能量相等的平行细光束，射入池棱镜，分别照在检测池中的样品池和参比池的玻璃-液体界面上，大部分光被反射成无用的反射光射出，小部分光按菲涅耳定律透射入介质中，在不锈钢界面上反射后经透镜聚焦在光敏电阻（检测器）上，将光信号转变成电信号。若仅有流动相通过样品池和参比池，则该信号相同；若有待测样品进入样品池，两只光敏电阻所接收信号之差正比于折射率的变

化，即正比于样品中某组分的浓度。通常配有两种规格的棱镜，以适用不同折射率的溶剂（低折射率：1.31～1.44。高折射率：1.40～1.55），分析时根据检测需要可互换。

RID的特点是：a. RID属于总体性能检测器，是通用型检测器；b. RID属于中等灵敏度检测器，检出限可达$10^{-6}$～$10^{-7}$g·mL$^{-1}$，线性范围<$10^{5}$，一般不适于痕量分析；c. RID对温度和压力的变化均很敏感，使用时为确保噪声水平在$10^{-7}$RIU，需将温度和压力控制在±$10^{-4}$℃和几个厘米汞柱间；d. RID最常用的溶剂是水，由于流动相组成的任何变化均可对测定造成明显的影响，因此一般不能用于梯度洗脱。

RID的普及程度仅次于UVD，属于浓度敏感型非破坏型检测器，能分析检测对紫外-可见光没有吸收的物质，如高分子化合物、糖类、脂肪烷烃等。RID还适用于流动相紫外吸收本底大、不适于UVD检测的体系。RID是体积排阻色谱的标准检测器，特别适用于聚合物（如聚乙烯、聚乙二醇、丁苯橡胶等）分子量分布的测定。此外，制备色谱中也常用RID作为检测器。

③ 荧光检测器　许多化合物（如有机胺、维生素、激素、酶等）受到入射光（称激发光$\lambda_{ex}$）的照射，吸收辐射能后，会发射出比入射光频率低的特征辐射。当入射光停止照射则特征辐射亦同时消失，此即为荧光（称发射光$\lambda_{em}$）。利用测量待测样品中某组分受激后发射荧光的强度对该组分进行定量检测的检测器即为荧光检测器（fluorescence detector，FLD）。荧光的强度与入射光强度、样品中某组分的浓度成正比。

图6-30是一种双光路固定波长荧光检测器的结构示意图。FLD的工作流程是：中压汞灯发出的连续光经半透半反射镜分成两束，分别通过测量池和参比池。半透半反射镜将10%左右的激发光反射到参比池和光电管上；90%左右的激发光经激发光滤光片分光后，选择其中特定波长的光作为样品激发光，经第一透镜聚光在测量池入口处，样品池中的组分受激后发射出荧光。为避免激发光的干扰，取与激发光成直角方向的荧光，由第二透镜将其汇聚到发射滤光片，再通过光电倍增管、放大器至记录仪。

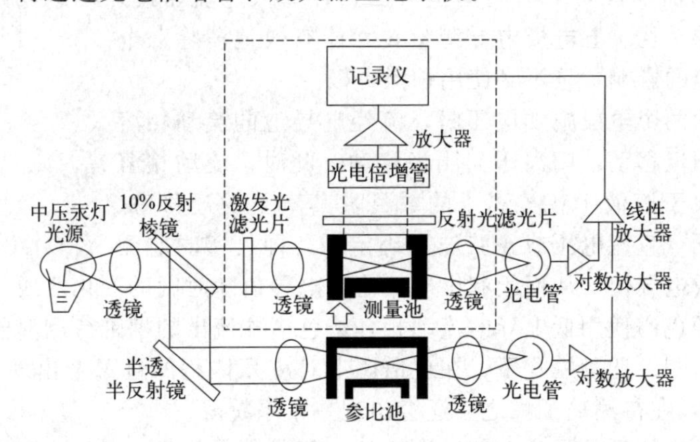


图6-30　双光路固定波长荧光检测器结构示意图

参比池有利于消除流动相所发射的本底荧光和外界的影响，参比光路有利于消除光源波动造成的影响（在光电倍增管之间有一个电压控制器，由参比光电管的输出电压可控制样品光电倍增管的工作电压，以消除光源强度波动对输出信号的影响）。

FLD的特点是：灵敏度极高，最小检出限可达$10^{-13}$g，特别适合痕量分析；具有良好的选择性，可避免不发荧光成分的干扰；线性范围较宽，约$10^{4}$～$10^{5}$；受外界条件的影响较小；若所选流动相不发射荧光，则可用于梯度洗脱；测定中不能使用可熄灭、抑制或吸收荧光的溶剂作流动相；对不能直接产生荧光的物质，需使用色谱柱后衍生技术，操作比较复杂。

FLD 可检测的物质有某些代谢物、食物、药物、氨基酸、多肽、胺类、维生素、石油高沸点馏分、生物碱、胆碱和甾类化合物等。FLD 的灵敏度比 UVD 高 100 倍，是一种选择性检测痕量组分强有力的检测工具。FLD 现已在生物化工、临床医学检验、食品检验、环境监测中获得广泛的应用。

④ 电导检测器　电导检测器（electrical conductivity detector，ECD）是离子色谱中使用最广泛的检测器之一，主要用于待测样品中阴离子和阳离子的定量检测。

在电解质中插入两根电极并施加一定的电场，溶液就会导电。此时溶液相当于一个电阻 $R$。电导 $G$ 是两个电极间电解质溶液导电能力的度量，$G=1/R$，单位为西门子（S）。

$$G=\frac{\sum c_i\lambda_i}{1000K} \tag{6-2}$$

式中，$c_i$ 是电解质中各离子以当量粒作为基本单元的物质的量浓度，$mol \cdot L^{-1}$；$\lambda_i$ 为各离子当溶液较稀时的摩尔电导率（极限摩尔电导率，定值），$S \cdot cm^2 \cdot mol^{-1}$；$K$ 为电导池常数，$cm^{-1}$，$K=L/A$（$L$ 为两电极间的距离，cm；$A$ 为电极面积，$cm^2$）。

由式(6-2) 可知：一定温度下，电导池（检测池）结构固定，且其他离子浓度不变时，稀电解质溶液的电导与待测离子的浓度成正比。此即为电导检测器的检测原理。

电导检测器（常见的有两类：双电极微型 ECD、五电极 ECD）由电导池、测量电导率所需的电子线路、变换灵敏度的装置和数字显示仪等组成。其核心是电导池，其体积可达微升级甚至纳升级。

图 6-31 是双电极微型电导池结构示意图。电导池内有一对电极。常用铂电极，通常其表面覆盖一层“铂黑”，即颗粒极细的铂，目的是大大增加电极与溶液间的接触面积，降低电流密度，减小极化和电容的干扰。五电极电导测量技术能有效地消除双电层电容和电解效应的影响，且不必使用铂黑电极。

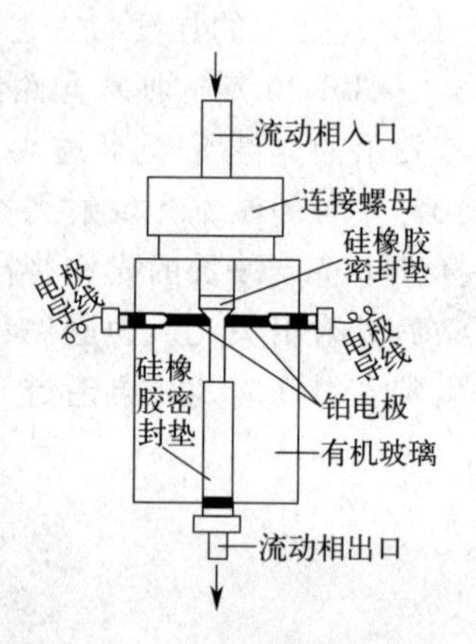


图 6-31　双电极微型电导池结构示意图

当向电导池的两个电极施加电压时，流经电导池的流动相溶液中的阴离子向阳极移动，阳离子向阴极移动；此时，流动相溶液电阻的大小取决于溶液中各类离子的数目及其离子的迁移率。所施加的有效电压（直流电压或正弦波）确定后，即可实时监测电路中的电流值或电导值，从而绘制出电流值或电导值随时间的变化曲线（即色谱图）。

非抑制型离子色谱使用低电导的流动相，从色谱柱流出的携带待测离子的流动相直接进入电导检测器被检测。此种模式下，在色谱图上对应死体积的位置会出现一个称作“水跌”的色谱峰（水峰），在待测离子峰之后还会出现一个系统峰。

抑制型离子色谱使用的是强电解质流动相，其背景电导高，而且被测离子以盐的形式存在于溶液中，导致检测灵敏度很低。为了提高灵敏度，常使用抑制器来降低流动相背景电导和增加被测物的电导。阳离子分析用的电解型阳离子抑制器的工作原理如图 6-32 所示，将水电解生成 $H^+$ 和 $OH^-$，只有 $H^+$ 能通过阳离子交换膜进入流动相（NaOH 水溶液）中，将 NaOH 中和，使流动相变成难离解的 $H_2O$，达到降低背景电导即增加检测灵敏度的目的。

ECD 是一种选择型检测器，主要用于检测待测样品中的阴离子与阳离子，在离子色谱中应用广泛。ECD 测量时需要保持恒温（一般电导池须置于绝热恒温设备中）。当温度恒定时，ECD 对流速和压力的变化不敏感，可用于梯度洗脱。ECD 测量的是电解质中所有离子

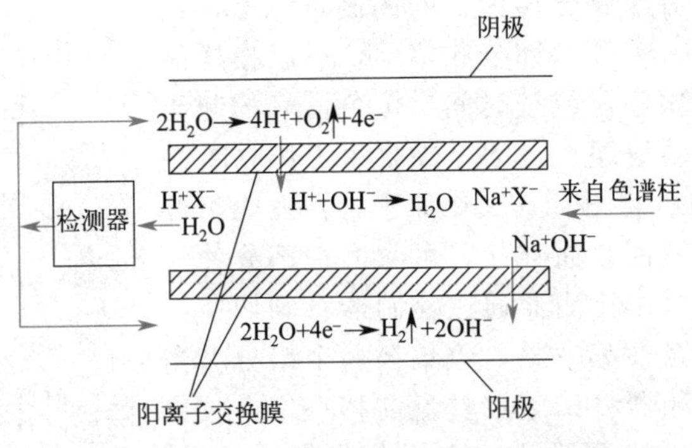


图 6-32 自动再生电解型阳离子抑制器的原理图

电导的加和，属于总体性质检测器。

⑤ 蒸发激光散射检测器　蒸发激光散射检测器（evaporative light-scattering detector，ELSD）是一种新型通用型检测器，可检测任何挥发性低于流动相的样品。ELSD 的工作流程包括雾化、蒸发与检测三个部分，详见图 6-33。

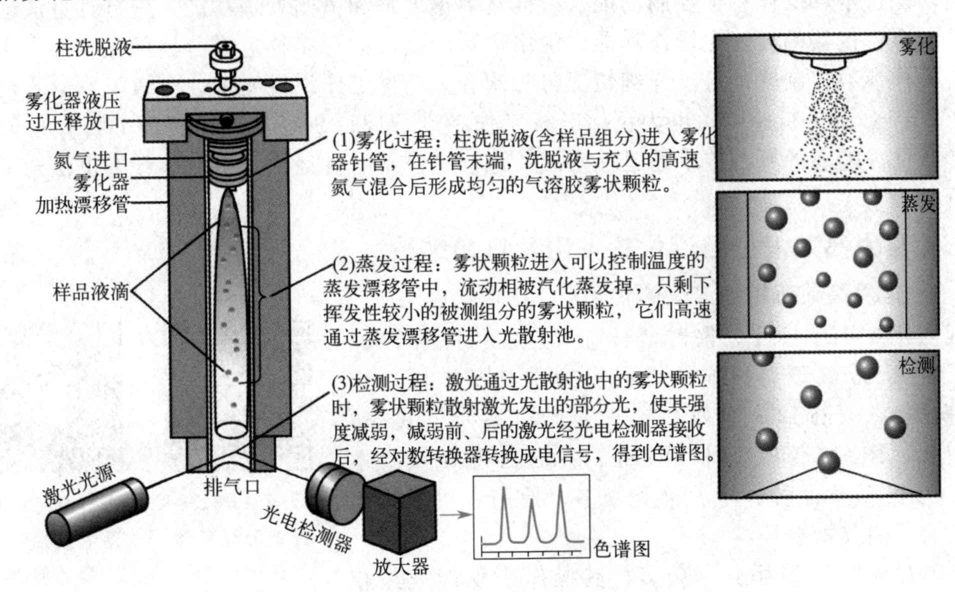


图 6-33 蒸发激光散射检测器检测原理示意图

在光散射室中，光被散射的程度取决于散射室中溶质颗粒大小和数量。粒子的数量取决于流动相的性质及喷雾气体和流动相的流速。当流动相和喷雾气体的流速恒定时，散射光的强度仅取决于溶质的浓度，这正是 ELSD 的定量基础。ELSD 响应值仅与光束中溶质颗粒的大小和数量有关，而与溶质的化学组成无关。

ELSD 的特点是：属于通用型、质量型检测器，灵敏度高于 RID，线性范围较窄；消除了溶剂峰（溶剂不出峰）的干扰，可进行梯度洗脱；对所有物质几乎具有相同的响应因子；对流动相系统温度变化不敏感；可消除流动相和杂质的干扰（因流动相和挥发性盐进入光散射池时已先挥发除去）；使用 HPLC-ELSD 可以为 LC-MS 探索色谱操作条件。ELSD 主要应用于碳水化合物、类脂化合物、表面活性剂、聚合物、药物、氨基酸和天然产物的检测。ELSD 也为无紫外吸收或紫外末端弱吸收的化合物提供了一种高效和可靠的检测手段，其应用日益广泛。

(5) 馏分收集器　对于以分离为目的的制备色谱，馏分收集器是必不可少的。现代的馏分收集器，可以按样品分离后组分流出的先后次序，或按时间、按色谱峰的起止信号，根据预先设定好的程序，自动完成收集工作。图 6-34 是馏分收集器的结构示意图。其工作原理是：在无组分流出时，切换阀与冲洗液回收瓶连接，可收回一部分冲洗剂。当第一个组分流出时，检测器通过控制器将阀切换至收集位置，令试管放置盘前移一格，收集第一个组分。当第二个组分流出时，检测器将试管放置盘前移一格，收集第二个组分，以此重复，直至最后一个组分收集完成后，控制器才将阀切换回原处，完成一个样品的收集工作。

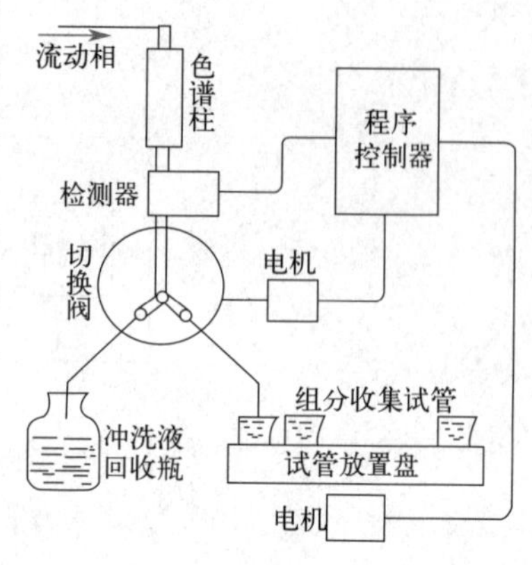


图 6-34　馏分收集器结构示意图

#### 6.2.2.5　色谱工作站

高效液相色谱仪主要使用色谱工作站来记录和处理色谱分析的数据。色谱工作站多选用 32 位（或以上）的高档微型计算机，其主要功能有：自行诊断功能、全部操作参数控制功能、智能化数据处理和谱图处理功能、进行计量认证的功能、控制多台仪器的自动化操作功能、网络运行功能、运行多种色谱分离优化软件与多维色谱系统操作参数控制软件等，详细情况可参阅有关色谱工作站说明书。色谱工作站不仅大大提高了 HPLC 的分析速度，也为色谱分析工作者进行理论研究、开发新型分析方法创造了有利的条件。随着计算机技术的迅速发展，色谱工作站的自动化、智能化程度也得到了不断的提升。

### 6.2.3　常用高效液相色谱仪的使用及日常维护

#### 6.2.3.1　常用高效液相色谱仪的使用

国内外常见的 HPLC 仪器型号有大连依利特的 P200 型、天美 LC2130 型（扫描二维码可观看其基本操作视频）、美国 Agilent 1200 系列、Waters 1500 系列与 Acquity UPLC、PE LC200 系列、Varian ProStar 型以及日本岛津 LC20A 等，品种齐全、种类繁多，使用者可根据需要选购合适的仪器型号。

天美 LC2130 高效液相色谱仪的使用

Agilent HPLC 1260 高效液相色谱仪的使用

HPLC 仪器的型号虽然众多，其操作步骤却大致相同。下面以美国 Agilent 的 1200 系列 HPLC 和日本岛津的 LC20A 型 HPLC 为例，说明其使用方法。

(1) Agilent 1200 HPLC 的使用　图 6-35 显示了 Agilent 1200 HPLC 操作面板示意图，其操作步骤如下（扫描二维码可观看基本操作视频）。

① 开机。

a. 开机前的准备工作。选择、安装色谱柱和保护柱；选择、纯化和过滤流动相（若仪器未配置在线真空脱气装置，流动相需先用超声波清洗器脱气）；检查各贮液瓶中的流动相是否够用，溶剂过滤器是否插入贮液器底部；检查废液瓶存量（若存量不足，需及时清空并将废液送专门机构进行处理），保证排液管道畅通。

b. 开机。按自上而下的顺序依次打开真空脱气装置、四元泵（或二元泵）、自动进样器（仪器为手动进样器时，无须专门打开）、柱温箱、UVD（或 DAD）各模块电源（按左下角开关），待各模块右下角指示灯均变绿后（表明仪器自检完毕），双击电脑桌面的“仪器联

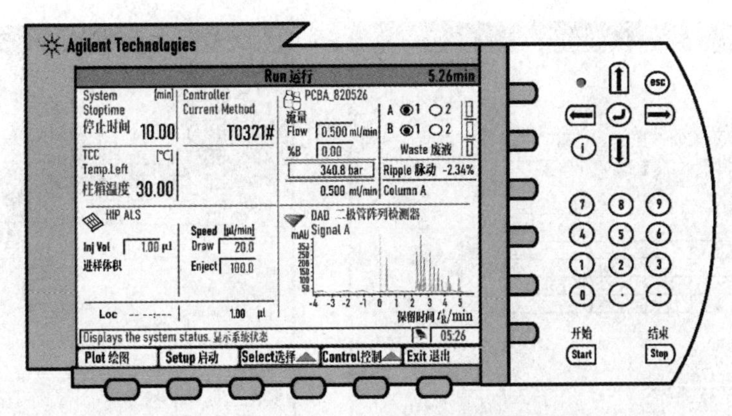


图 6-35 Agilent1200HPLC 操作面板

机”图标，化学工作站自动与仪器通信，进入化学工作站主界面（见图 6-36）。

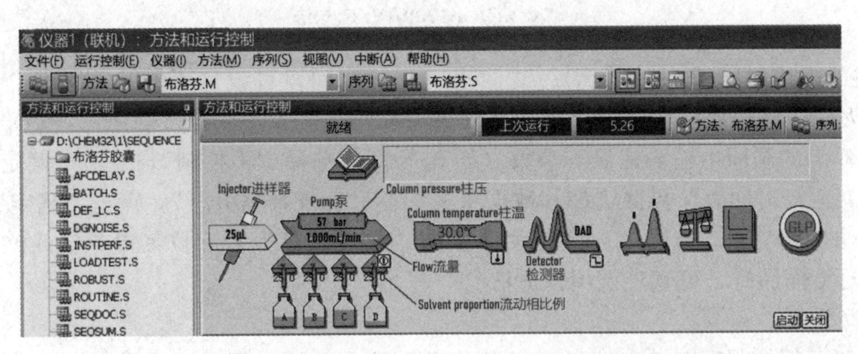


图 6-36 Agilent1200HPLC 化学工作站主界面

c. 排气。打开四元泵左侧的黑色“排气”阀，点击工作站主界面的“泵”图标，点击“设置泵”选项，进入泵编辑画面[参考图 6-37(a)]，设置流速为 5mL·min$^{-1}$，设置“溶剂 A”为 100%，点击“确定”。再点击主界面的“泵”图标，点击“泵控制”选项，选中“启动”和“单次清洗”（“时间”为 5min），点击“确定”，则系统开始排气，直到管线内无气泡为止。切换通道继续排气，直至所要求的各通道均无气泡为止。（排气的操作也可在仪器操作面板上直接设置，大多数操作均可直接在操作面板上进行，下同，不再赘述）

d. 设置体积。点击主界面中的“瓶”图标，输入各贮液瓶实际体积（查看贮液泵外的刻度）、瓶体积、阻止分析与自动关泵的体积，点击“确定”。

② 方法编辑。

a. 从主界面“方法”菜单中选择“编辑完整方法”，选中除“数据分析”外的其他项，点击“确定”后，在弹出的“方法信息”画面中输入方法信息（如布洛芬的分析），点击“确定”。

b. 在弹出的画面[见图 6-37(a)]中输入流动相名称与比例（通道 A、B、C、D 总和为 100%，若仪器为二元泵，则无通道 C、D）、流速（如 1.000mL·min$^{-1}$）、停止运行时间、压力限、梯度洗脱（见时间表）等参数，点击“确定”。

c. 在弹出的画面中选择“标准进样方式”，并输入进样量，点击“确定”（此界面为自动进样器设置界面，若仪器进样方式为手动，则不会弹出此画面）。

d. 在弹出的画面[见图 6-37(b)]中选择合适的光源（检测波长属于紫外光区还是可见光区），输入检测波长（如 254nm）或检测波长范围（如 190～400nm，适用于 DAD）、峰宽

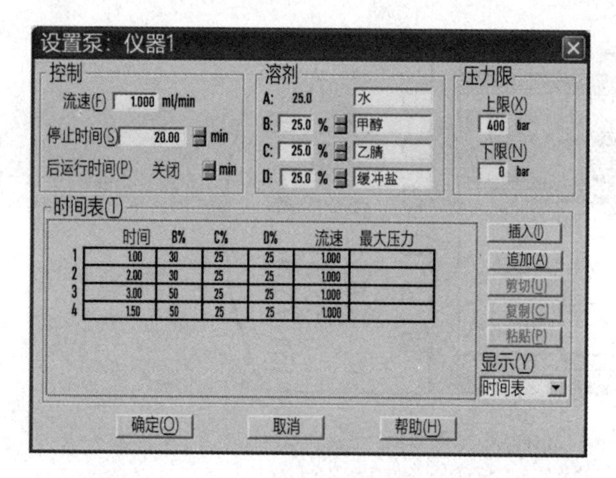


(a) 高压输液泵参数设置

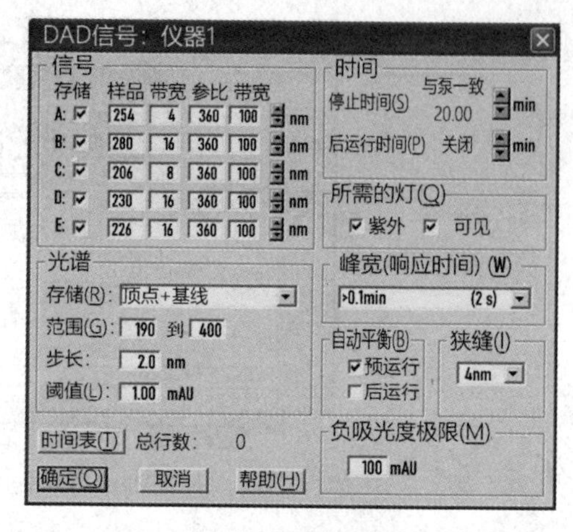


(b) 检测器参数设置

图 6-37 Agilent1200HPLC 方法编辑

（选择合适的响应时间如＞0.1min）、时间表（不同时间段可设置不同检测波长，确保在该组分的最大吸收波长处检测，以获得最高的灵敏度）等参数，点击“确定”。

e. 在弹出的画面中输入柱温等参数（如 35℃）或选择“不控制”，点击“确定”。

f. 在“运行时间表”界面选择“数据采集”与“标准数据分析”，点击“确定”。

g. 方法编辑完毕，点击“方法”菜单中的“方法另存为”下拉菜单，输入文件名，下次再分析同类样品时，可直接调用该方法。

③数据采集。

a. 从“运行控制”菜单中选择“样品信息”选项，输入操作者名称，在数据文件中选择“手动”或“前缀/计数”。**【注意】“手动”——每次测样前须设置新名称，否则上次分析的数据会被覆盖；“前缀/计数”——在“前缀”框中输入前缀，在“计数器”框中输入计数器的起始位，则仪器会对多次分析自动命名。**

b. 待基线稳定后，按“平衡”键，使基线回到零点附近。此时，仪器调试完毕。

c. 将装有样品溶液的平头注射器插入手动进样器中，推入样品，将六通阀阀柄旋转至“LOAD”位置，工作站上即出现竖直红线，说明仪器开始采集样品，同时界面变成蓝色（界面呈现红色表明“未就绪”，呈绿色表明“就绪”，呈蓝色表明正在“采样”）。

④ 数据分析。

a. 点击“视图”菜单中的“数据分析”进入数据分析界面，从“文件”菜单中点击“调用信号”可调出需分析的数据文件。

b. 点击“图形”菜单中的“信号选项”，根据分离谱图情况选择横、纵坐标范围至各色谱峰合理呈现（范围设置过大会导致色谱峰太小而无法辨认；范围设置过小会使个别峰出现平头峰或只显示部分色谱峰）。

c. 点击“积分”选项，选择“自动积分”或进行“手动积分”设置，数据被积分。

d. 点击“报告”菜单中的“设定报告”选项，选择“定量结果”中的“百分比法”，点击“确定”。点击“打印”即可打印出检测报告。

⑤ 关机。先关 UVD 或 DAD 的光源，并选用合适溶剂冲洗 HPLC 系统，退出化学工作站，依据提示关停高压输液泵及其他窗口，关电脑，按自下而上的顺序依次关检测器等模块电源。填写仪器使用记录。

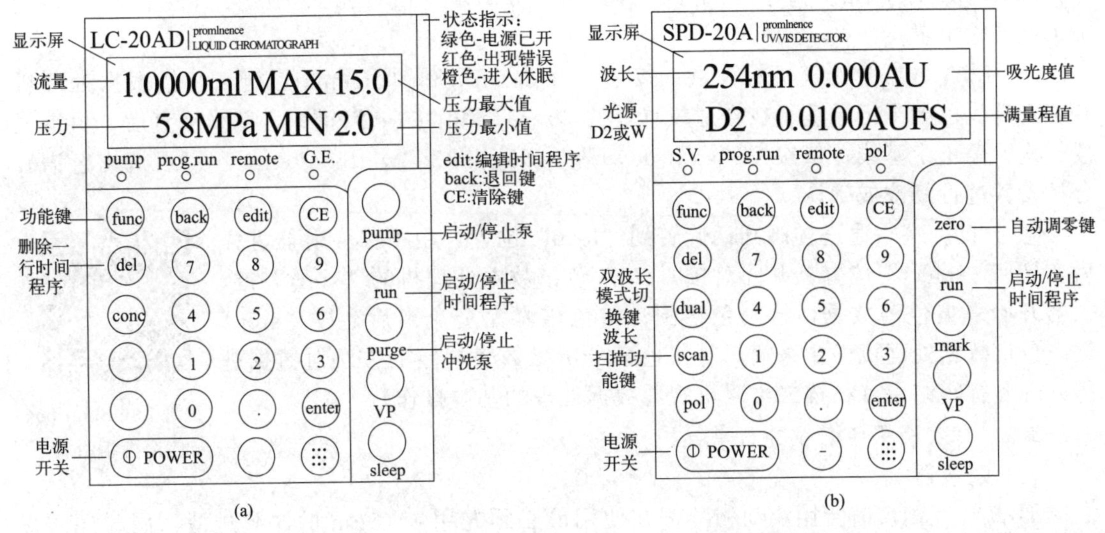


图 6-38 岛津 LC-20AD 输液泵（a）和 SPD-20A 紫外检测器（b）操作面板

（2）岛津 LC-20A 型 HPLC 的使用　岛津 LC-20A 型 HPLC 主要包括 LC-20AD 高压输液泵、CTO-20A 柱温箱、SPD-20A 紫外检测器、色谱数据处理机或色谱工作站等独立单元。图 6-38 显示了 LC-20AD 输液泵和 SPD-20A 紫外检测器的操作面板。LC-20A 液相色谱仪的基本操作步骤如下（扫描二维码可观看 LC-20A 液相色谱仪的基本操作，本操作采用的是色谱工作站）：

岛津 LC-20A 高效液相色谱仪的使用

① 开机前准备工作。

a. 选择分析所用试剂（推荐用 HPLC 级试剂）配制成流动相，并用 0.45μm 滤膜过滤，装入贮液器中，置于超声波清洗器中脱气 10～20min（若 HPLC 系统已配置真空脱气装置，也可不必在超声波清洗器中脱气）。

b. 将带有过滤头的输液管线插入贮液器中，并确保浸没在溶剂中（若部分浸入溶剂中，则管线中会吸入气体）。

② 开机与调试。

a. 开启稳压电源，待“高压”红灯亮后，依次打开 LC-20AD 输液泵、CTO-20A 柱温箱、SPD-20A 紫外检测器和色谱数据处理机的电源开关（或色谱工作站）。

b. 输液泵基本参数设置：打开输液泵电源开关后，仪器进行自检；自检完毕后，进入操作面板主界面（也可多按几次“CE”键返回主界面，见图 6-38）；按“func”功能键，光标在流量设置处闪烁，输入流动相流量数值（如 1.00mL·$min^{-1}$），按“enter”；再按“func”功能键 1 次，可设置仪器在上述流量下的最大限压（面板显示为 15MPa）；再按“func”功能键 1 次，可设置仪器在上述流量下的最小限压（面板显示为 2MPa）。

c. 排除管道气泡或冲洗管道：将排液阀旋转 180°至“open”位置，按“purge”键，输液泵以 10mL·$min^{-1}$ 流量排出管道气泡；当确信管道中无气泡后，按“purge”键或“pump”键使输液泵停止工作，再将排液阀旋转至“close”位置；管道排气也会在 3min 后自动停止工作。

d. 色谱柱冲洗：按“pump”键，输液泵以 1.0mL·$min^{-1}$ 流量向色谱柱输送流动相，在显示屏中可以监测到系统内实际压力（如图 6-38 显示为 5.8MPa）的变化情况。

e. UVD 基本参数的设置：打开 SPD-20A 电源开关后，仪器进行自检；自检完毕后，进入操作面板主界面（见图 6-38）；按“func”功能键，可分别设置工作波长（如 254nm）、选择光源灯（如氘灯 D2、钨灯 W 或 D2/W）和选择满量程值（如 0.0100AUFS）；按“zero”键可调节输出零点。

f. C-R6A 数据微处理机的设置：按“shift down”和“file/plot”键，色谱数据处理机开始走基线；如果记录笔不在合适位置，按“zero”和“enter”键；待基线平直后，再重复按一次，停止走基线；依次按“shift down”“print/list”“width”“enter”键可调出色谱峰分析参数进行修改或确认。

③ 分析。将六通进样阀阀柄旋转到“load”位置，用平头注射器进样后，转回“inject”位置，并同时按 C-R6A 色谱数据处理机的“start”键，仪器开始采集色谱数据，绘制色谱图；待色谱峰完全流出后，按“stop”键，色谱数据处理机停止采集，并按色谱分析参数表规定的方法对数据进行处理和打印结果（扫描二维码可观看数据处理的基本操作）。

岛津 Lab-Solutions 色谱数据处理

#### 6.2.3.2 高效液相色谱仪的日常维护

（1）贮液器

① 高效液相色谱所用流动相溶剂在使用前必须先用 0.45μm 的滤膜过滤，同时还须保持贮液器的清洁；

② 过滤器使用 3～6 个月后或出现阻塞现象，需及时更换，以保证流动相中的细小颗粒能被正常阻挡，确保仪器能正常运行；

③ 用普通溶剂瓶作流动相贮液器时应根据使用情况不定期废弃瓶子，专用贮液器也应定期用酸、水和溶剂清洗（最后一次清洗应选用 HPLC 级的水或有机溶剂）。

（2）高压输液泵

① 每次使用前须以“purge”阀排除气泡，并使新流动相从放空阀流出 20mL 左右。

② 更换流动相时一定要注意流动相之间的互溶性问题，若需更换非互溶性流动相，则应在更换前先使用能与新、旧流动相均能互溶的中介溶剂清洗输液泵。

③ 如用缓冲液作流动相或一段时间不使用泵，工作结束后应用超纯水或去离子水洗去系统中的盐，再用纯甲醇或乙腈冲洗 HPLC 系统。

④ 不要使用存放多日的蒸馏水或磷酸盐缓冲液，在允许使用的前提下（指对分析检测无影响），可在溶剂中加入 0.0001～0.001moL・$L^{-1}$ 的叠氮化钠。

⑤ 溶剂变质或污染以及藻类的生长会堵塞溶剂过滤头，从而影响泵的运行。清洗溶剂过滤头的方法是：取下过滤头→用硝酸溶液（1＋4）超声清洗 15min→用蒸馏水超声清洗 10min→用洗耳球吹出过滤头中的液体→用蒸馏水超声清洗 10min→用洗耳球吹净过滤头中的水分。清洗后按原位装上。

⑥ 仪器使用一段时间后，应用扳手卸下在线过滤器的压帽，取出其中的密封环和不锈钢烧结过滤片一同清洗，方法同⑤，清洗后按原位装上。

⑦ 使用缓冲液时，由于脱水或蒸发，盐会在柱塞杆后部形成晶体。泵运行时这些晶体会损坏密封圈或柱塞杆，所以应该经常清洗柱塞杆后部的密封圈。方法是：将合适大小的塑料管分别套入所要清洗泵的泵头上、下清洗管→用注射器吸取一定的清洗液（如去离子水）→将针头插入连接清洗管的塑料管另一端→打开高压泵→缓慢将清洗液注入清洗管中，连续重复几次即可。

⑧ 泵长时间不使用，必须用去离子水清洗泵头及单向阀，以防阀球被阀座“粘住”，泵头吸不进流动相（操作时可参阅高压输液泵使用说明书，最好由维修人员现场指导）。

⑨ 柱塞和柱塞密封圈长期使用会发生磨损，应定期更换密封圈，同时检查柱塞杆表面有无损耗。

⑩ 实验室应常备密封圈、各式接头、保险丝等易耗部件和拆装工具。

(3) 进样器

① 对六通阀进样器而言，保持清洁和良好的装置可延长阀的使用寿命。

② 进样前应使样品混合均匀，以保证结果的精确度。

③ 样品瓶应清洗干净，确保里面不存在可溶解的污染物。

④ 自动进样器的针头应有钝化斜面，侧面开孔；针头一旦弯曲应换上新针头，不能弄直后继续使用；吸液时针头应没入样品溶液中，但不能碰到样品瓶的瓶底。

⑤ 为了防止缓冲盐和其他残留物留在进样系统中，每次工作结束后应冲洗整个 HPLC 系统（对反相色谱而言，多选用高比例的甲醇或乙腈）。

(4) 色谱柱

① 在进样阀后加流路过滤器（0.45μm 不锈钢烧结片），以阻挡来自样品和进样阀垫圈的微粒。

② 在流路过滤器和分析柱之间加上"保护柱"，以收集可能堵塞分析柱入口的来自样品中的化学"垃圾"（此化学"垃圾"会大大降低分析柱柱效能，甚至会完全堵死分析柱使其彻底报废）。

③ 流动相流速不可一次改变过大，应逐渐增大或降低，以避免分析柱受突然变化的高压冲击，使柱床受到冲击，引起紊乱，产生空隙（增大死体积）。

④ 色谱柱应在要求的 pH 值范围和柱温范围下使用。不要把柱子放在有气流的地方或直接放在阳光下，气流和阳光都会使柱子产生温度梯度从而造成基线漂移。如果怀疑基线漂移是由温度梯度引起的，可将柱子置于柱恒温箱中。

⑤ 样品进样量不应过载。进样前应将样品进行必要的净化（可选用一次性过滤器），以免其中的杂质对色谱柱造成损伤。

⑥ 应使用不损坏色谱柱的流动相。使用缓冲溶液时，盐的浓度不应过高，并且在工作结束后要及时用纯水冲洗色谱柱。

⑦ 每次工作结束后，应用强溶剂（乙腈或甲醇）冲洗色谱柱。色谱柱不用或贮藏时，应将其封闭贮存在惰性溶剂中（硅胶、氧化铝、正相键合相的封存溶剂为 2,2,4-三甲基戊烷，禁用溶剂为二氯代烷烃，酸性或碱性溶剂；反相色谱填料的封存溶剂为甲醇；离子交换填料的封存溶剂为水）。

⑧ 色谱柱应定期进行清洗，以防止有太多的杂质在柱上堆积（反相柱的常规洗涤办法是：分别取甲醇、三氯甲烷、甲醇/水各 20 倍柱体积冲洗色谱柱）。

⑨ 色谱柱使用一段时间后，柱效下降，此时可对色谱柱进行再生处理（如反相色谱柱再生时用 25mL 纯甲醇及 25mL 1∶1 甲醇-氯仿混合液依次冲洗色谱柱）。

⑩ 对于堵塞或受损严重的色谱柱，必要时可卸下不锈钢滤板，超声波洗去滤板堵塞物，对塌陷污染的柱床进行清除、填充、修补。如此可使柱效恢复到一定程度（80%），再继续使用。

(5) 检测器　检测器的类型众多，下面以在高效液相色谱系统中使用最为常用的 UVD 为例说明其日常维护，其他类型检测器的日常维护可查阅相关仪器的使用说明书。

① 检测池的清洗。将检测池中的零件（压环、密封垫、池玻璃、池板）拆出，并对它们进行清洗，一般先用硝酸溶液（1+4）进行超声波清洗，然后再分别用纯水和甲醇溶液清洗，接着重新组装（**【注意】密封垫、池玻璃一定要放正，以免压碎池玻璃，造成检测池漏液**）并将检测池池体推入池腔内，拧紧固定螺杆。

② 更换氘灯。

a. 关机，拔掉电源线（【注意】**不可带电操作**），打开机壳，待氘灯冷却后，用十字旋具将氘灯的三条连线从固定架上取下（记住红线的位置），将固定灯的两个螺钉从灯座上取下，轻轻将旧灯拉出。

b. 戴上手套，用酒精擦去新灯上的灰尘及油渍，将新灯轻轻放入灯座（红线位置与旧灯一致），将固定灯的两个螺钉拧紧，将三条连线拧紧在固定架上。

c. 检查灯线是否连接正确，是否与固定架上引线连接（红-红相接），合上机壳。

③ 更换钨灯。

a. 关机，拔掉电源线（【注意】**不可带电操作**），打开机壳。

b. 从钨灯端拔掉灯连线，旋松钨灯固定压帽，将旧灯从灯座上取下。

c. 将新灯轻轻插入灯座（操作时要戴上干净手套，以免手上汗渍沾污钨灯石英玻璃壳；若灯已被沾污，应使用乙醇清洗并用擦镜纸擦净后再安装），拧紧压帽，灯连线插入灯连接点（【注意】**带红色套管的引线为高压线，切不可接错，否则极易烧毁钨灯**），合上机壳。

#### 6.2.3.3 高效液相色谱仪常见故障的排除

高效液相色谱仪在运行过程中出现的故障现象是多种多样的，这里只描述基本故障现象及排除时所要采取的措施（更详细的内容请参考由黄一石主编的《分析仪器操作技术与维护》第六章相关内容）。如果以下方法不能解决问题，请与仪器公司或相关代理商联系。

（1）高压输液泵　高压输液泵是高效液相色谱仪的重要组成部件，也是HPLC系统最容易出现故障的部件。表6-9列出了高压输液泵的常见故障及处理方法。

表6-9　高压输液泵常见故障及处理方法

| 故障现象 | 故障原因 | 处理方法 |
| --- | --- | --- |
| 1. 输液不稳，并且压力波动较大 | (1)泵头内有气泡 | (1)通过放空阀排出气泡或用注射器通过放空阀抽出气泡 |
| | (2)原溶液仍留在泵腔内 | (2)增加流速并通过放空阀彻底更换旧溶剂 |
| | (3)气泡存于溶液过滤头的管路中 | (3)振动过滤头以排出气泡；若过滤头有污物，取出并用超声波清洗器清洗(清洗无效，则更换过滤头)；流动相脱气 |
| | (4)单向阀不正常 | (4)清洗或更换单向阀 |
| | (5)柱塞杆或密封圈漏液 | (5)更换柱塞杆密封圈；更换损坏部件 |
| | (6)管路漏液 | (6)上紧漏液处螺钉；更换失效部分 |
| | (7)管路阻塞 | (7)清洗或更换管路 |
| 2. 泵运行，但无溶剂输出 | (1)泵腔内有气泡 | (1)通过放空阀排出气泡；用注射器通过放空阀抽出气泡 |
| | (2)气泡从输液入口进入泵头 | (2)上紧泵头入口压帽 |
| | (3)泵头中有空气 | (3)在泵头中灌注流动相，打开放空阀并在最大流量下开泵，直到没有气泡出现 |
| | (4)单向阀方向颠倒 | (4)按正确方向安装单向阀 |
| | (5)单向阀的阀球阀座粘连或损坏 | (5)清洗或更换单向阀 |
| | (6)溶剂贮液瓶已空 | (6)灌满贮液瓶 |
| 3. 压力不上升 | (1)放空阀未关紧 | (1)旋紧放空阀 |
| | (2)管路漏液 | (2)上紧漏液处；更换失效部分 |
| | (3)密封圈处漏液 | (3)清洗或更换密封圈 |
| 4. 压力上升过高 | (1)管路阻塞 | (1)找出阻塞部分并处理 |
| | (2)管路内径太小 | (2)换上合适内径管路 |
| | (3)在线过滤器阻塞 | (3)清洗或更换在线过滤器的不锈钢筛板 |
| | (4)色谱柱阻塞 | (4)更换色谱柱 |

续表

| 故障现象 | 故障原因 | 处理方法 |
| --- | --- | --- |
| 5. 运行中停泵 | (1)压力超过高压限定<br>(2)跳闸或停电 | (1)重新设定最高限压，或更换色谱柱，或更换合适内径管路<br>(2)重新通电 |
| 6. 泵流速变小 | (1)泵内气泡聚集<br>(2)溶剂过滤器阻塞<br>(3)泵中两溶液不互溶<br>(4)柱塞密封泄漏 | (1)打开放空阀，让泵在高流速下运行，排出气泡<br>(2)打开泵头入口压帽，如溶剂不能很快流出输液管，说明过滤头堵塞，需清洗或更换<br>(3)用一介于两溶液之间的过渡溶剂来溶解两互不相溶的溶剂<br>(4)更换柱塞密封 |
| 7. 流量不稳 | (1)泵头内聚集气泡<br>(2)泵内溶剂分层<br>(3)泵头松动<br>(4)输液管路漏液或部分堵塞 | (1)打开放空阀，让泵在高流速下运行，排出气泡<br>(2)使用过渡溶剂使两者互溶<br>(3)拧紧泵头固定螺钉<br>(4)逐段检查管路进行排除 |
| 8. 泵没有压力 | (1)两泵头均有气泡<br>(2)进样阀泄漏<br>(3)泵连接管路漏 | (1)打开放空阀，让泵在高流速下运行，排出气泡<br>(2)检查并排除<br>(3)用扳手拧紧接头或换上新的密封刃环 |
| 9. 压力波动 | (1)其中一个泵头内聚集了气泡<br>(2)泵中两溶剂不能互溶<br>(3)高压系统有泄漏(入口隔膜，进样阀或入口紧固件)<br>(4)泵的单向阀已脏 | (1)打开泵出口，在最大流量下开泵，直至气泡消失<br>(2)如果需要的话，向泵中灌注流动相，用一介于两溶剂之间的过渡溶剂来溶解两互不相溶的溶剂<br>(3)检查并排除<br>(4)拆去泵的进出口连接管；用25～50mL的1mol·$L^{-1}$硝酸溶液清洗单向阀，随后用蒸馏水清洗；更换单向阀 |
| 10. 柱压太高 | (1)柱头被杂质堵塞<br>(2)柱前过滤器堵塞<br>(3)在线过滤器堵塞 | (1)拆开柱头，清洗柱头过滤片，如杂质颗粒已进入柱床堆积，应小心翼翼地挖去沉积物和已被污染的填料，然后用相同的填料填平，切勿使柱头留下空隙；另一方法是在柱前加过滤器<br>(2)清洗柱前过滤器，清洗后如压力还高，则须更换新的滤片，并确保溶剂或样品溶液必须过滤后方可使用<br>(3)清洗或更换在线过滤器 |
| 11. 泵不吸液 | (1)泵头内有气泡聚集<br>(2)入口单向阀堵塞<br>(3)出口单向阀堵塞<br>(4)单向阀方向颠倒 | (1)排出气泡<br>(2)检查或更换之<br>(3)检查或更换之<br>(4)按正确方向安装单向阀 |
| 12. 开泵后有柱压，但没有流动相从检测器中流出 | (1)系统中严重漏液<br>(2)流路堵塞<br>(3)柱入口端被微粒堵塞 | (1)修理进样阀或泵与检测器之间的管路和紧固件<br>(2)清除进样器口、进样阀或柱与检测器之间的连接毛细管或检测池中的微粒<br>(3)清洗或更换柱入口过滤片；需要的话另换一根色谱柱；溶剂或样品溶液必须过滤后方可使用 |
| 13. 柱压升高，但流量却减少 | (1)色谱柱或保护柱堵塞<br>(2)检测池或检测器的入口管部分堵塞 | (1)清洗或更换柱入口处的过滤片；需要的话更换色谱柱或保护柱<br>(2)拆卸并清洗检测池和管路 |

(2) 检测器　检测器也是HPLC系统容易出现故障的部件。表6-10列出了检测器的常见故障及处理方法。

表 6-10　检测器常见故障及处理方法

| 故障现象 | 故障原因 | 处理方法 |
| --- | --- | --- |
| 1. 基线噪声大 | (1)检测池窗口污染 | (1)用 1mol·$L^{-1}$ 的 $HNO_3$、水和新溶剂冲洗检测池；卸下检测池，拆开清洗或更换池窗石英片 |
| | (2)样品池中有气泡 | (2)突然加大流量赶出气泡；在检测池出口端加背压(0.2～0.3MPa)或连一根 0.3mm×(1～2m)的不锈钢管，以增大池内压 |
| | (3)检测器或数据采集系统接地不良 | (3)拆去原来的接地线，重新连接 |
| | (4)检测器光源故障 | (4)检查氘灯或钨灯的设定状态；检查灯使用时间、灯能量、开启次数；更换氘灯或钨灯 |
| | (5)液体泄漏 | (5)拧紧或更换连接件 |
| | (6)很小的气泡通过检测池 | (6)流动相仔细脱气；加大检测池的背压；系统测漏 |
| | (7)有微粒通过检测池 | (7)清洗检测池；检查色谱柱出口筛板 |
| 2. 基线漂移 | (1)检测池窗口污染 | (1)用 1mol·$L^{-1}$ 的 $HNO_3$、水和新溶剂冲洗检测池；卸下检测池，拆开清洗或更换池窗石英片 |
| | (2)色谱柱污染或固定相流失 | (2)再生或更换色谱柱；使用保护柱 |
| | (3)检测器温度变化 | (3)系统恒温 |
| | (4)检测器光源故障 | (4)更换氘灯或钨灯 |
| | (5)原先的流动相没有完全除去 | (5)用新流动相彻底冲洗系统以充分置换溶剂，或采用兼溶溶剂置换 |
| | (6)溶剂贮液器污染 | (6)清洗贮液器，用新流动相平衡系统 |
| | (7)强吸附组分从色谱柱中洗脱 | (7)在下一次分离之前用具有强洗脱能力的溶剂冲洗色谱柱；使用溶剂梯度洗脱 |
| 3. 记录仪或工作站上出现大的尖峰 | (1)检测池内有气泡通过 | (1)溶剂脱气并彻底冲洗 HPLC 系统；检查连接系统是否漏液 |
| | (2)记录仪或检测器接地不良 | (2)消除噪声来源，确保良好接地 |
| 4. 出现负峰 | (1)检测器输出信号的极性不对 | (1)交换并重新连接接线 |
| | (2)进样故障 | (2)使用进样阀，确认在进样期间样品环中没有气泡 |
| | (3)使用的流动相不纯 | (3)使用 HPLC 纯的流动相或对溶剂进行提纯 |
| 5. 记录仪或工作站信号阶梯式上升；出现平头峰；基线不能回零 | (1)记录仪的增益和阻尼控制不当 | (1)调节增益和阻尼；修理记录仪 |
| | (2)检测器的输出范围设定不当 | (2)重新设定检测器的输出范围 |
| | (3)记录仪或检测器接地不良 | (3)确保良好接地 |
| 6. 记录仪、积分仪或工作站在零点不平衡 | (1)记录仪、积分仪或工作站故障 | (1)修理 |
| | (2)样品池中有空气 | (2)增大流量冲洗色谱系统除去气泡；在检测器出口加背压；流动相脱气 |
| | (3)从样品池出来的光能量严重减弱 | (3)检查光路，清除堵塞物；清洗检测器或更换池窗 |
| | (4)光源等故障 | (4)更换氘灯或钨灯 |
| | (5)检测器与记录仪、积分仪或工作站之间的电路接触不良 | (5)检查和紧固连接线 |
| | (6)色谱柱固定相流失严重 | (6)更换色谱柱；改变流动相条件 |
| | (7)原先的流动相被污染 | (7)彻底冲洗系统 |
| | (8)流动相吸收太强 | (8)改用紫外吸收弱的溶剂；改变检测波长 |
| 7. 基线随着泵的往复出现噪声 | 仪器处于强空气中或流动相脉动 | 改变仪器位置，放在合适的环境中；用一调节阀或阻尼器以减少泵的脉动 |
| 8. 随着泵的往复出现尖刺 | 检测池中有气泡 | 卸下检测池的入口管与色谱柱的接头，用注射器将甲醇从出口管端推进，以除去气泡 |

（3）色谱峰峰形异常 在进行 HPLC 测定时，由于操作不当或其他一些原因往往导致色谱峰峰形异常。图 6-39 列出了一些出现典型异常色谱峰的主要原因与解决方法。

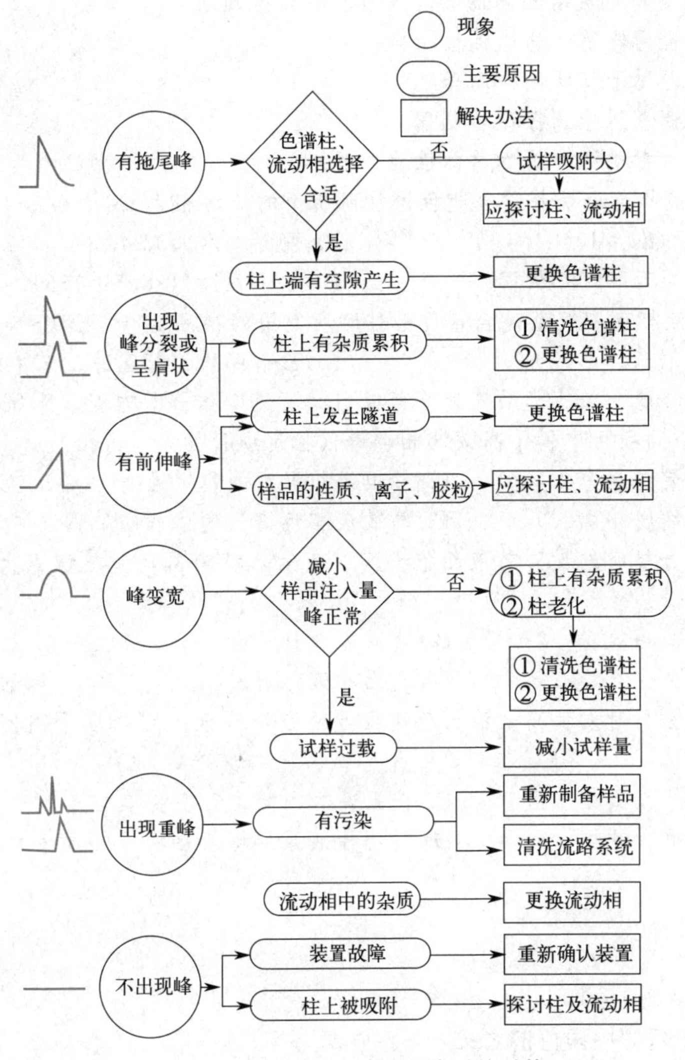


图 6-39 HPLC 峰形出现异常时的对策

## 思考与练习 6.2

1.（ ）在输送流动相时无脉冲。

A. 气动放大泵 B. 单柱塞往复泵 C. 双柱塞往复泵 D. 隔膜往复泵

2. 处理好的 $C_{18}$ 反相键合相色谱柱应保存在（ ）中。

A. 流动相 B. 甲醇 C. 乙腈 D. 四氢呋喃

3.（多选）为保护色谱柱，延长其使用寿命，可采取以下哪些方法？（ ）

A. 在适宜的温度范围内使用 B. ODS 柱在 pH 为 2～8 的范围内使用

C. 流动相应过滤和脱气 D. 加保护柱

4. 下列检测器中，（ ）属于质量型检测器。

A. UVD B. RID C. FLD D. ELSD

5. 在高效液相色谱法中，对恒温精度要求最高的检测器是（ ）。

A. 紫外检测器　　B. 荧光检测器　　C. 示差折光检测器　D. 电导检测器

6. (多选) 下列关于高效液相色谱所用检测器的叙述中，正确的是（　　）。

A. 总体性检测器对流动相总的物理及物理化学性质有响应

B. 示差折光检测器属于总体性检测器

C. 紫外检测器属于总体性检测器

D. 电化学检测器属于选择型检测器

E. 蒸发激光散射检测器属于总体性检测器

7. 一般评价液相色谱烷基键合相色谱柱时所用的流动相为（　　）。

A. 甲醇：水 (83：17)　　B. 甲醇：水 (57：43)

C. 正庚烷：异丙醇 (93：7)　　D. 水：乙腈 (98.5：1.5)

8. 一般评价液相色谱烷基键合相色谱柱时所使用的样品是（　　）。

A. 苯、萘、联苯、菲　　B. 三苯甲醇、苯乙醇、苯甲醇

C. 核糖、鼠李糖、木糖、果糖、葡萄糖　D. 阿司匹林、咖啡因、非那西汀

9. (多选) 下列项目中属于高效液相色谱仪检定项目的是（　　）。

A. 泵流量设定值误差　　B. 柱恒温箱温度的稳定性　　C. 基线噪声

D. 检测器灵敏度　　E. 高效液相色谱仪的体积

10. (多选) 分析时发现高效液相色谱仪 (带紫外检测器) 基线噪声大，其可能的原因是（　　）。

A. 检测池窗口污染　　B. 流通池中有气泡

C. 进样量偏小　　D. 流动相液体泄漏　　E. 进样量偏大

11. (多选) 分析时发现高效液相色谱仪输液泵不吸液，则采取下列何种措施可能解决此故障。（　　）

A. 排除泵头内聚集的气泡　　B. 按正确的方向重新安装单向阀

C. 将流动相重新过滤　　D. 关闭输液泵后重新启动

E. 将流动相重新脱气

中国色谱之父
——卢佩章

阅读园地

扫描二维码查看“中国色谱之父——卢佩章”。

## 6.3 实验技术

### 6.3.1 溶剂处理技术

(1) 溶剂的纯化　分析纯和优级纯溶剂在很多情况下可以满足 HPLC 分析的要求，但不同的色谱柱和检测方法对溶剂的要求不同，如用 UVD 时溶剂中就不能含有在检测波长下有吸收的杂质。目前专供色谱分析用的除最常用的甲醇有 HPLC 级试剂外，其余的多为分析纯，有时要进行除去杂质、脱水、重蒸等纯化操作。

乙腈也是常用的溶剂。分析纯乙腈中含有少量的丙酮、丙烯腈、丙烯醇和噁唑等化合物，会产生较大的背景吸收。为减小因杂质存在带来的背景吸收，可使用活性炭或酸性氧化铝进行吸附纯化，也可采用高锰酸钾/氢氧化钠氧化裂解与甲醇共沸的方法进行纯化。

四氢呋喃中的抗氧化剂 BHT(3,5-二叔丁基-4-羟基甲苯）可通过蒸馏除去。四氢呋喃长时间放置会被氧化，因此使用前需先检查其中是否有过氧化物。方法是：取 10mL 四氢呋喃

和 1mL 新配制的 10%碘化钾溶液，混合 1min 后，观察是否有黄色出现，若无，则可使用。

与水不混溶的溶剂（如氯仿）中的微量极性杂质（如乙醇）、卤代烃（如 $CH_2Cl_2$）中的 HCl 杂质等，可以用水以萃取的方式除去，然后再用无水硫酸钙进行干燥。

正相色谱使用的亲油性有机溶剂中通常都含有 $50 \sim 2000\mu g \cdot mL^{-1}$ 的水。水是极性最强的溶剂，对吸附色谱来说，即使很微量的水也会因其强烈的吸附而占领固定相中很多吸附活性点，导致其分离性能下降。亲油性有机溶剂中的微量水可采用分子筛床干燥法除去。

卤代溶剂与干燥的饱和烃混合后性质比较稳定，但卤代溶剂（如氯仿、四氯化碳）与醚类溶剂（如乙醚、四氢呋喃）混合后会发生化学反应，且生成的产物对不锈钢有腐蚀作用。有的卤代溶剂（如二氯甲烷）与一些反应活性较强的溶剂（如乙腈）混合放置后会析出结晶。因此，HPLC 分析应尽可能避免使用卤代溶剂，如果非用不可，最好现配现用。

(2) 流动相的脱气　流动相溶液中往往因溶解有氧气或混入了空气而形成气泡，气泡进入检测器后会引起检测信号的突然变化，在色谱图上出现尖锐的噪声峰。小气泡慢慢聚集后会变成大气泡，大气泡进入流路或色谱柱中会使流动相的流速变慢或不稳定，从而导致基线噪声变大。溶解氧常和一些溶剂结合生成有紫外吸收的化合物，或者使荧光猝灭。溶解气体也有可能引起某些样品的氧化降解或溶解从而导致流动相 pH 发生变化。凡此种种，都会给检测或分离带来负面影响。因此，HPLC 分析中，必须先对流动相进行脱气处理。

目前，HPLC 流动相脱气的方法主要有三种：超声波振荡脱气、惰性气体鼓泡吹扫脱气以及在线真空脱气。

超声波振荡脱气使用最为广泛。方法是：将配制好的流动相连同容器一起放入超声水槽中，超声脱气 10～20min 即可。该法操作简便，基本能满足日常分析的要求。

惰性气体（氦气）鼓泡吹扫脱气的效果好。方法是：将钢瓶中的氦气缓慢而均匀地通入贮液器里的流动相中，氦气分子将其他气体分子置换和顶替出去，流动相中只含有氦气。由于氦气本身在流动相中的溶解度很小，而微量氦气所形成的小气泡对检测几乎没有影响，从而达到脱气的目的。但氦气价格昂贵，因此本法并未得到普遍使用。

在线真空脱气的原理是将流动相通过一段由多孔性合成树脂膜构成的输液管，该输液管外有真空容器。真空泵工作时，膜外侧被减压，分子量小的氧气、氮气、二氧化碳就会从膜内进入膜外而被排除。图 6-40 是在线真空脱气装置示意图。在线真空脱气的优点是可同时对多个流动相溶剂进行脱气。

(3) 流动相的过滤（扫描二维码可观看操作视频）　过滤是为了防止不溶物（固体小颗粒）堵塞流路或色谱柱入口处的微孔垫片。流动相过滤常使用 G4 微孔玻璃漏斗，可除去 3～4μm 以下的固态杂质。严格地讲，流动相都应该采用特殊的流动相过滤器（图 6-41 显示了实验室最常用的全玻璃流动相过滤器），用 0.45μm 以下微孔滤膜（分成有机相滤膜和水相滤膜两类）进行过滤后方可使用。

## 6.3.2 色谱柱的制备

如果实验室具备一定的条件，则可自行填充液相色谱柱。方法有两种：干法和匀浆填充法。

### 6.3.2.1 干法

原则上大于 20μm 的填料可用干法填充液相色谱柱。方法是：将填料通过漏斗加入到垂直放置的液相色谱柱柱管中，同时用木棒轻轻敲打或振动柱管，以得到填充紧密而均匀的色谱柱。

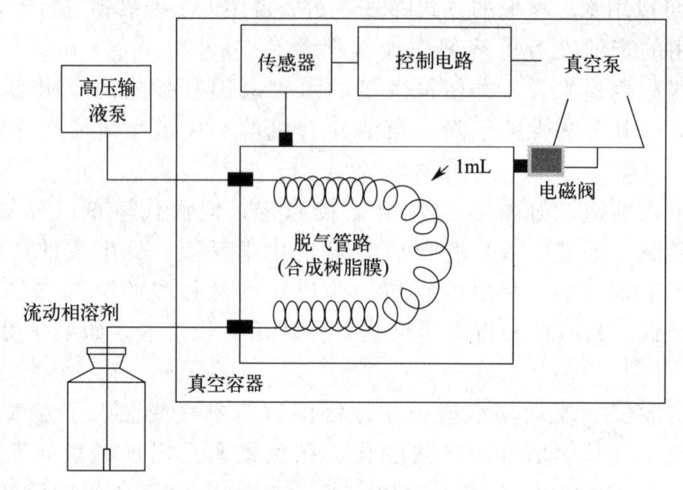


图 6-40　在线真空脱气装置

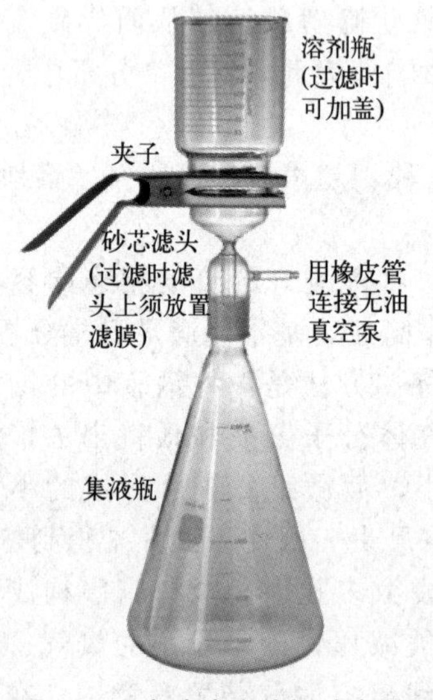


图 6-41　全玻璃流动相过滤器

流动相处理

#### 6.3.2.2　匀浆填充法

匀浆填充法装柱又称湿法装柱，无论是大粒径固定相还是小粒径固定相均可采用此法装柱。方法是：以一种或数种溶剂配制成密度与固定相相近的溶液，经超声处理使填料颗粒在溶液中高度分散，呈现乳浊液状态，即制成匀浆。然后用加压介质（正己烷或甲醇等）在高压下将匀浆压入液相色谱柱柱管中，便制成具有均匀、紧密填充床的高效液相色谱柱。匀浆填充法的关键是匀浆的制备，制备时需要一台性能优良的大流量泵。

### 6.3.3　梯度洗脱技术

梯度洗脱技术可以改进复杂样品的分离，改善峰形，减少峰脱尾，缩短分析时间，而且还能降低最小检测量和提高分离精度。梯度洗脱特别适合复杂混合物，特别是保留值相差较大的混合物的分离，因为这些样品的 $k'$ 范围宽，不能用等度方法简单地处置。图 6-42 显示了一个复杂样品采用等度洗脱与梯度洗脱时分离谱图的比较。

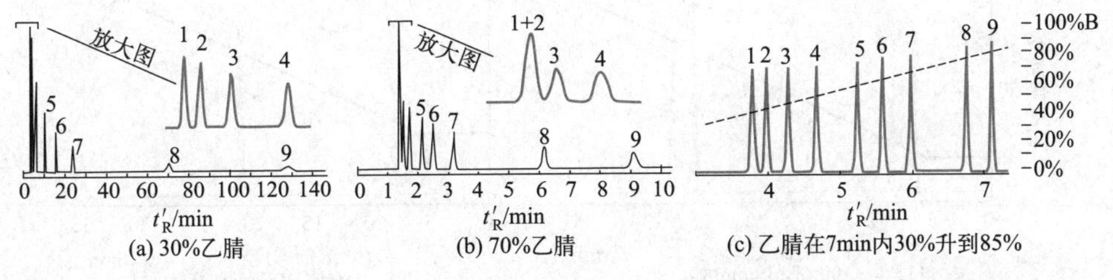


图 6-42 某复杂样品（含 9 个混合组分）采用等度洗脱（a，b）与梯度洗脱（c）时分离谱图的比较

影响梯度洗脱的因素有起始时间、梯度洗脱时间、强溶剂组分 B 浓度变化范围、柱温、梯度洗脱程序曲线形状、流动相流量和柱死体积等。图 6-43 反映的是梯度洗脱时间对典型样品分离度的影响。由图 6-43 可知，随着梯度洗脱时间 $t_G$ 的延长，梯度陡度 $T$[1] 逐渐减小，组分间的分离度 $R$ 增大，但总分析时间变长。因此，在保证一定分离度的前提下，应当选择合适的梯度洗脱时间 $t_G$（本例可选择 $t_G$ 约为 20min）。

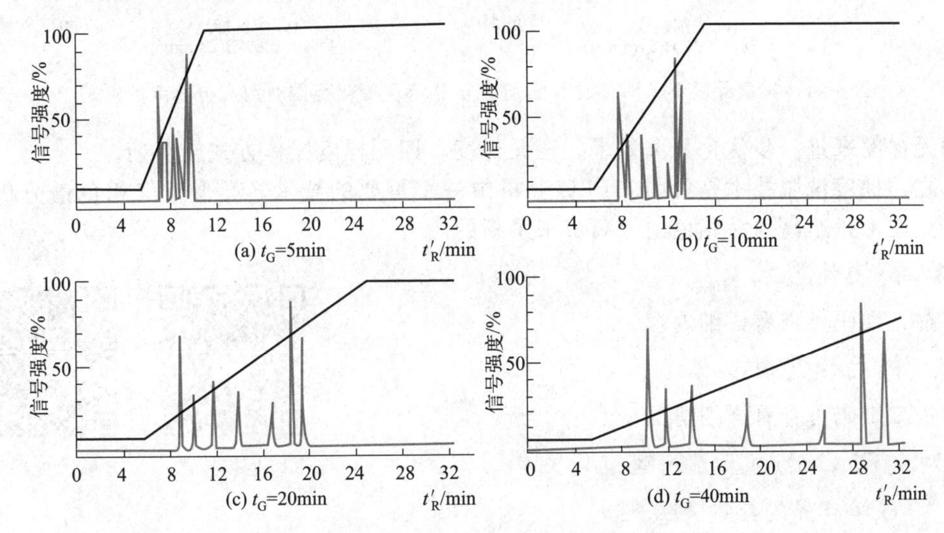


图 6-43 梯度洗脱时间对 HPLC 分离度的影响

（由相同起始时间进行梯度洗脱，强组分洗脱溶剂 B 在流动相中的浓度变化均为 10%～60%。）

图 6-44 反映的是强洗脱溶剂组分 B 浓度变化范围对典型样品分离度的影响。由图 6-44 可知，若梯度洗脱时强洗脱溶剂组分 B 浓度值较低，则谱图起始较空旷，无组分峰出现，表明梯度洗脱可从强洗脱溶剂组分 B 浓度较高值开始。若梯度洗脱开始时强洗脱溶剂组分 B 浓度值较高，则谱图后部较空旷，表明梯度洗脱未完成时全部组分已被洗脱出来，同时部分组分峰会重叠。因此，合理选择强洗脱溶剂组分 B 浓度变化范围可以获得最佳分离效果（本例可选择组分 B 浓度变化范围为 30%～100%，梯度洗脱时间约 30min）。在梯度洗脱中，有时还可以通过更换流动相中强洗脱有机溶剂的种类（如用四氢呋喃替代甲醇）来获取更好的分离效果（如改善相邻峰间的 $\alpha$ 值）。

在梯度洗脱中，如果采用二元梯度洗脱难以达到预期的分离效果，也可以采用三元梯

[1] 梯度陡度类似于气相色谱程序升温中的升温速率，即单位时间内流动相中强洗脱溶剂组分 B 的浓度变化速率（%/min）。

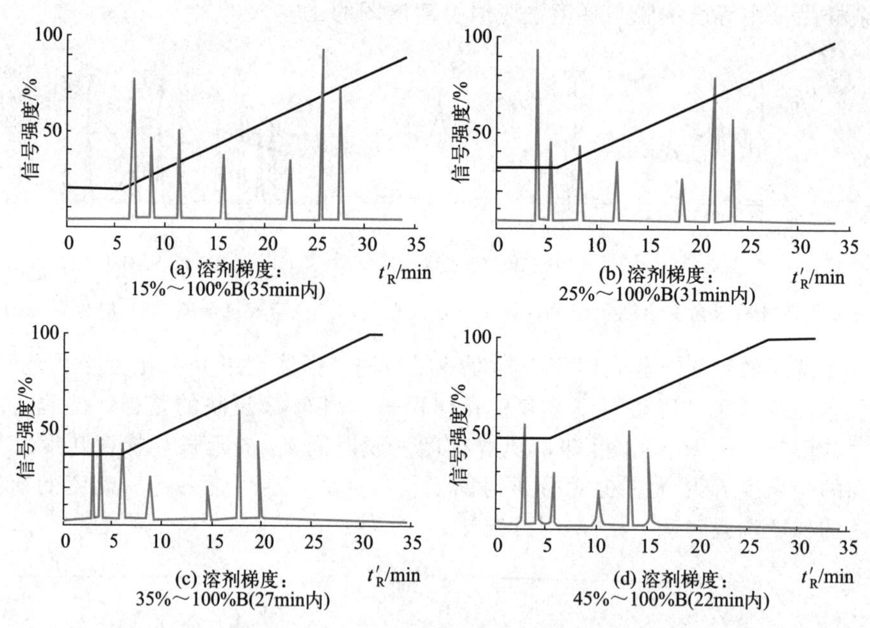


图 6-44 梯度陡度不变时强洗脱溶剂组分 B 浓度变化范围对色谱分离度的影响

度、四元梯度来进一步优化分离效果。三元梯度、四元梯度操作方式较复杂。

总之，梯度洗脱技术是目前 HPLC 分析中一个重要的技术，类似于气相色谱分析中的程序升温技术，给高效液相色谱分离带来了新的活力。

## 6.3.4 衍生化技术

扫描二维码可查看详细内容。

## 6.3.5 样品预处理技术

扫描二维码可查看详细情况。

衍生化技术

样品预处理技术

## 6.3.6 HPLC 分析方法的建立与完善

### 6.3.6.1 了解样品的基本情况

样品的基本情况指样品所含化合物的数目、种类（官能团）、分子量、$pK_a$ 值、UV 光谱图以及样品基体的性质（溶剂、填充物等）、化合物在有关样品中的浓度范围、样品的溶解度等。

### 6.3.6.2 明确分离目的

（1）主要目的是样品中各组分的定性分析、定量分析，还是样品中某些组分的回收？

（2）是否已知样品中所有成分的化学特性，或是否需做定性分析？

（3）是否有必要解析出样品的所有成分（比如对映体、同系物、痕量杂质等）？

（4）如需做定量分析，准确度与精密度的要求如何？

（5）本法将适用几种样品分析还是许多种样品分析？

（6）使用最终分析方法的常规实训室中已配备哪些 HPLC 设备和技术？

### 6.3.6.3 了解样品的性质和需要的预处理

考察样品的来源形式，确定样品是否适合直接进样。如不能直接进样，则 HPLC 分离前均需进行某种形式的预处理。例如，有的样品需加入缓冲溶液以调节 pH 值；有的样品含有干扰物质或“损柱剂”，必须在进样前先将其去除；还有的样品本身是固体，需要用适当的溶剂溶解，为了保证最终的样品溶液与流动相的成分尽量相近，通常选用流动相作为溶解（或稀释）样品的溶剂。

#### 6.3.6.4 检测器的选择

不同的工作目的对检测的要求不同。若检测单一组分，则理想的检测器应仅对所测成分响应，而对其他任何成分均不响应（即不出峰）。另外，如工作目的是定性分析或产品制备，则最好选择通用型检测器，以便能检测到待测样品中的所有成分。若工作目的是定量分析，则检测器灵敏度越高、最低检出量越小越好；若工作目的是对某些产品的制备，则检测器的灵敏度够用即可。日常工作时应尽量选用 UVD，因其普适性最好（大多数 HPLC 系统都配备有 UVD），方便且受外界影响小。如被测化合物没有足够的 UV 生色团，则应考虑使用其他检测手段，如 RID、FLD、电化学检测器等。如果对所需解决的工作任务实在找不到合适的检测器，此时才考虑将样品衍生化为有 UV 吸收或有荧光的产物，然后再用 UVD 或 FLD 进行检测。

#### 6.3.6.5 分离模式的选择

在充分考虑样品的溶解度、分子量、分子结构和极性差异的基础上，确定 HPLC 的分离模式（参考图 6-49）。

HPLC 的各个方法中，有约 80%的混合物是依靠反相键合相色谱（RP-BPC）来完成分离的。RP-BPC 中，水是常用的流动相弱组分，$C_{18}$ 是常用的填充载体，重要的是选择流动相的强组分。常用的强组分有甲醇、乙腈与四氢呋喃。RP-BPC 流动相的选择规则是：

（1）若样品溶质是含有两个以下氢键作用基团（如—COOH、—$NH_2$、—OH 等）的芳香烃邻、对位或邻、间位异构体，可选用甲醇/水为流动相。

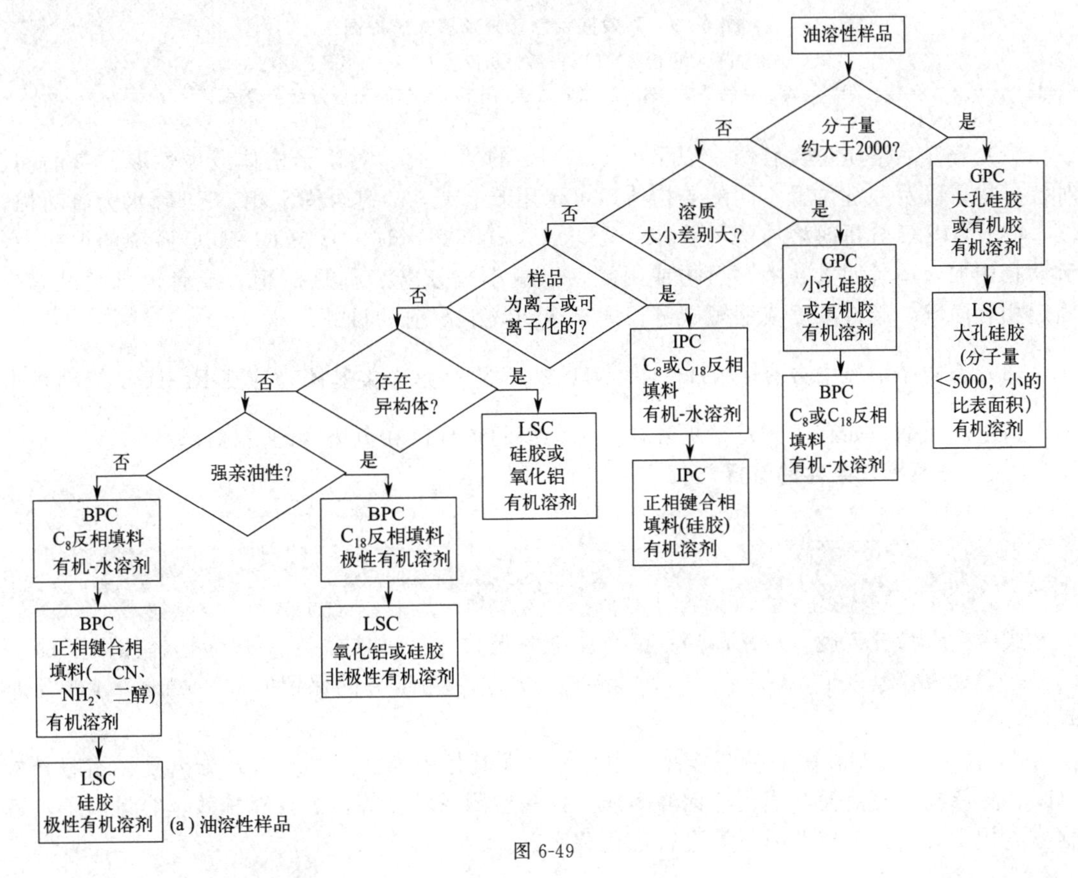


图 6-49

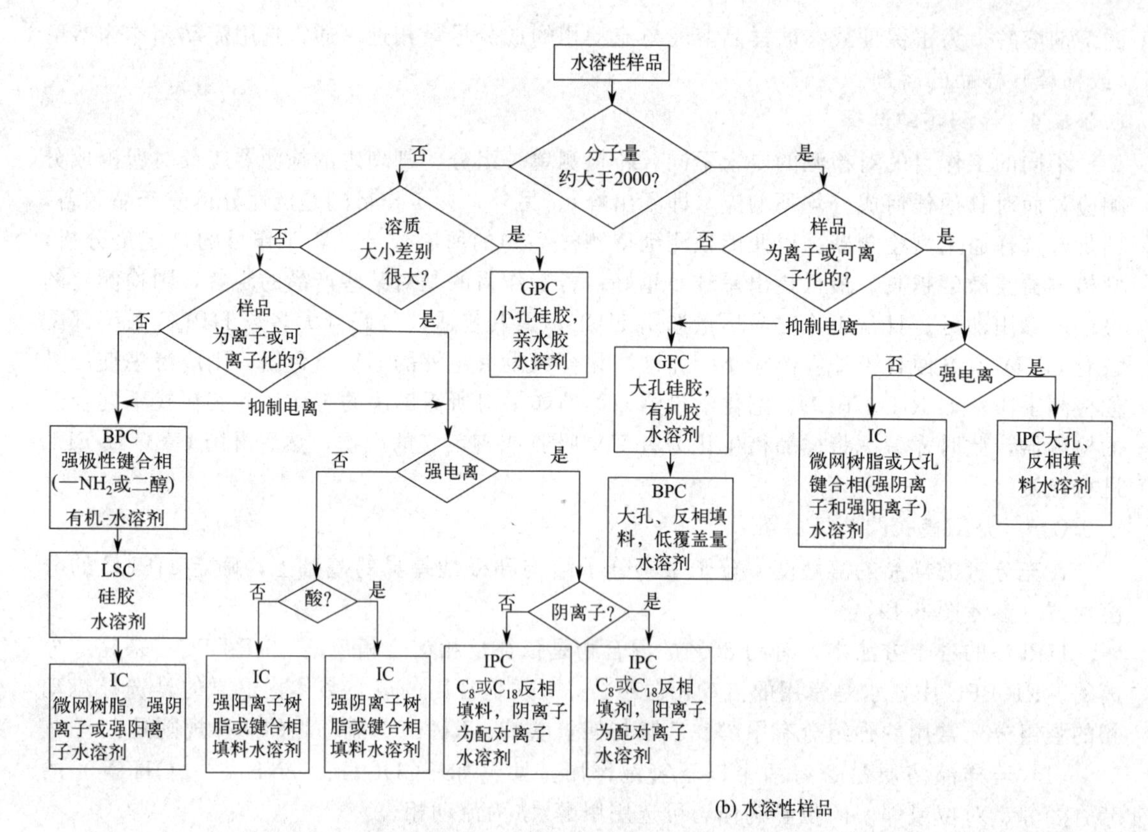


**图 6-49 高效液相色谱分离模式选择图**

LSC—液-固吸附色谱法；BPC—键合相色谱法；IC—离子色谱法；

IPC—离子对色谱法；GPC—凝胶渗透色谱法；GFC—凝胶过滤色谱法

（2）若样品溶质是含有两个以上 Cl、I、Br 的邻、间、对位异构体或极性取代基的间、对位异构体以及双键位置不同的异构体，可选用苯基或 $C_{18}$ 键合固定相、乙腈/水为流动相。

（3）HPLC 分析时溶质的 $k'>30$（要求 $1<k'<20$）时，应在 RP-BPC 系统的甲醇/水流动相中加入适量四氢呋喃、氯仿或丙酮，以减小被分离溶质的 $k'$值，或者也可通过减少固定相表面键合碳链浓度或缩短碳链长度来达到减小 $k'$值的目的。

（4）若样品溶质中含有—$NH_2$、>NH 或 >N—这一类基团，应在 RP-BPC 流动相中加入适量添加剂（如有机胺）来提高样品保留值的重现性和色谱峰的对称性。

#### 6.3.6.6 分离操作条件的选择与优化

（1）HPLC 分离方程式如下：

$$R=\frac{\sqrt{n}}{4}\cdot\frac{\alpha-1}{\alpha}\cdot\frac{k_2'}{1+k_2'} \tag{6-3}$$

式中，$R$ 为分离度（$R\geqslant1.5$）；$n$ 为理论塔板数（色谱柱柱效）；$\alpha$ 为选择性因子（$\alpha=k_2'/k_1'$）；$k'$为容量因子，$k'=t_R'/t_M$，$t_R'=t_R-t_M$（$t_R$ 为组分的保留时间，min；$t_M$ 为死时间，min）。

由式(6-3) 可知：提高待测样品各组分间（尤其是最难分离物质对）分离度、缩短分析时间、降低流动相消耗、优化色谱峰峰形、提高检测灵敏度等，需要对柱效、容量因子、最难分离物质对间的选择性因子等进行优化和完善。

（2）提高柱效 $n$ 的方法：①降低流动相的流速，或增加色谱柱柱长，此法会使分析时间明显延长；②减少固定相的负载量或减小色谱柱内径，此法会降低色谱柱负载量，后者还会增加色谱柱柱压；③减小固定相的颗粒度或色谱柱内径，此法会增加色谱柱柱前压。

（3）影响选择性因子 $\alpha$ 的因素：相邻组分间（尤其是最难分离物质对间）选择性因子 $\alpha$ 受分离条件中流动相的组成、种类、pH 以及色谱柱温度、固定相种类的影响。选择性因子 $\alpha$ 越大，则相邻组分间的分离度越大。图 6-6 显示了流动相种类与配比对混合物分离的影响。此外，适当提高柱温（RP-BPC 使用甲醇、乙腈等易挥发的溶剂作为流动相，所以柱温一般为 30～40℃）也能改善分离度。

（4）影响容量因子 $k'$ 的因素：改变色谱峰容量因子最重要的方法是改变流动相的组成，增加流动相的洗脱强度可降低流出物的容量因子。对于 RP-BPC，有机相增加 10%，将使每个色谱峰的容量因子降低 20%～30%。操作时最常见的做法是采用梯度洗脱方式（可参考图 6-42、图 6-43、图 6-44），以确保将所有组分的容量因子控制在合适的范围（最好 $1<k'<10$）。

### 6.3.7　定性分析

由于 HPLC 分离过程中影响溶质迁移的因素较多，同一组分在不同色谱条件下的保留值相差很大；即使在相同的色谱操作条件下，同一组分在不同色谱柱上的保留值也可能有较大差别。因此液相色谱与气相色谱相比，准确定性的难度更大。常用的定性方法有如下几种：

（1）利用已知标准样品定性　利用标准样品对未知化合物定性是最常用的 HPLC 定性方法，该方法的原理与 GC 定性方法相同。由于每一种化合物在特定的色谱条件下（流动相组成、色谱柱、柱温等相同），其保留值具有特征性，因此可以利用保留值进行定性。如果在相同的色谱条件下待测化合物与标样的保留值基本一致，就可初步认为待测化合物与标样可能是同一物质。若流动相组成经多次改变后，待测化合物的保留值仍与标样的保留值一致，就能进一步证实被测化合物与标样为同一物质。

（2）利用检测器的选择性定性　同一种检测器对不同种类化合物的响应值是不同的，而不同的检测器对同一种化合物的响应也是不同的。所以当某一待测化合物同时被两种或两种以上检测器检测时，两检测器或几个检测器对待测化合物的检测灵敏度比值是与待测化合物的性质密切相关的，可以用来对待测化合物进行定性分析。这就是双检测器定性体系的基本原理。

双检测器体系的连接一般有串联连接和并联连接两种方式。当两种检测器中的一种是非破坏型的，则可采用简单的串联连接方式，将非破坏型检测器串接在破坏型检测器之前。若两种检测器都是破坏型的，则需采用并联方式连接，在色谱柱的出口端连接一个三通，分别连接到两个检测器上。

在 HPLC 中最常用于定性鉴定工作的双检测体系是 UVD 和 FLD。图 6-50 是 UVD 和 FLD 串联检测食物中有毒胺类化合物的色谱图。

（3）利用紫外检测器全波长扫描功能定性　紫外检测器是 HPLC 中使用最广泛的一种检测器。全波长扫描紫外检测器可以根据被检测化合物的紫外光谱图提供一些有价值的定性信息。传统的方法是在色谱图上某组分的色谱峰出现极大值，即最高浓度时，通过停泵等手段，使组分在检测池中滞留，随后对检测池中的组分进行全波长扫描，得到该组分的紫外-可见光吸收光谱；再取可能的标准样品按同样方法处理。对比两者的光谱图即能鉴别出该组分与标准样品是否为同一物质。对于某些有特殊紫外吸收光谱的化合物，也可通过对照标准谱图的方法来识别该化合物。

目前，二极管阵列检测器（DAD）也大量装备在 HPLC 系统中。DAD 可直接得到响应信号、时间、波长的三维色谱-光谱图（见图 6-28），可直接与工作站中的标准谱图进行比对，其定性结果与传统方法相比具有更大的优势。

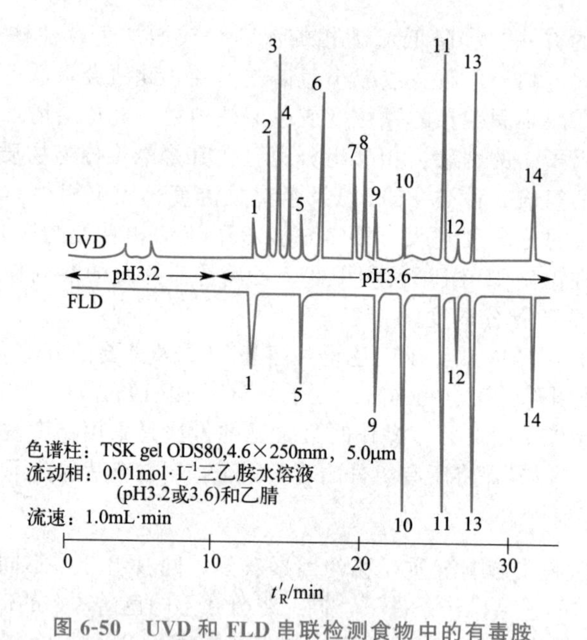


图 6-50　UVD 和 FLD 串联检测食物中的有毒胺

1,5,12—吡啶并咪唑；2,4—咪唑并喹啉；3,6,7,8—咪唑氧杂喹啉；9,10,11,13,14—吡啶并吲哚

## 6.3.8　定量分析

高效液相色谱的定量方法与气相色谱定量方法类似，主要有面积归一化法、外标法和内标法，简述如下：

(1) 归一化法　归一化法要求所有组分均能实现相互间完全分离并有响应，其基本方法与 GC 中的归一化法类似。

由于 HPLC 所用检测器一般为选择型检测器，对很多组分没有响应，因此 HPLC 较少使用归一化法进行定量分析。

(2) 外标法　外标法是用待测组分的纯品配制成标准样品（对照品），然后将对照品和待测试样（供试品）同时注入 HPLC 进行分析，通过比较两者的峰面积（或峰高）来进行定量分析的方法。可分为标准曲线法和直接比较法。具体方法可参阅 5.3.4.2。

(3) 内标法　内标法是一种比较精确的定量方法。将已知量的参比物（称内标物 S）加到已知量的待测样品中，那么试样中参比物的浓度为已知。然后将其注入 HPLC 系统进行分析，待测组分峰面积和参比物峰面积之比应该等于待测组分的质量与参比物质量之比，从而可求出待测组分的质量，进而求出待测组分的含量。具体方法可参阅 5.3.4.2。

## 思考与练习 6.3

1. 高效液相色谱法中引起色谱峰扩张的主要因素是（　　）。

A. 涡流扩散　　B. 纵向扩散　　C. 传质阻力　　D. 待分离物的浓度

2. 在高效液相色谱分析中，为使溶质得到良好的分离，通常希望溶质的容量因子 $k'$ 最好保持在（　　）的范围内。

A. 0～1　　B. 1～10　　C. 10～20　　D. ＞20

3. 在高效液相色谱法中，提高色谱柱柱效最有效的途径是（　　）。

A. 减小填料粒度　　B. 适当升高柱温　　C. 降低流动相流速　　D. 加大色谱柱的内径

4. 欲测定聚乙烯的分子量及分子量分布，应选用下列哪种色谱？（　　）

A. 液液分配色谱　B. 液固吸附色谱　C. 键合相色谱　D. 凝胶色谱

5. 流动相过滤必须使用何种粒径的过滤膜？(　　)

A. 0.5μm　B. 0.45μm　C. 0.6μm　D. 0.55μm

6. 高效液相色谱仪上清洗阀（放空阀）的作用是（　　）。

A. 清洗色谱柱　B. 清洗泵头与排除管路中的气泡

C. 清洗检测器　D. 清洗管路

7. 维生素经液相色谱柱（250mm）分离，用紫外检测器测得各个色谱峰，出峰时间如表 6-13 所示。

表 6-13　维生素检测结果

| 组分 | 死时间 | 维生素 A | 维生素 D | 维生素 $E_1$ | 维生素 $E_2$ |
|---|---|---|---|---|---|
| $t_R$/min | 0.26 | 2.75 | 4.26 | 5.11 | 5.58 |

为缩短分析时间，改用 150mm 的同种色谱柱，测得死时间为 0.20min，已知维生素 $E_1$ 在 4.52min 出峰，某组分的出峰时间为 3.76min。请通过计算说明这个组分是什么物质。

8. 用液相色谱法测定叶酸片（每片有效成分质量 $m_{有效}$=5.00mg）中叶酸含量。称取对照品 5.00mg，溶于 50.00mL 容量瓶中，定容，进样的叶酸峰面积为 321526，另称取已研成粉末的叶酸片 0.1865g，用稀释液稀释至 50.00mL 容量瓶中，过滤，取滤液按照同样的方法测得叶酸峰面积为 321022，求叶酸片中叶酸的含量。(已知叶酸片的平均片重 0.1818g。)

*9. 用液相色谱内标法测定叶酸片中叶酸含量。称取对照品 5.00mg，加 5.00mL 烟酰胺内标溶液（1.00mg・$mL^{-1}$），稀释至 25.00mL，进样 10μL，测得叶酸峰面积为 30500，烟酰胺峰面积为 28650；另取片剂粉末 0.1865g，同法测定的叶酸峰面积为 28526，烟酰胺峰面积为 28477。已知平均片重是 0.1818g，每片标示量是 5.00mg。计算叶酸片剂中叶酸的质量分数。

阅读园地

扫描二维码查看“新型液相色谱柱填料”。

新型液相色谱柱填料

## 6.4 实验

### 6.4.1 高效液相色谱仪性能检查

#### 6.4.1.1 实验目的

(1) 了解 HPLC 仪器的基本构造和工作原理，掌握高效液相色谱仪的基本操作。

(2) 熟悉高效液相色谱仪仪器性能检查的项目和方法。

(3) 掌握液相色谱柱性能指标（如理论塔板数、峰不对称因子、柱的反压等）的测定方法，学会判别其性能优劣。

#### 6.4.1.2 实验原理

(1) 高效液相色谱仪的性能指标

① 流量精度。即仪器流量的准确性，以测量流量与指示流量的相对偏差表示。

② 检测限。本实验使用紫外检测器，其检测限为某组分产生信号大小等于两倍噪声时，每毫升流动相所含该组分的量。

③ 定性重复性。在同一实验条件下，组分保留时间的重复性，通常以被分离组分保留时间之差的相对标准偏差来表示（RSD≤1%为合格）。

④ 定量重复性。在同一实验条件下，组分色谱峰峰面积（或峰高）的重复性，通常将

被分离组分连续多次（常用 6 次）进样分析，以其峰面积的相对标准偏差来表示（RSD≤2%为合格）。

（2）液相色谱柱的性能指标　一支色谱柱的好坏要用一定的指标来进行评价。通常评价色谱柱性能的指标有理论塔板数（$n$）、峰不对称因子（$A_s$）、两种不同溶质的选择性（$\alpha$）、色谱柱的反压、键合相固定相的浓度、色谱柱的稳定性等。一支合格的色谱柱评价报告至少应给出色谱柱的基本性能参数，如柱效能（即理论塔板数 $n$）、容量因子 $k'$、分离度 $R$、柱压降等。

评价液相色谱柱的仪器系统应满足相当高的要求：一是液相色谱仪器系统的死体积应尽可能小，二是采用的样品及操作条件应当合理，在此合理的条件下，评价色谱柱的样品可以完全分离并有适当的保留时间。评价色谱柱性能的样品及操作条件可参阅表 6-5。

### 6.4.1.3　仪器和试剂

（1）仪器　Agilent1200 型高效液相色谱仪或其他型号液相色谱仪（普通配置，带 UVD，配置色谱工作站）；Poroshell 120 EC-$C_{18}$ 反相键合相色谱柱（2.7μm，3.0mm i.d.×150mm）；100μL 平头微量注射器；超声波清洗器；全玻璃流动相过滤器（含有机相和水相滤膜）；无油真空泵；电子天平（精度±0.2mg）；容量瓶、移液管等玻璃仪器。

（2）试剂　苯、萘、联苯、菲（A.R.），正己烷（G.R.），甲醇（HPLC 纯），超纯水等。

### 6.4.1.4　实验步骤

（1）准备工作

① 流动相的预处理。配制甲醇：水（体积比 83：17）的流动相，用 0.45μm 的有机滤膜过滤后，装入流动相贮液器内，用超声波清洗器脱气 10～20min（如果仪器带有在线脱气装置，则不必采用超声波清洗器脱气）。

② 标准溶液的配制。配制含苯、萘、联苯、菲各 $10\mu g \cdot mL^{-1}$ 的正己烷标准溶液，混匀备用。此为测试色谱柱性能的标准溶液。另配制含萘 $1.0\times10^{-7} g \cdot mL^{-1}$ 的甲醇溶液，用于 HPLC 系统最小检测浓度的测定。

③ 观察流动相流路，检查流动相是否够用，废液出口管道是否正确连接于废液瓶，废液瓶是否有足够空间。

④ 高效液相色谱仪的开机。按仪器操作说明书规定的顺序依次打开仪器各单元，打开输液泵旁路开关，设置合适流量（如 $5.0mL \cdot min^{-1}$），启动输液泵，排出各需要使用的管线中的气泡，关闭输液泵。然后正常开机，并将仪器调试到正常工作状态，流动相流速设置为 $1.0mL \cdot min^{-1}$，检测器波长设置为 254nm。同时打开色谱工作站电源并启动系统软件，联机。

（2）高效液相色谱仪仪器性能测试

① 泵流量精度检定。用仪器专用管路连接输液泵的出、入口，出口适当加一背压（8MPa±2MPa），以超纯水为流动相，将数字温度计探针插入流动相内，准确测量其温度。按表 6-12 的要求分别设定流量，启动输液泵，待其运行稳定后，在流动相出口处用事先清洗、烘干并称重过的称量瓶（此质量计为 $m_1$）收集流动相，同时用秒表计时。待达到表 6-14 规定的收集时间后停止收集流动相，称重（此质量计为 $m_2$），并按下秒表停止计时。记录流量、流动相质量、时间、流动相的温度等参数。每个流量下各平行测定 3 次。按式(6-4)、式(6-5)、式(6-6) 计算泵流量设定值误差 $S_s$ 和流量稳定性误差 $S_R$。

$$F_m=\frac{m_2-m_1}{\rho t} \tag{6-4}$$

$$S_s=\frac{F_m-F_s}{F_s}\times100\% \tag{6-5}$$

$$S_R=\frac{F_{max}-F_{min}}{\bar{F}_m}\times100\% \tag{6-6}$$

式中，$F_m$ 为流量实测值，mL・min$^{-1}$；$m_2$ 为称量瓶＋流动相的质量，g；$m_1$ 为称量瓶的质量，g；$\rho$ 为实验温度下纯水的密度（可查阅 GB/T 26792—2019 附录），g・mL$^{-1}$；$t$ 为收集流动相的时间，min；$\bar{F}_m$ 为同一组测量中的算术平均值，mL・min$^{-1}$；$F_s$ 为流量设定值，mL・min$^{-1}$；$F_{max}$ 为同一组测量中流量最大值，mL・min$^{-1}$；$F_{min}$ 为同一组测量中流量最小值，mL・min$^{-1}$。

**表 6-14　$S_S$、$S_R$ 的检定**

| 流量设定值/(mL・min$^{-1}$) | | 0.5 | 1.0 | 2.0 | 5.0 | 10.0 |
|---|---|---|---|---|---|---|
| 测量次数 | | 3 | 3 | 3 | 3 | 3 |
| 收集流动相时间/min | | 10 | 5 | 5 | 5 | 5 |
| 允许误差 | $S_S$ | 2% | 1% | 1% | 3% | 3% |
| | $S_R$ | 1.5% | 1.0% | 1.0% | 1.5% | 1.5% |

注：1. 最大流量的设定值可根据用户使用情况而定。

2. 对特殊的、流量小的仪器，流量的设定可根据用户使用情况选大、中、小三个流量，流动相的收集时间则根据情况缩短或延长。

② 最小检测浓度的测定。HPLC 系统正常工作，UVD 检测波长为 254nm，检测器响应时间（$T_{90}$）为 1.0s，流动相流量为 1.0mL・min$^{-1}$。待基线稳定后，用平头微量进样器注入含萘 1.0×10$^{-7}$g・mL$^{-1}$ 的甲醇溶液（进样体积约为定量环体积的 4 倍），采集色谱图，记录色谱图中萘的峰高和短期基线噪声，按式(6-7) 计算该仪器的最小检测浓度。平行测定 3 次。

$$\rho_{min}=2\times\frac{N}{h\times20}\times\rho\times V \tag{6-7}$$

式中，$\rho_{min}$ 为最小检测浓度，g・mL$^{-1}$；$N$ 为噪声（以峰高表示），AU；$\rho$ 为样品中萘的浓度，g・mL$^{-1}$；$h$ 为萘的峰高，AU；20 为进样体积的折算值，μL；$V$ 为进样体积，μL。

③ 重复性的测定。仪器工作条件同②。正常打开 HPLC 系统，待基线稳定后，用进样阀的定量管注入适当体积的标准溶液（萘或联苯）或稳定的待分析样品溶液，记录保留时间 $t'_R$ 和峰面积 $A$ 等相关数据。连续测量 7 次，计算保留时间和峰面积的相对标准偏差（RSD）。

（3）色谱柱性能的测定

① 待基线稳定后，用平头微量注射器以标准溶液进样（进样量由进样阀定量管确定），将进样阀柄置于“load”位置时注入样品，在泵、检测器、接口、工作站均正常的状态下将阀柄转至“Inject”位置，仪器开始采集数据。

② 从计算机的显示屏上即可看到标准溶液中各组分的流出过程和分离状况。待所有的色谱峰流出完毕后，停止分析（运行时间结束后，仪器也会自动停止采样），记录好文件名（已知出峰顺序为苯、萘、联苯、菲）。

③ 重复进样不少于三次。

（4）结束工作　待所有样品分析完毕后，让流动相继续运行 20～30min，以免样品中的强吸附杂质残留在色谱柱中。然后按正常步骤关机，清理台面，填写仪器使用记录。

#### 6.4.1.5　HSE 要求

（1）必须严格遵守 HPLC 实验室规章制度，并严格按照仪器操作规程规范操作仪器。

（2）输液泵打开前应检查流路中的气泡，并确保排除干净。

（3）流动相必须经过严格的过滤后方可用于 HPLC 系统。

（4）废液必须送交专门的环保公司进行处理，不能随意倾倒。

#### 6.4.1.6 原始记录及数据处理

（1）按表 6-13 记录流量精度检定相关数据，并计算泵流量设定值误差 $S_S$ 和流量稳定性误差 $S_R$。

（2）按表 6-13 记录最小检测浓度测定相关数据，并计算测试仪器的最小检测浓度 $\rho_{min}$。检测限的测定记录检测限测定的相关数据，并进行相关计算。

（3）按表 6-13 记录重复性测定相关数据，并计算测试仪器的保留时间和峰面积的相对标准偏差 RSD。

（4）按表 6-15 记录色谱柱性能测定相关数据，并计算测试色谱柱理论塔板数 $n_{eff}$ $\left[n_{eff}=16\left(\frac{t'_R}{W}\right)^2\right]$ 和各分离物质对的分离度 $R$ $\left[R=\frac{t'_{R_2}-t'_{R_1}}{(W_1+W_2)/2}\right]$。

**表 6-15　HPLC 性能检查记录表**

分析者：________　班级：________　学号：________　分析日期：________

| 仪器条件 | | |
|---|---|---|
| 仪器名称： | 仪器型号： | 仪器编号： |
| 色谱柱型号： | 色谱柱规格： | 柱温/℃： |

| 泵流量精度检定 | | | | | | | | | |
|---|---|---|---|---|---|---|---|---|---|
| 流动相:超纯水 | 流动相温度 $T$/℃ | | | | 纯水的密度 $\rho$/(g·mL$^{-1}$) | | | | |
| $F_S$/(mL·min$^{-1}$) | | | | | | | | | |
| $m_2$/g | | | | | | | | | |
| $m_1$/g | | | | | | | | | |
| $t$/min | | | | | | | | | |
| $F_m$/(mL·min$^{-1}$) | | | | | | | | | |
| $\bar{F}_m$/(mL·min$^{-1}$) | | | | | | | | | |
| $S_S$ | | | | | | | | | |
| $S_R$ | | | | | | | | | |

| 最小检测浓度测定 | | | | | | |
|---|---|---|---|---|---|---|
| 流动相及配比 | | | | | | |
| 流量/(mL·min$^{-1}$) | | 检测波长/nm | | 响应时间/s | | |
| $\rho$/(g·mL$^{-1}$) | | $V$/μL | | $N$/AU | | |
| 测定次数 | 1 | | 2 | | 3 | |
| $h$/AU | | | | | | |
| $\rho_{min}$/(g·mL$^{-1}$) | | | | | | |
| $\bar{\rho}_{min}$/(g·mL$^{-1}$) | | | | | | |
| RSD/% | | | | | | |

| 重复性测定 | | | | | | | |
|---|---|---|---|---|---|---|---|
| 流动相及配比 | | | | | | | |
| 流量/(mL·min$^{-1}$) | | 检测波长/nm | | 响应时间/s | | | |
| 测定次数 | 1 | 2 | 3 | 4 | 5 | 6 | 7 | RSD/% |
| $t'_R$/min | | | | | | | | |
| $A$ | | | | | | | | |

| 色谱柱性能测定 | | | | | | | | | | | | |
|---|---|---|---|---|---|---|---|---|---|---|---|---|
| 流动相及配比 | | | | | | | | | | | | |
| 流量/(mL·min$^{-1}$) | | | 检测波长/nm | | | | 响应时间/s | | | | | |
| 测量次数 | 1 | | | | 2 | | | | 3 | | | |
| 组分 | 苯 | 萘 | 联苯 | 菲 | 苯 | 萘 | 联苯 | 菲 | 苯 | 萘 | 联苯 | 菲 |
| $t'_R$ | | | | | | | | | | | | |
| $W$ | | | | | | | | | | | | |
| $n_{eff}$ | | | | | | | | | | | | |
| $R$ | — | | | | — | | | | — | | | |

结论：________________________________________

#### 6.4.1.7 思考题

（1）最小检测浓度和灵敏度有何不同？为什么用最小检测浓度而不是用灵敏度作为仪器

性能的评价指标？

（2）请列举几种常用液相色谱柱的评价方法，并说明评价色谱柱的指标有哪些。

### 6.4.1.8 评分表

| 项目 | 考核内容 | 记录 | 分值 | 扣分 | 考核内容 | 记录 | 分值 | 扣分 | 备注 |
|---|---|---|---|---|---|---|---|---|---|
| 流动相的处理(6分) | 混合比例选择与流动相配制 | | 1 | | 抽滤操作 | | 1 | | |
| | 滤膜的选择 | | 1 | | 流动相的脱气 | | 1 | | |
| | 抽滤装置的安装 | | 1 | | 脱气时间 | | 1 | | |
| 对照品与供试品的配制(8分) | 样品前处理 | | 2 | | 移液管的使用 | | 2 | | 1. 操作正确且规范记√，操作不正确或不规范记×；<br>2. 开机、关机顺序1次错误扣1分 |
| | 天平的使用 | | 2 | | 容量瓶的使用 | | 2 | | |
| 开机、仪器调试与关机(10分) | 色谱柱的选择 | | 1 | | 时间参数设定 | | 1 | | |
| | 色谱柱的安装方向与安装方法 | | 1 | | 色谱系统平衡 | | 1 | | |
| | 流动相的更换(滤头、管线) | | 1 | | UVD预热及波长参数设定 | | 1 | | |
| | 输液泵的开启与流量参数设定 | | 1 | | 分析结束后冲洗HPLC系统 | | 1 | | |
| | 放空排气及管道的冲洗 | | 1 | | 关机步骤 | | 1 | | |
| 分离分析(6分) | 方法设定(采集时间、通道、积分方法等) | | 1 | | 数据采集 | | 1 | | |
| | 进样针洗涤与取样体积的选择 | | 1 | | 分离谱图的保存与处理 | | 1 | | |
| | 进样操作 | | 1 | | 是否有失败的进样 | | 1 | | |
| 原始记录(6分) | 完整、及时 | | 2 | | 清晰、规范 | | 2 | | |
| | 真实、无涂改 | | 2 | | | | | | |
| 数据处理(6分) | 计算公式正确 | | 2 | | 计算结果正确 | | 2 | | |
| | 有效数字正确 | | 2 | | | | | | |
| 泵流量精度检定(10分) | 优秀(10～9分)、良好(8～7分)、合格(6分)、不合格(≤5分) | | | | | | | | 教师可对学生的完成过程用完成质量综合定档 |
| 最小检测浓度测定(10分) | 优秀(10～9分)、良好(8～7分)、合格(6分)、不合格(≤5分) | | | | | | | | |
| 重复性测定(10分) | 优秀(10～9分)、良好(8～7分)、合格(6分)、不合格(≤5分) | | | | | | | | |
| 色谱柱性能测定(10分) | 优秀(10～9分)、良好(8～7分)、合格(6分)、不合格(≤5分) | | | | | | | | |
| 报告与结论(4分) | 完整、明确、规范、无涂改 | | | | | | | | 缺结论扣10分 |
| HSE要求(10分) | 态度端正，操作规范，团队合作意识强，节约意识强，正确处理"三废"，无安全事故 | | | | | | | | 有安全事故者扣50分 |
| 分析时间(4分) | 开始时间： | | | | 结束时间： | | | | 每超5分钟扣1分 |
| | 完成时间： | | | | | | | | |
| 总分 | | | | | | | | | |

## 6.4.2 高效液相色谱法测定布洛芬胶囊中的有效成分

### 6.4.2.1 实验目的

（1）学会胶囊类样品预处理的方法。

（2）掌握流动相pH的调节方法。

（3）能用外标法对样品中主成分进行定性鉴别与定量检测。

（4）掌握HPLC在药物分析中的应用。

### 6.4.2.2 实验原理

HPLC是目前应用较广的药物检测技术。布洛芬是一种典型的解热镇痛药，其定量检测通常采用HPLC法。先配制一定浓度的布洛芬对照品溶液和布洛芬胶囊供试品溶液，然后将具一定极性的单一溶剂或不同比例的混合溶液作为流动相，用高压输液泵将其连续不断的通往装有填充剂的色谱柱中，待仪器系统稳定后，分别注入对照品与供试品，待测样品被流动相带入色谱柱内，各组分因吸附或分配等差异在色谱柱内运行速度有快有慢，从而实现彼此间的分离，在流动相的带动下依次进入检测器被检测，得到各个组分的响应信号，再用记录仪或数据处理装置记录响应信号随保留时间变化的趋势图（即色谱图，见图 6-51），并由工作站对色谱峰相关数据进行快速处理和比对，从而得到供试品中布洛芬的定性鉴别与定量检测结果。由于应用了各种特性的微粒填料和加压的液体流动相，HPLC 具有分离性能高、分析速度快的特点。

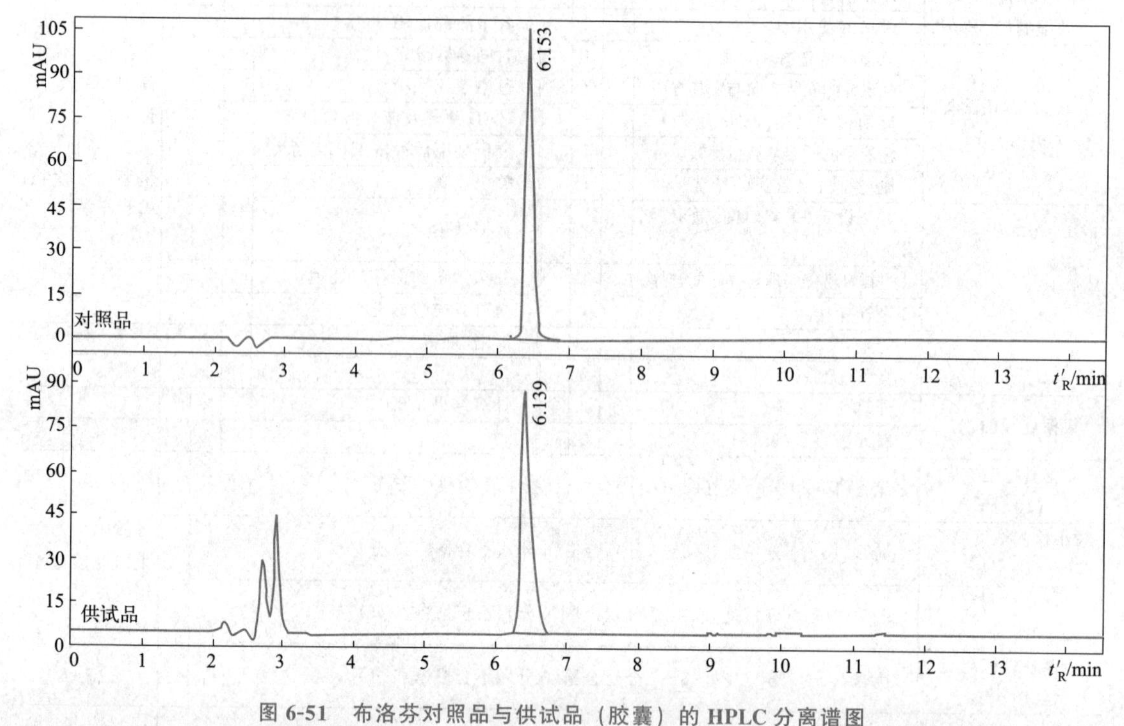


图 6-51　布洛芬对照品与供试品（胶囊）的 HPLC 分离谱图

#### 6.4.2.3　仪器与试剂

（1）仪器　Agilent 1200 型 HPLC 或其他型号 HPLC（普通配置，带 UVD、色谱工作站）；Agilent ZORBAX SB-$C_{18}$ 反相键合相色谱柱（5μm，4.6mm i.d. ×150mm）；100μL 平头微量注射器；超声波清洗器；全玻璃流动相过滤器（含有机相和水相滤膜）；无油真空泵；电子天平（精度±0.2mg）；容量瓶、移液管等玻璃仪器。

（2）试剂　布洛芬对照品；布洛芬胶囊；乙酸钠（G.R.）；冰醋酸（G.R.）；超纯水；乙腈（HPLC 纯）。

#### 6.4.2.4　实验内容与操作步骤

（1）流动相的预处理　配制乙酸钠缓冲液（取乙酸钠 6.13g，加超纯水 750mL，振摇溶解，用冰醋酸调节 pH=2.5），流动相为乙酸钠缓冲液：乙腈（40：60），用 0.45μm 有机相滤膜减压过滤，用超声波清洗器脱气。

（2）对照品溶液的配制　准确称取 0.1g 布洛芬（精确至 0.2mg），置 250mL 容量瓶中，加甲醇 100mL 溶解，振摇 30min，加水稀释至刻度，摇匀，过滤。

（3）供试品溶液的配制　取一定量市售布洛芬胶囊，用干净小刀割破胶囊，倒出里面的粉末，用研钵研细并混合均匀后，准确称取适量样品粉末（确保其中的布洛芬约 0.1g）置于250mL容量瓶中，加甲醇100mL溶解，振摇30min，加水稀释至刻度，摇匀，过滤。

（4）标样分析

① 将色谱柱安装在HPLC系统上，将流动相更换成已处理过的乙酸钠缓冲液：乙腈（40：60）。

② 按规范步骤开机，并将HPLC调试至正常工作状态，流动相流速设置为1.0mL·$min^{-1}$；柱温35℃；UVD检测波长263nm。

③ 布洛芬对照品溶液的分析。待仪器基线稳定后，用100μL平头微量注射器吸取对照品溶液100μL（实际进样量以定量管体积计，通常约20μL）进样，记录下样品名对应的文件名。平行标定3次。

（5）试样分析。用100μL平头微量注射器吸取供试品溶液100μL（实际进样量以定量管体积计，通常约20μL），记录下样品名对应的文件名。平行测定3次。

（6）定性鉴别。比较供试品与对照品分离色谱图中主峰的保留时间，即可确认布洛芬胶囊样品的主成分色谱峰的位置。

（7）结束工作

① 所有样品分析完毕后，先用蒸馏水清洗色谱系统30min以上，然后用100%的乙腈溶液清洗色谱系统20～30min，再按正常的步骤关机。

② 清理台面，填写仪器使用记录。

#### 6.4.2.5 HSE要求

（1）由于流动相中含有缓冲盐，所以在运行前应先用蒸馏水平衡色谱柱，然后再走流动相，且流速应逐步升至1.0mL·$min^{-1}$。实验完毕后，应先用超纯水冲洗色谱柱30min以上（确保将缓冲溶液全部洗净，以免其在管路中以固体小颗粒的形式析出，堵塞色谱柱或管路），然后再用甲醇：水（85：15）或其他合适的流动相冲洗色谱柱。

（2）色谱柱的个体差异较大，即使是同一厂家同种型号的色谱柱，性能也会有差异。因此，色谱条件（主要是指流动相的配比）应根据所用色谱柱的实际情况作适当的调整。

（3）HPLC属于贵重设备，必须严格按照仪器操作规程规范操作仪器。

（4）输液泵打开前应检查流路中的气泡，并确保排除干净。流动相必须经过严格的过滤后方可用于HPLC系统。

（5）废液必须送交专门的环保公司进行处理，不能随意倾倒。

#### 6.4.2.6 原始记录与数据处理

记录色谱操作条件并参照表6-16记录布洛芬胶囊测定的相关实验数据，计算布洛芬胶囊中主成分的质量分数或质量浓度，并计算相对平均偏差$R\bar{d}$。

**表6-16 布洛芬胶囊测定记录表**

分析者：________ 班级：________ 学号：________ 分析日期：________

| 仪器条件 | | |
|---|---|---|
| 仪器名称： | 仪器型号： | 仪器编号： |
| 色谱柱型号： | 色谱柱规格： | 柱温/℃： |
| 流动相种类： | 流动相配比： | 流量/(mL·$min^{-1}$)： |
| 检测器类型： | 检测波长/nm： | |

| 对照品的分析 | | | | |
|---|---|---|---|---|
| 测定次数 | 1 | 2 | 3 | 平均值 |
| 保留时间/min | | | | — |
| 峰面积 | | | | |

续表

| 供试品的分析 | | | |
|---|---|---|---|
| 测定次数 | 1 | 2 | 3 |
| 保留时间/min | | | |
| 峰面积 | | | |
| $\rho/(\mathrm{mg\cdot L^{-1}})$或$w/\%$ | | | |
| 平均值 | | | |
| 相对平均偏差$R\bar{d}/\%$ | | | |

结论：________________________________________

### 6.4.2.7 思考题

(1) 布洛芬胶囊含量的测定还有哪些方法？

(2) 布洛芬胶囊还可以采用哪些方法进行样品的预处理？请设计至少一种样品预处理方法。

### 6.4.2.8 评分表

| 项目 | 考核内容 | 记录 | 分值 | 扣分 | 考核内容 | 记录 | 分值 | 扣分 | 备注 |
|---|---|---|---|---|---|---|---|---|---|
| 流动相的处理(6分) | 混合比例选择与流动相配制 | | 1 | | 抽滤操作 | | 1 | | 1. 操作正确且规范记√，操作不正确或不规范记×；<br>2. 开机、关机顺序1次错误扣1分 |
| | 滤膜的选择 | | 1 | | 流动相的脱气 | | 1 | | |
| | 抽滤装置的安装 | | 1 | | 脱气时间 | | 1 | | |
| 对照品与供试品的配制(8分) | 样品前处理 | | 2 | | 移液管的使用 | | 2 | | |
| | 天平的使用 | | 2 | | 容量瓶的使用 | | 2 | | |
| 开机、仪器调试与关机(10分) | 色谱柱的选择 | | 1 | | 时间参数设定 | | 1 | | |
| | 色谱柱的安装方向与安装方法 | | 1 | | 色谱系统平衡 | | 1 | | |
| | 流动相的更换(滤头、管线) | | 1 | | UVD预热及波长参数设定 | | 1 | | |
| | 输液泵的开启与流量参数设定 | | 1 | | 分析结束后冲洗HPLC系统 | | 1 | | |
| | 放空排气及管道的冲洗 | | 1 | | 关机步骤 | | 1 | | |
| 分离分析(6分) | 方法设定(采集时间、通道、积分方法等) | | 1 | | 数据采集 | | 1 | | |
| | 进样针洗涤与取样体积的选择 | | 1 | | 分离谱图的保存与处理 | | 1 | | |
| | 进样操作 | | 1 | | 进样是否全部成功 | | 1 | | |
| 原始记录(6分) | 完整、及时 | | 2 | | 清晰、规范 | | 2 | | |
| | 真实、无涂改 | | 2 | | | | | | |
| 数据处理(6分) | 计算公式正确 | | 2 | | 计算结果正确 | | 2 | | |
| | 有效数字正确 | | 2 | | | | | | |
| 定性结果(10分) | 正确(10分)、不正确(0分) | | | | | | | | |
| 定量结果准确度(15分) | <1%(15分)；≥1%，<2%(13分)；≥2%，<3%(10分)；≥3%，<5%(7分)；≥5%，<10%(4分)；≥10%(0分) | | | | | | | | 以误差评分 |
| 定量结果精密度(15分) | <0.5%(15分)；≥0.5%，<1%(13分)；≥1%，<2%(10分)；≥2%，<3%(7分)；≥3%，<5%(4分)；≥5%(0分) | | | | | | | | 以$R\bar{d}$评分 |
| 报告与结论(4分) | 完整、明确、规范、无涂改 | | | | | | | | 缺结论扣10分 |
| HSE要求(10分) | 态度端正、操作规范，团队合作意识强，节约意识强，正确处理“三废”，无安全事故 | | | | | | | | 有安全事故者扣50分 |
| 分析时间(4分) | 开始时间： 结束时间： 完成时间： | | | | | | | | 每超5分钟扣1分 |
| 总分 | | | | | | | | | |

### 6.4.3 高效液相色谱法测定水果、蔬菜中的吡虫啉残留

扫描二维码查看详细内容。

### 6.4.4 典型多环芳烃 HPLC 分离操作条件的选择与优化

扫描二维码查看详细内容。

高效液相色谱法测定水果、蔬菜中的吡虫啉残留

典型多环芳烃 HPLC 分离操作条件的选择与优化

## 本章主要符号的意义及单位

| 符号 | 意义及单位 | 符号 | 意义及单位 | 符号 | 意义及单位 |
|---|---|---|---|---|---|
| $A$ | 峰面积,$mm^2$ | $n_{eff}$ | 有效塔理论塔板数,块·$m^{-1}$ | $V_0$ | 死体积,mL |
| $D_M$ | 溶质在流动相中扩散系数 | $R$ | 分离度 | $V_R$ | 保留体积,mL |
| $d_f$ | 固定液厚度 | $\eta$ | 黏度,Pa·s | $V'_R$ | 调整保留体积,mL |
| $d_p$ | 固定相填料粒度 | $S$ | 相对质量响应值 | $W$ | 峰底宽,mm |
| $f$ | 校正因子 | $T$ | 绝对温度,K | $W_{1/2}$ | 半峰宽,mm |
| $H$ | 塔板高度 | $t_0$ | 死时间,min | $\beta$ | 相比率 |
| $k'$ | 容量因子 | $t_R$ | 保留时间,min | $\varepsilon^0$ | 溶剂强度参数 |
| $L$ | 色谱柱长,mm | $t'_R$ | 调整保留时间,min | | |
| $n$ | 理论塔板数,块·$m^{-1}$ | $u$ | 流动相速度,mL·$min^{-1}$ | | |

## 本章要点

扫描二维码查看本章要点。

第 6 章要点

7

# 毛细管电泳法

## 学习指南

| 学习引导 | 学习目标 | 学习方法 |
|---|---|---|
| 毛细管电泳法是一类以毛细管为分离通道、以高压直流电场为驱动力的新型液相分离分析技术。毛细管电泳是经典电泳技术与现代微柱分离相结合的产物，是分析科学中继HPLC之后的又一重大进展，使分离科学从微升($\mu$L)水平进入到纳升(nL)水平，并使单细胞分析乃至单分子分析成为可能。<br>本章主要介绍毛细管电泳法基本原理、分离模式、毛细管电泳仪、毛细管电泳仪的实验技术等理论知识和操作技能等。 | 通过本章的学习应掌握毛细管电泳法的基本原理、分离模式、仪器装置及进样方式；掌握毛细管电泳仪的操作及日常维护保养等理论和实验技术。 | 在学习本章前先复习中学《化学》中关于电泳的知识，以及本书项目5和项目6中GC和HPLC的知识，对更好地掌握本章内容有很大的帮助。此外，通过阅读有关文献和补充材料，可以更好地了解毛细管电泳法，同时拓宽知识面。 |

扫描二维码可查看详细内容。

毛细管电泳法

# 8

# 电位分析法

学习指南

| 学习引导 | 学习目标 | 学习方法 |
| --- | --- | --- |
| 电化学分析(electrochemical analysis)是仪器分析的一个重要分支,是应用电化学原理和技术,以测量某一化学体系或试样的电响应值为基础建立起来的一类分析方法。通常是将待测溶液构成一化学电池(电解池或原电池),通过研究或测量化学电池的电学性质(如电极电位、电流、电导或电量等),求得物质的含量或测定某些电化学性质。根据测定的参数不同,电化学分析法可分为电位分析法、电导分析法、库仑分析法、伏安分析法等。<br>电化学分析方法与其他各类仪器分析方法相比具有分析速度快、灵敏度高、选择性好、所需试样量较少、仪器设备简单便于自动化和连续分析、应用范围广等特点。<br>本章主要介绍电位分析法基本原理、直接电位法理论基础、酸度计的使用、电位滴定法基本原理、滴定终点的判断依据和常用的滴定技术等操作技能。 | 通过本章的学习应重点掌握电位分析法的测定依据、直接电位法和电位滴定法的原理和实验方法、酸度计和电位滴定仪的结构及各部件的功能作用等知识点。通过技能训练应重点掌握酸度计和电位滴定仪的使用、维护和保养等实验技术。 | 在学习本章前先复习《物理化学》中关于电化学的相关知识,对更好地掌握本章内容有很大的帮助。此外,通过阅读有关文献和补充材料,可以更多地了解电位分析法的新技术,同时拓宽知识面,以使其得到更好的应用。 |

## 8.1 基本原理

### 8.1.1 概述

电位分析法是电化学分析法的一个重要分支。电位分析法是将一支电极电位与被测物质活（浓）度有关的电极（称指示电极）和另一支电位已知且保持恒定的电极（称参比电极）插入被测溶液中组成一个原电池，在零电流的条件下，通过测定电池电动势，进而求得溶液中待测组分含量的分析方法。

#### 8.1.1.1 化学电池

简单的化学电池（electrochemical cell）是由两组金属-溶液体系组成的。每一个化学电池有两个电极，分别浸入适当的电解质溶液中，用金属导线从外部将两个电极连接起来，同时使两个电解质溶液接触，构成电流通路。电子通过外电路导线从一个电极流到另一个电极，在溶液中带正、负电荷的离子从一个区域移动到另一个区域以输送电荷，最后在金属-溶液界面处发生电极反应，即离子从电极上取得电子或将电子交给电极，发生氧化还原反应。

如果两个电极浸在同一个电解质溶液中，这样构成的电池称为无液体接界电池[如图 8-

1(a)所示]；如果两个电极分别浸在用半透膜或烧结玻璃隔开的或用盐桥连接的两种不同的电解质溶液中，这样构成的电池称为有液体接界电池[如图 8-1(b)所示]。用半透膜或烧结玻璃隔开或用盐桥连接两个电解质溶液，是为了避免两种电解质溶液的机械混合，同时又能让离子通过。

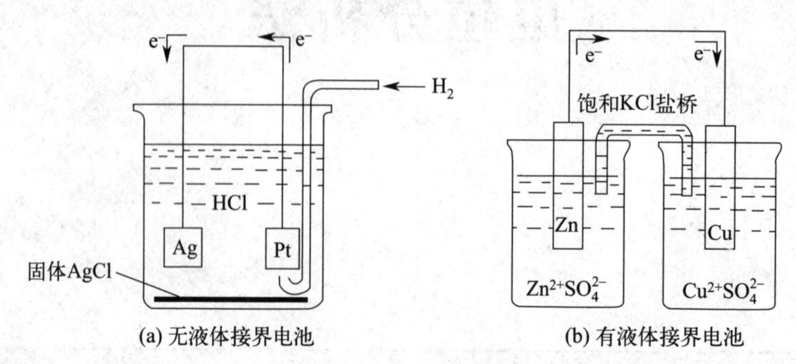


(a) 无液体接界电池　　(b) 有液体接界电池

[$p(H_2)$=101325Pa，$c$(HCl)=0.1mol·dm⁻³]

**图 8-1　化学电池**

化学电池是化学能与电能互相转换的装置。能自发地将化学能转变成电能的装置称为原电池；而需要外部电源提供电能迫使电流通过，使电池内部发生电极反应的装置称为电解电池。当电池工作时，电流（电子的定向移动产生电流）必须在电池内部和外部流通。外部电路是金属导体，移动的是带负电荷的电子。电池内部是电解质溶液，移动的是分别带正、负电荷的离子。为使电流能在整个回路中通过，必须在两个电极的金属/溶液界面处发生有电子跃迁的电极反应，即离子从电极上获得电子，或将电子交给电极。对于原电池通常将发生氧化反应的电极（离子失去电子）称为负极，发生还原反应的电极（离子得到电子）称为正极，如图 8-1(a) 中的电极反应为

$$\text{正极}:AgCl \rightleftharpoons Ag^{+}+Cl^{-} \quad Ag^{+}+e^{-} \rightleftharpoons Ag$$

$$\text{负极}:H_2(g) \rightleftharpoons 2H^{+}+2e^{-}$$

为了简化对电池的描述，通常可以用电池表达式表示。图 8-1(b) 中是把金属锌插入 $ZnSO_4$ 水溶液中，金属铜插入 $CuSO_4$ 水溶液中，两者用盐桥联结，可表示为：

$$(-)Zn|ZnSO_4(x\,\text{mol}\cdot L^{-1})||CuSO_4(y\,\text{mol}\cdot L^{-1})|Cu(+)$$

习惯将负极写在左边，正极写在右边，以 | 表示金属和溶液的两相界面，以 || 表示盐桥。

由于金属 Zn 较 Cu 活泼，Zn 原子易失去电子，氧化成 $Zn^{2+}$ 进入溶液中。Zn 原子将失去的电子留在锌电极上，通过外电路移动至铜电极上。$Cu^{2+}$ 接受移动来的电子成为金属铜沉积在铜电极上。因此 Zn 电极上发生的是氧化反应，是负极：

$$Zn \rightleftharpoons Zn^{2+}+2e^{-}$$

Cu 电极上发生的是还原反应，是正极：

$$Cu^{2+}+2e^{-} \rightleftharpoons Cu$$

电池的总反应方程式为：

$$Zn+Cu^{2+} \rightleftharpoons Zn^{2+}+Cu$$

外电路电子由 Zn 电极流向 Cu 电极。电流的方向与此相反，由 Cu 电极流向 Zn 电极。所以 Cu 电极的电位较高为（+），Zn 电极的电位较低为（-）。

电池的电动势 $E_{cell}$ 为右边的电极电位减去左边的电极电位，即

$$E_{cell}=\varphi(+)-\varphi(-) \tag{8-1}$$

若计算得到的电池电动势 $E_{cell}$ 为正值，表示电池反应能自发地进行，是一个原电池，反之，是非自发进行的电池，要使其电池反应进行，必须外加一个大于该电池电动势的外加电压，构成一个电解电池。

#### 8.1.1.2 电位分析法的特点

（1）设备简单，操作方便。一般电位分析法只需用酸度计（或离子计）或自动电位滴定仪即可，操作起来非常方便。

（2）灵敏度高、选择性好、重现性好。如使用直接电位法一般可测得的离子浓度范围为 $10^{-1}$～$10^{-5}$ mol·L$^{-1}$，个别可达 $10^{-8}$ mol·L$^{-1}$。电位滴定法的灵敏度更高。

（3）可用于连续、自动和遥控测定。由于电位分析测量的是电信号，所以可方便地将其传递、放大，也可作为反馈信号来遥控测定和控制。

（4）应用范围广。可用于许多阴离子、阳离子、有机物离子的测定，尤其是一些其他方法较难测定的碱金属、碱土金属离子、一价阴离子及气体的测定。此外，还可制作成传感器，用于工业生产流程或环境监测的自动检测；也可制成微电极，用于血液、活体、细胞等对象的分析。

#### 8.1.1.3 电位分析法的分类

电位分析法包括直接电位法和电位滴定法。直接电位法是 20 世纪 70 年代初才发展起来的一种应用广泛的快速分析方法，常用于溶液 pH 和一些离子浓度的测定。直接电位法采用专用的指示电极，通过直接测定原电池的电动势来计算待测离子的活度（浓度），也称为离子选择电极法，如图 8-2 所示。根据直接电位法的原理制得的仪器称为 pH 酸度计、离子计。直接电位法广泛应用于环境检测、生化分析、医学临床检验等。

电位滴定法是以滴定过程中指示电极电位（或原电池的电动势）的变化为依据进行分析的（见图 8-3）。与化学分析法中滴定分析不同的是，电位滴定法的滴定终点是由测量电位突跃来确定的，而不是由指示剂颜色变化来确定的。根据电位滴定法的原理制得的仪器称为电位滴定仪。

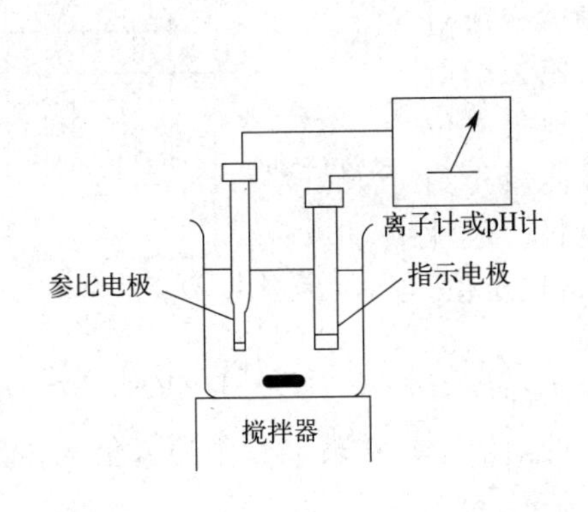


图 8-2 直接电位法示意图

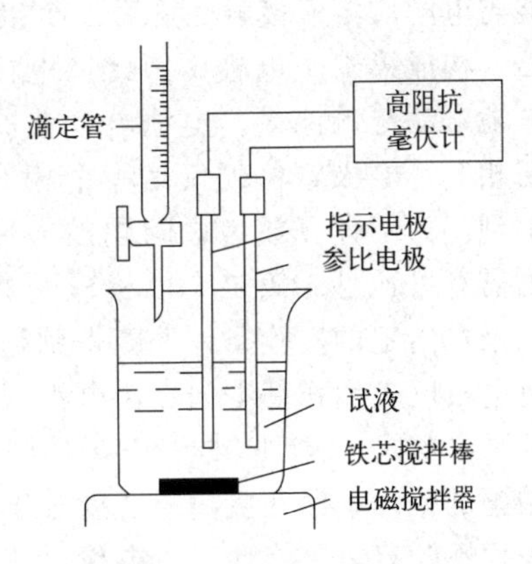


图 8-3 电位滴定示意图

电位滴定法广泛用于酸碱、氧化还原、沉淀、配位等各类滴定反应终点的确定，特别适用于滴定突跃小、溶液有色或浑浊的滴定，如表 8-1 所示。

表 8-1 电位滴定法部分应用举例

| 滴定方法 | 参比电极 | 指示电极 | 应用举例 |
| --- | --- | --- | --- |
| 酸碱滴定 | 饱和甘汞电极 | 玻璃电极、锑电极 | 在 HAc 介质中，用 $HClO_4$ 溶液滴定吡啶，用 HCl 滴定三乙醇胺 |

续表

| 滴定方法 | 参比电极 | 指示电极 | 应用举例 |
| --- | --- | --- | --- |
| 沉淀滴定 | 饱和甘汞电极、玻璃电极 | 银电极、汞电极 | 用 $AgNO_3$ 滴定 $Cl^-$、$Br^-$、$I^-$、$CNS^-$、$S^{2-}$、$CN^-$ 等；用 $HgNO_3$ 滴定 $Cl^-$、$I^-$、$CNS^-$、$C_2O_4^{2-}$ 等 |
| 氧化还原滴定 | 饱和甘汞电极、钨电极 | 铂电极 | 用 $KMnO_4$ 滴定 $I^-$、$NO_2^-$、$Fe^{2+}$、$Sn^{2+}$、$C_2O_4^{2-}$ 等；用 $K_2CrO_7$ 滴定 $I^-$、$Fe^{2+}$、$Sn^{2+}$、$Sb^{3+}$；用 $K_3[Fe(CN)_6]$ 滴定 $Co^{2+}$ |
| 配位滴定 | 饱和甘汞电极 | 汞电极、铂电极 | 用 EDTA 滴定 $Cu^{2+}$、$Zn^{2+}$、$Ca^{2+}$、$Mg^{2+}$、$Al^{3+}$ 等多种金属离子 |

## 8.1.2 能斯特方程式

### 8.1.2.1 平衡电极电位

金属可看成由离子和自由电子组成。金属离子以点阵结构排列，电子在其中运动。锌片与 $ZnSO_4$ 溶液接触时，金属中 $Zn^{2+}$ 的化学势大于溶液中 $Zn^{2+}$ 的化学势，锌不断溶解至溶液中。$Zn^{2+}$ 进入溶液中，电子被留在金属片上，其结果是金属带负电，溶液带正电，两相间形成了双电层。双电层的形成，破坏了原来金属和溶液两相间的电中性，建立了电位差。这种电位差将排斥 $Zn^{2+}$ 继续进入溶液，金属表面的负电荷对溶液中的 $Zn^{2+}$ 又有吸引。这两种倾向平衡的结果，形成了平衡相间电位，也就是平衡电极电位。

类似的情况也发生在 Cu 电极和 Ag 电极上。对 Ag 电极来讲，$Ag^+$ 在溶液中的化学势比金属中要高。Ag 较易沉积到金属上，形成的平衡电极电位符号与 Zn 电极相反，即金属表面带正电，溶液带负电。

### 8.1.2.2 电位的测量

当用测量仪器来测量电极的电位时，测量仪器的一个接头与待测电极的金属相连，而另一个接头必须经过另一种导体才能与电解质溶液接触。这后一个接头就必然形成一个固/液界面，构成第二个电极。因此，电极电位的测量就变成对一个电池电动势的测量。电池电动势的数据一定与第二个电极密切相关，电极电位仅仅是一个相对值。绝对的电极电位无法得到。为了计算或考虑问题的方便，各种电极测量得到的数据需有可比性，第二个电极应是共同的参比电极。这种参比电极在给定的实验条件下能得到稳定而可重现的电位值。标准氢电极已被用作基本的参比电极。

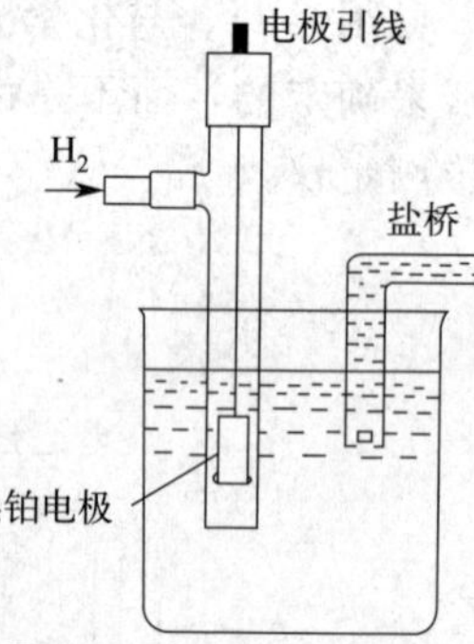

电极引线

$H_2$

盐桥

镀铂黑铂电极

图 8-4 标准氢电极

$p(H_2)=101325Pa$；

$\alpha(H^+)=1mol \cdot L^{-1}$

标准氢电极（NHE 或 SHE，见图 8-4）是：将表面涂有薄层铂黑的铂片，浸在氢离子活度等于 $1mol \cdot L^{-1}$ 的溶液中；在玻璃管中通入氢气，让铂电极表面不断有氢气泡通过。电极反应为：

$$2H^+ + 2e^- \rightleftharpoons H_2(g)$$

电化学中规定，在任何温度下，标准氢电极的电极电位为零。

电化学中的标准电极电位指：当组成电极的体系均处于标准态，即 $H^+$ 活度和电解质溶液活度均为 $1mol \cdot L^{-1}$，气体的分压为 101.325kPa、温度为 25℃时的电极电位，以 $\varphi^{\ominus}$ 表示。$\varphi^{\ominus}$ 反映了电极上进行氧化还原反应的倾向，这时的电池电动势即为标准电动势 $E^{\ominus}$。

$$E^{\ominus}=\varphi^{\ominus}_{M^{n+}/M}-\varphi^{\ominus}_{SHE}=\varphi^{\ominus}_{M^{n+}/M} \tag{8-2}$$

以此可计算出各种电极的标准电极电位 $\varphi^{\ominus}$ 值。

IUPAC 规定，电极的电位是指该电极与标准氢电极构成原电池，所测得的电动势即为该电极的电极电位。电子通过外电路，由标准氢电极移动至该电极，电极电位定为正值；电子通过外电路由该电极移动至标准氢电极，电极电位定为负值。在 298.15K，以水为溶剂，当氧化态和还原态活度等于 1 时的电极电位称为标准电极电位。如 Zn 电极构成下列电池：

$$Pt|H_2(100kPa),H^+(1mol \cdot L^{-1})||Zn^{2+}(1mol \cdot L^{-1})|Zn$$

电池电动势数值为－0.763V，所以 Zn 的标准电极电位为－0.763V。

一个电池由两个电极组成。每个电极可以看作半个电池，称为半电池。一个发生氧化反应，另一个发生还原反应。按以上惯例，电极电位的符号适用于写成还原反应的半电池。常用电极的标准电极电位见附录 1。

#### 8.1.2.3 电极电位方程式

描述电极电位与离子活度间关系的方程式称为电极电位方程式，即 Nernst(能斯特)方程。

对于任一电极，其电极反应通式为

$$Ox+ne^- \rightleftharpoons Red$$

电极电位与参与电极反应的氧化态活度 $\alpha_{Ox}$ 和还原态活度 $\alpha_{Red}$ 的关系是：

$$\varphi=\varphi^{\ominus}+\frac{RT}{nF}\ln\frac{\alpha_{Ox}}{\alpha_{Red}}$$

$$\varphi=\varphi^{\ominus}+\frac{2.303RT}{nF}\lg\frac{\alpha_{Ox}}{\alpha_{Red}}=\varphi^{\ominus}+S\lg\frac{\alpha_{Ox}}{\alpha_{Red}} \tag{8-3}$$

式中，$S=2.303RT/nF$，称为理论电极斜率。25℃时，对于 $n=1$ 的电极反应，$S$ 为 59.16mV；对于 $n=2$ 的电极反应，$S$ 为 29.58mV。

在 25℃下，电极反应的 Nernst 方程为：

$$\varphi=\varphi^{\ominus}+\frac{0.0592}{n}\lg\frac{\alpha_{Ox}}{\alpha_{Red}} \tag{8-4}$$

在分析中一般要测定的是物质的浓度，这可通过活度系数将 Nernst 方程式中活度项转化为浓度项。活度 $\alpha_i$ 与浓度 $c_i$ 的关系为

$$\alpha_i=\gamma_i c_i \tag{8-5}$$

式中，$\gamma_i$ 为活度系数。单个离子的活度和活度系数没有严格的方法测定。由实验能求得的是正、负离子的平均活度系数：

$$\alpha_{\pm}=\gamma_{\pm}c_{\pm} \tag{8-6}$$

稀溶液中的离子平均活度系数主要受溶液中各种离子的浓度 $c$ 和所带的电荷数 $z$ 的影响，于是路易斯（Lewis）提出了离子强度的概念。离子强度 $I$ 为

$$I=\frac{1}{2}\sum c_i z_i^2 \tag{8-7}$$

在稀溶液中，活度系数与离子强度之间的关系符合式(8-8)。

$$\lg\gamma_{\pm}=-0.512z_i^2\sqrt{I} \tag{8-8}$$

式中，$z_i$ 为该离子所带电荷。式(8-7) 适用于浓度小于 0.05mol·L$^{-1}$ 的稀溶液。若浓度＞0.1mol·L$^{-1}$，则需应用式(8-9)。

$$\lg\gamma_{\pm}=-0.512z_i^2\left(\frac{\sqrt{I}}{1+B\mathring{a}\sqrt{I}}\right) \tag{8-9}$$

式中，$B=0.328$(25℃)；å 是离子大小的参数，单位为 $10^{-10}$m，其数值可从有关手册

中进行查阅。

分析工作中（如绘制校准曲线）常设法使标准溶液与被测溶液的离子强度相同，此时活度系数不变，可用浓度直接代替活度。在反应物和产物中以纯固体或纯液体形式存在时，浓度（活度）被定义为1。

分析工作中，为了操作上的方便也可用氧化态、还原态的浓度代替它们的活度。此时Nernst方程式中的标准电极电位 $\varphi^{\ominus}$ 需改用条件电极电位 $\varphi^{\ominus\prime}$（常用电极的条件电极电位见附录2）。因为溶液中离子的活度会受到离子强度、溶液pH、组分的溶剂化、离解、缔合和配合的影响。条件电极电位 $\varphi^{\ominus\prime}$ 就是在实际体系中，当氧化态和还原态的浓度为 $1mol \cdot L^{-1}$ 时，得到的电极电位。生命有机体中有许多氧化还原反应，而这些反应中常常有 $H^+$ 参加，它们的标准电极电位是在pH=0时的电极电位，而生物化学上的条件电极电位则是指pH=7时的电极电位。

#### 8.1.2.4 液接电位与盐桥

当两个不同的溶液直接接触时，在它们的相界面上要发生离子的迁移。图8-5(a)中Ⅰ、Ⅱ是两种浓度不同的HCl溶液相接触，HCl浓度较大的溶液Ⅱ中的 $H^+$ 和 $Cl^-$ 将向Ⅰ中扩散。由于 $H^+$ 的扩散速度比 $Cl^-$ 大，所以 $\varphi$(Ⅰ)较正，$\varphi$(Ⅱ)较负，出现了电位差，产生了液接电位。

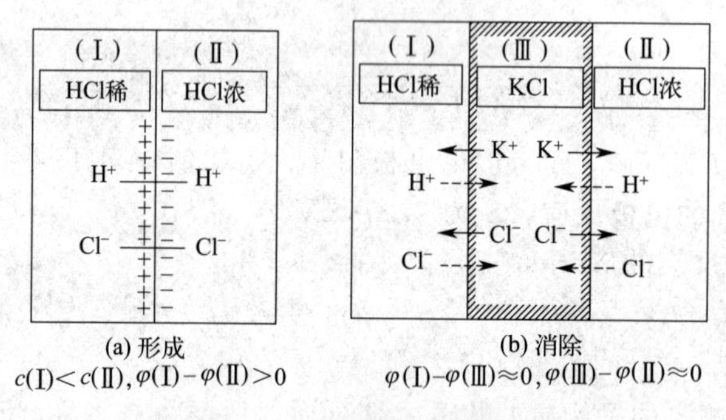


图8-5 液接电位的形成与消除

液接电位会影响电池电动势的测量结果，实际分析时必须设法消除，或尽量降至最小。通常采用的方法是在两个溶液之间设置“盐桥”。在饱和KCl溶液中加入约3%的琼脂，加热使琼脂溶解，注入U形玻璃管中，冷却成凝胶即为盐桥。使用时将盐桥的两端分别插入两个溶液中，能消除或降低液接电位[其原因见图8-5(b)]。由于饱和KCl溶液的浓度较高($4.2mol \cdot L^{-1}$)，且 $K^+$ 和 $Cl^-$ 的迁移数很接近。因此，当盐桥和浓度较小的电解质溶液接触时，主要是盐桥中 $K^+$ 和 $Cl^-$ 扩散到插入的溶液中，由于 $K^+$ 和 $Cl^-$ 的扩散速率相近，所以盐桥与溶液接触处产生的液接电位很小，一般约1～2mV。

#### 8.1.2.5 电极的极化与超电位

当有电流流过原电池或电解电池时，电池的工作电压将发生变化，其中的一个原因是需要克服电池的内阻 $R$ 产生的 $IR$ 降。

$$E_{cell}=\varphi_c-\varphi_a-IR \tag{8-10}$$

$IR$ 降使原电池的电动势降低，而使电解电池所需的外加电压增大。当流过电池的电流很小时，阴极电位 $\varphi_c$ 和阳极电位 $\varphi_a$ 可以使用电极的可逆电位。

(1) 电极的极化　当较大的电流流过电池时，这时电极电位将偏离可逆电位。如电极电位改变很大而产生的电流变化很小，这种现象称为极化。极化是一个电极现象。电池的两个电极都可以发生极化。影响极化程度的因素有电极的大小和形状、电解质溶液的组成、搅拌情况、温度、电流密度、电池反应中反应物和生成物的物理状态以及电极的成分等。极化通常可以分成两类：浓差极化和电化学极化。

① 浓差极化。电解时，阴极发生 $M^{n+}+ne^- \rightleftharpoons M$ 的反应。电极表面附近离子的浓度会迅速降低，离子的扩散速率又有限，得不到很快的补充。这时阴极电位比可逆电极电位要负；而且电流密度越大，电位负移就越显著。如果是阳极发生反应，金属的溶解将使电极表面附近的金属离子的浓度在离子不能很快离开的情况下比主体溶液中的大，阳极电位变得更正一些。这种由浓度差别引起的极化，称为浓差极化。可通过采用增大电极面积、减小电流密度、提高溶液温度、加强搅拌等办法来减小浓差极化。

② 电化学极化。电化学极化是由某些动力学因素决定的。电极上进行的反应是分步进行的。其中反应速率较慢的一步对整个电极反应起着决定作用。这一步反应需要比较高的活化能才能进行。对阴极反应，必须使阴极电位比可逆电位更负，以克服其活化能的增加，让电极反应进行。阳极反之，需要更正的电位。

（2）超电位　由于极化现象的存在，实际电位与可逆的平衡电位之间会产生一个差值。这个差值称为超电位（过电位，超电压）。一般用 $\eta$ 表示（$\eta_c$ 表示阴极超电位，$\eta_a$ 表示阳极超电位）。$\eta_c$ 使阴极电位向负的方向变化，$\eta_a$ 使阳极电位向正的方向变化。超电位的大小可以衡量电极极化程度。但是它的数值无法从理论上进行计算，只能根据经验归纳出一些规律：①超电位随电流密度的增大而增大。②超电位随温度升高而降低。③电极的化学成分不同，超电位也有明显的不同。④产物是气体的电极过程，超电位一般较大。⑤金属电极和仅仅是离子价态改变的电极过程，超电位一般较小。

## 8.1.3 参比电极

参比电极是辅助电极，提供测量电池电动势和计算电极电位的基准。

参比电极的要求是：电位值与待测物质无关、已知且稳定，受温度等环境因素的影响较小；重现性好，当温度或浓度改变时，电极仍能产生能斯特响应而无滞后现象，而且用标准方法制备的电极具有非常相似的电位值；结构简单、容易制作且使用寿命长。

标准氢电极是所有电极中重现性最好的参比电极，称为参比电极的一级标准。但标准氢电极的制备和操作难度较高，铂电极中的铂黑易中毒而失活，又需使用危险的氢气。因此，在实际工作中常用一些易于制作、使用方便、在一定条件下电极电位恒定的其他电极作为参比电极。目前，在电位分析法中最常用的参比电极是甘汞电极（$Hg\text{-}Hg_2Cl_2$）和银-氯化银（Ag-AgCl）电极，它们的电极电位是相对于标准氢电极而测得的，故称为二级标准。

### 8.1.3.1 甘汞电极

（1）甘汞电极的结构和电极电位　甘汞电极是由汞、甘汞（$Hg_2Cl_2$）和 KCl 溶液（称为内参比溶液）组成的，其结构如图 8-6 所示。甘汞电极有两个玻璃套管，内套管封接一根铂丝，铂丝插入纯汞中，汞下装有甘汞和汞的糊状物；外套管装入 KCl 溶液，电极下端是熔接陶瓷芯等多孔性物质。

甘汞电极的半电池为：

$$Hg,Hg_2Cl_2|KCl(\alpha_{Cl^-})$$

电极反应为：

$$Hg_2Cl_2+2e^- \rightleftharpoons 2Hg+2Cl^-$$

在 25℃时，电极电位表达为：

$$\varphi_{Hg_2Cl_2/Hg}=\varphi^{\ominus}_{Hg_2Cl_2/Hg}-0.0592\lg\alpha_{Cl^-} \tag{8-11}$$

由式(8-11) 可知，在一定温度下，甘汞电极的电极电位取决于溶液中 $Cl^-$ 的活度（或

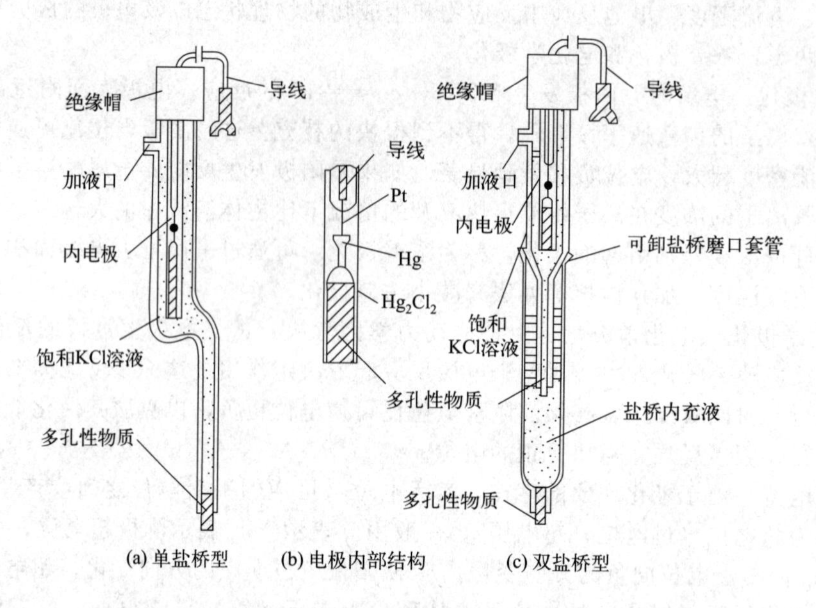


图 8-6 甘汞电极

浓度)，当 $Cl^-$ 活度恒定时，其电位值也恒定，可用作参比电极。

（2）饱和甘汞电极及其使用 甘汞电极内充有不同浓度的 KCl 溶液，其电极电位也不同。通常充满饱和 KCl 溶液（浓度约为 4.6mol·$L^{-1}$）的电极，称为饱和甘汞电极(SCE)，25℃时其电极电位为+0.2438V。由于 SCE 的 $Cl^-$ 活度较易控制，所以它是最常用的参比电极。

饱和甘汞电极的使用注意事项是：①使用前应先取下电极下端口和上侧加液口的小胶帽，不用时需及时戴上。②电极内充饱和 KCl 溶液的液位应与电极支管下端相平，以浸没内电极为度，同时要保证电极底端有少量 KCl 晶体存在，不足时应补加。③使用前应检查玻璃弯管处是否有气泡，若有气泡应及时排除，否则将引起仪器读数不稳定。④使用前需检查电极下端陶瓷芯毛细管是否畅通。方法是：先将电极外部擦干，再用滤纸紧贴瓷芯下端片刻，若滤纸上出现湿印，则说明毛细管是畅通的。⑤安装电极时，电极应垂直置于溶液中，一般要求内参比溶液的液面较待测溶液的液面高，以防止待测溶液向电极内渗透，引起内参比溶液的污染或与 $Hg_2Cl_2$ 反应。⑥饱和甘汞电极的电位相当稳定，但受温度的影响较大。当温度从 20℃ 变至 25℃ 时，其电极电位将从 0.2479V 变至 0.2444V，而且出现滞后效应，即电极电位的平衡时间较长，因此不宜在温度变化太大的环境中使用。当温度较高时，甘汞将发生歧化作用，所以饱和甘汞电极的使用温度不得超过 80℃，否则应改用银-氯化银电极。⑦当内参比溶液中渗入待测溶液（如含有 $Ag^+$、$S^{2-}$、$Cl^-$ 或高氯酸等物质），对测量结果产生影响时，应加置第二盐桥，即使用双盐桥型电极，其内充液可以是 $KNO_3$。

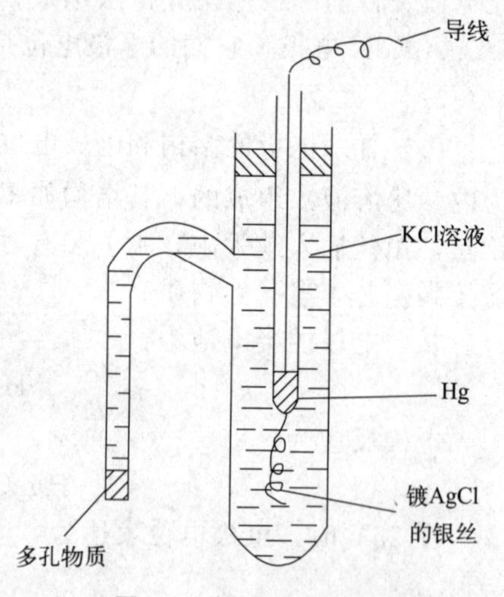


图 8-7 银-氯化银电极

#### 8.1.3.2 银-氯化银电极

（1）银-氯化银电极的结构和电极电位 将表面覆

盖一层 AgCl 的细银丝（棒）浸入 KCl 溶液中，即构成银-氯化银电极，其结构如图 8-7 所示。

Ag-AgCl 电极的半电池为：

$$Ag,AgCl|KCl(a_{Cl^-})$$

电极反应为：

$$AgCl+e^- \rightleftharpoons Ag+Cl^-$$

在 25℃时，电极电位表达为：

$$\varphi_{AgCl/Ag}=\varphi^{\ominus}_{AgCl/Ag}-0.0592\lg a_{Cl^-} \tag{8-12}$$

由式(8-12) 可知：在一定温度下，Ag-AgCl 电极的电极电位仅取决于溶液中 $Cl^-$ 的活度（或浓度），因此电极电位相对稳定，可作为参比电极使用。

25℃时，不同浓度 KCl 溶液的甘汞电极和 Ag-AgCl 电极的电极电位见表 8-2。

表 8-2　常用参比电极的电极电位（25℃）

| KCl 溶液浓度/($mol \cdot L^{-1}$) | 甘汞电极的电极电位/V | Ag-AgCl 电极的电极电位/V |
|---|---|---|
| 0.1000 | 0.3365 | 0.2880 |
| 1.000 | 0.2828 | 0.2223 |
| 饱和溶液 | 0.2438 | 0.2000 |

(2) 银-氯化银电极的使用

① 除标准氢电极外，Ag-AgCl 电极重现性最好，温度滞后效应小，且可在 80℃以上替代甘汞电极。

② 常在 pH 玻璃电极等各种离子选择性电极中作内参比电极。

③ 作外参比电极时，使用前必须除去电极内的气泡，内参比溶液应有足够高度，同时所用的 KCl 溶液必须事先用 AgCl 饱和，否则电极上的 AgCl 覆盖层会被逐渐溶解。

④ Ag-AgCl 电极与其他离子的反应较少，但与蛋白质会发生作用，从而堵塞与待测物的接界面。

⑤ Ag-AgCl 电极不需自身盐桥，可作为无液体接界参比电极使用（试液中含有 $Cl^-$ 并经过 AgCl 饱和）。

### 8.1.4 指示电极

电位分析中，电极电位随溶液中待测离子活（浓）度的变化而变化，从而能够指示出待测离子活（浓）度的电极称为指示电极。常用的指示电极有金属基电极和离子选择性电极两大类。

#### 8.1.4.1 金属基电极

金属基电极是以金属为基体，其共同特点是电极电位主要来源于电极表面的氧化还原反应，即在电极反应过程中均发生电子交换。金属基电极可以分成以下四种：

(1) 金属-金属离子电极　又称活性金属电极，是由金属与该金属离子溶液组成的 ($M|M^{n+}$)。如将洁净光亮的银丝插入含有银离子（如 $AgNO_3$）的溶液中，其电极反应为：

$$Ag^+ + e^- \rightleftharpoons Ag$$

25℃时，其电极电位为

$$\varphi_{Ag^+/Ag}=\varphi^{\ominus}_{Ag^+/Ag}+0.0592\lg\alpha_{Ag^+} \tag{8-13}$$

银电极的电极电位与溶液 $Ag^+$ 活度的对数呈线性关系。银电极不但可用于测定 $Ag^+$ 活度，也可在电位滴定分析中测定能够影响溶液中 $Ag^+$ 活度的 $Cl^-$、$Br^-$、$I^-$ 等离子。

这类电极要求金属的标准电极电位为正，在溶液中金属离子以一种形式存在。Cu、Ag、Hg等能满足以上要求，形成这类电极。有些金属的标准电位虽较负，但由于动力学因素，氢在这些金属上有较大的超电位，也可制成此类电极，如Zn、Cd、In、Sn、Pb等。

大多数金属电极在溶液中容易受到酸的影响、容易被氧化，且多数金属电极选择性差、重现性差、使用前还需对溶液脱气。因此，除了银电极、汞电极之外，金属-金属离子电极在电位分析中使用较少。

银电极使用前应先清理金属表面氧化层。方法是：用细砂纸（金相砂纸）轻轻打磨金属表面，然后用蒸馏水清洗干净。

（2）汞电极　汞电极是由金属汞浸入含少量$Hg^{2+}$-EDTA配合物（预先在试液中加入少量$HgY^{2-}$）及被测离子$M^{n+}$的溶液中所构成。

25℃时汞电极的电极电位为：

$$\varphi_{Hg^{2+}/Ag}=\varphi^{\ominus}_{Hg^{2+}/Hg}+\frac{0.0592}{2}\lg[Hg^{2+}] \tag{8-14}$$

溶液中存在如下平衡：

$$\begin{array}{c} Hg^{2+}+Y^{4-} \rightleftharpoons HgY^{2-} \\ + \\ M^{n+} \\ \Updownarrow \\ MY^{n-4} \end{array}$$

因而有：

$$K_{HgY^{2-}}=\frac{[HgY^{2-}]}{[Hg^{2+}][Y^{4-}]};K_{MY^{n-4}}=\frac{[MY^{n-4}]}{[M^{n+}][Y^{4-}]}$$

则式(8-14) 可改写为：

$$\varphi_{Hg^{2+}/Ag}=\varphi^{\ominus}_{Hg^{2+}/Hg}+\frac{0.0592}{2}\lg\frac{K_{MY^{n-4}}[HgY^{2-}][M^{n+}]}{K_{HgY^{2-}}[MY^{n-4}]} \tag{8-15}$$

式中，$K_{MY^{n-4}}$、$K_{HgY^{2-}}$、$\varphi^{\ominus}_{Hg^{2+}/Hg}$均为常数；$[HgY^{2-}]$为平衡时$HgY^{2-}$的浓度，由于$HgY^{2-}$的稳定常数很大（$10^{21.80}$），所以$[HgY^{2-}]$在滴定过程中几乎不变，可看作常数。滴定至化学计量点附近时，$[MY^{n-4}]$变化很小，可以近似看作常数。因此式(8-15) 可简化为：

$$\varphi_{Hg^{2+}/Hg}=K+\frac{0.0592}{2}\lg[M^{n+}] \tag{8-16}$$

由式(8-16) 可知，在一定条件下，汞电极电位仅与$[M^{n+}]$有关，因此可作为EDTA滴定$M^{n+}$的指示电极。

（3）惰性金属电极　又称零类电极。惰性金属电极是由铂、金等惰性金属浸入含有氧化还原电对（如$Fe^{3+}/Fe^{2+}$，$Ce^{4+}/Ce^{3+}$，$I_3^-/I^-$等）的溶液中构成的。惰性金属本身并不参与电极反应，仅仅起到储存和转移电子的作用。

例如将铂片插入含有$Fe^{3+}/Fe^{2+}$的溶液中组成电极，其电极反应为：

$$Fe^{3+}+e^- \rightleftharpoons Fe^{2+}$$

25℃时，电极电位为：

$$\varphi_{Fe^{3+}/Fe^{2+}}=\varphi^{\ominus}_{Fe^{3+}/Fe^{2+}}+0.059\lg\frac{\alpha_{Fe^{3+}}}{\alpha_{Fe^{2+}}} \tag{8-17}$$

由式(8-17) 可知：惰性金属电极的电极电位能指示出溶液中氧化还原电对氧化态和还原态离子活度之比。

铂电极在使用前，必须先在质量分数为10%硝酸溶液中浸泡数分钟（充分去除铂电极表面的氧化层），再用蒸馏水冲洗干净。

#### 8.1.4.2 离子选择性电极

离子选择性电极（ion selective electrode，ISE）是由对溶液中某种特定离子具有选择性响应的敏感膜及辅助部分构成。ISE在其敏感膜上发生离子交换而形成膜电位。由于离子选择性电极具有选择性响应的敏感膜，所以又称为膜电极。

（1）离子选择性电极的分类　20世纪70年代以来ISE发展迅速，已达几十种。按照国际纯粹与应用化学联合会的推荐，分类如图8-8所示。

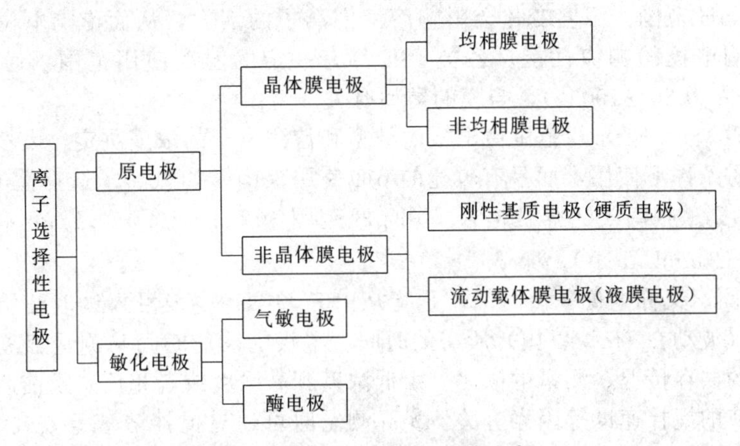


图8-8　离子选择性电极的分类

（2）离子选择性电极的基本构造　ISE通常由电极帽、电极管、内参比电极、内参比溶液和敏感膜构成（见图8-9）。电极帽由硬塑料制成，电极管一般由玻璃或塑料制成。内参比电极为Ag-AgCl电极。内参比溶液一般由响应离子的强电解质溶液及氯化物溶液组成。敏感膜由不同敏感材料制成，是离子选择性电极的关键部分。敏感膜用树脂粘接或用机械方法固定于电极管端部。

（3）离子选择性电极的膜电位　将ISE浸入含有特定离子的溶液中时，特定离子在敏感膜的表面发生离子交换和扩散，由于膜内外两个表面接触的溶液所含特定离子活度不同，从而使膜内、外表面产生电位差，这个电位差就是膜电位（$\varphi_{膜}$）。ISE的膜电位与溶液中特定离子活度的关系符合能斯特方程，即25℃时，有：

$$\varphi_{膜}=K\pm\frac{0.0592}{n_i}\lg\alpha_i \tag{8-18}$$

式中，$K$ 为ISE的电极系数，与电极的敏感膜、内参比电极、内参比溶液及温度等因素有关，$K$ 在一定条件下为常数，但同种ISE的各支电极的 $K$ 值却可能有差异（即每一支ISE的 $K$ 均不相同）；$\alpha_i$ 为 $i$ 离子的活度；$n_i$ 为 $i$ 离子的电荷数，当 $i$ 为阳离子时，对数项前取“+”，$i$ 为阴离子时对数项前取“−”。

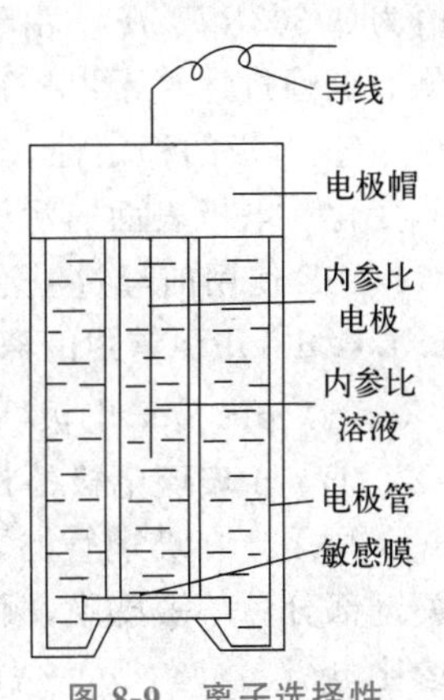


图8-9　离子选择性电极结构

（4）离子选择性电极的性能指标

① 离子选择性电极的选择性。理想的ISE应只对特定的某种离子产生电位响应。但目前所使用的各种ISE对共存干扰离子会产生

不同程度的响应。由于干扰离子的存在，膜电位的能斯特方程可以表示为：

$$\varphi_{膜}=K\pm\frac{0.0592}{n}\lg\left[\alpha_i+K_{ij}(\alpha_j)^{n_i/n_j}\right] \tag{8-19}$$

式中，$i$ 为待测离子；$j$ 为干扰离子；$n_i$、$n_j$ 分别为 $i$ 离子和 $j$ 离子所带电荷数；$K_{ij}$ 称为选择性系数，其定义为：在相同实验条件下，在某支电极上产生相同电位值的待测离子活度 $\alpha_i$ 与干扰离子活度 $\alpha_j$ 的比值，即

$$K_{ij}=\frac{\alpha_i}{\alpha_j} \tag{8-20}$$

显然，$K_{ij}$ 越小，电极的选择性越好。选择性系数 $K_{ij}$ 随实验条件、实验方法的不同而有差异，$K_{ij}$ 可在手册中查取。此外，购置的电极上一般均会提供经实验测出的 $K_{ij}$。

② 温度和 pH 范围。温度变化会影响溶液中离子的活度，从而影响电位的测定值。此外，温度还影响电极的响应性能。各类 ISE 都有一定的温度使用范围（通常温度下限为 −5℃左右，上限为 80～100℃），与膜的类型有关。

使用 ISE 时，允许的 pH 范围由电极的类型和待测离子的浓度决定。大多数 ISE 要求在接近中性的介质条件下使用，而且有较宽的 pH 使用范围。如氯离子选择性电极适用的 pH 范围为 2～11，硝酸根离子选择性电极适用 pH 范围为 2.5～10.0（$0.1mol\cdot L^{-1}$ $NO_3^-$）和 3.5～8.5（$10^{-3}mol\cdot L^{-1}$ $NO_3^-$）。

③ 响应时间。又称电位平衡时间，是指从 ISE 和参比电极浸入试液开始，到电池电动势达到稳定值（波动在 1mV 以内）所需的时间。电极的响应时间与测量溶液的浓度、试液中其他电解质的共存情况、测量的顺序（由低浓度到高浓度或者相反）及前后两份溶液之间的浓度差、溶液的搅拌速度等因素有关。实际测定时可通过搅拌溶液等方式缩短响应时间。测量时应按浓度由低到高的顺序进行。如果先测量高浓度溶液后再测量低浓度溶液，则应在测低浓度溶液之前用去离子水清洗电极数次后再测量，其目的是恢复电极的正常响应时间。

④ 线性范围及检测下限。ISE 的电位与待测离子活度的对数在一定的范围内呈线性关系，该范围称作线性范围。图 8-10 中 $a$ 点至 $b$ 点直线部分对应的活（浓）度即为线性范围。ISE 的线性范围通常为 $10^{-1}$～$10^{-6}mol\cdot L^{-1}$。

根据 IUPAC 的建议，曲线两直线外延的交点 $A$ 所对应的离子活（浓）度称为检测下限（见图 8-10）。在检测下限附近，电极电位不稳定，测量结果的重现性和准确度较差。

⑤ 电极的斜率。在 ISE 电位与待测离子活度的对数呈线性的范围内，电极斜率的理论值为 $2.303RT/nF$。由于电极斜率与理论值存在一定的偏差，因此，实际测量时往往需由实测数据通过计算予以校正。

⑥ 电极的稳定性。电极的稳定性是指一定时间内，电极在同一溶液中响应值（电位）的变化。电极表面的污染、密封不良、内部导线接触不良等均会影响电极的稳定性。

ISE 使用前经过浸泡、清洗等处理，电极的性能会有所改善。

#### 8.1.4.3 几种常用的离子选择性电极

（1）pH 玻璃电极

① pH 玻璃电极的构造。pH 玻璃电极是测定溶液 pH 时使用的指示电极，其结构如图 8-11 所示。在玻璃管的下端是由特殊成分玻璃制成的球状薄膜（膜厚约 0.1mm），是电极的关键部分——敏感膜，膜内密封 $0.1mol\cdot L^{-1}$ HCl 作为内参比溶液，电极内置 Ag-AgCl 内参比电极。

② 膜电位的产生机理。pH 玻璃电极的玻璃膜由 $SiO_2$，$Na_2O$ 和 CaO 熔融制成。玻璃电极在使用之前，必须在水中浸泡 24h 以上，使玻璃膜表面形成一层很薄的水化层，这一过

程称为玻璃电极的活化。水化层中的 $H^+$ 扩散进入玻璃结构的空隙，并与 $Na^+$ 发生交换，如图 8-12 所示。

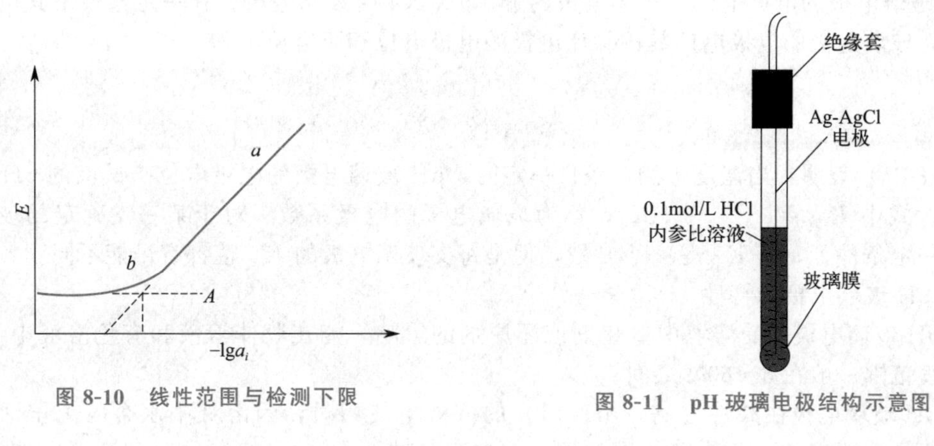


图 8-10　线性范围与检测下限

图 8-11　pH 玻璃电极结构示意图

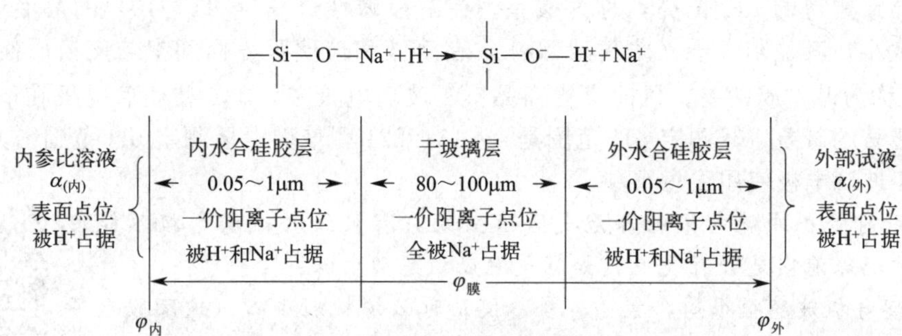


图 8-12　pH 玻璃电极膜电位形成示意图

当玻璃电极与待测溶液接触时，膜外表面水化层中的 $H^+$ 活度与溶液中的 $H^+$ 活度不同，氢离子将向活度小的相迁移。$H^+$ 的迁移改变了水化层和溶液相界面的电荷分布，从而改变了外相界面电位。同理，玻璃电极内膜与内参比溶液同样也产生内相界面电位。内膜、外膜产生的电位方向相反，25℃时玻璃电极的膜电位可表达为：

$$\varphi_{膜}=\varphi_{外}-\varphi_{内}=0.0592\lg[\alpha_{H^+(外)}-\alpha_{H^+(内)}]=0.0592\lg\alpha_{外}-0.0592\lg\alpha_{内} \quad (8\text{-}21)$$

式中，$\varphi_{外}$ 为外膜电位，V；$\varphi_{内}$ 为内膜电位，V；$\alpha_{H^+(外)}$ 为外部待测溶液的 $H^+$ 活度；$\alpha_{H^+(内)}$ 为内参比溶液的 $H^+$ 活度。

在一定条件下内参比溶液的 $H^+$ 活度 $\alpha_{H^+(内)}$ 恒定，即 $-0.0592\lg\alpha_{内}=K'$。因此，25℃时玻璃电极的膜电位可表示为：

$$\varphi_{膜}=K'+0.0592\lg\alpha_{H^+(外)} \quad (8\text{-}22)$$

或

$$\varphi_{膜}=K'-0.0592\text{pH}_{外} \quad (8\text{-}23)$$

式中，$K'$ 由玻璃电极本身的性质决定，对于某一支确定的玻璃电极，在一定条件下其 $K'$ 是一个常数（但是每支玻璃电极的 $K'$ 值都有可能不同）。由式(8-23) 可知，在一定温度下，玻璃电极的膜电位与外部溶液的 pH[或 $\lg\alpha_{H^+(外)}$]呈线性关系。

③ 不对称电位。由式(8-21) 可知：当玻璃膜内、外表面接触的溶液氢离子活度相同时，$\varphi_{膜}$ 应为零，但实际测量表明玻璃膜内、外两侧仍存在几毫伏到几十毫伏的电位差。这是由玻璃膜外表面被污染、擦伤或吹制玻璃膜时玻璃膜内、外表面张力不同等原因造成的，

称为玻璃电极的不对称电位（$\varphi_{不}$）。$\varphi_{不}$无法完全消除，但将玻璃电极在水溶液中长时间浸泡可以降低 $\varphi_{不}$，并且可以使 $\varphi_{不}$稳定不变。如果 $\varphi_{不}$稳定不变，可以将其合并于常数 $K'$中。

④ 玻璃电极的电极电位。玻璃电极内置 Ag-AgCl 内参比电极，在一定条件下其电位是恒定的。玻璃电极的电极电位是内参比电极的电极电位和膜电位之和。25℃时：

$$\varphi_{玻璃}=\varphi_{AgCl/Ag}+\varphi_{膜}=\varphi_{AgCl/Ag}+K'-0.0592pH_{外} \quad (8\text{-}24)$$

$$\varphi_{玻璃}=K_{玻}-0.0592pH_{外}=K_{玻}+0.0592\lg\alpha_{H^+} \quad (8\text{-}25)$$

式(8-25) 表明：当温度等测定条件一定时，pH 玻璃电极的电极电位与试液的 pH 呈线性关系。式中 $K_{玻}=\varphi_{AgCl/Ag}+K'$，称为玻璃电极的电极系数。对于某一支确定的玻璃电极，在一定条件下，其 $K_{玻}$是一个常数，但是每支玻璃电极的 $K_{玻}$值都有可能不同。

⑤ pH 玻璃电极的特性。

a. pH 玻璃电极不受溶液中氧化剂或还原剂的影响，能在胶体溶液和有色溶液中使用。使用温度范围一般在 5～60℃之间。

b. pH 玻璃电极在酸性过高（pH＜1）的溶液中使用时，因溶液中水合氢离子活度降低，从而导致测得的 pH 偏高，称为酸差。在溶液碱性过高（pH＞10）的溶液中使用时，由于 $\alpha_{H^+}$太小，其他阳离子（尤其是 $Na^+$）在溶液和玻璃膜界面间参与交换而使得测得的 pH 偏低，称为碱差或钠差。目前市售商品 pH 玻璃电极中，231 型玻璃电极在 pH＞13 时才发生较显著的碱差，其测定 pH 范围是 1～13；221 型玻璃电极测定 pH 范围则为 1～10。

⑥ pH 玻璃电极使用注意事项。

a. 使用前检查玻璃电极的球泡是否有裂纹，有裂纹的玻璃电极不能使用。检查玻璃球泡内是否有气泡，如有气泡应稍晃动予以去除。

pH 复合电极

b. 玻璃电极玻璃膜很薄，极易碎裂，使用时必须特别小心（玻璃膜也不能划伤）。市售电极有 pH 复合玻璃电极（见图 8-13，扫描二维码可观看 pH 复合玻璃电极的结构及操作方法），是将玻璃电极与参比电极做成一体，电极塑料外套可将玻璃电极保护起来，玻璃膜不易受到碰撞，并且使用方便。

c. 更换试液时，先用蒸馏水冲洗电极需插入测量溶液的部分，然后将玻璃球泡上的水分用滤纸轻轻吸去，不能擦拭。

d. 玻璃电极使用中应注意保持外水化层，使用间隙应将电极浸泡在去离子水中，球泡不应接触强脱水剂（浓 $H_2SO_4$ 溶液、洗液或浓乙醇），也不能用于含氟较高的溶液中，否则电极将失去功能。

e. 玻璃电极在长期使用或储存中会老化，老化的电极响应范围大大降低。玻璃电极的使用寿命一般为 1 年。

(2) 氟离子选择性电极　氟离子选择性电极（见图 8-14）膜材料为 $LaF_3$ 单晶（单晶膜电极），$LaF_3$ 中掺入少量的 $EuF_2$ 和 $CaF_2$ 以改善其导电性。$LaF_3$ 单晶膜用树脂粘接于塑料管下端，以 Ag-AgCl 电极为内参比电极（内装 0.1mol·L$^{-1}$NaF-0.1mol·L$^{-1}$NaCl 内参比溶液）。

将氟离子选择性电极浸入含 $F^-$溶液中时，$F^-$在膜表面交换：溶液中的 $F^-$可以进入单晶的空穴，单晶表面的 $F^-$也可进入溶液。在氟离子活度为 $10^{-1}$～$10^{-6}$mol·L$^{-1}$ 范围内，膜电位与溶液中 $F^-$ 活度的关系符合能斯特方程式。25℃时膜电位为：

$$\varphi_{膜}=K-0.0592\lg\alpha_{F^-}=K+0.0592pF^- \quad (8\text{-}26)$$

氟离子选择性电极对 $F^-$有很好的选择性。当被测溶液中存在能与 $F^-$生成稳定配合物或难溶化合物的阳离子（如 $Al^{3+}$、$Ca^{2+}$）时，会造成干扰，此时须加入掩蔽剂予以消除。

选择掩蔽剂时切忌使用能与 $La^{3+}$ 形成稳定配合物的配位剂，以免溶解 $LaF_3$ 而使溶液中 $F^-$ 浓度增加。此外，$OH^-$ 在电极上也能产生一定的响应。为避免 $OH^-$ 对测定的干扰，测定时需要控制 pH 在 5～6 之间。

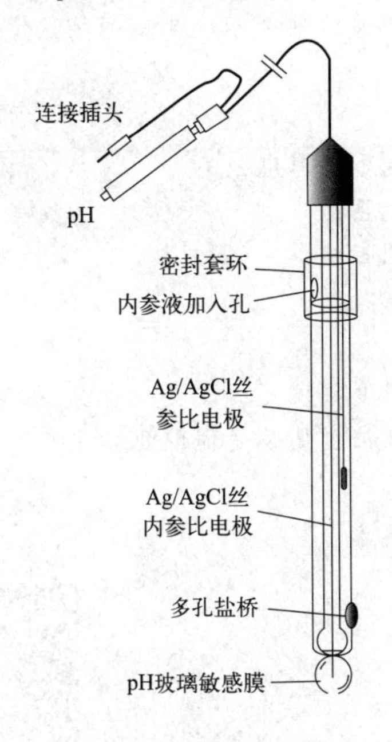


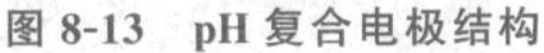

图 8-13 pH 复合电极结构

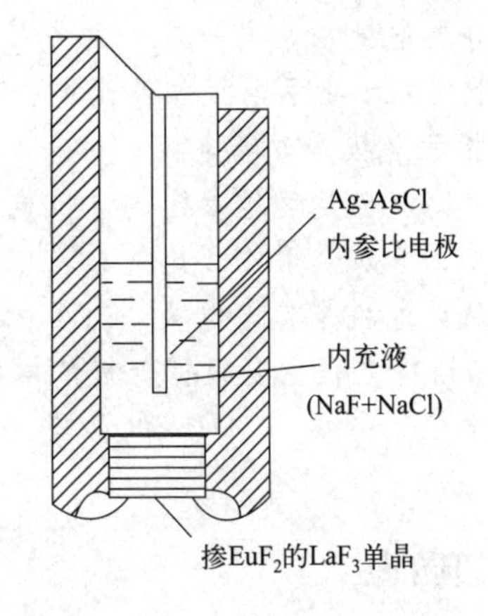


图 8-14 氟离子选择性电极结构

(3) 氯离子选择性电极　氯离子选择性电极属于多晶膜电极。多晶膜电极的电极膜是由一种难溶盐粉末或几种难溶盐的混合粉末在高压下压制而成。一般有三种类型，一是以单一 $Ag_2S$ 粉末压片制成电极，用于测定 $Ag^+$ 或 $S^{2-}$ 的活（浓）度；二是将 $AgS_2$ 与另一金属硫化物（如 CuS、CdS、PbS 等）混合加工成膜，制成测定相应金属离子（如 $Cu^{2+}$、$Cd^{2+}$、$Pb^{2+}$）的晶体膜电极；三是由卤化银 AgX 沉淀分散在 $Ag_2S$ 骨架中制成卤化银-硫化银电极，可用来测定 $Cl^-$、$Br^-$、$I^-$、$CN^-$、$SCN^-$ 等。

氯离子选择性电极就是将 AgCl 分散在 $Ag_2S$ 中制成的多晶压片膜电极。氯离子选择性电极的膜电位与溶液中 $Cl^-$ 活度的关系符合能斯特方程式。25℃时膜电位为：

$$\varphi_{膜} = K - 0.0592\lg\alpha_{Cl^-} \tag{8-27}$$

以 $Ag_2S$ 为基质的电极大多以银丝直接与 $Ag_2S$ 膜片相连，不使用内参比电极，使电极成为全固态结构。其优点是电极可以在任意方向使用，且消除了压力和温度对内参比电极的影响，特别适合用于对生产过程的监控。

电位分析中还有很多类型的 ISE 可用作指示电极，如液态膜电极、气敏电极、酶电极等，但是由于电极在线性范围、响应时间、电极稳定性等技术指标上还不理想，所以实际分析检测工作中应用较少。

## 思考与练习 8.1

1. 下列方法中不属于电化学分析方法的是（　　）。

A. 电位分析法　　B. 伏安法　　C. 库仑分析法　　D. 电子能谱

2. 下列关于原电池的叙述正确的是（　　）。

A. 原电池将化学能转化为电能　　B. 原电池负极发生的反应是还原反应

C. 原电池在工作时其正极不断产生电子并经过外电路流向负

D. 原电池的电极只能由两种不同的金属构成

3. 甘汞电极是常用参比电极，它的电极电位取决于（ ）。

A. 温度 B. 氯离子的活度 C. 被测溶液的浓度 D. 钾离子的浓度

4. 下列关于原电池的叙述中，错误的是（ ）。

A. 原电池是将化学能转化为电能的装置

B. 用导线连接的两种不同金属同时插入液体中，能形成原电池

C. 在原电池中，电子流出的一极是负极，发生氧化反应

D. 在原电池中，电子流入的一极是正极，发生还原反应

5. 下列关于指示电极和参比电极的说法正确的是（ ）。

A. 指示电极是玻璃电极

B. 参比电极是用作参比的，其电位值随被测溶液浓度的改变而改变

C. 参比电极是用作参比的，其电位值不随被测溶液浓度的改变而改变

D. 玻璃电极是参比电极

6. 能斯特方程主要根据电极的电极反应来求电极的（ ）。

A. 电位 B. 电动势 C. 电流 D. 电容

离子选择性电极——生物电极

阅读园地

扫描二维码查看“离子选择性电极——生物电极”。

## 8.2 直接电位法

直接电位法可应用于溶液 pH 的测定和溶液中离子活度（浓度）的测定。直接电位法的特点是应用范围广（可用于许多阳离子、阴离子、有机物离子的测定）、测定速度快、简便、灵敏、测定的离子浓度范围宽等，在生产过程控制、自动分析和环境监测方面有独到之处。

理论上，将指示电极和参比电极一起浸入待测溶液中组成原电池，测量电池电动势，就可得到指示电极电位，由电极电位就可计算出待测物质的浓度。但实际上，由于所测得的电池电动势包括了液体接界电位，指示电极测定的是活度而不是浓度，膜电极内、外存在不对称电位，这些均限制了直接电位法的应用。因此，直接电位法不是通过直接测量电池电动势来获得待测离子浓度的，而是通过采用标准溶液进行比对来完成测定工作的。

### 8.2.1 溶液 pH 的测定

直接电位法测定溶液 pH，具有简便、快速、准确的特点，因而被广泛地应用于生产、科研、环境保护等众多领域。

#### 8.2.1.1 测定原理

pH 是 $H^+$ 活度的负对数，即 $pH=-\lg \alpha_{H^+}$。测定溶液 pH 通常用 pH 玻璃电极作指示电极（负极），甘汞电极作参比电极（正极），两电极与待测溶液组成工作电池，用酸度计测量电池的电动势，如图 8-15 所示。

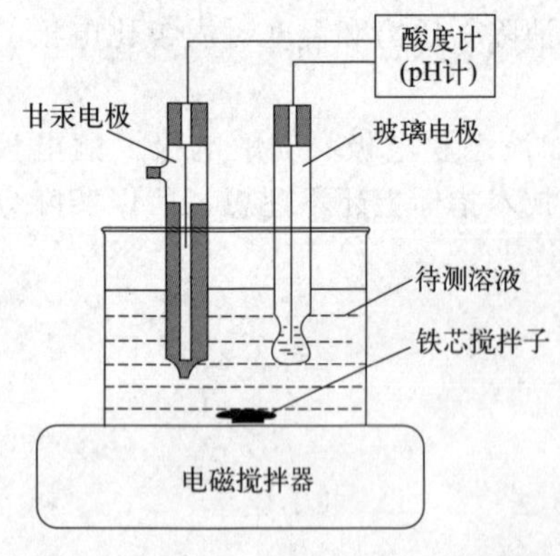


图 8-15 电位法测定溶液 pH 装置图

25℃时工作电池的电动势为：

$$E=\varphi_{SCE}-\varphi_{膜}=\varphi_{SCE}-K_{玻}+0.0592pH_{试} \quad (8\text{-}28)$$

由于式中 $\varphi_{SCE}$、$K_{玻}$ 在一定条件下是常数，所以式(8-28) 可表示为：

$$E=K'+0.0592\text{pH}_{试} \tag{8-29}$$

式(8-29) 表明：测定溶液 pH 的工作电池的电动势 $E$ 与试液的 pH 呈线性关系，据此可以进行溶液 pH 的测定。

#### 8.2.1.2 溶液 pH 的测定方法

式(8-29) 中 $K'$值包括了饱和甘汞电极的电位、内参比电极的电位、玻璃膜的不对称电位及参比电极与溶液间的液接电位，所以 $K'$值不能通过理论计算求得。理论上可以分别测定一份标准缓冲溶液（$\text{pH}=\text{pH}_s$）的电动势 $E_s$ 和试液的电动势 $E_x$，然后通过计算来确定待测溶液的 $\text{pH}_x$。25℃时，$E_s$ 和 $E_x$ 分别为：

$$E_s=K'_s+0.0592\text{pH}_s \tag{8-30}$$

$$E_x=K'_x+0.0592\text{pH}_x \tag{8-31}$$

因为测量条件相同，所以 $K'_s \approx K'_x$，将两式相减得：

$$\text{pH}_x=\text{pH}_s+\frac{E_x-E_s}{0.0592} \tag{8-32}$$

式中，$\text{pH}_s$ 为已知值，测量出$E_x$、$E_s$ 值即可求出 $\text{pH}_x$。

由式(8-32) 可知，$E_x$ 和 $E_s$ 的差值与 $\text{pH}_x$ 和 $\text{pH}_s$ 的差值呈线性关系，其直线斜率（$s=2.303RT/F$）是温度函数，25℃时其值为 0.0592。为保证在不同温度下测量精度符合要求，在测量中要进行温度补偿和斜率补偿。温度补偿和斜率补偿都是为了校正电极斜率的变化，但温度补偿是补偿因溶液温度变化引起电极斜率的变化，而斜率补偿是补偿电极本身斜率与理论值的差异。现在生产的酸度计和离子计基本上都设有这些功能，有的仪器将二者合并称为“斜率”旋钮。

实际测定中采用了更为简便的方法：将 pH 玻璃电极和甘汞电极插入标准缓冲溶液中（pH 为 $\text{pH}_s$），通过调节酸度计上的“定位”旋钮使仪器显示出测量温度下的 $\text{pH}_s$，从而用来消除电池系统 $K'$变化对测定带来的影响、达到校正仪器的目的。“定位”操作完成后再将电极浸入试液中，就可在仪器上直接读取溶液 pH。

实际测量时某些测定条件的改变（如试液与标准缓冲溶液温度的变化、pH 的变化、溶液成分的变化等），会导致 $K'$值发生变化。为了减少测量误差，测量过程应尽可能使标准缓冲溶液的温度和待测溶液的温度保持一致。“定位”操作选用的标准缓冲溶液 pH 与待测试液越接近，测定误差越小。GB/T 9724—2007 规定，所用标准缓冲溶液的 $\text{pH}_s$ 和待测溶液的 $\text{pH}_x$ 相差应在 3 个 pH 单位以内。

#### 8.2.1.3 pH 标准缓冲溶液

由于 pH 标准缓冲溶液是 pH 测定的基准，所以缓冲溶液 pH 的准确与否，直接关系到试液 pH 测定的准确性。中国国家标准物质研究中心制定出 30～95℃水溶液的 pH 工作基准。由七种六类标准缓冲物质组成，分别是：四草酸钾、酒石酸氢钾、苯二甲酸氢钾、磷酸氢二钠-磷酸二氢钾、四硼酸钠和氢氧化钙。这些标准缓冲物质按 GB/T 27501—2011《pH 值测定用缓冲溶液制备方法》配制出的标准缓冲溶液的 pH 均匀地分布在 0～13 的 pH 范围内。标准缓冲溶液的 pH 随温度变化而变化。表 8-3 列出了 6 类标准缓冲溶液在 5～40℃时的 pH。

**表 8-3 pH 标准缓冲溶液的 pH（5～40℃）**

| 试剂 | 浓度 $c$ /(mol·L$^{-1}$) | pH | | | | | | | |
|---|---|---|---|---|---|---|---|---|---|
| | | 5℃ | 10℃ | 15℃ | 20℃ | 25℃ | 30℃ | 35℃ | 40℃ |
| 四草酸钾 | 0.05 | 1.67 | 1.67 | 1.67 | 1.68 | 1.68 | 1.69 | 1.69 | 1.69 |
| 酒石酸氢钾 | 饱和 | — | — | — | — | 3.56 | 3.55 | 3.55 | 3.55 |

续表

| 试剂 | 浓度 $c$ /($mol \cdot L^{-1}$) | pH | | | | | | | |
|---|---|---|---|---|---|---|---|---|---|
| | | 5℃ | 10℃ | 15℃ | 20℃ | 25℃ | 30℃ | 35℃ | 40℃ |
| 邻苯二甲酸氢钾 | 0.05 | 4.00 | 4.00 | 4.00 | 4.00 | 4.01 | 4.01 | 4.02 | 4.04 |
| 磷酸氢二钠<br>磷酸二氢钾 | 0.025<br>0.025 | 6.95 | 6.92 | 6.90 | 6.88 | 6.86 | 6.85 | 6.84 | 6.84 |
| 四硼酸钠 | 0.01 | 9.40 | 9.33 | 9.27 | 9.22 | 9.18 | 9.14 | 9.10 | 9.06 |
| 氢氧化钙 | 饱和 | 13.21 | 13.00 | 12.81 | 12.63 | 12.45 | 12.30 | 12.14 | 11.98 |

配制标准缓冲溶液（扫描二维码可观看标准缓冲溶液的配制基本操作）的去离子水应符合 GB/T 6682—2008 中三级水的规格。配好的酸性或中性 pH 标准缓冲溶液可储存在玻璃试剂瓶或聚乙烯试剂瓶中，碱性 pH 标准缓冲溶液须储存在聚乙烯试剂瓶中。硼酸盐和氢氧化钙标准缓冲溶液存放时应防止空气中 $CO_2$ 的进入。标准缓冲溶液一般可保存 2～3 个月。如发现溶液中出现浑浊、变质等现象则不能再使用，应重新配制（表 8-4 列出了标准缓冲溶液的配制方法）。

缓冲溶液的配制

表 8-4　标准缓冲溶液的配制

| 名称 | 配制方法 |
|---|---|
| 草酸盐标准缓冲溶液 | 称取 12.71g 四草酸钾[$KH_3(C_2O_4)_2 \cdot 2H_2O$]，溶于无 $CO_2$ 的水，稀释至 1000mL，此溶液浓度 $c[KH_3(C_2O_4)_2 \cdot 2H_2O]$ 为 0.05mol·$L^{-1}$ |
| 酒石酸盐标准缓冲溶液 | 在 25℃时，用无 $CO_2$ 的水溶解外消旋的酒石酸氢钾($KHC_4H_4O_6$)，并剧烈振摇至饱和溶液 |
| 邻苯二甲酸盐标准缓冲溶液 | 称取 10.21g 于 110℃干燥 1h 的邻苯二甲酸氢钾($C_6H_4CO_2HCO_2K$)，溶于无 $CO_2$ 的水，稀释至 1000mL，此溶液浓度 $c(C_6H_4CO_2HCO_2K)$ 为 0.05mol·$L^{-1}$ |
| 磷酸盐标准缓冲溶液 | 称取 3.40g 磷酸二氢钾($KH_2PO_4$)和 3.55g 磷酸氢二钠($Na_2HPO_4$)，溶于无 $CO_2$ 的水，稀释至 1000mL，磷酸二氢钾和磷酸氢二钠需预先在(120±10)℃干燥 2h。此溶液浓度 $c(KH_2PO_4)$ 为 0.025mol·$L^{-1}$，$c(Na_2HPO_4)$ 为 0.025mol·$L^{-1}$ |
| 硼酸盐标准缓冲溶液 | 称取 3.81g 四硼酸钠($Na_2B_4O_7 \cdot 10H_2O$)，溶于无 $CO_2$ 的水，稀释至 1000mL。存放时应防止空气中 $CO_2$ 进入。此溶液浓度 $c(Na_2B_4O_7 \cdot 10H_2O)$ 为 0.01mol·$L^{-1}$ |
| 氢氧化钙标准缓冲溶液 | 于 25℃，用无 $CO_2$ 水制备 $Ca(OH)_2$ 的饱和溶液。$Ca(OH)_2$ 溶液的浓度 $c[\frac{1}{2}Ca(OH)_2]$ 应在 0.0400～0.0412mol·$L^{-1}$。存放时应防止空气中 $CO_2$ 的进入。一旦出现浑浊，应弃去重配。<br>$Ca(OH)_2$ 溶液的浓度可以苯酚红为指示剂，用 HCl 标准溶液滴定[$c(HCl)=0.12mol \cdot L^{-1}$]滴定测出 |

注：表中"配制方法"引自 GB/T 9724—2007《化学试剂　pH 值测定通则》，规定配制标准缓冲溶液须用 pH 基准试剂，实验用水应符合 GB/T 6682—2008 中三级水规格。

市场上有 pH 缓冲剂小包装商品出售，使用很方便。配制时不需要干燥和称量，直接将小塑料袋内试剂全部溶解并稀释至一定体积（一般为 250mL）即可使用。

测定其他离子的活度时，也需要用一份已知离子活度的标准溶液为基准，然后比较指示电极在待测溶液和标准溶液中的电池电动势来确定待测试液中目标离子的活度。目前仅能提供用于校正 $Cl^-$、$Na^+$、$Ca^{2+}$、$F^-$ 离子选择性电极用的标准活度溶液，其他离子活度标准溶液尚无标准。所以，直接电位法不能测定其他离子的活度。

## 8.2.2 离子活（浓）度的测定

绝大多数情况下，工业生产中间控制及产品质量检验分析需要测定的是试样中某种离子的浓度，而不是活度。直接电位法能够快速准确地完成溶液中无机离子浓度的测定。

8.2.2.1　测定原理

离子浓度的电位法测定是将对待测离子有响应的指示电极与参比电极浸入待测溶液中组成工作电池，并用离子计测量其电池电动势（见图 8-16）。

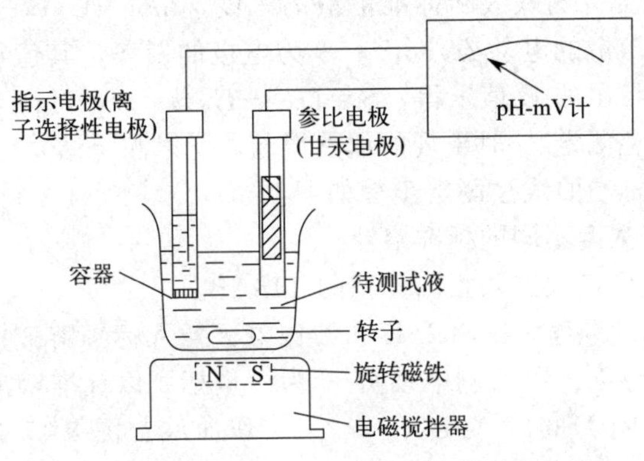


图 8-16　离子活（浓）度的电位法测定装置

各种离子选择性电极与参比电极组成的测量电池的电池电动势可以表达为：

$$E=K'\pm\frac{2.303RT}{nF}\lg\alpha_i=K'\pm\frac{2.303RT}{nF}\lg(\gamma_i c_i) \tag{8-33}$$

当 ISE 作正极时，测定阳离子时，$K'$后面一项取正值；测定阴离子时，$K'$后面一项取负值。

8.2.2.2　测定方法

（1）离子选择性电极测定离子浓度的条件控制　ISE 响应的是离子的活度，活度与浓度的关系是：

$$\alpha_i=\gamma_i c_i \tag{8-34}$$

式中，$\gamma_i$ 为试液中 $i$ 离子的活度系数；$c_i$ 为试液中 $i$ 离子的浓度。

因此，使用直接电位法测定溶液中被测离子浓度的前提是：必须保证标准溶液和试液中 $i$ 离子活度系数一致。由于活度系数受溶液中离子强度的影响，所以要求标准溶液和待测溶液中的离子强度一致。达到这一要求最简便的方法是：在试液和标准溶液中加入相同的大量惰性电解质（称为离子强度调节剂）。

直接电位法测定时往往还需控制溶液的 pH、掩蔽干扰离子。为了简化操作，分析前将离子强度调节剂、pH 缓冲溶液和消除干扰的掩蔽剂混合在一起，方便一次加入。这种混合溶液称为总离子强度调节缓冲剂（TISAB）。TISAB 起到三方面作用：①使待测溶液和标准溶液离子强度一致；②使标准溶液和待测溶液在 ISE 要求的适宜 pH 范围内，避免 $H^+$ 或 $OH^-$ 的干扰；③掩蔽干扰离子，使干扰离子不与待测离子发生化学反应，将被测离子释放成为可检测的游离离子。例如，用氟离子选择性电极测定水中的 $F^-$，所加入的 TISAB 的组成为 NaCl(1mol·$L^{-1}$)、HAc(0.25mol·$L^{-1}$)、NaAc(0.75mol·$L^{-1}$) 及柠檬酸钠(0.001mol·$L^{-1}$)。其中 NaCl 溶液用于调节离子强度；HAc-NaAc 组成缓冲体系，使溶液 pH 保持在氟离子选择性电极工作适宜的 pH(5～5.5) 范围之内；柠檬酸钠作为掩蔽剂消除 $Fe^{3+}$、$Al^{3+}$ 的干扰。

TISAB 的组成应根据 ISE 的性质、试液中的干扰物质等具体情况制定配方。

（2）直接比较法　对于测定准确度要求不高的少量、偶尔的样品分析，可在一份浓度与试液相近的标准溶液和待测溶液中加入相同体积的 TISAB，在相同条件下，分别测出 $E_x$

与$E_s$，然后计算出待测溶液中目标离子的浓度$c_x$，即：

$$\lg c_x = \lg c_s + \frac{E_x - E_s}{S} \tag{8-35}$$

式中，$c_x$、$c_s$分别为待测试液和标准溶液的浓度，$mol \cdot L^{-1}$；$E_x$、$E_s$为相同条件下测得的待测溶液与标准溶液的电动势，mV；$S$为电极的斜率，其值可通过两份不同浓度标准溶液在相同条件下测量出的$E$值求得，$S=(E_1-E_2)/(\lg c_1-\lg c_2)$。

直接比较法不能避免测定$c_s$时出现的偶然误差，所以测定结果容易产生较大误差。

(3) 标准曲线法　标准曲线法测定步骤如下：

① 配制4份及以上浓度不同的标准溶液。

② 在各份标准溶液中依次加入相同体积的TISAB。

③ 按浓度由低至高的顺序依次将ISE和参比电极插入标准溶液中，在相同条件下，分别测出各份溶液的电动势$E$。以所测电动势$E$为纵坐标，以标准溶液浓度$c$的对数（或负对数）值为横坐标，绘制$E$-$\lg c_i$或$E$-$(-\lg c_i)$工作曲线。图8-17是$E$-$(-\lg c_{F^-})$的标准曲线。

④ 在样品溶液中加入相同体积的TISAB溶液，在相同条件下测定电池电动势$E_x$，再从所绘制的标准曲线上查出$E_x$所对应的$\lg c_x$（或$-\lg c_x$）值后，再计算出$c_x$。

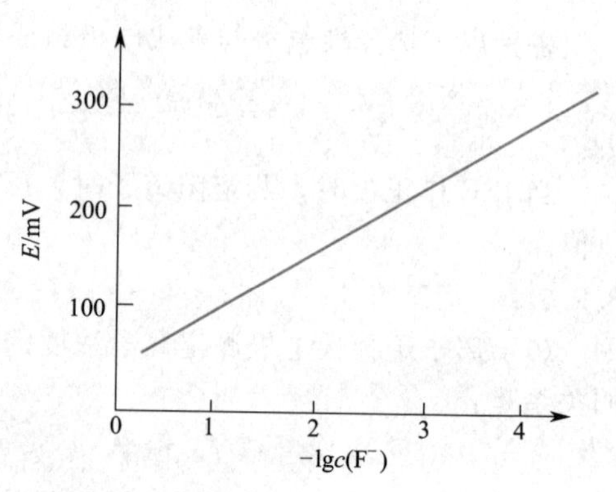


图8-17　电位法测定氟离子浓度的标准曲线

由于$K'$值容易受温度、搅拌速度及液接电位等因素的影响，标准曲线容易发生平移，因此，实际测定时，每次使用标准曲线前均须先选用1～2份标准溶液，再根据测出的$E$值，确定曲线平移的位置，将曲线校正后再进行待测溶液的测定。若试剂等测定条件发生变化，则应重新测量并绘制标准曲线。采用标准曲线法进行测定时测定条件必须保持一致，否则将影响其线性关系，造成测量结果准确度下降。

标准曲线法适用于大批量、经常性的样品的分析。

(4) 标准加入法　标准加入法测定步骤如下：

① 测定体积为$V_x$，浓度为$c_x$的标准溶液的电池电动势为$E_x$。

$$E_x = K' + \frac{2.303RT}{nF}\lg(\gamma c_x) \quad (25℃) \tag{8-36}$$

式中，$\gamma$为溶液离子活度系数。

② 在待测溶液中加入含待测离子浓度为$c_s$($c_s \gg c_x$)，体积为$V_s$（要求$V_s < 1\% V_x$）的标准溶液。此时，待测溶液中待测离子浓度的增量$\Delta c$为：

$$\Delta c = \frac{c_s V_s}{V_x + V_s} \tag{8-37}$$

由于$V_s \ll V_x$，所以

$$\Delta c \approx \frac{c_s V_s}{V_x} \tag{8-38}$$

在同一实验条件下再测其工作电池的电动势为$E_{x+s}$。

$$E_{x+s}=k'+\frac{2.303RT}{nF}\lg[\gamma'(c_x+\Delta c)] \quad (25℃) \tag{8-39}$$

式中，$\gamma'$为加入标准溶液后的溶液离子活度系数。

两次测定的电动势相减：$\Delta E=E_{x+s}-E_x=\dfrac{2.303RT}{nF}\lg\dfrac{\gamma'(c_x+\Delta c)}{\gamma_{c_x}}$ (8-40)

因为$\gamma\approx\gamma'$，则

$$\Delta E=\frac{2.303RT}{nF}\lg\frac{c_x+\Delta c}{c_x} \tag{8-41}$$

令 $S=\dfrac{2.303RT}{nF}$，则

$$c_x=\frac{\Delta c}{10^{\Delta E/S}-1} \tag{8-42}$$

因此，只要测出 $\Delta E$、$S$，计算出 $\Delta c$，就可以得到 $c_x$。

标准加入法需要在相同实验条件下测量电极的实际斜率，简便的测量方法是：在测量出 $E_x$ 后，将所测试液用空白溶液稀释 1 倍，再测定 $E_x{}'$，则 $S=|E_{x'}-E_x|/\lg2=|E_{x'}-E_x|/0.301$。

标准加入法的优点是：只需要一种标准溶液，溶液配制简便，适于组成复杂、干扰严重的个别试样的测定，测定准确度高。其缺点是计算工作量太大，用时较多。

【例 8-1】用氟离子选择性电极测定溶液中氟化物含量时，在 100mL 的试液中测得电动势为 −26.8mV，加入 1.00mL、0.500mol·L$^{-1}$ 的 NaF 溶液后，测得电动势为 −54.2mV。计算溶液中氟化物浓度。

解：$\Delta c=\dfrac{c_sV_s}{V_x}=\dfrac{0.500\times1.00}{100}$

$$c_x=\frac{\Delta c}{10^{\Delta E/S}-1}=\frac{0.500\times1.00/100}{10^{(54.2-26.8)\times10^{-3}/0.0592}-1}=2.63\times10^{-3}(\text{mol}\cdot\text{L}^{-1})$$

#### 8.2.2.3 影响测量结果准确度的因素

影响直接电位法准确测定离子活（浓）度的因素主要有以下几种：

（1）温度　温度的变化会引起直线斜率和截距的变化，而 $K'$值所包括的参比电极电位、膜电位、液接电位等均与温度有关。因此整个测量过程中必须保持温度恒定，以提高测量的准确度。

（2）电动势的测量　电动势测量的准确度直接影响测定结果的准确度，电动势测量误差 $\Delta E$ 与分析测定误差的关系是：

$$相对误差=\frac{\Delta c}{c}=0.039n\Delta E \tag{8-43}$$

式中，$n$ 为待测离子电荷数；$\Delta E$ 为电动势测量绝对误差，mV。

由式(8-42) 可知，对一价离子，当 $\Delta E=1$mV 时，浓度相对误差可达 3.9%；对二价离子，则高达 7.8%。因此，测量电动势所用的仪器必须具有较高的精度，通常要求电动势测量误差小于 0.1～0.01mV。

（3）干扰离子　如果干扰离子能直接被电极响应，则其干扰效应为正误差；如果干扰离

子与被测离子反应生成一种在电极上不发生响应的物质，则其干扰效应为负误差。例如 $Al^{3+}$ 对氟离子选择性电极无直接影响，但它能与待测离子 $F^-$ 生成不为电极所响应的稳定的配离子 $AlF_6^{3-}$，因而造成负误差。消除共存干扰离子的简便方法是：加入适当的掩蔽剂掩蔽干扰离子，必要时则需要预分离。

(4) 溶液的酸度　待测溶液的酸度范围与电极类型和被测溶液浓度有关，在测定过程中必须保持恒定的 pH 范围，必要时可使用缓冲溶液来维持所需的 pH 范围。例如氟离子选择性电极测氟时 pH 宜控制在 5～7 之间。

(5) 待测离子浓度　ISE 可以测定的浓度范围约为 $10^{-1}$～$10^{-6}$ mol · $L^{-1}$。检测下限主要决定于组成电极膜的活性物质性质，除此之外，还与共存离子的干扰、溶液 pH 值等因素有关。

(6) 迟滞效应　迟滞效应是指对同一活度值的离子试液测出的电位值与电极在测定前接触的试液成分有关的现象，称为电极存储效应，是直接电位法出现误差的主要原因之一。如果每次测量前都用去离子水将电极电位清洗至一定的值，则可有效地减免此类误差。

## 8.2.3　测量仪器及使用方法

### 8.2.3.1　酸度计的类型、组件和仪器校准方法

测定溶液 pH 值的仪器是酸度计（又称 pH 计），是根据 pH 的实用定义设计而成的。酸度计是一种高阻抗的电子管或晶体管式的直流毫伏计，既可用于测量溶液的 pH，又可用作毫伏计测量电池电动势。根据测量要求不同，酸度计分为普通型、精密型和工业型三类；按其精密度不同可分为 0.1pH、0.02pH、0.01pH 和 0.001pH 等不同的等级；使用者可以根据需要选择不同类型、不同等级的仪器。

酸度计一般由两部分组成，即电极系统和高阻抗毫伏计两部分。电极与待测溶液组成原电池，以毫伏计测量电极间电位差，电位差经放大电路放大后，由电流表或数码管显示。

实验室用酸度计型号有多种，目前使用较多的是数显式精密酸度计和采用微处理技术、液晶显示、全中文操作界面的智能型精密酸度计。不同型号的酸度计其自动化程度不同，仪器上的旋钮、按键或附件也可能有所不同，但仪器的基本功能大致相似。

(1) 复合电极及其使用方法　测定溶液 pH 值用的指示电极和参比电极分别是 pH 玻璃电极和饱和甘汞电极（其使用方法参见 8.1.4.3 和 8.1.3.1）。目前实验室测定溶液 pH 多使用 pH 复合电极（见图 8-13），其使用注意事项是：

① 使用时电极下端的保护帽应取下，取下后应避免电极的敏感玻璃泡与硬物接触，防止电极失效。使用后应将电极保护帽套上，帽内应放少量外参比补充液（3mol · $L^{-1}$ KCl），以保持电极球泡湿润。

② 使用前发现帽中补充液干枯，应在 3mol · $L^{-1}$ KCl 溶液中浸泡数小时，以保证电极性能。

③ 使用时电极上端小孔的橡皮塞必须拔出，以防止产生扩散电位，影响测定结果。溶液可以从小孔加入。电极不使用时，应将橡皮塞塞入，以防止补充液干枯。

④ 应避免将电极长期浸泡在蒸馏水、蛋白质溶液和酸性溶液中，避免与有机硅油接触。

⑤ 经长期使用后，如发现斜率有所降低，可将电极下端在氢氟酸溶液（质量分数为 4%）中浸泡 3～5s，用蒸馏水洗净，再在 0.1mol · $L^{-1}$ HCl 溶液中浸泡，使之活化。

⑥ 待测溶液中如含有易污染敏感球泡或堵塞液接界的物质而使电极钝化，会使斜率降低。此时应根据污染物的性质，选择适当的溶液清洗，使电极复新。如：污染物为无机金属氧化物，可用浓度低于 1mol · $L^{-1}$ HCl 溶液清洗；污染物为有机脂类物质，可用稀洗涤剂

（弱碱性）清洗；污染物为树脂高分子物质，可用酒精、丙酮或乙醚清洗；污染物为蛋白质、血球沉淀物，可用胃蛋白酶溶液（$50g \cdot L^{-1}$）与 $0.1mol \cdot L^{-1}$ HCl 溶液混合后清洗；污染物为颜料类物质，可用稀漂白液或过氧化氢溶液清洗。

⑦ 电极不能用四氯化碳、三氯乙烯、四氢呋喃等能溶解聚碳酸树脂的清洗液清洗，因为电极外壳是用聚碳酸树脂制成的，溶解后极易污染敏感球泡，从而使电极失效。同样也不能使用复合电极去测定上述溶液的 pH。

（2）仪器的校准　pH 计必须经过校准后，才能准确测量样品的 pH。校正酸度计方法有一点校正法和二点校正法。常用的是二点校正法。

一点校正法的校正步骤是：配制两种标准缓冲溶液，使其中一种的 pH 大于并接近试液的 pH（越接近越好，试液粗略的 pH 可以用 pH 广范试纸测出），另一种的 pH 小于并接近试液的 pH。先用其中一种标准缓冲液与电极对组成工作电池，调节温度补偿器至该溶液温度值，调节“定位”调节器，使仪器显示出标准缓冲液在该温度下的 pH，保持“定位”调节器不再旋动。取出电极，清洗电极，用滤纸吸干后，再浸入另一接近被测溶液 pH 的标准缓冲溶液中组成工作电池，调节温度补偿旋钮至该溶液的温度值，此时仪器显示的 pH 应是该缓冲溶液在此温度下的 pH。两次相对校正误差≤0.1 时，才可进行试液的测量。

二点校正法的校正步骤（扫描 334 页二维码可观看其操作方法）是：配制两种标准缓冲溶液（一种 pH 接近 7;；另一种 pH 接近待测溶液的 pH）。先将饱和甘汞电极和玻璃电极浸入 pH 接近 7 的标准缓冲溶液（如 pH＝6.86，25℃）中。将功能选择按键置“pH”位置，调节“温度”调节器使所指示的温度刻度为该标准缓冲溶液的温度值。将“斜率”旋钮（有的仪器为“pH 调节 2”）顺时针转到底。轻摇试杯，待电极达到平衡后，调节“定位”调节器（有的仪器为“pH 调节 1”），使仪器读数为该缓冲溶液在当时温度下的 pH。取出电极清洗后，用滤纸吸干，再浸入另一接近被测溶液 pH 的标准缓冲溶液中。旋动“斜率”旋钮，使仪器显示该标准缓冲溶液的 pH（若调不到，说明玻璃电极已经“老化”，响应范围降低，需要更换新电极）。调好后，即可进行试液的测量（“定位”和“斜率”二旋钮不可再动）。

实际应用中，如果测量准确度要求不高（如精度要求不超过±0.1），可使用一点校正法；对精密级的实验室用 pH 计必须使用二点校正法。校准时，若使用的是手动调节的 pH 计，应在两种标准缓冲溶液之间反复操作几次，直至不需再调节“定位”和“斜率”旋钮，pH 计就可准确显示两种标准缓冲溶液的 pH，则校准过程结束。此后，在测量过程中零点和定位旋钮就不应再动。若使用的是智能式 pH 计，则不需要反复调节，因为其内部已贮存几种标准缓冲液的 pH 可供选择，而且可以自动识别并自动校准，但要注意标准缓冲溶液选择及其配制的准确性。

（3）测量溶液的 pH（以 pHSJ-3F 型酸度计为例）

① 仪器使用前准备。打开仪器电源开关预热 20min。将多功能电极架插入电极架座内，将 pH 复合电极和温度传感器夹在多功能电极架上[见图 8-18(a)]，并分别将复合电极和温度传感器的插线柱插入仪器的测量电极插座和温度传感器插座内[见图 8-18(b)]。用蒸馏水清洗 pH 复合电极和温度传感器，并用滤纸吸干电极外壁上的水。

② 校正仪器。pHSJ-3F 型酸度计是一种智能型精密酸度计（扫描二维码可查看其结构及操作方法），其精度为 0.01，可使用二点校正法对仪器进行校正，具体步骤如下：

pHSJ-3F 型酸度计

a. 将已清洗过的 pH 复合电极和温度传感器放入 pH 标准缓冲溶液 A（pH＝6.86，25℃）中，轻晃试杯，按“校准”键，再按“▲、▼”键，

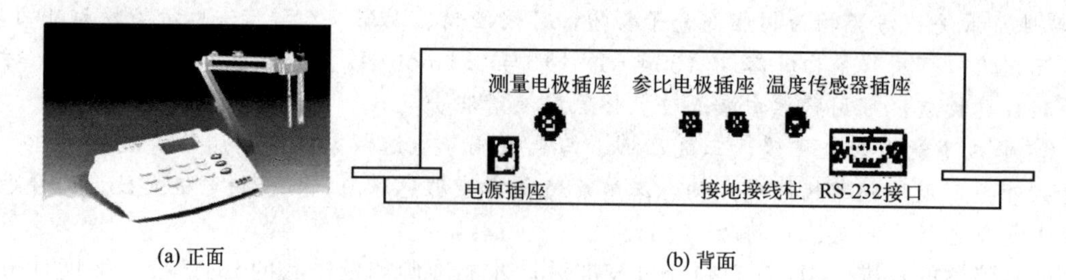


(a) 正面　　(b) 背面

图 8-18　pHSJ-3F 型酸度计

使仪器处于“手动标定”状态（也可使用自动挡，详细操作请参阅仪器使用说明书），再按“确认”键，仪器即进入“标定 1”工作状态。此时，仪器显示“标定 1”以及当时测得的 pH 和温度值；当显示屏上的 pH 读数趋于稳定后，按“▲、▼”键，调节仪器显示值为标准缓冲溶液 A 在所测温度下的 pH，再按“确认”键，仪器显示“标定 1 结束!”以及当前的 pH 和斜率值。

b. 将电极和温度传感器取出，移去标准缓冲溶液 A，用蒸馏水清洗干净，用滤纸吸干电极外壁水，放入 pH 标准缓冲溶液 B（pH＝4.00 或 pH＝9.18，根据样品酸碱性而定）中；再按“校准”键，使仪器进入“标定 2”工作状态，仪器显示“标定 2”以及当前的 pH 和温度值；当显示屏上的 pH 读数趋于稳定后，按“▲、▼”键，调节仪器显示值为标准缓冲溶液 B 在所测温度下的 pH，再按“确认”键，仪器显示“标定 2 结束!”以及 pH 和斜率值，完成二点校定。

此时，pH、mV 和等电位点键均有效。如按下其中某一键，则仪器进入相应的工作状态。

③ 测量溶液 pH（扫描二维码可观看操作视频）。移去标准缓冲溶液，清洗电极和温度传感器，用滤纸吸干电极外壁水，再用待测溶液清洗三次；取一洁净试杯（或 100mL 小烧杯），用待测溶液（A）荡洗三次后倒入 50mL 左右试液；将电极和温度传感器插入被测溶液中，轻摇试杯以促使电极平衡。按下“pH”键，此时屏幕上显示的数值即为待测溶液的 pH 值。待数字显示稳定后，读取并记录待测试液的 pH。平行测定三次。

水溶液 pH 值的测量

(4) 酸度计的日常维护保养　为了保证测试结果的准确可靠，新制造或使用中、修理后的酸度计都应定期进行检查。使用中若能够合理维护电极、按要求配制标准缓冲溶液和正确操作电极，可大大减小 pH 示值误差，从而提高检验数据的可靠性。

目前实验室使用的电极都是复合电极，其优点是使用方便，不受氧化性或还原性物质的影响，且平衡速度较快。使用时，将电极加液口上所套的橡胶套和下端的橡胶套全取下，以保持电极内氯化钾溶液的液压差。电极的维护主要有以下几点：

① 复合电极不用时，可充分浸泡在 $3mol \cdot L^{-1}$ 氯化钾溶液中。切忌用洗涤液或其他吸水性试剂浸洗。

② 测量浓度较大的溶液时，尽量缩短测量时间，用后应仔细清洗，防止被测液黏附在电极上而污染电极。

③ 清洗电极后，不要用滤纸擦拭玻璃膜，而应用滤纸吸干，避免损坏玻璃薄膜，防止交叉污染，影响测量精度。

④ 测量中应确保 Ag-AgCl 内参比电极浸入球泡内氯化物缓冲溶液中，以避免酸度计显示屏出现数字乱跳的现象。使用时，应将电极轻轻甩几下，以去除其中的气泡。

⑤ 电极不能用于强酸、强碱或其他腐蚀性溶液。

⑥ 严禁在脱水性介质如无水乙醇、重铬酸钾等溶液中使用。

#### 8.2.3.2 离子计的类型、组件和仪器校准方法

(1) 测量仪器　离子选择性电极法测量离子活（浓）度的仪器包括指示电极、参比电极、电磁搅拌器及用来测量电池电动势的离子计。离子计也是一种高阻抗、高精度的毫伏计，其电位测量精度高于一般的酸度计，而且稳定性好。为了使电极的实际斜率达到理论值，各型号离子计都设置了斜率校正电路，通过改变比例放大器的放大倍数完成斜率校正。

国产离子计型号较多，目前有直读浓度式数字离子计，以及带微处理机多功能离子计等。实际工作中应根据测定要求来选择。

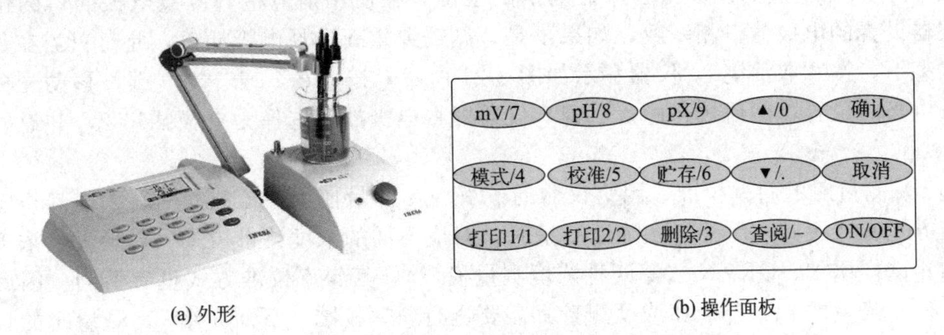


(a) 外形　　(b) 操作面板

图 8-19　PXSJ-216 型离子计

(2) PXSJ-216 型离子计的使用方法　PXSJ-216 型离子计是一种智能型实验室用离子计，可以测量溶液的电位、pH、pX、浓度值以及温度值，仪器设有多种斜率校准方法，测量结果可以贮存、删除、查阅、打印或传送到 PC 机。PXSJ-216 型离子计由主机和 JB-1A 型电磁搅拌器两部分组成（见图 8-19）。

pXSJ-216 型离子计主机键盘上共有 15 个操作键[见图 8-19(b)]，其中除“确认”“取消”“ON/OFF”是单功能键以外，其他的键都是复用的，均有两个功能，即功能键和数字键，需要使用某功能时，按这些键可以完成相应的功能，而需要输入数据时，这些键又是数字键。其中“模式/4”键可用于有关浓度测量以及浓度打印、浓度查阅、浓度删除等的操作。

① 仪器安装

a. 将仪器及 JB—1A 型电磁搅拌器平放在工作台面上，分别将测量电极、参比电极和温度传感器安装在 JB—1A 型电磁搅拌器的电极架上（见图 8-19）。

b. 拔去测量电极 1 和测量电极 2 插座上的短路插头，将 ISE 接入测量电极 1 插座或测量电极 2 插座内（【注意】**另一个暂不使用的测量电极插口必须接短路插头，否则仪器无法进行正确测量**）；将甘汞电极接入参比电极接线柱上；将温度传感器的插头插入温度传感器插座上；将打印机连接线接入 RS232 接口内；将通用电源器接入电源插座内。接通电源。

② 检查并开机。检查仪器后面的电极插口上是否插有电极或短路插头，位置是否与仪器设置的电极插口相一致（必须保证插口处连接有测量电极或者短路插头，否则有可能损坏仪器的高阻器件），其他附件是否连接正确。检查完毕，按下“ON/OFF”键。

③ 进入仪器的起始状态。按下“ON/OFF”键后，显示屏显示仪器型号和厂家商标。数秒后，仪器自动进入电位测量状态[见图 8-20(a)]。显示屏上方显示当前测量的 mV 值，下方为仪器的状态提示，即表示当前为电位测量状态，电极插口设置为 1 号。

此状态下，可以根据需要直接按“pH/8”或“pX”键进行 pH 或者 pX 测量[见图 8-20(b)和图 8-20(c)]。显示屏显示当前使用的电极斜率值，图 8-20 中 pH 和 pX 的电极斜率均为 59.159(pH 和 pX 具有各自独立的电极斜率值)。

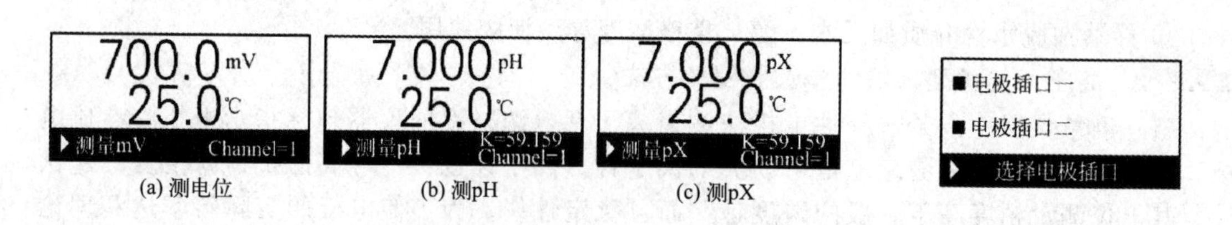


(a) 测电位　(b) 测pH　(c) 测pX

图 8-20　仪器起始状态

图 8-21　选择电极插口

以上三种状态统称为仪器的起始状态，在此状态下可以完成仪器所有功能。

④ 选择仪器电极插口。为了保证测量的准确，在使用前应检查测量电极插口的位置是否与仪器设置的电极插口相一致，如果不是，则需要重新选择电极插口，此时只需在仪器的起始状态下，按“取消键”，仪器显示如图 8-21 所示，按“▲”或“▼”键，移动光标至实际测量电极的位置，然后按“确认”键，仪器即将电极插口选择为电极插口 2，并返回起始状态。

⑤ pX 测量时的斜率校准。因为仪器的 pH、pX 测量使用各自独立的斜率，其相应的斜率校准方式有所不同；另外，在浓度测量时，对应不同的浓度测量模式（包括直读浓度、已知添加、试样添加、GRAN 法等四种浓度测量模式），其斜率校准方式也有不同。因此除电位测量外，其余的 pH、pX 和浓度测量都需要进行斜率校准。下面介绍 pX 测量时的斜率校准方法（pH 测量和浓度测量时的斜率校准请参阅仪器说明书，本教材不作介绍）。

a. 选择斜率校准方式。pX 测量时的斜率校准方式有一点校准、二点校准和多点校准三种。在仪器的起始状态，按“pX”键，使仪器处于 pX 测量状态，然后按“校准”键，进入选择斜率校准方式[见图 8-22(a)]。按“▲”或“▼”键，翻看斜率校准方式，选择二点校准法，再按“确认”键即可进行相应的斜率校准。斜率校准方式中二点校准是最常用的斜率校准法，是通过测量两种不同标准溶液的电位值，计算出电极的实际斜率值。

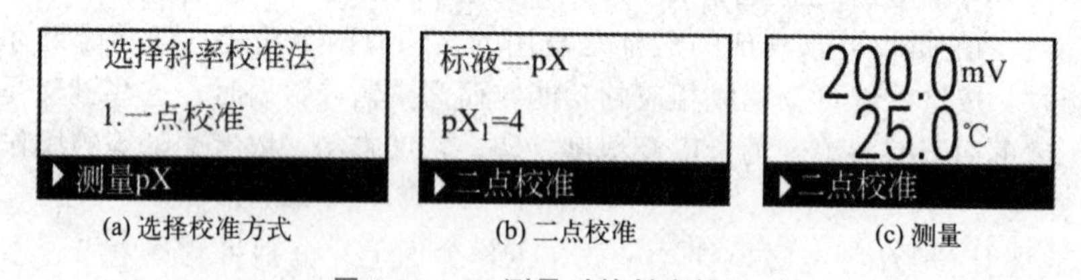


(a) 选择校准方式　(b) 二点校准　(c) 测量

图 8-22　pX 测量时的斜率校准

b. 进行二点校准。选择二点校准并按“确认”键后，仪器显示“电极插入标液一”。将电极和温度传感器清洗干净并吸干外壁水后，放入盛有已知 pX 值的“标准溶液 1”的试液杯中。稍后，仪器显示要求输入“标液一”的 pX 值[见图 8-22(b)]，输入标液一的 pX 值“4”，输入完毕，按“确认”键，仪器显示标液一的电位和温度值[见图 8-22(c)]。等显示稳定后，按“确认”键，仪器显示“电极插入标液二”字样。此时，将电极和温度传感器从标液一中取出，清洗干净并吸干外壁水，放入“标准溶液 2”中。仪器要求输入标液二的 pX 值，输入标液二的 pX 值后，按“确认”键，仪器即显示标液二的电位和温度值。等显示稳定后，按“确认”键，仪器即显示出校准好的电极斜率。至此，二点校准结束，按“确认”键，返回仪器的起始状态。

⑥ pX 测量。在进行过 pX 测量时的斜率校准后，取出电极和温度传感器，用去离子水清洗干净，再用被测溶液润洗三次后，放入盛有被测试液试杯中，按“pX”键，将仪器切换到 pX 测量状态，此时仪器显示的是当前被测溶液的 pX 和温度值。

### 8.2.4 直接电位法的应用

直接电位法广泛应用于环境监测，生化分析，医学临床检验及工业生产流程中的自动在线分析等。表8-5列出了直接电位法中部分应用实例。

表8-5 直接电位法部分应用举例

| 被测物质 | 离子选择电极 | 线性浓度范围 $c/(mol \cdot L^{-1})$ | 适用的pH范围 | 应用举例 |
| --- | --- | --- | --- | --- |
| $F^-$ | 氟 | $10^0 \sim 5\times10^{-7}$ | 5～8 | 水，牙膏，生物体液，矿物 |
| $Cl^-$ | 氯 | $10^{-2} \sim 5\times10^{-8}$ | 2～11 | 水，碱液，催化剂 |
| $CN^-$ | 氰 | $10^{-2} \sim 10^{-6}$ | 11～13 | 废水，废渣 |
| $NO_3^-$ | 硝酸根 | $10^{-1} \sim 10^{-5}$ | 3～10 | 天然水 |
| $H^+$ | pH玻璃电极 | $10^{-1} \sim 10^{-14}$ | 1～14 | 溶液酸度 |
| $Na^+$ | pNa玻璃电极 | $10^{-1} \sim 10^{-7}$ | 9～10 | 锅炉水，天然水，玻璃 |
| $NH_3$ | 气敏电极 | $10^0 \sim 10^{-6}$ | 11～13 | 废气，土壤，废水 |
| 醇 | 气敏电极 | | | 生物化学 |
| 氨基酸 | 气敏电极 | | | 生物化学 |
| $K^+$ | 钾微电极 | $10^{-1} \sim 10^{-4}$ | 3～10 | 血清 |
| $Na^+$ | 钠微电极 | $10^{-1} \sim 10^{-3}$ | 4～9 | 血清 |
| $Ca^{2+}$ | 钙微电极 | $10^{-1} \sim 10^{-7}$ | 4～10 | 血清 |

## 思考与练习8.2

1. 玻璃电极在使用前，需在去离子水中浸泡24h以上，其目的是（　　）。

A. 清除不对称电位　　B. 清除液接电位

C. 清洗电极　　D. 使不对称电位处于稳定

2. 用酸度计测试溶液的pH，先用与试液pH相近的标准溶液（　　）。

A. 调零　　B. 消除干扰离子　　C. 定位　　D. 减免迟滞效应

3. 酸度计在使用时，为了消除温度对测量造成的误差，一般需要对仪器进行（　　）。

A. 斜率校正　　B. 定位　　C. 温度补偿　　D. 开关机

4. 在实验中，使用酸度计测量溶液pH，一般常采用（　　）。

A. 两点校正法　　B. 一点校正法　　C. 三点校正法　　D. 不需要校正

5. 离子选择性电极的选择性主要取决于（　　）。

A. 离子浓度　　B. 电极膜活性材料的性质

C. 待测离子活度　　D. 测定温度

6. 测定溶液pH时，常用的指示电极是（　　）。

A. 氢电极　　B. 铂电极　　C. Ag-AgCl电极　　D. pH玻璃电极

## 阅读园地

扫描二维码查看“能斯特”。

能斯特

## 8.3 电位滴定法

### 8.3.1 基本原理

电位滴定法是根据滴定过程中指示电极电位的突跃来确定滴定终点的滴定分析法。

电位滴定法与直接电位法相同的是以指示电极、参比电极与试液组成电池，测量电动势；所不同的是电位滴定法需加入滴定剂进行滴定，并记录滴定过程中指示电极电位的变化。在化学计量点附近，由于被滴定物质的浓度发生突变，使指示电极的电位产生突跃，由此即可确定滴定终点，从而计算出试液中待测组分的含量。因此，电位滴定法与化学滴定法的区别是终点判断的方法不同，前者是根据电极电位（或电动势）的变化情况来确定滴定终点，而后者则是通过指示剂的颜色变化来确定滴定终点。在直接电位法中影响测定的各种因素，如不对称电位、液接电位、电动势测量误差等，均不影响滴定终点的准确判定。电位滴定法的准确度很高，测定的相对误差可低至0.2%，广泛用于各类滴定分析中。

电位滴定法的基本原理与普通滴定分析法相同。虽然电位滴定法操作相对复杂，但拓宽了普通滴定分析法的应用范围，特别适用于滴定突跃很小、无适当指示剂、待测物质浓度很低或待测溶液有色、浑浊等情况，也适用于非水滴定和连续滴定。如果采用自动电位滴定仪，还可提高滴定精度和分析速度，实现自动化操作。

## 8.3.2 电位滴定装置

电位滴定法的实验装置由滴定管、指示电极与参比电极、高阻抗毫伏计(酸度计或离子计)、电磁搅拌器等组成(见图8-23)。

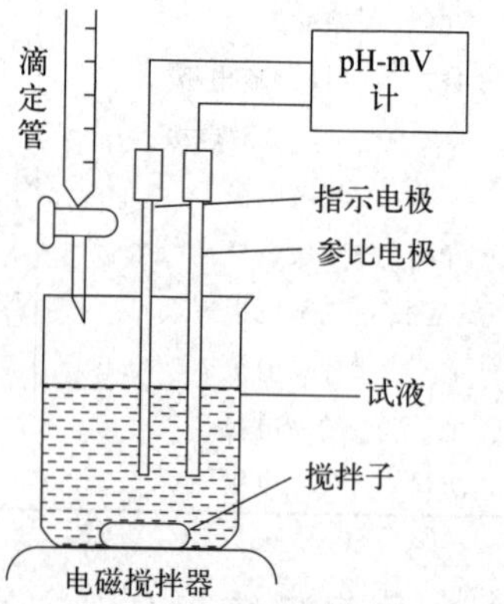

图 8-23 电位滴定实验装置示意图

电位滴定法的反应类型与普通滴定分析完全相同。滴定时，应根据不同的反应类型选择合适的指示电极和参比电极，表8-6列出了用于各类滴定分析时典型的指示电极与参比电极。

【注意】**在实际工作中应选用产品标准所规定的电极。**

表 8-6 电极选择参考表

| 滴定方法 | 电极系统(指示-参比) | 说明 |
| --- | --- | --- |
| 水溶液中和法 | 玻璃电极-饱和甘汞 | (1)玻璃电极：新电极在使用前应在水中浸泡24h以上，使用后立即清洗，并浸于水中保存。<br>(2)饱和甘汞电极：使用时电极上端小孔的橡皮塞必须拔出，以防止产生扩散电位，影响测定结果。电极内氯化钾溶液中不能有气泡，以防止断路。溶液内应保持有少许氯化钾晶体，以保证氯化钾溶液的饱和。注意电极液络部不被玷污或堵塞，并保证液络部有适当的渗出流速 |
| | pH复合电极 | 使用时电极上端小孔的橡皮塞必须拔出，以防止产生扩散电位，影响测定结果。电极的外参比补充液为氯化钾溶液($3mol \cdot L^{-1}$)，补充液可以从上端小孔加入。测量完毕不用时，应将电极保护帽套上，帽内应放少量氯化钾溶液，以保持电极球泡湿润。电极应避免长期浸在蒸馏水、蛋白质溶液和酸性氟化物溶液中，并避免与有机硅油脂接触 |
| 氧化还原法 | 铂电极-饱和甘汞电极 | 铂电极：使用前需检查以确保电极表面没有油污物质，必要时可在丙酮或铬酸洗液中浸洗，再用水洗涤干净 |
| 银量法 | 银电极-饱和甘汞电极 | (1)银电极：使用前用细砂纸将表面擦亮，然后浸入含少量硝酸钠的稀硝酸(1+1)溶液中，直到有气体放出为止，取出，用水清洗干净。<br>(2)双盐桥型饱和甘汞电极：盐桥套管内装饱和硝酸铵或硝酸钾溶液，其他注意事项与饱和甘汞电极相同 |
| 非水溶液酸量法 | 玻璃电极-饱和甘汞电极(冰乙酸作溶剂) | (1)玻璃电极：用法与水溶液中和法相同。<br>(2)双盐桥型饱和甘汞电极：盐桥套管内装饱和氯化钾的无水乙醇溶液。其他注意事项与饱和甘汞电极相同 |
| 非水溶液碱量法 | 玻璃电极-饱和甘汞电极(醇或乙腈作溶剂) | 玻璃电极和双盐桥型饱和甘汞电极与非水溶液酸量法相同 |

### 8.3.3 滴定终点的确定方法

#### 8.3.3.1 电位滴定实验方法

（1）准备　首先制备待测试液。然后选择合适的电极对，经预处理后，浸入试液中，并按图 8-23 组装电位滴定实验装置。开动电磁搅拌器和毫伏计，读取滴定前试液的电位值（读数前应关闭搅拌器）。

（2）滴定　滴定过程的关键是确定滴定反应达到化学计量点时所消耗的滴定剂体积。首先应进行快速滴定以寻找化学计量点所在的大致范围，然后进行精确滴定。在滴定突跃范围前、后每次加入滴定剂的体积可以较大（如 5mL），在突跃范围内则应每次滴加体积控制在 0.1mL。滴定过程中，每加一定量的滴定剂就应测量一次电位值（或 pH），直至电位值（或 pH）变化不大为止。

（3）记录与数据处理　记录每次滴加标准滴定溶液后滴定剂用量 $V$ 和测得的电位值 $E$（或 pH），作图得到 $E$-$V$ 滴定曲线，进而确定滴定终点。表 8-7 列出了以银电极为指示电极，饱和甘汞电极为参比电极，用 $0.1000mol \cdot L^{-1}$ $AgNO_3$ 标准滴定溶液滴定 NaCl 试液的实验数据。

表 8-7　用 $0.1000mol \cdot L^{-1}$ $AgNO_3$ 标准滴定溶液电位滴定 NaCl 试液的实验数据

| 加入 $AgNO_3$ 溶液的体积 $V$/mL | 电动势值（对 SCE）$E$/mV | $\frac{\Delta E}{\Delta V}$/($mV \cdot mL^{-1}$) | $\frac{\Delta^2 E}{\Delta V^2}$/($mV \cdot mL^{-2}$) |
|---|---|---|---|
| 5.00 | 62 | | |
| | | 2① | |
| 15.00 | 85 | | |
| | | 4 | |
| 20.00 | 107 | | |
| | | 8 | |
| 22.00 | 123 | | |
| | | 15 | |
| 23.00 | 138 | | |
| | | 16 | |
| 23.50 | 146 | | |
| | | 50 | |
| 23.80 | 161 | | |
| | | 65 | |
| 24.00 | 174 | | |
| | | 90 | |
| 24.10 | 183 | | |
| | | 110 | |
| 24.20 | 194 | | 2800② |
| | | 390 | |
| 24.30 | 233 | | 4400 |
| | | 830 | |
| 24.40 | 316 | | −5900 |
| | | 240 | |
| 24.50 | 340 | | −1300 |
| | | 110 | |
| 24.60 | 351 | | −400 |
| | | 70 | |
| 24.70 | 358 | | |
| | | 50 | |
| 25.00 | 373 | | |
| | | 24 | |
| 25.50 | 385 | | |
| | | 22 | |
| 26.00 | 396 | | |

① $\frac{\Delta E}{\Delta V}=\frac{E_{n+1}-E_n}{V_{n+1}-V_n}=\frac{(85-62)mV}{(15.00-5.00)mL}=2.3mV \cdot mL^{-1} \approx 2mV \cdot mL^{-1}$。

② $\frac{\Delta^2 E}{\Delta V^2}=\frac{\left(\frac{\Delta E}{\Delta V}\right)_{m+1}-\left(\frac{\Delta E}{\Delta V}\right)_m}{\bar{V}_{m+1}-\bar{V}_m}=\frac{(390-110)mV \cdot mL^{-1}}{(24.25-24.15)mL}=2800mV \cdot mL^{-2}$。

#### 8.3.3.2 电位滴定终点的确定方法

电位滴定终点的确定方法通常有 $E$-$V$ 曲线法、$\Delta E/\Delta V$-$\bar{V}$ 曲线法（一阶微商法）和 $\Delta^2 E/\Delta V^2$-$V$ 曲线法（二阶微商法），下面以表 8-7 为例，讨论如下：

（1）$E$-$V$ 曲线法　以电动势 $E$(V) 对所加入滴定剂体积 $V$(mL) 作图，可得 $E$-$V$ 曲线。对反应物系数相等的反应，曲线突跃的中点（也称转折点或拐点）即为化学计量点；对反应物系数不相等的反应，曲线突跃的中点与化学计量点稍有偏离，但偏差很小，可以忽略。因此，可利用突跃中点作为滴定终点。拐点可通过作图法求得：作两条与横坐标成 45°的 $E$-$V$ 曲线的平行切线，两条平行切线的等分线与曲线的交点就是拐点，如图 8-24(a)所示。$E$-$V$

曲线法适用于滴定曲线对称的滴定体系，若滴定突跃不明显，则准确性稍差，此时可采用一阶微商法或二阶微商法。

(2) $\Delta E/\Delta V$-$\bar{V}$ 曲线法　一阶微商 $\Delta E/\Delta V$ 近似等于 $E$ 的变化值 $\Delta E$ 与相对应的所加入滴定剂体积的增量 $\Delta V$ 之比。如表 8-7 中，滴入 $AgNO_3$ 体积为 24.30mL 和 24.40mL 之间的 $\Delta E/\Delta V = 0.83\ \mathrm{mV \cdot mL^{-1}}$，$\bar{V}=24.35\mathrm{mL}$。将一系列 $\Delta E/\Delta V$ 对 $\bar{V}$ 作图，可得到一阶微商滴定曲线，如图 8-24(b) 所示。由于 $E$-$V$ 曲线的拐点就是一阶微商曲线的极大值，因此，将曲线外推所得到的最高点对应的体积就是滴定终点。可见，此法比较准确，但需进一步处理数据。

(3) $\Delta^2 E/\Delta V^2$-$V$ 曲线法　由于一阶微商的极大值对应于二阶微商等于零，因此，以一系列 $\Delta^2 E/\Delta V^2$ 对 $\bar{V}$ 作图，可得到二阶微商滴定曲线，如图 8-24(c)所示。图中曲线最高点与最低点连线与横坐标的交点，即 $\Delta^2 E/\Delta V^2=0$ 所对应的体积即滴定终点。GB/T 9725—2007 规定可以采用二阶微商作图法和计算法确定电位滴定终点。由于绘图法难免产生误差，因此，实际工作中多采用简便、准确的二阶微商计算法。

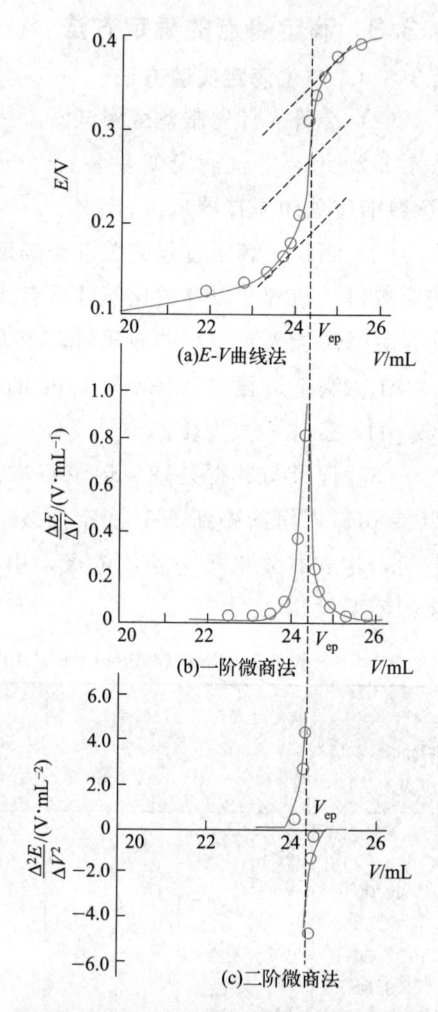


图 8-24　用 $0.1000\mathrm{mol \cdot L^{-1}}$ $AgNO_3$ 标准滴定溶液滴定 NaCl 试液的电位滴定曲线

例如，表 8-7 中，当滴入 $AgNO_3$ 体积为 24.30mL 时，二阶微商可计算为：

$$\Delta^2 E/\Delta V^2=\frac{(\Delta E/\Delta V)_{24.35}-(\Delta E/\Delta V)_{24.25}}{\bar{V}_{24.35}-\bar{V}_{24.25}}=\frac{(830-390)\mathrm{mV \cdot mL^{-1}}}{(24.35-24.25)\mathrm{mL}}=4400\mathrm{mV \cdot mL^{-2}}$$

同理，当滴入 $AgNO_3$ 体积为 24.40mL 时

$$\Delta^2 E/\Delta V^2=\frac{(240-830)\mathrm{mV \cdot mL^{-1}}}{(24.45-24.35)\mathrm{mL}}=-5900\mathrm{mV \cdot mL^{-2}}$$

则二阶微商为零时所对应的滴定终点体积（$V_{ep}$）一定在 24.30～24.40mL 之间，可用内插法计算如下：

$$\frac{24.40-24.30}{-5900-4400}=\frac{V_{ep}-24.30}{0-4400}$$

$$V_{ep}=24.30+(24.40-24.30)\times\frac{4400}{5900+4400}=24.34(\mathrm{mL})$$

### 8.3.4 自动电位滴定法

普通的电位滴定法是先进行手工滴定操作，再按上述作图法或计算法来确定滴定终点，手续烦琐。此外，滴定终点还可根据滴定至终点的电动势来确定，即以预先滴定标准样品获得的经验化学计量点处的电动势来作为终点电动势，这就是自动电位滴定法的理论依据。随着电子和自动化技术的发展，已出现了各种类型的自动电位滴定仪。

#### 8.3.4.1 自动电位滴定的终点确定方式

自动电位滴定仪通常有以下三种确定终点的方式。

(1) 保持滴定速度恒定，自动记录 $E$-$V$ 滴定曲线，然后根据上述方法确定滴定终点。

(2) 将滴定电池的电动势与预设终点电位（经过手动预滴定而确定）相比较，以两信号的差值控制滴定速度。近终点时滴定速度变慢，到终点时自动关闭滴定装置，读取滴定剂的消耗量。

(3) 记录滴定过程中的二阶微商值，当此值为零时达到滴定终点，通过电磁阀将滴定管关闭，读取滴定剂的消耗量。此仪器不需要预先设定终点电位，自动化程度最高。

#### 8.3.4.2 常用自动电位滴定仪的使用

根据自动电位滴定终点确定方式的不同，自动电位滴定仪有多种型号，如 ZD 系列、MIA 系列等。下面重点介绍目前应用较广的 ZD-2 型自动电位滴定仪。

(1) ZD-2 型自动电位滴定仪的结构原理　ZD-2 型自动电位滴定仪（见图 8-25）由 ZD-2 型自动电位滴定仪（主机）和配套的 DZ-1 型滴定装置通过双头连接插塞线组成。两者单独使用时，主机可作 pH 计或毫伏计，DZ-1 型滴定装置可作电磁搅拌器。该滴定仪是根据“终点电位补偿”原理而设计的，即上述第二种终点确定方式。

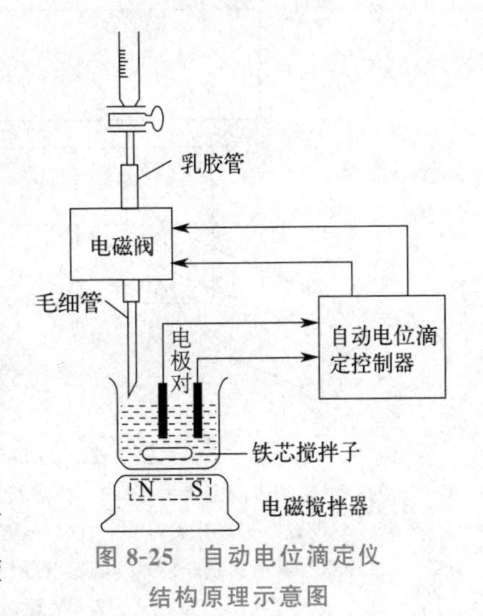


图 8-25　自动电位滴定仪结构原理示意图

插在滴定液中的电极对与控制器相连，控制器与滴定管的电磁阀相连。自动电位滴定前，先将仪器的比较电位值调为预先用手动方法测出的待测试液终点电位值。滴定开始后，仪器将自动比较设定的终点电位值与滴定池中电极对的电位差，在终点前，两者不相等，控制器向电磁阀发出吸通信号，使连接滴定管和毛细管的乳胶管也放开，滴定剂不断滴入待测溶液中。当接近终点时，两者的差值逐渐减小，电磁阀吸通时间逐渐缩短，滴定剂流速也逐渐变慢。到达滴定终点时，两者相等，控制器无信号输出，电磁阀关闭，使乳胶管压紧，滴定剂不能通过，从而自动停止滴定，并读出滴定剂所消耗的体积，求出待测组分的含量。

(2) 仪器主要调节钮和开关的作用　ZD-2 型自动电位滴定仪的前后面板如图 8-26 所示，其主要调节钮和开关的作用如下：

① 斜率补偿调节旋钮、定位调节旋钮和温度补偿调节旋钮：仅供 pH 标定及测量时使用。

②“设置”选择开关：此开关置“终点”时，可配合“pH/mV”选择开关进行终点 mV 或 pH 设定。同理，置“测量”时，可进行 mV 或 pH 测量。置“预控点”时，可进行 pH 或 mV 的预控点设置。

③“功能”选择开关：此开关置“手动”时，可进行手动滴定；置“自动”时，进行预

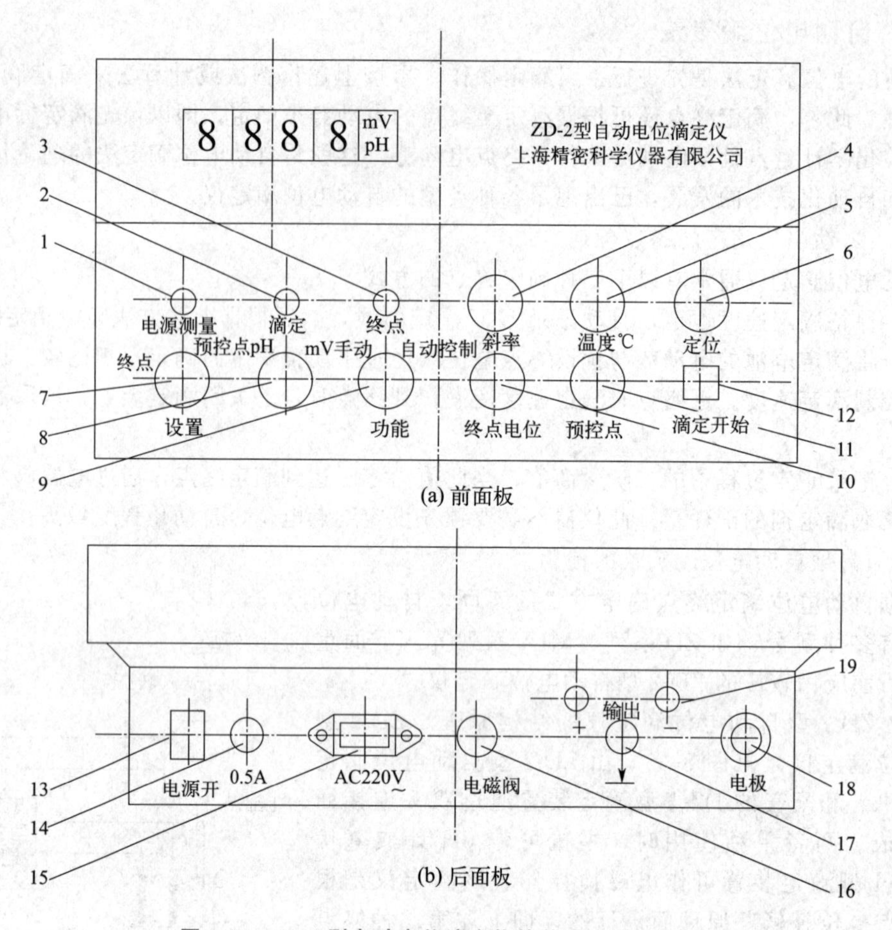


**图 8-26　ZD-2 型自动电位滴定仪的前后面板示意图**

1—电源指示灯；2—滴定指示灯；3—终点指示灯；4—斜率补偿调节旋钮；5—温度补偿调节旋钮；6—定位调节旋钮；7—“设置”选择开关；8—“pH/mV”选择开关；9—“功能”选择开关；10—“终点电位”调节旋钮；11—“预控点”调节旋钮；12—“滴定开始”按钮；13—电源开关；14—保险丝座；15—电源插座；16—电磁阀接口；17—接地接线柱；18—电极插口；19—记录仪输出

设终点滴定，到终点后，滴定终止，滴定灯亮；置“控制”时，由 pH 或 mV 控制滴定，到达终点 pH 或 mV 值后，仪器仍处于准备滴定状态，滴定灯始终不亮。

④“终点电位”调节旋钮：用于设置终点电位或终点 pH。

⑤“预控点”调节旋钮：用于设置预控点 mV 和 pH，即预控点到终点的距离。当预控点离终点较远时，滴定速度较快；当到达预控点后，滴定速度较慢。预控点的大小取决于化学反应的性质，即滴定突跃的大小。氧化还原滴定、强酸强碱中和滴定及沉淀滴定的预控点较小，弱酸强碱、强酸弱碱中和滴定适中，而弱酸弱碱滴定较大。

⑥“滴定开始”按钮：“功能”开关置于“自动”或“控制”时，按一下此按钮，滴定开始。“功能”开关置于“手动”时，按下此按钮，滴定开始，放开此按钮，滴定停止。

(3) 仪器的安装　按仪器说明书的要求安装和连接 ZD-2 型自动电位滴定仪的滴定装置(见图 8-27)、乳胶管、电磁阀和电极等。

(4) 仪器的使用方法　整套仪器安装连接好以后，通电预热 15min。若进行电位或 pH 测量，其使用方法与一般酸度计相同。下面重点介绍自动电位滴定的操作方法。

① 准备工作。

a. 在滴定管内装入标准滴定溶液，并用该溶液将电磁阀乳胶管冲洗 3～4 次，确保里面无气泡。再将滴定管液面调至 0.00 刻度。

b. 准确移取一定量的试液于烧杯中，在烧杯中放入清洗过的铁芯搅拌子，再将烧杯放在搅拌器上。

c. 选择合适的电极对，并对其进行必要的预处理和清洗；再将电极杆夹在电极夹上，将电极下端浸入试液中。

② 终点设定。将“设置”开关置“终点”，“pH/mV”开关置“mV”，“功能”开关置“自动”，调节“终点电位”旋钮，使显示屏显示所要设定的终点电位值（经预滴定获取）。终点电位选定后，“终点电位”旋钮不能再动。

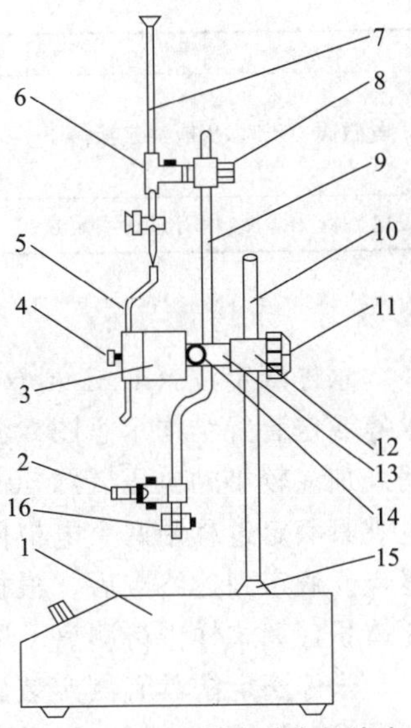


**图 8-27　ZD-2 型自动电位滴定仪结构示意图**

1—电磁搅拌器；2—电极夹；3—电磁阀；4—电磁阀螺丝；5—乳胶管；6—滴定管夹；7—滴定管；8—滴定夹固定螺丝；9—弯式滴管架；10—管状滴管架；11—螺帽；12—夹套；13—夹芯；14—支头螺钉；15—安装螺帽；16—紧圈

③ 预控点设定。将“设置”开关置“预控点”，调节“预控点”旋钮，使显示屏显示所要设定的预控点数值。例如，设置预控点为 100mV 时，仪器将在离终点 100mV 时自动从快滴转为慢滴。【注意】**预控点选定后，“预控点”调节旋钮不可再动。**

④ 将“设置”开关置“测量”，打开搅拌器电源，调节转速逐渐加快直至合适的转速。

⑤ 按下“滴定开始”按钮，仪器开始滴定，滴定指示灯闪亮，滴定管中的标液快速滴下。在接近终点时，滴定速度自动减慢。到达终点后，滴定指示灯不再闪亮，过 10s 左右，终点指示灯亮，滴定自动结束。

【注意】**到达终点后，不可再按“滴定开始”按钮，否则仪器会认为另一极性相反的滴定开始，而继续滴定。**

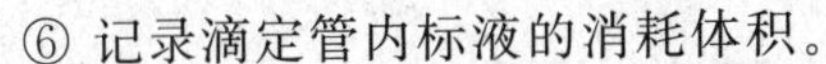

⑥ 记录滴定管内标液的消耗体积。

手动滴定的操作为：将“功能”开关置“手动”，“设置”开关置“测量”。按下“滴定开始”按钮，滴定灯亮，标液滴下，控制按下此按钮的时间可控制标准溶液滴下的量，放开此按钮，则停止滴定。

（5）ZD-2 型自动电位滴定仪的维护和日常保养　ZD-2 型自动电位滴定仪的维护和日常保养方法与酸度计类似，另外还需注意以下两点。

① 滴定时不能使用与乳胶管起反应的高锰酸钾等溶液，以免被腐蚀。

② 与电磁阀弹簧片接触的乳胶管久用易变形，导致弹性变差，此时可放开电磁阀上的压紧螺钉，变动乳胶管的上下位置，或者更换新管。乳胶管在更换前须在弱碱性溶液中蒸煮数小时。

（6）ZD-2 型自动电位滴定仪的一般故障分析和排除方法　见表 8-8。

**表 8-8　ZD-2 型自动电位滴定仪的一般故障分析和排除方法**

| 故障现象 | 故障原因 | 排除方法 |
|---|---|---|
| 滴定开始后，滴定灯闪亮，但无标准溶液滴下 | ①电磁阀插头连接错误 | ①重新连接 |
| | ②电磁阀插头连接无误，但压紧螺钉未调好 | ②调节电磁阀支头螺钉，直至电磁阀关闭时无漏液，而打开时，滴液可滴下 |
| | ③电磁阀乳胶管老化，无弹性 | ③更换新乳胶管 |

续表

| 故障现象 | 故障原因 | 排除方法 |
| --- | --- | --- |
| 电磁阀关闭时,仍有滴定液滴下 | ①电磁阀压紧螺钉未调好 | ①重新调节支头螺钉 |
| | ②电磁阀乳胶管老化、无弹性,或乳胶管安装位置不合适 | ②变动乳胶管上下位置或取下乳胶管,更换新乳胶管 |
| 电磁阀无漏液,但有过量滴定现象 | 滴定控制器存在故障 | 送生产厂家维修 |

### 8.3.5 永停滴定法

永停滴定法（dead-stop titration）又称安培滴定法或双电流滴定法。图 8-28 显示的是永停滴定装置结构示意图。测量时，将两支相同的铂电极插入待滴定溶液中，在两个电极之间外加一较小的电压（约 50mV），然后进行滴定。通过观察滴定过程中两个电极间的电流变化来确定滴定终点。滴定到达终点后，根据标准滴定溶液浓度及消耗体积计算式样中待测离子浓度。

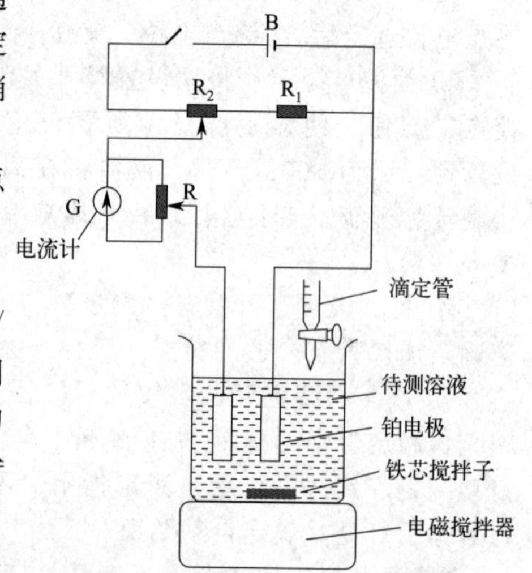


图 8-28 永停滴定装置结构示意图

永停滴定法具有测定装置简单、操作简便、终点指示准确的特点，可大大提高分析速度。

#### 8.3.5.1 可逆电对和不可逆电对

将两支相同的铂电极插入含 $Fe^{3+}/Fe^{2+}$ （或 $I_2/I^-$ 等）电对的溶液中，两个电极间外加一小电压，则接正极的铂电极（阳极）将发生氧化反应，接负极的铂电极（阴极）将发生还原反应，即：阳极 $Fe^{2+} \rightleftharpoons Fe^{3+} + e^-$；阴极 $Fe^{3+} + e^- \rightleftharpoons Fe^{2+}$。

电路中有电流通过，像这样的电对称为可逆电对。在滴定过程中，电流的大小由氧化态（如 $Fe^{3+}$）或还原态（如 $Fe^{2+}$）中浓度小的那个所决定；当两者浓度相等时，电流最大。

将两个相同的铂电极插入含 $S_4O_6^{2-}/S_2O_3^{2-}$ 电对的溶液中，两个电极间外加一小电压，此时，阳极上发生氧化反应，即 $2S_2O_3^{2-} \rightleftharpoons S_4O_6^{2-} + 2e^-$，但阴极上不能同时发生 $S_4O_6^{2-}$ 被还原的反应，电路中没有电流通过。这样的电对称为不可逆电对。

永停滴定法便是根据滴定过程中两个铂电极间的电流变化来确定滴定终点的。

#### 8.3.5.2 滴定电对体系

在滴定过程中，根据滴定剂和待测物质所属电对类型的不同，永停滴定电对体系可分为以下三种类型：

（1）可逆电对滴定不可逆电对体系　用 $I_2$ 滴定 $Na_2S_2O_3$，滴定反应为：$I_2 + 2S_2O_3^{2-} \rightleftharpoons S_4O_6^{2-} + 2I^-$。在化学计量点前，溶液中只有 $I^-$ 和不可逆电对 $S_4O_6^{2-}/S_2O_3^{2-}$，因此无电流通过；化学计量点后，稍过量的 $I_2$ 液加入后，溶液中就有 $I_2/I^-$ 可逆电对存在，电极间有电流通过且电流强度随 $I_2$ 浓度的增加而增加，电流计指针突然从零发生偏转并不再返回，则指示终点到达。滴定过程中的电流变化曲线如图 8-29(a)所示。

（2）不可逆电对滴定可逆电对体系　用 $Na_2S_2O_3$ 滴定 $I_2$，滴定反应为：$2S_2O_3^{2-} + I_2 \rightleftharpoons S_4O_6^{2-} + 2I^-$。在化学计量点前，溶液存在 $I_2/I^-$ 可逆电对和 $S_4O_6^{2-}$，有电流通过；随着滴定的进行 $I_2$ 浓度减少，电流逐渐降低；化学计量点时 $I_2$ 与 $Na_2S_2O_3$ 完全反应，溶液中只有 $S_4O_6^{2-}$ 和 $I^-$，无可逆电对，电解反应停止，此时电流计的指针将停留在零电流附近并保持不动，指示终点到达。滴定过程中的电流变化曲线如图 8-29(b)所示。

(3) 可逆电对滴定可逆电对体系　用 $Ce^{4+}$ 滴定 $Fe^{2+}$，滴定反应为：$Ce^{4+}+Fe^{2+} \rightleftharpoons Ce^{3+}+Fe^{3+}$。滴定前，溶液中只有 $Fe^{2+}$，无 $Fe^{3+}$，无电解反应，两电极间无电流通过。滴定开始后，随着 $Ce^{4+}$ 不断加入，$Fe^{3+}$ 不断增多，溶液中有 $Fe^{3+}/Fe^{2+}$ 可逆电对生成，电流也随 $Fe^{3+}$ 浓度的增加而增大，当 $[Fe^{3+}]=[Fe^{2+}]$ 时，电流达最大值；继续滴入 $Ce^{4+}$，$Fe^{2+}$ 浓度逐渐下降，电流也逐渐降低，到达化学计量点时电流降至最低点。化学计量点后，$Ce^{4+}$ 过量，溶液中有了 $Ce^{4+}/Ce^{3+}$ 可逆电对，电流随着 $Ce^{4+}$ 浓度的增加逐渐变大。滴定过程中的电流变化曲线如图 8-29(c)所示。

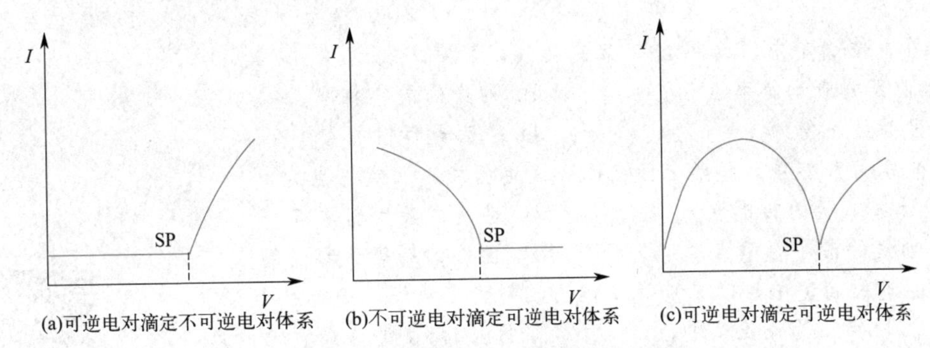


图 8-29　永停滴定过程中电流变化曲线

### 8.3.6 应用

电位滴定法能用于酸碱滴定、氧化还原滴定、配位滴定和沉淀滴定分析，灵敏度高于用指示剂指示终点的滴定分析，而且也能直接用于有色或浑浊试液的滴定分析。

酸碱滴定中指示电极用 pH 玻璃电极，参比电极用饱和甘汞电极。用指示剂指示终点的弱酸滴定分析中，通常要求 $cK_a \geqslant 10^{-8}$ 或 $cK_b \geqslant 10^{-8}$（弱酸、弱碱能否准确滴定标准）、$K_{a_1}/K_{a_2}>10^5$ 或 $K_{b_1}/K_{b_2}>10^5$（多元酸、碱能否分步滴定），而在电位滴定中，上述要求提高至 $cK_a \geqslant 10^{-10}$ 或 $cK_b \geqslant 10^{-10}$，$K_{a_1}/K_{a_2}>10^4$ 或 $K_{b_1}/K_{b_2}>10^4$。用电位滴定法来确定非水滴定的终点较合适。滴定时使用 pH 计的毫伏标度比 pH 标度更合适。

对于氧化还原反应，将被滴定试样作为一个电化学电池的一半，就可对氧化剂或还原剂进行电位滴定。一般指示电极是"惰性"电极，如用于监测溶液电位的铂片或铂丝，外加一个适当的参比电极如 SCE 就可组成电池。这样，在用氧化剂（如 $MnO_4^-$ 或 $Ce^{4+}$ 标准溶液）滴定还原剂（如 $Fe^{2+}$）时，通过滴定剂电对的克式电位和它的氧化态/还原态的活度比，或者通过被滴定物质电对的克式电位和它的氧化态/还原态的活度比，即可给出溶液平衡电位。对于凡是分析上有用的滴定反应而言，滴定剂与被滴定物质一定要迅速反应，而且至少两个电极电对中的一对在指示电极上是可逆的。典型的应用实例包括用 $MnO_4^-$ 滴定 $Fe^{2+}$；用溴酸盐滴定砷（Ⅲ）；用碘测定维生素 C（抗坏血酸）；用亚铬离子测定诸如偶氮、硝基、亚硝基等化合物以及醌之类的有机化合物。

对于沉淀反应和配位反应，由于有着各种各样商品离子选择性电极供应，同时可以制作许多更特殊的电极，所以涉及离子的沉淀反应和配合作用的滴定就得到了广泛应用。使用适当的硫化银基质电极，用 $AgNO_3$ 可滴定卤化物、硫氰酸盐、硫化物、铬酸盐和硫醇；用 NaI 可滴定银离子。使用适当的电极，用 EDTA 标准溶液可滴定许多金属离子。钼酸盐、硒化物、硫酸盐、碲化物、钨酸盐等可用高氯酸铅标准溶液和铅电极进行滴定。铝离子、锂离子、磷酸盐、各种稀土元素离子和锆酸盐等可用氟化物滴定。测定下限多在 $10^{-3} \sim 10^{-4}\,mol \cdot L^{-1}$ 之间。

## 思考与练习 8.3

1. 对于电位滴定法，下面说法中，错误的是（　　）。

A. 在酸碱滴定中，常用 pH 玻璃电极为指示电极，饱和甘汞电极为参比电极

B. 弱酸、弱碱以及多元酸（碱）不能用电位滴定法测定值

C. 电位滴定法具有灵敏度高、准确度高、应用范围广等特点

D. 在酸碱滴定中，应用电位法指示滴定终点比用指示剂法指示终点的灵敏度高得多

2. 在自动电位滴定法测 HAc 的实验中，指示滴定终点的是（　　）。

A. 酚酞　　B. 甲基橙　　C. 指示剂　　D. 电位突跃变化

3. 在电位滴定中，绘制 $E$-$V$ 滴定曲线，滴定终点为（　　）。

A. 曲线的最大斜率点　　B. 曲线的最小斜率点

C. $E$ 为最正值的点　　D. $E$ 为最负值的点

4. 在电位滴定中，绘制 $\Delta E/\Delta V$-$V$ 滴定曲线，滴定终点为（　　）。

A. 曲线突跃的转折点　　B. 曲线的最大斜率点

C. 曲线的最小斜率点　　D. 曲线的斜率为零时的点

5. 在电位滴定中，以二阶微商作图绘制滴定曲线，滴定终点为（　　）。

A. 二阶微商为最正值的点　　B. 二阶微商为最负值的点

C. 二阶微商为零时的点　　D. 曲线的斜率为零时的点

田昭武和田中群——电化学领域的父子双院士

## 阅读园地

扫描二维码查看“田昭武和田中群——电化学领域的父子双院士”。

# 8.4 实验

## 8.4.1 直接电位法测量乙酸溶液的 pH

### 8.4.1.1 实验目的

（1）掌握直接电位法测定溶液 pH 的方法和实验操作。

（2）学习酸度计与玻璃电极、甘汞电极的使用方法。

### 8.4.1.2 实验原理

根据能斯特公式，将 pH 玻璃电极（指示电极）、饱和甘汞电极（参比电极）与被测溶液组成原电池，25℃时，有：

$$E_{电池}=K'+0.0592\text{pH}$$

式中，$K'$在一定条件下虽是定值，但不能通过理论计算获得。在实际测量中须用标准缓冲溶液“定位”、调节“斜率”后，才可在相同条件下测量溶液 pH。为适应不同温度下的测量，在用标准缓冲溶液“定位”、调节“斜率”之前，先要进行温度补偿（使用温度计实测溶液温度，将“温度补偿”旋钮调至溶液实际温度值；或使用热电偶测量溶液的温度，并直接在仪器面板上显示）。在进行“温度补偿”和校正后将电极插入待测试液中，仪器就直接显示待测溶液的 pH。

### 8.4.1.3 仪器与试剂

（1）仪器　pHS-3C 型酸度计或其他型号酸度计、pH 复合电极、电极架、电磁搅拌器（含铁芯搅拌子）。

（2）试剂　pH＝4.00、pH＝6.86、pH＝9.18 的标准缓冲溶液；广范 pH 试纸；乙酸样品溶液（教师课前准备）。

#### 8.4.1.4 实验内容与操作步骤

（1）接通电源，按下开关，预热 30min。

（2）选择仪器测量方式为“pH”方式。

（3）调节温度按钮、使仪器显示的温度与测量溶液的温度一致。

（4）用纯水清洗电极，用滤纸吸干水分后，插入 pH＝6.86（25℃）的标准缓冲溶液中，调节“定位”按钮，使仪器显示屏读数为测量溶液实测温度下的 pH（可查看表 8-3）。

（5）取出电极，用纯水清洗，用滤纸吸干水分后，再将其插入 pH＝4.00 的标准缓冲溶液中，调节“斜率”按钮，使仪器显示屏读数为测量溶液实测温度下的 pH（可查看表 8-3）。

（6）取出电极，用纯水清洗，用滤纸吸干水分后，再将电极插入待测溶液中，等待显示屏上显示的读数稳定后，读取待测溶液的 pH。

（7）平行测量三次。

（8）取出电极，用纯水清洗，用滤纸吸干水分后，将电极放在电极架上，套上电极帽，关上电源。

（9）收拾实验台，物品摆放整齐，实验台擦拭干净，填写仪器使用记录。

#### 8.4.1.5 HSE 要求

（1）标准缓冲溶液配制需准确无误，否则将导致测量结果不准确。

（2）pH 复合电极在使用前应在蒸馏水中浸泡 24h 以上。使用完成后应冲洗干净，放入装有 $3mol \cdot L^{-1}$ KCl 的保护帽中，以保持电极球泡的湿润。避免将 pH 复合电极长期浸泡在蒸馏水中。

（3）玻璃电极球泡受到污染时，可用稀盐酸溶解无机盐污垢，用丙酮除去油污（但不能用无水乙醇）后再用纯水清洗干净，放入水中浸泡一昼夜再使用。

（4）pH 复合电极的外参比补充液为 $3mol \cdot L^{-1}$ KCl 溶液，可从电极小孔补入。

（5）电极的引出端（插头），必须保持清洁干燥，绝对禁止输出端短路，否则将导致测量结果失准或失效。

（6）经长期使用后，如发现电极的理论斜率略有降低，则可把电极下端浸泡在 4％HF 中 3～5s，用蒸馏水洗净，然后在 $0.1mol \cdot L^{-1}$ HCl 溶液中浸泡几小时后，用去离子水冲洗干净，使之复新。

（7）测定水样 pH 最好在现场进行，否则，应在采样后在 0～4℃下保存样品，并在采样后 6h 之内完成测定。为防止空气中二氧化碳溶入或水样中二氧化碳逸出，测定前不应提前打开水样瓶塞。

（8）注意用电安全，合理处理、排放实验废液。

#### 8.4.1.6 原始记录与数据处理

在表 8-9 中记录各待测试液的 pH，分别计算各试液 pH 的平均值和相对平均偏差（$R\bar{d}$）。

表 8-9　直接电位法测 pH 数据记录表

分析者：＿＿＿＿＿班级：＿＿＿＿＿＿学号：＿＿＿＿＿＿分析日期：＿＿＿＿＿＿

| 测量条件 | | | |
|---|---|---|---|
| 样品名称： | 样品编号： | 仪器名称： | 仪器型号与编号： |
| 测量水温/℃： | | | |

续表

| pH 的测定 | | | | | | |
|---|---|---|---|---|---|---|
| 水样 | 在测量水温下标准缓冲溶液的 pH | | | 样品 pH 测试值 | 平均值 | 相对平均偏差/% |
| | 次数 | 第 1 点 | 第 2 点 | | | |
| 1# | | | | | | |
| | | | | | | |
| | | | | | | |
| 2# | | | | | | |
| | | | | | | |
| | | | | | | |

结论：________________

### 8.4.1.7 思考题

(1) 为什么要用与待测溶液 pH 接近的标准缓冲溶液来校正仪器？

(2) “温度”调节钮的作用是什么？

### 8.4.1.8 评分表

| 项目 | 考核内容 | 记录 | 分值 | 扣分 | 考核内容 | 记录 | 分值 | 扣分 | 备注 |
|---|---|---|---|---|---|---|---|---|---|
| 开机、准备工作(23 分) | 仪器的组装 | | 2 | | 标准缓冲溶液的选择 | | 2 | | 操作正确且规范记√，操作不正确或不规范记× |
| | 电极的预处理和安装 | | 2 | | 标准缓冲溶液的配制 | | 2 | | |
| | 仪器的预热 | | 2 | | 测试完毕后玻璃仪器的清洗 | | 2 | | |
| | 试杯的洗涤 | | 2 | | 关机操作 | | 2 | | |
| | 试液 pH 的初测 | | 2 | | pH 复合电极的使用与维护 | | 5 | | |
| 测量操作(16 分) | 温度补偿操作 | | 4 | | 测量过程的润洗和平衡 | | 4 | | |
| | 用 pH 缓冲溶液校准仪器 | | 4 | | pH 的测定 | | 4 | | |
| 原始记录(9 分) | 完整、及时 | | 3 | | 清晰、规范 | | 3 | | |
| | 真实、无涂改 | | 3 | | | | | | |
| 数据处理(9 分) | 计算公式正确 | | 3 | | 计算结果正确 | | 3 | | |
| | 有效数字正确 | | 3 | | | | | | |
| 测量精密度(15 分) | ＜1%(15 分)；≥1%，＜2%(13 分)；≥2%，＜3%(10 分)；≥3%，＜5%(7 分)；≥5%(0 分) | | | | | | 15 | | 以 $\overline{Rd}$ 计 |
| 测量准确度(12 分) | ±0.01pH(12 分)；±0.02pH(8 分)；±0.03pH(4 分)；＞±0.03pH(0 分) | | | | | | 12 | | |
| 报告与结论(2) | 完整、明确、规范、无涂改 | | | | | | 2 | | 缺结论扣 10 分 |
| HSE 要求(10 分) | 态度端正、操作规范，团队合作意识强，节约意识强，正确处理“三废”，无安全事故 | | | | | | 10 | | |
| 分析时间(4 分) | 开始时间： 结束时间： 完成时间： | | | | | | 4 | | 每超 5 分钟扣 1 分 |
| 总 分 | | | | | | | | | |

## 8.4.2 氟离子选择性电极测定牙膏中的微量氟

### 8.4.2.1 实验目的

(1) 掌握离子选择性电极法测定氟离子含量的基本原理。

(2) 学会使用离子选择电极的测量方法和数据处理方法。

### 8.4.2.2 实验原理

离子选择性电极法测定溶液中待测离子浓度时，必须保持试液和标准溶液的总离子强度相一致，使溶液中待测离子的活度系数恒定。因此，在实际测量中，需向标准溶液和待测试液中加入相同量的 TISAB。同时，也维持试液和标准溶液在适宜的 pH 范围内，掩蔽干扰离子，以保证测量的准确度。

在测定溶液中 $F^-$ 浓度时，以氟电极作为指示电极，饱和甘汞电极作为参比电极，与标准溶液或试液分别组成如下工作电池：

$$\text{SCE} \,||\, \text{标准溶液}(c_s)\text{或试液}(c_x)\,|\,\text{pF 电极}$$

在同一实验条件下，用精密毫伏计分别测量各电池的电动势，25℃时按下式计算。

$$E=\varphi_{F^-}-\varphi_{SCE}=K'-0.0592\lg c_{F^-}-\varphi_{SCE}=k'-0.0592\lg c_{F^-}$$

式中，$k'$在一定条件下是常数。可见，$E$ 与 $c_{F^-}$ 的关系符合能斯特方程，常用标准曲线法或标准加入法进行定量测定。氟电极对 $F^-$ 的线性响应范围是 $5\times(10^{-7}\sim10^{-1})\ mol\cdot L^{-1}$。

8.4.2.3 仪器与试剂

（1）仪器 PXD-12 型数字式离子计（或其他型号离子计、精密酸度计）、氟电极、饱和甘汞电极、电磁搅拌器。

（2）试剂

① NaF 标准贮备液，$1.000\times10^{-1}mg\cdot mL^{-1}$：准确称取基准 NaF（120℃烘 1h）2.100g，溶于 1000mL 容量瓶中，用蒸馏水稀释至刻度，摇匀。于聚乙烯试剂瓶中贮存。

② NaF 标准工作液，$100\mu g\cdot mL^{-1}$：准确移取 NaF 标准贮备液 10.00mL 于 100mL 容量瓶中，用蒸馏水稀释至刻度，摇匀。于试剂瓶中备用。

③ NaF 标准工作液，$10\mu g\cdot mL^{-1}$：准确移取 $100\mu g\cdot mL^{-1}$ NaF 标准工作液 10.00mL 于 100mL 容量瓶中，用蒸馏水稀释至刻度，摇匀。贮于试剂瓶中备用。

④ 总离子强度调节缓冲液（TISAB）：称取氯化钠 58g、柠檬酸钠 10g 溶于 800mL 蒸馏水中，再加冰醋酸 57mL，用 $6mol\cdot L^{-1}$ NaOH 溶液调至 pH 为 5.0～5.5，然后稀释至 1000mL。

⑤ 待测试样。

8.4.2.4 实验内容与操作步骤

（1）电极的准备

① 氟电极的准备：氟电极在使用前，宜在 $10^{-3}mol\cdot L^{-1}$ 的 NaF 溶液中浸泡活化 1～2h，再用蒸馏水反复清洗，直到空白电位值为 300mV 左右（此值各支电极不同），即可正常使用。**【注意】防止电极晶片与硬物碰擦。测量前，让电极晶片朝下，轻击电极杆，以排除晶片上可能附着的气泡。**

② 饱和甘汞电极的准备：取下电极下端口和上侧加液口的小胶帽，检查电极内充饱和 KCl 溶液的液位、底端的 KCl 晶体、玻璃弯管处的气泡、电极下端陶瓷芯毛细管的畅通等情况，进行适当处理。

（2）仪器的准备和电极的安装 按仪器说明书，通电，预热 20min。用蒸馏水清洗氟电极和饱和甘汞电极外部，用滤纸吸干外壁水分后，安装在电极架上，电极引线接入仪器对应插座。**【注意】两支电极不要彼此接触，也不要碰到杯底或杯壁。**

（3）样品制备 准确称取含氟牙膏 1.000g 于烧杯中，加入 10mL 浓热 HCl，充分搅拌约 20min，加 1～2 滴溴钾酚绿指示剂（呈黄色），依次用固体 NaOH、浓和稀 NaOH 溶液中和至刚变蓝，再用稀 HCl 调至刚变黄（pH=6.0），转入 100mL 容量瓶中，定容，过滤。保留滤液备用。**【注意】同时做空白。**

（4）工作曲线法

① 标准系列的配制。分别取 2.00mL、4.00mL、6.00mL、8.00mL、10.00mL 10

$\mu g \cdot mL^{-1}$ NaF 标准工作液于 5 个 50mL 的容量瓶中，加入 10mL 空白溶液和 10mL TISAB，定容，摇匀。此时浓度系列为 $0.4\mu g \cdot mL^{-1}$、$0.8\mu g \cdot mL^{-1}$、$1.2\mu g \cdot mL^{-1}$、$1.6\mu g \cdot mL^{-1}$、$2.0\mu g \cdot mL^{-1}$。

② 将标准系列溶液分别倒出部分于烧杯中，放入搅拌子，插入经洗净的电极，搅拌 1min，停止搅拌后（或一直搅拌，待读数稳定后），读取稳定的电位值。按顺序从低到高浓度依次测量，测量结果列表记录。

③ 水样测定　移取制好的样品滤液 10.00mL 于 50mL 容量瓶中，加入 10mL TISAB，定容，摇匀，测定。

（5）标准加入法　准确移取滤液 10.00mL 于 100mL 烧杯中，加入 10mLTISAB，加入 30mL 蒸馏水，放入搅拌子，插入清洗干净的电极，搅拌，读取稳定的电位值 $E_1$。再准确加入 $100\mu g \cdot mL^{-1}$ $F^-$ 标准工作液 1.00mL，同样测量出稳定的电位值 $E_2$。计算出其差值（$\Delta E = E_1 - E_2$）。

（6）结束工作　用蒸馏水清洗电极数次，直至接近空白电位值，晾干后保存于电极盒中，若间歇使用可继续浸泡在水中。关闭仪器电源，清洗试杯，晾干后妥善保存。整理工作台，罩上仪器防尘罩，填写仪器使用记录。

#### 8.4.2.5　HSE 要求

（1）测量时，应按溶液浓度从低到高的顺序进行。每测完一份试液后，都应用蒸馏水清洗至空白电位值，再测定下一份试液，以免影响测量的准确度。

（2）由于电极电位在搅拌和静止时的读数不同，测定过程中应保持读数状态一致。

（3）测定过程中，搅拌溶液的速度应保持恒定。

（4）保证用电安全，合理处理实验废液、废渣。

#### 8.4.2.6　原始记录与数据处理

（1）在表 8-10 中记录测量条件和测量的实验数据。

**表 8-10　离子选择性电极法测 $F^-$ 数据记录表**

分析者：________ 班级：________ 学号：________ 分析日期：________

<table>
<tr><td colspan="6">仪　器　条　件</td></tr>
<tr><td colspan="3">试样名称：</td><td colspan="3">试样编号：</td></tr>
<tr><td colspan="3">仪器名称：</td><td colspan="3">仪器型号</td></tr>
<tr><td colspan="3">仪器编号：</td><td colspan="3">水温：</td></tr>
<tr><td colspan="6">绘制标准曲线</td></tr>
<tr><td>编号</td><td>1#</td><td>2#</td><td>3#</td><td>4#</td><td>5#</td></tr>
<tr><td>标样中氟离子的浓度/(mol·L<sup>-1</sup>)</td><td></td><td></td><td></td><td></td><td></td></tr>
<tr><td>$-\lg c_{F^-}$</td><td></td><td></td><td></td><td></td><td></td></tr>
<tr><td>$E$/mV</td><td></td><td></td><td></td><td></td><td></td></tr>
<tr><td>斜率 $b$</td><td></td><td>截距 $a$</td><td></td><td>相关系数 $\gamma$</td><td></td></tr>
</table>

<table>
<tr><td colspan="4">测定样品中氟离子浓度</td></tr>
<tr><td colspan="2">样品移取体积/mL：</td><td colspan="2">样品稀释体积/mL：</td></tr>
<tr><td>测量次数</td><td>第 1 次</td><td>第 2 次</td><td>第 3 次</td></tr>
<tr><td>$E$/mV</td><td></td><td></td><td></td></tr>
<tr><td>$-\lg c_{F^-}$</td><td></td><td></td><td></td></tr>
<tr><td>样品中氟离子浓度/($mol \cdot L^{-1}$)</td><td></td><td></td><td></td></tr>
<tr><td>平均值/($mol \cdot L^{-1}$)</td><td colspan="3"></td></tr>
<tr><td>相对平均偏差/%</td><td colspan="3"></td></tr>
</table>

(2) 以测得的 $F^-$ 标准系列溶液的电位值 $E$(mV) 为纵坐标，以 $-\lg c_{F^-}$ (pF) 为横坐标，绘制标准曲线。在标准曲线上，由 $E_x$ 值查出样品中 $F^-$ 的浓度，并换算为牙膏中 $F^-$ 的含量（以 $mg \cdot g^{-1}$ 表示），求出两次平行测定结果的平均值和相对平均偏差。同时，从标准曲线的线性部分求出该氟电极的实际响应斜率，计算回归方程和相关系数 $\gamma$，以检验工作曲线的线性，一般要求 $\gamma > 0.995$。

(3) 根据式(8-41)计算样品中 $F^-$ 的浓度，并换算为牙膏中 $F^-$ 的含量(以 $mg \cdot g^{-1}$ 表示)。

(4) 比较和评价标准曲线法和标准加入法的测定结果。

(5) 对照国家标准评价测定牙膏的氟含量是否达标。

#### 8.4.2.7 思考题

(1) 为什么要加入总离子强度调节缓冲液？

(2) 在测量前，氟电极和饱和甘汞电极应如何处理才能达到要求？

(3) 测量标准溶液电位值时，为什么要按照由稀到浓的测定顺序？

#### 8.4.2.8 评分表

| 项目 | 考核内容 | 记录 | 分值 | 扣分 | 考核内容 | 记录 | 分值 | 扣分 | 备注 |
|---|---|---|---|---|---|---|---|---|---|
| 溶液的配制（8分） | 容量瓶的规范使用 | | 4 | | 移液管的规范使用 | | 4 | | 操作正确且规范记√，操作不正确或不规范记× |
| 测量操作（20分） | 测量工作电池的组件 | | 4 | | 空白电位值 | | 2 | | |
| | 电极的选择 | | 2 | | 电极测量前、后的洗涤 | | 2 | | |
| | 电极的预处理 | | 2 | | 电位值的平衡与读数 | | 2 | | |
| | 搅拌速度 | | 2 | | 关机 | | 4 | | |
| 原始记录（9分） | 完整、及时 | | 3 | | 清晰、规范 | | 3 | | |
| | 真实、无涂改 | | 3 | | | | | | |
| 数据处理（12分） | 计算公式正确 | | 4 | | 计算结果正确 | | 4 | | |
| | 有效数字正确 | | 4 | | | | | | |
| 工作曲线线性（10分） | ≥0.9999(10分)；≥0.9995，<0.9999(7分)；≥0.999，<0.9995(4分)；≥0.99，<0.999(2分)；<0.99(0分) | | | | | | | | 以相关系数 $r$ 计 |
| 测量精密度（15分） | <1%(15分)；≥1%，<2%(13分)；≥2%，<3%(10分)；≥3%，<5%(7分)；≥5%(0分) | | | | | | | | 以 $\overline{Rd}$ 计 |
| 测量准确度（10分） | <0.5%(10分)；≥0.5%，<1%(8分)；≥1%，<2%(6分)；≥2%，<3%(4分)；≥3%，<5%(2分)；≥5%(0分) | | | | | | | | 以误差评分 |
| 报告与结论（2分） | 完整、明确、规范、无涂改 | | | | | | | | 缺结论扣10分 |
| HSE要求（10分） | 态度端正、操作规范，团队合作意识强，节约意识强，正确处理“三废”，无安全事故 | | | | | | | | |
| 分析时间（4分） | 开始时间： 结束时间： 完成时间： | | | | | | | | 每超5分钟扣1分 |
| 总分 | | | | | | | | | |

### 8.4.3 电位滴定法测定硫酸亚铁胺溶液中的亚铁离子含量

#### 8.4.3.1 实验目的

(1) 掌握电位滴定法用于氧化还原滴定分析的基本原理与实验方法。

(2) 学会组装电位滴定装置。

#### 8.4.3.2 实验原理

电位滴定法是用于氧化还原滴定分析最理想的方法。以 $K_2Cr_2O_7$ 法测定水溶液中 $Fe^{2+}$ 含量的反应为：

$$Cr_2O_7^{2-} + 6Fe^{2+} + 14H^+ \longrightarrow 2Cr^{3+} + 6Fe^{3+} + 7H_2O$$

因此，可利用铂电极作为指示电极，饱和甘汞电极作为参比电极，与待测溶液组成工作电池。在滴定过程中，由于滴定剂（$Cr_2O_7^{2-}$）的加入，待测离子氧化态（$Fe^{3+}$）与还原态（$Fe^{2+}$）的活度之比发生变化，从而引起铂电极的电位也发生变化，在化学计量点附近产生电位突跃，即可利用作图法或二阶微商计算法确定滴定终点。

8.4.3.3 仪器与试剂

（1）仪器 PXD-12 型数字式离子计（或其他型号离子计、精密酸度计）、铂电极、饱和甘汞电极、电磁搅拌器、滴定管、移液管。

（2）试剂

① $c\left(\frac{1}{6}K_2Cr_2O_7\right)=0.1000mol\cdot L^{-1}$ 重铬酸钾标准滴定溶液：准确称取在 120℃烘干的 $K_2Cr_2O_7$ 基准试剂 4.9033g，用蒸馏水溶解，移入 1000mL 容量瓶中，稀释至刻度，摇匀。

② $H_2SO_4$-$H_3PO_4$ 混合酸（1+1）。

③ 邻苯氨基苯甲酸指示液：$2g\cdot L^{-1}$。

④ $w(HNO_3)=10\%$硝酸溶液。

⑤ 硫酸亚铁铵试液。

8.4.3.4 实验内容与操作步骤

（1）电极与仪器的准备

① 铂电极的预处理 将铂电极浸入热的 $w(HNO_3)=10\%$硝酸溶液中数分钟，取出用水洗净，再用蒸馏水冲洗后，置仪器电极夹上。

② 饱和甘汞电极的准备：取下电极下端口和上侧加液口的小胶帽，检查电极内充饱和 KCl 溶液的液位、底端的 KCl 晶体、玻璃弯管处的气泡、电极下端陶瓷芯毛细管的畅通等情况，进行适当处理。置仪器电极夹上。将电极对正确连接于毫伏计上。

③ 在滴定管中加入重铬酸钾标准滴定溶液，将液面调至 0.00 刻线，置仪器滴定管夹上。

④ 开启仪器电源，预热 20min，并将仪器调至工作状态。

（2）试液中 $Fe^{2+}$ 含量的测定 移取 25.00mL 试液于 250mL 的高型烧杯中，加入硫磷混酸 10mL，稀释至约 50mL。加入 1 滴邻苯氨基苯甲酸指示液，放入洗净的搅拌子，将烧杯放在搅拌器上，插入电极对。首先进行一次预滴定，了解滴定终点的大致范围，观察终点颜色变化和对应的电位值。

另取一份试液进行正式滴定。开启搅拌器，将选择开关置“mV”位置，记录溶液的初始电位值，然后滴加 $K_2Cr_2O_7$ 标准滴定溶液，待电位稳定后读取电位值 $E$(mV) 和滴定剂加入体积 $V$(mL)。在滴定开始时，每加 5mL 标准滴定溶液记录一次，然后依次减少到加入 1.0mL、0.5mL 后记录。在化学计量点附近（电位突跃前后 1mL 左右）每加 0.1mL 记录一次，过化学计量点后再每加 0.5mL、1mL 记录一次，直至电位变化不大为止。观察、记录溶液颜色变化和对应的电位值及滴定体积。平行测定三次。

（3）结束工作 关闭仪器和搅拌电源，清洗滴定管、电极、烧杯并妥善保存。整理工作台，罩上仪器防尘罩，填写仪器使用记录。

8.4.3.5 HSE 要求

（1）滴入滴定剂后，应继续搅拌至仪器显示的电位值基本稳定，然后停止搅拌，放置至电位值稳定后，再读数。

（2）滴定速度不宜过快。

（3）保证用电安全，合理处理实验废液、废渣。

8.4.3.6 原始记录与数据处理

（1）在表 8-11 中记录测量条件和测量的实验数据。

表 8-11 电位滴定法数据记录表

分析者：__________ 班级：__________ 学号：__________ 分析日期：__________

| 仪器条件 | | | |
|---|---|---|---|
| 试样名称： | | 试样编号： | |
| 仪器名称： | | 仪器型号与编号： | |
| 试液移取体积/mL： | | | |
| 第 1 次 | | 第 2 次 | |
| 标准滴定溶液滴加体积 $V$/mL | 测量电池电动势 $E$/mV | 标准滴定溶液滴加体积 $V$/mL | 测量电池电动势 $E$/mV |
| | | | |
| | | | |
| | | | |
| | | | |
| | | | |
| | | | |
| | | | |
| | | | |
| | | | |
| | | | |
| | | | |
| | | | |
| | | | |
| | | | |
| | | | |
| | | | |
| | | | |
| | | | |
| | | | |
| | | | |
| | | | |
| | | | |

（2）计算 $\Delta E/\Delta V$、$\Delta^2 E/\Delta V^2$，分别用 $E$-$V$ 曲线法、一阶微商法和二阶微商计算法确定滴定终点。以二阶微商计算法确定的滴定终点体积（$V_{ep}$）计算试液中 $Fe^{2+}$ 的质量浓度（以 $g \cdot L^{-1}$ 表示），并求出三次平行测定结果的平均值和相对平均偏差。数据记录在表 8-12 中。

表 8-12 测定结果记录表

| 第 1 次 | | | 第 2 次 | | |
|---|---|---|---|---|---|
| $V$/mL | $\Delta E/\Delta V$ | $\Delta^2 E/\Delta V^2$ | $V$/mL | $\Delta E/\Delta V$ | $\Delta^2 E/\Delta V^2$ |
| | | | | | |
| | | | | | |
| | | | | | |
| | | | | | |
| | | | | | |
| | | | | | |
| | | | | | |
| | | | | | |

| 结果处理 | 第 1 次 | 第 2 次 |
|---|---|---|
| $V_{sp}$/mL | | |
| $\rho_{铁}/(g \cdot L^{-1})$ | | |
| $\bar{\rho}_{铁}/(g \cdot L^{-1})$ | | |
| $R\bar{d}$/% | | |

(3) 比较 $E$-$V$ 曲线法、一阶微商法和二阶微商计算法确定滴定终点的优缺点。

(4) 得出结论，并分析测定误差的来源和减免方法。

#### 8.4.3.7 思考题

(1) 比较本实验采用的指示剂法和电位滴定法指示滴定终点的优缺点。

(2) 试比较直接电位法和电位滴定法的特点。为什么电位滴定法更准确？

(3) 氧化还原电位滴定为什么可以用铂电极作为指示电极？在滴定前为什么也能测得一定的电位？

#### 8.4.3.8 评分表

| 项目 | 考核内容 | 记录 | 分值 | 扣分 | 考核内容 | 记录 | 分值 | 扣分 | 备注 |
|---|---|---|---|---|---|---|---|---|---|
| 溶液的配制(8分) | 容量瓶的规范使用 | | 4 | | 移液管的规范使用 | | 4 | | |
| 测量操作(26分) | 仪器预热或自检 | | 2 | | 盐桥的安装(无气泡) | | 2 | | 操作正确且规范记√，操作不正确或不规范记×。若有失败的滴定，倒扣10分/次，至扣完“测量操作”项所有分为止 |
| | 滴定管清洗、润洗 | | 2 | | 搅拌子正确放入 | | 2 | | |
| | 滴定管零点调节 | | 2 | | 电极的安装(浸入高度) | | 2 | | |
| | 指示电极的检查与预处理 | | 2 | | 搅拌速度的选择与调节 | | 2 | | |
| | 甘汞电极的检查与预处理 | | 2 | | 滴定速度的控制 | | 2 | | |
| | 盐桥瓷芯通畅检查 | | 2 | | 读数方法 | | 2 | | |
| | 盐桥溶液加入量 | | 2 | | 是否有失败的滴定 | | / | | |
| 原始记录(9分) | 完整、及时 | | 3 | | 清晰、规范 | | 3 | | |
| | 真实、无涂改 | | 3 | | | | | | |
| 数据处理(12分) | 计算公式正确 | | 4 | | 计算结果正确 | | 4 | | |
| | 有效数字正确 | | 4 | | | | | | |
| 测量精密度(15分) | <0.2%(15分)；≥0.2%，<0.5%(13分)；≥0.5%，<1%(10分)；≥1%，<2%(7分)；≥2%(0分) | | | | | | 15 | | 以 $\overline{Rd}$ 计 |
| 测量准确度(14分) | <0.5%(14分)；≥0.5%，<1%(11分)；≥1%，<2%(8分)；≥2%，<3%(4分)；≥3%(0分) | | | | | | 14 | | 以误差评分 |
| 报告与结论(2分) | 完整、明确、规范、无涂改 | | | | | | 2 | | 缺结论扣10分 |
| HSE要求(10分) | 态度端正、操作规范，团队合作意识强，节约意识强，正确处理“三废”，无安全事故 | | | | | | 10 | | |
| 分析时间(4分) | 开始时间： 结束时间： 完成时间： | | | | | | 4 | | 每超5分钟扣1分 |
| 总分 | | | | | | | | | |

### 8.4.4 卡尔·费休法测定升华水杨酸的含水量

#### 8.4.4.1 实验目的

(1) 学习永停滴定法测定的原理与实验方法。

(2) 学习组装WA-1型高灵敏度水分测定仪装置。

#### 8.4.4.2 实验原理

卡尔·费休法所用的标准滴定溶液是由碘、二氧化硫、吡啶和甲醇按一定比例组成，称为卡尔·费休试剂，其准确浓度一般用纯水标定，然后用它测定样品中的水分含量。卡尔·费休试剂与水的反应方程式如下：

$$I_2 + SO_2 + 2H_2O \rightleftharpoons H_2SO_4 + 2HI$$

本实验将两个铂电极插入滴定溶液中，在两电极间加一小电压10～15mV。根据半电池反应：

$$I_2 + 2e^- \rightleftharpoons 2I^-$$

在滴定过程中，卡尔·费休试剂与试样中的水分发生反应，溶液中只有 $I^-$ 而无 $I_2$ 存在，则溶液中无电流通过。当卡尔·费休试剂稍过量时，溶液中同时存在 $I^-$ 和 $I_2$，电极上发生电解反应，有电流通过两电极，电流计指针突然偏转至一最大值并稳定 1min 以上，此时即为终点。此法确定终点较灵敏、准确。

#### 8.4.4.3 仪器与试剂

(1) 仪器　WA-1 型高灵敏度水分测定仪、铂电极、电磁搅拌器、滴定管、电子天平、称量瓶、微量注射器。

(2) 试剂　卡尔·费休试剂、无水甲醇、生化水杨酸样品、变色硅胶。

#### 8.4.4.4 实验内容与操作步骤

(1) 准备工作

① 按说明书要求将仪器各部件连接好，并调试，确保能正常使用。

② 在所有干燥器中均装入变色硅胶，用真空脂处理好各玻璃活塞、玻璃标准口塞，然后在双口瓶中倒入卡尔·费休试剂。

③ 向滴定容器中加入 20mL 无水甲醇，放入搅拌子。打开电磁搅拌开关，由慢到快逐渐调整到所需转速。

④ 打开测量系统开关，拉出终点定值电位器，并调整数字屏读数至 100。

(2) 卡尔·费休试剂的标定　在适宜的电磁搅拌速度下，在 20mL 无水甲醇中滴加卡尔·费休试剂，在临近终点时，可逐滴加入，当数字显示屏上读数为最大值并能保持 30s 不降时，无水甲醇中的微量水反应恰好反应完全，即达到滴定终点。

用微量注射器抽取 3～5μL 纯水（纯水的具体用量要根据试剂的浓度而定，一般控制在试剂消耗在 3mL 左右为宜），并快速将纯水注入反应容器中，记录加水的质量，用卡尔·费休试剂再次滴定至终点，记录所消耗的试剂体积。平行标定三次。求卡尔·费休试剂对应于水的滴定度。计算公式如下：

$$T=\frac{m}{V}\times 1000$$

式中，$T$ 为每毫升费休试剂相当于水的质量，$mg\cdot mL^{-1}$；$m$ 为加入纯水的质量，g；$V$ 为消耗的费休试剂体积，mL。

**【注意】加入甲醇中的纯水质量必须准确称量。确定方法是：在用微量注射器抽取 3～5μL 纯水称量后，快速将纯水注入反应容器中，再次称量微量注射器质量，两次质量之差即为加入甲醇中的纯水质量。**

(3) 升华水杨酸含水量分析（固体试样）　调整滴定容器液位，在适当的搅拌速度下，滴入卡尔·费休试剂，使显示屏读数升到最大值，并保持 30s 不下降（不计数）。用电子天平以减量法称取升华水杨酸样品 0.5g（称准至 0.0001g），从进样口加入滴定容器中，盖上进样口瓶塞，搅拌使其溶解，用卡尔·费休试剂滴定至读数最大并保持 30s 不下降即为终点。平行测定三次。按下式计算水杨酸中水分含量（%）：

$$升华水杨酸中水分(\%)=\frac{V\times T\times 100}{m\times 1000}$$

式中，$V$ 为滴定消耗费休试剂的体积，mL；$T$ 为费休试剂的滴定度，$mg\cdot mL^{-1}$；$m$ 为升华水杨酸样品的质量，g。

(4) 结束工作

① 关闭仪器和搅拌电源开关。

② 清洗滴定管、电极、微量注射器并放回原处。

③ 清理工作台，罩上仪器防尘罩，填写仪器使用记录。

#### 8.4.4.5 HSE要求

（1）滴定速度不宜过快，尤其是接近化学计量点处，否则体积不准。

（2）滴入滴定剂后，继续搅拌至仪器显示的数据基本稳定，放置一会儿再读数。

（3）样品瓶、注射器每次使用后都必须洗涤、干燥。

（4）滴定过程中，读数会不断上升，但必须是显示屏读数显示最大值并保持30s不变才能认为达到终点。

（5）标定和测量过程中纯水与样品加入的速度要快，避免吸收空气中的水分。

#### 8.4.4.6 原始记录与数据处理

（1）在表8-13中记录测量条件和测量的实验数据。

（2）计算升华水杨酸水分（%）、报告样品的结果及偏差。

表8-13 卡尔·费休法数据记录表

分析者：________班级：________学号：________分析日期：________

| 仪器测量条件 | | | | | | | |
|---|---|---|---|---|---|---|---|
| 试样名称： | | | | 试样编号： | | | |
| 仪器名称： | | | | 仪器型号与编号： | | | |
| 卡尔·费休试剂的标定 | | | | | | | |
| 次数 | $m_{初}$/g | $m_{末}$/g | $m_S$/g | 卡尔·费休试剂消耗体积$V$/mL | 滴定度$T$/(mg·mL$^{-1}$) | 滴定度$\bar{T}$/(mg·mL$^{-1}$) | |
| 1 | | | | | | | |
| 2 | | | | | | | |
| 3 | | | | | | | |
| 升华水杨酸含水量分析 | | | | | | | |
| 次数 | $m_{初}$/g | $m_{末}$/g | $m_{样}$/g | 卡尔·费休试剂消耗体积$V$/mL | $w_{水}$/% | $\bar{w}_{水}$/% | $\overline{Rd}$/% |
| 1 | | | | | | | |
| 2 | | | | | | | |
| 3 | | | | | | | |

#### 8.4.4.7 思考题

（1）标定卡尔·费休试剂除用纯水外，还可以用其他什么试剂？如有，如何进行测定？

（2）本实验当溶液呈现什么样的颜色时，表示滴定将接近终点，需要缓慢滴加卡尔·费休试剂？

#### 8.4.4.8 评分表

| 项目 | 考核内容 | 记录 | 分值 | 扣分 | 考核内容 | 记录 | 分值 | 扣分 | 备注 |
|---|---|---|---|---|---|---|---|---|---|
| 溶液的配制(6分) | 电子天平的规范使用 | | 3 | | 微量注射器的规范使用 | | 3 | | 操作正确且规范记√，操作不正确或不规范记×。若有失败的滴定，倒扣10分/次，至扣完“测量操作”项所有分为止 |
| 测量操作(28分) | 仪器预热或自检 | | 2 | | 空白(溶剂中水)的滴定 | | 2 | | |
| | 电极的检查与预处理 | | 2 | | 标样的加入(不触壁) | | 2 | | |
| | 甲醇加入量的选择 | | 2 | | 标定(水)操作 | | 2 | | |
| | 卡尔·费休试剂的选择与更换 | | 2 | | 样品的加入(不触壁) | | 2 | | |
| | 搅拌子正确放入 | | 2 | | 测定操作 | | 2 | | |
| | 电极的安装(浸入高度) | | 2 | | 测定完毕仪器的清洗 | | 2 | | |
| | 搅拌速度的选择与调节 | | 2 | | 玻璃仪器的清洗与归位 | | 2 | | |

续表

| 项目 | 考核内容 | 记录 | 分值 | 扣分 | 考核内容 | 记录 | 分值 | 扣分 | 备注 |
|---|---|---|---|---|---|---|---|---|---|
| 原始记录（9分） | 完整、及时 | | 3 | | 清晰、规范 | | 3 | | |
| | 真实、无涂改 | | 3 | | | | | | |
| 数据处理（12分） | 计算公式正确 | | 4 | | 计算结果正确 | | 4 | | |
| | 有效数字正确 | | 4 | | | | | | |
| 测量精密度（15分） | <0.2%（15分）；≥0.2%，<0.5%（13分）；≥0.5%，<1%（10分）；≥1%，<2%（7分）；≥2%（0分） | | | | | | 15 | | 以 $\overline{Rd}$ 计 |
| 测量准确度（14分） | <0.5%（14分）；≥0.5%，<1%（11分）；≥1%，<2%（8分）；≥2%，<3%（4分）；≥3%（0分） | | | | | | 14 | | 以误差评分 |
| 报告与结论（2分） | 完整、明确、规范、无涂改 | | | | | | 2 | | 缺结论扣10分 |
| HSE要求（10分） | 态度端正、操作规范，团队合作意识强，节约意识强，正确处理“三废”，无安全事故 | | | | | | 10 | | |
| 分析时间（4分） | 开始时间：　　结束时间：　　完成时间： | | | | | | 4 | | 每超5分钟扣1分 |
| 总　分 | | | | | | | | | |

## 本章主要符号的意义及单位

| 符号 | 意义及单位 | 符号 | 意义及单位 | 符号 | 意义及单位 |
|---|---|---|---|---|---|
| $\varphi^{\theta}$ | 标准电极电位，V | $T$ | 热力学温度，K | SCE | 饱和甘汞电极 |
| $\varphi^{\theta'}$ | 条件电极电位，V | $F$ | 法拉第（Faraday）常数，96486.7C·$mol^{-1}$ | SIE | 膜电极 |
| $\varphi$ | 电极电位，V | $a$ | 活度，mol·$L^{-1}$ | IUPAC | 国际纯粹与应用化学联合会 |
| $E$ | 电池电动势，V | $w_B$ | B物质的质量分数 | | |
| $R$ | 摩尔气体常数，8.3145 J·$mol^{-1}$·$L^{-1}$ | $K_{ij}$ | 电极选择性系数 | | |

## 本章要点

扫描二维码查看本章要点。

第8章要点

# 9 库仑分析法

## 学习指南

| 学习引导 | 学习目标 | 学习方法 |
| --- | --- | --- |
| 库仑(coulometry)分析法是一种在电解分析法的基础上发展起来的分析方法。电解分析法是一种经典的电化学分析方法,是利用外加电压电解待测溶液,根据电解完成后电极上析出物质的质量来进行定量分析的方法。库仑分析法是通过测量电解过程中被测物质在电极上发生电化学反应所消耗的电量,来获取被测物质的含量。库仑分析法测量时不需要基准物质和标准溶液,是一种绝对分析方法,准确度极高,特别适用于微量、痕量成分的检测。库仑分析法根据电解方式以及电量测量方式的不同可分为控制电位库仑分析法、控制电流库仑分析法等。<br>本章主要介绍库仑分析法的基本原理,恒电流库仑分析法、恒电位库仑分析法、动态库仑分析法的方法原理、操作方法、实验技术、特点与应用等。 | 通过本章的学习应重点掌握库仑分析法的测定依据、实验方法、仪器的使用等知识点。 | 在学习本章前先复习《物理化学》中关于电化学的相关知识,对更好地掌握本章内容有很大的帮助。此外,通过阅读有关文献和补充材料,可以更多地了解库仑分析法的新技术,同时拓宽知识面,以使其得到更好的应用。 |

扫描二维码可查看详细内容。

库仑分析法

# 10

# X射线荧光光谱法

## 学习指南

| 学习引导 | 学习目标 | 学习方法 |
|---|---|---|
| X射线荧光光谱法(X-ray fluorescence spectrometry，XRF)可用于原子序数5以上的元素的定性和定量分析。X射线荧光的波长与元素的种类有关，据此可以进行定性分析；荧光的强度与元素的含量有关，据此可以进行定量分析。XRF分析元素范围广，定量范围宽，谱线简单，干扰线少，易于识别，适合各种类型样品的分析，且不破坏试样，已广泛用于冶金、地质、化工、环境、医药等各个领域。<br>本章主要介绍X射线荧光光谱法基本原理、X射线荧光光谱仪的实验技术、定性和定量分析方法、应用等理论知识和操作技能。 | 通过本章的学习应掌握XRF的基本原理；熟悉X射线荧光光谱仪的主要类型，了解其组成部件的结构及作用原理；掌握XRF定性和定量分析方法；熟悉定量分析的影响因素；了解XRF的特点及应用。 | 在学习本章前先复习本书中光谱分析的知识，对更好地掌握本章内容有很大的帮助。此外，通过结合生产、生活实际和社会热点问题，通过查阅相关国家标准、行业标准、科技文献，可以更好地了解XRF，以使其得到更好的应用。 |

扫描二维码查看详细内容。

X射线荧光光谱法

# 11

# 质谱法

| 学习引导 | 学习目标 | 学习方法 |
| --- | --- | --- |
| 质谱法是一种极好的定性分析方法，能提供化合物的分子量、化学结构、裂解规律和由单分子分解形成的某些离子间存在的某种相互关系等信息。质谱法及其与色谱仪及计算机联用的方法（GC-MS、LC-MS）已广泛应用在有机化学、生物化学、药物代谢、临床、毒物学、农药测定、环境保护、石油化学、地球化学、食品化学、植物化学、宇宙化学和国防化学等多个领域。本章主要介绍质谱法的基本原理、仪器与设备、实验技术等。 | 通过本章的学习，应重点掌握MS基本方程、定性方法与定量方法、质谱图的组成、质谱仪的结构与操作方法、质谱仪日常维护、质谱图的解析以及GC-MS、LC-MS等理论知识和操作技能。 | 学习过程中，复习和查阅已经学习过的相关知识，如有机化合物的官能团、GC和HPLC基础知识等，有助于理解和掌握本章的知识点；规范、认真且按要求完成技能训练是掌握操作技能的最好方法。此外，通过查阅所提供的参考文献和阅读园地了解一些新技术和科学家的事迹，不仅可以拓宽自己的知识面，也能提高个人对本门技术的兴趣。 |

## 11.1 概述

有机化合物在高真空条件下，受到一定能量的电子流轰击或强电场的作用后，会丢失价电子生成分子离子，同时化学键也发生有规律的断裂，生成具有不同质量的带正电荷的离子。收集并记录这些离子的质荷比 $m/z$（离子质量 $m$ 与其所带电荷数 $z$ 之比，按由小到大的顺序）与对应信号强度的信息，即可得到该有机化合物的质谱图。此方法就称为质谱法（mass spectrometry，MS）。

### 11.1.1 质谱法发展历史

质谱法的概念是19世纪末 Joseph J. Thomson 基于阴极射线管实验提出来的，而质谱法的诞生则归功于他用抛物线型质谱计在20世纪初分析正电荷射线的工作。随后，Aston、Dempster、Bainbridge 和 Nier 等人发现了新的同位素，并测定了同位素的相对丰度和准确质量。20世纪50年代，商品化的高分辨质谱仪出现，并在有机化学中得到广泛的应用；60年代起，出现了气相色谱-质谱联用技术；80年代起，质谱离子化方法得到快速发展，从最初的电子轰击（EI）和化学离子化（CI）技术，到后来出现场解吸（FD）离子化技术、等离子体解吸质谱法（PDMS）、快速原子轰击质谱法（FAB-MS）、液相二次离子质谱法（LSI-MS）等，这使质谱法从只能测定分子量500以下的小分子化合物，发展成能分析分子量达数千的多肽。

20世纪80年代，基质辅助激光解吸离子化质谱法和电喷雾离子化质谱法的出现与迅速发展，不仅使“古老”的飞行时间质谱仪得到了新生，也促进产生了新的质谱仪如四极离子阱质谱仪、傅里叶变换离子回旋共振质谱仪。近来，静电场轨道离子阱得到了快速发展，新的仪器不断推出。

现在，质谱法的多功能性质，超过了所有其他研究有机和无机化合物的仪器方法。质谱法与分离方法如 HPLC、CE 和 GC 的联用，以及串联质谱法（MS/MS）和多级质谱法（MS），极大地扩大了质谱法的应用范围，使质谱法成为实现复杂样品分离分析的一种强大的“武器”。

## 11.1.2 质谱的基本方程

当用具有一定能量的电子轰击物质的分子或原子时，会使其丢失一个外层价电子，同时可获得带有一个正电荷的离子。若正离子的存在时间大于 $10^{-6}$s，就能受到加速板上电压 $V$ 的作用，加速到速度为 $v$，其动能为 $\frac{1}{2}mv^2$；而在加速电场中所获得的电势能为 $zV$，加速后离子的电势能转换为动能，两者相等，即

$$\frac{1}{2}mv^2=zV \tag{11-1}$$

式中，$m$ 为离子质量；$v$ 为离子速度；$z$ 为离子电荷；$V$ 为加速电压。

正离子在电场中的运动轨道是直线的，进入磁场强度为 $B$ 的磁场中；在磁力的作用下，正离子的轨道将发生偏转，进入半径为 $R$ 的径向轨道（见图 11-1）；这时离子所受到的向心力为 $Bzv$，离心力为 $\frac{mv^2}{R}$。要保持离子在半径为 $R$ 的径向轨道上运动的必要条件是向心力等于离心力，即

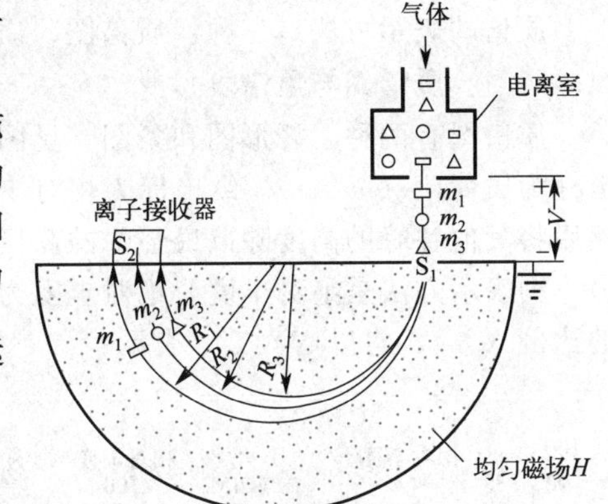


图 11-1 半圆形(180°)磁场

$R_1$，$R_2$，$R_3$—不同质量离子的运动轨道曲率半径；$m_1$，$m_2$，$m_3$—不同质量的离子；$S_1$，$S_2$—分别为进口和出口狭缝

$$Bzv=\frac{mv^2}{R} \tag{11-2}$$

$$v=\frac{BzR}{m} \tag{11-3}$$

将式(11-3)代入式(11-1)并消去 $v$ 可得：

$$\frac{m}{z}=\frac{B^2R^2}{2V} \tag{11-4}$$

或

$$R=\sqrt{\frac{2V}{B^2}\cdot\frac{m}{z}} \tag{11-5}$$

式中，$\frac{m}{z}$ 为质荷比，当离子只带一个正电荷时，它的质荷比值就是它的质量数。

式(11-5)为磁场质谱仪的基本方程。由此可知，要将质荷比不同的离子分开，可以采用以下两种方式：

(1) 固定 $B$ 和 $V$，改变 $R$　固定磁场强度 $B$ 和加速电压 $V$，由式(11-4)可知，不同 $m_i/z$ 将有不同的 $R_i$ 与 $i$ 离子对应。此时移动检测器狭缝的位置，就可能收集到不同 $R_i$ 的离子流。但这种方法在实验上不易实现，常常是直接用感光板照相法记录各种不同离子的

$m_i/z$。

（2）固定 $R$，连续改变 $B$ 或 $V$　在电场扫描法中，固定 $R$ 和 $B$，连续改变 $V$，由式(11-4)可知，通过狭缝的离子 $m_i/z$ 与 $V$ 成反比。当加速电压逐渐增加，先被收集到的是质量大的离子。

在磁场扫描法中，固定 $R$ 和 $V$，连续改变 $B$，由式(11-4)可知，$m_i/z$ 正比于 $B^2$，当 $B$ 增加时，先收集到的是质量小的离子。

质谱基本方程解释了质谱仪中离子的运动轨迹。离子在磁场中受到洛伦兹力的作用，使其绕着磁场线圈的中心轴线做圆周运动。离子的质荷比决定了它的轨道半径，较重的离子具有较大的质荷比，轨道半径较大；而较轻的离子具有较小的质荷比，轨道半径较小。当离子经过磁场后，进入检测器，通过检测器的信号转换成质谱信号。质谱信号的强度与离子的数量成正比，可以用来分析和识别样品中的化合物。

质谱基本方程是质谱仪工作的理论基础，也是质谱分析中重要的数学关系。通过对质谱仪中磁场、离子电荷量等参数的控制和测量，可利用这个方程来获得准确的质谱数据，并进行质谱分析。

## 11.1.3 质谱的表示方法

质谱的表示方法有三种：质谱图、质谱表和元素图。

### 11.1.3.1 质谱图与质谱表

质谱图有两种：峰形图和条图（见图 11-2），目前大部分质谱都用条图表示。条图的横坐标为质荷比（$m/z$），纵坐标为相对丰度。以质谱中最强峰（基峰）的高度作为 100%，然后将其他各峰的高度除以最强峰的高度，所得到的百分数称作相对丰度（%）。纵坐标的另一种表示方法是绝对丰度。绝对丰度为某离子的峰高占 $m/z$ 大于 40 以上各离子峰高总和的比例（%），常以 $X\%\Sigma40$ 表示。

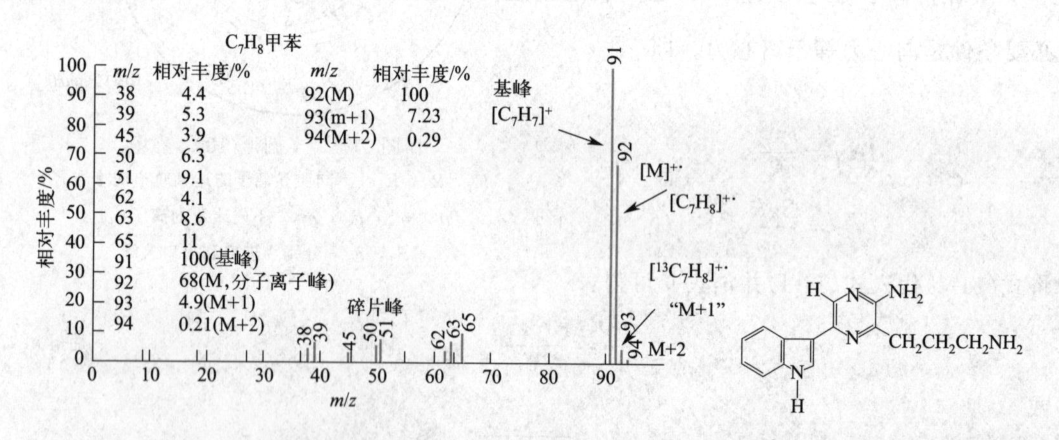


图 11-2　甲苯的质谱图

图 11-3　褪色海萤发光胺结构式

质谱除用条图表示外，还可用表格的形式表示。文献中常以质谱表的形式发表质谱相关数据。

### 11.1.3.2 元素图

元素图是由高分辨率质谱仪所测结果，再经一定程序运算直接得到的。元素图（见表 11-1）不仅可以知道分子离子的元素组成，而且也可以知道每一个碎片离子的元素组成，因此非常利于未知物质的结构分析。

褪色海萤发光胺（结构式如图 11-3 所示）的元素图如表 11-1 所示。元素图中的星号数目表示相对强度，15-17 表示 C—H 的数目；如 $CHN_5$ 栏中的 15-17 即表示该物质的分子式为 $C_{15}H_{17}N_5$；又如 $CHN_1$ 栏中的 1-4 表示该分子的某个碎片离子的分子式为 $CH_4N$。

表 11-1 褪色海萤发光胺的元素图

| *m/e* | 强度 | $CHN_5$ | $CHN_4$ | $CHN_3$ | $CHN_2$ | $CHN_1$ |
| --- | --- | --- | --- | --- | --- | --- |
| 267 | * * * * | 15-17 | | | | |
| 250 | * * * * * | | 15-14 | | | |
| 237 | * * * | | 14-13 | | | |
| 224 | * * * * | | 13-12 | | | |
| 209 | * | | 12-9 | | | |
| 197 | * * | | | 12-11 | | |
| 196 | * | | | 12-10 | | |
| 183 | * * * | | | 11-9 | | |
| 182 | * * * | | | 11-8 | | |
| 155 | * * * | | | | 10-7 | |
| 142 | * * * | | | | 9-6 | |
| 141 | * * | | | | | 10-7 |
| 140 | * | | | | | 10-6 |
| 130 | * * | | | | | 9-8 |
| 129 | * * | | | | | 9-7 |
| 128 | * | | | | | 9-6 |
| 127 | * * | | | | | 9-5 |
| 125 | * * | | | 6-11 | | |
| 124 | * * * | | | 6-10 | | |
| 118 | * | | | | | 8-8 |
| 117 | * * | | | | | 8-7 |
| 116 | * * | | | | | 8-6 |
| 115 | * * | | | | | 8-5 |
| 114 | * * | | | | | 8-4 |
| 113 | * * | | | | | 8-3 |
| 44 | * * * * * | | | | | 2-6 |
| 30 | * * * | | | | | 1-4 |

## 11.1.4 质谱仪性能指标

### 11.1.4.1 分辨率 R

分辨率 $R$ 是仪器分离质量数为 $M_1$ 及 $M_2$ 的相邻两质谱峰的能力。若近似等强度的两个相邻峰（其质量分别为 $M_1$ 及 $M_2$）正好分开，则质谱仪的分辨率定义为：

$$R=\frac{M}{\Delta M} \tag{11-6}$$

其中，

$$M=\frac{M_1+M_2}{2}$$

$$\Delta M=M_1-M_2$$

目前国际上对正好分开有两种定义，即 10%谷和 50%谷。10%谷定义：两峰重叠后形成的谷高为峰高的 10%（即图 11-4 中 $\frac{h}{H}=10\%$），则可认为两峰正好分开。50%谷定义：两峰重叠后形成的谷高为峰高的 50%（即图 11-4 中 $\frac{h}{H}=50\%$），则可认为两峰正好分开。

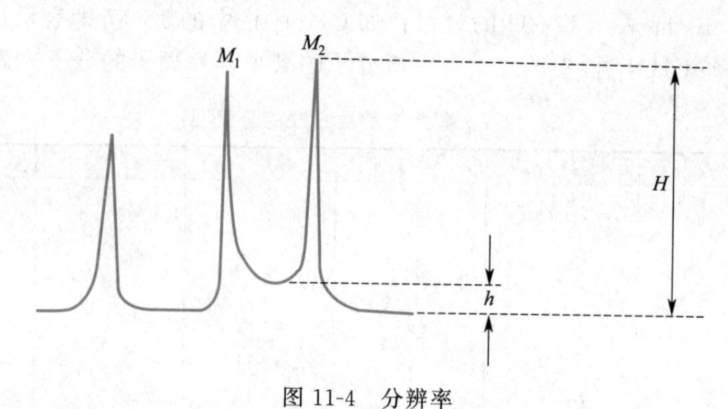


图 11-4　分辨率

显然，同一分辨率值，10%谷的定义比 50%谷的高，目前国际上趋向于磁质谱仪采用 10%谷的定义，而四级质谱仪采用 50%谷的定义。

在实际测量中，很难找到两个质量峰等高，并且重叠后的谷高正好为峰高的 10%（或 50%）。为此在扫描记录的质谱中选择两个峰（见图 11-5），然后按下式计算：

$$R=\frac{M}{\Delta M}\cdot\frac{a}{b} \tag{11-7}$$

式中，$a$ 为两峰顶间的距离；$b$ 为其中一峰在谷高为 5%峰高 $h$ 处的峰宽。

例如有质量数分别为 500 和 501 的两峰，使之刚好分开，即满足两相邻峰间的谷的高度为峰高的 10%时，仪器的分辨率 $R=\frac{500}{501-500}=500$；若仪器分辨率为 10000，则分离质数为 500 附近的两峰的情况为：$10000=\frac{500}{\Delta M}$，即 $\Delta M=0.05$。这表示可将质量数为 500.00 和 500.05 的两峰刚好分开。

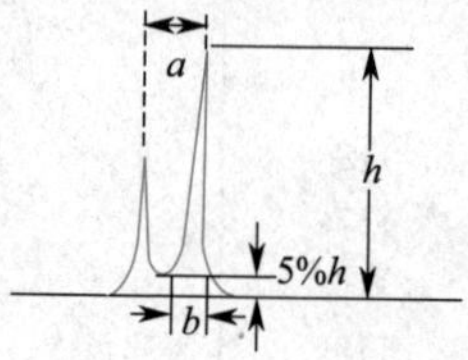

图 11-5　分辨率的计算

一般将分辨率<1000 的仪器称为低分辨率质谱仪，只能分开质量差为 1 的峰，单聚焦质谱仪即属此类。这类仪器可测得分子量的整数值。分辨率>10000 的仪器称为高分辨率质谱仪。双聚焦质谱仪即属于此类，能精确测定离子质量数到小数点后 4 位。利用高分辨质谱仪有利于未知物质的结构分析。例如 CO、$N_2$、$CH_2N$ 和 $C_2H_4$ 这四种物质有相同的质荷比 28，为进一步判断它们，需要用高分辨质谱仪。这四种物质的精确质量数分别为：CO，27.9949；$N_2$，28.0062；$CH_2N$，28.0187；$C_2H_4$，28.0313。

11.1.4.2　质量范围

质量范围是质谱仪所能测定的离子质荷比（$m/z$）的范围。对于多数离子源，电离得到的离子为单电荷离子。这样，质量范围实际上就是可以测定的分子量范围；对于电喷雾离子源，由于形成的离子带有多电荷，尽管质量范围只有几千，但可以测定的分子量可达 10 万以上。质量范围的大小取决于质量分析器。四极杆质量分析器的质量范围上限一般在 1000 左右，也有的可达 3000；而飞行时间质量分析器可达几十万。由于质量分离的原理不同，不同的分析器有不同的质量范围。同类型质量分析器的质量范围大小在一定程度上可反映质谱仪的性能。当然，了解一台仪器的质量范围，主要是为了知道它能分析的样品分子量范围。不能简单认为质量范围宽的仪器性能就好。对于 GC-MS 来说，分析的对象是挥发性有机物，其分子量一般不超过 500，最常见的是 300 以下。因此，对于 GC-MS 的质谱仪来说，质量范围达到 800 应该就足够了。而 LC-MS 分析的很多是生物大分子，所以质量范围宽一点会好一些。

#### 11.1.4.3 质量稳定性和质量精度

质量稳定性主要是指仪器在工作时质量稳定的情况，通常用一定时间内质量漂移的质量单位来表示。例如某仪器的质量稳定性为0.1amu/12h，意思是该仪器在12小时之内，质量漂移不超过0.1amu。

质量精度是指质量测定的精确程度，常用相对百分比表示。例如，某化合物的质量为1520473amu，用某质谱仪多次测定该化合物，测得的质量与该化合物理论质量之差在30amu之内，则该仪器的质量精度约为百万分之二十。质量精度是高分辨质谱仪的一项重要指标，对低分辨质谱仪而言没有太大意义。

### 11.1.5 离子的主要类型

质谱主要是对离子源内形成的各种类型离子进行分析检测。在离子源内形成的离子类型有分子离子、同位素离子、碎片离子、重排离子、亚稳离子、多电荷离子及第二离子（即离子和分子相互作用产生的离子）。了解和识别这些离子，对于质谱图的解析是很有必要的。

#### 11.1.5.1 分子离子

一个分子经电子轰击源轰击后，失去一个外层价电子而形成带正电荷的离子称为分子离子。形成这种离子所需的能量最少，因而它是最易生成的离子，通常是一个自由基型离子，以 $M^{\overset{+}{\cdot}}$ 或 $M^{+\cdot}$ 表示，质谱中相应的峰称为分子离子峰，一般位于质荷比最高的一端（质谱图右端）。分子离子只带一个单位的正电荷，故 $m/z=m/1=m$，所以分子离子的质量也就是其分子量。

结构类型不同的化合物生成的分子离子稳定性也不同，从而导致质谱图中分子离子峰的强度也不同（有的强，有的弱，有时甚至完全消失），因此最高质荷比的峰不一定就是分子离子峰。对于有机化合物而言，杂原子上未共用电子（n电子）最易失去，其次是π电子，再其次是σ电子。所以对于含有氧、氮、硫等杂原子的分子，杂原子最先失去一个电子形成分子离子，此时正电荷的位置处在杂原子上。形成过程如下：

$$CH_3-\overset{\overset{\displaystyle O}{\|}}{C}-CH_3 \xrightarrow{-e} CH_2-\overset{\overset{\displaystyle \overset{+\cdot}{O}}{\|}}{C}-CH_3$$

$$CH_3CH_2NH_2 \xrightarrow{-e} CH_3CH_2\overset{+\cdot}{N}H_2$$

具有π键的芳香族化合物和共轭烯烃，因含有π电子易失去一个电子形成稳定的正离子，分子离子很稳定，分子离子峰的强度较大；脂环化合物的分子离子峰也较大，因脂环化合物至少要断裂两个键，才能形成碎片离子，因此分子离子也很稳定，为中等强度峰；含有羟基或具有多分支的脂肪族化合物形成的分子离子不稳定，分子离子峰的强度很小，有时不出现。各类化合物的分子离子稳定性次序如下：

芳香族＞共轭链烯＞脂环化合物＞烯烃＞直链烷烃＞硫醇＞酮＞胺＞酯＞醚＞酸＞支链烷烃＞醇。

不少化合物的分子离子容易裂解，分子离子峰很弱或消失，从而导致分子离子峰难以准确判定。此时可根据下述方法来辨认分子离子峰：

（1）有机化合物通常由C、H、O、N、S和卤素等原子组成，其分子量（$M_r$）应符合氮规律：$M_r$ 为偶数（分子中含偶数个N原子或不含N原子）或 $M_r$ 为奇数（分子中含奇数个N原子）。

（2）分子离子峰必须有合理的碎片离子，表11-2列出了常见由分子离子丢失的碎片及可能来源。如果存在不合理的碎片就不是分子离子峰，比如分子离子不可能裂解出两个以上的氢原子和小于一个甲基的基团，因为这样的裂解需要很高的能量，质谱图中很少见到。因此，如果碎片离子峰与质量数最高的峰（同位素峰除外）之间相差 3～14 个质量单位，则表示这个质量数最高的峰不是分子离子峰。

表 11-2 常见由分子离子丢失的碎片及可能来源

| 碎片离子 | 丢失的碎片 | 可能来源 |
|---|---|---|
| $M-1$,$M-2$ | $H\cdot$,$H_2$ | 醛、醇等 |
| $M-15$ | $\cdot CH_3$ | 侧链甲基、乙酰基、乙基苯等 |
| $M-16$ | $\cdot NH_2$,O | 伯酰胺、硝基苯等 |
| $M-17$,$M-18$ | $\cdot OH$,$H_2O$ | 醇、酚、羧酸等 |
| $M-19$,$M-20$ | $\cdot F$,HF | 含氟化合物 |
| $M-25$ | $\cdot C{\equiv}CH$ | 炔化物 |
| $M-26$ | CHCH,$\cdot CN$ | 芳烃、腈化物 |
| $M-27$ | $\cdot CHCH_2$,HCN | 烃类、腈化物 |
| $M-28$ | $CH_2CH_2$,CO | 烯烃、丁酰基类、乙酯类、醌类 |
| $M-29$ | $\cdot C_2H_5$,$\cdot CHO$ | 烃类、丙酰类、醛类 |
| $M-30$ | NO,$CH_2O$ | 硝基苯类、苯甲醚类 |
| $M-31$ | $\cdot OCH_3$,$\cdot CH_2OH$ | 甲酯类、含 $CH_2OH$ 侧链 |
| $M-32$ | $CH_3OH$ | 甲酯类、伯醇、苯甲醚 |
| $M-33$ | $H_2O+\cdot CH_3$,$HS\cdot\cdot$ | 醇类、硫醇类 |
| $M-34$ | $H_2S$ | 硫醇类、硫醚类 |
| $M-35$,$M-36$ | $\cdot Cl$,HCl | 含氯化合物 |
| $M-41$ | $\cdot C_3H_5$ | 丁烯酰、脂环化合物 |
| $M-42$ | $C_3H_6$,$\cdot CH_2CO$ | 丙酯类、戊酰基、丙基芳醚 |
| $M-43$ | $\cdot C_3H_7$,$CH_3CO\cdot\cdot$ | 丁酰基、长链烷基、甲基酮 |
| $M-44$ | $CO_2$ | 酸酐 |
| $M-45$ | $\cdot OC_2H_5$,$\cdot COOH$ | 乙酯类、羧酸类 |
| $M-47$,$M-48$ | $CH_3S\cdot$,$CH_3SH$ | 硫醚类、硫醇类 |
| $M-56$ | $C_4H_8$ | 戊酮类、己酰基等 |
| $M-57$ | $\cdot C_4H_9$,$C_2H_5CO\cdot$ | 丙酰类、丁基醚、长链烃 |
| $M-59$ | $C_3H_7O\cdot\cdot$ | 丙酯类 |
| $M-60$ | $CH_3COOH$ | 羧酸类、乙酸酯类 |
| $M-61$ | $CH_3C(OH)_2\cdot$ | 乙酸酯的双氢重排 |
| $M-61$,$M-62$ | $\cdot SC_2H_5$,$C_2H_5SH$ | 硫醇类、硫醚类 |
| $M-79$,$M-80$ | $\cdot Br$,HBr | 含溴化合物 |
| $M-127$,$M-128$ | $\cdot I$,HI | 含碘化合物 |

（3）根据化合物分子离子的稳定性及裂解规律来判断分子离子峰。例如醇类的分子离子峰很弱，甚至看不到，但却常常在 M－18 处出现明显的脱水峰；当 $\alpha$-C 上有 $CH_3$ 时，该醇还能在 M－15 处出现 M－15 的脱甲基峰；这两个峰间的质量差数为 3 个质量单位。因此，若在醇类的质谱图上出现质量差为 3 的碎片离子峰时，该醇的分子离子质量就可能为 $m_1+18$ 或 $m_2+15$。

（4）降低轰击电子能量到化合物的离解位能附近（10～20eV），可避免由于多余的能量导致分子离子进一步裂解。

（5）采用其他电离方式使化合物离子化。例如采用化学电离源、场解析电离源等，可使碎片峰较弱或减小，分子离子峰增强，从而较易判断分子离子峰。

#### 11.1.5.2 同位素离子

有机化合物常见的十几种元素如 C、H、O、N、S、Cl、Br 等（不包括 F、P、I）都有同位素，各同位素的丰度比见表 11-3。

表 11-3 有机物常见元素的同位素丰度比

| 符号 | 丰度比 | 符号 | 丰度比 | 符号 | 丰度比 |
|---|---|---|---|---|---|
| $^{1}H$<br>$^{2}H$ | $^{2}H/^{1}H=0.000115$ | $^{16}O$<br>$^{17}O$<br>$^{18}O$ | $^{17}O/^{16}O=0.00038$<br>$^{18}O/^{16}O=0.00205$ | $^{32}S$<br>$^{33}S$<br>$^{34}S$ | $^{33}S/^{32}S=0.0080$<br>$^{34}S/^{32}S=0.0452$ |
| $^{10}B$<br>$^{11}B$ | $^{10}B/^{11}B=0.248$ | $^{28}Si$<br>$^{29}Si$<br>$^{30}Si$ | $^{29}Si/^{28}Si=0.0508$<br>$^{30}Si/^{28}Si=0.0335$ | $^{35}Cl$<br>$^{37}Cl$ | $^{37}Cl/^{35}Cl=0.3196$ |
| $^{12}C$<br>$^{13}C$ | $^{13}C/^{12}C=0.0108$ | $^{19}F$ | | $^{79}Br$<br>$^{81}Br$ | $^{81}Br/^{79}Br=0.9728$ |
| $^{14}N$<br>$^{15}N$ | $^{15}N/^{14}N=0.00369$ | $^{31}P$ | | $^{127}I$ | |

当分子中含有丰度较高的同位素原子时，分子离子峰附近会有质量较高的其他峰出现，此峰即为同位素峰，这是由较重的同位素引起的结果。同位素峰的强度比与同位素的丰度比是相当的。

例如，苯的分子离子峰位于 $m/z=78$ 处，这是由 $^{12}C_6{}^{1}H_6$ 离子产生的峰，但在 $m/z=79$ 处也出现一个峰，它是由 $^{13}C_6{}^{1}H_6$ 产生的峰。此外，$^{12}C_6{}^{1}H_5{}^{2}H$ 离子也可能存在，由于天然界的 $^{2}H$ 只占氢元素的约 0.0115%，因此由它引起的质量变化极小，可忽略不计。由于 $^{13}C$ 与 $^{12}C$ 的丰度比为 0.0108，也就是说每一碳原子只有约 1.1% 的概率是 $^{13}C$，故峰 79 的强度是峰 78 强度的 6.6%（由此数值可以简单推断未知化合物中 C 原子的个数）。

从表 11-3 中可看出：F、P、I 对 $M+1$、$M+2$ 的相对丰度（RA）无贡献，$^{37}Cl$、$^{81}Br$ 对 $M+2$ 有重大贡献。对于 C、H、O、N 组成的化合物，$M+1$ 的 RA 主要是 $^{13}C$ 和 $^{15}N$ 的贡献，$M+2$ 的 RA 主要是 2 个 $^{13}C$ 同时出现和 $^{18}O$ 的贡献。$^{2}H$、$^{17}O$ 同位素 RA 太低，常忽略不计。$^{34}S$ 对 $M+2$ 的 RA 有较大贡献，$^{29}Si$ 及 $^{30}Si$ 的存在，对 $M+1$、$M+2$ 的 RA 也有较大贡献。

由上所述，由于 S、Cl 和 Br 这些元素在 $M$、$M+2$ 处出现特征性明显（指相对强度）的离子峰，据此可判断未知化合物分子中是否含有 S、Cl 和 Br。图 11-6 为溴乙烷的质谱图。图中 $m/z=108$、110 处有两个相邻的强峰（强度比接近 1∶1，后者略小），这是由 $^{79}Br$ 和 $^{81}Br$ 产生的结果。溴乙烷的分子离子按下列方式断裂：

$$\underset{m/z=108,110}{C_2H_5Br^{+\cdot}} \longrightarrow \underset{m/z=29}{CH_3CH_2^{+}} + Br\cdot$$

$$\underset{m/z=29}{CH_3CH_2^{+}} \longrightarrow \underset{m/z=27}{CH_2{=}\overset{+}{C}H} + H_2$$

图 11-7 为氯乙烷的质谱图。图中 $m/z=64$、66 处有两个相邻的强峰（强度比接近 3∶1），这是由 $^{35}Cl$ 和 $^{37}Cl$ 产生的结果。

#### 11.1.5.3 碎片离子

碎片离子是指在离子源中分子离子的键断裂产生的离子，所用电子流的能量高(70eV)，分子获得的能量也高，因而可产生不同的键断裂，形成质量更小的离子。由于键断裂位置的不同，同一个分子离子可产生不同大小的碎片离子，而其相对量与键断裂的难易有关，即与分子结构有关。

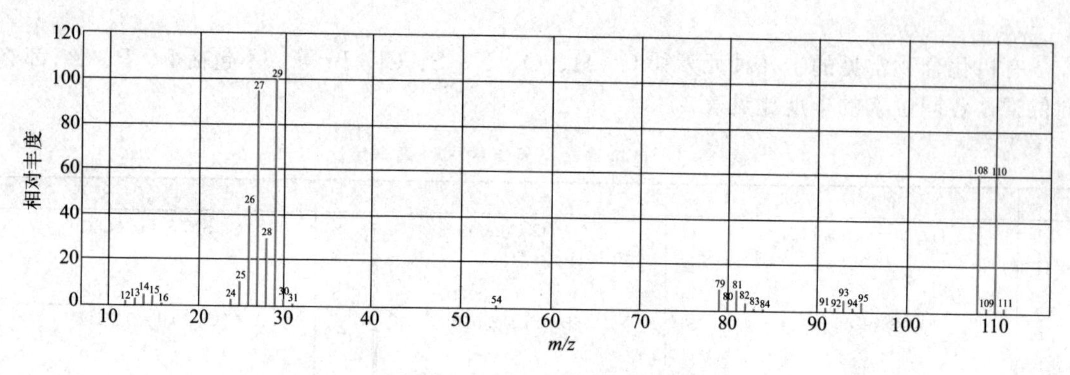


图 11-6　溴乙烷的质谱图

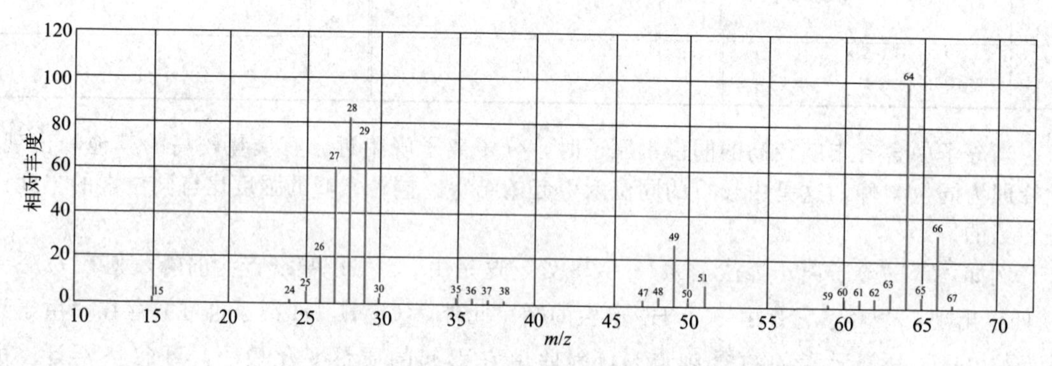


图 11-7　氯乙烷的质谱图

根据质谱图中几个主要的碎片离子峰，可以粗略地推测化合物的大致结构，表 11-4 列出了质谱图中常见碎片离子的组成和可能的来源。

表 11-4　部分常见碎片离子的组成和可能的来源

| $m/z$ | 碎片离子组成 | 可能的来源 | $m/z$ | 碎片离子组成 | 可能的来源 |
|---|---|---|---|---|---|
| 15 | $CH_3^+$ | 含烷基化合物 | 35/37 | $Cl^+$ | 氯化物 |
| 17 | $OH^+$ | 醇、酚 | 36/38 | $HCl^{+\cdot}$ | 氯化物 |
| 18 | $H_2O^{+\cdot}$ | 醇、酚 | 39 | $C_3H_3^+$ | 烯、炔、芳烃 |
| 18 | $NH_4^+$ | 胺 | 41 | $C_3H_5^+$ | 烷、烯、醇 |
| 19 | $F^+$ | 氟化物 | 41 | $CH_3CN^{+\cdot}$ | 脂肪腈、*N*-甲基苯胺、*N*-甲基吡咯 |
| 26 | $CN^+$ | 腈 | 42 | $C_3H_6^{+\cdot}$ | 环烷烃、环烯、丁基酮 |
| 26 | $C_2H_2^{+\cdot}$ | | 42 | $C_2H_2O^+$ | 乙酸酯、环己酮、$\alpha,\beta$-不饱和酮 |
| 27 | $C_2H_3^+$ | 烯 | 42 | $C_2H_4N^+$ | 环氮丙烷类 |
| 27 | $HCN^{+\cdot}$ | 脂肪腈 | 43 | $C_3H_7^+$ | 烷基 |
| 28 | $C_2H_4^{+\cdot}$ | | 43 | $O{=}C{=}NH^{+\cdot}$ | 酰胺类 |
| 28 | $CO^{+\cdot}$ | | 43 | $CH_3C{\equiv}O^+$ | 甲基酮、饱和氧杂环 |
| 29 | $C_2H_5^+$ | 含烷基化合物 | 44 | $CH_2{=}CHO^{+\cdot}\ H$ | 醛、$CH_2{=}CH{-}O{-}R$ |
| 29 | $CHO^+$ | 醛、酚、呋喃 | 44 | $C_2H_6N^+$ | 脂肪胺 |
| 30 | $CH_2{=}N^+H_2$ | 脂肪胺 | 44 | $NH_2{-}C{\equiv}O^+$ | 伯酰胺类 |
| 30 | $NO^+$ | 硝基化合物、亚硝胺、硝酸酯、亚硝酸酯 | 45 | $CH_3CH{=}O^+\ H$ | 仲醇、$\alpha$-甲基醇 |
| 31 | $CH_2{=}O^+\ H$ | 醇、醚、缩醛 | 45 | $^+CH_2CH_2OH$ | 醇 |
| 31 | $CH_3O^+$ | 甲酯类 | 45 | $CH_2{=}O^+{-}CH_3$ | 甲基醚 |

续表

| $m/z$ | 碎片离子组成 | 可能的来源 | $m/z$ | 碎片离子组成 | 可能的来源 |
|---|---|---|---|---|---|
| 45 | $COOH^+$ | 脂肪酸 | 63/65 | $CH_3CH{=}Cl^+$ | 氯化物 |
| 45 | $CH_3CH_2O^+$ | 含乙氧基化合物 | 70 | $C_5H_{10}^+$ |  |
| 45 | $CH{=}S^+$ | 硫醇、硫醚 | 70 | $C_4H_8N^+$ | $\alpha$-取代吡咯烷 |
| 47 | $CH_2{=}S^+H$ | 硫醇、甲硫醚 | 71 | $C_5H_{11}^+$ | 烷基 |
| 48 | $CH_3SH^{+\cdot}$ | 硫醇、硫醚 | 71 | $C_3H_7{-}C{\equiv}O^+$ | 羰基化合物 |
| 49/51 | $CH_2{=}Cl^+$ | 氯化物 | 73 | $C_2H_5O{-}C{\equiv}O^+$ | 乙酯 |
| 51 | $^+CHF_2$ | 氟化物 | 77 | $C_6H_5^+$ | 苯基取代物 |
| 51 | $C_4H_3^+$ | 芳基、吡啶类 | 78 | $C_6H_6^{+\cdot}$ | 苯基取代物 |
| 57 | $C_4H_9^+$ | 丁基化合物、环醇、醚 | 79 | $C_6H_7^+$ | 苯基取代物、多环芳烃 |
| 57 | $C_2H_5C{\equiv}O^+$ | 乙基酮、丙酸衍生物 | 91 | $C_6H_5CH_2^+$ | 苄基化物 |
| 58 | $CH_2{=}C(\overset{+\cdot}{O}H){-}CH_3$ | 甲基酮、$\alpha$-甲基酮 | 92 | $CH_2$ H H $]^{+\cdot}$ | 烷基苯 |
| 58 | $C_2H_5CH{=}N^+H_2$ | $\alpha$-乙基伯胺 | 92 | $C_6H_6N^+$ | 芳胺 |
| 58 | $(CH_3)_2C{=}N^+H_2$ | 二甲基叔胺 | 93 | $C_6H_5O^+$ | 苯甲醚、羧酸苯酯 |
| 59 | $C_3H_6{=}O^+H$ | $\alpha$-取代醇 | 93 | $C_6H_7N^+$ | 芳胺 |
| 59 | $CH_2{=}O^+C_2H_5$ | 醚 | 93/95 | $CH_2{=}Br^+$ | 溴化物 |
| 59 | $CH_3OC{\equiv}O^+$ | 甲酯 | 94 | $C_6H_6O^+$ | 芳醚 |
| 59 | $H_2C{=}C(\overset{+}{O}H){-}NH_2$ | 伯酰胺 | 105 | $C_6H_5C{\equiv}O^+$ | 苯甲酰化物 |
| 60 | $H_2C{=}C(\overset{+}{O}H){-}OH$ | 羧酸 | 105 | $C_6H_5CH_2CH_2^+$ | 芳烃衍生物 |
| 60 | $CH_3COO^{+\cdot}H$ | | 105 | $C_6H_5N_2^+$ | 芳香偶氮化物 |
| 60 | $CH_2{=}O^+{-}NO$ | 硝酸酯、亚硝酸酯 | 107 | $C_7H_6OH^+$ | 苯酚取代物、苄醇 |
| 60 | $C_2H_4S^{+\cdot}$ | 饱和含硫杂环 | 107/109 | $CH_3{-}CH{=}Br^+$ | 溴化物 |
| 61 | $H_3C{-}C({=}\overset{+}{O}H){-}OH$ | 乙酸酯、缩醛 | 108 | $C_6H_5CH_2O^{+\cdot}H$ | 苄醇 |

### 11.1.5.4 重排离子

当分子离子裂解为碎片离子时，有些化学键断裂时，还伴随着分子内原子或基团的重排，生成的碎片离子称为重排离子。大多数重排是有规律的，称为特定重排，对判定未知化合物的结构很有意义。少数重排是无规律的，结果难以预测，称为任意重排，在结构鉴定上毫无意义。典型的有 McLafferty 重排（麦氏重排）：如果有机化合物中不饱和基团的 $\gamma$ 位上存在氢原子，就会发生麦氏重排。发生麦氏重排的不饱和基团包括双键、三键或环结构，如醛、酮、羧酸、酯、芳烃、芳醚、烯烃、酰胺、腈等。

麦氏重排的特点：分子内部原子重新排列，通过分子中基团的 β 键断裂失去一个中性分子，并同时将 $\gamma$-C 上的氢原子通过环状转移至极性基团上，生成重排离子。

麦氏重排通式：

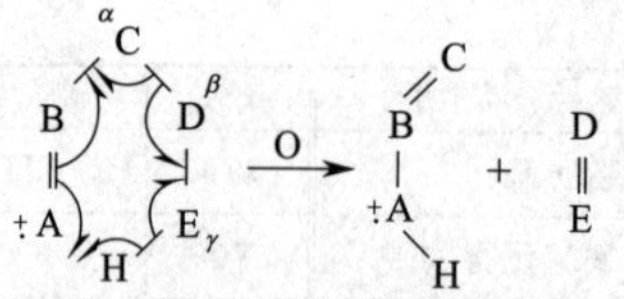

$\alpha$ C, $\beta$ D, B, ·+A, H, $E_\gamma$ $\xrightarrow{O}$ B(=C), ·+A, H + D=E

麦氏重排举例：

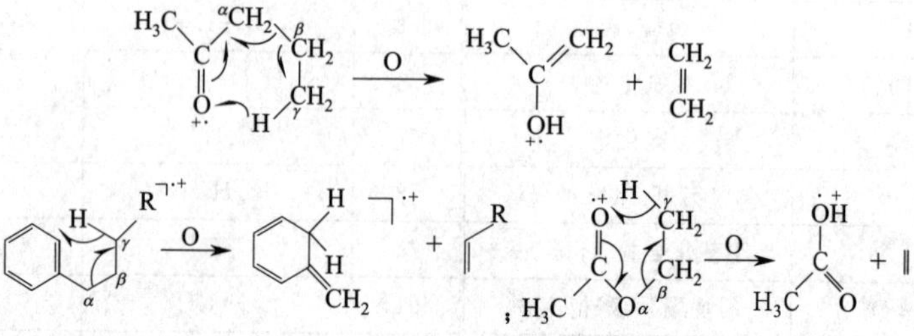

$H_3C$, C, $^\alpha CH_2$, $\beta$ $CH_2$, $CH_2$ $\gamma$, O·+, H $\xrightarrow{O}$ $H_3C$, C, $CH_2$, OH·+ + $CH_2$=$CH_2$

H, R ┐·+, $\gamma$, $\beta$, $\alpha$ $\xrightarrow{O}$ H ┐·+, H, $CH_2$ + R ； O·+, H, $\gamma$, $CH_2$, C, $CH_2$, $H_3C$, $O_\alpha$, $\beta$ $\xrightarrow{O}$ OH·+, C, $H_3C$, O + ‖

用符号$\xrightarrow{O}$表示在裂解过程中发生了重排。

还有一种特定重排，是通过逆-狄尔斯-阿德尔裂解（Retro-Diels-Alder，RDA 裂解）生成的，是以双键为起点，断裂两根键，失去一个中性分子（没有氢原子的转移）后的重排，主要发生在环已烯型结构的化合物中。例如：

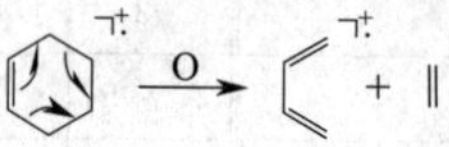

┐·+ $\xrightarrow{O}$ ┐·+ + ‖

#### 11.1.5.5 亚稳离子

在电离室形成的一个质荷比为 $m_1^+$ 的分子离子或碎片离子，在加速过程中或加速后、进入磁场前的短暂时间内，由于离子相互碰撞产生裂解而失去一个中性碎片，形成了质荷比为 $m^*$ 的新碎片离子，称为亚稳离子。由于 $m^*$ 有部分能量被失去的中性碎片带走，因此在检测器上记录到的 $m^*$ 的 $m/z$ 小于电离室中形成的碎片离子 $m_2^+$，且往往是跨几个质量数的低强度宽峰。这种峰叫亚稳峰或亚稳离子峰（见图 11-8）。在 $m_1$、$m_2$ 和 $m^*$ 之间有如下关系：

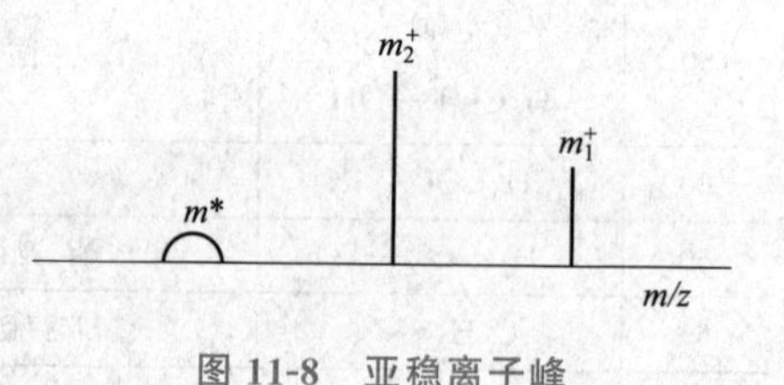

图 11-8 亚稳离子峰

$$m^*=\frac{(m_2)^2}{m_1}\ (m_1>m_2)$$

亚稳离子峰的出现表明 $m_1^+$ 离子和 $m_2^+$ 离子之间失去了中性碎片，因此可从亚稳离子峰的出现找出 $m_1^+$ 和 $m_2^+$ 的母子关系，证明 $m_1^+ \rightarrow m_2^+$ 这一裂解的存在。亚稳离子峰对推测分子结构是有益的，可从中寻找和判断离子在裂解过程中的相互关系，从而了解其裂解过程，为质谱解析提供一个可靠的信息。例如以下裂解过程：

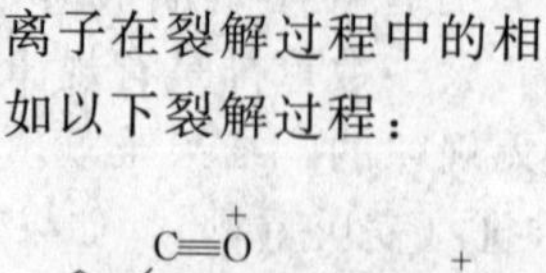

$C\equiv O^+$ $\xrightarrow{-CO}$ +

$m/z=105$ $\quad\quad$ $m/z=77$

$m_1^+ \longrightarrow m_2^+$

如果有一亚稳离子峰 $m^*=56.5$，且符合 $m^*=\frac{(m_2)^2}{m_1}=\frac{77^2}{105}=56.5$，则可证明存在上

述裂解过程。但是若没有亚稳离子峰出现，也不能说一定不存在该裂解过程。

#### 11.1.5.6 多电荷离子

有些分子在离子室中，失去 2 个或 2 个以上的电子，形成多电荷离子。其质荷比为 $m/2z$ 或 $m/3z$，在分子离子 $m/z$ 的 1/2 或 1/3 位置处出现多电荷离子峰。具有 $\pi$ 电子系统的芳烃、杂环或高度共轭不饱和化合物，能够失去 2 个电子，因此双电荷离子是这类化合物的特征。对于质量数为奇数化合物，它的双电荷离子的 $m/z$ 为非整数，与亚稳离子峰不同，双电荷离子峰为强度小的尖峰；而质量数为偶数的化合物，它的双电荷离子的 $m/z$ 为整数，但此时它的同位素峰（$M+1$）$/2z$ 却是非整数，据此可进行识别。

### 11.1.6 质谱法的特点

质谱法通过将有机化合物的分子转化为离子，并根据其质荷比对离子进行分析和鉴定，具有以下特点：

（1）超高灵敏度：质谱法具有非常高的灵敏度，可以检测到极微量的化合物，对某些物质的检测浓度甚至低至 $10^{-21}$ mol 级。

（2）高分辨率：质谱法可以提供高分辨率的分析结果，能够区分 $m/z$ 非常接近的离子。质谱法在复杂样品的分析中具有明显的优势。

（3）极好的准确度和重现性，$m/z$ 测定值的误差可小于百万分之一，实验室之间重现性也好。

（4）广泛的适用性：质谱法可用于分析各种类型的化合物，包括有机物、无机物、生物分子等；适用于不同领域的研究，如环境监测、新药研发、食品安全等。

（5）结构信息丰富：质谱法不仅可以提供化合物分子量的信息，还可以提供其分子结构方面的信息。通过质谱仪的不同模式，如质谱图谱、碎裂图谱等，可以推断化合物的结构和组成。

（6）快速分析：质谱法通常具有较快的分析速度，可以在短时间内完成样品的分析，这使得质谱法在高通量分析和实时监测方面具有优势。

## 思考与练习 11.1

1. 在磁感应强度 $B$ 保持恒定，而加速电压 $V$ 逐渐增加的质谱仪中，最先通过固定检测器狭缝的是（　　）。

A. $m/z$ 最低的正离子　　B. $m/z$ 最高的正离子

C. 质量最低的负离子　　D. 质量最高的负离子

2. 质谱图中强度最大的峰，规定其相对丰度为 100%，这种峰称为（　　）。

A. 分子离子峰　　B. 基峰　　C. 亚稳离子峰　　D. 碎片离子峰

3. 在质谱图中，$CH_3Cl$ 的 $M+2$ 峰的强度约为 $M$ 峰的（　　）。

A. 1/1　　B. 1/2　　C. 1/3　　D. 1/4

4. 某含 N 化合物的 MS 图上，其分子离子峰 $m/z=265$，则下列选项正确的是（　　）。

A. 该化合物含奇数 N，分子量为 265

B. 该化合物含偶数 N，分子量为 265

C. 该化合物含偶数 N

D. 不能确定该化合物含 N 数的奇偶性

5. 在质谱图中，被称为基峰的一定是（　　）。

A. 分子离子峰　　B. 强度最大的离子峰　　C. $m/z$ 最大的峰　　D. 奇电子离子峰

6. 在溴乙烷的质谱图中，观察到两个强度基本相等的离子峰，它们可能是（　　）。

A. $m/z$ 为 15 和 29　B. $m/z$ 为 79 和 29　C. $m/z$ 为 79 和 93　D. $m/z$ 为 108 和 110

7. 下列说法中，正确的是（　　）。

A. $m/z$ 最大的峰为分子离子峰　　B. 强度最大的峰为分子离子峰

C. $m/z$ 第二大的峰为分子离子峰　　D. 以上三种说法均不正确

8. 通常情况下，不可能出现的碎片峰是（　　）。

A. $M+2$　B. $M-2$　C. $M-8$　D. $M-18$

9. 在正丁烷的质谱图中，$M$ 与 $M+1$ 相对丰度之比为（　　）。

A. 100∶1.08　B. 100∶2.16　C. 100∶3.24　D. 100∶4.32

10.（多选）在质谱图中，常见的离子峰有（　　）。

A. 分子离子峰　B. 碎片离子峰　C. 重排峰　D. 同位素离子峰　E. 亚稳离子峰

11.（多选）当质谱图中已出现分子离子峰时，其辨认方法是（　　）。

A. 分子离子峰的质量应符合氮律　　B. 分子离子峰与邻近碎片峰的质量差应合理

C. 分子离子峰的 $m/z$ 应为奇数　　D. 分子离子峰的 $m/z$ 应为偶数

12.（多选）下列化合物中，能够发生麦氏重排的是（　　）。

A. 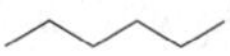　B. 　C.

D. 　E.

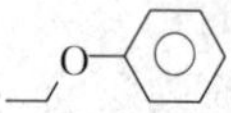

做中国人的质谱仪——科技领军人物周振

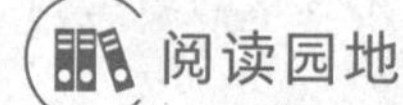

阅读园地

扫描二维码查看“做中国人的质谱仪——科技领军人物周振”。

## 11.2　质谱仪

在介绍质谱仪之前，先举一个形象化的例子：一个瓷花瓶，被外界投来的一块小石子打碎，如果将这些大小不等的碎片收集起来，并按破裂形式进行拼接，就能恢复成为原来的花瓶形状。质谱法的原理与此类似。

### 11.2.1　质谱仪的组成与工作流程

质谱仪是指能产生离子，并将这些离子按其质荷比（$m/z$）进行分离记录的仪器，由五大部分组成，即进样系统、离子源、质量分析器、检测记录系统和真空系统。

图 11-9 是单聚焦质谱仪的结构示意图。它的工作流程是：通过进样系统，使微摩尔级或更少的试样蒸发，并让其慢慢进入电离室，电离室内的压力约为 $10^{-3}$Pa。在电离室，由电子源流向阳极的电子流，将气态样品的原子或分子电离成正、负离子（一般分析的都是正离子）。接着，在狭缝 A 处，以微小的负电压将正、负离子分开。此后，借助于狭缝 A、B 间几百至几千伏的电压，将正离子加速，使其准直于狭缝 A 的正离子流，通过狭缝 B 进入真空度高达 $10^{-5}$Pa 的质量分析器中。离子的 $m/z$ 不同，其偏转角度也不同，$m/z$ 大的偏转角度小，$m/z$ 小的偏转角度大，从而导致质量数不同的离子在此得到分离。若改变粒子的速度或磁场强度，就可将不同质量数的粒子依次聚焦在出射狭缝上。通过出射狭缝的离子流，将落在一个收集极上。这一离子流经放大后，即可进行记录，并得到质谱图。显然，质谱图

上信号的强度，与到达收集极上离子的数目成正比。

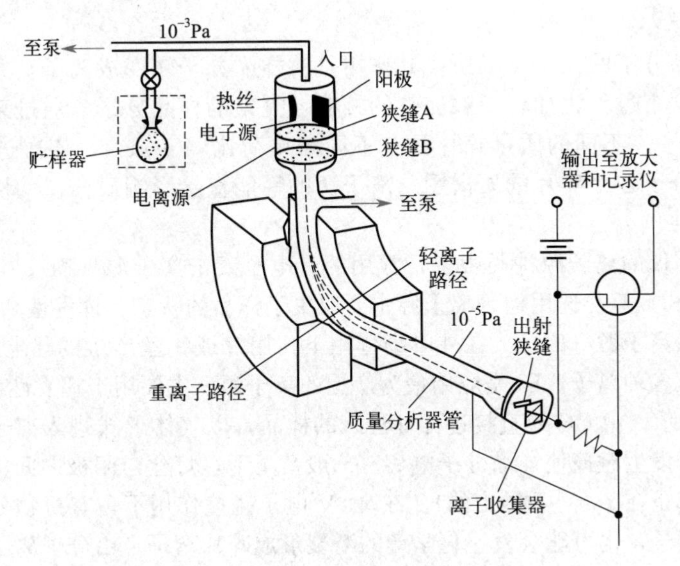


图 11-9 单聚焦质谱仪结构示意图

## 11.2.2 质谱仪的主要部件

### 11.2.2.1 真空系统

质谱仪的离子产生及经过系统必须处于高真空状态，通常离子源的真空度应达 $1.3\times10^{-5}\sim1.3\times10^{-4}$ Pa，质量分析器中应达 $1.3\times10^{-6}$ Pa。若真空度过低，则会造成离子源灯丝损坏、本底增高，副反应增多，从而导致谱图复杂化。真空系统通常由前级真空泵和高真空泵两级真空组成。前级真空泵的主要作用是获得预真空（压力低于 $10^{-2}$ Torr[1]），给高真空泵提供一个运行的环境，多采用同轴旋转式机械泵，对多数色谱-质谱联用系统而言，抽速控制在 150L · $min^{-1}$ 即可满足要求。

高真空泵的作用是抽至所需的真空（压力在 $10^{-5}\sim10^{-10}$ Torr），主要有油扩散泵和涡轮分子泵。涡轮分子泵类似于一个小的蒸汽涡轮机或喷气式涡轮发电机，其中的旋转轴以每分钟几万转的转速旋转，可获得 $10^{-5}\sim10^{-6}$ Torr 的真空度。

### 11.2.2.2 进样系统

若样品是气体或挥发性液体，可用如图 11-10 所示的进样系统，贮样器内的压力约为 1Pa，比电离室内压力高 1～2 个数量级。因此，样品便从贮样器通过隔膜以扩散的方式进入电离室。

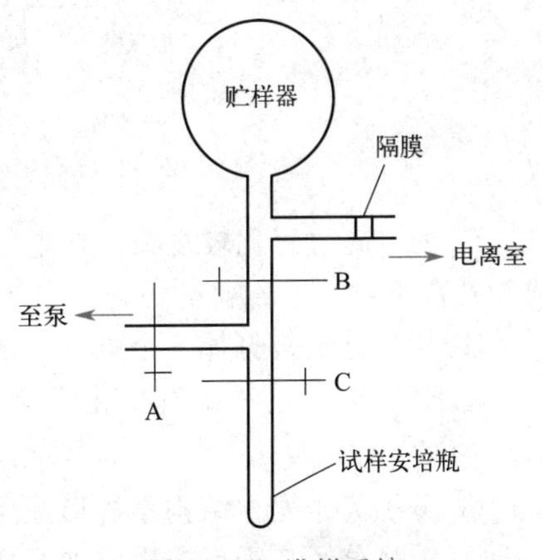


图 11-10 进样系统

对挥发度低的样品，通常将试样放在能“直接插入”的器具——探针（一种直径为 6mm，长为 250cm 的不锈钢杆，其末端有盛放样品的石英毛细管、细金属丝或小的铂坩埚）上，然后将其插入电离室，接着升温，使电离室中样品的蒸气压达到 $10^{-4}$ Pa 左右。对于极易分解的化合物，用探针进样往往不能得到完整的质谱图，一般需采用衍生化的方法，将其转变为易挥发且稳

[1] 1Torr（托）＝133.3224Pa＝1mm 汞柱。

定的化合物后，再进行质谱分析。

11.2.2.3 离子源

离子源是样品分子的离子化场所，其作用是将样品分子转变成离子，并将其打碎，变成各个碎片离子。这个过程犹如将一颗完整的核桃（完整的样品分子）通过某种方式击碎成多个碎片（碎片离子）。不同的质量碎片具有不同的质荷比（$m/z$），依次进入检测器被检测后就得到该样品分子各个碎片的质谱图。离子源的性能直接影响质谱仪的性能，是质谱仪的一个重要组成部件。

目前用于质谱仪的离子源种类很多，常用的有电子轰击离子源（EI）、化学电离源（CI）、电喷雾离子源（ESI）等。选用何种离子源主要取决于样品的状态、挥发性和热稳定性等。

（1）电子轰击离子源（EI） 在外电场作用下，用铼或钨丝产生的热电子流（8～100eV）去轰击样品，产生各种离子。EI是应用最为广泛的离子源，主要用于挥发性样品的电离。

如图11-11所示，由GC或直接进样杆进入的样品，以气体形式进入离子源，由灯丝发出的电子与样品分子发生碰撞使样品分子电离。一般情况下，灯丝与阳极之间的电压为70V（所有的标准质谱图都是在70eV下做出的）。在70eV电子碰撞作用下，有机物分子可能被打掉一个电子形成分子离子，也可能会发生化学键的断裂形成碎片离子。由分子离子可以确定未知化合物的分子量，由碎片离子可以解析未知化合物的分子结构组成。对于一些不稳定的化合物，在70eV的电子轰击下很难得到分子离子；此时可采用10～20eV的电子能量去轰击，不过仪器灵敏度将大大降低，需要加大样品的进样量，所得到的质谱图不再是标准质谱图。

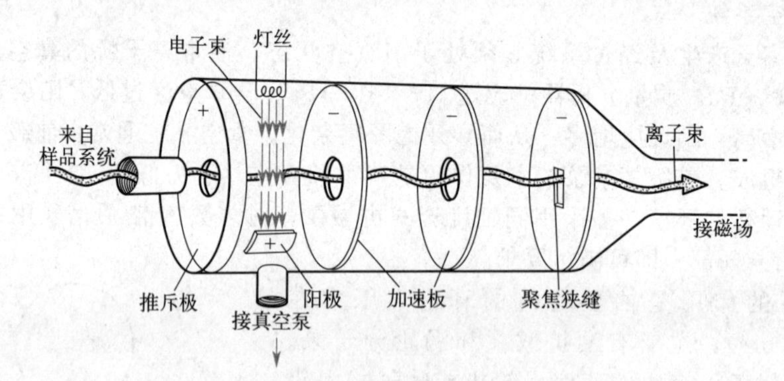


图11-11 电子轰击离子源（EI）工作原理示意图

EI的电离过程比较复杂。在电子轰击下，样品分子可能由四种不同途径形成分子离子或碎片离子：

① 样品分子被打掉一个电子形成分子离子：$M+e^- \longrightarrow M^{+\cdot}+2e^-$。

② 分子离子进一步发生化学键断裂形成碎片离子：$M^{+\cdot} \longrightarrow M_1^+ + R_1\cdot$ 或 $M^{+\cdot} \longrightarrow M_2^{+\cdot}+N$。

③ 分子离子发生结构重排形成重排离子。

④ 通过分子离子反应生成加合离子。

⑤ 生成同位素离子。

EI使一个样品分子产生很多带有结构信息的分子离子或碎片离子，对这些离子进行质量分析和检测，可以得到具有该样品分子结构信息的质谱图。

EI主要适用于易挥发有机物试样的电离，气相色谱-质谱联用仪（GC-MS）中常用这种离子源。其优点是工作稳定可靠，结构信息丰富，且有标准质谱图供检索。其缺点是只适用于易汽化的有机物试样的分析，且部分有机化合物得不到分子离子。

（2）化学电离源（CI） 有些未知化合物稳定性差，用EI的方式不易得到分子离子，因而也就不能获得该未知化合物的分子量。此时，可以采用CI电离方式。CI和EI在结构上没有多大差别（主体部件可共用）。主要差别是CI工作过程中要引进一种反应气体（如甲烷、异丁烷、氨等），且反应气的量比样品气要大得多。灯丝发出的电子首先将反应气电离，然后反应气离子与样品分子进行离子-分子反应，并使样品气电离。下面以甲烷作为反应气，说明CI的电离过程。

在电子轰击下，甲烷首先被电离：

$$CH_4 + e^- \longrightarrow CH_4^{+\cdot} + 2e^-$$

$$CH_4^{+\cdot} \longrightarrow CH_3^+ + H\cdot$$

接着，甲烷离子与分子反应，生成加合离子：

$$CH_4^{+\cdot} + CH_4 \longrightarrow CH_5^+ + \cdot CH_3$$

$$CH_3^+ + CH_4 \longrightarrow C_2H_5^+ + H_2$$

加合离子与样品分子（M）发生质子交换反应：

$$M + CH_5^+ \longrightarrow (M+H)^+ + CH_4$$

$$M + C_2H_5^+ \longrightarrow (M+C_2H_5)^+$$

生成的$(M+H)^+$可称为准分子离子（比正常分子多一个H或少一个H，在解析时需注意）。事实上，以甲烷作为反应气，除$(M+1)^+$之外，还可能出现$(M+17)^+$、$(M+29)^+$等离子，同时还会出现大量的碎片离子。CI是一种软电离方式，对于含有很强吸电子基团的化合物，检测负离子的灵敏度远高于正离子的灵敏度。因此，CI源一般都有正CI和负CI，可根据样品实际情况予以选择。由于CI得到的质谱不是标准质谱，所以不能进行库检索。

CI源主要用于GC-MS，适用于易汽化的有机物样品的分析。

（3）电喷雾离子源（ESI） ESI是近年来出现的一种新的电离方式，主要应用于液相色谱-质谱联用仪（LC-MS）。ESI既可作为LC-MS之间的接口装置，同时又是电离装置。如图11-12所示，ESI的主要部件是一个多层套管组成的电喷雾喷嘴。最内层是LC流出物，外层是喷射气。喷射气常采用大流量的氮气，其作用是使喷出的液体容易分散成微滴。另外，在喷嘴的斜前方还有一个补助气喷嘴，补助气的作用是使微滴的溶剂快速蒸发。在微滴蒸发过程中其表面电荷密度逐渐增大，当增大到某个临界值时，离子就可以从表面蒸发出来。离子产生后，借助喷嘴与锥孔之间的电压，穿过取样孔进入分析器。

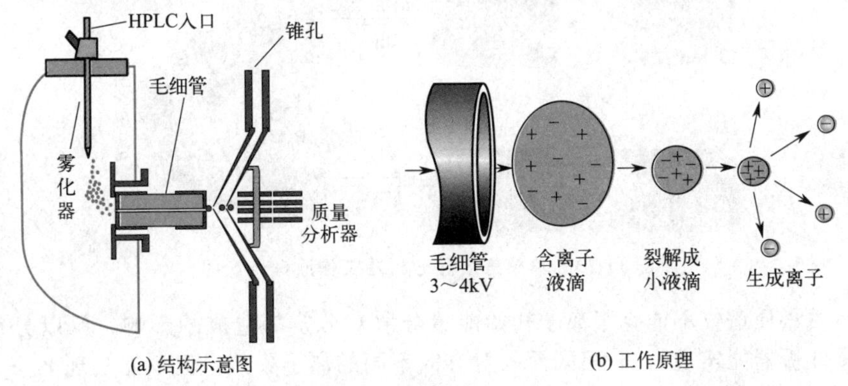


**图11-12 电喷雾离子源（ESI）**

加到喷嘴上的电压可以是正，也可以是负。通过调节极性，可以得到正离子或负离子的质谱图。其中值得一提的是电喷雾喷嘴的角度，如果喷嘴正对取样孔，则取样孔易堵塞。因此，有的电喷雾喷嘴设计成喷射方向与取样孔不在一条线上，而是错开一定的角度。这样溶剂雾滴不会直接喷到取样孔上，取样孔比较干净，不易堵塞。产生的离子靠电场的作用引入取样孔，进入分析器。

ESI是一种软电离方式，即便是分子量大、稳定性差的未知化合物，也不会在电离过程中发生分解，适用于分析极性强的大分子有机化合物，如蛋白质、肽、糖等。ESI最大的特点是容易形成多电荷离子。这样，一个分子量为10000Da的分子若带有10个电荷，则其质荷比只有1000Da，进入了一般质谱仪可以分析的范围之内。根据这一特点，目前采用电喷雾电离，可以测量分子量在300000Da以上的蛋白质。

此外，还有其他类型的离子源，如大气压化学电离（APCI）、快速原子轰击电离（FAB）、基质辅助激光解吸电离（MALDI）等。其中，APCI适用于检测弱极性的小分子化合物，FAB适用于极性的非挥发性化合物、热不稳定性化合物以及分子量大的化合物，而MALDI可用于分子量10～10000Da的生物分子（高极性、难挥发和热不稳定性的样品，比如多肽、蛋白质、核酸等）的分析，且具有灵敏度高、适用范围广、操作简单的特点。

#### 11.2.2.4 质量分析器

质量分析器（mass analyzer）的作用是将离子源产生的离子按 $m/z$ 顺序分开并排列成谱。用于有机质谱仪的质量分析器有单聚焦质量分析器、磁式双聚焦分析器、四极杆质量分析器、离子阱质量分析器、飞行时间质量分析器等。

（1）单聚焦质量分析器　如图11-13所示，当离子进入分析器时，在扇形磁场的作用下做圆周运动。当离心力与向心力（磁场引力）相等时，离子的偏转半径 $R$ 与磁场 $B$ 和离子加速电压 $V$ 之间的关系是：

$$R=\frac{1.44\times10^{2}}{B}\times\sqrt{\frac{m}{z}\cdot V} \tag{11-8}$$

由式(11-8)可知：在 $B$、$V$ 一定的条件下，不同 $m/z$ 的离子，其运动半径不同。因此，不同 $m/z$ 的离子经过分析器后可实现质量分离（其偏转的方向或角度不同）。如果检测器位置不变（即 $R$ 保持不变），则可通过连续改变 $V$ 或 $B$，使不同 $m/z$ 的离子通过同一角度顺序进入检测器（见图11-13），以实现质量扫描，得到试样的质谱图。

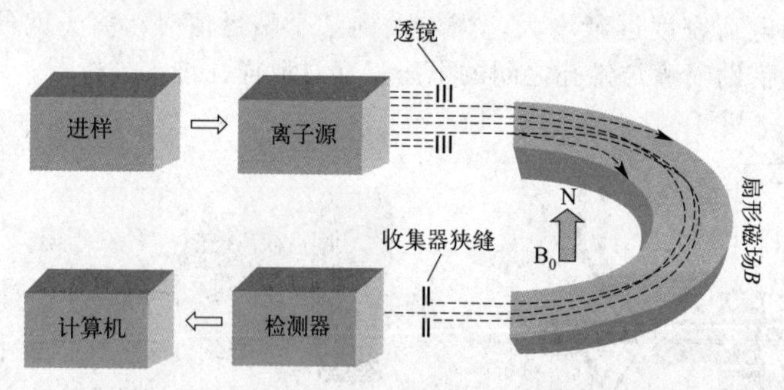


图11-13　单聚焦质量分析器工作原理示意图

单聚焦质量质谱仪不能克服离子初始能量分散对分辨率造成的影响，所以分辨率较低。单聚焦质量分析器能实现 $m/z$ 相同而入射方向不同的离子聚焦，但不能实现 $m/z$ 相同而能量不同的离子的聚焦。

单聚焦质量分析器结构简单，操作方便，但分辨率低，质量分析范围中等，只用于同位素质谱仪和气体质谱仪。

（2）磁式双聚焦质量分析器（double focusing analyzer） 磁式双聚焦质量分析器是在单聚焦质量分析器的基础上发展起来的，同时具有方向聚焦和能量聚焦的作用。

为了消除离子能量分散对分辨率的影响，通常在扇形磁场前加一扇形电场，扇形电场是一个能量分析器，不起质量分离作用。质量相同而能量不同的离子经过静电电场后会彼此分开，即静电场有能量色散作用。如果设法使静电场的能量色散作用和磁场的能量色散作用大小相等、方向相反，就可以消除能量分散对分辨率的影响。只要是质量相同的离子，经过电场和磁场后可以汇聚在一起。改变离子加速电压即可实现质量扫描。这就是双聚焦质量分析器的工作原理（见图 11-14）。

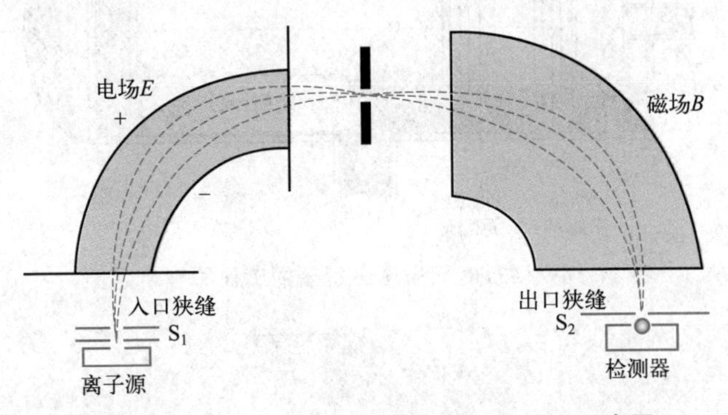


图 11-14 磁式双聚焦质量分析器工作原理示意图

磁式双聚焦分析器的优点是分辨率高，缺点是扫描速度慢，操作、调整比较困难，而且仪器造价也比较昂贵，广泛用于 GC-MS。

（3）四极杆质量分析器（quadrupole analyzer） 四极杆质量分析器（见图 11-15）由四根棒状电极组成。电极材料是镀金陶瓷或钼合金。相对两根电极间加有电压（$V_{dc}+V_{rf}$），另外两根电极间加有相反的电压。其中 $V_{dc}$ 为直流电压，$V_{rf}$ 为射频电压。四个棒状电极形成一个四极电场。在保持 $V_{dc}/V_{rf}$ 不变的情况下改变 $V_{rf}$ 值。每一个特定的 $V_{rf}$ 值下，四极场只允许一种 $m/z$ 离子通过并到达检测器被检测，其余离子则振幅不断增大，最后碰到四极杆而被吸收。因此，改变 $V_{rf}$ 值，可使不同质荷比的离子顺序通过四极场，从而实现质量扫描，也即实现碎片离子质量从 $m_1$ 变化到 $m_2$ 的扫描与检测，从而得到 $m_1 \sim m_2$ 之间的质谱。四极杆质量分析器结构简单、价廉、体积小、易操作，且扫描速度快，适用于 GC-MS 和 LC-MS。

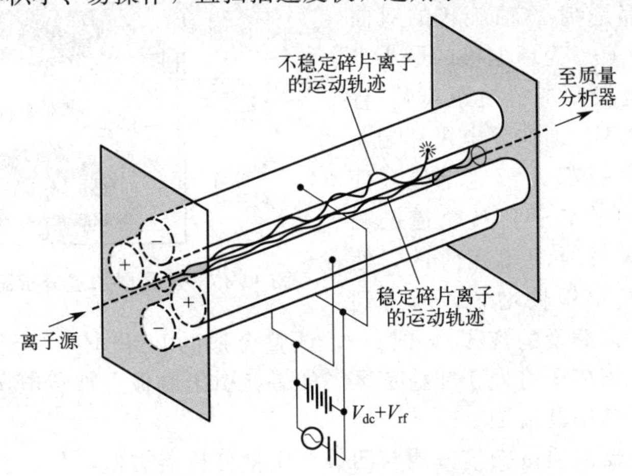


图 11-15 四极杆质量分析器示意图

(4) 飞行时间质量分析器（time of flight analyzer，TOF） TOF（见图 11-16）的主体部分是一个离子漂移管。离子在加速电压 $V$ 的作用下获得动能，即 $\frac{1}{2}mv^2=zV$ 或 $v=\sqrt{\frac{2zV}{m}}$。当某个 $m/z$ 离子以速率 $v$ 进入漂移区时，假定其飞行时间（漂移时间）为 $t$，漂移区长度为 $L$，则

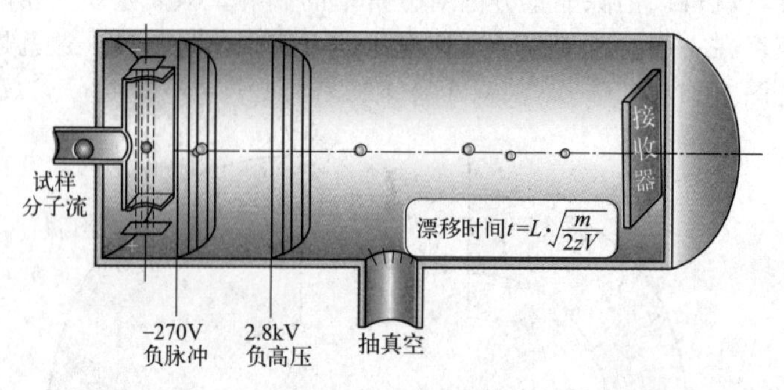


图 11-16 飞行时间质量分析器的工作原理示意图

$$t=L\cdot\sqrt{\frac{m}{z}\cdot\frac{1}{2V}} \tag{11-9}$$

由式(11-9)可知：当 $V$ 一定时，离子在漂移管中的飞行时间与其质量的平方根成正比，即离子的质量越大，到达接收器的时间越长；离子的质量越小，所用时间越短。据此，可实现不同质量的离子碎片间的分离。采用激光脉冲电离方式、离子延迟引出技术和离子反射技术以及适当增加漂移管的长度，可以较好地消除离子进入漂移管前的时间分散、空间分散和能量分散等问题。

TOF 具有分辨率高（>20000）、质量分析范围宽（可达 300000）、灵敏度高的特点，可以测定化合物精确的分子量和元素组成，且扫描速度快，无须电场和磁场，广泛应用于 GC-MS、LC-MS 中。

(5) 离子肼质量分析器（ion trap analyzer） 如图 11-17 所示，离子阱质量分析器的主体是一个环电极和两端盖电极，环电极和两端盖电极都是绕 $Z$ 轴旋转的双曲面，并满足 $r_0^2=2Z_0^2$（$r_0$ 为环电极的最小半径，$Z_0$ 为两个端盖电极间的最短距离）。直流电压 $U$ 和射频电压 $V_{rf}$ 加在环电极和端盖电极之间，两端盖电极都处于地电位。处于离子阱内稳定区内的离子，其轨道振幅保持一定大小，可以长时间留在阱内；处于不稳定区的离子振幅很快增长，撞击到电极而消失。对于一定质量的离子（$m/z$），调整合适的 $U$ 和 $V_{rf}$，可使其处在稳定区内。改变 $U$ 或 $V_{rf}$ 的值，该离子将处于非稳定区。如果在引出电极上加负电压，则可将该离子从阱内引出，再由电子倍增器检测。

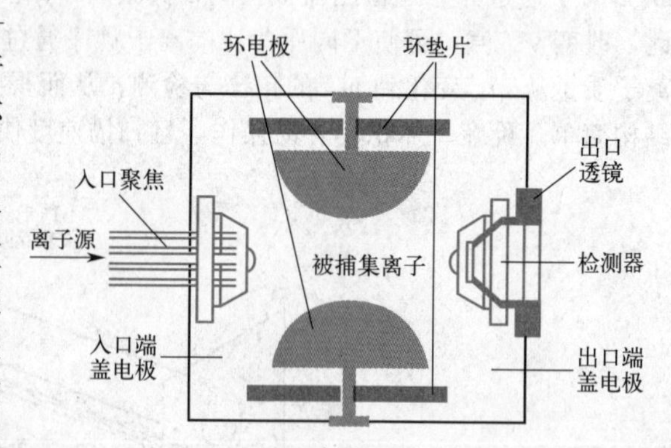


图 11-17 离子阱质量分析器工作原理示意图

离子阱质量分析器的质量扫描方式与四极杆质量分析器类似，是在恒定的 $U/V_{rf}$ 下，扫描 $V_{rf}$ 以获取不同碎片离子的质谱图。离子阱质量分析器结构小巧，质量轻，灵敏度高，还具有多级质谱功能，既可用于 GC-MS，也可用于 LC-MS。

#### 11.2.2.5 检测器

经过质量分析器出来的离子流只有 $10^{-9}$～$10^{-10}$A，质谱仪检测器的作用就是将这些强度非常小的离子流接受下来并放大，然后送到显示单元和计算机数据处理系统，得到所要分析的质谱图和数据。质谱仪常用的检测器有离子倍增管、电子倍增器、通道式电子倍增器、微通道板等。目前使用较多的是电子倍增器。

电子倍增器运用从质量分析器出来的离子轰击电子倍增管的阴极表面，使其发射出二次电子，再用二次电子依次轰击一系列电极，使二次电子获得不断倍增，最后由阳极接受电子流，使离子束信号得到放大。电子倍增器中电子通过的时间很短，利用电子倍增器可以实现高灵敏度且快速的测定。

#### 11.2.2.6 数据系统

数据系统（data system）负责采集、处理和分析质谱仪生成的数据。通常由计算机和相关的数据处理软件组成，用于控制仪器操作、保存和解释质谱数据。

### 11.2.3 色谱-质谱联用技术

目前质谱仪已较少单独使用，通常都是质谱仪与色谱仪联用，常见的有气相色谱-质谱联用仪（简称气-质联用仪，GC-MS）和液相色谱-质谱联用仪（LC-MS）。

#### 11.2.3.1 气相色谱-质谱联用仪

气相色谱-质谱联用仪器是分析仪器中较早实现联用技术的仪器。自 1975 年霍姆斯（J. C. Hholmes）和莫雷尔（F. A. Morrell）首次实现气相色谱和质谱联用以来，这一技术得到了长足的发展。在所有联用技术中 GC-MS 发展最完善，应用最广泛。目前从事有机物分析的实验室几乎都把 GC-MS 作为主要的定性确认手段之一，在很多情况下又用 GC-MS 进行定量分析。

（1）仪器组成　GC-MS 一般由图 11-18 所示的各部分组成。气相色谱仪分离样品中的各组分，起着样品制备的作用；接口把从气相色谱柱流出的各组分送入质谱仪进行检测，起着气相色谱和质谱之间适配器的作用。质谱仪对接口依次引入的各组分进行分析，成为气相色谱仪的检测器；计算机系统交互式地控制气相色谱、接口和质谱仪，进行数据采集和处理，是 GC-MS 的中央控制单元。

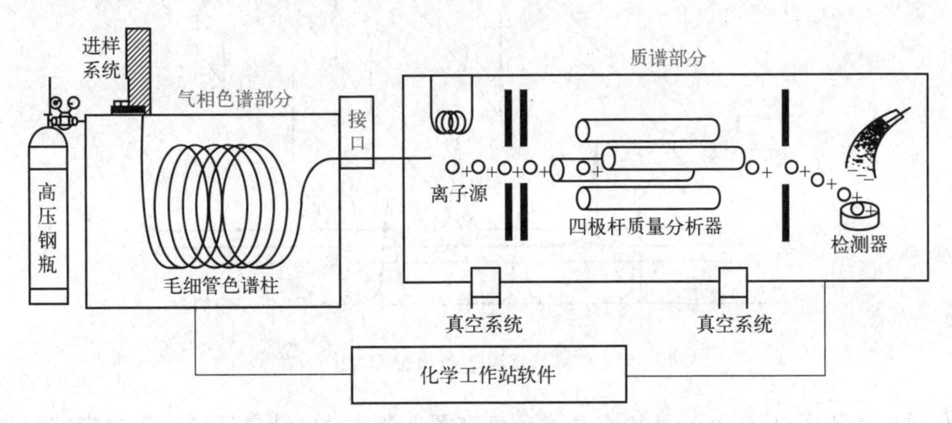


图 11-18　气相色谱-质谱联用仪结构示意图

最常见的接口是直接导入型接口（direct coupling，见图 11-19），即通过一根金属毛细管将毛细管色谱柱直接引入离子源，使用石墨垫圈密封（85%Vespel+15%石墨）。

毛细管柱（$\phi$0.25～0.32mm，载气约 1mL·$min^{-1}$）沿图中箭头方向插入直至有 1～

2mm 的色谱柱伸出金属毛细管，载气（He）和待测物一起从毛细管色谱柱流出后，立即进入离子源的作用场。He 不发生电离，待测物会形成带电粒子。待测物带电粒子在电场作用下加速向质量分析器运动，而 He 却因不受电场影响，被真空泵直接抽走。

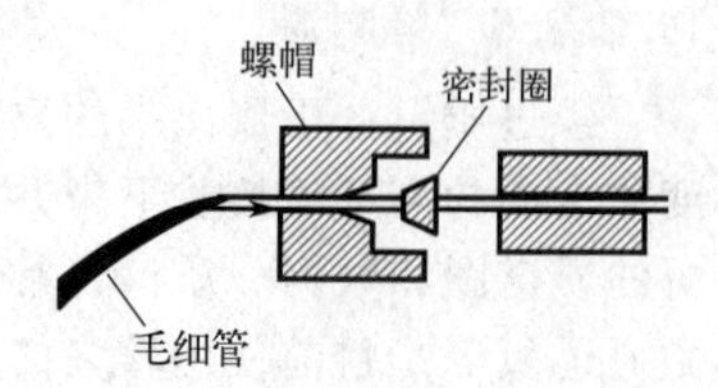


图 11-19　直接导入型接口工作原理

直接导入型接口的作用：一是支撑色谱柱插入金属毛细管，使其准确定位；二是保持温度，使色谱柱流出物不产生冷凝现象。使用这种接口的载气仅限于 He 或 $H_2$ 且流量应为 $0.7\sim1.0mL\cdot min^{-1}$。当载气流量$>2mL\cdot min^{-1}$ 时，质谱仪的检测灵敏度会大幅下降。

直接导入型接口最高工作温度和最高柱温接近。接口组件结构简单，容易维护；其传输率可达 100%。这是迄今为止最常用的一种技术。

（2）GC-MS 分析技术　GC-MS 分析的关键是设置合适的分析条件，使各组分能够得到满意的分离（分离条件的选择与优化方法可参考本教材项目 5），得到很好的重建离子色谱图和质谱图，在此基础上才能得到满意的定性和定量分析结果。GC-MS 分析得到的主要信息有 3 个：样品的总离子流图或重建离子色谱图；样品中每一个组分的质谱图；每个质谱图的检索结果。此外，还可得到质量色谱图、三维色谱质谱图等。高分辨率质谱仪还可得到未知化合物的精确分子量和结构式等信息。

① 总离子流色谱图（TIC）　GC-MS 分析中，样品连续进入离子源并被连续电离。质量分析器每扫描一次（比如 1s），检测器就得到一个完整的质谱图（其信号强度随时间变化而变化）并送入计算机存储。每个组分色谱峰的宽度约 10s，因此，计算机可得到约 10 张质谱图。计算机将各个质谱图的所有离子相加得到总离子流强度。TIC 即指连续扫描的总离子流强度随扫描时间变化的曲线，也就是色谱流出组分浓度随扫描时间变化的曲线（见图 11-20），显示了所有组分的色谱峰。TIC 的外形和由一般色谱仪得到的色谱图是一样的。差别在于，前者所用检测器是质谱仪，而后者所用检测器是氢焰、热导等，且两种色谱图中各成分的校正因子也不同。

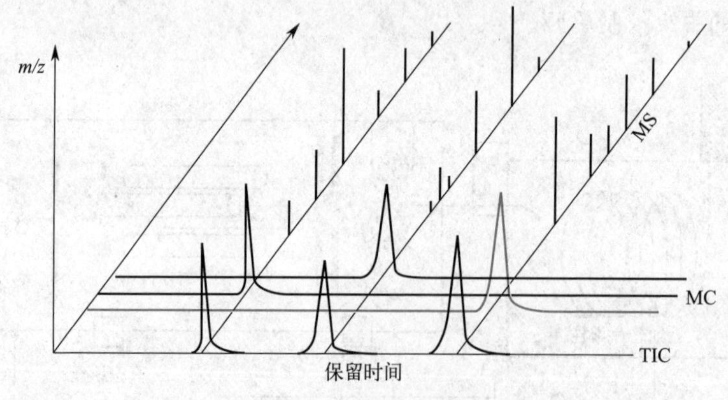


图 11-20　总离子流色谱图 TIC

② 质量色谱图（MC）　指由总离子流色谱图重新建立的特定质量离子强度随扫描时间变化的离子流图。因为只是从每一次扫描范围内选择一个或几个特征质量的离子，所以也称为提取离子流扫描图，只显示部分有特征的组分的色谱峰，可去除大量杂质色谱峰的干扰。

③ 质谱图（MS）　某个特定时间某物质的质谱图，可通过仪器自带的谱图检索功能，准确鉴定其成分。

（3）GC-MS 的优点　GC-MS 与气相色谱法相比，主要具有以下优点：

① 结合气相色谱法和质谱法的优点，极大地提高了对混合物的分离、定性分析和定量检测效率。

② 质谱检测器对所有化合物均有响应，又可有效地排除基质和杂质峰的干扰，极大地提高了检测灵敏度。

③ 可得到质荷比-保留时间-强度三维谱图，极大地提高了定性鉴别的准确性。

④ 促进了分析技术的计算机化，极大地提高了工作效率。

（4）GC-MS 的应用　GC-MS 在分析检测和研究的许多领域中起着越来越重要的作用，在许多有机化合物常规检测工作中成为了一种必备的工具。如环保领域在检测许多有机污染物，特别是在一些浓度较低的有机化合物如二噁英等的标准方法中就规定用 GC-MS；药物研究、生产、质控以及进出口的许多环节中都要用到 GC-MS；法庭科学中对燃烧、爆炸现场的调查，对各种案件现场的残留物的检验，如纤维、呕吐物、血迹等的检验与鉴定，无一不用到 GC-MS；工业生产的许多领域，如石油、食品、化工等行业都离不开 GC-MS；甚至竞技体育运动中也用 GC-MS 来进行兴奋剂的检测。

#### 11.2.3.2　液相色谱-质谱联用仪

自 20 世纪 90 年代开始发展起来的液相色谱-质谱联用（LC-MS）技术，能成功完成约占全体有机物 80%的不易挥发或热不稳定性物质的分离分析，是分析化学家分离分析复杂样品的一个强有力的工具。

（1）LC-MS 技术面临的困难与解决方法

① LC 流动相对质谱工作条件的影响：LC 流动相（如甲醇）流速一般为 $1mL \cdot min^{-1}$，汽化后换成常压下的气体流速为 $560mL \cdot min^{-1}$，其中还往往含有较多的杂质，在进入质谱仪前必须先清除流动相及其杂质对质谱仪的影响。

② 质谱离子源温度对液相色谱分析源的影响：LC 的分析对象主要是难挥发和热不稳定物质，这与质谱仪中常用的离子源要求样品须汽化是不相适应的。

为了解决上述两个困难以实现 LC 和 MS 间的联用，可以研究一种接口以协调 LC 和 MS 对分析不同的特殊要求；或者改进 LC（采用微型柱、降低流动相流量等）和质谱（主要是离子化方法）以使它们相互之间逐渐靠近以达到能够联用的目的；或者同时考虑上述两个办法。目前多是选用合适的接口来解决上述问题的。

（2）LC-MS 技术的接口　常用于 LC-MS 的接口主要有移动带技术（MB）、热喷雾接口、粒子束接口（PB）、快原子轰击（FAB）、电喷雾接口（ESI）等。其中，电喷雾接口（详见 11.2.2.3 节）的应用极为广泛，可用于小分子药物及其各种体液内代谢产物的测定、农药及化工产品的中间体和杂质的鉴定、大分子蛋白质和肽类分子量的测定、氨基酸测序及结构研究以及分子生物学等许多重要的研究和生产领域。

ESI 的优点是：①具有高的离子化效率，对蛋白质而言接近 100%；②有多种离子化模式可供选择；③对蛋白质而言，稳定的多电荷离子的产生，使蛋白质分子量测定范围可高达几十万甚至上百万；④“软”离子化方式使热不稳定化合物得以分析并产生高丰度的准分子离子峰；⑤运用气动辅助电喷雾技术，可实现接口与大流量（约 $1mL \cdot min^{-1}$）HPLC 的联机使用；⑥仪器专用化学站的开发使得仪器在调试、操作、LC-MS 联机控制、故障诊断等各方面都变得简单可靠。

（3）LC-MS 技术（离子源为 ESI）　图 11-21 是液相色谱-质谱基本结构（离子源为 ESI）。离子化室和聚焦单元之间由一根内径为 0.5mm 的带惰性金属（Au 或 Pt）包头的玻璃毛细管相通（也有用金属毛细管的）。其作用是形成离子化室和聚焦单元的真空差，造成聚焦单元对离子化室的负压，传输由离子化室形成的离子进入聚焦单元并隔离加在毛细管入口处的 3～8kV 的高电压（可因检测目的方便切换极性）。离子聚焦部分一般由两个锥形分离器（skimmer）和静电透镜（eleatrostatic lens）组成（较新的设计采用六极杆或八极杆予以替换，可大大提高离子传输效率，从而提高检测灵敏度），并可施加不同的调谐电压。

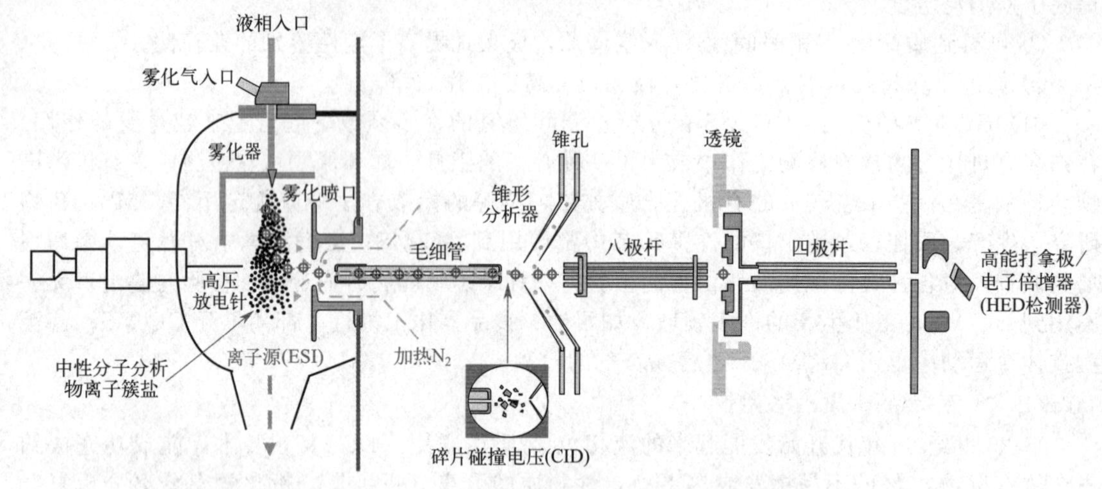


图 11-21　液相色谱-质谱基本结构（离子源为 ESI）

ESI 一般均有 2～3 个不同的真空室（由机械泵抽气形成真空，第一个真空度 200～400Pa，第二个约 20～40Pa），这两个区域与喷雾室的常压以及质谱离子源的真空（前级 $10^{-4}$Pa；后级 $10^{-6}$Pa）形成真空梯度并保证稳定的离子传输。接口中设置有两路 $N_2$：一路为不加热的喷雾气（气帘），另一路为加热的干燥气（浴气）。其作用是使液滴进一步分散以加速溶剂的蒸发，形成气帘阻挡中性分子进入玻璃毛细管（利于被分析物离子与溶剂的分离），或减少由于溶剂快速蒸发和气溶胶快速扩散所促进的分子-离子聚合作用。

LC-MS 技术（离子源为 ESI）的分析流程是：以一定流速进入喷口的样品溶液及 LC 流动相，经喷雾作用被分散成直径约 1～3μm 的细小液滴，在喷口和毛细管入口之间设置的几千伏特高压电的作用下，液滴因其表面电荷的不均匀分布和静电引力被破碎为更细小的液滴。在加热的干燥 $N_2$ 的作用下，液滴中的溶剂被快速蒸发，直至表面电荷增大至库仑排斥力大于表面张力而爆裂，产生带电的子液滴。子液滴中的溶剂继续蒸发引起再次爆裂。此过程循环往复直至液滴表面形成很强的电场，而将离子由液滴表面排入气相中。至此，离子化过程完成。

进入气相的离子在高电场和真空梯度的作用下进入玻璃毛细管，经聚焦单元聚焦，被送入质谱离子源进行质谱分析。

在没有干燥气体设置的接口中，上述离子化过程也可进行，但流量必须限制在 $10\mu L \cdot min^{-1}$ 以下，以保证足够的离子化效率。如接口具备干燥气体设置，则此流量可达到 $100\mu L \cdot min^{-1}$ 以上乃至 $1000\mu L \cdot min^{-1}$ 以上。这样的流量可满足常规液相色谱柱良好分离的要求，实现与质谱的在线联机操作。

（4）LC-MS 联用技术的特点

① 广适性检测器：LC-MS 几乎可检测所有的化合物，如热不稳定化合物和难挥发的沸点物质，弥补了 GC-MS 的不足。

② 分离能力强：即使混合物在 LC 上没有实现完全分离，通过 MS 的特征离子质量色谱图也能分别绘出它们各自的色谱图以进行定性、定量分析，而且还可给出每个组分丰富的分

子结构信息和分子量，定量结果十分可靠。

③ 检测限低：MS具备高灵敏度，可检测$<10^{-12}$g水平下的待测样品；通过选择离子检测方式，其检测能力还可提高一个数量级以上；MS是通用型检测器，特别适合检测那些没有UV吸收的样品。

④ 可以让科学家从分子水平上研究生命科学。

⑤ 质谱引导的自动纯化，以质谱给馏分收集器提供触发信号，可大大提高制备系统的性能，克服了传统UV检测器在制备中诸多问题。

（5）LC-MS技术的应用　LC-MS使生物学家能够在分子水平上进行蛋白质、多肽、核酸的分子量确认；利用ESI可产生多电荷碎片离子的特点，大大扩展了质谱的分子量测定范围，特别有利于分析多官能团的大分子；在医学方面，LC-MS可用于跟踪化学反应，选择最佳合成条件，研究反应历程；在法医科学上，LC-MS用于麻醉剂、兴奋剂、利尿剂、可卡因等违禁成分的分析研究；在食品领域，LC-MS可用于致香剂、添加剂、致癌物质的分析和检测以及包装物残留的分析等；在环境保护方面，LC-MS可用于废水分析、空气污染物的分析、农药分析、原油和燃料分析、复杂土壤样品分析等。

## 11.2.4 仪器操作与日常维护

### 11.2.4.1 Agilent 7890GC-5975MSD的基本操作

下面以Agilent GC-MS系统（见图11-22）为例，说明它的基本操作步骤。

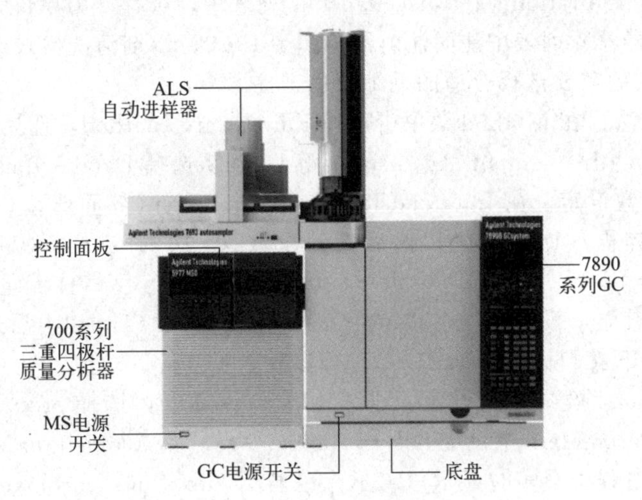


图11-22　Agilent GC-MS外形

GC-MS主要由气相色谱仪、接口、质谱仪和数据处理系统组成。其中气相色谱仪由气路系统、进样系统和色谱柱系统组成。质谱仪包括离子源（EI源）、质量分析器（四极杆质量分析器）、检测器（电子倍增器）和真空系统。接口部分为毛细管连接，气相色谱仪和接口部件起到了一般质谱仪进样系统的作用，而质谱仪在这里作为气相色谱仪的检测器。

Agilent 7890GC-5975MSD的基本操作步骤如下：

（1）样品的准备　GC-MS要求样品必须先在GC上实现完全分离后方可送入质谱仪。此外，样品浓度过高会引起离子抑制或因信号太强而得不到理想的MS图，需在进样前将其适当稀释至约$1ng \cdot \mu L^{-1}$（进样$1\mu L$）。

（2）仪器的开机、调谐和校正

① 打开载气钢瓶（He）控制阀，设置分压阀压力为0.5MPa。

② 选择合适的毛细管色谱柱（已充分老化，建议为低流失的非极性柱）并将其两端分别接于进样器出口和质谱检测器入口。

③ 打开稳压电源开关，打开计算机。

④ 打开 7890GC、5975MSD 的电源。

⑤ 双击桌面上 MS5975C 图标进入 MSD 化学工作站（见图 11-23）。

⑥ 在 Instrument Control 菜单中，单击 View，选择 Tune and Vaccum Control，进入调谐与真空控制界面，涡轮泵转速应很快达到 100%。

⑦ 调谐在仪器开机至少 2h 后方可进行（注：质谱仪通常始终处于开机状态，He 应常开且保持始终通入的状态，因此初次开机须按要求调谐完毕，而后续仅需定期做调谐即可。仪器的质量准确度主要通过定期的校正来保证）。

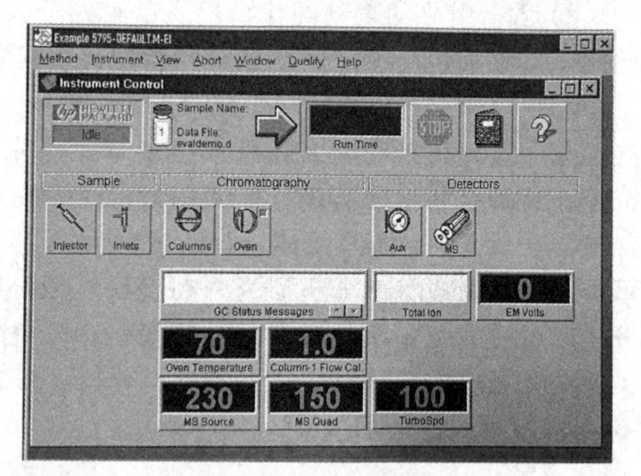


图 11-23 MSD 化学工作站界面

(3) 实验方法建立与数据采集

① 检查 GC 的设置：从 Instrument 菜单中选择 GC Edit Configuration。在 Miscellaneous 列表中，选择压力单位为 psi；设置最大炉温。ALS（自动进样器）列表中注明注射器体积为 10$\mu$L，溶剂清洗模式选择 A、B。在 Columns 列表中根据实验需要选择合适的毛细管色谱柱。

② 编辑实验方法：在 Method 菜单中选择 Edit Entire Method，选择需编辑的参数（如 Method Information、Instrument/Acquisition 等）；确认选择 Data Acquisition。

③ 气相色谱参数设定。在 Inlet and Injection Parameters 界面选择 GC ALS 进样及 MS 检测器，设置进样体积（1$\mu$L）、进样前后洗针次数（5 次）、进样口温度、隔垫吹扫流量（3mL・$min^{-1}$）、分流/不分流模式[分流比(20～200)：1]、色谱柱流量（1mL・$min^{-1}$）、柱温（恒温或程序升温，设置 Oven Temp On）、平衡时间（1min）、后运行时间（2min）、传输线温度（GC-MS 接口温度，如 250℃）等参数。

④ 全扫描（scan）模式参数设定。进入 MS Tune File，选择 atune. u 作为调谐文件。在 MS SIM/Scan Parameters 中设定 Solvent delay 参数，在 Acquisition Mode 中选择全扫描模式；在样品分析过程中会实时显示总离子流色谱图（total ion chromatography，TIC）和质谱图两个监测窗口。在 Edit Scan Params 中根据被分析物的分子量设定扫描范围。Threshold 阈值设定为 150，Sampling rate 为 2。确认后保存方法。

⑤ SIM（选择离子监控）模式参数设定。根据需要可设置成 SIM 模式。方法是：先调用全扫描的实验数据，积分后记录样品中各个化合物的保留时间；取每个化合物的平均谱，并记录具有特征且丰度高的离子的准确质量（精确至±0. 2amu）；接着在 Method 菜单下调用全扫描模式的实验方法，保持其他参数不变，在 MSSIM/Scan Parameters 中的 Acquisition Mode 下选择 SIM 模式，并进一步设置 SIM 参数，填写各个化合物 Group ID、Scan 模式中记录的保留时间和特征离子，确认后保存方法。

(4) 进样和数据采集　将样品瓶放置在自动进样器样品盘上，记录所处位置。在 Instrument Control 界面点击样品瓶口，在采集面板中输入 Operator Name，输入并记录数据文件名和 ALS 样品盘上不同位置的号码。

选择 Data Acquisition，点击 OK and Run Method 退出此面板开始采集数据。【注意】

**当采集面板提示“Override solvent delay”时，点击“NO”。**

(5) 定性数据分析　运行结束后，单击桌面上MS5975C Data Analysis图标。在File菜单上选择Load Data File…，单击数据采集中设定的文件名，点击OK。

① 色谱图：用鼠标左键选中某一区域拖拽，即可放大该区域，双击左键可恢复；鼠标移至某个色谱峰旁，同时单击左右键可显示注释窗口，输入注释文字。

② 质谱图：用鼠标将一个色谱峰放大，在峰顶部位双击鼠标右键，即可得到对应MS图。按住鼠标右键在色谱峰半峰宽处从左至右拖拽即可获得若干张MS图的平均谱，并显示在窗口1中。

③ 本底扣除：采用上述方法用鼠标在样品某一色谱峰顶部即可得到该化合物的平均MS图；用鼠标在同一色谱峰的起点前基线处可得到该化合物的平均MS图；选择Spectrum/Subtract可进行本底扣除。【注意】**应先取质谱图，再取背景谱图。**

④ 积分：选择Chromatogram/Integrate，采用仪器默认参数积分，此时小峰可能未被积分。选择Chromatogram/MS Signal Integration Parameters…，显示化学工作站积分器的默认值。选择Initial Threshold并输入15，单击Enter将新的值输入时间事件表中，单击Save用这些新输入的值建立一个积分事件，单击OK将设置保存在GCMS. E，再单击OK退出Save Events。再击OK退出Edit Integration Events面板。最后，选择Chromatogram/Integrate，此时小峰均被积分。

⑤ 谱库检索：如前所述调用数据文件，选择其中一个色谱峰，在其峰顶选择质谱图，如有必要可先放大色谱图以便于选择。选择Spectrum/PBM quick search后，自动检索结果（化合物组成和匹配度信息）出现在Search Results界面。在此界面中点击Difference后会自动显示质谱图与标准谱图库中的标准谱图的差异。同时也可手动选择谱图库进行检索（NIST05. 1为美国标准局谱图库）。

每一个被积分的峰可通过Chromatogram/Annotate Chromatogram with PBM results将检索的第一个匹配结果连同匹配度标注在峰上。

(6) 定量数据分析　选择总离子流色谱图或提取离子色谐图（extracted ion chromatogram，EIC）进行定量分析，并打印分析结果。

(7) 实验结束工作　实验结束后，退出化学工作站。

#### 11.2.4.2 仪器的日常维护保养

(1) 保持清洁　定期清洁质谱仪的外壳、离子源、质量分析器和检测器等部件。使用适当的清洁剂和工具，避免污染和杂质的积累。

(2) 定期校准　按照仪器制造商的建议，定期进行质谱仪的校准。这可确保仪器的准确性和稳定性。

(3) 检查气体和溶剂　检查质谱仪使用的气体和溶剂的储存和供应情况，需确保其纯度，且需保证有足够的供应量（质谱仪所用的超高纯He需24h不间断供应）。

(4) 日常维护　每次开机前检查套筒和柱螺帽等的松紧程度；每周根据需要更换玻璃套管、O形圈以及进样垫；经常观察油泵内的油是否变黑，如果变黑要及时更换；根据要求定期老化毛细管色谱柱。

(5) 长期维护　每月根据需要清理分流/不分流进样口出口管线的进化器，进行氦气检漏，检查所有连接点，在供气端对进样口和色谱柱两头及检测器的接头进行检漏；每半年清洗一次离子源、检测器。

(6) 维护记录　进行仪器维护后，要及时做好相应记录。

(7) 培训和培养技术人员　确保操作和维护质谱仪的技术人员接受过相关的培训，并应确保他们的技术能力和理论知识持续不断更新。

不同类型和品牌的质谱仪可能会有一些特定的操作和维护要求。因此，使用时需参考仪器的操作手册和制造商的建议。

### 思考与练习 11.2

1. 属于质谱仪硬电离源的是（　　）。

A. 电喷雾电离源　B. 电子轰击电离源　C. 化学电离源　D. 基质辅助激光解析电离源

2. 下列质谱仪的组成部件中，被称为质谱仪“心脏”的是（　　）。

A. 进样系统　B. 质量分析器　C. 离子源　D. 检测系统

3. （多选）属于质谱仪中的离子源的是（　　）。

A. EI　B. CI　C. FAB　D. MALDI　E. TOF

4. （多选）属于质谱仪中的质量分析器的是（　　）。

A. 磁式双聚焦质量分析器　B. 四极杆质量分析器　C. MALDI

D. 离子阱质量分析器　E. TOF

### 阅读园地

扫描二维码查看“北京冬奥会兴奋剂检测新亮点：DBS”。

北京冬奥会兴奋剂检测新亮点：DBS

## 11.3 实验技术

扫描二维码查看详细内容。

质谱法实验技术

## 11.4 实验　GC-MS 测定粮谷和大豆中的除草剂残留

扫描二维码查看详细内容。

实验　GC-MS 测定粮谷和大豆中的除草剂残留

## 本章主要符号的意义及单位

| 符号 | 意义及单位 | 符号 | 意义及单位 | 符号 | 意义及单位 | 符号 | 意义及单位 |
|---|---|---|---|---|---|---|---|
| $v$ | 离子速度 | $R$ | 分辨率 | $t$ | 离子飞行时间 | MS | 质谱图 |
| $m$ | 离子质量 | $R$ | 离子的偏转半径 | $L$ | 离子漂移距离 | | |
| $z$ | 离子电荷 | $m/z$ | 质荷比 | TIC | 总离子流色谱图 | | |
| $B$ | 磁场强度 | $V$ | 离子加速电压 | MC | 质量色谱图 | | |

## 本章要点

扫描二维码查看本章要点。

第 11 章要点

# 12

# 核磁共振波谱法

学习指南

| 学习引导 | 学习目标 | 学习方法 |
| --- | --- | --- |
| 核磁共振波谱能提供复杂体系中分子结构、相互作用、动态过程和含量等大量信息，在有机物结构分析中发挥着十分重要的作用。核磁共振波谱法作为一种重要的波谱分析手段，广泛应用于医学、药学、化学、生物学、食品以及材料科学等诸多学科领域。<br>本章主要介绍核磁共振波谱法的基本原理、仪器与设备、实验技术等。 | 通过本章的学习，应重点掌握核磁共振光谱产生的原因、定性分析与定量分析基本原理、核磁共振波谱图的组成、$^{1}$H 核磁共振波谱图特征、$^{13}$C 核磁共振波谱图特征、核磁共振波谱仪结构与操作方法、核磁共振波谱仪日常维护、核磁共振样品制备注意事项、核磁共振波谱定性分析方法、定量分析等理论知识和操作技能。 | 学习过程中，复习和查阅已经学习过的相关知识，如原子核的结构、电磁相互作用、电磁波的类型和特征等，有助于理解和掌握本章的知识点；规范、认真且按要求完成技能训练是掌握操作技能的最好方法。此外，通过查阅所提供的参考文献和阅读园地了解一些新技术和科学家的事迹，不仅可以拓宽自己的知识面，也能提高个人对本门技术的兴趣。 |

## 12.1 基本原理

核磁共振指原子核的磁共振现象。这种现象只有把原子核置于外加磁场中并满足一定外在条件才能产生。并不是元素周期表中所有元素的原子核都能产生核磁共振，只有显示磁性的原子核，在强磁场中才能产生核磁共振现象。

当磁性原子核在强外磁场时，受到外磁场作用发生能级裂分，当用频率为兆赫数量级、波长为 0.6～10m 的电磁波照射分子时，其中的磁性原子核在外磁场中发生磁能级的共振跃迁，从而产生吸收信号。这种原子核在外磁场中对射频辐射的吸收称为核磁共振波谱（nuclear magnetic resonance spectroscopy，NMR）。

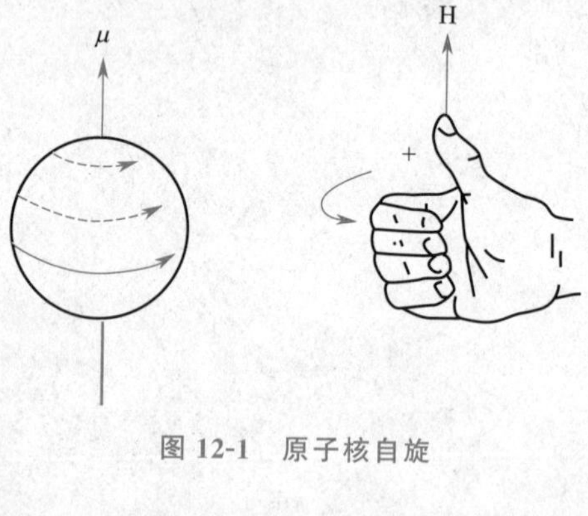

图 12-1　原子核自旋

### 12.1.1 原子核的磁性质

#### 12.1.1.1 原子核的自旋

原子核是带正电荷的粒子，由质子和中子组成，位于原子的核心部分。原子核的自旋指的是原子核的角动量。实验证明，质子和中子都可以自旋，具有自旋角动量，同时它们在原子内部还有相对的运动，具有轨道角动量。原子核是多核子体系，所有核子的自旋角动量和轨道角动量的矢量和就是原子核的角动量，即原子核的自旋。因此原子核的自旋是由内部运动决定的，与核的外部运动无关，是核的内禀属性。

原子核由于自旋产生的角动量 $\boldsymbol{P}$ 是一个矢量，其方向服从右手螺旋定则，与自旋轴重合（见图 12-1）。原子核由自旋产生的角动量由自旋量子数 $I$ 决定，根据量子力学理论，原

子核的总角动量 $\boldsymbol{P}$ 的计算公式为：

$$\boldsymbol{P}=\sqrt{I(I+1)}\cdot\frac{h}{2\pi} \tag{12-1}$$

式中，$\boldsymbol{P}$ 为原子核自旋角动量；$I$ 为自旋量子数；$h$ 为普朗克常数（$6.63\times10^{-34}\text{J}\cdot\text{s}$）。

由式(12-1) 可知，原子核的自旋总角动量 $\boldsymbol{P}$ 的大小取决于它的自旋量子数 $I$。自旋量子数 $I$ 的取值受原子核内部质子数和中子数的影响，且自旋量子数 $I$ 的变化是不连续的，只能取 1/2、3/2、5/2 等半整数或 0，1，2，3 等整数。

原子核是带正电荷的粒子，当它围绕自旋轴运动时，电荷也围绕自旋轴旋转，产生循环电流，从而产生磁场，这种磁性质用磁矩 $\mu$ 表示。磁矩 $\mu$ 的方向沿自旋轴，大小与角动量 $\boldsymbol{P}$ 成正比。

$$\mu=\gamma\boldsymbol{P} \tag{12-2}$$

式中，$\gamma$ 为旋磁比，是磁性原子核的特征常数，不同原子核有不同的磁旋比。例如，$^{1}$H 原子核（也可称 H 核或质子）的磁旋比 $\gamma_H=2.68\times10^{8}\text{rad}\cdot\text{T}^{-1}\cdot\text{s}^{-1}$；$^{13}$C 原子核的磁旋比 $\gamma_C=6.73\times10^{7}\text{rad}\cdot\text{T}^{-1}\cdot\text{s}^{-1}$，将式(12-1) 代入式(12-2) 可得：

$$\mu=\gamma\sqrt{I(I+1)}\frac{h}{2\pi} \tag{12-3}$$

式(12-3) 说明，原子核磁矩 $\mu$ 的值由其自旋量子数 $I$ 决定。实验证明，自旋量子数 $I$ 与原子质量数（质子数和中子数之和）、原子序数（质子数）之间的关系如表 12-1 所示。

表 12-1　自旋量子数与原子质量数和原子序数的关系

| 原子质量数 | 原子序数 | 自旋量子数 $I$ | 自旋模式 | 原子核举例 | NMR 信号 |
|---|---|---|---|---|---|
| 偶数 | 偶数 | 0 | — | $^{12}$C、$^{16}$O、$^{28}$Si、$^{32}$S | 无 |
| 奇数 | 奇数或偶数 | 1/2 | 球形 | $^{1}$H、$^{13}$C、$^{19}$F、$^{15}$N、$^{29}$Si、$^{31}$P | 有 |
| 偶数 | 奇数 | 1、2、3 | 伸长椭圆形 | $^{2}$H、$^{10}$B、$^{14}$N | 有 |
| 奇数 | 奇数或偶数 | 3/2、5/2、… | 扁平椭圆形 | $^{11}$B、$^{17}$O、$^{35}$Cl、$^{79}$Br、$^{127}$I | 有 |

当原子质量数和原子序数均为偶数时，自旋量子数 $I=0$，原子核无自旋运动。当自旋量子数 $I=1/2$ 时，原子核为电荷呈均匀分布的旋转球体，它们的核磁共振现象较为简单，是目前核磁共振研究的主要对象。其中研究最多、应用最广泛的是$^{1}$H 和$^{13}$C 核磁共振谱。当 $I\geqslant1$ 时，原子核电荷分布不均匀，可以把它们看成是绕主轴旋转的椭圆球体（包括伸长椭圆形和扁平椭圆形），这些原子核核磁共振信号复杂，现阶段研究较少。

#### 12.1.1.2　原子核的自旋取向与能量

若将自旋核放入场强为 $B_0$ 的磁场中，由于磁矩与磁场相互作用，核磁矩相对外加磁场有不同的取向。按照量子力学原理，它们在外磁场方向的投影是量子化的，可用磁量子数 $m$ 表示，$m=I$，$I-1$，$I-2$，0，…，$-I$。自旋量子数为 $I$ 的原子核可以有 $2I+1$ 个取向（见图 12-2）。

每种取向各对应有一定的能量。对于具有磁量子数 $m$ 的核，量子能级的能量可用下式确定：

$$E=-\mu_Z B_0=-\gamma P_Z B_0=-\gamma m B_0\frac{h}{2\pi} \tag{12-4}$$

式中，$E$ 为量子能级的能量；$\mu_Z$ 为磁矩 $\mu$ 在 $Z$ 轴方向（即外磁场 $B_0$ 的方向）的分量，$P_Z$ 为原子核的总角动量 $P$ 在 $Z$ 轴的分量。

式(12-4) 表明：无外加磁场时，由于原子核的无序排列，不同自旋方向的核不存在能级差别，无能级分裂。当有外加磁场时，原子核就相对于外加磁场发生自旋取向，磁性核发

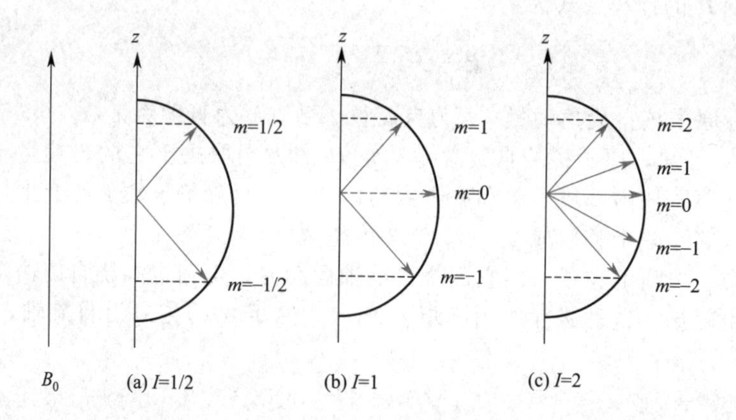


图 12-2 三种典型原子核的自旋取向

生能级分裂，为核磁共振能级跃迁奠定了基础。

$^{1}$H 在外加磁场下有 $m=+\frac{1}{2}$ 和 $m=-\frac{1}{2}$ 两种取向。这两种取向对应的能量分别为：

① 当 $m=+\frac{1}{2}$ 时，

$$E_{+\frac{1}{2}}=-\gamma mB_0\frac{h}{2\pi}=-\gamma\frac{h}{4\pi}B_0$$

② 当 $m=-\frac{1}{2}$ 时，

$$E_{-\frac{1}{2}}=-\gamma mB_0\frac{h}{2\pi}=\gamma\frac{h}{4\pi}B_0$$

前者的取向与外磁场相同，能量较低；后者的取向与外磁场相反，能量较高。其高低能级的能极差为：

$$\Delta E=E_{-\frac{1}{2}}-E_{+\frac{1}{2}}=\gamma\frac{h}{2\pi}B_0 \tag{12-5}$$

式中，$\Delta E$ 为 $^{1}$H 原子核在磁场下由低能级向高能级跃迁所需的能量。当外加磁场 $B_0$ 增大时，所需能量也增加。$^{1}$H 原子核的磁矩在磁场中的方向和对应的能级如图 12-3 所示。

## 12.1.2 核磁共振现象与弛豫过程

### 12.1.2.1 核磁共振现象

原子核不同的自旋取向与外磁场方向不完全平行，外磁场就要使原子核取向于外磁场的方向，即当具有磁矩的原子核置于外磁场中时，在外磁场的作用下，核自旋产生的磁场与外磁场发生相互作用，使得原子核的运动状态除了自旋之外，其自旋轴又以一定的角度围绕外磁场方向回旋运动，与陀螺的运动的情况类似（见图 12-4）。这种回旋运动称为拉莫尔进动（Larmor precession），有一定的回旋频率 $\nu$。

如果在磁场的垂直方向用电磁波照射，提供一定的能量，当电磁波的频率正好等于自旋进动频率 $\nu$ 时，电磁波的能量就等于两个能极的能级差 $\Delta E$，则处于低能级的核可以吸收频率为 $\nu$ 的射频波跃迁到高能级，这种现象称为核磁共振。此时，电磁波能量：$\Delta E=h\nu$；相邻核磁能级的能极差：$\Delta E'=\gamma\frac{h}{2\pi}B_0$；当 $\Delta E=\Delta E'$ 时

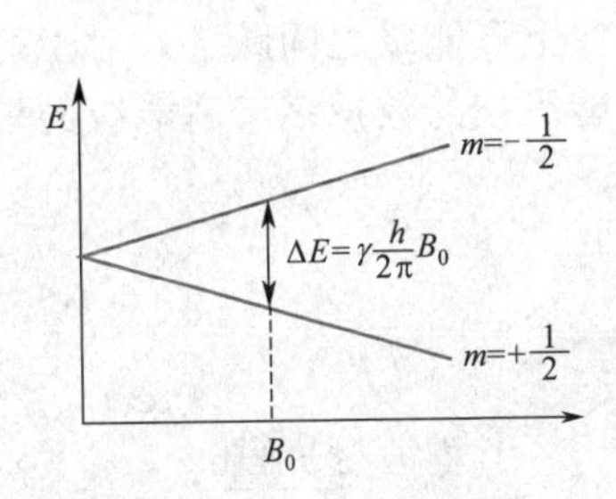


图 12-3 $I=1/2$ 时核磁能级与外磁场 $B_0$ 的关系

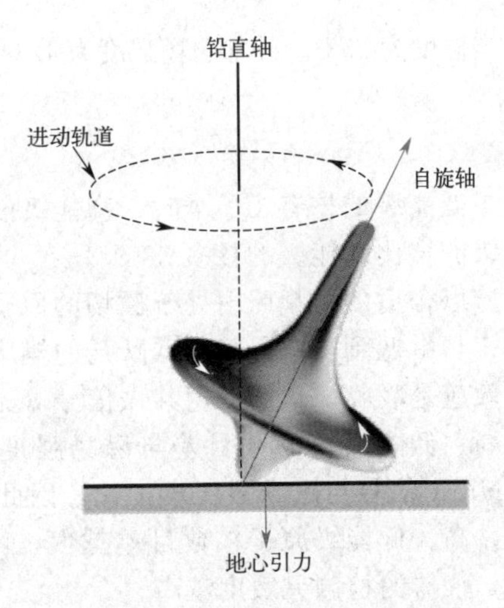


图 12-4 陀螺在重力场的运动

$$\nu=\frac{\gamma}{2\pi}B_0 \tag{12-6}$$

此即核磁共振现象发生的条件。

(1) 对自旋量子数 $I=\frac{1}{2}$ 的同一原子核，因旋磁比 $\gamma$ 为一定值，$2\pi$ 为常数，所以发生共振时，照射频率的大小取决于外磁场强度 $B_0$ 的大小。在外磁场强度增加时，为使核发生共振，照射频率也应相应增加；反之，则减小。例如，若将 $^1H$ 原子核放在磁场强度为 2.35T 的磁场中，发生核磁共振时的照射频率即为：

$$\nu=\frac{\gamma}{2\pi}B_0=\frac{2.68\times10^8\times2.35}{2\times3.14}\text{Hz}\approx100\times10^6\text{Hz}=100\text{MHz}$$

(2) 对于自旋量子数 $I=\frac{1}{2}$ 的不同原子核，在同一固定磁场强度的磁场中，其共振频率 $\nu$ 取决于原子核本身磁矩的大小。磁矩大，所需照射频率大，反之，则小。例如，$^1H$、$^9F$ 和 $^{13}C$ 原子核的磁矩分别为 2.79、2.63、0.70 核磁子，在场强为 1T 的磁场中，其共振时的频率分别为 42.6MHz、40.1MHz、10.7MHz。

(3) 当照射频率固定时，通过改变磁场强度，对于不同的原子核，磁矩大的核，共振所需磁场大，反之，则小。例如，$\mu_H>\mu_C$，则 $B_H<B_C$。

12.1.2.2 弛豫过程

$^1H$ 在外加磁场的作用下有 $m=+\frac{1}{2}$ 和 $m=-\frac{1}{2}$ 两个能级，热平衡时，$m=-\frac{1}{2}$ 的高能级原子核数 $N_j$ 与 $m=+\frac{1}{2}$ 的低能级原子核数 $N_0$ 的比值符合玻尔兹曼（Boltzmann）分布：

$$\frac{N_j}{N_0}=e^{-\frac{\Delta E}{kT}} \tag{12-7}$$

$$\frac{N_j}{N_0}=e^{-\frac{\gamma hB_0}{2\pi kT}} \tag{12-8}$$

式中，$N_j$ 和 $N_0$ 分别为高能级和低能级的原子核数；$\Delta E$ 为两种能级的能极差，eV；$k$ 为玻尔兹曼常数（$1.38\times10^{-23}\text{J}\cdot\text{K}^{-1}$）；$T$ 为绝对温度，K。

当温度为25℃、外加磁场强度为4.69T时，$^1$H所处高能级和低能级的原子核数目的比例为：

$$\frac{N_j}{N_0}=e^{-\frac{\gamma hB_0}{2\pi kT}}=e^{-\frac{2.68\times10^8\times6.63\times10^{-34}\times4.69}{2\times3.14\times1.38\times10^{-23}\times298}}=0.999967$$

当低能级的核有$10^6$个时，高能级的核有：$N_j=0.999967N_0=999967$个。此时，处于低能级的核比高能级的核多33个。

若以合适的射频照射处于磁场的原子核，会引起核在上下能级之间跃迁。对于每个原子核而言，由低到高或由高到低跃迁的概率相同，因为低能级核的数量多于高能级的核，因此其净效应是吸收，从而产生共振信号（见图12-5）。

高、低能级核的数目差与磁场强度成正比关系，NMR信号与磁场强度成正比，因此磁场强度越强，高、低能级原子核数目差越大，NMR信号越强，仪器的检测灵敏度越高。

当数目较多的低能级原子核跃迁至高能级后，高、低能级相互跃迁的速率动态平衡，NMR信号消失，这个现象叫作**饱和**。

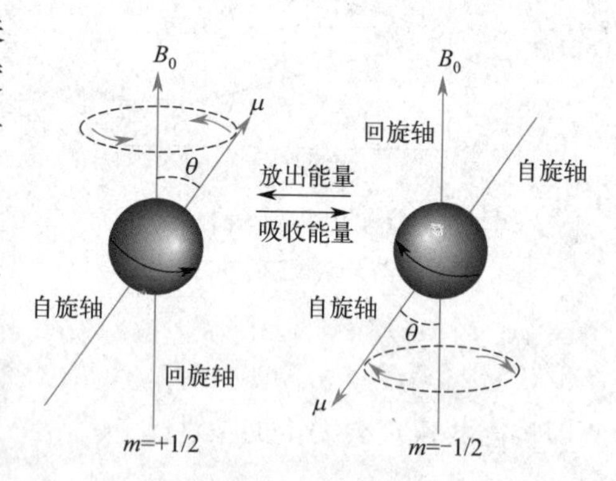


图12-5 取向不同原子核的跃迁

为了持续地产生核磁共振现象，被激发到高能级的原子核必须通过非辐射的形式将其获得的能量释放到周围环境中去，使核从高能级降到原来的低能级，这个现象叫作**弛豫**。弛豫是核磁共振现象发生后得以保持的必要条件。否则，信号将很快因饱和现象而消失。弛豫有自旋-晶格弛豫和自旋-自旋弛豫两种方式。

（1）自旋-晶格弛豫　高能级的原子核将能量以热能形式转移给周围分子骨架（晶格）中的其他核而回到低能级。这种释放能量的过程称为自旋-晶格弛豫（亦称纵向弛豫）。周围的粒子，对固体样品是指晶格，对液体样品是指周围的同类分子或溶剂分子，这些粒子在外加磁场的作用下产生一个磁场，其频率与原子核的拉莫尔频率接近时，就会产生能量的传递。自旋-晶格弛豫反映体系与环境的能量交换，需要一定的时间，其弛豫时间用$T_1$表示，$T_1$越小表示过程的效率越高。

（2）自旋-自旋弛豫　邻近自旋核之间进行内部的能量交换，高能级原子核将能量转移给低能级原子核，使它变成高能级而自身返回低能级。这种释放能量的过程称为自旋-自旋弛豫（亦称横向弛豫）。自旋-自旋弛豫过程前后，高、低能级上原子核的数目不变，但任一选定原子核在高能级上的停留时间（寿命）却因此变短。自旋-自旋弛豫时间用$T_2$表示。

弛豫时间的长短，取决于$T_1$和$T_2$中的较小者。根据不确定性原理，谱线宽度与弛豫时间成反比。固体样品$T_2$很小，所以谱线较宽。因此，在使用NMR鉴别化合物结构时，通常需将固体样品配成溶液后再进行测试。另外如果溶液中存在顺磁性物质（如铁、氧气等）时，会使$T_1$缩短，谱线加宽，所以样品中不能含铁磁性和其他顺磁性物质。

## 12.1.3 化学位移及核磁共振波谱图

### 12.1.3.1 化学位移的产生

$^1$H原子核核磁共振频率为：$\nu=\frac{\gamma}{2\pi}B_0$。其共振频率的大小由$^1$H原子核的磁矩和外部磁场大小决定。在实际应用中，此公式没有考虑到核外电子云的影响，所以仅适用于没有电子的氢原子核。

实际上各种化合物中的$^1$H原子核都被不断运动着的电子云所包围，由于核的自旋，核外电子会产生环电流，在外磁场作用下，环形电流感应产生一个与外磁场方向相反的次级磁场$B_e$，如图12-6所示。这种对抗外磁场的作用称为电子的屏蔽效应。由于电子的屏蔽效应，使$^1$H原子核实际上受到的磁场强度减小。此外，当$^1$H原子核处于不同化学环境的分子中，核外电子云的分布情况也各异，受到的屏蔽作用也不同，屏蔽磁场$B_e$的强度与外部磁场$B_0$的大小成正比，即：

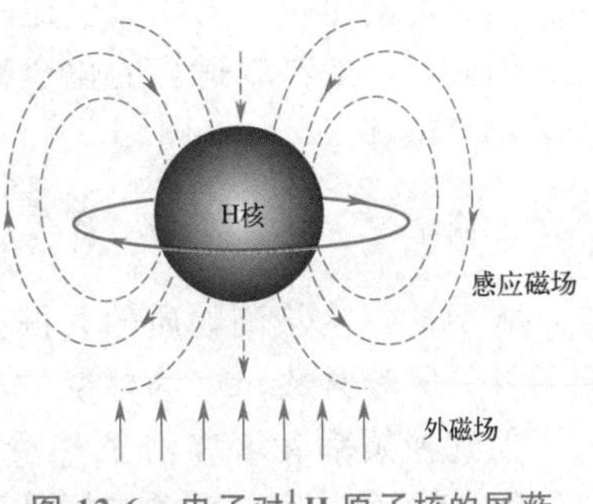

图 12-6　电子对$^1$H原子核的屏蔽

$$B_e = B_0\sigma \tag{12-9}$$

式中，$\sigma$为原子核的屏蔽常数，与原子核外的电子云密度及所处的化学环境有关。电子云密度越大，屏蔽程度越大，$\sigma$值越大。反之，则越小。

在这种情况下，$^1$H原子核实际上受到的磁场强度$B$，等于外加磁场$B_0$减去其外围电子产生的次级磁场$B_e$，即：

$$B = B_0 - B_e = B_0(1-\sigma) \tag{12-10}$$

用$^1$H原子核受到的实际磁场强度$B$取代式(12-6)中的$B_0$，则共振频率与屏蔽的关系为：

$$\nu = \frac{\gamma}{2\pi}B_0(1-\sigma) \tag{12-11}$$

当外部磁场$B_0$不变时，屏蔽常数$\sigma$减小，共振频率$\nu$增大。例如，分子中有吸电子或电负性基团时，$^1$H原子核周围的电子密度降低，屏蔽减小，此时它的共振频率比没有电负性基团的原子核要高。

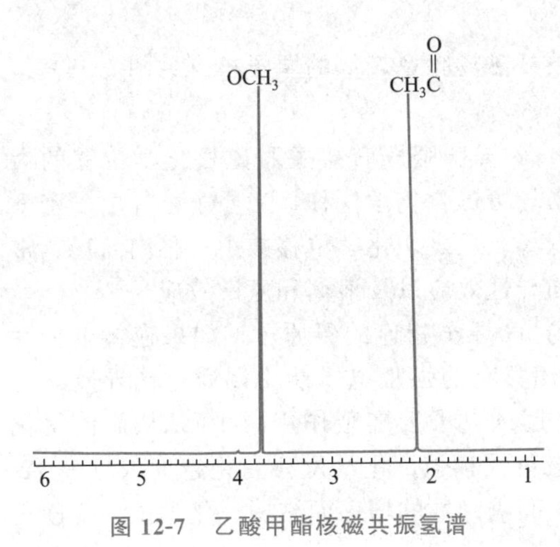

图 12-7　乙酸甲酯核磁共振氢谱

在乙酸甲酯（$CH_3COCH_3$）的核磁共振氢谱（$^1$H-NMR谱，见图12-7）中，由于电子对$^1$H原子核的屏蔽作用不同，氢谱中出现两组$^1$H原子核O—$CH_3$和C—$CH_3$的共振信号。根据相邻原子的吸电子能力或电负性，可以对氢谱中的共振信号进行归属。酯基上氧原子的吸电子能力比羰基的强，所以O—$CH_3$的共振频率比与羰基相邻的甲基质子C—$CH_3$高。为了与其他谱学技术保持一致，NMR谱图的频率按惯例从右到左增加。由于式(12-11)中$\sigma$前有一个负号，所以从左到右NMR谱的屏蔽效应逐渐增强。

$^1$H原子核和其他磁性原子核由于在分子中所处的化学环境不同，而在不同的磁场强度下显示共振峰的现象称为化学位移。通过化学位移可以对$^1$H原子核和其他磁性原子核的结构类型进行鉴定。

12.1.3.2　化学位移的表示

在有机化合物中，化学环境不同的$^1$H原子核化学位移的变化只有百万分之十左右。如选用60MHz的核磁共振波谱仪，氢核发生共振的磁场变化范围为1.4092$T$±0.000014$T$；如选用1.4092T的核磁共振仪扫频，则频率的变化范围相应为60MHz±0.0006MHz。这样的共振频率在确定结构时，准确度需达到正负几个赫兹，要达到这样的精确度，显然非常困难。但是，测定位移的相对值比较容易。

因此，一般都以适当的化合物为标准试样，测定待测物质与参比物质共振频率差 $\Delta\nu$ 来表示化学位移。

$$\Delta\nu=\nu_i-\nu_r=\frac{\gamma B_0(\sigma_r-\sigma_i)}{2\pi} \tag{12-12}$$

式中，$\nu_i$ 为被测物质的共振频率，Hz；$\nu_r$ 为标准物质的共振频率，Hz；$\sigma_i$ 为被测物质原子核的屏蔽常数；$\sigma_r$ 为标准物质原子核的屏蔽常数。

但这种频率表示方法依然受外磁场强度 $B_0$ 的影响，为此将化学位移 $\delta$（单位为 Hz/MHz）定义为共振频率差与标准物质共振频率之比。

$$\delta=\frac{\Delta\nu}{\nu_r}\times10^6=\frac{\sigma_r-\sigma_i}{1-\sigma_r}\times10^6\approx(\sigma_r-\sigma_i)\times10^6 \tag{12-13}$$

因为标准物质的屏蔽常数远远小于 1.0，$1-\sigma_r$ 值约等于 1，故化学位移 $\delta$ 等于标准物质与被测原子的屏蔽常数之差。当原子核屏蔽 $\sigma_i$ 增加时，其化学位移 $\delta$ 变小。如乙酸甲酯的 $^1$H-NMR（见图 12-7）中，C—$CH_3$ 基团中 $^1$H 原子核的 $\delta$ 为 2.07，O—$CH_3$ 基团中 $^1$H 原子核的 $\delta$ 为 3.67，且 $\delta$ 的大小不受外磁场 $B_0$ 强度的影响。

核磁共振谱图通常以化学位移作为底部标尺，为了和第一代连续波核磁共振波谱仪的记录方式一致，谱图从左到右，左侧为低场区，右侧为高场区，化学位移递减。同时根据现代核磁共振波谱仪原理，左侧对应原子核外电子云密度小、低屏蔽，需要外磁场频率较高的原子核；而右侧对应电子云密度大、高屏蔽，需要外磁场频率较低的原子核（见图 12-8）。

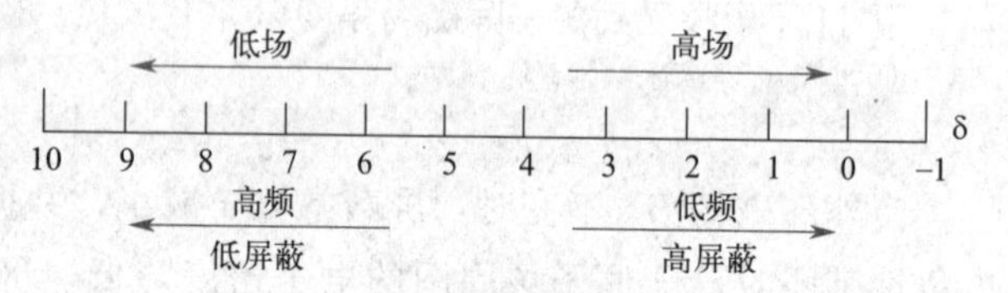


图 12-8　核磁共振谱图相关术语

#### 12.1.3.3　化学位移的影响因素

原子核受到周围电子云产生的磁场屏蔽不同，磁屏蔽强弱直接关联磁核化学位移的大小。因此，凡是能改变原子核外电子云密度的因素均可影响化学位移。当原子核外电子密度减少时，磁屏蔽作用减少，化学位移增大，移向低场。反之，化学位移减小，移向高场。常见的影响因素有电负性效应、共轭效应、磁的各向异性效应以及溶剂和氢键效应。

（1）电负性效应　也称极性或诱导效应，即与 $^1$H 原子相连的碳原子，如果连接电负性强的基团（如－X、－OH，－CN），那么这些基团具有的强吸电子能力，通过诱导效应将降低 $^1$H 原子核周围电子云的密度，产生去屏蔽作用（电子云屏蔽作用减少），从而使得化学位移增大，共振信号向低场移动。相接的基团电负性越强，化学位移变化越大（见表 12-2）。同时，电负性基团的诱导效应，随着与原子核间隔键数的增多而减弱，化学位移也逐渐减小（见表 12-3）。

表 12-2　$CH_3X$ 中 $^1$H 原子核化学位移与基团元素电负性的关系

| 化学式 | $CH_3F$ | $CH_3Cl$ | $CH_3Br$ | $CH_3I$ | $(CH_3)_4Si$ |
|---|---|---|---|---|---|
| 电负性 | 4.0 | 3.1 | 2.8 | 2.5 | 1.8 |
| 化学位移 $\delta$ | 4.26 | 3.05 | 2.68 | 2.16 | 0 |

表 12-3　Br 与—$CH_3$ 中 $^1$H 原子核间隔键数对化学位移的影响

| 化学式 | $CH_3Br$ | $CH_3CH_2Br$ | $CH_3CH_2CH_2Br$ | $CH_3CH_2CH_2CH_2Br$ |
|---|---|---|---|---|
| 化学位移 $\delta$ | 2.68 | 1.65 | 1.04 | 0.90 |

（2）共轭效应　即极性基团通过 π-π 或 p-π，使碳上的 $^1$H 原子核周围电子云密度发生

变化，从而导致化学位移发生变化。

例如，乙烯中$^1$H 原子核化学位移为 5.25。但乙烯醚中，由于氧原子的未共用电子对与碳碳双键的 p-π 共轭作用，使双键电子云移向 $\beta$-H，屏蔽效应增加，导致化学位移减小［见图 12-9(b)］。而在不饱和酮中，由于羰基双键与碳碳双键共轭，$\beta$-H 电子云密度降低，表现去屏蔽效应，导致化学位移增大［见图 12-9(b)］。

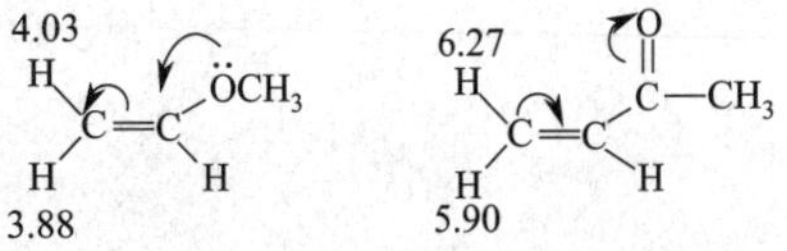

(3) 磁各向异性效应　在外磁场的作用下，核外的环电子流产生了次级感生磁场。由于磁力线的闭合性质，感生磁场在不同部位对外磁场的屏蔽作用不同。在一些区域中感生磁场与外磁场方向相反，起抗外磁场的屏蔽作用，这些区域为屏蔽区，处于此区的化学位移减小，共振吸收在高场（或低频）；而另一些区域中感生磁场与外磁场的方向相同，起去屏蔽作用，这些区域为去屏蔽区，处于此区的化学位移变大，共振吸收在低场（高频）。这种作用称为磁的各向异性效应。磁的各向异性效应只发生在具有 π 电子的基团中，是通过空间感应磁场起作用的，涉及的范围较大，所以又称为远程屏蔽。

(a) 乙烯醚　(b) 不饱和酮

**图 12-9　乙烯醚和不饱和酮中 $\beta$-H 的化学位移**

① 三键的磁各向异性效应。碳碳三键呈直线型，π 电子以圆柱形环绕三键运行。若外磁场 $B_0$ 沿分子的轴向，则 π 电子流产生的感应磁场是各向异性的。如图 12-10 所示（$^1$H 原子核在⊕处受屏蔽效应，⊖处受去屏蔽效应），炔氢位于屏蔽区，故化学位移减小（约为 2.88）。

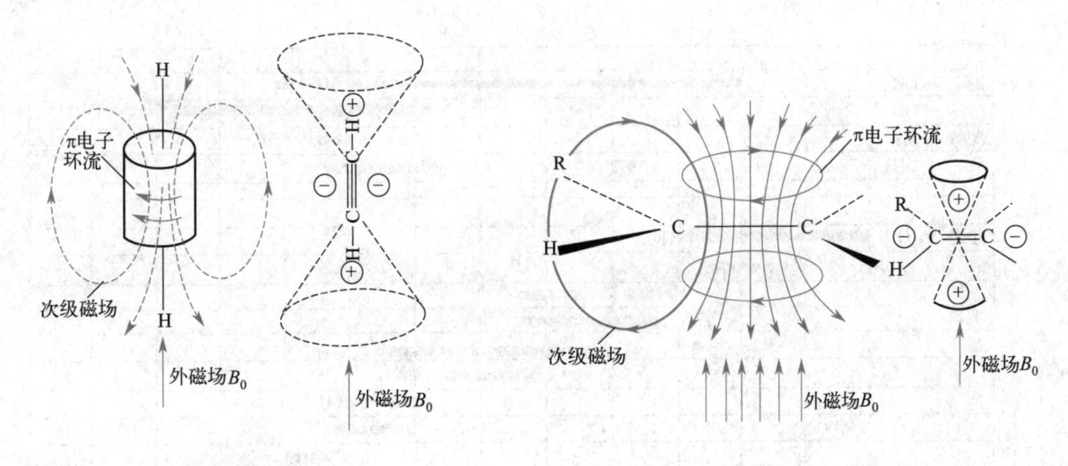


**图 12-10　三键的磁各向异性效应**　　**图 12-11　双键的磁各向异性效应**

② 双键的磁各向异性效应。当外磁场的方向与双键所处的平面相垂直时，电子环流所产生的感应磁场也是各向异性的。如图 12-11 所示，双键平面的上下处于屏蔽区，双键平面是去屏蔽区，烯氢位于去屏蔽区，故化学位移增大（约为 5.28）。含双键的基团如 C═C、C═O、C═N、C═S 等，都有同样的效应。

③ 苯环的磁各向异性效应。苯环的电子云对称地分布于苯环平面的上下方，当外磁场方向垂直于苯环平面时，在苯环上下方形成一个类似面包圈的 π 电子环流。此电子环流所产生的感应磁场使苯环的环内和环平面的上下方处于屏蔽区，其他方向为去屏蔽区。如图 12-12 所示。苯环上的六个$^1$H 原子核都处于去屏蔽区，故化学位移较大（约为 7）。

(4) 范德华效应　当取代基非常接近共振核而进入其范德华力半径区时，取代原子将对$^1$H 原子核外围的电子产生排斥作用，从而使核周围的电子密度减少，$^1$H 原子核的屏蔽效

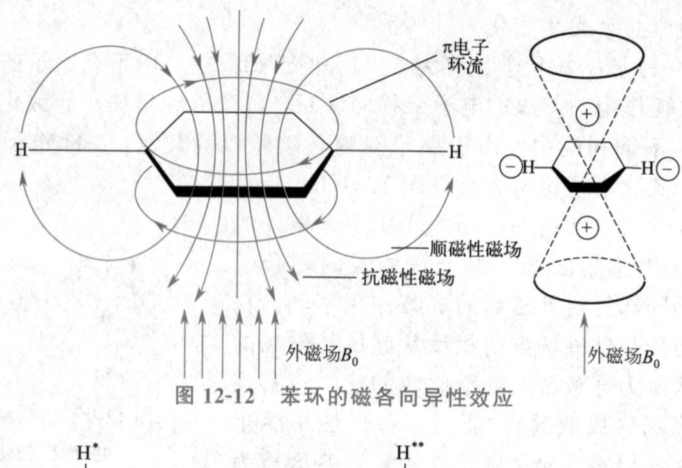


图 12-12　苯环的磁各向异性效应

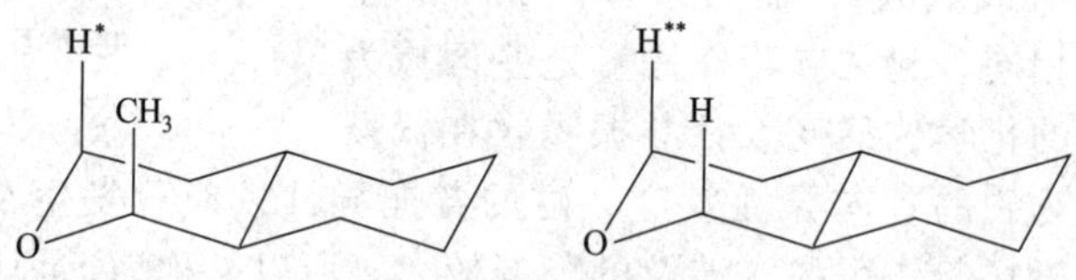


图 12-13　范德华效应

应显著下降，这种效应称为范德华效应。图 12-13 显示了两个化合物的范德华效应，由于 $H^*$ 受到更强的范德华斥力（—$CH_3$ 的空间效应引起的 $^1H$ 核的去屏蔽作用），从而使 $H^*$ 的 $\delta$ 值大于 $H^{**}$ 的 $\delta$ 值。

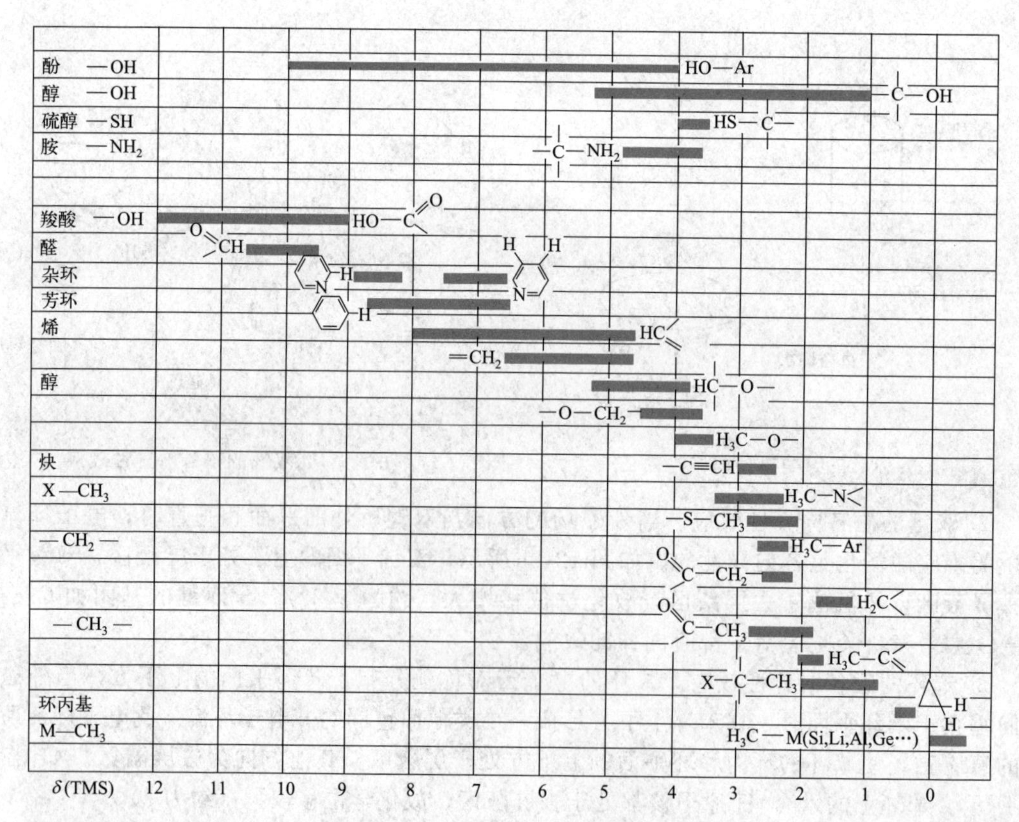


图 12-14　常见官能团的 $^1H$ 的化学位移范围

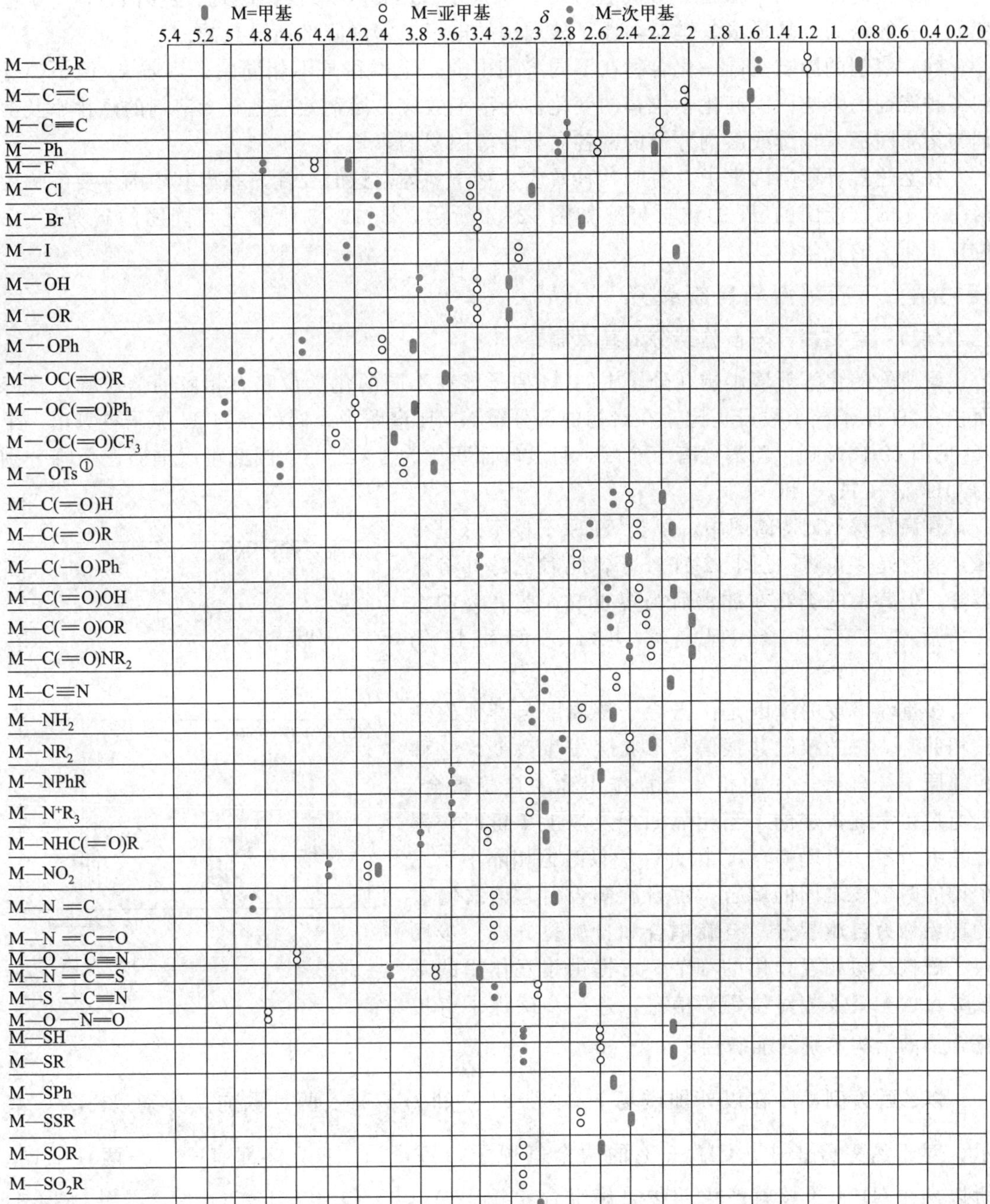

▮ M=甲基　　ⵓ M=亚甲基　　δ　⁚ M=次甲基

5.4 5.2 5 4.8 4.6 4.4 4.2 4 3.8 3.6 3.4 3.2 3 2.8 2.6 2.4 2.2 2 1.8 1.6 1.4 1.2 1 0.8 0.6 0.4 0.2 0

M—$CH_2R$
M—C═C
M—C≡C
M—Ph
M—F
M—Cl
M—Br
M—I
M—OH
M—OR
M—OPh
M—OC(═O)R
M—OC(═O)Ph
M—OC(═O)$CF_3$
M—OTs①
M—C(═O)H
M—C(═O)R
M—C(—O)Ph
M—C(═O)OH
M—C(═O)OR
M—C(═O)$NR_2$
M—C≡N
M—$NH_2$
M—$NR_2$
M—NPhR
M—$N^+R_3$
M—NHC(═O)R
M—$NO_2$
M—N ═C
M—N ═C═O
M—O —C≡N
M—N ═C═S
M—S —C≡N
M—O —N═O
M—SH
M—SR
M—SPh
M—SSR
M—SOR
M—$SO_2R$
M—$SO_3R$
M—$PR_2$
M—$P^+Cl_3$
M—P(═O)$R_2$
M—P(═S)$R_2$

图 12-15　脂肪族化合物（M-Y）中邻接一个官能团的碳原子（α 位）上质子的化学位移

① OTs 指 —O—$S_4$(═O)(═O)—$C_6H_4$—$CH_3$

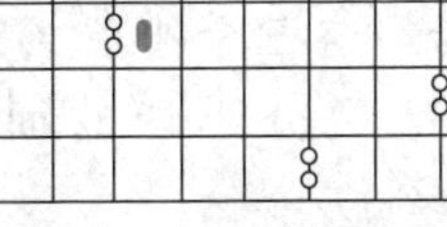

（5）氢键的影响　当分子形成氢键时，氢键中$^1H$原子核的信号明显地移向低场，$\delta$值变大。一般认为这是形成氢键时，原子核周围的电子云密度降低所导致的。

（6）溶剂的影响　同一化合物在不同溶剂中的化学位移是不相同的，溶质$^1H$原子核受到各种溶剂的影响而引起化学位移的变化称为溶剂效应。溶剂效应主要受溶剂的磁化率及溶剂与溶质间形成氢键或溶剂分子的磁各向异性等因素的影响。

在上述各种影响因素中，有时几种效应共存于一体，这时要注意找出其中的主要影响因素。常见的官能团的$^1H$的化学位移如图12-14所示，图12-15为常见官能团的碳原子（$\alpha$位）上质子的化学位移。

## 12.1.4　自旋耦合与自旋裂分

### 12.1.4.1　自旋耦合与自旋裂分的基本原理

受所处的化学环境影响，分子中的$^1H$原子核在不同的化学位移有相应的信号峰，且峰面积和$^1H$原子核个数成正比。在最初的低分辨NMR谱图中，同种类的$^1H$原子核只出一个峰[见图12-16(a)]。乙醇共有三个峰，且其峰面积比为1∶2∶3，因此可以推断三个峰分别为OH、—$CH_2$—和—$CH_3$。

在高分辨NMR谱图中，每类$^1H$原子核不总是单峰，有时是多重峰[见图12-16(b)]，此时乙醇共有三类峰，但其中两类峰在放大后为多重峰，前者为四重峰，后者为三重峰，但是各类峰总面积比仍为1∶2∶3。

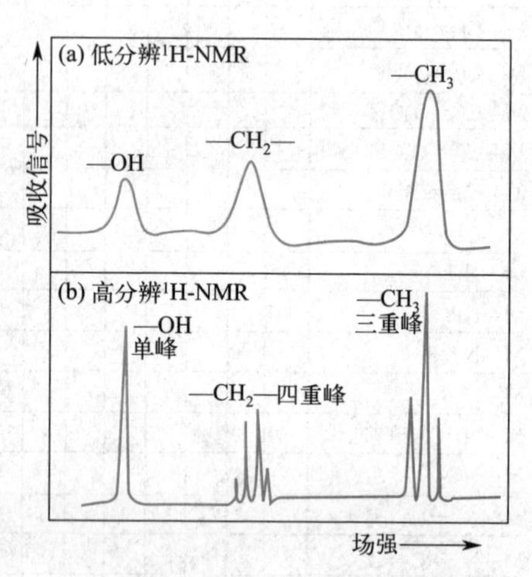


图12-16　乙醇的$^1H$-NMR谱图

多重峰出现的原因是：当原子核周围与其他磁性核相邻时，它的核磁共振信号形状会发生改变。这种相邻原子核自旋之间的相互干扰作用称为**自旋耦合**，是通过化学键传递的。当相隔四个及以上单键时，耦合基本为零（出现单峰），因此一般只考虑相隔小于三个键的两个核之间的耦合。由自旋耦合引起谱线增多的现象称为**自旋裂分**。自旋耦合和自旋裂分进一步反映了磁核之间相互作用的细节，可提供相互作用的磁核数目、类型及相对位置等信息，进一步确保了有机化合物的结构鉴别的准确性。

**以乙醇为例**，$^1H$在以外加磁场下有$m=+\frac{1}{2}$和$m=-\frac{1}{2}$两种取向，分别以＋、－表示，对于乙醇分子中—$CH_2$—上的两个氢原子，每个$^1H$原子核都有＋、－两种取向，所以两个$^1H$原子核就产生四种自旋组合：（＋＋）（＋－）（－＋）（－－），因（＋－）和（－＋）等同，故实际为三种自旋组合，其概率比为1∶2∶1。因此，这三种自旋方式构成了三种不同的局部小磁场，这三个小磁场影响着相邻的—$CH_3$，使得—$CH_3$的共振峰分裂为三重峰，且—$CH_3$裂分小峰的面积比等于—$CH_2$—自旋组合概率比1∶2∶1［见图12-16(b)］。

同样道理，—$CH_3$上的三个$^1H$原子核，可以产生八种自旋组合，把其中等同的进行叠加，实际有四种自旋组合：（＋＋＋）（＋＋－）（－－＋）（－－－），其概率比为1∶3∶3∶1。因此—$CH_3$形成的局部小磁场，使得邻近的—$CH_2$—共振峰分裂为四重峰，且其裂分小峰的面积比等于1∶3∶3∶1[见图12-16(b)]。在两组相互耦合的裂分峰中，峰形为内侧高、外侧低[见图 12-16(b)]。若峰形为内侧低、外侧高，则此耦合关系可能找错了。此现象有助于判断两组分是否耦合。

12.1.4.2 耦合常数与分子结构的关系

由自旋耦合产生的裂分峰之间的距离叫作**耦合常数**，用 $J$ 表示，单位为 Hz，其大小可反映邻近原子核自旋之间的相互干扰程度。耦合常数常用 $^{n}J_{A\text{-}B}$ 表示，A 和 B 为相互耦合的原子核，$n$ 为 A 和 B 之间相隔化学键的个数。例如，乙醇（$CH_3-CH_2-OH$）分子亚甲基和甲基中 $^{1}H$ 原子核的耦合就可以表示为 $^{3}J_{H-H}$。原子核间的自旋耦合是通过化学键传递的，所以耦合常数的大小主要与它们之间相隔键的数目相关，与外加磁场无关。

耦合常数有正有负，通常间隔奇数键时为正值，间隔偶数键时为负值。因耦合常数的正负值不能从谱图上观察到，故在解析谱图时可以不予考虑。

根据耦合 $^{1}H$ 原子核之间相隔键的数目，可将 $^{1}H$ 原子核耦合分为同碳 $^{1}H$ 原子核耦合（$J_{同}$ 或 $^{2}J$）、邻碳 $^{1}H$ 原子核耦合（$J_{邻}$ 或 $^{3}J$）、远程耦合（三个键以上 $^{1}H$ 原子核间的耦合）。

耦合常数是推导有机物分子结构的重要参数。在 $^{1}H$-NMR 中，裂分峰的数目和耦合常数值可判断相互耦合的氢核数目及基团的连接方式。

12.1.4.3 核磁共振一级谱

相互耦合的原子核组成一个自旋体系，根据两个裂分共振吸收峰的频率差 $\Delta\nu$ 与其耦合常数 $J$ 之比，将 $^{1}H$-NMR 分为一级谱（$\frac{\Delta\nu}{J}>6$）和高级谱（$\frac{\Delta\nu}{J}<6$）。相对于一级谱，高级谱谱型较复杂，其化学位移和耦合常数需要复杂的计算，本章主要讨论的是 $^{1}H$ 原子核一级谱。

（1）一级谱的必要条件

① 两组相互耦合的 $^{1}H$ 原子核的化学位移差 $\Delta\nu$ 与其耦合常数 $J$ 的比值必须大于 6，即 $\frac{\Delta\nu}{J}>6$。这表明一级谱为吸收峰位置相距较远，而裂分峰间距又较小的几组磁全同核所构成的自旋体系。

② 相互耦合的两组 $^{1}H$ 原子核中，每组中的各 $^{1}H$ 原子核必须是磁全同核。若分子中有一组核，其化学位移相同，且对组外任何一个原子核（自旋量子数为 1/2 的所有核）的耦合常数也相同，则这组核被称为磁等价核或磁全同核。

（2）一级谱的特征

① 自旋裂分峰的数目为 $2nI+1$，其中 $I$ 为原子核的自旋量子数，$n$ 为相邻基团上发生耦合的磁全同核的数目。对于 $^{1}H$ 原子核，裂分峰的数目为 $n+1$，此即为 $n+1$ 规律。

当某基团上的 $^{1}H$ 原子核有 $n$ 个相邻 $^{1}H$ 原子核时，它将有 $n+1$ 重裂分峰。若这些相邻 $^{1}H$ 原子核处于不同的化学环境中，如一种环境为 $n_1$ 个，另一种为 $n_2$ 个，基团的 $^{1}H$ 原子核将有 $(n_1+1)\times(n_2+1)$ 重裂分峰。若这些不同环境的相邻 $^{1}H$ 原子核与该基团的 $^{1}H$ 原子核的耦合常数相同时，则裂分峰总数仍为 $n+1$。这也是 $n+1$ 规律。

例如正丙醇的裂分峰个数推测（见图 12-17）。

② 自旋裂分峰的强度之比与二元一次方程式 $(a+b)^{n}$ 二项式展开式的系数一致，符合帕斯卡三角关系（图 12-18）。表 12-4 列出了几种常见的一级自选体系裂分情况。

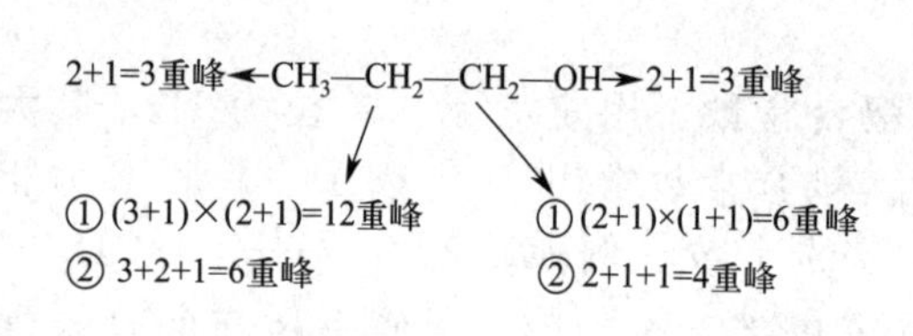

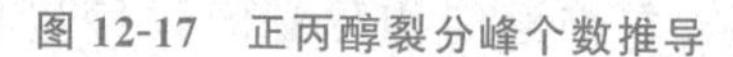

图 12-17 正丙醇裂分峰个数推导

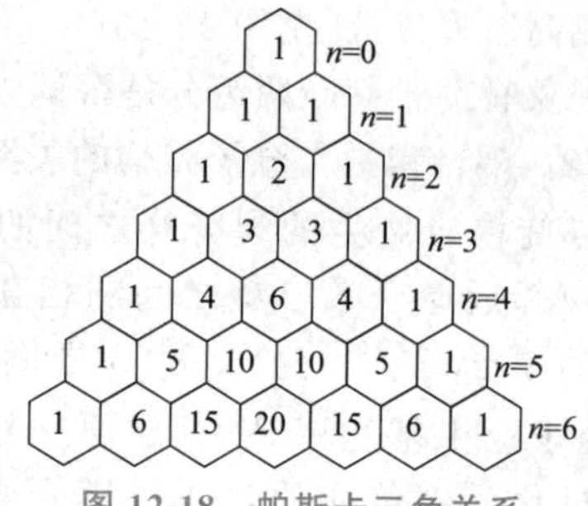


图 12-18 帕斯卡三角关系

表 12-4 常见一级谱中自旋耦合的裂分模式

| 自旋体系 | 分子亚结构单元 | X 核多重度 | Y 核多重度 |
|---|---|---|---|
| XY | $—CH^X—CH^Y—$ | 双重峰(1∶1) | 双重峰(1∶1) |
| $XY_2$ | $—CH^X—CH_2^Y—$ | 三重峰(1∶2∶1) | 双重峰(1∶1) |
| $XY_3$ | $—CH^X—CH_3^Y$ | 四重峰(1∶3∶3∶1) | 双重峰(1∶1) |
| $XY_4$ | $—CH_2^Y—CH^X—CH_2^Y—$ | 五重峰(1∶4∶6∶4∶1) | 双重峰(1∶1) |
| $XY_6$ | $CH_3^Y—CH^X—CH_3^Y$ | 七重峰(1∶6∶15∶20∶15∶6∶1) | 双重峰(1∶1) |
| $X_2Y_2$ | $—CH_2^X—CH_2^Y—$ | 三重峰(1∶2∶1) | 三重峰(1∶2∶1) |
| $X_2Y_3$ | $—CH_2^X—CH_3^Y$ | 四重峰(1∶3∶3∶1) | 三重峰(1∶2∶1) |
| $X_2Y_4$ | $—CH_2^Y—CH_2^X—CH_2^Y—$ | 五重峰(1∶4∶6∶4∶1) | 三重峰(1∶2∶1) |

③ 一组多重峰的中心即为化学位移，各重峰间的距离即为耦合常数。

④ 磁全同核之间没有自旋裂分现象，其吸收峰为单一峰。如：$CH_3—CH_3$、$CH_3—O—$。

## 12.1.5 $^{13}C$ 核磁共振波谱

### 12.1.5.1 $^{13}C$ 核磁共振波谱特征

自然界提供给我们的原子核丰度各异。$^{19}F$ 和 $^{15}P$ 的天然丰度都是 100%，$^{1}H$ 接近 100%，而 $^{13}C$ 只有 1.1%，用处最广泛的 $^{15}N$ 和 $^{17}O$ 原子核的天然丰度远低于 1%。若原子核本身的天然丰度高，则采集它的 NMR 结果较容易。但碳谱核磁共振实验却是建立在含量低的磁性 $^{13}C$ 上，所以早期对 $^{13}C$ 核磁共振研究较少。

直至 1970 年后，随着脉冲傅里叶变换核磁共振技术与一级去耦技术的发展，核磁共振碳谱研究增多。采用双照射技术的质子去耦后，核磁共振碳谱成为常规有机物结构分析方法。

与 $^{1}H$ 核磁共振波谱相比，$^{13}C$ 核磁共振波谱的特点如下：

(1) 灵敏度低，信号弱。$^{13}C$ 丰度为 1.1%，$^{1}H$ 为 99.9%，$^{13}C$ 的旋磁比为 $\gamma_C = 6.73 \times 10^7$ $rad \cdot T^{-1} \cdot s^{-1}$，约为 $^{1}H$ 的 1/4，而灵敏度正比于丰度与旋磁比 $\gamma$ 立方的积，因此，其灵敏度约为 $^{1}H$ 的 1/6000，信号很弱。

(2) 化学位移范围宽。$^{13}C$-NMR 化学位移范围为 0～300，$^{1}H$-NMR 化学位范围为 0～15；$^{13}C$-NMR 化学位移范围是 $^{1}H$-NMR 的 20 倍，因而大多数的碳峰都能分开。

(3) 谱线简单。$^{13}C$ 的丰度很低，且 $^{13}C$ 与 $^{12}C$ 不发生自旋耦合，有效地降低了谱图的复杂性。

(4) 直接得到分子骨架结构信息。$^{13}C$-NMR 主要依据化学位移进行结构分析，自旋耦合作用不大，且有消除 $^{13}C$ 与 $^{1}H$ 耦合的有效方法。所以，$^{13}C$-NMR 可得到只有单线组成的谱图，相较于 $^{1}H$-NMR 的复杂，$^{13}C$-NMR 各吸收峰的归属更易甄别。

### 12.1.5.2 $^{13}C$ 的化学位移与影响因素

核磁共振波谱主要是根据 $^{13}C$ 的化学位移进行结构分析，直接反映 $^{13}C$ 原子核周围的基团、电子分布情况，也就是核所受屏蔽作用的大小。化合物中$^{13}C$化学位移约为80～300，正碳离子的化学位移可大于300。

影响$^{13}C$化学位移的主要因素如下：

（1）杂化　碳的杂化在很大程度上决定了$^{13}C$共振信号出现的范围。$sp^3$杂化的$^{13}C$原子核，屏蔽效应最大，共振吸收在最高场；sp杂化次之；而$sp^2$杂化，屏蔽效应最小，共振吸收在最低场。

（2）取代基的电负性　取代基的电负性越大，$^{13}C$原子核的屏蔽效应越小，化学位移越大。

（3）电子短缺　当碳原子失去电子时，强烈的去屏蔽作用使化学位移增大。如正碳离子，化学位移在300左右，若有—OH、芳环取代，电子有转移，则化学位移减小。

（4）分子内氢键　邻羟基苯甲醛与邻羟基苯乙酮等，由于形成分子内氢键，使羰基碳去屏蔽，化学位移增大。

（5）溶剂的影响　不同溶剂对$^{13}C$化学位移有一定的影响，但一般较小。例如$CHCl_3$在非极性溶剂（如四氯化碳）中化学位移减小；在极性溶剂（如丙酮）中，化学位移增加；二者相差约为5。

常见官能团的$^{13}C$化学位移范围如表12-5所示。

**表12-5　$^{13}C$化学位移$\delta$**

| 取代基 | 伯碳 | 仲碳 | 叔碳 | 季碳 | 取代基 | 伯碳 | 仲碳 | 叔碳 | 季碳 |
|---|---|---|---|---|---|---|---|---|---|
| 烷烃 | | | | | | | | | |
| C—C | 5～30 | 25～45 | 23～58 | 28～50 | C—N | 13～45 | 44～58 | 50～70 | 60～75 |
| C—O | 45～60 | 42～71 | 62～78 | 73～86 | C—S | 10～30 | 22～42 | 55～67 | 53～62 |
| C—X(I至F) | 3～25 | 3～40 | 34～58 | 35～75 | | | | | |

| 取代基 | δ | 取代基 | δ | 取代基 | δ |
|---|---|---|---|---|---|
| 环丙烷 | −5～5 | $C_\alpha$ | 142～160 | 羧酸 | |
| 环烷烃($C_4$～$C_{10}$) | 5～25 | 氰酸酯 R—OCN | 105～120 | 非共轭 | 162～165 |
| 硫化物 | 5～70 | 异氰酸酯 R—NCO | 115～135 | 共轭 | 165～184 |
| 氨 | | 异硫氰酸酯 R—NCS | 115～142 | 盐(阴离子) | 175～195 |
| $R_2N$—C | 20～70 | 亚硝基，氰基 | 117～124 | 酮 | |
| 芳基—N | 128～138 | 芳香化合物 | | α-卤代 | 160～200 |
| 砜、亚砜 | 35～55 | 芳基—C | 125～145 | 非共轭 | 192～202 |
| 醇 R—OH | 45～87 | 芳基—P | 119～128 | α,β-不饱和 | 202～220 |
| 醚 R—O—R | 57～87 | 芳基—N | 128～138 | 亚胺 | 165～180 |
| 硝基 $R—NO_2$ | 60～78 | 芳基—O | 133～152 | 酰氯 | |
| 炔烃 | | 偶氮次甲基 | 145～162 | R—CO—Cl | 165～183 |
| HC≡CR | 63～73 | 碳酸酯 | 159～162 | 硫脲 | 165～185 |
| RC≡CR | 72～95 | 脲 | 150～170 | 醛 | |
| 乙缩醛，缩酮 | 88～112 | 酐 | 150～175 | α-卤代 | 170～190 |
| 硫氢酯 R—SCN | 96～118 | 酰胺 | 157～178 | 非共轭 | 182～192 |
| 烯 | | 肟 | 155～165 | 共轭 | 192～208 |
| $H_2C$═ | 100～122 | 酯 | | 硫酮 R—CS—R | 190～202 |
| $R_2C$═ | 110～150 | 饱和 | 158～165 | 羰基 $M(CO)_n$ | 190～218 |
| 杂环芳香化合物 | | α,β-不饱和 | 165～176 | ═C═丙二烯 | 197～205 |
| C═N | 100～152 | R-NC 异氰酯 | 162～175 | | |

## 思考与练习12.1

1. 下列原子核，没有自旋角动量的是（　　）。

A. $^{14}N$　　B. $^{19}F$　　C. $^{16}O$　　D. $^{127}I$

2. 核磁共振的弛豫过程是（　　）。

A. 自旋核加热过程

B. 自旋核由低能态向高能态的跃迁过程

C. 自旋核由高能态返回低能态时，多余的能量以电磁辐射形式发射出去

D. 高能态自旋核将多余能量以无辐射途径释放而返回低能态

3. 下列化合物中在核磁共振波谱中出现单峰的是（　　）。

A. $CH_3CH_3$　　B. $CH_3CH_2OH$　　C. $CH_3CH_2Cl$　　D. $CH_3CH(CH_3)_2$

4. 核磁共振波谱解析分子结构的主要参数是（　　）。

A. 质荷比　　B. 保留值　　C. 波数　　D. 化学位移

5. 在核磁共振波谱中，当质子核外电子云密度增加时（　　）。

A. 屏蔽效应增强，化学位移变大，峰在低场出现

B. 屏蔽效应减弱，化学位移变小，峰在高场出现

C. 屏蔽效应增强，化学位移变小，峰在高场出现

D. 屏蔽效应减弱，化学位移变大，峰在低场出现

6. 乙烯中质子的化学位移比乙炔中质子的化学位移值大，其原因是（　　）。

A. 磁各向异性效应，使乙烯氢核处在屏蔽区，乙炔氢核处在去屏蔽区

B. 磁各向异性效应，使乙烯氢核处在去屏蔽区，乙炔氢核处在屏蔽区

C. 共轭效应，使乙烯氢核处在屏蔽区，乙炔氢核处在去屏蔽区

D. 共轭效应，使乙烯氢核处在去屏蔽区，乙炔氢核处在屏蔽区

7. 自旋核在外磁场作用下，产生能级分裂，其相邻两能级能量之差（　　）。

A. 固定不变　　B. 随外磁场强度变大而变大

C. 随照射电磁辐射频率加大而变大　　D. 任意变化

8. 核磁共振波谱法中，化学位移的产生是由于（　　）造成的。

A. 核外电子云的屏蔽作用　　B. 自旋耦合

C. 自旋裂分　　D. 弛豫过程

9. 若外加磁场的磁场强度 $B_0$ 逐渐增大，则使氢核从低能级 $E_1$ 跃迁至高能级 $E_2$ 所需的能量（　　）。

A. 不发生变化　　B. 逐渐变小　　C. 逐渐变大　　D. 不变或逐渐变小

10. 判断题：核磁共振波谱法中，测定某一氢核的化学位移时，常用的参比物质是 $(CH_3)_4Si$ 分子。（　　）

11. 判断题：在核磁共振波谱中，耦合氢核的谱线裂分数目取决于邻近氢核的个数。（　　）

**阅读园地**

扫描二维码查看“核磁共振波谱法简史”。

核磁共振波谱法简史

## 12.2 核磁共振波谱仪

核磁共振波谱仪是检测和记录核磁共振现象的仪器。按射频场施加方式的不同可将其分为连续波核磁共振波谱仪（continuous wave NMR，CW-NMR）和脉冲傅里叶变换

核磁共振波谱仪（pulse fourier transform NMR，PFT-NMR）两大类。按产生磁场设备的不同，可将其分为电磁铁核磁共振波谱仪、永久磁铁核磁共振波谱仪和超导磁铁核磁共振波谱仪。按研究对象不同可将其分为高分辨核磁共振波谱仪和宽谱线核磁共振波谱仪。

## 12.2.1 连续波核磁共振波谱仪

连续波核磁共振波谱仪一般使用永久磁铁或电磁铁，在固定射频下进行磁场扫描或在固定磁场下进行频率扫描，可以使不同的核依次被激发，发生核磁共振，画出谱线。CW-NMR测试时间长，灵敏度低，无法完成$^{13}C$核磁共振和二维核磁共振的工作，现已基本不生产。

CW-NMR主要由磁铁、射频振荡器、射频接收器、探头、扫描发生器及记录器等部分组成（见图12-19）。

(1) 磁铁　磁铁的作用是提供稳定、均匀的外加磁场，是决定核磁共振波谱仪灵敏度及分辨率的最重要部分。目前常用的磁铁有三种：永磁铁、电磁铁和超导磁铁。永磁铁一般可提供0.7046T或1.4092T的磁场，对应质子的共振频率为30MHz和60MHz。电磁铁的磁场强度可通过改变扫场选取电流来调节，可提供对应60MHz、90MHz和100MHz的共振频率。超导磁铁可提供更高的磁场，共振频率最高可达950MHz。共振频率越大，磁场强度越大，仪器灵敏度越高，得到的NMR谱图越简单，越易解析。在磁场的不同平面加入一些匀场线圈可消除磁场的不均匀性；利用一个气动轮转子使样品在磁场内旋转，可使磁场的不均匀性平均化，从而提高仪器的灵敏度和分辨率。

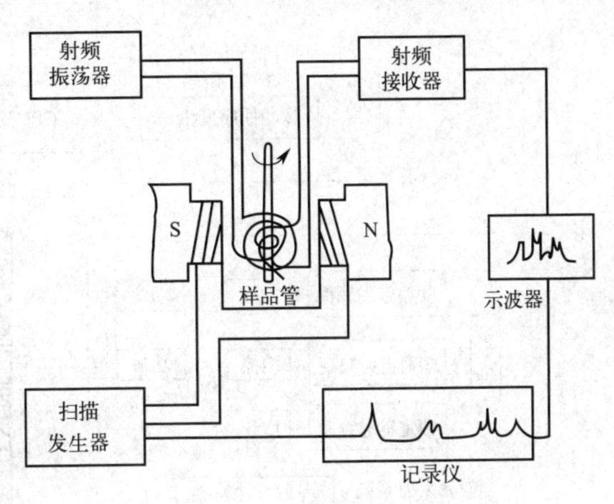


图12-19　连续核磁共振仪

(2) 射频振荡器　射频振荡器的作用是提供固定频率的电磁波，对$^{1}H$原子核，目前常用60MHz、80MHz、90MHz或100MHz的射频振荡器，它们对应的磁场强度分别为1.4092T、1.8667T、2.1000T及2.3500T。一般情况下，射频频率是固定的，在测定其他原子核（如$^{13}C$等）的NMR时，需更换其他频率的射频振荡器。

(3) 射频接收器　射频接收器的作用是检测核磁共振时被吸收的电磁波能量。射频接收器的线圈在样品管周围，当原子核振动频率与振荡器的频率一致时就吸收能量，发生能级跃迁，接收器线圈就产生信号（毫伏级），放大后被显示记录为谱图。射频振荡线圈、射频接收线圈与扫描线圈三者互相垂直，因而三者磁场互不干扰。

(4) 探头　探头的作用是保持样品管在磁场中某一固定位置。探头中心为玻璃样品管座，用来固定样品管，样品管顶部固定在旋转涡轮上。压缩空气从探头顶部小孔吹入，使涡轮连同样品管旋转，让其中的样品受到均匀磁场。发射线圈轴线与样品管垂直，接收线圈绕在样品管外的玻璃管上，探头与外电路相连。

CW-NMR采用单频发射和接收方式。在某一时刻内，只记录谱图中很窄一部分信号，即在任一瞬间最多只有一种原子核处于共振状态，其他原子核都处于“等待”状态，这使得检测时间变长。

### 12.2.2 脉冲傅里叶变换核磁共振波谱仪

为了提高单位时间的信息量，可采用在恒定的磁场中，多道发射机同时发射多种频率，使处于不同化学环境的同种原子核同时被激发，再采用多道接受装置同时得到所有的共振信息，这就是脉冲傅里叶变换核磁共振波谱仪的基本原理。PFT-NMR 是以适当宽度的射频脉冲作为“多道发射机”，使所选的同类原子核同时激发，高能态的原子核通过各种弛豫过程经一段时间后，又重新返回低能态，得到所选核的多条谱线混合的自由感应衰减（free induction decay，FID）信号的叠加信息，即时间域函数，而 CW-NMR 谱图的信号是频率函数，所以要对 FID 信号进行傅里叶变换，以获得各条谱线在频率中的位置及其强度。

PFT-NMR（见图 12-20）主要由磁场系统、射频发射系统、信号接收系统、信号处理与控制系统组成。

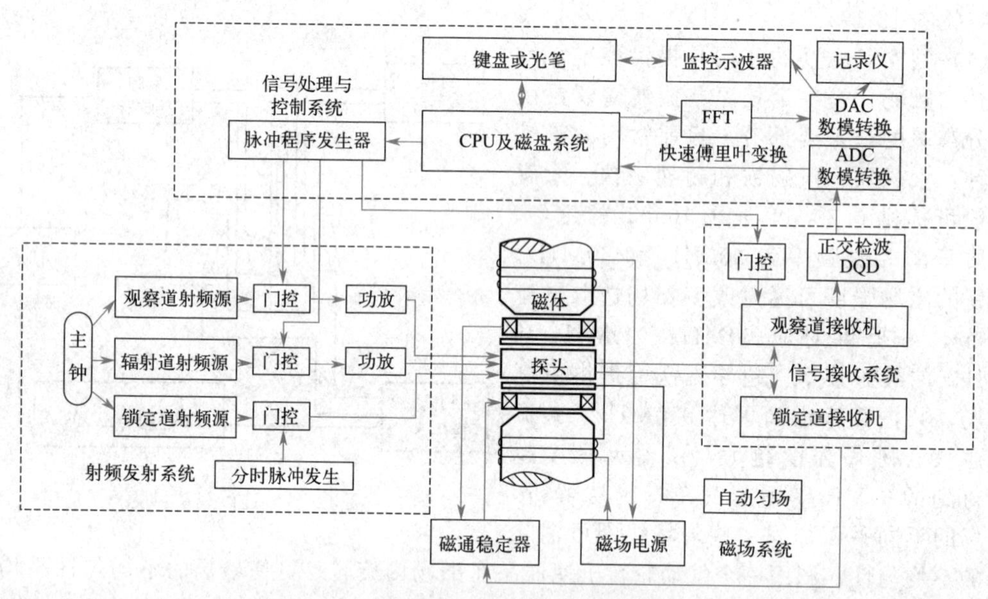


图 12-20 脉冲 PFT-NMR 结构框图

(1) 磁场系统

① 磁体　多采用超导磁体，稳定性更好，灵敏度更高，且强磁场区分核磁信号的效果更好。为了维持这个超导系统，磁体的核心被液氮和液氦冷却至非常低的温度。图 12-21 为超导磁体的剖面图。

② 探头　系统配备有不同内径的探头，可配套使用直径为 1.7～30mm 的样品管。其中使用最广泛的是 5mm 样品管，通常需要 500～650μL 体积的溶剂。直径大于 10mm 的样品管通常仅用于生物样品测试。

③ 室温匀场　室温匀场安装在磁体的下端，是一组载流线圈（称为匀场线圈），通过补偿磁场不均匀度来改善磁场一致性。以布鲁克核磁共振仪为例，室温匀场线圈中的电流由 BSMS（布鲁克智能磁体系统）控制，用来操作锁场和匀场系统，以及控制样品的升降，并可以通过 BSMS 键盘调整来优化 NMR 信号。室温匀场线圈电流是影响信号分辨率和灵敏度的主要因素。调整室温匀场线圈电流的过程被称为磁体匀场。

(2) 射频发射系统　射频发射系统有两个或多个发射通道。$^{1}$H 原子核通道与专用碳通道或宽带通道平行，每个通道都有自己的频率合成仪和功率放大器。宽带通道还能调谐到任意一个低频核（如$^{15}$N、$^{31}$P 等）。

(3) 射频接收系统　射频接收系统包含多个接收机，可记录多个原子核的共振信息（多核谱仪），同时配有正交检波（DQD）消除镜像峰和零频泄漏，以及宽带信号接收器和放大器。

(4) 信号处理与控制系统　此系统包含数模转换和计算机，可以与核磁共振波谱仪通信和记录数据，也可配置多台工作站与主计算机相连，以便进行离线数据处理和绘制谱图。

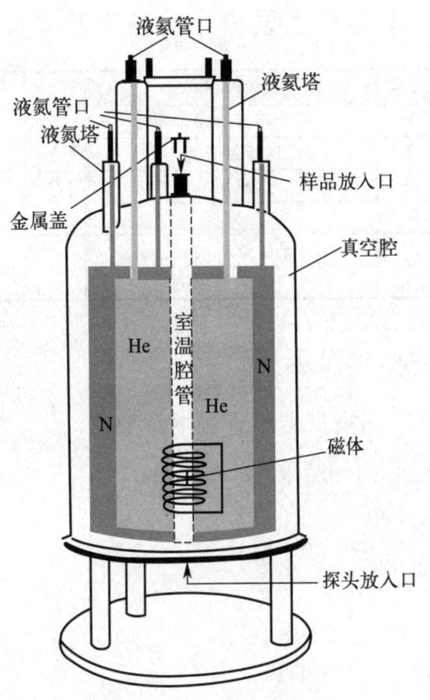

图 12-21　超导磁体

脉冲射频通过一个线圈照射到样品上，随之该线圈作为接收线圈收集 FID 信号，在数秒内完成一次测量（一般$^{1}$H-NMR 测量累加 10～20 次，需时 1min 左右；$^{13}$C-NMR 测量需数分钟）。通过增加重复累积测量次数使样品测量信号平均化，以降低噪声，提高 $S/N$ 比。因此 PFT-NMR 与 CW-NMR 相比，具有灵敏度高、分辨率高、样品用量少且测量时间短的优点。

思考与练习 12.2

1. 核磁共振波谱法广义上也是一种吸收光谱法，它与紫外-可见分光光度法及红外吸收光谱法的主要差异是（　　）。

A. 吸收电磁辐射的频率区域不同　　B. 检测信号的方式不同

C. 记录谱图的方式不同　　D. 样品必须在强磁场中测定

2. 核磁共振波谱法所用电磁辐射区域为（　　）。

A. 远紫外区　　B. X 射线区　　C. 微波区　　D. 射频区

3. 脉冲傅立叶变换核磁共振波谱仪在原理上与连续波核磁波谱仪有什么不同？有哪些优点？

## 12.3　实验技术

扫描二维码查看详细内容。

核磁共振波谱法实验技术

## 12.4　实验

扫描二维码查看详细内容。

核磁共振波谱法实验

## 本章主要符号的意义及单位

| 符号 | 意义及单位 | 符号 | 意义及单位 | 符号 | 意义及单位 |
|---|---|---|---|---|---|
| $P$ | 原子核自旋角动量 | $\delta$ | 化学位移，Hz/MHz | $\sigma$ | 屏蔽常数 |
| $I$ | 自旋量子数 | $A$ | 信号峰面积 | $J$ | 耦合常数，Hz |
| $\mu$ | 磁矩 | $P$ | 原子量 | $M$ | 摩尔质量，$g \cdot mol^{-1}$ |
| $B_0$ | 外磁场 | $\gamma$ | 旋磁比，$rad \cdot T^{-1} \cdot s^{-1}$ | $w$ | 质量分数，% |
| $E$ | 量子能级能量 | $m$ | 磁量子数 | $N$ | 氢原子核个数 |
| $B_e$ | 屏蔽磁场 | $\nu$ | 频率，Hz | | |

## 本章要点

扫描二维码查看本章要点。

第 12 章要点

# 13

# 其他仪器分析法简介

## 学习指南

| 学习引导 | 学习目标 | 学习方法 |
| --- | --- | --- |
| 本章主要介绍其他较常用的仪器分析方法，包括伏安分析法、电导分析法、分子荧光和磷光分析法、原子荧光光谱分析法、激发拉曼光谱法、电子能谱分析、超临界流体色谱分析法和流动注射分析法的基本原理、分析流程、仪器简介、特点和应用。 | 通过本章的学习应熟悉了解其他仪器分析方法的测定依据、实验方法、仪器的使用等知识点。 | 在学习本章前先复习前面章节中关于电化学、光化学和色谱分析的相关知识，对更好地掌握本章内容有很大的帮助。此外，通过阅读有关文献和补充材料，可以更多地了解仪器分析的新技术，同时拓宽知识面，以使其得到更好的应用。 |

扫描二维码查看详细内容。

其他仪器分析法简介

# 附　录

## 附录 1　标准电极电位表（25℃）

扫描二维码可查看详细内容。

附录 1　标准电极电位表（25℃）

## 附录 2　某些氧化-还原电对的条件电极电位

扫描二维码可查看详细内容。

附录 2　某些氧化-还原电对的条件电极电位

## 附录 3　部分有机化合物在 TCD 和 FID 上的相对质量校正因子（基准物：苯）

扫描二维码可查看详细内容。

附录 3　部分有机化合物在 TCD 和 FID 上的相对质量校正因子（基准物：苯）

## 附录 4　国际原子量表（2022，IUPAC）

扫描二维码可查看详细内容。

附录 4　国际原子量表（2022，IUPAC）

## 附录 5　一些重要的物理常数

扫描二维码可查看详细内容。

附录 5　一些重要的物理常数

## 附录 6　SI 词头（部分）

扫描二维码可查看详细内容。

附录 6　SI 词头（部分）

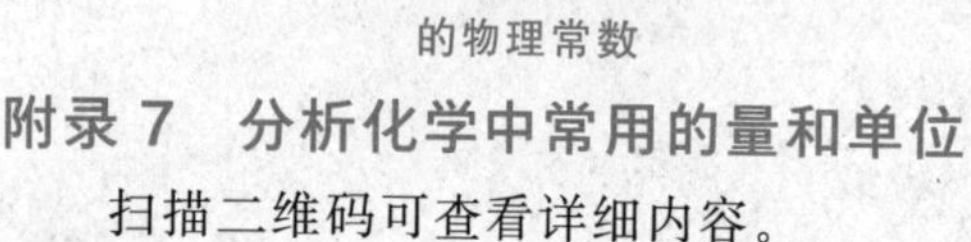

## 附录 7　分析化学中常用的量和单位

扫描二维码可查看详细内容。

## 附录 8　思考与练习参考答案

扫描二维码可查看详细内容。

附录 7　分析化学中常用的量和单位）

附录 8　思考与练习参考答案

# 参考文献

[1] GB/T 606—2003. 化学试剂 水分测定通用方法 卡尔・费休法.
[2] GB/T 30430—2019. 气相色谱仪测试用标准色谱柱.
[3] GB/T 30431—2020. 实验室气相色谱仪.
[4] GB/T 26792—2019. 高效液相色谱仪.
[5] GB/T 21187—2007. 原子吸收分光光度计.
[6] GB/T 9724—2007. 化学试剂 pH 值测定通则.
[7] GB/T 9725—2007. 化学试剂 电位滴定法通则.
[8] GB/T 40219—2021. 拉曼光谱仪通用规范.
[9] GB/T 22105.3—2008. 土壤质量 总汞、总铅、总砷的测定 原子荧光法 第 3 部分：土壤中总铅的测定.
[10] GB/T 30376—2013. 茶叶中铁、锰、铜、锌、钙、镁、钾、纳、磷、硫的测定 电感耦合等离子体原子发射光谱法.
[11] GB/T 14699—2023. 饲料 采样.
[12] GB/T 20195—2006. 动物饲料 试样的制备.
[13] GB/T 18246—2019. 饲料中氨基酸的测定.
[14] GB/T 15399—2018. 饲料中含硫氨基酸的测定 离子交换色谱法.
[15] GB/T 5494—2019. 粮油检验 粮食、油料的杂质、不完善粒检验.
[16] GB 5009.15—2023. 食品安全国家标准 食品中镉的测定.
[17] NY/T 3001—2016. 饲料中氨基酸的测定 毛细管电泳法.
[18] DB65/T 4369—2021. 水质 石油类的测定 荧光光度法.
[19] DB61/T 1162—2018. 土壤 重金属元素的测定 能量色散 X 射线荧光光谱法.
[20] T/CAIA SH003—2015. 稻米 镉的测定 X 射线荧光光谱法.
[21] JJG 178—2007. 紫外、可见、近红外分光光度计检定规程.
[22] JJG 700—2016. 气相色谱仪检定规程.
[23] JJG 694—2009. 原子吸收分光光度计.
[24] 张新祥，李美仙，李娜，等. 仪器分析教程. 3 版. 北京：北京大学出版社，2022.
[25] 黄一石，吴朝华. 仪器分析. 4 版. 北京：化学工业出版社，2020.
[26] 董慧茹，王志华，杨屹，等. 仪器分析. 4 版. 北京：化学工业出版社，2022.
[27] 孙江，郭庆林，王颖. 光谱学导论. 北京：化学工业出版社，2020.
[28] 姚开安，赵登山. 仪器分析. 2 版. 南京：南京大学出版社，2017.
[29] 罗立强，詹秀香，李国会，等. X 射线荧光光谱分析. 北京：化学工业出版社，2023.
[30] 陈义. 毛细管电泳技术及应用. 3 版. 北京：化学工业出版社，2019.
[31] 干宁，沈昊宇，贾志舰，等. 现代仪器分析. 北京：化学工业出版社，2015.
[32] 王炳强. 仪器分析——光谱与电化学分析技术. 北京：化学工业出版社，2010.
[33] 郭旭明，韩建国. 仪器分析. 北京：化学工业出版社，2014.
[34] 叶宪曾，张新祥. 仪器分析教程. 2 版. 北京：北京大学出版社，2020.
[35] 刘密新，罗国安，张新荣，等. 仪器分析. 2 版. 北京：清华大学出版社，2002.
[36] 于世林. 高效液相色谱方法及应用. 3 版. 北京：化学工业出版社，2019.
[37] 张丽. 分析化学与仪器分析习题集. 北京：科学出版社，2018.
[38] 韦国兵，董玉. 波谱解析. 武汉：华中科技大学，2021.
[39] 孔令义. 波谱解析. 3 版. 北京：人民卫生出版社，2023.
[40] 钱晓荣，郁桂云. 仪器分析实验教程. 3 版. 上海：华东理工大学出版社，2021.

[41] 吴硕，刘志广．仪器分析．2版．北京：高等教育出版社，2023.
[42] 张寒琦．仪器分析例题与习题．2版．北京：高等教育出版社，2020.
[43] 陈耀祖，涂亚平．有机质谱原理及应用．北京：科学出版社，2016.
[44] 邓勃．实用原子光谱分析．2版．北京：化学工业出版社，2021.
[45] 侯贤灯，王秋泉，史建波，等．原子光谱分析前沿．北京：科学出版社，2022.
[46] 台湾质谱学会．质谱分析技术原理与应用．北京：科学出版社，2019.
[47] SERBAN C. MOLDOVEANU，VICTOR DAVID. 化学分析中的 HPLC 方法的选择．王颖，张水锋，刘珊珊，等译．北京：化学工业出版社，2021.
[48] 李攻科，汪正范，胡玉玲，等．样品制备方法及应用．3版．北京：化学工业出版社，2023.
[49] Bruno Kolb，Leslie S. Ettre. 静态顶空-气相色谱理论与实践．王颖，范子彦，等译．北京：化学工业出版社，2020.
[50] 胡坪，王氢．仪器分析．5版．北京：高等教育出版社，2019.
[51] 陈怀侠．仪器分析．北京：科学出版社，2022.
[52] 孙东平，江晓红，夏锡锋，等．现代仪器分析实验技术．2版．北京：科学出版社，2021.
[53] 关亚风．微型分离分析仪器与技术．北京：科学出版社，2021.
[54] 牛利，包宇，刘振邦，等．电化学分析仪器设计与应用．北京：化学工业出版社，2021.
[55] 刘虎威．气相色谱方法及应用．3版．北京：化学工业出版社，2023.